JIDDU

J. Krishnamurti
克里希那穆提集

THE ORIGIN

OF CONFLICT

THE COLLECTED WORKS OF
J.KRISHNAMURTI

让心入静

克里希那穆提 著

程悦 译

九州出版社 JIUZHOUPRESS 全国百佳图书出版单位

图书在版编目（CIP）数据

让心入静 /（印）克里希那穆提著；程悦译. -- 北京：九州出版社，2014.12（2021.11重印）
（克里希那穆提集）
书名原文：The origin of conflict
ISBN 978-7-5108-3371-7

Ⅰ. ①让… Ⅱ. ①克… ②程… Ⅲ. ①人生哲学－通俗读物 Ⅳ. ①B821-49

中国版本图书馆CIP数据核字(2014)第276632号

著作权合同登记号：图字 01-2014-5974

让心入静

作　　者　（印）克里希那穆提 著　程悦 译
出版发行　九州出版社
责任编辑　李文君
地　　址　北京市西城区阜外大街甲 35 号（100037）
发行电话　(010)68992190/3/5/6
网　　址　www.jiuzhoupress.com
印　　刷　三河市九洲财鑫印刷有限公司
开　　本　880 毫米 ×1230 毫米　32 开
印　　张　18.5
字　　数　514 千字
版　　次　2015 年 3 月第 1 版
印　　次　2021 年 11 月第 4 次印刷
书　　号　ISBN 978-7-5108-3371-7
定　　价　75.00 元

出版前言

《克里希那穆提集》英文版由美国克里希那穆提基金会编辑出版，收录了克里希那穆提 1933 年至 1967 年间（三十八岁至七十二岁）在世界各地的重要演说和现场答问等内容，按时间顺序结集为十七册，并根据相关内容为每一册拟定了书名。

1933 年至 1967 年这三十五年间，是克里希那穆提思想丰富展现的重要阶段，因此，可以说这套作品集是克氏最具代表性的系列著作，已经包括了他的全部思想，对于了解和研究他的思想历程和内涵，具有十分重要的价值。为此，九州出版社将之引进翻译出版。

英文版编者只是拟了书名，中文版编者又根据讲话内容，为每一篇原文拟定了标题。同时，对于英文版编者所拟的书名，有的也作出了适当的调整，以便读者更好地把握讲话的主旨。

克里希那穆提系列作品得到台湾著名作家胡因梦女士倾情推荐，在此谨表谢忱。

需要了解更多克氏相关信息的读者可登录 www.jkrishnamurti.

org，或"克里希那穆提冥思坊"的微博：http://weibo.com/
jkmeditationstudio，以及微信公众账号"克里希那穆提冥思坊"，微
信号：Krishnamurti_KMS。

九州出版社

英文版序言

　　克里希那穆提1895年出生于印度南部的一个婆罗门家庭。十四岁时，他被时为"通神学会"主席的安妮·贝赞特宣称为即将到来的"世界导师"。通神学会是强调全世界宗教统一的一个国际组织。贝赞特夫人收养了这个男孩，并把他带到英国，他在那里接受教育，并为他即将承担的角色做准备。1911年，一个新的世界性组织成立了，克里希那穆提成为其首脑，这个组织的唯一目的是为了让其会员做好准备，以迎接世界导师的到来。在对他自己以及加诸其身的使命质疑了多年之后，1929年，克里希那穆提解散了这个组织，并且说：

　　真理是无路之国，无论通过任何道路，借助任何宗教、任何派别，你都不可能接近真理。真理是无限的、无条件的，通过任何一条道路都无法趋近，它不能被组织；我们也不应该建立任何组织，来带领或强迫人们走哪一条特定的道路。我只关心使人类绝对地、无条件地自由。

　　克里希那穆提走遍世界，以私人身份进行演讲，一直持续到他九十岁高龄，走到生命的尽头为止。他摒弃所有的精神和心理权威，包括他自己，这是他演讲的基调。他主要关注的内容之一，是社会结构及其对个体的制约作用。他的讲话和著作，重点关注阻挡清晰洞察的心理障碍。在关系的镜子中，我们每个人都可以了解自身意识的内容，这个意识为全人类所共有。我们可以做到这一点，不是通过分析，而是以一种直接的方式，在这一点上克里希那穆提有详尽的阐述。在观察这个内容的过程中，我们发现自己内心存在着观察者和被观察之物的划分。他指出，这种划分阻碍了直接的洞察，而这正是人类冲突的根源所在。

克里希那穆提的核心观点，自1929年之后从未动摇，但是他毕生都在努力使自己的语言更加简洁和清晰。他的阐述中有一种变化。每年他都会为他的主题使用新的词语和新的方法，并引入有着细微变化的不同含义。

由于他讲话的主题无所不包，这套《选集》具有引人入胜的吸引力。任何一年的讲话，都无法涵盖他视野的整个范围，但是从这些选集中，你可以发现若干特定主题都有相当详尽的阐述。他在这些讲话中，为日后若干年内使用的许多概念打下了基础。

《选集》收录了克里希那穆提早年出版的讲话、讨论、对某些问题的回答和著作，涵盖的时间范围从1933年直到1967年。这套选集是他教诲的真实记录，取自逐字逐句的速记报告和录音资料。

美国克里希那穆提基金会，作为加利福尼亚的一个慈善基金会，其使命包括出版和发布克里希那穆提的著作、影片、录像带和录音资料。《选集》的出版即是其中的活动之一。

目录

PART 01

印度拉贾蒙德里

做一个安静的观察者

聆听是有艺术的。聆听，只为探明所说的话的涵义，听后做出判断，予以接受或者抛弃——但首要的是聆听。对于我们大多数人来讲，困难在于我们并没有在聆听，我们是怀着或敌意或友好的心态来到这里的，而不是抱着客观中立的态度去聆听。如果你以中立的姿态去听，那么显然你就将开始去发现那蕴含在词语背后的东西了。词语是一种交流的手段，你必须要学习我的语汇，我话语背后的涵义，尔后你就会懂得所论主题的意义了。首要之举，便是学会正确地聆听。假若你抱持着偏见去读一首诗歌，那么你怎么可能理解它呢？要想领会诗人希望你理解的东西，你就得带着自由去阅读。

当前摆在我们大部分人面前的问题是，个体究竟是被社会利用的工具，还是社会为之服务的目的？你、我，究竟是按照某种模式为社会利用、指挥、教化、控制和塑造，还是说，社会、国家是为个体而存在的？个体是社会的目的，还是仅仅作为一种战争的工具，是被驯化、盘剥和宰杀的玩偶？这就是摆在我们大多数人面前的一道难题，这就是世界的难题：即个体究竟是社会的单纯的工具，是一个在各种影响之下被塑造出来的玩物，抑或社会是为了给个体提供服务而存在的？

你打算怎样去找出该问题的答案呢？这是一个十分严肃的问题，对吗？假如个体仅仅是社会的一个工具，社会就要比个体重要得多。如果这是正确的，那么我们就必须放弃掉个性，去为社会效劳，我们的整个教育体系就必须发生彻底的改变，个体将会沦为一个工具，被社会使用、毁坏、杀戮、用完即弃。但倘若社会是为个体而存在的话，那么社会的功用就不是要让个体去顺从某种模式，而是要给予他自由以及自由的动力。因此，我们必须要探明什么是谬误。

你将如何对这一问题展开探寻呢？这是一个十分重要的问题，不是吗？它不依赖于任何一种意识形态，无论是左倾的还是右倾的，如果它依靠某种意识形态，那么它就仅仅是一种观念，而观念总是会导致敌意、混乱与冲突。假如你依靠左倾的、右倾的或是宗教性的书籍，你就会去依赖单纯的观念，或许是佛教的，或许是基督教的，也可能是资本主义的或共产主义的，它们只是观念，而非真理。事实是永远无法被否认的，但关于事实的观点却可以遭到驳斥。只要我们能够探明问题的真相，就可以不依附于任何观点来展开行动了。所以，没有必要去在意他人所说的话，难道不是吗？左翼或其他领袖的观点是其所受的限定的产物，因此，只要你为了有所发现而去依赖书本上所说的，你就只会为观点所围，而这并不是认知的正确途径。

一个人要怎样才能探明关于该问题的真理呢？这是我们行动的根基。想要懂得此问题的真理，就得摆脱一切宣传，这意味着，你要能够不去依附于任何观点，独立地审视该问题。教育的全部任务，在于唤醒个体。要想洞悉此问题的真理，你必须格外的清楚明白，这表示你不可以去依赖某位领袖，当你出于混乱而选择了某个领袖的时候，你的领袖们同样将是混乱的，而这便是世界上发生的情形。所以，你不可以求助于你的领袖来获得指引和帮助。

那么，问题就在于，如何找到该问题的真相：个体究竟是社会的工具，还是说，社会是为了个体而存在的？你打算怎样去探明——不是在智力层面，而是实际上去探明。你所说的个体，是指什么意思？"你"又是什么？我们是什么，生理的和心理的、外在的和内在的"我们"是什么？我们难道不是环境影响的产物吗？我们难道不是自身的文化、国家、宗教等等的产物吗？因此，个体是文理科教育的结果，你是环境的结果。有些人声称，你不仅仅是物质的，而且还是某种更高的存在——实相、神就蕴含在你的身上。这毕竟不过是一种观点罢了，是社会影响的产物，它是一种受限的反应，除此之外再无其他。在印度，你相信自己不止是物质影响的产物，而其他地方的人则认为自己仅仅是物质影响的结果。两种信仰其实都是受限的，都是源于社会的、经济的和其他方面的影响——这一点是相当显见的。所以，我们应该首先认识到我们是自己周围的社会影响的产物，不管你是信仰印度教、基督教、左翼意识形态或是什么都不信，你都是自身所受限定、所处环境的产物。

那么，若想弄清楚你是否不止是环境的产物，你就得摆脱一切限定。而要实现自由，你必须去质疑整个社会的反应，唯有那时，你才能探明个体究竟只是社会的产物，还是不止于此。也就是说，唯有通过去质疑社会的、经济的、环境的影响，各种意识形态等等，你才能领悟这其中的真理。只有那些敢于质疑的人，才有能力带来社会的变革。这样的个体，这种挣脱了模式、信仰、意识形态的人，才能够有助于建立起一个不基于任何限定的崭新的社会。

因此，认识到当今的世界正处于冲突之中，到处都是帝国主义、战争与饥饿，人口剧增，失业率升高，人与人之间充满了敌意——目睹了所有这一切，一个抱持着严肃认真态度的人就不得不去探明个体是否是社会的目的，即社会的存在是否是为了给个体提供服务的。假如是的话，那么个体同社会之间的关系就将截然不同，尔后，在与社会的关系中，个体就是一个自由的存在，而社会同样也是自由的。这需要个体充分地认识自我。没有认识自我，思想就没有基础，你不过是受着环境的影响和塑造。没有认识全部的自我，就无法展开正确的思考。退隐于世，远离社会，躲到山林里，并不能带来对自我的认知。相反，一个人只有在自己跟妻子的关系、跟儿子的关系、跟社会的关系里，才能认识自我。关系是一面镜子，从中你可以发现自己，但倘若你去谴责你所看到的，那么你就无法洞悉自己的本来面目。毕竟，如果你想要去认识某个人，你就不要去对他予以责难，而是应该在所有的环境下去研究他、观察他。你是一个安静的观察者，不做任何谴责——唯有这时，你才能实现认知。这种认知会带来澄明，而澄明就是正确思考的基础。然而，仅仅去重复观念，无论它们可能多么的精彩，我们只会变成按照各种影响去播放的留声机，就算播放得动听，也依然只是留声机罢了。只有当我们不再是留声机，个体才会具有意义，尔后，我们将成为真正的变革者，因为我们发现了实相。挣脱观念与限定的束缚，单单这种自由就可以带来变革——而这种变革必须得从你自己开始做起，而不是从某个蓝图开始。任何一个聪明的人都可以拟出一份蓝图，但这是毫无用处的。发现自我，会带来根本性的革新，这种发现并不依赖于某个蓝图。这样的发现，对于创立一个新的国家是不可或缺的。

我这里有几个递上来的提问，在我回答问题之前，重要的是去弄明白你为什么会发问，这么做是为了巩固你的看法，还是想引发争论，抑或是否定我所说的呢？因为，假如你依附自己的观点，那么你会带着你的看法去听，你的聆听，不是为了探明正在说的内容。我希望你的聆听，不是抱着敌对的心态，而是旨在洞悉何谓真理。如果你带着自己所抱持的观念去迎接正在说的内容，那么聆听还有什么价值可言呢？

问：在您的演说中，您指出，人是世界的度量，一旦他转变了自身，世界就将迎来和平。您自己的转变是否已经证明这是真的呢？

克：这个问题的涵义是什么？尽管我指出我认识到自己便是世界，世界同我并不是分开的，尽管我反对战争等等，但剥削、利用依然在上演，所以我的话是没有用的。让我们对此展开检验吧。你与世界并非两个不同的实体，你即世界，这不是一种观念，而是切实的情形。你是气候风土、国家、民族以及各种限定的产物，你投射出来的便是你的所思、所感——你制造了一个界分的世界。你希望成为反对泰米尔人①的泰卢固人②，天知道这是为什么。世界便是你的投射，你创造了世界，如果你贪婪，这便是你投射出来的——因此世界就是你自己。由于世界便是你，所以，若想改变世界，你就得认识自己，在转变自我的过程中，你也会带来社会的变革。

---

① 泰米尔人，一支居住在印度南部和斯里兰卡北部的德拉威人的成员。——译者
② 泰卢固人，讲泰卢固语的德拉威民族的成员。——译者

这位提问者的意思是，既然剥削没有停止，那么我的言论是徒劳无用的。果真如此吗？我环游世界，试图指明真理，而不是为了进行宣传。宣传是谎言，你可以宣传某个理念，但你无法宣传真理。我满世界发表演说指明真理，但必须得由你自己去探明我的话是否道出了实相。单凭一己之力自然无法改变世界，但你我可以携手起来去让世界发生变化。这不是一场政治性的演讲，你和我必须弄清楚什么是真理，因为，唯有真理，方能消除世界的悲伤与不幸。世界并不是远在苏联、美国或英国，世界就是你所在之处，无论它可能看上去多么小，它是你，是你的环境、你的家庭、你的邻居，假如你所生活的那一方小小的天地有了改变，你就能带来更大的外部世界的变革了，可惜我们大部分人都如此的懒散。我的观点本身就是实相，但倘若你不愿意去理解它，那么我的话就会是一番徒劳。唯有通过个体才能带来转变，那些伟大的事情无不是由个体来实践的。一旦你认识了自我，你就可以带来非凡的、根本性的变革了。你难道不曾注意过，历史上那些带来变革的是一个个单独的个体，而不是群体吗？大众可以被影响和利用，但生活里的根本性的革新，只有通过个体才能发生。无论你生活在哪里，无论你可能处在社会的哪个阶层，只要你认识了自己，那么你就能让你与他人的关系发生转变。重要的是终结痛苦，因为，痛苦的结束便是革新的开始，这种革新将带来世界的改变。

问：您指出上师是不必要的，但倘若没有唯上师才能给予的睿智的帮助与指引，我如何能够找到真理呢？

克：问题在于，上师究竟是否必需。通过他人，你可以寻觅到真理吗？有些人声称可以，有些人则认为不能。由于这个问题十分重要，因此我希望你们能够投以充分的关注。我们想洞悉这其中的真理，而不是与他人的观点相对立的我的看法。我在这个问题上没有意见，要么情形就是如此，要么不是。你究竟是否应当有上师的指引，这并不是一个有关看法的问题，问题的真相是不依赖于任何看法的，不管这看法是如何的深刻、博学、受欢迎或普遍。问题的实相，只蕴含在事实中。

　　首先，我们为什么希望得到上师的指引呢？我们声称，之所以需要上师，是因为我们倍感困惑，而上师能给予帮助——他将指明什么是真理，他将帮助我们实现觉知，他对生活的认知要远远超过我们，他将犹如父亲或老师一般在生活中给我们指引和教诲，他经验丰富，我们则很少，他会通过自己那丰富的经验给我们提供帮助，等等。也就是说，从本质上来讲，你求助于某个老师，是因为你身处困惑和混乱之中，假如你是清楚明白的，你就不会去亲近上师了。显然，如果你感到十分的幸福，如果你没有面临任何的问题，如果你充分地认识了生活，你便不会去求助于任何上师。我希望你能够懂得这其中的涵义。你去到上师那里，希望他给你提供一种生活之道，希望他澄清你的混乱，带领你探明真理，你挑选你的上师，原因是你感到困惑、混乱，你希望他将解答你的疑问。意思便是说，你挑选出了一个让你的需求得到满足的上师，你根据他能带给你的满足去做出选择，你的选择取决于你的满足，你不会挑选一位主张"依靠你自己"的上师，你依照自己抱持的偏见去选择他。因此，由于你是根据他提供给你的满足而挑选上师的，所以你并不是在寻求真理，而是想找到逃避混乱的法子，你把逃避混乱误称为真理。

　　让我们首先探究一下那种认为上师能够澄清你的困惑与混乱的观点吧。其他人可以清除你的混乱吗？——混乱是我们的反应的产物，我们制造出了它。你觉得是其他人制造出了它吗？——制造出了这里里外外、遍及生活各个层面的不幸和争斗。它其实源自于我们没有认识自己，源自于我们缺乏对自我的认知，正是因为我们没有认识自己，所以才会求助于上师，以为他能帮助我们走出混乱的泥沼。只有在与当下的关系里，我们才能认识自己，这种关系本身就是上师，而不是外部的某个人。只要我没有认识这种关系，那么无论上师可能会说什么，都是毫无用处的，因为，如果我不理解关系，理解我跟财产、跟人、跟观念的关系，那么谁能够消除我内心的冲突呢？要想消除冲突，我就得自己去认识它，这意味着，我必须在关系里觉知自身。对于觉知来说，上师并不是必需的。

假若我不了解自己，那么上师能够有什么用呢？正如政治领袖是被那些身处困惑、混乱中的人们挑选出来的，于是他们的选择依然是困惑的；我也会挑选某个上师。我只会根据自己的混乱去选择他，因此他也是混乱的，就跟政治领袖一样。

所以，重要的，不在于谁是对的——究竟我是对的，还是那些主张上师是必需的人是对的——而在于去探明你为什么需要上师。上师的存在，是为了各种各样的利用、盘剥，但这是不相关的。如果有人告诉你你取得了很大的进步，你便会得到满足。然而要弄清楚你为何需要上师——解答问题的钥匙就蕴含在这里。他人可以指出方法，但你必须做所有的工作，即使你有了一位上师。由于你不希望直面这个，于是你便把责任转给了上师。一旦你认识了自我，上师就将毫无用处了。没有哪位上师、没有哪本书籍或文献能够让你认识自我。当你在关系里觉知到了自身，便能够认识自己了。活着，即意味着处于关系之中，没有认识关系，会带来不幸和争斗。没有觉知你与财产的关系，是导致混乱的原因之一。假如你不知道你与财富的正确关系，就一定会出现冲突，而这将会加剧社会的冲突。如果你不认识你与你的妻子、你与你的孩子之间的关系，那么其他人怎么可能消除由这种关系引发的冲突呢？观念、信仰等等也是同样的。由于你在自己跟人、跟财物、跟观念的关系中倍感困惑，于是你便去寻求上师。假如他是位真正的上师，他就会告诉你去认识自我。你才是这一切误解和混乱的根源所在，只有当你在关系中认识了自己，才能消除这种冲突。

你无法通过其他任何人寻觅到真理，你如何能够呢？显然，真理并不是静止不动的，它居无定所，它不是一个目标，相反，它是鲜活的、运动的、机敏的，它怎么可能是目的呢？如果真理是确定的，它就不再是真理了，尔后，它不过是一种观点。先生，真理是未知的，一个去寻求真理的头脑永远都不会找到真理，因为，头脑是由已知构成的，它是过去的产物，是时间的结果——你可以凭借自己的力量观察到这个。头脑是已知的工具，因此它无法发现未知，它只能从已知移向已知。当头脑寻求真理，寻求它在书本里读到的真理的时候，这种"真理"是自造出来的，因为，尔后，头脑不过是在追逐已知，追逐一种比先前的已知更让人感到满足的已知。当头脑去寻求真理时，它寻求的其实是它自造出来的东西，而不是真理。毕竟，理想就是自造出来的，它是虚假的、不真实的。真实的是"当下实相"①，而不是对立面。然而，一个寻求实相、寻求神的头脑，它寻求的是已知。当你想到神的时候，你的神是你自己的思想设计创造出来的，是各种社会影响的产物。你只会想到已知的东西，你无法想到未知，无法专注于真理。一旦你想到未知，那么它不过是你自造出来的已知。因此，神或真理是无法被思索的，倘若你去思考它，它就不是真理。真理是不能够被寻求的——它只会向你走来。你只能够去追逐已知的事物。当头脑没有受到已知的折磨，没有因为已知的影响而痛苦不堪，唯有这时，真理才会彰显出自身。真理就在每一片叶子里、每一滴泪水里，它是每时每刻需要去被认知的。没有人可以带领你达至真理，假如有谁这么做了，那么他带领你达至的只可能是已知。

唯有一个清空了已知的头脑，才能迎来真理，唯有在已知消失，不再运作的状态里，真理才会出现。头脑是一个装满已知的仓库，里面满是已知的残留物。要想让头脑处于那种能够迎来未知的状态，它就必须觉知自身，觉知它以前的经历，觉知它的意识和潜意识，觉知它的反应、回应和结构。一旦充分地认识了自我，已知便会终结，尔后，头脑完全清空了已知，唯有这时，真理才会不请自来。真理不属于你或我，你无法去崇拜它，在它成为已知的那一刻，它就不是真实的了。符号不是真实的，形象不是真实的，可一旦认识了自我，终结了自我，永恒就会登场。

问：为了拥有安宁的心灵，我难道不应该去控制自己的想法吗？

克：要想充分地认识这个问题，我们就得展开深入的探究，而这需

---

① 原著中多次使用"what is"。从文中语境看，此语有"事实所是"、"现在（当下）之在"、"现在（当下）之是"之意。在《克里希那穆提集》中，一般译为"当下实相"。——中文版编者

要投以密切的关注。我希望你们还没有感到太劳累，以至于无法跟上我的思路。

我的意识在游走着，原因何在呢？我想去思考一幅画、一个句子、一个想法、一个形象，在思考它的过程中，我发现我的意识偏离了正轨，或者想到了昨天发生过的某个事情。第一个想法消失了，另一个取而代之。因此，我应当在每一个想法冒出来的时候去检视它，这么做才是睿智的，对吗？但你却努力让自己的思想集中在某个事物上头，你为什么应当全神贯注在某个对象身上呢？如果你对出现的想法感兴趣，那么它就会向你彰显出自身的意义。游走并不是分神——不要给它命名。跟随思想的游走，跟随你所谓的分神，探明意识为何会四处游走，紧随它的运动，充分地探究它。一旦你彻底地认识了分神，那么分神自然就会消失了。当另一个分神出现时，同样去紧随它的运动。意识是由无数需求、憧憬构成的，一旦意识认识了它们，就能够展开一种没有排他性的觉知了。专注是一种排他，它是在抵挡、抗拒其他的东西，这样的专注就像是举着闪光灯——它显然是无用的，不会通往实相。当一个孩子对某个玩具充满兴致的时候，是不会出现分心的。

讨论：但那只是暂时的。

克：你们的意思是指什么呢？你是希望有一堵把你围困起来的坚实的墙壁吗？你是一个人，还是一部受限的机器呢？所有的专注都是排他性的，在这种专注的排他里面，没有东西可以穿透那渴望有所成就的欲望。所以，如此多的人所实践的专注，其实是把真正的冥想挡在了门外。冥想是认识自我的开始，没有认识自我，你就无法展开冥想，没有认识你自己，你的冥想便是无价值的，它不过是一种罗曼蒂克的逃避罢了。所以，专注是一种排他、抗拒的过程，它无法开启那扇大门，让你的心灵进入到一种没有抗拒的状态。如果你抗拒你的孩子，那么你就不会了解他，你必须向他所有的异想天开、向他的每一种情绪敞开。同样的，要想认识你自己，你就得觉知到意识的每一个运动，就得在每一个想法出现时觉知到它。每个冒出来的念头，意味着某种兴趣——不要把它叫做分心并且加以谴责，而是去充分地、彻底地追逐它的运动。你希望专注于正在说的内容，但你的意识却游走到了昨天晚上某个朋友说的事情上头，你把这种冲突称作分心。于是你说道："请帮助我学习如何专注，如何让我的思想集中在某个事物上。"但倘若你懂得是什么导致了分心，那么你就不必努力做到专注了——无论你做什么都是专注。

因此，问题不在于思想的游走，而在于它为何会四处走动。当意识游离了正在谈的内容，说明你对这个没有兴趣，如果你感兴趣，你就不会分心了。你觉得自己应当对某幅画、某个观念、某场讲演抱有兴致，但你的兴趣却不在这上头，结果意识才会到处游走。你为什么不承认自己没有兴趣，让意识游走呢？当你没兴趣的时候，努力让思想集中纯粹是在浪费时间和精力，因为这么做只会在你认为自己应当做什么与实际发生的情形之间出现冲突，这就像一部一边在飞驰一边却踩着刹车的汽车。这样的专注完全是徒劳的，它是一种排他的行为。为何不先承认分心呢？这是事实。当心灵安静下来，当所有的问题都被解决了，它就像一个风平浪静的池子，你在里面可以一目了然。当心灵被困在问题的罗网之中，它是无法获得安静的，因为，尔后，你会诉诸于压制。只要心灵去跟随每一个想法并且认识了它们，就不会再有所谓的分心，尔后心灵将迈入寂静。唯有在自由的状态里，心灵才能获得寂静。当心灵安静下来，不是仅仅表层的部分安静，而是全部安静，当它挣脱了一切价值观念的束缚，当它不再去追逐它自造出来的那些东西，就不会出现分心了——唯有这时，实相才会到来。

（第一场演说，1949 年 11 月 20 日）

要想认识问题，心灵必须安静下来

所有的问题需要的，不是一个答案、一个结论，而是认识问题本身，这一点是相当显见的。因为，问题的解答就蕴含在问题之中。要想认识问题，无论它是关于什么的问题——个人的还是社会的，私密的还是普遍的——心灵就必须安静下来，必须不去跟问题认同。也就是说，我们发现，当前的世界，各种重大的冲突正在上演——意识形态的冲突，各种相互对立的观念的混乱与争斗，最终导致了战争——经历了所有这一切，我们渴望安宁。因为，很明显，如果没有安宁，一个人就无法有所创造，这需要相当的安静，需要不受干扰的生活。为了去创造，为了以新的视角去思考问题，难道不需要安静、平和地生活吗？

那么，是什么主要因素导致了这种内心与外部的不安宁呢？这便是我们的问题。我们有无数的问题，各种各样的，要想解决它们，就必须得有一个安静之域，必须耐心地展开观察，静静地着手，这对于解决问题来说是不可或缺的。是什么妨碍了这种安宁，妨碍了我们安静地去观察实相呢？依我之见，在我们开始去谈论安宁之前，首先应该去认识矛盾的状态，因为它正是妨碍了安宁的干扰性因素。我们在自己身上以及周围都发现有矛盾存在，正如我一直试图去解释的那样，我们是什么样子的，世界便会是什么样子的，无论我们的野心、追逐、目标是什么，我们社会的结构都是建立在这之上的。因此，由于我们身处矛盾之中，所以内心缺乏安宁，继而我们的外部也就没有了和平。我们内心的状态是一种不断的否定和宣称——我们渴望成为什么与我们的本来面目。矛盾的状态导致了冲突，这种冲突不会带来安宁——这是一个简单而显见的事实。不应当把这种内在的矛盾解释为某种哲学上的二元论，因为这是一种十分容易的逃避。也就是说，通过声称这种矛盾是一种二元论的状态，我们就觉得自己把它给解决了——这显然不过是一种习惯罢了，有助于我们去逃避现实。

那么，我们所说的冲突、矛盾究竟是什么意思呢？为什么我们身上会有矛盾呢？你理解我所说的矛盾意指为何——不断地努力想要成为跟我的本来面目不同的样子，我是这个样子的，我希望成为那个样子。我们内心的这种矛盾，是一个事实，而不是形而上的二元论，关于这一点我们无需讨论。对于认识"当下实相"而言，形而上学没有任何的意义。我们可以讨论、主张二元论——它是什么，如果它存在的话，等等——但倘若我们不知道自己身上存在着矛盾，存在着那些对立的欲望、对立的兴趣、对立的追求，那么这种讨论又有什么价值可言呢？意思便是说，我希望成为一个良善的人，但我又无法做到。必须认识我们内心的这种矛盾、这种对立，因为正是它制造了冲突，而当我们身处冲突和争斗之中，是无法有所创造的。让我们弄清楚自己身处的状态吧。正因为有矛盾，所以一定会出现争斗，而争斗是一种破坏和浪费。在这种状态里，我们只会制造出敌意、争斗以及越来越多的痛苦和悲伤。如果我们可以充分地认识这个，从而摆脱矛盾，就能够获得心灵的安宁了，而这又会让我们彼此理解。

所以，问题正在于此。既然意识到了冲突是一种破坏和浪费，那么为什么我们每个人的身上会存在矛盾呢？要想理解这个问题，我们就必须探究得更加深入一点儿。为何会有对立的欲望呢？我不知道我们是否在自己身上觉知到了这个——觉知到了这种矛盾，这种想与不想，记住某个事情与试图去忘记它、迎接某个新的事物。就只是去观察它，这是非常简单和正常的，它不是不同寻常的事物，真实的情况是：有矛盾存在。那么为什么会出现这种矛盾呢？认识这个难道不重要吗？原因是，假如没有任何矛盾，就不会有冲突、不会有争斗，尔后便能认识"当下实相"，同时又不会把某种将导致冲突的对立的元素带入进来。所以，我们的问题是，为何会出现这种矛盾以及由此而来的导致浪费和破坏的争斗，难道不是吗？我们所说的矛盾是指什么意思？难道不是指一种暂时的状态，而它与另一种暂时的状态相对立吗？也就是说，我认为我怀有一种永久的欲望，我在自己的心里放进了一个永久的欲望，而另一个与它冲突的欲望出现了，这种矛盾引发了冲突，冲突是一种浪费。意思便是说，我们不断地用一个欲望去否定另一个欲望，用一个追逐去战胜另一个。那么，存在永久的欲望吗？显然，一切欲望都只是暂时的——这并不是形而上学，而是切实的情形，不要把这个解释成某种形而上学的东西，从而认为你已经认识了它。实际上，所有的欲望都不长久。我渴望一份工作，也就是说，我把某种工作当成了获得幸福的手段，而一旦我得到了它，就会感到不满足了。我希望成为经理，尔后是工厂主，等等，不仅是在世俗世界里，而且还包括所谓的精神世界中——老师变成校长、牧师变成主教、学生变成大师。

于是，这种不断的"变成"，获得一个又一个的地位，导致了矛盾，对吗？因此，为什么不把生活视为一系列总是彼此对立、转瞬即逝的欲望，而非永久的欲望呢？于是心灵也就无需处在一种矛盾的状态里了。只要我把生活当作一系列始终在变化的暂时的欲望，而不是当作某个永久的欲望，那么就不会有任何矛盾了。我不知道我是否阐释清楚了，因为，重要的是认识到，只要有矛盾存在，就会有冲突，而冲突是一种破坏和浪费，不管这种冲突是两个人之间的争吵还是内心的争斗，都是一种彻头彻尾的破坏，就像战争一样。

因此，只有当心灵怀有一种确定不变的欲望，也就是说，只有当心灵不把一切欲望看做是运动的、暂时的，而是抓住某个欲望，把它变成永久的——唯有这时，一旦有其他的欲望冒出来，矛盾便会出现。然而，所有的欲望始终都处于一种运动的状态，欲望是不会确定不变的，欲望没有固定点，可是心灵却建立起了一个固定点，因为它认为万事万物都是实现获取的手段，而只要一个人在获取，就一定会有矛盾、冲突。我不知道你是否理解了这个。首先，重要的是去认识到冲突从本质上来说是具有破坏性的，不管它是地区的冲突，国家之间、理念之间的冲突还是一个人内心的冲突，冲突不具有建设性，人们的争斗是受到了那些神职人员、政客们的利用。一旦我们意识到了这个，切实地懂得了争斗是一种破坏，那么我们就应该去探明怎样才能停止争斗，从而去对矛盾展开研究。矛盾，总是意味着想要变成的欲望，想要有所得的欲望，想要达至什么的欲望——毕竟，这就是我们所谓的寻求真理的涵义。意思便是说，你希望有所得，希望获得成功，希望找到某个能带给你永久满意的终极的神或真理。因此，你并不是在寻求真理，并不是在寻求神，你寻求的是永远的满足。你用某个理念，某个听起来冠冕堂皇的词语比如神、真理给这种满足穿上了外衣，然而实际上你们每个人都在寻求得到满足。这种满足，最高层面被称为神，最低层面则是饮酒，只要心灵寻求着满足，那么神与饮酒之间就没有本质的区别。从社会层面来讲，酗酒可能是糟糕的，但内心那种想要得到满足、想要获取的欲望，其实是更加有害的，不是吗？

假若你真的想要发现真理，你就得格外诚实，不是停留在口头层面，你必须相当的清楚明白，若你不愿意直面事实，你就无法做到澄明。凭借我们自己的力量去清楚地洞悉"当下实相"——这就是我们在这些会议期间尝试着去做的事情。如果你不想实现觉知，你可以离开，但倘若你希望找到真理，那么你就必须做到格外的审慎与澄明。所以，一个渴望去认识实相的人，显然应该去认识满足的整个过程——这里所说的满足，不单单是字面上的涵义，而是更多从心理层面的涵义来讲的。只要心灵被固定为一个"永久的"中心，与某个观念、某种信仰认同，生活里就一定会出现矛盾，而这种矛盾将会滋生出敌意、混乱与争斗，这意味着不可能有安宁。所以，单纯地强迫心灵做到宁静根本是没有用处的，原因是，一个被迫变得安静的心灵并不是真正的宁静，凡是被变得宁静的，皆非宁静。你可以把你的意志、你的权威强加在一个孩子身上，让他变得安静，但这孩子并不是真正的安静。真正的宁静是截然不同的。

因此，要想认识生活的全部过程——这里面有不断的斗争、痛苦，不断的分歧，不断的挫败——我们就得理解意识的过程，而认识意识的过程便是认识自我。毕竟，假若我不知道如何去思考，那么我有什么基础去展开正确的思索呢？我必须认识我自己，在认识自我的过程中，就会获得宁静与自由，而在这种自由的状态里，我们将能探明什么是真理——不是某个抽象层面上的真理，真理，其实就蕴含在生活的每一个事件里，蕴含在我的话语里、我的姿势里、我跟自己的仆人说话的方式里。我们可以在日常生活的恐惧、痛苦、挫败里面发现真理，因为这便是我们生活的世界，一个充满了混乱与不幸的世界。如果我们没有认识它，仅仅去理解某种抽象的实相便是一种逃避，会带来更多的不幸。因此，重要的是去认识自我，而认识自我与世界并不是分开的，原因在于，世界就是你所在之地——它不在几英里之外，世界就是你生活其间的那个社会，是你所受到的环境的影响，是你建立起来的那个社会——所有这一切便是世界。在这个世界里，除非你认识了你自己，否则不可能会出现根本性的变革，于是个体也就不会具有创造力与生机。不要对"革命"一词感到害怕，它实际上是一个不可思议的词语，意义甚丰，假如你懂得它意指为何的话。然而我们大多数人都不希望改变，都在抗拒改变，我们喜欢对"当下实相"做一番修正，尔后让其继续持续下去，并把这个美其名曰为变革——但这根本不是变革。只有当作为个体的你在跟社会的关系中认识了自己并因而转变了自己，变革才会到来。为了迎来这样的变革，你就得在关系里认识自我继而改变自我。这样的革新并不是暂时的，而是始终不断的。

所以，生活是一系列的矛盾，没有认识这些矛盾，就不可能获得安宁。为了生活，为了创造，就必须拥有安宁，必须获得生理上的安全。但我们做的一切都是矛盾的，我们渴望和平，然而我们的所有行为都引发了战争；我们希望没有地区间的争斗，但这种希望却被否定掉了。所以，除非我们懂得了自己身上的这种矛盾的过程，否则不会出现和平，于是也就不会有新的文化、新的政府。若想认识这种矛盾，我们就得直面自我，不是停留在理论层面，而是直面我们的本来面目，抛掉之前的结论，不去引用《薄伽梵歌》①、商羯罗②或其他人的观点。我们应该按照自己的真实模样去看待自身，既包括那些令人愉悦的，也包括那些让人不快的，这要求我们能够真切地审视"当下实相"，假如我们去谴责，假如我们去认同，假如我们去辩护，就无法认识"当下实相"了。我们必须像观察路上的一个行人那样去审视自我，而这需要展开不断的觉知——这里的觉知，不是在某种非凡的层面，而是去觉知我们的真实模样，觉知我们的言谈、我们的反应，觉知我们同财产、同穷人、同乞丐、同学者的关系。觉知应该从这个层面开始，因为，若想行得远，一个人就得由近处开始。

可我们大部分人都不愿意从近处开始，由远开始要容易得多——至少我们认为这要简单许多——这其实是在逃避近处。我们全都怀有理想，在逃避方面，我们是内行，这便是那些逃避主义的宗教的祸根。一个人必须由近才能及远，这并不要求某种非凡的对世俗的摒弃，而是需要一种格外敏锐的状态，因为，凡是高度敏锐的事物都具有接纳性，唯有在敏锐的状态里，才能接受到真理——那些迟钝、懒散、无知无觉的人是不可能接受到真理的，这样的人永远无法找到真理。但倘若一个人从近处开始做起，去觉知自己的谈话、姿势、吃东西的样子、讲话的方式、行为的方式——那么他就能够非常广泛、非常深入地探究冲突的原因了。假如你不从低处开始，你便无法攀登到高处，但你不想从低处开始，不希望做到简单，不希望是个谦卑之人。谦卑是一种脾性，没有谦卑，你就无法行至远方。然而谦卑并不是你能够培养起来的东西，所以，若一个人真的希望去寻求，若他懂得什么是真理，抑或他愿意对真理敞开，那么他就必须从非常近的地方开始，他必须通过觉知来使自己变得敏锐，如此一来他的心灵就是光亮的、澄明的、简单的。这样的心灵，不会再去追逐自己的那些欲望，不会去崇拜某个自造的理想，唯有这时，安宁才会到来。因为，这样的心灵将发现那不可度量的事物。

---

① 《薄伽梵歌》，印度教的重要经典，古印度的瑜伽典籍、哲学训导诗。——译者
② 商羯罗，生于公元 788 年，婆罗门哲学家、神秘家，印度教改革家。——译者

问：您为什么不去给穷人提供食物，而是在这里发表演说呢？

克：带着批判的意识去觉知是必要的，但不要给出评判，因为，一旦你去评判，那么你就已经有结论了，你这并不是富有判断力的觉知。在你得出某个结论的那一刻，你批判的能力就丧失掉了。现在，这位提问者指出，他在给穷人提供食物，而我则没有，我想知道这位提问者是否给穷人食物了！所以，问一下你自己："你有给穷人提供食物吗？"我将试着去探究一下这位提问者的心态。他的批判，要么是为了探明，于是他完全有自由去做出批判、去探寻，要么他是带着某种结论在批判，于是他不再是批判性的，他不过是在强加自己的结论，抑或，如果这位提问者在给穷人提供食物，那么他的问题就得到了辩护。可是，你在给穷人食物吗？你对穷人有所觉知吗？普遍来说，印度人的寿命大约是二十七岁，美国和新西兰的则为六十四到六十七岁，假如你去觉知了穷人，那么这种情形就不会在印度发生了。

这位提问者希望知道我为什么要发表演说，让我来告诉你好了。要想养活穷人，你必须实现彻底的变革——不是那种或左翼或右翼的肤浅的革命，而是根本性的变革——只有当观念停止时，才能迎来根本性的转变。基于某个观念之上的变革，并不是真正的革新，因为观念不过是对某种限定、环境做出的反应罢了，而基于限定之上的行动是不会带来根本性的转变的。因此，我发表演说，要带来的不是单纯的流于表面的改变，而是根本性的转变。这不是发明新的观念的问题，只有当你我摆脱了观念的束缚，不管是左翼的还是右翼的观念，才能实现根本性的变革，才能让内在发生转变，从而带来外部世界的革新。尔后，不会再有贫富的问题；尔后，每个人都将拥有尊严，获得工作的权力、机会与幸福；尔后，不会再出现那些拥有太多的人必须得去给那些一无所有的人提供食物，不会再有阶级的差别；尔后，不会再有阶级，不会再有国家，不会再有战争，不会再有破坏性的分离主义。而只有当你的心中怀有爱，这一切才会到来。只有当爱的花朵绽放，才能迎来真正的变革，除此以外，没有他法。爱是唯一没有烟尘的火焰，然而不幸的是，我们的心灵塞满了各种头脑的东西，结果心灵空空如也，头脑却是满满的。当你用想法把心灵填满，爱就只是一种观念；然而爱并非观念。但倘若你去思考爱，它就不是爱了——它不过是思想的投射。要想清空意识，心灵就必须是充实的，但心灵必须首先清除掉所有的思想，尔后它才能够是充实的，这是一种巨大的革新。其他所有的变革，都只是让某种得到修正的状态继续下去。

先生，当你爱着某个人的时候——不是我们爱人的方式，我们那只是想到他们罢了——一旦你彻底地、完全地爱人，就不会有贫富之分了。尔后，你不会再意识到自己。尔后，爱的火焰将熊熊燃烧，但这火焰里面没有嫉妒、妒忌、贪婪、感官的浓烟。只有这样的变革才能滋养世界——但这必须得由你来完成，而不是我。可我们大多数人都习惯于去听演说，原因是我们活在语词的层面。语词之所以会变得重要，是因为我们是报纸的读者，我们习惯去听那些堆砌辞藻却毫无意义的政治演说。因此，我们靠语词过活，我们活在语词之上。你们大部分人都只是在语词的层面听这些演说的，所以你身上不会有真正的革命。但是，必须得由你带来这种革命，不是那种血腥式的革命——这种革命只是一种经过了修改的继续，被我们误称为变革——而是那种当意识不再充塞心灵，当思想不再取代爱和慈悲之时会到来的变革。只要意识居于主导地位，你就无法拥有爱。你们大多数人都不是真正的文明人士，你们不过是会读书识字罢了，你依靠自己学到的东西过活，这样的知识不会带来变革，不会带来转变。能够带来转变的，是认识每日的冲突、每日的关系。一旦心灵清空了意识的产物，唯有这时，才会燃起实相的火焰。但一个人必须能够去接受到它，若想有接纳的能力，他就不可以抱持某种基于知识和断言的结论。这样的心灵是安宁的，不为观念所囿，于是便能够接受到那无限的事物，从而带来变革——不是仅仅去养活穷人，或是给他们提供工作，或是赋予那些没有权力的人以权力——而是将会出现一个截然不同的世界，这个世界会有不同的价值观，而这些价值理念不再是建立在金钱的满足之上。

因此，词语无法养活那些饥饿的人。在我看来，词语根本不重要，我只是把词语当作交流的工具来使用罢了。只要我们理解了彼此，就能够使用任何词语了。我不会给你提供什么观念，也不会灌输给你们什么语词。我发表演说，是为了你能够凭借自己的力量清楚地看到自己的本来面目，通过这种认知，你可以展开清楚、明确、有目的的行动，唯有这时，才会出现合作性的行动。只为了娱乐我们自己而讲话，这是毫无价值的，但为了认识我们自己而发表演说，从而带来转变，则是不可或缺的。

问： 在您于 1944 年发表的演说当中，曾被问到过以下问题："您处境幸福，一切所需都得到了满足。可我们必须依靠自己的力量去挣钱糊口，养活妻儿，我们必须参与到世界里去。那么您怎么可能理解我们并给予帮助呢？"这就是我的问题。

克： 我将试着来回答这个提问，我不会逃避它，但我回答的方式可能在这位提问者看来是一种逃避。生活不是简单的是或非就能解决的，生活是复杂的，没有所谓永恒的结论。就像你希望知道是否有轮回转世一样，我们必须去探究它。在讨论的过程中，你认为我是在逃避，因为你的思想固定在了某个东西上头，要么"有"，要么"没有"。所以，据你看来，这显然是一种逃避，但倘若你稍微清楚地去审视一下，就会发现，这并不是逃避。

那么，这位提问者想要知道——因为我的生活所需是由他人提供的，那么我如何能够理解那些挣钱谋生、养家糊口的人呢？这个问题的涵义是什么？你受着优待，我们则没有，享有特权的人怎么可能理解那些没有特权的人呢？因此，问题便是：享受特别待遇的人，能够理解非特权阶级的人吗？

首先，我享有特权吗？只有当我接受了地位、权威、权力以及宣称自己是个大人物的名望——我从来不曾这么做过，因为出人头地是非常不道德的、不圣洁的——我才是特权人士。出人头地，是把实相挡在了门外，只有那些有头有脸的人才享有特权。他利用、盘剥别人，他排拒别人，而我则不是。我四处发表讲话，因此得到报酬，这就跟你工作获得薪水一样，我享受的待遇就只限于这样一个层面。我的所需并不是太多，因为我不赞成过多的需求。一个为许多财富所累的人是愚蠢的，但如果一个人逃避财富，如果他只认同很少的占有物，那么他同样也是缺乏思考的。所以，我跟你一样是在挣钱养活自己，我发表演讲，我被邀请到世界各地，那些邀请我前往的人支付报酬给我。如果他们没有发出邀请，如果我不做讲话，我才是所谓的享受了特殊优待。对我而言，发表演说并不是表现自我或者利用他人的手段，我没有在这里头寻找满足，没有把它当成利用你或者赚取你钱财的手段，因为我不希望你是在做什么慈善，不管你相信与否。我发表讲话，只是为了帮助你去看到自己的本来面目，为了让你自己的内心变得澄明。因为，幸福就蕴含在这种澄明之中，顿悟就蕴含在觉知之中。在一起展开讨论的过程中，幸福将会登场，原因是，在这种讨论里，我们可以看见自己的真实模样。

可是这位提问者想要知道我如何能够理解和帮助那些为了养家糊口而去挣钱的人。换句话说，这位提问者指出："您没有家庭，您不必经历学校日常的例行公事，不必被那些孩子们侮辱，您不用受妻子的责问。所以，您怎么能够理解每天都得遭遇这些可怕之事的我呢？"

我可以理解你，因为这很简单，或许只是你不理解罢了，可能是你没有直面事实罢了。当你经历混乱、责任、义务的时候，你是如何去经历它们的呢？你为什么要经历去办公室上班的这种例行公事呢？你把这个叫做职责，但你为何要去忍受生活里各种丑陋的东西呢？你为何要忍受你的妻子、孩子或者为何要爱他们呢？——如果你不爱他们的话。先生，依靠你自己的力量去思考这个问题，先不要回答我。不要对此一笑而过，开个玩笑——这是把问题抛到一边的最容易的法子之一。你的妻儿显然只是一种义务、责任，所以你觉得生活是如此的空虚，如此令人生厌。我问你说，你为什么要忍受这一切？你回答："我没有办法，逃避它是不可能的。我希望摆脱它，但社会会对我的行为予以谴责的。我的孩子、我的妻子、我的丈夫会发生什么事情呢？"于是，你声称这是你的因果报应，是你必须肩负的责任，是你的义务，从而把问题给搁置起来，你不想审视事物的本来面目。只有当你毫无恐惧地去思考它，只有当你直接地去面对它，你才会发现，你跟你的妻子、你的孩子之间的关系将会截然不同。先生，正是由于你不爱你的妻儿，所以你才会过上这种可怕的家庭生活。你把性变成了一个巨大的难题，因为你在情感、道德、精神层面没有其他的关系。你为你的宗教所围，你为社会所围，对你来说，其他唯一的释放便是获得成功。由于你被困住，你便去反抗，你希望获得自由，但你没有。这便是矛盾，于是你挣扎，殊不知这么做完全是在浪费时间。毕竟，我们为什么必须例行公事般地活着呢？——到办公室上班，挣钱养家，谋份差事。先生，你是否曾经尝试过什么也不做，真正地放弃，不做任何考量、盘算呢？尔后你将看到，生活会给你滋养。然而，有盘算的摒弃并不是真正的摒弃，带着某个预见中的结果去摒弃，为了找到神而去摒弃，这不过是在寻求权力，这不是摒弃。若想摒弃，你不可以诉诸于明天。

但是你知道，我们不敢从这些层面去思考，我们是体面人士，我们有受过培养的头脑，我们玩着一个双重游戏。我们对自己不诚实，于是也就对我们的家人、我们的孩子、我们的社会不诚实。由于内心缺少确定与安全，于是我们便去依附那些外在的东西，依附地位、妻子、丈夫、孩子，他们变成了让我们得到满足的手段。我希望某个人能够同我在一起，给我鼓励，通常来说这个人就是妻子或丈夫——因此我们利用他人来得到自身的满足。显然，这一切并不难理解，只有当你仅仅去检视它的表面，才会很难去理解。我们大多数人都不希望对这些问题展开深入的探究，所以我们试图去逃避它们。先生，一个去逃避的人，一个不愿审视"当下实相"的人，将永远无法找到实相。一个直接审视"当下实相"的虔诚之士，不会去寻求这之外的实相。实相就存在于你同你的妻儿的关系中，就蕴含在你的谋生之道里，而不是在别处。你不可以通过错误的手段去挣钱，你应该拥有正确的谋生之道。真理并不在远方，你应该在每日的行动中去发现真理。由于我们躲避这一切，结果我们的生活就沦为了不幸，除了养育子女、挣钱谋生、掌握一两个梵语词汇以及做做礼拜以外，我们的生活空洞一物，毫无意义。这就是我们所说的生活，这就是我们所谓的活着——一具没有多少意义的空壳。

很明显，指明这一切并不是去逃避问题。要想认识它，你我显然就得展开探究。我不是你的上师，因为，如果你挑选我作为自己的上师，你就会把我变成另一种逃避，你出于困惑、混乱而挑选出来的对象，一定也同样是困惑、混乱的。因此，真理是在生活的每时每刻都要去探明的事物。若想认识这个，你我可以一起展开讨论，一起去思索，我不会把某个你永远不会去探究的东西强加在你的身上。我们讨论的目的，是为了清楚地审视我们的问题，我们应当怀着人的尊严去探究问题，而不是抱着希望相互崇拜的欲望。

所以，在这个问题里面，重要的是我究竟能否帮助你去认识自我。只有当你希望去认识自己的时候，我才能对你有所帮助，假如你没有认识自我的意图，那么问题就简单了——我无法给你帮助，这无关对错，就是没法办到。但倘若我们都渴望实现认知，于是你我之间也就有了关系，这关系里面，没有恐惧，没有屈从，尔后你便能够发现自己的本来面目了。这是一切关系都可以做到的——提供一面发现自我的镜子，你越是认识自己，心灵就会越安宁。在这种安宁中，在这种寂静中，实相将会到来。

问： *祈祷的作用是什么呢？*

克： 要想回答这个问题，我们就得展开充分的探究，因为这是一个复杂的难题。让我们了解一下我们所说的祈祷是指什么意思，尔后我们就能探明它的目的了。你所谓的祈祷意指为何呢？你什么时候会去祈祷？不是在你感到幸福的时候，不是在你开心的时候，不是在你心里充满了欢愉或快乐的时候。只有当你身处困惑、麻烦之中，你才会去祈祷，因此，你的祈祷实际上是一种恳求。一个身陷困境的人会去祈祷，这表示他是在哀求，他希望获得帮助，他是在恳求，渴望得到慰藉。（笑声）没什么可笑的。所以，如果一个人感到十分满足，如果他身处幸福之中，如果他看得格外清楚，在日常的行动中认识了实相——那么这样的人是无需祈祷的。欢愉时，你不会去祈祷；心中感到开心时，你不会去祈祷，只有在你身处混乱、困惑的时候，你才会去祷告，或者你的祷告仅仅只是一种乞求、哀恳，是需要得到帮助、慰藉、缓解，不是吗？换句话说，你陷入混乱，你希望有某个外部的力量来让你走出这混乱。你希望某个人向你伸出援手，你的问题里面存在越多心理方面的因素，你就越会迫切地需要得到外部的帮助。于是，你要么会向神祷告，要么，假如你是个现代人的话，则会去求助于心理医生。抑或，为了逃避这种混乱，你反复念诵某些语句。你参加各种各样的祈祷聚会，在那里，你被带领着、被施了催眠术一般地进入到了某种状态，你以为自己有了解答。

这些全都是切实发生的情形，我没有在编造，我只是指出了你所谓的祈祷的真正涵义。就像我们在身体疼痛时会去看医生一样，当我们陷入心理上的混乱时，便会逃避到集体的催眠中去，或者恳求某种外部的力量提供帮助，这便是我们所做的，不是吗？我在为你们边想边说，这就是全部，我不是在强加任何东西给你。所以，我们的祈祷不是为了获得真理，而是向某个外部的力量发出的，即我们所说的导师、上师或神。意思便是说，当我们身处痛苦，身处心理的冲突，就会求助于某个人，这是一种自然本能，就像一个孩子会求助于自己的父亲获得帮助一样。当我不了解我与他人的关系，当我陷入混乱，我就会求助某个人来伸出援手——这是一种自然本能，对吗？

那么，外部的力量可以帮助我吗？这并不是说没有外部的力量存在——我们下一次将探究这个问题——可是，当我有了某个问题，当我身处由自己制造出来的冲突和混乱之中，那么外部的力量能够帮助我吗？是我自己导致了我跟社会的关系的冲突，我做了某些会引发冲突的事情，很明显，我要对这冲突负责，而不是他人。除非我认识到了这个，否则我求助于外部的力量又有什么作用呢？外部的力量或许可以帮助我摆脱它，或许可以帮助我去逃避它，但只要我没有认识自己的混乱，那么我就会制造出另一个冲突。这便是我们正在做的事情：我们制造出了某个混乱，然后找到一个法子来摆脱它，之后又扎进了另一个混乱之中。因此，直到我认识了混乱的制造者即我自己，直到我依靠自己的力量清除掉了那一混乱，否则，单纯地求助于某个外部的力量是没有多少用处的。我知道你不喜欢这个：你会去抵制，因为你不想按照事物的本来面目去审视它们。然而，要想认识混乱的原因，那么我显然就必须清楚地认识自己。所以，这是一个事实。

我们知道，逃避"当下实相"的简单方法便是去否认它。我们要么通过反复念诵某些语句将它掩盖起来，要么则会通过参加集体性的祈祷大会来逃避它，我们懂得各种各样的方法。你去到庙宇，口里念念有词，你不断地念诵，认为自己发生了转变。你有了答案，你发现了某个结论，但这不过是一种逃避问题的法子，你并没有审视问题。当你祈祷的时候，会发生什么呢？在你做祷告时，你会做什么呢？你会反复念诵某些语句，当你不断地重复祷词，这么做会对心灵产生什么影响呢？通过反复的念诵，心灵将变得安静下来，然而这并不是真正的宁静，而是被人为地变得安静的，安静的心灵同被变得安静的心灵是不同的。通过念诵而被变得安静的心灵是被强迫的，犹如被施了催眠术而步入寂静。那么，当心灵因为催眠而安静，会出现怎样的情形呢？当心灵被人为地变得安静时，会发生什么？你是否想过这个问题呢？好好思考一下，看看它会带领你走向何处，你必须投以关注，必须依靠自己的力量展开检验，不要被那些进进出出的人干扰到，你们当中那些怀有兴趣的人请坐近一点儿。

那么，一个被变得安静的心灵会发生什么呢？也就是说，你有了某个问题，你希望找到解答，于是你便去祈祷，即反复念诵某些语句，通过这么做，心灵变得安静下来。被催眠的心灵同问题之间是什么关系呢？请思考一下这个。你希望找到问题的解答，于是你运用、吟唱、念诵某些语句来让心灵安静下来，意思便是说，你想要得到一个关于问题的满意的答案，一个能够让你感到满足的答案，而不是可能与你发生抵触的回答。因此，当你去祈祷，当你通过语句来让心灵安静下来，你寻求的是一个可以让你得到满足的答案，你已经构想出了那个必定会令你满意的答案，因此，你将找到这样一个让你感到满意的解答。先生，请务必懂得这其中的重要性。通过让心灵钝化，通过让心灵安静下来，你制造出了你所渴望的东西。通过强迫心灵去祈祷，你已经确立了你所希望的——那便是一个能够带来满足、和平，完全让你感到满意的解答。所以，一个通过祈祷去寻求问题的解答的心灵，将会找到令它满意的答案。于是，它便是确定的、停滞的，称这答案来自于神。这就是为什么那些政治领袖们会叫喊说他们是神的代表，抑或神直接向他们宣讲，因为他们把自己与国家认同，他们得到了一个满意的回答。

因此，假如心灵不愿意去认识问题，从而向外部力量去寻求解答，那么这样的心灵会发生什么呢？它会有意或无意地得到一个满意的回答，否则，它将会排拒那个答案。也就是说，那些祈祷的人寻求得到满足，于是也就无法去认识问题本身。当心灵通过祈祷被人为地变得安静，那么无意识，即你自身那些让你感到满意的结论的残留物，会将自己投射进意识之中，结果你的祷告便会得到回应。因此，在你祈祷的时候，你寻求的是一种逃避，寻求的是幸福，那个回应你的外部力量其实是你自身的满足，是你自己有意或无意地在认同某种你希望去满足的欲望。

所以，我有一个问题。我不想逃避它，也不想要某个答案或结论。我希望认识它，原因是，就在我认识、理解了某个事物的那一刻，我便挣脱了它的束缚。因此，为了实现认知，我是否需要经历自我催眠的过程，抑或被语词催眠，强迫心灵安静下来呢？显然不需要。当我有了一个问题，我渴望去认识它。只有当心灵不再去评判问题，也就是当心灵能够去观察它，既不谴责，也不为之辩护，才会实现认知。尔后心灵便是安静的，不是人为地、被动地变得安静。一旦心灵迈入静寂，你将发现问题会揭示出自身。假如你不去谴责，假如你不去试图找到答案，心灵就会安静下来。在这种静寂里面，问题会彰显出它自己的答案，而不是那个让你感到满意的答案。所以，关于问题的真理来自于问题自身。但倘若你带着结论、祈祷、恳求去着手问题，那么你便无法洞悉它，因为结论、祈祷、恳求只会在你与问题之间造成干涉。

因此，假如一个人想认识某个问题，那么只有当心灵步入宁静，而不是去表明立场，他才能够做到。当你希望了解有关失业、人类的痛苦等问题，你不可以摆明立场，但你的那些政客们却希望你如此。如果你想要认识问题，就不可以有任何预先的立场，因为问题无关看法、观点，它不需要任何意识形态，需要的是你清楚地审视它，如此一来才能懂得它的内容。你在自己与问题之间竖起一道意识形态的屏障，你就不可能认识问题的涵义。同样的道理，没有自知，那么祈祷就只会走向无知与幻觉。自知便是冥想，若没有自知，就无法展开冥想。冥想，不是把思想集中在某个对象身上，冥想是在关系里去认识"当下实相"。尔后，心灵就无需被强迫着迈入安静；尔后，心灵将会格外敏锐，从而具有了非凡的接纳能力。然而，训练心灵变得安静，会破坏这种接纳能力。

或许我们在下个周日将再次讨论一下这个问题。要想认识某个问题，你就得理解问题的制造者，也就是你自己。问题与你并不是分开的，所以，认识自我是最为重要的。要想认识自我，你就不可以从关系里退出，因为关系是一面能够让你发现自我的镜子。关系即行动，不是抽象的行动，而是日常的行动：你的争吵、你的愤怒、你的悲伤。随着你认识了与你自己有关的这一切，就会迎来心灵的安静，而自由就蕴含在这种宁静中。唯有获得了这种自由，方能感知到真理。

（第二场演说，1949 年 11 月 27 日）

在无为的姿态中，认知悄然来临

明天早上七点四十五分将有一场讨论，周二的同一时间也会有一场。但是，下周日没有演讲，这是最后一次演说。

我曾经指出，聆听是有艺术的，或许我可以稍微再探究得深入一点儿，因为我觉得，正确的聆听是十分重要的。我们通常只会听自己希望去听的东西，将一切会带来扰乱的排除在外。对于任何干扰性的观点，我们会充耳不闻，尤其是在那些深刻的、宗教性的问题上，那些生活里有意义的问题上，我们的聆听很容易停留在表面。如果我们完全只是在倾听，那么它就只是语词，而不是词语的涵义，因为我们大多数都不愿意受到扰乱。我们大多数都希望恪守陈规，原因是，变化，意味着扰乱：对我们日常生活的扰乱，对我们家庭的扰乱，妻子和丈夫之间的扰乱，我们自己和社会之间的扰乱。由于我们大部分人都讨厌受到干扰，所以宁愿遵循简单的生活方式，至于这么做是否会带来不幸、混乱和冲突，显然一点儿都不重要。我们渴望的只是一种简单的生活——没有太多麻烦，没有太多干扰，没有太多思考。因此，在聆听的时候，我们实际上没有在听任何东西。我们大多数人都害怕听得过于深入，然而，只有当我们深刻聆听，只有当那些话语深深地渗透进了我们的头脑，才能够出现根本性的、本质性的转变。若你的聆听停留在表面，就无法实现这样的改变。

如果我可以建议的话，至少这个夜晚请你们努力去聆听，不要有任何抵触，不要抱持任何成见——就只是用心去听。不要费很大的努力去理解，因为，认知并不是通过努力而来的。当你采取一种无为的姿态，认知便会悄然来临，只有当那个展开努力的人安静下来，认知的浪潮才会涌现。所以，假如我可以建议，我希望你们仔细去听，就像你聆听潮水的涌动一样。你不要去想象，不要费力地去听，就只是聆听。尔后，声音会传递出自身的涵义，尔后，你获得的认知，要比单纯地通过智力上的努力去认识语词而得到的认知深刻得多。认识语词，即所谓智力上的理解，完全是空洞的。你说道："理性上我理解了，但我无法将其付诸于实践。"这实际上意味着，你并没有真正理解。一旦你实现了认知，你就会理解涵义。没有所谓理性上的理解，那不过是一种口头层面的认知。聆听话语，并不代表就理解了它们的涵义，语词并不等于它所指代的事物。当心灵不再展开努力，也就是说，当它不再去抗拒，当它不抱持任何的成见，而是充分地、自由地聆听，觉知便会到来。如果我可以建议的话，这就是今天晚上我们应当努力去做的。因为，尔后，聆听中会有巨大的欢愉——就像聆听一首诗、一首歌曲或是观察一棵树的运动——尔后，这种观察、这种聆听，会赋予生活深远的意义。

显然，宗教便是揭示实相。宗教不是信仰，宗教不是寻求真理，寻求真理，不过是实现信仰罢了。宗教是去认识思想者，认识什么是思想者以及他所创造出来的东西。没有认识思想者与思想的过程，仅仅被困在某个教义之中，这显然无法展现出生命之美、真理之美。如果你去寻求真理，那么你应当已经懂得何谓真理了。如果你去寻求某个事物，这表示你已经失去了它，以及你已经知道它是什么。而你知道的是信仰，信仰并非真理。再多信仰、再多传统、再多宗教仪式——这里面有如此多的对真理的事先构想——都无法走向宗教。信仰、不敬神、无神论者，都不是宗教。

显然，宗教是让真理到来，无论这真理是什么——不是你所渴望的真理，因为，尔后，它不过是某种欲望的满足，而你把这欲望称作信仰。所以，必须怀有一颗能够接纳真理的心灵，不管这真理是什么，只有当你以无为的姿态去倾听的时候，才能拥有这样的心灵。当你不做任何努力，没有任何压制或升华，就能实现无为的觉知。因为，毕竟，若想去接纳，心灵就得不为观点所累或者不忙于自己的聒噪。出于观点和信仰，心灵会制造出关于神的理念或形象，但这是它自造出来的，是它自己的聒噪和产物的投射，所以并不是真实的。实相是无法被制造出来的或者被邀请到的，只有当心灵、思想者认识了自己，实相才会到来。假如没有认识思想与思想者，就无法接受真理，因为那个展开努力的人就是思想，即思想者。若无思想，便没有思想者。思想者寻求获得更多的安全，他在某个理念中得到庇护，他把这理念称作神、宗教。但这并不是宗教，这不过表现了他自己的自负、自我中心，是他自身的投射。它是一种被制造出来的正义，被制造出来的可敬，这种可敬无法接受到真理。在政治、经济或宗教领域，我们大多数人都是颇为体面的，我们希望在此生或者另一个世界里出人头地，渴望以一种不同的形式在另一个世界里生活下去，这依然是一种自我投射，依然是一种自我崇拜，这样的投射物显然并非宗教。宗教是比自我投射更加深刻、更加广阔的事物，毕竟，你的信仰是一种投射，你的理想是你自造出来的，无论是国家的还是宗教的理想。遵循这样的投射物，显然是自我得到满足，于是也就把心灵封闭在了某种信仰里头，结果它并不是真实的。

只有当心灵迈入寂静，不是被人为地变得安静，实相才会登场。所以，不应该训练、强迫心灵变得安静，一旦你去训练自己，那么它就只是处于某种状态的被投射的欲望，这样的状态不是无为的状态。宗教是认识思想者与思想，意即认识关系里的行动。理解行动中的行为，便是宗教，而不是去推崇某个观念，无论它多么令人满意、多么合乎传统抑或是谁提出的。宗教便是在关系里去认识行动的美、深刻以及广博的涵义。因为，毕竟，生活即关系，存在即意味着处于关系之中——否则你便无法生活。你不可能活在孤立隔绝的状态，你同你的朋友、你的家庭有关系，同那些跟你一起工作的人有关系，哪怕你退隐到山林，你跟那个带给你食物的人也有关系，你跟你所制造出来的观念也有关系。生活即意味着处于关系之中，如果我们没有认识这种关系，就无法理解实相。但由于关系带给人痛苦和扰乱，由于它的需要总是在不断地变化，于是我们便去逃避关系，在我们所谓的神的身上寻求庇护，并认为这就是追求实相。

一个人无法去追逐实相，他只会去追逐由他自己制造出来的理想。因此，我们的关系以及对它的认知，才是真正的宗教，除此以外再无其他。因为，关系里涵盖了生活的全部意义。在关系里，无论是跟人的关系，跟自然、树木、星辰的关系，还是跟观念的关系、跟国家的关系——在关系里，将会揭示出思想者与思想的全部，也就是人及其意识的全部。通过冲突的集中，自我将会出现，冲突的集中让思想产生了自我意识，否则不会有自我，尽管你可能把自我置于某个高等的层面，但它依然是自我的满足。

所以，假如一个人想要迎来实相——不是寻求实相——假如他希望聆听来自永恒的声音，不管这永恒是什么——那么他就必须认识关系。原因是，关系里会有冲突，正是冲突妨碍了实相。意思便是说，在冲突里会有自我意识，这种自我意识希望去逃避冲突。可只有当心灵认识了冲突，它才能获得实相。因此，如果没有认识关系，那么追求实相就是在寻求逃避，不是吗？为什么不去面对它呢？如果没有认识实相，你如何能够实现超越呢？你或许可以闭上眼睛，或许可以逃往神殿，对那些空洞的塑像顶礼膜拜，但倘若没有理解关系里的冲突，那么膜拜、献身、礼拜、敬献花朵、牺牲、理想、信仰——所有这一切都将毫无意义。因此，认识关系里的冲突是最为重要的，除此以外再无其他，原因是，在冲突中，你将会发现意识的整个过程。假如没有在日常生活的冲突中，在经济、社会和意识形态等诸多领域的冲突中去认识你自己的本来面目——不是你的应有面目——假如没有认识这种冲突，那么你如何能够去超越、去发现呢？寻求那超越之物，不过是在逃避实相，若你想要逃避，那么宗教或神就会跟饮酒一样是一种非常便利的逃避。不要因为我把饮酒和神放在同一层面而加以反对，因为所有的逃避都是一个层面的，不管你是通过喝酒、做礼拜去逃避，还是通过其他什么途径。

因此，认识关系里的冲突是最为重要的，除此以外再无其他。由于冲突，我们制造了一个世界，我们每日都生活在其间——生活的不幸、贫穷与丑陋。关系便是对生活的运动所做的反应，也就是说，生活是一种不断的挑战，当回应不够充分的时候，就会出现冲突。然而，对挑战做出立即的、正确的、充分的回应，将会带来一种完整。在这种能够充分应对挑战的回应里，冲突将会停止。所以，重要的是认识自我，不是从抽象的层面来讲，而是在切实的日常生活中认识自己。你在日常生活里是什么样子的，这个是最为重要的，不是你在思考什么或者你怀有关于什么的想法，而是你是怎样去对待你的妻子、你的丈夫、你的孩子、你的员工的。因为，你是什么样子的，你就会制造出怎样的世界来。所谓行为，不是指理想的行为，不存在所谓理想的行为，行为便是每时每刻你是什么样子的，每时每刻你的行为表现是怎样的。理想则是逃避你的本来面目，当你不了解自己身边的人和事，当你对自己的妻子无知无觉，那么你怎么可能行至远方呢？你显然应该由近及远，然而，你的目光聚焦在地平线上，也就是你所谓的宗教，你有信仰的全副装备来帮助你去逃避。

所以，重要的不是如何去逃避，因为任何逃避都是一样的——宗教的逃避与世俗的逃避并无二致——逃避，无法解决问题。我们的问题是冲突，不仅是个体之间的冲突，还有世界的冲突。我们目睹了世界上正在上演的情形——战争、破坏、不幸、冲突与日俱增。你无法让这些停止，你能够做的，唯有去改变你同世界的关系。这个世界不是指欧洲或美国，而是那个由你的妻子、你的丈夫、你的工作、你的家庭所构成的世界。你可以让自己生活的那方天地发生转变，这种变化会像漩涡一样越来越宽广。但倘若没有这种根本性的转变，心灵就无法获得安宁。你或许可以端坐在某个角落，读一些东西让自己沉沉睡去，这便是大部分人所说的冥想，然而这并不能揭示实相，迎来实相。

我们大多数人渴望的是一种会带给人满足的逃避，我们不想直面自己的冲突，因为它们太让人痛苦了。它们之所以会让人觉得如此痛苦，唯一的原因是我们从不曾希望去审视它们究竟是什么，我们寻求着所谓的神，但却从来不去探究冲突的原因。可一旦我们认识了日常生活的冲突，就能够展开深入的探究了，因为生活的全部意义就蕴含在这里面。

一个处于冲突之中的心灵是毁败的心灵，是毫无用处的心灵，那些身陷冲突的人永远无法实现觉知。然而，冲突不会因为任何准许、信仰或训诫而得到减缓或平息，原因是，你必须要去认识冲突本身。

我们的问题就在关系里，即生活里，宗教便是去认识生活，这会让心灵迈入寂静的状态，这样的心灵才有能力去接纳实相。毕竟，这便是宗教——不是你身着的圣袍，不是你所做的礼拜，不是你去念诵某些语句以及举行仪式。显然，这一切皆非宗教，它们只是界分。然而，一个认识了关系的心灵是不会怀有任何界分的。认为生命只有一次，这种信仰不过是一个观念罢了，因此毫无价值。但对于一个理解了关系的人来说，不会再有"外部"、"内部"之别，既没有所谓的外国人，也没有什么近邻。关系是认识自我的过程，时时刻刻在日常生活中去认识自己，这就是自我认知。认识自我并不是宗教，也不是终极目的。不存在所谓的终极目的，所谓的终极目的，只是针对那些希望去逃避的人来说的。然而，认识关系——这种认知将会让自我不断地彰显出来，从而实现对自我的了解——是不可度量的。

因此，认识自我并不是去认识某个被置于高等层面的自己，而是时时刻刻在日常的行为即关系中去了解自己。如果没有认识自己，就无法展开正确的思考，如果你不知道自己的本来面目，就没有基础去进行正确的思考。你无法在抽象的理论或意识形态里去认识自我，你只能在自己日常生活的关系里去了解自己。你难道不知道自己身处冲突之中吗？逃避冲突有什么用呢？这就好像一个人的身体系统里染上了病毒，而他不去抵抗，于是就会慢慢死去一样。因此，认识自我是智慧的开始，没有实现对自我的认知，你便无法走得太远。寻求绝对、神、真理，你怎么称呼都好，不过是在追逐某种自造出来的满足罢了。所以，你应该从近处开始做起，探究你讲的每一个词，探究你的每一个手势、你讲话的方式、行为的方式、吃饭的样子——去觉知一切，但不做任何谴责。尔后，在这种觉知中，你将懂得什么是"当下实相"以及让"当下实相"发生转变——这便是自由的开始。自由不是终点，自由是每时每刻去认识"当下实相"——当心灵获得了自由，不是被人为地变得自由。唯有自由的心灵，才能有所发现，而不是一个被信仰或假设塑型的心灵，这样的心灵无法有所发现。假如有冲突存在，就不可能迎来自由，因为冲突是自我在关系里的固化。

有许多提问被递交了上来，我自然无法一一解答，所以我们选择那些看起来似乎具有代表性的。如果我没有回答你的问题，请不要觉得被忽略了，毕竟，所有的问题都是彼此相关的，假若我可以充分地、彻底地认识某个问题，那么我便能够懂得所有相关的问题了。所以，请仔细地聆听这些提问，就像你听我的演说一样，因为，问题是一种挑战，只有充分地回应它们，我们才会发现问题将迎刃而解。它们对你、对我都是挑战，因此，让我们一起来展开思考，然后给出充分的回答。

问：什么是正确的教育？为人师、为人父母的我们，对此问题倍感困惑。

克：我们打算如何去探明有关该问题的真理呢？仅仅强迫心灵去适应某种体系、某种模式，这显然不是教育。所以，要想知道什么是正确的教育，就得弄清楚我们所说的"教育"究竟是什么意思。很明显，教育不是去学习生活的目的，而是去理解生活的意义及过程。因为，倘若你声称生活存在某个目的，那么这个目的就是自我制造出来的。显然，若想探明何谓正确的教育，你必须首先去探究生活的全部涵义。

那么，当前的教育是怎样的呢？学习如何挣到一两个卢比，学习如何谈成一笔生意，如何成为一个工程师、社会学家，学习怎样去屠杀民众或是怎样去阅读一首诗歌。如果你认为教育就是让一个人变得有效率，意即教他掌握技术方面的知识，那么你就必须懂得效率的整个涵义。当一个人变得越来越有效率的时候，会发生什么呢？他会变得越来越残酷无情，请别笑。你在日常生活里都在干什么呢？此刻世界上正在发生的情形是怎样的呢？教育指的是发展某种技能，也就是效率，这意味着工业化，意味着能够工作得更加快捷，生产越来越多的东西，所有这一切最后将会导致战争。你会发现，这种景象每一天都在上演着。既然教育会带来战争，那么它的作用在哪里呢？去毁灭他人或者被他人毁灭。因此，当前的教育体制显然彻头彻尾是没有价值的。所以，重要的是去教育教育者。这可不是说得好听，你们不可以左耳进右耳出，不可以一笑了之。原因在于，如果不去教育老师，那么他除了教给孩子们一些剥削、利用他人的法则之外——他自己就是这样被教育长大的——还能教给他们什么呢？你们大部分人都读过很多书，但你们变成什么样子了呢？你拥有财富或者具备挣钱的能力，你有你的那些欢愉和仪式——你身处冲突之中。当你的整个生活带来的是不幸与战争，那么教育也就是学习如何挣到一两个卢比的意义又在哪里呢？因此，正确的教育显然必须从教育者、从老师和家长开始做起。探究正确的教育，便是探究生活本身，不是吗？假如你只会让冲突与日俱增，只会让诉讼没完没了地持续下去，那么把你教育成一个律师又有什么意义呢？但这里头有大把的金钱，你靠当律师兴旺发达。

所以，若你希望带来正确的教育，那么你显然就得理解生活的涵义。生活，并非仅仅是指挣钱、享受悠闲，而是指能够展开直接的、正确的思考——不是去符合什么，不是去与什么调和，因为这样一来思考就只是去遵从某个模式罢了。假如一个人这么做了，他就是没有思想的人，他仅仅是重复某些语句，陷入窠臼去思考问题。要想探明什么是正确的教育，就必须认识生活，这意味着必须认识你自己，因为你不可能抽象地去理解生活。提出有关生活应当如何的理论，并不能让你实现对自我的认知。很明显，正确的教育得从教育者的正确认知开始。

看一看世界上正在发生的情形吧。政府掌管着教育——这很自然，因为所有的政府都在进行着备战。你们的政府跟外国的政府一样，势必都在为战争做着准备，主权政府一定会拥有军队，拥有海军、空军的力量，让公民们变得有效率，从而为战争做好准备。为了让他们能够彻底地、有效率地、冷酷无情地去履行自己的职责，政府就必须控制他们。于是，他们教育公众的方式，就如同是在生产机器上的工具一样，把他们训练成冷酷无情的有效率的机器。如果这便是教育的目的——即毁灭与被毁灭——那么它一定会是残忍无情的。我敢确信，这便是你所渴望的，因为，你仍然在按照老的那一套，依然在用同样的方式去教育你的孩子。正确的教育要从教育者的认知开始，这意味着，他必须摆脱思想的既定模式。教育不是单纯地传授信息，懂得怎样去阅读，怎样去积累和关联事实，而是去洞悉教育的全部涵义，是要懂得政府、世界形势以及在全世界范围内越来越占据主导地位的极权思想的涵义。由于倍感困惑，于是你便制造出了一个同样困惑的教育者。通过所谓的教育，你提供了消灭外国政府的力量。因此，在你询问何谓正确的教育之前，你应当首先认识你自己。你会发现，假如你怀有探明的兴趣，那么认识自我将不会花费太长的时间。先生，若没有认识作为教育者的你自己，那么你如何能够带来一种崭新的教育呢？所以，我们回到了那个不变的点上——即你自己——而你却想逃避这个最关键的点，你希望把责任推到老师、政府的身上。政府便是你自己，世界便是你自己，如果没有认识自我，怎么可能迎来正确的教育呢？

问：您所说的时时刻刻地生活是指什么意思？

克： 凡持续的事物，永远不会是鲜活的。就只是去思考一下这个问题，尔后你就会明了的——这不是一个复杂的问题。显然，假如我每一天都是完整的，不把我的那些焦虑、痛苦带到第二天，那么我就能够以全新的姿态去迎接明天了。以新的姿态迎接挑战，这便是活力与生机。若无终结，就不会有创新。也就是说，你用旧的模式去迎接新的挑战，所以，若想迎接新事物，那么旧的东西就必须得终结。每一分钟都必须终结，如此一来，每一分钟都是全新的。这不是诗意的想象或沉迷。倘若你去尝试一下，会看到将发生什么。然而你知道，我们希望持续，希望每时每刻都持续下去，因为我们认为，若无持续，我们便无法生活。

那么，凡是可以持续的事物，能否更新自己呢？它能否是崭新的呢？显然，只有当终结之时，才会有新事物出现。你的思想是持续的，思想是过去的产物，它是建立在过去之上的，它是过去的延续，过去与现在相连，它创造着、修改着未来。然而，过去经由现在通往未来，它依然是一种持续，没有中断。唯有出现中断，你才能发现新的事物。仅仅延续过去，仅仅用现在去对过去做一定的修正和改变，无法感知新事物。所以，思想不可能感知到新的东西。要想迎来新事物，思想就得终止。可是你看到了我们正在做的，我们把现在作为从过去走向未来的通道，难道不是吗？对我们来说，当下并不重要，我们并不觉得思想是重要的，殊不知，思想即当下的行动，思想即当下的关系。我们认为，重要的是思想的结果，即未来或过去。你难道不曾留意过那些老年人是怎样回顾过往的吗，还有那些年轻人有时候是怎样回首过去抑或展望未来的吗？他们忙着去关注过去或将来，从不曾对现在投以全部的注意力。因此，我们把现在视为一条通往其他东西的通道，于是也就不会去关注、观察现在。要想观察现在，过去就得终结。很明显，若想洞悉实相，你就不可以经由过去去看待当下。如果我想要认识你，我就得直接地审视你、观察你，就不应该提出我过去所抱持的成见，然后再通过这些偏见去看待你。尔后，我仅仅只是在看着我的成见。只有当我不抱持任何的成见，才能正确地看待你，所以，必须得停止这些偏见。

因此，要想认识"当下实相"即行动，也就是每时每刻的关系，就必须得做到崭新，所以你应当终结过去，这不是理论。对此展开检验，你会发现，终结过去并不像你以为的那么困难。当你聆听的时候，试着去做一下，你将看到，你可以极为容易地、彻底地让思想停止，继而能够去发现、去探明。也就是说，当你没有受到劝诱，当你对某个东西怀有深深的兴趣，那么你便会以崭新的姿态去审视它了。你关心的只是去观察实相，让实相彰显出自身的涵义。一旦你懂得了这其中的真理，便能每时每刻清空你的意识了。于是，意识会以崭新的姿态去发现万事万物，这便是为什么知识永远不会是新鲜的。唯有智慧才是鲜活的。知识可以在学校里被教授，但智慧是无法被教授的，所谓智慧的学校，这完全是一派胡言。智慧便是时时刻刻去发现和认识"当下实相"。你怎么可能被教育着去观察"当下实相"呢？如果你受到了教育，那么它是知识，尔后，知识会在你跟事实之间插上一脚。所以，对于新事物来说，知识只是一个绊脚石，一个充塞着知识的心灵是无法认识"当下实相"的。你受着教育，对吗？那么你的心灵是鲜活的吗？还是它塞满了那些被记住的事实呢？如果心灵越来越像是一个累积事实的仓库——那么这样的心灵如何能够发现任何新的事物呢？要想发现新事物，就必须清空过去的知识。唯有时时刻刻发现"当下实相"，才能获得自由，而这种自由是智慧带来的。因此，智慧是全新的事物，它不是重复性的，不是你从学校的书本抑或商羯罗、《薄伽梵歌》或基督那里可以学到的东西。

因此，持续的知识会妨碍我们认识新事物。如果在聆听的过程中你把自己先前的知识带进来的话，那么你如何能够实现认知呢？你首先必须去倾听。先生，一位工程师拥有关于压力的知识，但倘若他要去修建一座桥梁，那么他应该首先去探究地质和土壤，他应该凭借自己的力量去审视将要去建造的结构，这意味着，他得以新的姿态去看待要去建造的对象，而不是仅仅去复制书本上的知识。这个比喻有点儿危险，所以审慎用之。重要的是，唯有新生，才能迎来生机与活力，才能迎来那种富有创新精神的推动力，才能有那种不断更新的感觉，而只有当每一分钟都去终结，方能实现上述这一切，这样的心灵才可以接受真理。真理不是绝对的、终极的、遥远的事物，它是要每时每刻去发现的。当你处于一种持续的状态，你便无法去发现真理，持续里是没有自由的。毕竟，持续便是记忆，记忆怎么可能是新鲜的呢？记忆，即经历、过去，如何能够去认识现在呢？只有当你充分认识了过去，只有当意识被清空，才能洞悉当下的全部涵义。然而，我们大多数人的心灵都不是空无的状态，而是充塞着各种各样的知识，这样的心灵不是思考的心灵，它不过是一个重复性的心灵，是一台留声机，按照环境更改唱片。这样的心灵，无法发现新事物。新生只蕴含在终结里，可你却害怕这个，你害怕结束，你所有的谈话，你累积的事实，都只是一种保护，都只是一种逃避。于是，你寻求持续，寻求永生，然而，凡是持续的事物从来不会是崭新的、鲜活的，持续中没有更新，没有空无，而唯在空无里，你才能够去接纳。因此，只有当心灵处于空无的状态，它才能更新自身，而不是当它塞满了你日复一日的焦虑。一旦意识终结，便能迎来生机与活力，这便是永恒。

问： 我越是听您的演说，越是感受到了那些古人的教诲，比如耶稣、商羯罗、《薄伽梵歌》以及通神论。您真的没有读过这些典籍吗？

克： 我先回答问题的后一个部分，然后再回答前一个。"您真的没有读过这些典籍吗？"是的，先生，我没有读过他们任何一个人的著作，这有什么不对吗？你很惊讶吗，很震惊吗？为什么你应当去读他们的作品呢？当有了你自己的作品时，为什么你还希望去阅读其他人的呢？你为何想要阅读《圣经》或《商羯罗》？显然是因为你希望得到确证，希望去遵从，这便是为什么大多数人都会阅读的缘故——只为让他们相信的或者表达的得到确证，只为获得确认、安全、确定。在确定的状态里，你能有所发现吗？答案显然是否定的。一个心理上有确定感的人，永远无法去发现。所以，为什么你要去阅读呢？你可以为了单纯的娱乐或累积事实而去阅读，或者你的阅读是为了获得你所谓的智慧，你以为自己已经认识了万事万物，因为你能够引用商羯罗的话语，你觉得，通过引用商羯罗，你便领悟了生活的全部意义。一个引经据典的人是没有思考力的人，原因是，他仅仅是在重复他人的话语。先生们，假如你没有书本，没有《薄伽梵歌》、没有商羯罗，那么你打算怎么办呢？你将不得不依靠自己的力量踏上通往未知的旅程，你将不得不独自去冒险。当你有所发现，你发现的便是你自己的，尔后你不再需要任何书本。我没有读过《薄伽梵歌》或是任何宗教的、心理学的、哲学的书籍，但我实现了探明。唯有在自由的状态里，才能有所探明，而不是通过重复别人的言论。这种发现，要比他人的经验重要得多、伟大得多，因为发现不是重复、不是复制。

接下来是问题的第一个部分。先生，你为什么要比较呢？比较的过程是什么？你为何要说"您所说的跟商羯罗的很像"呢？我与他的观点究竟是否相似，这并不重要。真理永远不会是一样的，它始终是崭新的，如果是一样的，那么它就不是真理，因为真理每时每刻都是鲜活的，它不可能昨天跟今天一样。但你为何想要进行比较呢？你之所以去比较，难道不是为了获得安全感，难道不是因为觉得，既然我所说的跟商羯罗的看法一样，于是你就不必去思考了吗？你已经读过了商羯罗的著作，你认为自己已经实现了觉知，所以你便去比较、便去休息，这么做很迅速，也毫不费力。实际上，你并没有实现觉知，这就是为什么你要去比较的缘故。当你比较的时候，就不会获得认知，要想实现觉知，你就得直接地审视那个呈现于你面前的事物。一个做着比较的心灵是懒惰的、浪费时间和精力的，它是一个活在确定、安全中的心灵，是被满意围困起来的心灵，这样的心灵无法认识真理。真理是活生生的，而不是静止不动的，凡是鲜活的事物都是不可比较的，不能够把它跟过去或将来比较。真理每时每刻都是无法比较的，对于一个试图去比较、衡量、判断它的人，真理是不会登场。对于这样的心灵来说，有的只是宣传、重复，而重复便是谎言，并非真理。你之所以重复，是因为你没有在体验，一个正在体验的人从不会去重复，因为真理是不可重复的。你无法重复真理，但你关于真理的结论、判断却是可以被重复的。因此，假如一个人去比较，声称"您所说的就是商羯罗的观点"——那么这样的人仅仅只是渴望持续，所以便是衰弱的、无力的、死寂的。

先生，如果你仅仅只是重复一首歌曲并因而去效仿歌者，那么你的心中就没有歌声。重要的，不在于我是否读过那些典籍，抑或我的话是否与商羯罗、《薄伽梵歌》或耶稣的观点有可比性，而在于你为什么要重复他人的看法，为什么要进行比较。一旦懂得了你为何会去比较，你便将认识自我了。认识自我，要比你去认识商羯罗重要得多，因为你要比商羯罗或者任何思想意识来得重要。唯有通过自身，你才能发现真理，你才是真理的发现者，而不是商羯罗，也不是《薄伽梵歌》，这些都没有意义——这不过是一种对你自己进行催眠的手段罢了，就像读报纸一样。因此，一个能够接纳真理的心灵，是不会去进行比较的，原因在于，真理是不可比较的。要想获得真理，心灵就必须处于卓然独立的状态，当它受到商羯罗或佛陀的影响时，它就不是独立的。所以，一切影响、一切限定都应该停止。只有当所有的知识都停止时，才会有终结，继而才会有真理的卓然独立。

问：您所说的冥想具体是指什么意思呢？它是一种过程还是一种状态？

克：虽然我在发表演讲而你在聆听，但让我们一起去体验，弄清楚什么是冥想吧。我不打算教你如何去冥想，而是我们携手去探明何谓冥想。所以，在我们展开探究的时候，请你仔细地聆听以及去体验，因为，只有当我们一起踏上探寻之旅，话语才会有意义。

那么，什么是冥想呢？冥想便是认识冥想者，冥想者即冥想。冥想不是排他，不是专注。你所说的专注，是指什么意思？我将做出解释。我们一同踏上一段探寻之旅，你在探明，我在探明，重要的是去探明，而不是仅仅去复制、去遵从。我们大部分人都认为专注就是冥想，其实不是这样的，我将向你们指明原因何在。专注意味着排他——把思想集中在某个兴趣上，而将其他的兴趣排除在外。你一边努力做到全神贯注，一边在进行着抵制，因此，专注是一种抵制性的集中思想。你试图专注于某幅画、某个形象、某个想法，但你的意识却游走到了其他的兴趣上，你把排斥、抵制其他的兴趣叫做冥想。显然，这种专注不是冥想，因为，在这种努力中，那个进行着抵制的事物同那个侵入进来的事物之间会有冲突出现。也就是说，你把时间花在了抵制、斗争、压制某个事物上头，你日复一日、年复一年地做着这样的交战，直到最后你能够让思想集中在某个你所渴望的对象身上。你欲望的对象是自造出来的，它是思想过程的一部分，是你把它给制造出来的，你努力集中精神在它上头，所以，你实际上是在专注你自己，尽管你把它称作理想，因此，这是一种封闭性的、排他性的过程。

冥想不是排他。我们要以质疑的精神去探明何谓冥想，而声称它是什么不过是在复制。只有当你指出它不是什么，才能知道它是什么。所以，专注不是冥想。当一个男学生对某个玩具怀有兴趣的时候，他就会做到专注了。很明显，这并不是冥想，玩具不是神，追求美德也不是冥想。那么，让我们看看这究竟意指为何吧。培养美德——这是美德吗？培养和善——这是美德吗？声称"我打算友爱待人"，然后对友爱展开思索——这是美德吗？这种对美德的沉思，不过是自我盘算罢了，美德意味着自由，当你谋划着变得有德行时，你并不是自由的。因此，如果一个人每天都想着要变得有德行，那么他就不是真正的有德之人，这是一件外衣，不过是想获得体面。先生，当你谈论谦逊的时候，你是真的谦逊呢，还是仅仅披着谦逊的外衣呢？你知道什么是谦逊吗？你无法培养谦逊，你无法培养不贪，由于你是贪婪的，于是你便希望做到不贪。然而，愚蠢怎么可能变成智慧呢？只要有愚蠢，就不会有智慧，在任何环境下，愚蠢都是愚蠢。只有当愚蠢终止，智慧才会登场，只有当贪婪不再，你才能摆脱贪婪的羁绊。因此，美德是自由，而不是变得如何如何，变成怎样，是一种永无止境的持续。

所以，我们懂得，专注不是冥想，追逐美德不是冥想。献身显然也非冥想，因为，你献身的对象其实是你自造出来的。你的理想是你自身思想的产物，先生，你的理想显然是自造出来的，对吗？你是这个样子的，你希望变成那个样子，你的所谓变成怎样，其实是源于你的自我，源于你自己的欲望。你很暴力，你想要变得不暴力，这个理想就存在于你自己的内心。因此，你的理想是自造出来的，于是，当你去献身某个理想的时候，你便是献身于你所制造出来的事物。所以，你的献身是一种自我满足，你不会献身给某个你不喜欢的东西，某个会带给你痛苦的东西，你只会献身于能带给你愉悦的事物。这显然意味着，你献身的对象是自造出来的，因此献身并不是冥想。冥想并不是去寻求真理，因为，你无法需求你未知的东西，你只能寻求自己已知的。如果你知道真理，那么它就不再是真理了。你的已知，是过去的产物、是记忆的产物，所以它不是真理。因此，当你说："通过冥想，我在寻求真理"，你只不过是让心灵背负着你自己制造出来的那些东西，而它们并非真理。因此，专注、献身、追逐美德、寻求真理，这些统统不是冥想。

那么，什么才是冥想呢？我们平常一直在做的事情，那些实践、那些训练，那些对心灵的强迫——这一切显然都不是冥想。因为，这里面没有自由，而唯有在自由的状态里，真理才会到来。正如我们之前所讨论过的那样，祈祷也不是冥想。当我们把所有这些上层建筑从意识里移除——追逐理想、寻求真理、变得有德行、专注、努力、修持、谴责、评判——当这一切全都消失不见，意识将会怎样呢？当不再有这一切，当不再有冥想者，冥想便会登场。然而，冥想者永远无法做到真正的冥想，他只会去思考自己、投射自己、想到自己，不过他知道没有冥想。一旦冥想者认识了自我并且终结了自我，唯有这时，冥想才会到来，因为，终结冥想者便是冥想。专注、寻求真理、变得有德行、谴责、评判、修持——这一切都是冥想者的过程，如果没有认识冥想者的过程，就无法实现真正的冥想。所以，如果没有自知，就不可能展开冥想；如果心灵没有迈入寂静，就无法实现冥想。不过，心灵的寂静，不是通过冥想者的寻求或指挥而来的，当没有了冥想者的全部过程，寂静便会到来。这种寂静，不是由作为观念、作为理想的意识带来的，观念、理想只是自造出来的满足。可一旦冥想者、制造者、自我彻底消失，完全终结，寂静就会登场，这种寂静，不是意识的产物。冥想，便是当你认识了冥想者及其过程时所出现的这种寂静，这寂静是无穷尽的，它不属于时间，因此是不可度量的。只有冥想者在进行着比较、评判、衡量，可一旦你不去度量，那不可度量之物便会到来。所以，只有在意识彻底寂静，不去创造，不去思考——唯有这时，那不可度量之物才会登场。但是，你无法去思考这不可度量的事物，你思考的是已知，而已知无法认识未知。因此，只有当已知终结，未知才会到来，尔后，只会有极乐。

（第三场演说，1949 年 12 月 4 日）

PART 02

印度马德拉斯

认识"当下实相"，才会获得满足

或许，假如我们能够认识有关寻求的整个问题，就将懂得不满这一复杂的问题了。我们大多数人都在生活的各个层面寻求着什么，比如身体的舒适或是心理的健康，抑或我们声称自己正在寻找真理或智慧。显然，我们总是在寻求着什么，那么，这种寻求实际上意味着什么呢？我们寻求的对象到底是什么呢？我们只能寻求自己知道的东西，无法去寻求未知的事物，无法去寻找我们不晓得它是否存在的事物，我们只能去寻找曾经拥有过、后来失去的东西。寻求，便是渴望得到满足。我们大部分人，无论是在外部还是在内心都是不满的，只要我们仔细地去观察一下自己，就会发现，这种不满不过是在生活的各个层面寻求一种永恒的满足，也就是我们所说的真理、幸福、觉知或者任何其他的词语。从根本上来说，这种欲望便是想要找到永久的满足。由于对自己所做的一切都感到不满，由于在尝试过的任何事情中都没有找到满足，于是我们便从一个老师转向另一个老师、从一种宗教转向另一种宗教、从一条道路转向另一条道路，希望能够获得终极的满足。因此，从本质上来讲，我们寻求的不是真理，而是满足。

我们大多数人都对自己的本来面目感到不满，我们内心的斗争便是去找到某个永久的庇护所，无论这个庇护所是某个理念还是某种亲密的关系。最基本的欲望便是想要获得彻底的满足，而我们则把这种驱动力称作寻求。

我们尝试着各种各样的满足、各种各样的"主义"，其中包括共产主义。当这些没有带来满足的时候，我们就会转向宗教，就去追逐一个又一个的上师，抑或变得愤世嫉俗，愤世嫉俗也会带来巨大的满足。我们总是寻求这样一种心灵的状态：不再有争斗，不再有努力，有的只是完全的满足。这种心灵所渴望的对某个事物的彻底满足，能够实现吗？心灵寻求的是它自造出来的能够带来满足的事物，一旦它发现某个自造出来的东西带来了麻烦，就会赶忙离开它，转向另一个。也就是说，我们寻求一种格外和谐、格外让人宁静的心理状态，可以消除一切冲突。假如我们深入地去探究一下，就会发现，除非我们身处幻觉或者依附于某种心理上的断言，否则不可能出现这样的状态。

不满，能否寻觅到永久的满足呢？我们是对什么感到不满呢？我们寻求的是一份更好的工作、更多的金钱、更优秀的妻子，还是更好的宗教准则呢？只要我们仔细地加以检验，就会发现，我们的所有不满都是在寻求永久的满足，殊不知，不可能存在永久的满足。我们越是渴望获得安全，就会变得越封闭，就会越抱持国家主义、民族主义的狭隘思想，最终则会走向战争。因此，只要我们寻求得到满足，冲突就一定会与日俱增。

能否实现满足呢？满足究竟是指什么呢？是什么带来了满足，它是如何出现的？显然，只有当我们认识了"当下实相"，才会获得满足。导致不满的，是以复杂的方式去应对"当下实相"。由于我希望把"当下实相"改变成其他的样子，所以才会努力着、斗争着想去变得如何如何。然而，仅仅去接受"当下实相"，同样会导致问题出现。很明显，要想认识"当下实相"，就必须展开无为的觉知，不要想着把它变成其他的样子。这表示，一个人应该无为地去观察"当下实相"，尔后便能够超越"当下实相"单纯的外在表现。"当下实相"从来都不是静止不动的，虽然我们的反应可能是不变的。

所以，我们的问题，并不在于寻求某种终极的满足，即我们所谓的真理、神或者某种更好的关系，而在于认识"当下实相"。而认识"当下实相"，需要拥有一颗相当迅捷的心灵，需要心灵能够懂得，想要把"当下实相"改变成其他样子，把"当下实相"跟其他样子进行比较或者试图让它去符合其他样子，这些做法完全是一番徒劳。

满足没有终结——它是持续不断的，除非我们意识到了这个，否则就无法按照"当下实相"去审视自我。与"当下实相"的直接关系便是正确的行动。基于某个观念的行动，不过是自造出来的产物，观念、理想、意识形态，全都是思想过程的一部分，思想便是对任何层面的限定所做的反应。因此，追逐某个观念、某个理想或是某种思想意识，全都是在一个轨道上，而意识则被困在这个轨道之中。一旦我们懂得了意识的全部过程及其狡诈的伎俩，唯有这时，才能实现觉知，而觉知又会带来转变。

问：我们目睹了人类当中存在的不平等，有些人显然是高高在上的，那么，一定有一些更加高等的存在形式，比如那些可能对与人类合作深感兴趣的大师、天神。您同他们有接触吗？假如果真如此的话，那么您能否告诉我们怎样才能与他们联系上呢？

克：我们大部分人都对闲言碎语很感兴趣，闲话是一种相当刺激的东西，不管它是关于大师的、天神的，还是关于我们邻居的。我们越是愚钝，就会越热爱讲闲话。当一个人厌倦了社会的闲话，他就希望去议论一下那些更加高等的存在。我们感兴趣的，并非是有关不平等的问题，而是关于那些我们不了解的陌生实体的逸闻轶事、闲言碎语，从而寻求一种能够逃避自身的肤浅的法子。毕竟，大师、天神都是你自造出来的，当你去追随他们的时候，你追随的其实是你自造的产物。如果他们告诉你说："请放下你的国家主义、你的团体，请不要贪婪，不要残忍"，那么你不久就会离他们而去，追逐其他能让你感到满意的大师。你希望我帮助你去联系大师，但我对大师真的毫无兴趣。我们总是在谈论着他们，这已经变成了一种利用人的狡猾的手段了。我们让世界陷入如此大的混乱，我们希望出现某个老大哥，帮助我们走出这混乱。大师和学生之间的界分，一级一级攀上成功的阶梯——这真的是精神性的吗？一步一步地变得如何如何，努力去变成怎样，你把这整个的观点叫做精神性的，是获得解放——但它是精神性的吗？当我们的心灵无比空虚，我们就会用大师的形象把心灵塞满，这意味着没有爱存在。当你爱着某个人的时候，你不会意识到公平或不公平。你为什么会对大师的问题这样关注呢？大师之所以比你重要，是因为你怀有一种权威的意识，你把权威赋予了某个没有权威的事物。你之所以给出权威，是因为它让你感到愉悦，其实这是一种自我谄媚。

不平等的问题，要比希望去接触大师更为根本。天才和愚人之间，即有智慧的人、实现了自由的人与那些遵循例行公事的人之间，就能力、思想、行动来讲是不平等的。每一种改革都试图去打破这种不平等，而在这种过程里也就导致了另外的不平等。问题在于如何去超越不平等的意识，超越高等、低等的意识，这才是真正的精神性——不是去寻求大师，从而让不平等的意识继续下去。问题不在于怎样带来平等，因为不可能真正做到平等。你跟别人本就是截然不同的，你懂得更多，你要比其他人更加机敏，你心中吟唱着歌曲，其他人的心灵则是空虚的，对他来说，一片枯叶就只是枯叶，他会把它烧掉。有些人拥有非凡的能力，他们敏捷、能干；其他一些人则迟钝、缓慢、缺乏观察力。生理和心理上的不同是永远不会终结的，你无法打破它们——这是绝对不可能办到的。你唯一能够做的，就是给那些愚钝的人机会，不要去埋怨他、不要利用他，你无法把他变成一个天才。所以，问题不在于如何去联系大师、天神，而在于怎样去超越这种不平等的意识。渴望去接触大师，这是非常愚钝的人才会有的追求。一旦你认识了自我，你便会懂得大师了。一个真正的大师是无法给予你帮助的，因为你必须认识你自己。我们始终都在追逐那些假冒的大师们，我们寻求慰藉、安全，我们创造出了自己渴望的那种大师，指望着他可以带给我们所渴望的一切。既然根本就不存在所谓的慰藉，所以，问题要根本得多——即怎样去超越这种不平等的意识。智慧，不是努力想要变得更加怎么样。

那么，能够超越不平等的意识吗？由于不平等是客观存在的，因此我们无法去否定它。当我们不去否定不平等，当我们不去怀着一颗有成见的心灵去看待它，而是直面它，那么会发生什么呢？有肮脏的村落，也有美丽、洁净的房屋——这二者都是"当下实相"。你要怎样去应对丑陋和美丽呢？答案就蕴含在这里面，你希望去认同的美丽，以及你想要去抛到一边的丑陋。你丝毫不去关心那些贫贱的人，但却特别关心和敬重那些高高在上者。你的应对方式，便是去认同高等的，排斥低等的，你谄上欺下，你带着奉承去仰视那些上等人，却以轻视的态度去对待那些下等人。

只有当我们认识了自己是怎样去对待不平等的，才能超越它。只要我们抵制着丑陋，跟美丽认同，就注定会带来这所有的不幸。但倘若我们在对待不平等的时候，不去谴责、认同或评判，那么我们的反应就将截然不同了。请尝试一下，你会发现你的生活将发生非凡的改变。认识"当下实相"，会带来满足——这不是停滞不前的满足，也不是在获得了财富、观念、女人之后所产生的满足。满足是这样一种状态：即按照自己的真实模样去审视"当下实相"，没有任何障碍。唯有这时，爱才会登场，爱将摧毁不平等的意识，它是唯一变革的力量，唯一能够带来转变的事物。由于我们的心中没有燃烧着那团变革的火焰，所以才会用左翼或右翼关于变革的观念把心智填满。殊不知，这是一条无望之路，你越是去变革，就会越需要进一步的革新。

知道如何接触大师并不重要，因为他们在生活里毫无意义。重要的是去认识你自己，否则你的大师便是一个幻觉。如果没有认识自己，那么你将会给世界带来越来越多的不幸。看一看世界上正在发生的情形吧，看一看那些信仰和平、大师、爱与兄弟情谊的热心之士们所展现出的狭隘的心态吧。你们为了自己竭尽全力，虽然你们用美丽的辞藻将这私心给掩盖了起来。你希望大师帮助你变得更加受人颂扬，更加自我封闭。

我知道我多次以不同的方式回答过这个问题了，我还知道，尽管我说了这么多，但你还是打算举行你的那些仪式，还是会为了国王和国家挥舞你的刀剑，你不想去认识并解决有关不平等的问题。人们给我写信说："对于那些将您教育长大的大师们，您却丝毫不心存感激。"说这样的话是多么的容易啊，这全是伪善之言。一个人必须凭借自己的力量意识到，没有任何大师可以帮助你。洞悉什么是谬误，然后指出它是错误的，这难道就是所谓的不敬吗？你希望我去尊重你的观念、你对于大师的构想，当你的理念受到干扰时，你就称我是不敬之人。问题不在于是否应该去感谢大师，而在于去认识你自己。

时时刻刻去认识、探明你的本来面目、你的全部内容，这么做将会带给你巨大的欢愉。自知是智慧的开始，没有自知，你便无法了解任何事物——抑或，假如你懂得了什么，你就会去滥用它。追随大师是容易的，但实现对自我的认知，无为地观察每一个想法和感受则是困难的。若你去进行评判、认同，那么你便无法展开观察，因为评判和认同会妨碍认知。只要你展开无为的观察，那么你所观察的事物就会开始展现出来，尔后你便能够获得认知，这种认知每时每刻都会更新自己。

问：在某次演说当中，您指出，如果一个人去祷告，就会接受到某些讯息，但他最终将为此付出代价。您这话是什么意思？那个准许我们的祈祷的实体是什么呢？我们为什么无法获得自己祈祷的东西呢？

克：你难道是不开心你的祷告没有得到准许吗？这难道不很无聊吗？你应当懂得整幅画，而不仅仅只是你喜欢的那个部分。你大部分的祈祷，是为了获得满足，你的祈祷实际上是恳请、哀求得到帮助，以便摆脱自己身处的混乱。显然，只有当你身处混乱、困境与不幸，才会去祈祷，若你感到欢愉，你是不会去祷告的，而只有在你觉得恐惧和痛苦的时候，才会如此。当你去祈祷时，会发生什么呢？请你自己去展开检验，观察一下会发生的情形。在祈祷的时候，你通过反复念诵某些语句来让心灵安静下来，也就是说，你通过不断重复某个词语或是看着一幅图画或某个形象来麻醉心灵，人为地让它变得安静。当表层的意识安静下来，最让人感到满意的反应就会进入到意识的表层，集体祷告也会产生相似的效果。你恳求着，你端出了化缘钵，希望能够有所得，你渴望获得满足，你想要逃避自己的混乱。因此，当意识被麻醉着进入到了无知觉的状态或是部分地睡着了，无意识中产生出来的令人满意的回答就会进入到意识，这回答来自于你周围的世界的普遍影响。这是一个储水池，里面盛满了贪婪以及逃避"当下实相"的渴望，当你打开水龙头，那么你显然就会得到你想要的东西。然而这个储水池——它是神吗，是终极真理吗？请务必去审视它，仔细地观察它，你将有所发现。

当你向神祷告时，你是在向某个与你有关系的事物去祷告的，而你只能同你已知的东西建立关系，所以，你的神只是你自己制造出来的，要么是你传承的，要么是你得到的。当心灵去恳求的时候，它就会得到一个回答，但这回答总是更加具有封闭性，更加麻烦，会制造出更多的问题，这便是你所付出的代价。在你们一起唱歌或吟唱时，你们只不过是在逃避，渴望逃避"当下实相"。逃避会让人感到满足，然而它们的代价却是，你依然不得不去面对问题，因为问题会对你如影随形。你的祈祷或许大多数时候都是让你感到满意的，但你始终处于痛苦之中，你希望去逃避。你的寻求，其实是在寻求逃避。若想实现觉知，需要展开观察，需要去认识每一个想法、每一个姿势。可你是如此的懒惰，你有了那些方便的逃避，它们帮助你去躲避对自我即痛苦的制造者的认知。除非你认识了自我的问题，认识了你的野心、你的贪婪、你的盘剥、你那希望让不平等继续下去的欲望，除非你直面如下事实，即你自己便是痛苦的制造者，便是给这个世界带来痛苦的罪魁祸首，否则你的祈祷又有什么价值呢？你就是问题本身——你最终不可能去逃避它——唯有认识了它的全部，你才能将其解决。

因此，你的祈祷对于认知来说是一个绊脚石。有另外一种不同的祈祷——一种心灵的状态，这里面没有需求，没有哀恳。在这种祈祷里——或许用这个词是错的——没有进一步的运动，没有否定、排拒，它不是被制造出来的，它是无法用任何诡计带来的。心灵的这种状态，不是寻求某个结果——它是静止的，它是无法被想到或是沉思的。单单这种心灵的状态就能够发现真理并且让其出现，它本身就可以解决我们的难题。一旦你观察并因而认识了"当下实相"，心灵就将迈入这种寂静的状态了，尔后它便可以接受到无穷无尽的事物了。

问：世界上到处都是不幸，所有的宗教都失败了，但您似乎越来越多地在谈论宗教。有宗教能够帮助我们摆脱痛苦吗？

克：我们应该探明我们所说的宗教是指什么意思。全世界的宗教之所以都失败了，或许是因为我们并不是虔诚的。你们可以给自己冠以某些名称，但你们的信仰、你们崇拜的形象、你们焚烧的熏香，根本就不是宗教。对你来说，所有这些都变得十分重要——但皆非宗教。看一看我们在世界各地所做的事情吧。观念导致人与人之间的敌对，教义的扩展并未使得我们摆脱其束缚获得自由，信仰将人们分隔成了不同的壁垒。强调信仰带来的是隔离，这是一种利用那些轻信之人的好法子。你在信仰里找到了慰藉与安全——殊不知这一切全都是幻觉罢了。只要有分离主义的倾向，就一定会走向瓦解，只要有信仰的强迫性的力量，就一定会走向分裂。你们自称是印度教教徒、穆斯林、基督徒、通神主义者，从而把自己封闭了起来。你们的观念带来了对立、敌意、敌对，你们的那些哲学思想也是一样，不管它们是多么智慧、多么理性主义、多么让人愉悦。就像一个人沉溺于饮酒一样，你们沉溺于自己的信仰，这便是为什么全世界的组织化的宗教都以失败告终的原因。

真正的宗教是去体验，它与信仰毫无关系。它是一种心灵的状态：即在认识自我的过程中，心灵时时刻刻发现了真理。真理不是持续的，它永远都不是一样的，它是不可比较的。真理是卓然独立的，它不是任何事物的象征。崇拜某个符号，会带来灾难。如果心灵沉溺于任何形式的信仰，那么它永远不会是一个虔诚的心灵，唯有虔诚之心，而非一个意识形态化的心灵，才有能力去解决问题。引用他人的言论，并不是好事，一个引经据典的心灵，不管它引用的是柏拉图还是佛陀的话语，都无法去体验实相。要想体验实相，心灵就得彻底摆脱一切羁绊，这样的心灵不是一个在寻求的心灵。

所以，宗教不是信仰，宗教不是典礼、仪式，宗教不是某个观念或者各种被制造出来的观念，以形成某种意识形态。宗教是去时时刻刻体验有关"当下实相"的真理。真理不是某个终极的目的——真理是没有最终目的的。真理蕴含在"当下实相"之中，它就在当下，它从来不是静止不动的。一个被过去遮蔽的心灵，无法认识真理。一切宗教，正如它们实际所做的那样，将人们划分开来。这些宗教的信仰，并非真理。在任何有关轮回转世的信仰里是不可能发现真理的，只有当存在终结的时候——这种终结就蕴含在死亡里——才能体验到真理。你对神的信仰，不是宗教，也不是真理。有神论者跟无神论者之间并无多大区别，这二者都受着各自所处的环境的限定，都通过理念、信仰导致了世界的界分，因此，无论是有神论者还是无神论者都无法去体验实相。

只要你按照事物的本来面目去审视它们，不抱持任何偏见，既不去赞美，也不去责难，那么，在与"当下实相"之间的关系里，就会出现行动。一旦有观念干预进来，行动便会搁置。意识是观念的结构，是一切记忆和想法的残留物，它永远无法发现实相。你的阅读与引经据典，不会帮助你体验实相，实相必须向你走来，你只能去寻求自己已知的事物，无法去寻求实相。请务必领悟有关这个问题的真理，懂得展开直接的体验，从而在没有赏罚的情形下去行动的心灵是何等之美。然而，经历不是真理的标准，经历只会滋养记忆。你的自我便是思想，而思想即记忆，经历是作为思想的记忆。所以，这样的心灵能够组织起"真理"一词和利用别人，但却无法体验实相，只有没有观念的心灵方能体验实相。

一个虔诚之人是真正具有变革精神的人，一个基于观念去行动的人，可以去杀戮他人。体验就蕴含在与"当下实相"的直接关系里，这样的心灵不会再去制造观念。一个没有观念的心灵是敏锐的，能够直接地洞悉"当下实相"，从而展开行动，这样的行动本身就是革命性的。

问：据说获得智慧是生命的终极目标，而这种智慧必须经由一生的净化和奉献去一点一点地寻求，同时要通过祈祷与冥想来引导理智和情感趋向高等的理想。您同意这个吗？

克：让我们探明一下你所说的智慧是什么意思，尔后看一看我们是否能够找到这种智慧。你所谓的智慧意指为何呢？它是生命的目标吗？如果是的话，如果你知道这个生活的目标，那么智慧便是已知的，你能够懂得或者获得智慧吗，抑或你只能懂得事实，获得知识呢？显然，知识与智慧是不同的，你可以对某个事物了如指掌，但这是智慧吗？智慧是可以一世接着一世、一点一点获得的吗？智慧是对于经验的积累吗？获得，意味着累积，经验意味着残留物。残留、累积——这是智慧吗？你已经在与当下的联系中累积了种族的、继承的残留物，这种累积的过程是智慧吗？你的累积是为了保护自己，是为了安全地生活，你逐渐地获得了经验。

知识的累积，慢慢地积累经验——这是智慧吗？你的整个生命都是在累积，在获得更多的东西，这么做会让你变得睿智吗？你得到了某个东西，你有了某个经历，这经历会留下残留物，这个残留物将会局限你接下来的经历。你的反应便是这种经历，它是背景以不同方式在持续着。因此，当你声称智慧便是经验的时候，你的意思是指许多经历的集合。你为什么不是智慧的？一个不断在获得的人，能够达至智慧吗？一个背负着过去的经历的人，能够是智慧的吗？一个有所知的人，能够做到睿智吗？一个知晓的人不是智慧的，未知的人才是智慧的。请不要对这个问题一笑了之。

当你知晓的时候，你有了经历，你有了累积，这种累积的投射物便是进一步的知识。因此，智慧不是一种逐渐的、缓慢的过程，它不是像银行账户那样一点一点累积起来的。相信通过几世的修炼，你将逐渐变成佛陀，这其实是一种幼稚的想法和感觉。这样的结论看起来是不错，尤其是在归于某位大师的时候。当你探寻着去找到真理，就会发现，只有你自造的东西才会希望继续去经历跟过去同样的事情。

所以，累积从来不是智慧，因为你只能累积已知，而已知永远不是未知。清空意识，不是一个逐渐的过程，然而，试图去清空意识却是一种阻碍。假如你声称："我要清空意识"，那么这会是同样的旧的过程。就只是去洞悉如下真理，即一个在获取的心灵永远不会是智慧的——不管是活了六世还是十世。一个有所得的人，已经是富裕的，而富人从不是智慧的。你想要拥有大量的知识，即得到用话语体现的经验，然而，一个拥有知识的人永远不可能是智慧的，一个有意不去获得知识的人也同样不是智慧的。

真理是无法累积的。它不是经验，它是一种正在体验的状态，这里面既没有体验者也没有体验。知识总是有累积者，但智慧没有所谓的体验者。智慧跟爱一样，我们心中不怀有爱，却试图去通过不断的获取来追逐智慧。凡持续的必定会走向衰败，唯有那会终结的事物，才能懂得智慧。智慧永远都是鲜活的、崭新的。假如存在着持续，那么你如何能够认识新事物呢？只要你让经历继续，就会有持续性存在。只有当终结的时候，才能迎来新事物，而这便是生机与活力。然而，我们渴望持续，渴望去累积，所谓累积，便是经历的持续，这样的心灵永远无法认识智慧，它只能认识自造的产物，认识它自己创造出来的东西以及在它的创造物之间进行调解。真理便是智慧，真理是无法寻求到的。只有当心灵清空了所有的知识、所有的想法、所有的经验，真理才会到来，而这便是智慧。

（第一场演说，1949 年 12 月 18 日）

我们有一种双重本性

让我们看一看个体在社会中有何作用——个体是否能够做些什么以带来社会的根本性变革，实现了转变的个体、从根本上改变了自我的理性的人，是否会对事件的趋势产生影响、有所作为？抑或我所谈论的个体、实现了转变的人，是否无法依靠自己有所作为，但是仅凭自身的存在就能给社会、给这片混乱无序注入某种秩序？我们在全世界都已目睹，集体行动显然会产生效果。由于看到了这个，于是我们便觉得个体的行动没有什么重要性，你我，尽管我们可以改变自己，但却不会带来什么影响。因此我们询问，既然我们无法影响社会的潮流，那么我们有什么价值呢？

我们为什么要从集体的层面去思考呢？根本性的变革究竟是由大众带来的，还是由少数几个实现了觉知的人，通过他们的演讲和力量发起的并影响了许多人呢？革命便是这样出现的。觉得作为个体的我们无法有所作为，这难道不是大错特错吗？认为所有根本性的变革都是由大众带来的，这难道不是谬论吗？我们为什么会觉得个体并不重要呢？如果我们怀有这种心态，就不会依靠自己的力量去思考，而是会自动地做出反应。行动总是属于集体性的吗？它难道从本质上来说不是源于个体，尔后又从一个人传播到另一个人吗？大众实际上并不存在，毕竟，大众是由一群人组成的实体，这群人为某些词语、某些观念所困，被它们催眠了。一旦我们不被词语催眠，就能离开那片混乱无序之流——没有哪个政客会喜欢这事儿。我们难道不应当始终站在这种乱流之外，同时从这乱流里掌握得越来越多，以便去影响它吗？重要的是个体应当首先发生根本性的转变，你我应当首先从根本上改变自身，不去坐等整个世界发生改变，难道不是吗？认为你我无法影响作为整体的社会，哪怕只是在微小的程度上去影响，这难道不是一个逃避主义者的观点吗，难道不是一种懒惰，难道不是在逃避问题吗？

当我们目睹了如此多的不幸，不仅在我们自己的生活里，而且还在我们周围的世界里，那么是什么妨碍了我们从根本上去改变自己呢？喜欢将自己封闭其中的模式，不希望去打破它，这仅仅只是心灵的习惯、懒惰和特性吗？很明显，它不单单如此，因为经济环境打破了这个模式，但内在的心理模式还在坚持着。为什么它会继续呢？为了发生根本性的、彻底的转变，我们是否需要外部的影响或力量——诸如痛苦、经济的或社会的变革或是某位上师？所有这些都是一种强迫，外部的力量意味着遵从、依赖、强迫、恐惧。通过依赖，我们能从根本上转变吗？我们依靠外部的力量、经济的巨变等等去寻求改变，这难道不就是我们的困难之一吗？这种对于外部力量的依赖，妨碍了根本性的革新，因为，只有认识了自我的全部过程，才能迎来彻底的变革。如果你依靠某种外部力量带来转变，那么你便会引发恐惧以及某些其他实际上有碍变革的因素。假若一个人真的希望有所改变，那么他就不会去依靠任何外部的力量，他的内心不会有任何争斗，他意识到了这种必要性，从而转变了自身。

个体的转变真的很难吗？做到和善待人、心怀慈悲、爱人，很难吗？毕竟，这就是根本性转变的实质所在。我们的困难在于，我们有一种双重本性，这里头有憎恨、厌恶、各种敌意，诸如此类，这些东西让我们远离了中心问题。我们被困在那会激起憎恨和厌恶的冲动里，以至于创造力的火焰已经熄灭了，我们只剩下烟尘。因此，我们的问题便是怎样摆脱烟尘。我们根本就不曾拥有过那创造力的火焰，但我们以为烟尘即是火焰。必须去探究一下这火焰是什么——也就是说，必须以新的视角去看待事物，不为某个模式所困，按照事物的本来面目去看待它们，不去对其进行命名，难道不是吗？这真的很困难吗？对于我们大部分人而言，困难在于，我们把自己完全交付出去了，我们承担着无数的责任、义务，等等，我们声称自己无法摆脱它们。显然，这并不是真正的困难。当我们深刻地感受到了某个事物，就会去做自己想做的事情，不会顾及家庭、社会以及其他的一切。因此，那挡在路上的唯一难题，便是我们没有充分感受到个体发生根本性的转变是何等的重要。必须得实现这种改变。当我们不再活在语词的层面，当我们洞悉了事物的本来面目，当我们接受了实相，转变就会到来。应该从我们自己开始做起，从每一个个体开始做起。之所以没有从自我开始做起，仅仅是因为我们没有投以足够的关注，没有用全部的身心去认识这个问题。我们目睹了外部如此多的不幸以及内心如此多的混乱，但我们不希望去冲破这一切。

当我有了某个问题并且努力去解决的时候，会发生什么呢？在解决问题的过程中，我发现会涌现出其他的问题——在解决一个问题的时候，我让问题变得更多了。所以，我希望能够在不增加问题的情况下找到问题的解决方法。我想要幸福地生活，我希望摆脱心理的痛苦，同时不会找到某个替代品。能否探明一个人是否可以真正消除痛苦，是否可以不去依靠任何人的权威，在自己身上探究痛苦，时时刻刻在各种关系里去观察自己呢？这难道不是走出困难的唯一方法吗？——即不断地观察我们自己，观察我们的所思、所感、所行，在这种觉知的状态里，万事万物将会彰显出自身。你应该对此展开检验，不要只是说无法办到或者去接受我的权威，单纯地去重复我的话。让我们假设一下，你是幸福的，我则不是，我想获得幸福，我不希望被信仰麻醉，但我渴望达至信仰的终点。于是我便来找你，向你探寻，我探究得越来越深入。是什么妨碍了你现在就这么做呢？为什么你没有感觉到幸福、活力，没有洞悉事物的本来面目呢？你为何不从深层的涵义上来着手呢？因为你声称，痛苦有助于幸福，痛苦是获得幸福的手段，你接受了痛苦或者某种替代品。我们让自己变得这般迟钝、麻木，以至于我们没有看到改变的必要性，这便是困难所在。

你或许会说，你希望有所改变，但有东西妨碍了改变的发生。解释、借口，不会带来转变。声称自我便是绊脚石，这只是托辞，纯粹是欺骗。你希望我来阐述如何去克服这些障碍。但我们应该找到跨过这道栅栏的法子，应该冒险潜入激流之中，看看会发生什么，假如我们能够做到的话——而不是坐在岸上去猜想臆断。是什么真正妨碍了我们去越过障碍呢？传统——即记忆，即经验——妨碍了我们，不是吗？我们如此满意于语词和解释，以至于，即使当我们意识到了跨越栅栏的必要性，也不会奋起一跃。这表示，人们出于对未知的恐惧而没有冒险迈入激流之中。但我能够知道将会发生什么吗，能够认识未知吗？若我知道的话，我就会无所畏惧了，它就不会是未知的了。如果不去冒冒险，那么我永远都不会认识未知。

是恐惧妨碍了我们向前探险吗？什么是恐惧呢？恐惧只会存在于同某个事物的关系里，它不是处于隔离的状态。我如何会惧怕死亡、惧怕我不知道的东西呢？我只可能害怕自己已知的事物。当我声称我害怕死亡的时候，我是真的惧怕未知的事物即死亡呢，还是害怕失去我所已知的东西呢？我恐惧的并不是死亡，而是害怕与我的那些所有物断了联系。我的恐惧总是跟已知有关，而不是跟未知。

所以，我现在探寻的是怎样去摆脱对已知的恐惧，即如何才能不再害怕失去我的家庭、我的声望、我的头衔、我的银行账户、我的欲望，等等。你或许会说，恐惧源自于良知，但你的良知是由你所受的环境的限定构成的，它可能是愚蠢的，也可能是智慧的，因此良知仍然是已知的产物。我知道什么呢？所谓知道，便是怀有对事物的观念、看法，认为已知会持续下去，除此以外再无其他了。观念是记忆，是经历的产物，而经历便是对挑战的反应。我害怕已知，这表示，我害怕失去人、物、观念，我害怕发现自己的真实模样，害怕处于迷失之中，害怕当我迷失、当我没有得到或没有更多欢愉时那会袭来的痛苦。

我们会惧怕痛苦。生理上的痛苦是神经的反应，当我执着于、依附于那些带给我满足的东西时，便会出现心理上的痛苦，因为，尔后，我会害怕任何可能会将它们从我身边拿走的人或物。只要它们没有受到干扰，那么心理上的累积就会防止心理的痛苦，也就是说，我是一系列的累积和经历，这些东西妨碍了任何形式的干扰——我不希望被扰乱。所以，我害怕任何会干扰它们的人。因此，我是惧怕已知，我害怕那些生理上的和心理上的累积，我把它们积累起来，作为逃避痛苦或防止痛苦的手段。然而，在进行累积，以便躲避心理痛苦的过程中，就会滋生出痛苦。知识也会有助于去防止痛苦，正如医学知识能够帮助去防止生理上的痛苦，信仰也有助于防止心理的痛苦，这便是为什么我害怕失去我的信仰的缘故了，尽管我对于这类信仰的实相并不拥有完全的知识或坚实的证据。我或许可以制造出一些一直都被灌输给我的传统的信仰，因为我自己的经验赋予了我力量、信心和认知，但我所获得的这类信仰与知识，本质上是一样的——都是一种逃避痛苦的手段。

只要你去累积已知——这么做会导致你害怕失去——便会有恐惧存在。所以，害怕未知，实际上是害怕失去累积的已知。累积总是意味着恐惧，这反过来又意味着痛苦，一旦我说"我不应该失去"，恐惧便滋生了。虽然我累积的意图是想躲避痛苦，但痛苦实际上就蕴含在累积的过程里。正是我所拥有的东西，导致了恐惧，也就是痛苦。

防卫的种子会带来侵犯。我渴望生理上的安全，于是我便建立起了主权政府，这使得武装力量成为了必须，而武装力量又意味着战争，战争倒过头来又会摧毁人们身体的安全。只要你渴望去保护自我，就会生出恐惧。一旦我懂得对安全的需求是一种谬误，我就不会再去累积了。假如你说自己虽然意识到了这个，但却情不自禁地去累积，这是因为你并没有真正领悟到，痛苦其实就存在于累积的过程之中。

恐惧就在累积的过程里，对某个事物的信仰便是累积过程的一部分。我的儿子死了，我相信有轮回转世，以便心理上不会愈发的痛苦，然而，怀疑正蕴含在信仰的过程中。我在外部累积东西，由此带来了战争；我在内心累积信仰，结果带来了痛苦。只要我渴望获得安全，渴望拥有银行账户、欢愉，等等，只要我渴望变得如何如何，无论是生理上的还是心理上的，就一定会有痛苦。正是我为了逃避痛苦所做的那些事情，给我带来了恐惧与痛苦。

只要我渴望处于某种模式之中，痛苦便会出现。毫无恐惧地活着，意味着没有任何模式地生活。当我要求某种生活方式时，它本身便是恐惧之源。我的困难，在于我希望活在某个框架里头。我难道不能够去打破这个框架吗？只有当我洞悉了真理——即这种框架会滋生出恐惧，而这种恐惧又会让框架变得强化——才能从框架中突围而出。如果我声称自己必须打破这个框架，因为我想要摆脱恐惧，那么我就仅仅只是在遵循他人的模式，而这么做会带来更多的恐惧。我出于想要打破框架的愿望所做的任何行为，都只会制造出另外一个模式出来，从而带来新的恐惧。我怎样才能在不制造恐惧的情况下去打破框架呢，也就是说，怎样才能不对此展开任何有意或无意的行为呢？这意味着我不应该有所行动，不应该去展开任何打破框架的行为。因此，当我就只是审视框架，不对它做任何事情，会发生什么呢？我意识到，心灵本身便是那个框架、那个模式，它活在自造出来的惯性的模式之中。所以，心灵本身就是恐惧。心灵所做的一切事情，要么会强化那个旧有的模式，要么则是制造出某个新的模式。这表示，心灵为了摆脱恐惧所做的一切，都只会滋生出恐惧。一旦明白了所有这一切的真相，懂得了这其中的过程，会发生什么呢？心灵将会变得敏锐、安静。

那么，为什么心灵没有时时刻刻安静呢？每一次当模式固化，为什么心灵没有洞悉这其中的真理呢？原因在于，心灵渴望永久与稳定，渴望一个它能够由此展开行动的庇护所。心灵希望获得安全，一个模式被打破了，几分钟之后又出现了新的模式的固化。心灵没有去探究这个新的固化的模式，没有去充分地认识它，而是返回到过去的经验，说道："我已经懂得了真理，这个必须持续下去。"在寻求持续的过程中，心灵制造出了新的模式，然后被困于其中。每一次出现模式的固化，都必须去观察它、去认识它，之所以会出现这种重复，就是因为没有彻底地认识它。

真理是不间断的，昨日的真理并非今天的真理。真理不属于时间，因而也就不属于记忆。你无法去体验、记住、获得、失去或达至真理。我们追逐真理，以便得到它，让它持续下去。一旦我们真的懂得了这个，那么模式就会被打破，因为，尔后，心灵已经自由游走了。

（第二场演说，1950 年 1 月 29 日）

独在与孤独是两码事

在我们所有的关系里——和人、和自然、和观念、和物的关系——我们似乎都制造出了越来越多的问题。当我们努力去解决某个问题的时候，不管是经济的、政治的还是社会的问题，不管是集体的还是个体的问题，都会引发许多其他的问题出来。不知何故，我们似乎滋生出了越来越多的冲突，需要越来越多的改革。显然，一切改革都需要进一步的、更多的改革，所以这实际上是一种倒退。只要有革命，无论是左翼的还是右翼的，都不过是以新瓶装旧酒的方式持续着原有的状况罢了，这同样是倒退。只有当作为个体的我们认识了自己同集体的关系，才能出现根本性的变革，才能出现不断的内在的转变。变革必须要从我们每个人做起，而不是从外部环境的影响开始。毕竟，我们就是集体，我们身上的意识和无意识，便是人类一切政治的、社会的、文化的影响的印记。所以，若想带来根本性的内在的革新，那么我们每个人身上就得发生彻底的转变，而这种转变应当不依赖于环境的改变。它必须从你我开始，一切伟大的事情都是从小范围开始的，一切伟大的运动都是从作为个体的你我开始的。假如我们坐等集体的行动，那么，这样的集体行动，如果它会发生的话，将是破坏性的，将会带来更多的不幸。

因此，革新必须要从你我开始做起。只有当我们认识了关系——而这便是认识自我的过程——才能迎来这种变革、这种个体的转变。如果没有从各个层面认识我的关系的全部过程，那么我的所思、所行就会毫无价值。假如我不认识自己，我有什么基础去展开思考呢？我们如此渴望去行动，如此急切地想要去做些什么，想要给世界带来某种变革、某种改进、某种变化，但倘若不认识自身的外部和内部，那么我们就没有基础去展开行动，我们所做的，必定会引发更多的不幸与争斗。通过退隐于世，或是退隐到象牙塔里头，并不能实现对自我的认知。只要你我真正仔细地、理性地去探究这个问题，就会发现，我们只有在关系里才能认识自己，而不是在孤立隔绝的状态。没有人可以与世隔绝地生活，活着，即意味着处于关系之中。只有在关系之镜里，我才能够认识自己，这意味着，我应该格外敏锐地去觉知我在关系里的全部所思、所感、所行。这不是一个困难的过程，也不需要付出超人的努力，就像百川汇集，源头很难发觉，当河水流动、逐渐变深之时，会积聚起势能。在这个疯狂而无序的世界里，假如你怀着审慎、耐心，深思熟虑地去探究这个过程，不做任何谴责，那么你就会发现它是怎样开始积聚势能的，就会懂得这并不是有关时间的问题。

真理就在每时每刻的关系里，真理，便是在关系里，在每一个行动、每一个想法、每一个感受出现的时候去展开观察。真理不是可以被积累起来的东西，必须要在每时每刻的思想与感受的运动中，以新的视角去发现真理——这不是一种累积的过程，因此与时间无关。当你声称自己凭借经验或知识最终将实现认知，那么你就会妨碍觉知，因为觉知不是通过累积而来的。你可以积累知识，但这并不是觉知。只要心灵摆脱了知识的羁绊，觉知便会到来。当心灵不要求欲望的实现，当它不想获得经验，就会迈入寂静，一旦心灵安静下来，唯有这时，才能获得觉知。只有当你我十分愿意去清楚地看到事物的本来面目，才可以实现觉知。觉知，不是通过训练、克制、强迫而来的，可一旦心灵变得安静，愿意去清楚地洞悉事物，就会迎来觉知。任何形式的强迫，不管是有意的还是无意的，永远都无法带来心灵的安静，它必须是自发的。自由不是终极目的，而是开端，因为，终点和起点是统一的。认识自我的全部过程，这就是智慧的开始，而认识自我、觉知，便是冥想。

问： 我们都体验过孤独，我们懂得它的痛苦，也发现了它的原因、根源。但什么是独在呢？它跟孤独有区别吗？

克： 孤独是当作为个体的你不适应某个事物，比如不适应集体、国家抑或跟你的妻子、你的孩子、你的丈夫不合拍的时候，是当你与其他人割裂开来的时候所面临的一种孤立的处境，是一种因为单独一人而导致的痛苦。你们懂得这种状态。那么，你知道何谓独在吗？你想当然地认为自己是独在的，但你真的是卓然独立的吗？

独在与孤独是两码事，但倘若你不理解孤独，那么你便无法认识独在。你知道孤独吗？你偷偷地观察过它、审视过它，你不喜欢它。要想认识孤独，你必须与它建立密切的联系，你跟它之间不能有任何障碍，不能抱持任何结论、成见或是猜想。你必须自由地去认识它，不怀有任何恐惧。若想理解孤独，你应该在不感到任何恐惧的情况下去着手。如果你在认识孤独的时候，声称自己已经懂得了它的成因、它的根源，那么你便无法认识它。你知道它的根源是什么吗？你对它们的了解是通过外部的推测、猜想。你知道孤独的内在涵义吗？你仅仅给了它某种描述，但词语并不等于它所指代的事物，并不等于实相。若想认识孤独，你就不能抱着摆脱孤独的想法去着手，想着要摆脱孤独，这种想法本身便是一种内心的贫乏。我们的大部分活动难道不都是一种逃避吗？当你独自一个人的时候，你会打开收音机，你会做礼拜，追逐上师，与其他人讲闲话，去电影院，参加赛跑，等等。你们的日常生活便是逃避自己，于是逃避就变成了最为重要的事情，你展开着各种各样的逃避，无论是通过饮酒还是通过神。逃避便是问题的关键所在，尽管你可能有着各种各样的逃避。通过你那些数量极为可观的逃避，你或许在心理层面造成了巨大的危害，而我则通过自己世俗的逃避，从社会层面造成了危害。然而，要想认识孤独，就得终止一切逃避，不是通过强迫，而是通过认识到逃避的荒谬。尔后你将直面"当下实相"，而真正的问题便由此开始了。

什么是孤独呢？要想认识它，你就不应该给它起名字，正是命名，正是想到了关于孤独的其他记忆，才让孤独得到了强化。若你对此展开检验，就会明白。一旦你不再去逃避，便将懂得，除非你认识了何谓孤独，否则你就孤独所做的任何事情都是另外一种形式的逃避。唯有通过认识孤独，你才能超越它。

而独在的问题则是截然不同的。我们从来不是独自一个人，我们总是跟其他人待在一起，或许除了当我们一个人去散步的时候。我们是经济、社会、风土以及其他环境影响的产物，是由这所有一切构成的，只要我们受着这些事物的影响，就不会是独在的。只要有累积和经验的行为，就永远不会是独在的。你通过狭隘的个人行为把自己隔离，然后想象自己是独在的状态，但这并不是独在。只有当你不再受到任何影响，才能实现独在。独在是一种不源于反应的行为，它不是源于对某个挑战、刺激做出的回应。孤独是孤立的问题，我们在自己所有的关系里寻求着隔离，而这便是自我、"我"的实质——我的工作、我的本性、我的职责、我的财产、我的关系。正是这种想法——它来自于人的所有思想和影响——导致了孤立。认识孤独，并不是资产阶级的行为，只要因为空虚、挫败使得你的内心存在着隐蔽的不充实，只要存在着由这种心灵的贫乏导致的痛苦，你便无法认识孤独。独在不是孤立，它不是孤独的对立面，而是当全部经验和知识都消失的时候所出现的一种身心的存在状态。

问：许多年以来，您一直都在谈论着改变。您是否认识某个在您所说的意义上实现了改变的人呢？

克：你歌唱的意义是什么？你的笑声的意义在哪里？你发笑，是为了说服某个人，是为了让某个人快乐吗？假如你心中有歌，你便会吟唱。所以，改变自己是你的责任，而不是我的。你想要知道是否有人实现了转变，可我并不知晓，我没有注意去看谁发生了改变，谁没有。这是你不幸的生活，我不是评判，你自己才是判官。你和我都不是宣传家，宣传便是说谎，而洞悉真理则是另外一回事。如果对这种不幸、混乱、腐败以及这些导致衰退的战争难辞其咎的你们没有认识到自己是负有责任的，没有认识到你们必须转变自身，从而给世界带来革新，那么这是你的事情。除非你希望有所改变，否则你就不会转变自我。通过聆听歌曲，你不可能成为一个歌者，但倘若你心中有歌，那么你就不会去模仿他人了。

重要的是去探明你为什么如此频繁地去聆听，为什么会来到这里听我的演说。如果你对此不做些什么的话，那么你干吗要浪费时间呢？你为什么没有转变呢？我不会向你提出这个问题，你应当询问你自己。当你目睹了如此多的不幸、如此多的溃败，不仅是在你个人的生活里，而且还在你的社会关系以及所有的政治企图里，那么你会对此做些什么呢？你为什么对这个不感兴趣呢？单纯地阅读报纸，显然不是解决办法。弄明白你在做什么以及原因何在，这难道不是一件十分重要的事情吗？我们大部分人都是愚钝的、麻木的，对发生在自己周围的全部过程无知无觉，尽管摆在我们面前的事情需要我们展开行动。你为什么迟钝和不敏锐呢？这难道不是因为你崇拜政治的或宗教的权威吗？你读过《薄伽梵歌》以及其他如此多的书籍，对这些你能够做到鹦鹉学舌，但你几乎没有任何属于自己的想法。假如一个人可以用美妙的嗓音去模仿，假如他一遍又一遍地解释着那些文章，你就会对他无比的崇拜。因此，权威令心智变得迟钝，模仿或重复令心智不再敏锐和柔韧。这便是为什么上师与日俱增的缘故，这便是为什么花儿凋零的缘故。你希望得到指引，正是渴望获得指引才会建立起权威，你的心智为权威所困，寻求慰藉，寻求满足，结果也就变得迟钝、麻木。举行仪式或不断地阅读某本所谓的圣书，跟饮酒并无二致。如果没有任何书籍的话，那么你要怎么做呢？你将不得不凭借自己的力量思考一切，你将不得不时时刻刻去寻求、去探明，以便发现、认识新事物。现在，你难道不处在这种状况吗？所有社会的、政治的体制都是泡影，尽管它们许诺了一切。但你仍然在阅读宗教书籍，仍然在重复着你所读到的东西，这让你的心智变得愚钝。你的教育不过是累积书本上的知识，以便通过考试或者谋到一份差事。所以，是你自己让你的心智走向迟钝和麻木，是你的知识让你逐渐腐化。

因此，你的转变是你自己的问题。探明谁转变了自身、谁没有，这么做有什么必要呢？一旦你的心灵是美的，你就不会去寻求了。一个幸福的人是不会去寻求的，只有不幸的人才会如此。通过寻求，无法消除不幸，唯有通过认识、观察每一个姿势，自发地去审视你的每一个想法和感受，如此一来它才会彰显出自身，唯有这时，你才能发现真理。

问：您从未谈到过未来，这是为什么？您害怕它吗？

克：在我们的生活里，未来有什么重要性呢？它为什么应该是重要的呢？我们所说的未来，究竟是什么意思？明天，理想，对乌托邦的永久的希冀，对我应当如何的期待，各种各样的理想社会的模式——这便是你所说的未来吗？我们靠希望过活，而希望是我们死亡的方式，当你怀有希望之时，你便是死寂的，因为希望是对当下的逃避。在你幸福快乐的时候，你不会去希望什么，只有当你遭遇不幸、挫败和抑制，只有当你遭受痛苦，当你感到苦恼，当你身陷囹圄，你才会去期待未来。在你真的欢愉、快乐的时候，时间便不存在。我们从生到死都怀着希望，因为我们从开始到最后都是不快乐的，而希望是一种逃避的方法，它无法解决我们现实的处境，即我们的不幸福。我们诉诸于未来，将其作为一种逃避当下的手段。假使一个人通过回顾过去或是展望将来而去逃避现在，那么他就不是鲜活的，他就没有生机与活力，他只是在与过去和未来的关系里认识生活，而没有在生活展开的瞬间即当下去认识它。生活是痛苦的、曲折的，于是我们渴望去逃避它，如果我们被许诺说有天堂存在，那么我们就会感到百分百的幸福。这便是为什么党派，不管是左翼的还是右翼的党派，最终都会取胜的缘故，党派总是许诺说明天或五年之后会有什么，我们对此倾心不已，贪心不已，最后则走向了毁灭。由于我们想要逃避当下，倘若我们无法指望未来，就会去求助于过去——过去的老师，过去的书籍，商羯罗、佛陀或其他人曾经说过的知识，于是，我们要么活在过去，要么活在将来。一个活在过去或将来的人，实际上是死寂的反应，因为所有这样的反应都只是单纯的反应罢了。因此，谈论过去和未来，谈论赏罚是没有任何意义的，重要的是去探明如何生活，如何摆脱当下的不幸。美德不是明天，如果一个人打算明天做到心怀慈悲，那么他就是个蠢蛋，美德不是被培养出来的，认识当下的实相，便是美德。

你怎样才能没有痛苦、烦恼、悲伤地活在当下呢？痛苦不是从时间的层面去解决的，而是通过认识它，只有在当下才能消除掉痛苦，这就是为什么我不去谈论未来的原因。只要你直接地去观察"当下实相"，便将迎来非凡的行动与生命力。可你去希望把玩事物，当你把玩严肃的东西时，你会玩火自焚的。你被那些希冀和奖赏席卷而去，一个追逐希望的人就是活在死寂之中。

我们的问题在于，痛苦是否会通过时间的过程即持续性走向终结。痛苦无法经由时间结束，原因在于，时间的过程是痛苦的持续，因此不会消除痛苦。痛苦会立即终止，自由不是终点，而是开始。要想理解这个，就必须有自由的开始，必须具备把谬误视为谬误的自由，必须具备洞悉事物本来面目的能力，不是马上，而是现在。当你怀有热切的兴趣，当你身处危机之中，你就会这么做了。毕竟，什么是危机呢？它是这样一种情形：需要你投以全部的关注，不会躲进信仰之中寻求庇护。只要没有解答，只要心灵没有做出回应，只要心灵没有任何现成的回答，不抱持任何结论，只要你不能够去解决问题——那么你便会身处危机了。然而不幸的是，你通过钻研书籍、通过追随老师，使得你的心灵对每一个问题都有了解释，结果，你从不曾身处危机之中，哪怕只是片刻。每分每秒都会有挑战，当心灵不怀有任何现成的答案，危机就会出现。当你无法找到出路，不管是有意的还是无意的，不管是通过语词还是通过各种逃避，你就会陷入危机了。死亡便是一种危机，虽然你可以把它解释过去。当你丢了钱，当一秒钟之内成千上万的钱都没了的时候，你便身处危机之中了。结束就是危机，但你从不去结束，你总是希望事物能够持续下去。只有当危机袭来，而你不去逃避，从而直面危机——唯有这时，问题才能迎刃而解。关注未来其实是逃避危机，希望则是逃避实相。要想直面危机，就必须彻底摆脱未来和过去，所以说，谈论未来没有任何的作用。

问：照您看来，个体同国家之间的关系应当是怎样的呢？

克：你想要一个蓝图吗？现在你又回到了应当如何上面。推测、猜想是一个人能够沉溺其中的最为容易也最浪费时间的事情。要提防那个给你希望的人，不要相信他，他会带你走向死亡，他感兴趣的是他关于未来的理想，是他有关应当如何的理念，而不是你的生活。

国家和个人是两个不同的过程吗？这二者难道不是相互关联的吗？如果没有我、没有他人，你如何能够生活呢？社会，难道不就是由我们的关系所构成的吗？你、我、他人是一个统一的过程，而不是分开的。"你"便意味着"我"以及"他人"，你是集体的，而不是单个的，虽然你喜欢认为自己是单独的。你是所有集体的产物，个体永远不可能是单独的。你提了一个错误的问题，因为你把个人跟国家划分开来了。你是集体的全部过程及一切影响的产物，尽管这个产物称自己是个体，它是正在发生的过程的产物。对于该过程的认知就蕴含在关系之中，无论是跟某个人还是跟集体的关系。这种认知以及由此而来的行动，将会建立起一个崭新的社会，建立起事物的新秩序。然而，绘制一幅有关应当如何的蓝图，把它交给那些改革者、政客或是所谓的革命者，这么做仅仅只是在理念中寻求满足。只有当你直面危机，意识不干预进来，才能迎来根本性的变革。

问：您谈到了那种基于一个人为了自身的满足而去利用他人的关系。您经常暗示一种所谓爱的状态，您所说的爱是指什么意思呢？

克：我们知道我们的关系是什么——一种相互的满足与利用，尽管我们给它披上了一件漂亮的外衣，美其名曰爱。在利用的过程里，会温柔地对待被利用之物，会加以保护。我们保护我们的疆界、我们的书籍、我们的财富，同样的，我们也会小心翼翼地保护我们的妻子、我们的家庭、我们的团体，因为，倘若没有了他们，我们就会感到孤独和迷失。没有孩子，父母会觉得孤单，你希望孩子能够实现自己未达成的愿望，结果孩子便沦为了一个工具，以满足你的虚荣。我们懂得需要与利用的关系，我们需要邮差，他也需要我们，但我们不会说我们爱邮差。可我们却声称爱着自己的妻儿，哪怕我们利用他们来实现自身的满足，并且愿意为了所谓的爱国主义的虚荣而牺牲掉他们。我们非常了解这个过程，但它显然不可能是爱。利用、盘剥，尔后感到抱歉的爱，不会是真爱，因为爱不属于意识。

现在，让我们展开检验，探明一下何谓爱——探明，不是仅仅口头上说说，而是切切实实地去体验那一状态。当你把我当作一个上师去利用，而我把你们当作门徒去利用，那么你我之间的关系就是一种相互的利用。同样的道理，当你把你的妻儿作为促进自身的手段，那么你便是在利用他们，而这显然不是爱。只要有利用，就一定会有占有，而占有永远都会滋生恐惧，这种恐惧还会伴随着嫉妒和猜疑。只要存在着利用，就不可能有爱，因为爱不属于意识。想到某个人并不代表爱着此人，只有当这个人不在的时候，当他过世的时候，当他跑远抑或当他没有给你你所想要的东西时，你才会想到他。尔后，你内在的不充实让意识的过程开始运作起来。当这个人向你走近，你就不会想到他了，在他亲近你的时候想到他，便是被干扰，所以你视他为理所当然——他就在那儿。习惯是一种忘却和保持平静的手段，如此一来你就不会受到扰乱了。所以，利用不可避免地会走向固若金汤、不受损害，而这不是爱。

当存在利用的时候，会是怎样的状态呢——也就是思想过程作为一种掩盖心灵贫乏的手段，不管是以积极的还是消极的方式——难道不是吗？当不再有满足的感觉时，会是怎样的状态呢？寻求满足是意识的本性。性是意识所制造、描绘出来的一种感觉，尔后意识有所行动或者不去行动。感觉是一种思想的过程，它不是爱。只要意识居于主导地位，思想过程变得重要，爱就不会存在。这种利用、考量、想象、控制、封闭、排斥的过程，全都是烟尘，当烟尘不再，爱的火焰便会燃烧。有时候我们确实拥有过爱的火焰，拥有过这种充实、完整和圆满，可烟尘又会重现，因为我们无法长久地跟爱的火焰共存，不会感到任何亲近，无论是跟一个人还是跟许多人的亲近，无论是个人的还是非个人的。我们大部分人都偶尔见识过爱的芬芳以及它的易受伤害，然而，利用、习惯、嫉妒、占有、婚约和打破婚约的雾障——所有这一切变得对我们无比重要，于是爱的火焰便消失了。当烟尘升腾，火焰就会殆尽，可一旦我们懂得了利用的真相，火焰就将重燃。我们之所以会利用他人，是因为我们的内心贫乏、不充实、琐碎、渺小和孤独，我们指望着，通过利用别人，我们就可以逃避了。爱神，不代表爱真理，你无法爱真理，爱真理只是一种手段，目的是要利用它以获得你已知的其他事物。因此，你总是会心存恐惧，害怕失去自己已知的东西。

当心灵完全步入宁静，不再寻求获得满足，不再展开各种逃避，你就将懂得何谓爱了。首先，意识必须彻底地终止，意识是思想的产物，而思想不过是一个通道，一种通往某个目的的手段。当生活仅仅是达至某个事物的通道时，爱怎么可能存在呢？当心灵自然而然地安静下来，而不是被人为地变得安静，当它将谬误视为谬误，把真理看作真理，爱便会来临。一旦心灵迈入宁静，那么，无论发生什么，都会是爱的行为，而不是知识的行为。知识不过是经验，而经验并非爱，经验无法认识爱。只要我们认识了自我的全部过程，爱就会到来，而认识自我即智慧的开始。

（第三场演说，1950 年 2 月 5 日）

PART 03

斯里兰卡科伦坡

宗教妨碍认识问题

我认为，懂得如何倾听是非常重要的。我们大多数人实际上根本就没有在聆听，我们如此习惯于对自己不希望听到的东西做到左耳进右耳出，以至于几乎可以对摆在面前的问题充耳不闻。重要的是我们怎样去聆听自己周围发生的一切，难道不是吗？——不仅是怎样去聆听鸟儿的鸣唱、自然界的声响，而且还有怎样去聆听彼此的声音——也就是说，如何广泛地去觉知日常生活中不同层面的各种问题。原因在于，唯有展开正确的聆听，而不仅仅是去听我们希望听到的东西，我们才能开始去认识许多问题，不管是经济的、社会的还是宗教的问题。生活本身就是一个复杂的难题，不能够仅从某一个层面加以解决。因此，我们必须有能力做到充分地、完整地聆听，尤其是对正在说的内容。至少在这个晚上，我们可以试着去聆听，如此一来才能尽可能充分地认识彼此。但困难在于，我们大部分人都是抱着偏见在听，对所说的问题怀有成见，我们对正在说的内容抱有某种结论，该结论是建立在我们自己的观念之上的，我们的思想意识已经形成了。我们把正在讨论的话跟其他某位老师的言论进行比较，于是我们的反应自然受着限定，而不是对正在说的内容的直接反应。所以，假如今晚我可以建议的话，请大家充分地聆听，不要抱持任何偏见，不要怀有任何结论，也不要做什么比较。就只是去聆听，以便探明正在说的内容实际上是什么。因为，言语处在一种非常糟糕的状态，不管你是富人，拥有好几部车子、一栋舒适的房子、银行账户后面许多个零，还是仅够糊口，不管你从属于某个宗教的或政治的党派还是不属于任何团体，都必须要理解这些问题。在接下来的五周时间里，我将会着手这些问题，不仅是在这里，而且还有周二和周四举办的讨论上。我们应该首先学会聆听的艺术——这是一项相当困难的任务——如此一来我们才能充分懂得正在讨论的问题的涵义。如果你通过自身怀有的成见这一屏障去听的话，那么你便无法领悟这些问题的全部涵义，一旦拿走了成见，哪怕只是暂时的，然后努力去彻底地认识问题，就可以实现聆听的艺术。尔后，我们便能应对每一天出现在自己生活里的难题了。

现在，我们全都怀有各种问题，我们不可以对它们视而不见或是用某种或左翼或右翼的行为模式去应对，不可以抱持着某种我们因自己的知识或专家的知识而形成的偏见去解决它们，难道不是吗？显然，问题总是新的，任何层面的任何问题都总是新的，假如我们用某个或左翼或右翼或中立的行为模式去应对问题，那么我们的反应显然就会是受限的，而这将会妨碍我们去认识问题本身，这便是我们的困难所在。生活是一种挑战和回应的过程——否则的话，生活便不复存在。生活是一种反应，对要求、挑战、刺激做出的回应，倘若我们的回应是受限的，显然就会引发冲突即问题。我们大多数人都身处冲突和混乱之中，不管我们是否有意或无意地觉知到了这一点。要想认识这种内在的混乱——内心的混乱将会导致外部世界的混乱，无论是政治的、宗教的、还是经济层面的——我们必须懂得如何去应对问题，如何解决这巨大的且愈演愈烈的混乱跟不幸。痛苦并未减少——政治的、宗教的、社会的抑或任何其他层面的。不管我们做什么，不管我们追随哪位政治或宗教的领袖，都将制造出更多的灾难。我们的问题便是怎样展开正确的行动，如此一来，该行动就不会带来更多的问题，不会导致更多的劫难，如此一来，改革就不必需要进一步的革新。这就是我们每个人必须要去面对的形势。

很明显，混乱之所以会与日俱增，是因为我们用某种行为模式、某种思想意识去着手问题，无论是政治的还是宗教的。组织化的宗教显然会妨碍我们去认识问题，原因是，心灵为教义和信仰所囿。我们的困难在于如何直接地，而不是通过任何宗教的或政治的限定去认识问题，如何去认识问题，以便冲突能够终止，不是暂时地终止，而是彻底地结束，如此一来人才能充实地生活，既不会遭遇明日的不幸，也不会背负昨天的重担。怎样以新的姿态、新的方式去迎接问题，这显然便是我们必须要去探明的，因为，每个问题，无论是政治的、经济的、宗教的、社会的还是个人的，始终都是崭新的，故不可以用旧的模式去应对。或许这种表述不同于你们所熟悉的方式，但这实际上便是问题的实质。毕竟，生活是一种不断在变化着的环境。我们喜欢舒舒服服的、不采取任何行动，我们喜欢躲到宗教和信仰里去寻求庇护，抑或是躲进基于某些事实的知识里头去，我们渴望得到慰藉与满足，渴望不受任何扰乱。然而生活始终都在变化着，始终都是崭新的，总是在对旧的事物造成干扰。因此，我们的问题在于如何以新的姿态去迎接挑战。

我们是过去的产物，我们的思想源自于昨天，很明显，我们不可以用昨天去迎接今天，因为今天是崭新的。当我们用昨天去应对今天，那么我们在认识今天的时候便是在继续着昨天的限定。所以，在迎接新事物的过程中，我们的问题便是如何去认识旧事物，从而摆脱其束缚。旧事物无法认识新事物——你不可以旧瓶装新酒。因此，重要的是去认识旧事物即过去，头脑便是基于过去进行思考的。想法、念头都是过去的产物，不管是历史知识还是科学知识，抑或是单纯的偏见和迷信，观念显然源自于过去。如果没有记忆，我们便无法思考，记忆是经历的残留，记忆是思想的反应。要想认识挑战即新事物，我们必须理解自身的全部过程，自我是我们的过去的产物，是我们所受限定的产物——环境、社会、风土、政治、经济等方面的限定——即我们自身的整个结构。因此，认识问题便是认识我们自己，认识世界要从认识我们自己开始。问题不是世界，而是你与他人的关系，正是你跟别人的关系导致了问题的出现，而这个问题拓展开来便成为了世界的问题。

所以，若想认识这部庞大的、复杂的机器，若想认识这种冲突、痛苦、混乱与不幸，我们就得从自身开始做起——但不是个人主义式的，不是跟大众处于对立面。并不存在所谓的大众，但只要你我没有认识自己，只要我们去追随某个领袖，被词语麻醉，那么我们就会变成大众，从而遭受利用。因此，处于孤立隔绝的状态，退隐到修道院、山林或是某个洞穴，是无法找到问题的解答的，只有在关系里去认识有关自我的整个问题，方能将问题解决。你无法活在孤立隔绝的状态，活着，即意味着处于关系之中。所以，我们的问题便是关系，它引发了冲突，带来了不幸以及不断的麻烦。假如我们没有认识这种关系，那么它就会导致无穷无尽的痛苦和争斗。

认识我们自己，也就是自知，将会开启智慧的大门。你不能指望查阅某本书籍就可以实现自知——世界上没有哪本书能够教会你这个。认识你自己，一旦你了解了自身，就可以应对那些每天摆在我们每个人面前的难题了。自知会带给心灵平静，唯有这时，真理才会到来。真理是无法被寻求的，真理是未知的，而你所寻求的事物已经是已知的了。当心灵不抱持任何偏见，当我们认识了自身的全部过程，真理就会不请自来了。

有几个问题交了上来，我打算回答其中的一些。提出问题十分容易，任何人都可以提出某个冒失或愚蠢的问题，然而，提出正确的问题却要难得多。只有询问了正确的问题，才能有正确的解答，因为，唯有这时，提问者的难题才会彰显出来。

问：您指出，您不打算扮演任何人的上师。可如果一个人已经认识了真理，那么他难道不能将自己的认知传达给其他人，从而帮助对方也实现觉知吗？

克：很明显，上师究竟是否必要，这并不重要，问题在于，我们为什么需要上师，为什么要去寻求上师，这才是问题的关键，对吗？假如我们可以认识这个，就将弄明白是否能够将真理传达给他人了。你为什么需要上师、老师、领袖、引路人呢？显然，你会说："我之所以需要他，是因为我感到十分困惑，我不知道该怎么做，我在寻求真理。"让我们不要自欺欺人了，你并不知道何谓真理，于是你才会去求助于某个老师，请他告诉你什么是真理。你希望有人可以帮助你、指引你走出自身的混乱。你不幸福，你渴望获得幸福，你不满意，你想要获得满足。

因此，你根据自己的满足去挑选你的上师。（笑声）我可以有所建议吗？当你对某个严肃的事情发笑时，这表示你的心灵十分的肤浅，通过发笑，你将某个给人带来烦乱的看法一带而过了，所以，假如我可以建议的话，让我们稍微严肃认真一点吧。因为，我们的问题非常严重，我们不可以像那些轻率的学童一样去处理问题——我们的表现正是如学童一般轻浮草率，尽管我们已经是满腮胡须。

所以，问题不在于上师是否必要，而在于我们为何渴望上师。我们希望能够有人向自己伸出援手——这便是我们想要的。我们并不渴望真理，因为真理相当让人烦心，我们实际上并不想要认识何谓真理，于是我们便求助于上师，希望他能带给我们我们所渴望的满足。由于我们感到困惑和混乱，于是我们显然会挑选出一个同样困惑、混乱的上师或领袖。当我们出于自身的混乱挑选出了某位上师的时候，那上师必定同样身处困惑、混乱之中，否则我们就不会选择他了。认识你自己是至关重要的，如果一个上师真的配得上"上师"这个头衔的话，那么他显然一定会告诉你这个的。然而，对我们大多数人来说，这是一件让人疲惫的事情，我们希望马上得到解脱，得到一副灵丹妙药，于是我们便求助于一位会给我们满意药丸的上师。我们寻求的不是真理，而是慰藉，而那个带给我们慰藉的人，将会奴役我们。

真理能够被传达给他人吗？我可以向你描述某个结束的、过去的因而并非真实的事物，我可以向你讲述过去，我们能够在口头层面彼此交流所知道的事情，但却无法向彼此讲述我们没有经历过的东西。描述总是关于过去的，而不是关于现在的，因此，现在无法被描述，而真理只存在于当下。所以，当你求助于他人，希望他能告诉你什么是真理，他只能告诉你已经结束的经历，而结束的经历不是真理——它不过是知识罢了。知识不是智慧，可以从口头层面去描述知识和事实，但描述始终处于不断运动中的事物则是不可能办到的。凡是可以被描述的东西，皆非真理。真理必须是要时时刻刻去体验的，如果你用昨天的衡量标准去迎接今天，那么你就不会认识真理。

因此，上师不是必需的，相反，上师是绊脚石。认识自我是智慧的开始，没有哪位上师能够让你认识自己。假如没有认识自我，那么，无论你怎么做，以你喜欢的某种方式去行动，追随某个领袖，遵循任何宗教的或政治的模式——你都只会制造出更多的不幸。可一旦心灵通过自知摆脱了那些障碍与局限，那么真理便会到来了。

　　问： 据报道，您一直都主张，观念不会让人们团结。请您解释一下，照您看来，怎样才能让人们团结起来，从而建立起一个更好的世界呢？

　　克： 让我们弄清楚我们所说的观念是指什么意思吧。正如我所指出来的那样，请不要带着偏见或是某个结论去听，而是要像在听某个你真正喜欢的人所说的话那样。你所谓的观念意指为何？你所谓的信仰、意识形态是指什么？让我们一起来思考一下这个问题，一起来展开探究。观念会让人们团结，还是会导致人们的隔离？观念显然是思想的口头形式，思想是对限定、条件所做的反应，不是吗？你们是僧伽罗人、佛教徒、基督徒抑或其他什么，你的思想受着你所处的背景的限定。很明显，背景便是记忆，记忆对刺激、挑战做出反应，而记忆对挑战所做的反应则被称为思想。显然，作为佛教徒、基督徒的你们是在根据自己被教育长大的那个模式进行思考，根据左翼或右翼的模式去思考，天知道还有什么。你被限定着去相信某些东西，以及不去相信某些事物。这种限定就是记忆，而记忆的反应便是思想。思想检验着观念，受到限定的思想按照那一限定去做出反应，要么倾向于左翼，要么倾向于右翼。因此，观念根据人们被教育长大的模式让他们聚在一起，而观念显然可以同观念发生对立。

　　这或许有点儿抽象，所以让我们换种方式来表述好了。假设你是个真正的佛教徒，不是口头上说说，而是个积极分子——那么这意味着什么呢？你相信某些事情，你按照这一信仰去行动，而一名基督徒或共产主义者则会根据另外一种意识形态去行动。这两种观念如何能够相遇呢？每一个观念、每一种想法，都是自身所受限定的产物，一种观念如何能够与另一种观念相遇呢？观念只会扩张，把人们聚在自己周围，正如另外一种观念会做的一样。所以，观念永远不会带来团结，相反，它们把人们划分开来。你是基督徒，我是佛教徒，他是印度教教徒或者穆斯林，我相信某些东西，你却不信，于是我们便会发生争执。这是为什么？观念为什么会造成我们之间巨大的界分？因为它是我们唯一拥有的东西——语词便是我们唯一拥有的事物，结果观念变得极为重要起来，我们聚在观念的周围展开行动——基督徒反对共产主义、劳工反对资本主义、资本主义反对社会主义。观念不是行动，观念妨碍了行动。我们必须对此展开思考，下次讨论中我们将会探究这一问题。

　　基于观念之上的行动将人们划分开来，这便是为什么世界上会有饥饿、不幸和战争的缘故。我们怀有关于这一问题的想法，但观念有碍于我们去认识问题，因为问题不是观念，问题是痛苦和冲突。怀有关于痛苦、烦恼、剥削的观念是很舒服的一件事情，尔后你便可以就此高谈阔论，但却不采取任何行动。只要你展开思考，就会发现，观念导致了人与人之间的界分，假如你真正去探究一下问题，而不是仅仅依照某个模式做出回应的话。你难道不曾注意过吗？你们僧伽罗人在为民族主义斗争，而民族主义不过是个理念，印度人在反对欧洲人，德国人和美国人在与苏联人为敌。纵观全世界，民族主义、国家主义这种观念，妨碍了人们团结起来，而因为民族主义、国家主义从根本上来说是悦人的、愚蠢的，它让你感到满意。民族主义、国家主义这一字眼就如一堵高墙出现在每一处角落，把人们隔离开来。所以，在全世界的范围内，观念都导致了人们之间的界分，导致了人与人的对立。我们所推崇的观念，把爱挡在了门外，它们没有任何意义，它们无法带来根本性的转变。要想带来这种根本性的变革，你就必须从认识自己开始做起，唯有这样，你才能带来人类的团结统一，而不是通过观念。

　　问：我对一切都感到不确定，结果发现很难行动适宜，因为我害怕自己的行为只会导致更多的混乱。有什么法子可以让我在不引发混乱的情况下去展开行动呢？

克：很明显，如果没有认识你自己，那么无论你做什么，必定都会让混乱愈演愈烈。只要你没有认识自身的整个结构，你的行为势必就会带来危害，尽管你可能拥有一套完美的行为模式。这便是为什么依照某种模式所进行的革新，将会是社会的瓦解性因素——这种所谓的革新，不过是以修正的方式继续着过去罢了。你无法从书本或老师那里获得对自我的认知，而必须得在你与人、与观念的关系中去认识自己。关系是一面镜子，从中你可以看见自己的真实模样。没有任何事物可以活在孤立隔绝的状态。一个人必须要去认识关系，而不是仅仅对其展开谴责、辩护或者与它认同。我们之所以予以谴责，因为这是摆脱某个事物的最简单的法子，就像让一个孩子待在角落里一样。若我想要认识我的孩子、我的邻居、我的妻子，那么我就得研究这个人，就得在我跟他的关系里展开觉知，对吗？因此，只有通过认识自我，你的行动才不会使得混乱与日俱增。

问：据报道说，您认为宗教无法解决人类的诸多问题。真是这样吗？

克：那么，你所谓的宗教是指什么意思呢？正如我们所知道的那样，宗教是组织化的信仰、教义以及依照某种模式所展开的行为，不是吗？组织化的信仰是他人的经验，是根据昨天的某种模式进行规划的，而你受到该信仰的限定。这就是宗教吗？该模式可能是左翼的、右翼的、中间派的，抑或可能是某个所谓的神的旨意——它们之间并无多大差别——全都有各自的理想，全都怀有各自的乌托邦或天堂。因此，所有这些可以被称作宗教，每一种都在让剥削、利用永久地延续下去。那么，这是宗教吗？很明显，信仰及其权威和教义，它那宏大的盛典以及带给人们的感官上的刺激，并不是宗教。那么，什么是宗教呢？这就是我们的问题。它不过只是一个词语，"门"这个词语，并不等于真正意义上的门，而是仅仅象征着其他某个事物。同样的道理，宗教是某种蕴含在由"宗教"一词所激起的受限的反应背后的事物，这表示，我们必须要去探明词语背后的那一事物。该事物是未知的，对吗？你已知的，已经退隐到了过去。必须直接地体验"当下实相"，为此，首先一个要求便是自由，这意味着你应该摆脱那荒谬、虚幻的事物，即信仰，不是在终点，而是在一开始的时候。你应该具备探明何谓谬误的自由——这显然就是宗教。应该认识你自己的全部过程，因为，假如没有认识自我，你便无法拥有智慧。认识自己，这就是智慧的开始，而认识自我，便是冥想。

（第一场演说，1949 年 12 月 25 日）

行动 [1]

那些政客或专家们，无法解决我们每个人以及世界所面临的难题。这些问题不是源于肤浅的原因，所以不可以这样考虑问题。没有任何问题，尤其是关于人的问题，能够从某个单独的层面去解决。我们的问题十分复杂，只有把它们视为人对生活所做的反应的全部过程，才能将其解决。专家或许可以为某个计划好的行动给出蓝图，但能够拯救我们的并不是计划好的行动，而是认识人的整个过程，也就是认识你自己。专家只会从某个单独的层面去应对问题，于是也就让我们的冲突跟混乱愈演愈烈。

从某个单独的层面去思考我们复杂的人类问题，让专家来支配我们的生活，这么做简直是场灾难。我们的生活是一个复杂的过程，需要深刻认识我们自己的思想与感受。如果没有认识我们自己，就无法理解任何问题，不管该问题何等肤浅或复杂。没有认识自己，那么我们的关系势必就会走向冲突与混乱。没有认识自我，就无法建立起新的社会秩序，

---

① 此为原书标题。——中文版编者

没有认识自我，革新就只不过是对目前状态略加修改的继续。

　　对自我的认知是无法从书本里获得的，也无法通过漫长而痛苦的实践和训练得来，而是源于在关系里，在每一个想法和感觉出现的时候，时时刻刻去觉知它们。关系不是指抽象的思想的层面，而是一种切实的存在——跟财产、跟人、跟观念的关系。关系意味着生活，由于没有东西能够活在孤立隔绝的状态，因此，活着，即意味着处于关系之中。我们的冲突是在关系里，在我们生活的各个层面里，而彻底地、充分地认识这种关系，便是每个人怀有的唯一真正的问题。这一问题不可以被搁置起来，也不可以去回避。逃避它，只会制造出更多的冲突与不幸，逃避它，只会导致丧失思考能力，从而受到那些诡计多端、野心勃勃之人的利用。

　　因此，宗教不是信仰，也不是教义，而是认识真理。真理是要每时每刻在关系里去发现的。作为信仰和教义的宗教，不过是在逃避关系的实相。如果一个人通过信仰即他所谓的宗教去寻求神，那么他只会导致对立，只会带来界分，也就是分崩离析。任何形式的思想意识，不管是左翼的还是右翼的，不管是这个宗教的还是那个宗教的，都将导致人与人之间的对立——这便是世界上发生的情形。

　　用一种思想意识去取代另外一种，并不能解决我们的难题。问题不在于哪一种思想意识更好，而在于认识到我们自己是一个统一的过程。你或许会说，认识自己需要无限的时间，与此同时，世界将会瓦解成碎片。你觉得，假如你根据某种思想意识怀有了计划好的行动，那么世界不久就将出现转变了。只要我们稍微更加仔细地去探究一下这个问题，就会发现，观念根本不会让人们团结起来。一种观念可能有助于形成一个团体，但该团体将会与另外一个有着不同观念的团体产生对立，诸如此类，直到观念变得比行动更为重要。意识形态、信仰、组织化的宗教，将人们分隔开来。

　　人类是无法通过某个观念团结起来的，不管该观念可能多么高尚与宽广，因为观念不过是某种受限的反应，而在迎接生活的挑战的过程中，受限的反应必定是不充分的，伴随而来的会是冲突跟混乱。基于某种观念之上的宗教，无法让人们团结起来。作为某种权威之经验的宗教，可能会把少数人绑在一起，但它势必会滋生出敌对。他人的经验不是真实的，不管该经验可能多么的伟大。真理永远不会是自造出来的权威的产物，上师、老师、圣人、救世主的经验，并不是你必须要去探明的真理。他人的真理不是真理。你或许可以口头上向别人重复真理，但在这种重复的行为中，真理将会变成谎言。

他人的经验对于认识真理没有任何的作用。然而，全世界的组织化的宗教都是建立在他人经验之上的，所以并不会带给人解放，而只会用某种将导致人与人对立的模式束缚住他。我们每个人都必须以新的姿态开始，因为，我们是怎样的，世界就会是怎样的。世界同你我并不是分开的。我们生活的那个小世界以及我们的问题，拓展开来，就会变成整个世界以及世界的问题。

在面对世界那些巨大的问题时，我们对于自己的认知感到失望。我们没有意识到，这不是有关集体行动的问题，而是有关让个体醒悟到他生活于其间的世界以及去解决他的世界的问题，不管他所生活的那个世界多么的狭小、有限。大众是一个抽象物，为那些政客所利用，为某个怀有意识形态的人所利用。大众实际上就是你、我和他人，当你、我、他人被某个词语麻醉，那么我们就会变成大众，但它依然是一个抽象物，因为这个词语便是抽象的。集体行动是一种幻觉，这种行动实际上是关于少数人的行动的概念，我们在混乱和绝望中接受了这一概念。我们出于自身的混乱与绝望挑选出了引路人，不管是政治的还是宗教的，由于我们的选择，所以他们势必同样是混乱和绝望的。他们或许会摆出信心满满和无所不知的姿态，但实际上，他们是我们出于自身的困惑与混乱挑选出来的指引者，因此他们一定同样是混乱和困惑的，否则他们就不会是指引者了。世界上，只要领袖（指引者）和被领导者（被指引者）是混乱的，那么有意或无意地去遵循某种模式或某种思想意识，便会滋生出更多的冲突与不幸。

所以，个体是重要的，而不是他的观念抑或他追随的是谁，不是他的国家或他的信仰。你是重要的，而不是你所从属的意识形态或国家，也不是你的肤色以及你所抱持的宗教信仰。这些限定或许在某个层面上跟知识一样有用，但是在另外一个层面上，在生活的那些更为深刻的层面上，它们将是极为有害的，具有很大的破坏性。由于这些东西是你自己创造出来的——那些宗教、意识形态、国家主义与各种模式——任何建立在它们之上的行动都必定跟一只狗追逐自己的尾巴一样。因为所有的理想都是自造的，它们是你自己创造出来的产物，它们没有揭示出真理。

只有当我们每个人意识到了生活现有的结构，那些自造出来的理想和结论的结构，唯有这时，才能让自身获得自由，才能以新的视角去审视问题。不能靠另一套自造出来的思想意识来解决迫近的危机与灾难，只有当作为个体的你洞悉了这其中的真理，从而开始认识自身思想与感受的全部过程，才可以消除危机和灾难。只有在这个意义上，个体才是重要的，而不是在对问题做出孤立而无情的反应时。

毕竟，全世界的问题便在于无法充分地应对新事物，应对那始终在变化着的生活的挑战。应对的不充分导致了冲突，而冲突又带来了问题。除非做出了充分的应对，否则我们的问题一定会与日俱增。充分应对不需要新的限定，而是要摆脱一切限定。也就是说，只要你是个佛教徒、基督徒、穆斯林、印度教教徒或者从属于左翼或右翼的组织，你便无法充分地去应对那些由你自己制造出来的问题以及世界的问题。强化宗教的或社会的限定，不会给你和世界带来安宁。

世界便是你的问题，要想认识它，你就得认识你自己。认识自我不是时间的问题。你只会活在关系中，否则你便无法生存于世。你的关系就是问题——你与财产、与人、与观念或信仰的关系。如今，这种关系是冲突、矛盾，只要你没有认识你的关系，那么无论你做什么，都只是用某种思想意识或教义去麻醉自己罢了，你不会得到任何安宁。认识自我便是关系里的行动，你在关系里去直接地发现自己的本来面目，关系是一面镜子，从中你可以照见自己的真实模样。假如你怀抱着某个结论、某个解释或者予以谴责、辩护，那么你便无法在这面关系之镜里洞悉自己的本来面目。

在关系的行动中去感知、觉知你的本来面目，会让你获得解放。只有在自由的状态，才能有所发现，一个受限的心灵无法发现真理。自由不是抽象的，而是伴随着美德而来。毕竟，无美德便是无序和冲突。然而美德就是自由，是由觉知带来的清楚的感知。你不可以变得有德行，变成怎样是贪婪或获取的幻觉。美德就是立即感知"当下实相"。因此，认识自我是智慧的开始，正是智慧能够消除你的那些难题，从而让世界的问题也迎刃而解。

（在锡兰发表的电台广播，1949 年 12 月 28 日）

信息即知识，它与智慧截然不同

在我们询问应当做些什么或者怎么做才能探明何谓正确的思考之前，我们需要指出正确的思考是何等的重要，因为，如果没有正确的思考，那么显然就无法展开正确的行动。就像我们在上周日所讨论的那样，依照某个模式、某个信仰去行动，导致了人与人之间的对立。只要没有认识自我，就不会有正确的思考，原因是，若没有认识自我，一个人如何能够知道自己实际上在想什么呢？我们展开了大量的思考与行动，但这样的思考和行动带来了冲突与敌对，关于这一点，我们不仅在自己的身上看到了，也在周围的世界里发现了。因此，我们的问题在于，如何正确地思考？正确的思考会带来正确的行动，从而消除掉我们在自己身上和周遭的世界里所目睹的那些冲突与混乱，难道不是这样吗？

那么，要想弄清楚什么是正确的思考，我们就得探究何谓认识自我，因为，假如我们不知道自己在想些什么，抑或假如我们的思想是建立在我们所受的限定的背景之上，那么，不管我们想的是什么，都显然只是一种反应，于是也就会导致更多的冲突。所以，我们首先必须探明什么是认识自我，尔后才能弄明白何谓正确的思考。很明显，认识自我并不是单纯地学习某种思想，认识自我不是建立在观念、信仰或结论之上的。它必须是活生生的事物，否则就不再是认识自我，而会变成单纯的信息。信息即知识，它与智慧是截然不同的——智慧是认识我们的思想与感受的过程。然而，我们大部分人都为信息、肤浅的知识所困，因此无法对问题展开更加深入的探究。若想探明认识自我的整个过程，我们必须在关系里去觉知，关系是我们唯一拥有的明镜，一面不会歪曲的镜子，在这面镜子中，我们可以切实地、准确地看到自己的思想彰显出自身。隔绝，这是许多人寻求的，这么做是悄悄地竖起一道抵抗关系的高墙，隔绝显然有碍于我们去认识关系——跟人、跟观念、跟物的关系。显然，只要我们没有认识自己同财产、同人、同观念的关系，没有认识我们的真实模样，就一定会出现冲突与混乱。

　　所以，唯有在关系里，我们才可以探明什么是正确的思考，也就是说，我们在关系里才能发现自己每时每刻是怎样去思考的，我们的反应是怎样的，从而逐步地揭示出何谓正确的思考。观察我们关系中实际发生的情形，我们的反应是什么，从而探明每一个想法、每一个感觉的实相——这并不是抽象的东西或者很难做到的事情。但倘若我们把它变成某个观念或者预先构想出关系应当是怎样的，那么这么做显然就会妨碍实相的展现。这就是我们的困难所在：关于关系应该是怎样的，我们已经怀有了许多的想法。对我们大多数人来说，关系这个术语代表了慰藉、满足和安全，在这种关系里，我们利用财产、观念、他人来获得自身的满足。我们把信仰当做一种得到安全的手段。关系不是单纯的机械性的适应。当我们利用他人时，占有，身体上和心理上的占有就会成为必然，当我们占有某个人的时候，就将制造出嫉妒、孤独、冲突等一系列的问题。原因是，只要我们稍微更加仔细、更加深入地去检验一下，就会发现，利用某个人或财产来获得满足，这么做是一种隔绝的过程，隔绝的过程根本就不是真实的关系。所以，由于缺乏对关系的认知，本质上也就是没有认识自我，于是我们的困难以及与日俱增的问题也就随之而来了。如果我们不知道自己与人、与财产、与观念的关系是怎样的，那么我们的关系势必就会引发冲突。这就是我们当前的整个问题，不是吗？——关系，不仅是人跟人之间的关系，而且还有群体跟群体之间的关系，国家跟国家之间的关系、意识形态跟意识形态之间的关系，左翼的或右翼的，宗教的或世俗的。因此，重要的是从根本上认识你与你的妻子、你的丈夫、你的邻居的关系，因为关系是一扇门，通过这扇门，我们可以发现自身，而经由这种发现，我们将懂得什么是正确的思考。

很明显，正确的思考完全不同于正确的思想。正确的思想是静止的，你可以学会正确的思想，但却无法学会正确的思考，因为正确的思考是运动着的，而不是静止不动的。你能够从书本、从老师那里学到正确的思想，或者收集到关于正确思想的信息，但你无法通过遵循某个模式而拥有正确的思考。正确的思考便是时时刻刻去认识关系，这么做将会揭示出自我的整个过程。

你生活的各个层面都有着冲突，不仅是个体的冲突，还有世界的冲突。世界便是你，它跟你并不是分开的，你是怎样的，世界就会是怎样的。你与人、与观念的关系必须出现根本性的革新，必须得有根本性的转变，这种改变不应该是从你的外部开始，而是应当从你的关系着手。所以，假如一个人想要实现心灵的宁静，想要富有思想，那么重要的便是去认识自己，因为，若没有自知，那么他所做的各种努力就只会制造出更多的混乱与不幸。觉知你自己的全部过程，你不需要任何上师、书本，而是应当时时刻刻去认识你与万事万物的关系。

问：您干吗把您的时间浪费在布道上，而不是以切实可行的方式去帮助世界呢？

克：那么，你所说的"切实可行"是指什么意思呢？你的意思是给世界带来改变，是指更好的经济调整，更好的财富分配，更好的关系——抑或，说得粗俗点，就是帮助你谋到一份更好的差事。你希望看到世界发生转变——每一个理性人士都会如此——你希望有某个法子可以带来这种改变，于是你便询问我说，为什么我要浪费时间在这里宣传我的思想，而不是去做点别的什么。那么，我所做的事情真的是在浪费时间吗？假如我介绍一套新的理念，以取代旧的思想意识、旧的模式，那么这么做就是浪费时间，不是吗？或许这正是你希望我去干的事情呢。然而，重要的不是提出某个所谓切实可行的法子，以便展开行动、生活、得到更好的工作、建立一个更好的世界；而是弄清楚是什么妨碍了真正的革新——不是左翼的或右翼的革命，而是根本性的、不基于观念之上的变革，难道不是吗？原因在于，正如我们曾经讨论的那样，理想、信仰、意识形态、教义，全都是行动的绊脚石。只要行动是建立在观念之上，世界就不会迎来转变、革新，因为，尔后，行动不过是反应罢了；于是观念变得比行动更加重要，而这便是世界上真实发生的情形，对吗？

要想有所行动，我们就得探明那些妨碍了行动的绊脚石究竟是什么。然而，我们大部分人都不愿意行动起来——这就是我们的困难所在。我们宁可展开讨论，宁可用一种思想意识去替代另一种，于是我们通过思想意识来逃避行动，这么做显然很简单，不是吗？当今的世界正面临着诸多的问题：人口过剩，饥饿，各种国家、民族、阶级的界分，等等。为什么没有一群人一起坐下来，努力去解决国家主义、民族主义的问题呢？但倘若我们一方面执着于自己的国家、民族，一方面又试图高举国际主义的旗帜，那么我们就会制造出另一个问题，这便是我们大多数人所做的。因此，你发现，理念实际上妨碍了行动。某位政治家、某个显赫的权威曾经指出，世界能够得到组织管理，所有人类都可以被养活。那么，为什么没有做到这个呢？那是因为相互冲突的理念、信仰以及国家主义思想。所以，观念实际上妨碍了人类的生计问题，我们大部分人都在把玩着观念，觉得自己极富革命精神，用诸如"切实可行"这样的字眼去自我麻醉。重要的是让我们自己摆脱观念、国家主义以及一切宗教信仰和教义的束缚，如此一来我们才能展开行动，不是依照某个模式或思想意识去行动，而是按照需求。很明显，指出妨碍了这样的行动的障碍和绊脚石是什么，这并不是在浪费时间，并不是在讲一大堆的空话。

你正在做的事情显然是毫无意义的，你的观念、信仰，你那些政治的、经济的、宗教的灵丹妙药，实际上把人们划分开来并最终导致了战争。只有当心灵挣脱了理念、信仰的羁绊，才能展开正确的行动。一个高举爱国主义、国家主义大旗的人，永远无法懂得什么是兄弟友爱，尽管他可能会谈论这个，相反，他的行为，不管是经济层面的还是任何方向的行为，都将导致战争。所以，只有当心灵摆脱了观念的制约，不是流于表层，而是从根本上摆脱了理念的束缚，才能展开正确的行动，从而出现根本性的、永久性的转变。唯有通过自觉和自知，方能摆脱观念的制约。

问：我是一个老师，在对您的言论做了一番研究之后，我发现，当前的教育大部分都是有害的或者说是没有作用的。那么我对此能够做些什么呢？

克：很明显，问题在于，我们所说教育究竟是指什么，以及我们为什么要教育人们。我们发现全世界的教育都以失败告终，这是因为它带来了越来越多的破坏和战争。迄今为止，教育促进了工业化，也推动了战争，在过去的一个世纪里情形便是如此。实际上发生的是战争、冲突，一个人自身的努力不断地在浪费，所有一切都导致了更多的冲突、更大的混乱与敌对——难道这便是教育的目的吗？所以，探明如何去教育人们，不仅是教育者应当受到教育，而且还应该认识有关教育的一切以及我们活着是为了什么，认识生命的目的和意义。当我们寻求生活的目的，就会发现，它不过是一种自造出来的产物。生活的目的，显然就是活着，然而，活着不是目标，幸福也不是目标。只有当我们不幸福的时候，才会去寻求幸福这一目标。同样的道理，当生活充满了混乱，我们便会渴望一个目的、目标。因此，我们必须要弄明白生活究竟指的是什么。生活，只是一种机械性地挣钱谋生的技艺和能力吗？还是一种认识我们整个存在的全部方式的过程呢？什么是幸福？是受到教育，拿到学士学位、硕士学位，诸如此类？除去职业，你实际上是什么呢？卸下了你的社会地位，没有了你通过某某工作挣到的许多卢比——脱去了所有这一切，你会是怎样的状态呢，你会是谁呢？几乎什么也不是，不是什么伟大的了不起的人物，而是一具肤浅的空虚的躯壳。

知识便是我们所谓的教育，只要你能读书识字，那么你就可以从任何书本里获得信息。因此，迄今为止，教育实际上是一种对自我的逃避，就像所有的逃避一样，它势必会导致更多的混乱与不幸。如果没有认识你自己的全部过程，即如果没有认识关系，那么，仅仅积累信息，仅仅记住书本上的知识以便通过考试，将会是彻头彻尾的徒劳。显然，我并没有在夸张。教育便是认识以及帮助他人去认识我们生活的全部过程。老师应该在他与社会、与世界的关系里去理解自己行动的全部意义，因此，教育老师是至关重要的。要想带来世界的革新，那么你的身上就必须发生转变。然而，我们一方面逃避自身的根本性的变化，一方面却试图给国家、给经济的世界带来革新。所以，教育应该从你开始做起，从上师开始做起。当你把自己的背景传给了孩子，那么孩子的心灵就会对这一限定做出反应，唯有摆脱了限定，才能真正拯救世界。

问：我是个烟民，我努力想要戒掉抽烟的习惯。您能给予我帮助吗？（笑声）

克：我不知道你们为什么要发笑，这位提问者想要知道怎样戒烟，这对他来说是个难题，仅仅对此一笑了之，你并没有将问题给解决掉。你可能也抽烟抑或有其他的习惯，让我们探明一下如何去认识习惯的形成以及打破这整个的过程吧。我们可以以吸烟为例，你也可以用你自己的习惯、你自己的问题去替代，直接对你自己的问题展开检验，就像我对抽烟这个问题做检验一样。当我想要戒掉它的时候，它就会是个难题，就会变成难题，只要我对它感到满意，它便不是问题。当我不得不对某个习惯做点什么的时候，当习惯成为了一种干扰，就会出现问题。吸烟已经造成了干扰，于是我希望摆脱掉它，我想戒烟，我想摆脱这个习惯，把它抛到一旁，因此，我应对吸烟的方式是一种抵抗或者谴责。也就是说，我不想抽烟，于是我的解决方法要么就是克制、谴责，要么就是找到替代物。

那么，我能够在不去谴责、辩护或克制的情形下审视问题吗？我能够在没有任何抗拒的意识下去看待我的吸烟问题吗？在我谈话的时候，请试着对此加以检视，你会发现，要做到不去抗拒或接受是何等的困难。原因在于，我们的整个传统、我们的整个背景，都在促使我们去抗拒或者去辩护，而不是对它心怀好奇。心灵总是对问题有所运作，而不是展开无为的觉知。因为，一旦你发现吸烟是愚不可及的行为，是浪费金钱，等等——旦你真的懂得了这个，你就会戒掉它的，不会再有问题。吸烟、酗酒或是其他任何习惯，都是在逃避什么，它让你在社会上感到放松，它是在逃避你自己的紧张或者逃避某个心烦意乱的状态，习惯变成了你的限定的方式。所以，吸烟并不是问题。当你用你对之前磨难和失败的记忆去应对吸烟，你就是在用某个已经得出的结论去应对它。因此，问题不在事实中，而在你对事实的处理方式中。你已经通过训练、控制、抗拒尝试过了，但没有成功，于是你说道："我会继续抽烟，我没办法戒掉。"——毕竟，这是试图在为你自己辩护，这表示，你的应对方法不是太理性。所以，吸烟或任何其他的习惯都不是问题，问题是想法，是你对待事实的着手方式，你才是问题，而不是你怀有的习惯。因此，如果你真的去尝试，就会发现，对心灵来说，要想摆脱谴责或辩护的意识是多么困难。一旦你的心灵获得了自由，那么吸烟的难题——抑或任何其他的问题——都将不复存在。

问：要想实现自由，有必要守贞吗？

克：这个问题提错了，获得自由，无需任何东西。通过讨价还价、通过牺牲、通过守贞，你无法获得自由，它不是你可以购买到的东西。

倘若你做这些事情，你将会得到市场上的交易之物，所以不是真实的。真理无法被购买，没有任何途径可以达至真理，假如有的话，那么目的就不是真理，因为手段和目的是一体的，这二者并不是分开的。把守贞视为获得自由、达至真理的手段，实际上是将真理挡在了门外。贞洁不是一枚硬币，你无法用它买到自由或真理，你无法用任何硬币购买到真理，你也无法用任何硬币购买到贞洁。你只可以买到你已知的东西，但不能买到真理，因为你不知道真理。只有当心灵步入宁静，真理才会到来，于是问题便截然不同了，对吗？

我们为什么认为守贞是必需的呢？为什么性会变成一个难题呢？这才是问题的真正所在，不是吗？一旦我们懂得了性的问题，就能知道什么是贞洁。让我们探明一下为什么性会成为我们生活中如此重要的因素，甚至成为了比钱财等等更大的难题。我们所说的性是指什么意思呢？不是单纯的行动，而是去思考它、感受它、期待它、逃避它——这就是我们的问题。我们的问题在于渴望更多的感官上的东西。观察一下你自己，不要去看你的邻居。为什么你满脑子想的都是性呢？只有当爱存在时，才会有贞洁，如果没有爱，就不会有贞洁，没有爱，贞洁不过是另外一种形式的肉欲罢了。变得贞洁，就是变成其他的样子，就像一个人变得有权势，功成名就，成为了显赫的律师、政客或是其他什么——这种变化是在同样的层面上。这不是贞洁，而仅仅只是梦的产物，源自于不断地去抵抗某种欲望。因此，我们的问题不在于如何变得贞洁或是探明获得自由需要些什么，而是去认识我们所谓的性这一问题。原因在于，它是一个巨大的问题，你不可以用谴责或辩护的方式去着手。当然，你能够很容易地让自己远离这一问题，但尔后你将制造出另一个问题来。只有当心灵从自身固化的模式中解放出来，不围于某一个定点，才能认识性这一至关重要、占据了全部注意力、破坏性极强的问题。请认真地思考一下，不要将其抛到一旁。只要你因为恐惧、因为传统而围于某个工作、活动、信仰、理念，只要你受限于这一切、依附于这一切，你就会面临性的问题。只有当心灵挣脱了恐惧的束缚，那不可度量、无穷无尽的事物才会到来，唯有这时，性这一问题才会回归普通的地位。尔后，你便能够有效地、简单地应对它了，尔后，性就不会再是个问题了。因此，只要有爱，就不会出现守贞的问题。于是，生活不再是难题，生活便是充实地、满怀爱意去活着，而这种变革将会带来一个崭新的世界。

问：死的念头令我感到害怕。您能否帮助我克服对于自身以及我所爱的人的死亡的恐惧呢？

克：让我们共同来思考一下这个问题，探究到最深处，因为，我们必须探明有关该问题的真理，而不是仅仅得出某个看法，看法、观念并非真理。死亡是一个事实，你或许希望避开它，通过相信轮回、永生、转世来逃避死亡，但它依然是一个事实存在。我们为什么会害怕死亡呢？我们所说的死亡意指为何呢？很明显，我们指的是某个事物的终结——肉体的终结，我们终其一生所积累的经验的终结——累积的经验在心理层面的终结。关于死亡、关于来世，人们撰写了无数的书籍，但我们还是惧怕死亡。于是，我们试图通过财富、通过头衔、通过名声、通过成就来获得永生和不朽，如此一来，欲望、记忆也就可以变得不朽了。你为什么渴望永生呢？那要永存的事物是什么呢？你的记忆吗？记忆不过是累积的经历。只有在终结的状态里，才能有生命与活力，而不是在永续之中。因此，死亡是必需的。新生唯有蕴含在死亡里，而不是在持续里。当下行动的不完整，导致了对于死亡的恐惧，只要你渴望获得永生，就一定会心生恐惧。凡持续的事物必定都会走向衰败，无法获得更新，唯有在死亡中，才能创造出新的事物。

（第二场演说，1950 年 1 月 1 日）

我们不过是不断重复的留声机

我们的主要问题之一，便是富有创造力的生活。显然，大部分人都过着麻木的日子，我们只有极为肤浅的反应。毕竟，我们的大多数反应都是肤浅的，于是也就制造出了无数的问题。富有创造力的生活，并不意味着必须得成为大建筑师或者伟大的作家，这仅仅只是能力罢了，而能力跟创造力的生活是两码事。没有人需要知道你是富有创造力的，但你自己能够懂得那种格外幸福的状态，那种不会被破坏的特质。

但这个并不是轻易能够实现的，因为我们大多数人都有无数的问题——政治的、社会的、经济的、宗教的、家庭的——我们试图依照某些解释、原则、传统，依照某种我们所熟悉的社会的或宗教的模式去解决这些难题。然而，我们对一个问题的解决，似乎不可避免地会制造出其他的问题，我们织起了一张由问题构成的网，问题越来越多，破坏性不断在增强。当我们努力想找到某个可以摆脱这种混乱的法子，我们便会在某一个单独的层面上去寻求答案。一个人必须有能力去超越所有的层面，因为，富有创造力的生活方式无法在某一个单独的层面找到。只有在认识关系的过程中，才会出现富有创造力的行动，而关系便是同他人的交流。因此，关心个体的行动，这实际上并非是一种自私的观点。我们似乎觉得自己在这个世界上能够做的微乎其微，觉得只有那些大政治家、著名的作家、伟大的宗教领袖们才有能力展开非凡的行动。事实上，你和我能够带来根本性的转变，我们的能力要比那些专业的政客和经济学家们大得多。假如我们关心自己的生活，假如我们认识了自己同他人的关系，那么我们将建立起一个崭新的社会，否则就只会让当前这无序的混乱永远继续下去。

所以，一个人关心个体的行动，这并不是出于自私，不是由于权力欲。如果我们可以找到一种富有创造力的生存方式，而不是像我们现在所做的那样仅仅去遵从宗教的、社会的、政治的或经济的准则，那么我认为，我们便能够解决自己的诸多难题了。如今，我们不过是不断重复的留声机，或许在压力之下会偶尔更换一下唱片，但我们大部分人总是在所有场合都播放着同样的曲调。正是这种不断的重复，这种传统的持续，才导致了问题及其所有的复杂性。我们似乎无法做到不去遵从，尽管我们可能会用新的遵从去替代现有的，或者试图对目前的模式进行修正，这是不断的重复、模仿的过程。我们是佛教徒、基督徒或者印度教教徒，我们从属于左翼或右翼的组织。我们以为，通过引用各种圣书，通过单纯的重复，就能解决自己所面临的无数难题了。很明显，重复无法解决人类的问题。"革命者"对所谓的大众都做了些什么呢？事实上，问题依然存在。实际发生的情形是，这种对于某个观念的不断重复，妨碍了我们去认识问题本身。通过认识自我，一个人可以使自己摆脱这种重复，尔后他便能够处于富有创造力的状态了，这种状态总是鲜活的，于是他便时刻准备好了以崭新的姿态去迎接每一个问题。

毕竟，我们的困难就在于面临着这无边无际的问题，我们用先前的结论，用有关经验的记录——自己的或通过他人获得的经验——去应对问题，于是我们是在用旧的东西去迎接新的事物，这么做势必会导致更多的问题出现。富有创造力的生活则是摆脱这一背景的束缚生存于世，把新事物当作新事物去应对，于是也就不会引发进一步的问题了。所以，必须用新的视角、新的方法去迎接新的问题，直到我们能够认识以下问题的全部过程：那与日俱增的灾难、不幸、饥饿、战争、失业、不公以及相互冲突的意识形态之间的争斗。只要你真的稍微仔细地去审视一下，不怀有任何成见、任何宗教上的偏见，就会发现比这巨大得多的问题。一旦摆脱了遵从，摆脱了信仰，你便能够应对新事物了。用新的视角、新的方法去迎接新的问题、新的事物，这种能力便是所谓的富有创造力的状态，而这显然是宗教的最高形式。宗教不是单纯的信仰，不是遵循某些仪式、教义，不是自称为这个或那个，宗教是真正去体验一种富有创造力的状态。这不是观念，不是某个过程。一旦你挣脱了自我的束缚，便能实现这一状态了。只有通过在关系里去认识自我——但是，在孤立隔绝的状态下是无法实现对自我的认知的——方能摆脱自我获得自由。

正如我在上周日回答问题时所建议的那样，重要的是我们应当在每个问题出现的时候去体验它，而不是仅仅聆听我的解答，我们应当携手去探明关于这个问题的真相，而这要困难得多。我们大部分人都想远离问题，去观察别人，但倘若我们能够一起去探明，一起踏上探寻之旅，如此一来，它就是你的体验，而不是我的，虽然你在听我讲话——只要我们可以共同展开探究，那么这么做就会具有永久的价值和重要性。

问：您是否拥护素食主义？您会反对您的饮食里头包含有鸡蛋吗？

克：我们究竟是否应当吃鸡蛋，这真的是个大问题吗？或许你们大多数人都很关心不杀生的问题。这实际上正是问题的症结所在，不是吗？可能你们大部分人都吃肉或鱼，通过求助于屠户，你避免了直接杀生，或者你把责任推到屠杀者、屠户身上——这仅仅只是在逃避问题罢了。假如你喜欢吃鸡蛋，你可以吃那些无法孵化成小鸡的蛋，从而避免杀生。然而，这是一个非常肤浅的问题——真正的问题要深刻得多。你不希望为了满足自己的口腹之欲而去杀死动物，但你并不介意去支持那些组织化的、杀戮人类的政府。一切主权政府都是建立在暴力之上的，他们必须拥有陆海空军，你并不介意去支持他们，但却反对吃鸡蛋所造成的可怕的不幸！（笑声）看一看这整件事情是何等的荒谬吧，探究一下一个高举国家主义旗帜的绅士所怀有的心态吧：他不介意去盘剥、去无情地毁灭人类，对他来说，大规模的屠杀不是什么大不了的事情——但他却对吃进自己嘴里头的东西踌躇半天。（笑声）因此，这个问题里头所涉及到的东西要多得多——不仅是有关杀生的整个问题，而且还有心智的正确使用。心智可以被狭隘地利用，或者它也能够具有非凡的活力。我们大部分人都满足于肤浅的活动和安全感，性的满足、娱乐、宗教信仰——我们满足于这些东西，把生活的深刻的反应与广博的涵义给彻底地抛却掉了，即使是宗教领袖们也在他们对生活的反应上变得极为琐屑。毕竟，问题不仅是杀戮动物，而且还有杀戮人类，后者要更加重要。你可以克制自己不去利用动物、不去羞辱它们，你可以对于杀戮它们充满慈悲之心。但在这个问题里面，真正重要的是整个盘剥和杀戮的问题——不仅是在战争期间屠杀人类，而且还有你剥削人们的方式，你对待自己的仆人的方式，你把他们视为下等人去看待。你可能不会注意这个，因为这是很家庭化的事情，你宁可去讨论神、轮回——但没有事情需要直接的行动与责任。

因此，假如你真的关心杀生的问题，那么你就不应该高举国家主义、民族主义的大旗，不应该自称是僧伽罗人、德国人或苏联人。你还必须拥有正确的职业，正确地去使用机器。在现代社会里，拥有正确的职业是非常重要的，因为，在今天，每一个行为都会导致战争，一切事情都是在为战争做准备，但至少我们可以探明哪些是错误的职业，理智地去避开它们。很明显，军人便是错误的职业，律师也是，因为律师这一职业会鼓励诉讼，警察也是，尤其是秘密警察。所以，每个人必须要找到和从事正确的职业，唯有那时，杀戮才会停止，从而带来人与人之间的和平。然而，在现代社会里，经济的压力是如此的巨大，以至于没有多少人能够承受得了，几乎没有人会关心寻找正确的职业这件事情。假若你关心不杀生的问题，那么你不能仅仅只是避免去杀害动物，而是要做得比这个多得多，这意味着，你得探究正确的谋生之道这一问题。尽管问题可能看起来十分琐屑，但倘若你稍微仔细地去探究一下，就会发现，这是一个相当重大的问题。原因是，你是什么样子的，你就会建立起什么样的世界。如果你贪婪、易怒、支配欲强、占有欲旺盛，那么你势必将建立起一个会导致更多的冲突、不幸和破坏的社会结构。然而不幸的是，我们大多数人对于上述这些事情丝毫也不关心，大部分人只关心当前的压力，关心每一天的生计。只要我们可以得到这些东西，就会感到心满意足，我们不想去审视那些更加深刻、更加广泛的问题，虽然我们知道它们存在着，但却希望去逃避。逃避这些问题，只会让问题变得更多，你并没有将其给解决掉。要想解决它们，不可以通过左翼或右翼的思想意识去着手。只要你更加仔细、更加有效地去审视这些问题，就会开始在你与他人即社会的关系中去认识自身的全部过程了。

然而你会告诉我，我并没有回答有关是否应当吃鸡蛋的问题。很明显，智慧才是重要的——不是进到你嘴里的是什么，而是从你嘴里出来的是什么。我们大多数人都用头脑的东西把心灵给塞满了，我们的头脑狭小而肤浅。我们的问题，便是去探明如何带来根本性的转变，这种转变不是狭小的、流于表面的，只有认识了头脑的肤浅，才能迎来这种转变。你们当中那些想要对问题展开更为深入的探究的人，必须要弄明白你是否有对战争推波助澜，以及怎样去避免这个，你是否间接地导致了破坏。如果你能够真正解决这个问题，那么你就可以轻易地知道自己是否应当做个素食主义者这一肤浅问题的答案了。在某个更加深刻的层面上去着手问题，你会找到解答的。

问：您指出，实相或觉知存在于两个想法之间的间隔里。能烦您解释一下这个吗？

克：这个问题，实际上是在以另外一种方式询问："什么是冥想？"在我回答这个问题的时候，请对此展开检验，探明你自己的头脑是如何运作的，毕竟这便是一种冥想的过程。我跟你们一起边思考边解说，不是流于表面——我对此尚未探究过。我只是跟你们一起一边思考这个问题，一边回答，这样一来我们便可以携手踏上整个探寻之旅，去发现有关该问题的真理了。

这位提问者询问，两个想法之间的间隔里是否会有觉知。我们必须首先弄清楚我们所说的思想是指什么意思，尔后才能探究这个。你所说的思考意指为何呢？这么说是否有点儿太过严肃了？你们必须耐心去听。当你思考某个东西的时候——思想是一种观念——你指的是什么呢？思想难道不是对影响的反应吗，难道不是社会的、环境的影响的产物吗？

思想难道不是一切经历的反应的总和吗？举个例子，你有某个问题，你努力去思考它、分析它、研究它。你是怎么做这些事情的呢？你难道不是在用昨天的经验——昨天即过去——用过去的知识、过去的历史、过去的经历——去审视当前的问题吗？因此，这是过去也就是记忆对当下的反应，你把记忆对于当下所做的反应，称作思考。思想不过是与现在相关联的过去的反应，对吗？对于我们大多数人来说，思想是一种持续的过程。即使当我们睡着的时候，它也以一种梦的新式在持续活动着，头脑从没有一刻真正静止过。我们设计出了一幅图景，我们要么活在过去，要么活在将来，就像许多老年人和一些年轻人所做的那样，抑或就像那些政治领袖们一样，总是在许诺说有某个非凡的乌托邦。（笑声）我们之所以接受它，是因为我们全都渴望未来，于是我们就为了未来而牺牲掉现在，但我们无法知道明天会发生什么或者五十年后会发生什么。

所以，思想是与现在相连的过去的反应，也就是说，思想是经验对于挑战所做的回应，即反应。如果没有反应，也就不会有思想。反应是过去的背景——你作为一个佛教徒、基督徒，你依照或左翼或右翼的思想意识去做出反应。这便是背景，这便是对挑战的不断的反应——过去对现在做出的反应，就是所谓的思想。思想无时无刻不在，你难道不曾留意过，你的头脑无休无止地在想着这个或那个吗？——个人的、宗教的或者政治上的那些烦心事。头脑始终都在忙碌着，你的头脑会发生什么呢，一部永远都在运作的机器会发生什么呢？它会磨损、坏掉。头脑的本质就是想着什么东西，由于头脑始终处于激动不安的状态，于是我们努力去控制它、支配它、压制它。如果我们可以取得成功，就会认为自己已经成为了伟大的圣人、虔诚之士，于是我们便停止了思考。

你将发现，在思考的过程中，两个念头之间总是会有间隔。当你听我讲演的时候，你的头脑实际上会发生什么呢？你在聆听，或许在体验我们谈论的东西，等待获得讯息，等待下一刻的体验。你展开觉知，于是便有了无为的观察、敏锐的觉知。没有反应，有的是一种被动无为的状态，在这种状态里，头脑十分警觉，但没有任何想法——也就是说，你实际上正在体验我所谈论的内容。这种无为的觉知，便是两个想法之间的间隔。

假设你怀有一个新问题——问题总是新的——那么你要如何应对它呢？它是个新问题，不是旧的，你可以把它看作是旧的问题，但只要它是个问题，它就总是新的。这就像一幅你一点也不习惯的现代画，假如你想要去认识它，会发生什么呢？如果你用自己所受过的古典主义的绘画训练去应对它，那么你对这一挑战即这幅现代画所做的回应便是一种抗拒，所以，若你希望去认识这幅画，你就得把自己的古典主义训练放到一边——跟这一样，若你想要理解我所谈论的问题，你就必须忘记自己是个佛教徒、基督徒或者其他什么。你应该摆脱自己所受的古典训练去审视这幅画作，你的头脑应该展开无为的觉知，尔后，这幅画将会开始彰显出自身，告诉你它的全部涵义。只有当头脑处于觉知的状态，不试图对这幅画进行谴责或辩护，才能够实现上述的一切，只有当思想不在，当头脑静止，才能做到这个。你可以对此展开检验，看一看一个静止的头脑会迎来非凡的实相。唯有这时，方能实现觉知。然而，头脑的不断活动妨碍了我们去认识问题。

换种方式来表述好了。当你有了某个严重的问题时，你会做什么呢？你会左思右想，对吗？你所说的"左思右想"是指什么意思？你是指根据你之前的结论来寻求一个解答，也就是说，你试图让问题去迎合你所抱持的某些结论，假如你能够让它符合的话，你便认为自己将问题给解决了。然而，把问题放进头脑的文件格里，并不能将其解决掉。你用关于过去的结论的记忆去思考问题，试图探明基督、佛陀、X，Y，Z说过什么，然后把那些结论应用到问题身上。这么做，你并没有解决问题，而只是用先前的问题的残留将它给掩盖了起来。当你面临着一个真正巨大的难题时，这么做是不会起作用的。你声称自己已经试过了各种法子，但没能将问题解决，这表示，你并没有等待着问题向你彰显出它的涵义。可一旦头脑停止，不再做任何努力，一旦它安静下来，哪怕只是短暂的几秒钟，那么问题便会彰显自身并且迎刃而解了。当头脑安静下来，这一情形就会在两个想法、两个反应之间的间隔发生。在头脑的这种状态里，觉知将会到来，但这需要每时每刻去观察思想的运作。一旦头脑觉知到了自身的活动、自身的过程，就会迈入宁静。毕竟，自知便是冥想的开始，假若你不懂得自身的全部过程，你便无法知道冥想的重要性。

仅仅端坐在一幅画的面前，或是反复念诵某些语句，并不是冥想。冥想是关系的一部分，是在关系之镜里去洞悉思想的过程。冥想不是抑制思想的整个过程，而是去认识它。尔后，思想便会终结，唯有在终结里，才能迎来觉知的开始。

问：一个人在死亡的时候，会发生什么呢？他会永生，还是会灰飞烟灭呢？

克：搞清楚我们应当用何种观点去着手这个问题，这是相当有趣的。请问一下你自己，探明一下作为个体的你将如何应对这一问题。你为什么会提出这个问题呢？是什么动机使得你去询问有关彻底的湮灭、消失呢？你会着手这个问题，要是因为你希望知道有关它的真相，于是你并不是在寻求自我满足；要么是因为害怕，希望获得解答。如果你怀着惧怕死亡，渴望永生不灭的想法去应对这个问题，那么你的问题就会有一个令人满意的答案，因为你不过是在寻求慰藉。尔后，你或许就会接纳某种将会让你满意的新的信仰，或者吃一片将会让你感觉迟钝的麻醉药。当你感到痛苦时，你渴望变得麻木，失去感觉。痛苦是感觉的反应，也就是说，感觉导致了痛苦，一旦痛苦袭来，你就想要麻醉药。因此，要么你想要找到这个问题的真相，要么你不过是在寻求某种法子来哄骗自己昏昏睡去——只是你不会说得这么露骨罢了。你想要获得慰藉；你之所以询问，是因为你害怕死亡，你希望能够被保证说人将永生不灭。按照你的处理方式，你将找到某个答案，这是显然的。倘若你寻求慰藉，那么你便不是在寻求真理。只要你惧怕死亡，你就不会努力去探明实相，所以，你首先必须十分认真地去展开思考。我们大多数人都害怕去寻求真理，我们大部分人都害怕没有永生，我们希望被保证说自己将永生不灭。让我们来探明一下是否存在着永生——你或许渴望永生，但它可能并不存在。

你所说的永生是指什么意思呢？你所说的终结又是什么意思？那个永续的事物是什么？我们将试图找到有关永生和终结的真相。因此，我们必须检视一下你的日常生活中永续的事物是什么。你是否在持续中留意过自己呢？——关于你的财产、你的家庭、你的观念。你说了一百次"这是我的财产、我的名誉"，它成为了永续的东西。你声称："这是我的名声、我的妻子、我的工作；这些是我的野心、我的个性或倾向；我是一个大人物，抑或是一个努力想要成为大人物的无名小卒。"——这便是日常生活中你的样子，不是精神层面的，而是切实生活层面的。显然，这些全都是记忆，你想要知道作为一系列记忆的你自己是否会永续下去。你与这些记忆并不是分开的，并不存在一个跟记忆分开的作为实体的"你"，这个"你"可以被置于某个更为高级的层面，但即使是在那一层面，也是在记忆、思想的整个领域之内。你希望知道它是否是永生的。记忆是语词、符号、图像、形象，没有语词，就没有记忆、符号、形象、过去的图像，对某些关系的记忆——所有这一切便是"你"，即语词。你想要知道这个语词、这个被认同为记忆的语词是否会永续。换句话说，你通过与"你"相认同的记忆在寻求着不朽。你跟各种构成"你"的特性并不是分开的，因此，你便是房子、记忆、经历、家庭，你与这个观念并不是分开的。你希望弄清楚这个"你"会不会永生。

那么，你为什么想要知道这个呢？动机何在？你回答说："我的肉体终结了，我必须要在某个空间里去成长、改变；生命如白驹过隙，我必须得有另外一次机会。"你是否注意过，想法、念头能够永续吗？你可以凭借自己的力量去检验一下——这很简单。作为记忆、念头的思想，是持续的，于是你的问题便得到了解答。那个持续的"你"不过是一堆记忆，意思便是说，只要思想认同为"我是"，那么这种肤浅的事物就会以这样或那样的形式持续下去，正如思想之前所做的那样。这个作为观念、思想的"你"持续着，但这并不能让人十分满意，因为你认为自己远不止是思想，你想知道这个远不止于思想的事物是否会永续。你仅仅只是社会的、环境的影响的产物——再无其他，也就是说，"你"是所处环境、所受限定的结果。你或许会说："谈论来世真是一派胡言——这是迷信、是胡说。"其他一些处在不同环境和限定里的人则相信人不止于此。很明显，这二者之间并无多大差别，他们都着限定，无论是相信者还是不信者。任何形式的信仰都妨碍了我们去发现真理，相信永生和不信永生，都有碍于真理的发现。要想探明什么是真理，就不能够怀有丝毫的恐惧，也不能够抱持任何的信仰——这么做会让心灵受到桎梏。只有当永续终结，你才能懂得永续背后存在的真理。

　　换种方式来表述好了。死亡是未知的，它始终是新的。要想认识死亡，你就得用新的头脑去探究它，这个头脑是新的，而不仅仅是过去的。在这种状态里，你便能够懂得死亡的涵义。现在，我们既不知道生，也不知道死，我们急切地想要知道什么是死亡。为了富有创造力的生活，就必须终止思想，为了生活能够欣欣向荣，就必须得有死亡。当生活仅仅是思想的持续，那么这样的持续永远无法领悟真理。假如你寻求永生，你会在你的房子、你的工作、你的孩子、你的名声、你的财产、你的某些特性上得到这种永续——这一切便是"你"，这是持续的思想。只有当思想停止，你才能领悟何谓不朽，唯有通过觉知，思想的过程才会结束。你只能去思考你已知之物，因此，当你认为自己是某种精神实体的时候，它便是你自造出来的产物，是某种源自于过去的事物，于是也就并不是精神性的。只有当你懂得了永续，思想才会终止——这是一个非凡的过程，需要展开大量的觉知，而不是戒律、起誓、教义、信条、信仰以及其他相关的一切。只有当头脑彻底静止，方能迎来不朽，而一旦你彻底认识了思想，头脑便会安静下来了。

　　问：我向神祈祷，我的祷告得到了回应。这难道不就证明了神是存在的吗？

　　克：如果你有证据证明神是存在的，那么它就不是神（笑声），因为，证据属于意识的范畴。意识如何能够证明或者驳斥神的存在呢？所以，你的神是意识根据你的满足、欲望、幸福、欢愉或恐惧而创造出来的，这样的东西不是神，它只是思想的产物，是已知即过去的产物。凡已知的皆非神，虽然意识可能会寻求它，可能会积极地去寻求神。

这位提问者声称自己的祈祷得到了回应，于是询问说，这难道不就证明了有神存在吗？你希望证明爱的存在吗？当你爱着某个人的时候，你会去寻求证据吗？假如你渴望去证明爱，那么这是爱吗？若你爱着你的妻子、你的孩子，而你想要去证明这个，那么爱显然就是一种买卖。因此，你对神所做的祷告，仅仅只是交易罢了。（笑声）请不要发笑，而是把这个视为一个事实去认真地对待。这位提问者通过哀求、恳请去对待他所谓的神，你无法通过牺牲、通过义务、通过责任找到真理，因为这些东西是获得某个目的的手段，但目的跟手段并不是分开的，手段即目的。

问题的另一个部分是："我向神祈祷，而我的祷告得到了回应。"让我们对此展开一番探究吧。你所说的祈祷是什么意思？当你感到幸福、欢愉的时候，当没有混乱和痛苦的时候，你会去祈祷吗？只有在痛苦袭来，只有在你遭遇烦乱、恐惧、混乱之时，你才会去祷告，你的祈祷是一种哀求、恳请。当你身处不幸，你会希望有人给你帮助，希望有某个更为高等的实体向你伸出援手，这各种形式的恳求便是我们所谓的祈祷。因此，会发生什么呢？你把自己的行乞碗放到某个人的面前，这个人是谁并不重要——某个天使抑或是那个你自造出来的你所谓的神。一旦你去乞讨，你便会拥有某个东西——但这个东西究竟是不是真实的则是另外一个问题了。你希望自己的混乱、不幸能被消除，于是你念诵着那些传统的语句，你打开自己的祈祷书。不断的念诵显然能够让心灵安静下来，但这并不是真正的宁静——心灵只不过变得迟钝起来，昏昏欲睡。在这种被人为制造出来的安静中，当你去恳求的时候，自然就会有所回应了。但这根本不是来自于神的回应——而是来自于你自己那经过了装饰的自造物。这便是对该问题的回答。但你不愿意去探究所有这一切，这就是为什么会提出这样的问题的缘故了。你的祷告只是恳求——你仅仅关心自己的祷告能得到回应，因为你希望摆脱烦恼。有东西在啃噬着你的心灵，通过祈祷，你让自己感觉迟钝起来，安静下来。在这种人为的安静中，你会听到回应——这显然会让人感到十分的满足，否则你就会排斥它了。你的祈祷令你心满意足，所以它其实是你自造出来的，它是你自造的产物，以帮助你获得解脱——这是一种祈祷。还有一种有意的祈祷，让心灵变得安静、开放，富有接纳性。当心灵受着过去的传统与背景的限定，那么它怎么可能是开放的呢？开放意味着觉知，意味着能够去追随那不可估量的事物。只要心灵为某个信仰所围，它便无法抱持开放的姿态。当它被有意地变得开放，那么它所收到的任何解答都显然是它自造出来的。只有当心灵不受任何的制约，只有当它懂得了如何在每一个问题出现的时候去加以应对——唯有这时，才不会再有任何问题。只要背景继续着，就一定会制造出问题来，只要有持续，混乱与不幸就一定会与日俱增。所谓善于接纳，是指能够抱持开放的姿态，对"当下实相"既不去谴责也不去辩护，而"当下实相"正是你试图通过祈祷去逃避的东西。

（第三场演说，1950 年 1 月 8 日）

遵从是对智慧的否定

很明显，巨大的混乱遍布于每个角落，不仅是在我们每个人的内心，而且还在整个世界以及我们那些所谓的领袖们的身上。只要存在着混乱，我们就会渴望找到某个能够带领我们摆脱自身难题的人，就会去求助于某种权威。我们把责任转交给了自己的领袖，抑或去寻求某种行为模式，抑或去诉诸于过去或未来，试图探明应当做些什么。我们的道德是基于昨天的模式或者明天的理想，当传统和未来的理想全都失败的时候，我们便转而求助于某个权威。因为，我们大部分人都渴望安全，我们希望躲入某个庇护所，以摆脱这一切的混乱。我们依照过去的模式在道德里去寻求，抑或在某种理想里去寻求，我们依附于某个榜样，指望着由此能够摆脱掉自身的混乱与不确定。我们的理想是一种自造出来的产物，是各种书籍的阐释所创造出来的。我们的整个意图和目的，便是去找到某个将会带领我们步出这片混乱的事物——它可以是某个人、某种观念或者某种体系方法。因此，由于身处混乱、困惑、不确定之中，于是我们便寻求着外在或内在的权威。我们把精力都花费在了努力使自己去遵从传统的模式抑或有关应当如何的理想上面。

显然，任何层面的遵从都是对智慧的否定，所谓智慧，便是能够去适应，能够对挑战做出立即的回应，当智慧没有运作之时，我们就会去遵从某种模式、某个权威。这便是当今世界上所发生的情形，不是吗？我们每个人都是混乱的、困惑的，由于内心感到困惑，感到不安全，于是我们便去求助于某个人。要想去探明，不正需要不安全、不确定吗？如果你是确定的，你还能够有所发现吗？若想找到真理，难道不应该身处不确定的状态吗？必须得有这种不确定的状态、这种不断探寻的状态——不是去找到某个结果，而是当每一个事情、每一个想法、感觉出现的时候去展开探究，即时时刻刻去认识经历的东西。

因此，感到混乱、感到不确定，便会去遵从某种模式，而模式有害于智慧，有害于真正的心灵的完整，难道不是吗？原因在于，模式、体系，最终会带来安全、确定，一个心理上安全的人如何能够有所发现呢？很明显，你必须获得生理上的安全，但只要我们寻求心理上的安全，就将破坏生理上的安全。对心理安全的渴望，显然会妨碍我们对生活做出富有创造力的反应，而这种反应便是智慧。所以，我们的问题分明不在于用一种模式去替代另一种模式，而在于怎样摆脱各种模式的制约，如此一来我们就能以新的姿态去应对每一个挑战了。这便是真理，对吗？真理，就是去认识生活的每一时刻，洞悉生活的本来面目，不去依照我们过去的经验来对生活做出阐释。假如心灵为权威所围，不管是它自己的权威还是他人的权威，假如心灵遵从、模仿、遵循某种行为模式——那么这样的心灵如何能够认识真理，如何能够时时刻刻去认识思想与感受的"当下实相"呢？一个因权威、混乱、戒律而负重难行的心灵，显然无法获得自由。若心灵受着控制、压制，它怎会是自由的呢？错误的方法能带来正确的结果吗？要想发现实相，心灵一开始就得是自由的，而不是在某个终点上。对于一个遵从、模仿某种行为模式的心灵来说，会有自由可言吗？只要你害怕心理上的不确定，心灵就会去遵循各种行为模式，就会训练、克制自己，就会去遵从。从生理层面来说，你必须拥有衣服、食物、住所，可一旦获得了心理上的确定，不就会将探寻与发现挡在门外了吗？显然，唯有在自由的状态里才能有所发现，而不是在受制于某个模式的行动的过程中。

因此，我们的探寻不是关于什么是戒律或者去遵循何种行为体系或模式，而是怎样摆脱心理上对于不安全的恐惧。心灵必须处于一种不安全的状态，难道不是吗？很明显，只有在不安全的状态，才能认识什么是实相。这需要具备某种敏锐、警觉，不去接受任何权威。所以，一个渴望认识真理的心灵，必须从一开始就挣脱一切外在和内在的强迫，不为任何信仰或理想所围，因为信仰或理想仅仅只是一种庇护所罢了。很明显，唯有这时，心灵才能无所羁绊、超然物外，才能充满欢愉，这样的心灵才有能力去认识真理。这种觉知的能力，需要摆脱一切遵从，即摆脱恐惧的束缚。毕竟，我们之所以会去遵从，是因为我们不知晓，是因为我们感到害怕。然而，不知晓对于未知之物的到来是必需的，这是一个事实，不是吗？只要你展开观察，便会发现意识是怎样不断地从已知移向已知的，可只有当心灵挣脱了已知，它才能够接纳未知，这意味着，它必须彻底摆脱一切意义上的遵从、权威或模仿。现代文明的主要灾难就在于我们像许多留声机唱片，不断重复着书本里所说的东西，不管它是《可兰经》《圣经》还是其他的书籍。显然，一个只知道重复的心灵，实际上并没有在寻求觉知，因为它无法处于不确定的状态，而不确定对于探明来说则是不可或缺的。

问：您为什么不参与政治或是社会改革呢？

克：你是否留意过，当前，政治与社会改革是怎样成为了我们生活中压倒性的力量？我们所有的报纸以及大多数的杂志，除了那些纯粹逃避现实的以外，全都是关于政治、经济和其他问题的。你是否曾经询问过自己为什么它们会如此呢，为什么人类如此的重视政治、经济和社会改革呢？改革显然是必需的，因为在两次大战之后经济、社会、政治形势一片混乱，人类状况普遍恶化。于是，人们聚集在那些政治领袖们的周围，他们在街上排成一排排，看看他们吧，他们就像是一群奇怪的动物，试图抛开人的整个过程去解决经济、社会或政治等层面的问题。能够撇开人的整个心理问题去单独地解决这些难题吗？你或许拥有某种完美的体系方法，你觉得该体系可以解决世界的经济难题，但另一个人则可能也拥有某个完美的体系，这两种代表不同意识形态的体系将会彼此争斗。只要你就观念、体系展开争斗，就不会出现真正的、根本性的变革，不会有根本性的社会的转变。观念并不能改变人们，只有摆脱了观念的制约，才能带来转变。建立在观念之上的变革，不再是变革，它不过以某种修正的状态继续着过去罢了，而这显然并不是真正的革新。

这位提问者想要知道我为什么不参与政治或者社会改革。很明显，如果你能够懂得人的全部过程，那么你就可以应对那些根本性的问题了，而不是仅仅修剪树的枝丫。可我们大部分人都对整个问题不感兴趣，我们只关心调和、顺从，做一些表面的调整，而不关心从根本上把人视为一个整体去认识。成为某个方面的专家是很容易的，经济或政治层面的专家们把心理层面的问题留给了其他的专家，于是我们沦为了专家的奴隶，我们为了某个理念而被专家给牺牲掉了。因此，只有认识了你自己的全部过程，认识到你不是一个与大众、与社会相对立的个体，而是同社会彼此关联的，才能迎来根本性的革新。原因是，没有你就没有社会，没有你，就没有同他人的关系。若我们没有认识自身，便无法迎来根本性的变革。改革者以及所谓的革命者，实际上是导致社会退步的因素，改革者试图对当前的社会做一些修补，抑或是在某个意识形态之上建立起一个新的社会，他的观念是对某种模式的受限的反应，这种基于某种意识形态的革新，永远无法带来社会关系的根本性的转变。我们关心的，不是改革或者修正形式的持续，即你所谓的革命，而是人与人之间关系的根本性的转变，只要个体身上没有发生根本性的改变，我们就无法建立起新的社会秩序。这种根本性的转变并不依赖于信仰、宗教组织或是任何政治的、经济的体制，而是取决于你在与他人的关系里去认识自身。这才是必须要发生的真正的变革，尔后，作为个体的你将会对社会发挥非凡的影响。但倘若没有这种转变，仅仅去谈论变革或者为了所谓的实践理念而去牺牲你自己——这实际上根本就不是牺牲——那么这么做显然不过是一种重复即倒退。

问：您是否相信轮回转世和业？

克：那么，我假设你们身体往后靠在椅子里，感觉到很舒适。你所说的"相信"是指什么意思以及你为什么希望去相信呢？信仰对于探明何谓真理来说是必需的吗？要想弄清楚什么是真理，你就得以崭新的姿态去迎接生活，就得以新的视角去看待事物。然而，一个在信仰中被教育长大的心灵，显然是无法探明何谓新事物的。所以，你必须弄清楚自己的心灵是否挣脱了信仰的桎梏，尔后才能懂得究竟是否存在轮回。我们大部分人都相信轮回，因为这一观念令人感到慰藉和满意，它里面有着许多的希冀，这就好像服用迷幻药或麻醉剂，会感到十分的平静，这样的信仰是我们自身欲望的投射。因此，很明显，若想探明某个问题的真相，就得摆脱假设、信仰以及任何形式的结论——不管是佛陀、基督、你自己还是你的祖母所抱持的结论。你应该以新的方式去着手，唯有这时，你才能够洞悉真理。信仰是真理的绊脚石，对于我们大多数人来说，这是很难吞咽的一服药。我们没有在寻找实相，我们渴望的其实是满足，信仰带给了我们满足，让我们感到平静。于是，我们实际上寻求的是满足，是在逃避问题，逃避痛苦和悲伤，所以，我们并没有真正在寻求真理。要想找到真理，必须直接去体验痛苦、悲伤、欢愉，但不是通过信仰的屏障。

因此，同样的，让我们去弄清楚你所说的轮回是什么意思吧——探明关于该问题的真相，而不是你想要去相信什么，不是他人告诉你的是什么，抑或你的老师是怎么说的。显然，唯有真理才能让你获得解放，而不是你自己抱持的结论与观点。那么，你所谓的轮回意指为何呢？轮回、重生——你所指的是什么意思呢？那个实际上重生的事物是什么呢？——而不是你相信或者不信。请把这一切抛到一旁，它不过是幼稚的把戏。让我们探明那个重返或轮回的事物究竟是什么吧。

若想弄明白这个问题，你必须首先知道自己是什么。当你声称"我将重生"的时候，你应该懂得这个"我"究竟是什么。这便是问题的关键，对吗？我并没有在避开问题，不要觉得这是我在聪明地转移话题。在我们展开思考的过程中，在我们一同探寻的过程中，你将会清楚地洞悉这个问题。你说道："我将会重生。"这个将会重生的"我"究竟是什么？这个"我"是某种精神实体吗？这个"我"是某种持续的、永生的事物吗？这个"我"是某种不依赖记忆、经历、知识的事物吗？这个"我"，要么是某种精神实体，要么仅仅只是一种思想的过程。它要么是不受时间制约的产物，即我们所谓的精神实体，无法从时间的层面去衡量；要么它就处在时间的范畴之内，处在记忆、思想的领域之内，再不可能是别的了。让我们弄清楚它是否超越了时间的度量吧，我希望你们能够明白所说的这一切。让我们探明一下这个"我"本质上是不是某种精神性的东西吧。那么，我们所说的"精神性"是指什么意思呢？我们指的是某种无法被限定的事物，它并非人类意识的产物，不处在思想领域之内，不会消亡，难道不是吗？当我们谈论某个精神实体的时候，显然指的是某种不处在意识范畴之内的事物。那么，这个"我"是这样的精神实体吗？如果它是一种精神实体，它就必须超越一切时间，因此也就不可能获得重生或永续。思想无法思考它，因为思想是在时间的度量之内，思想来自于昨天，思想是一种持续的运动，是对过去的反应，所以思想从本质上来说是一种时间的产物。假若思想能够思考"我"，那么它便是时间的一部分，于是这个"我"也就没有摆脱时间的制约，结果也就并不是精神性的——这一点是显而易见的。因此，"我"、"你"只不过是一种思想的过程，你希望知道这一思想过程是否能脱离肉体而永续，是否会以某种物质形式重生、轮回。

现在，让我们探究得稍微深入一点。永续的事物——能否发现那超越了时间、不可度量的真理呢？我们要做的是展开检验，探明真理，而不是交换看法。"我"这一实体是种思想过程——它能否是新的呢？如果不能，那么就必须得终结思想。毁坏，难道不是持续的事物所固有的一种特性吗？凡拥有持续性的事物，永远都无法更新自身。只要思想通过记忆、欲望、经历而继续着，它就永不能更新自己，于是，凡持续之物都无法认识实相。你或许可以重生一千回，但你永远不会认识真理，因为，唯有那会消亡的事物、会终结的事物，方能自我更新。

这个问题的另一个部分是，我是否相信业。你所说的"业"一词是指什么呢？所谓"业"，指的是一个人的行为。让我们努力去探明真相，不要去理会那些老奶奶们所讲的有关轮回转世的故事。业，难道不就意味着因果吗？——基于某个原因的行为，导致了某种结果；源于某种限定的行为，带来了更多的结果。所以，业指的就是因果。因和果是静止的吗？因和果是确定的吗？果难道不会也变成因吗？于是也就没有确定的因和确定的果。今天是昨天的结果，对吗？今天是昨天的产物，无论是时间顺序层面上的昨天还是心理层面的昨天，今天又是明天的因。所以，因即是果，果也会变成因——它是一种持续的运动，并不存在确定的因或果。假如有确定的因与确定的果，就会出现特殊化，而特殊化难道不是一种死亡吗？显然，任何特殊化的物种都会走向终结。人类的伟大之处便在于，他不会专门化、特殊化，他可以在技术层面做到专业化，但在结构上则不会如此。橡树种子是专门化的——它只能是橡树种子本身，不会成为其他东西。但人不会彻底终结，而是能够不断更新，他不会为专门化所限。只要我们认为原因、背景、限定同结果是没有关联的，那么思想跟背景之间就一定会出现冲突。所以，问题要比是否相信轮回复杂得多，因为问题在于如何去行动，而不是你究竟相不相信轮回或业，这显然是毫不相关的。你的行为仅仅只是某些原因的结果，同时又对进一步的行为做了修正——于是也就不再去逃避限定。

让我们把这个问题换种方式来表述好了。行为能否让一个人摆脱这一因果之链获得自由呢？过去我做过某些事情，我有了某种经历，这显然会局限我今天的反应，而今天的反应又将限定着明天，这就是业、因果的整个过程。显然，尽管这种因果的过程可能暂时会带来欢愉，但它最终将会导致痛苦。思想能否获得自由？——这便是问题的真正症结所在。自由的思想、行动不会产生痛苦，不会带来限定，这是整个问题的关键所在。那么，能否存在与过去无关的行动呢？能否存在不基于观念之上的行动呢？观念是以某种改进的方式持续着昨天，这种持续将会限定明天，这表示，建立在观念之上的行动永远不可能是自由的，只要行动是基于观念，它就不可避免地会引发进一步的冲突。能否有与过去无关的行动呢？能否有不背负着昨天的经历、知识的行动呢？只要行动是过去的产物，它便永远不会是自由的，而唯有在自由的状态里，你才能发现真理。实际发生的情形是，当心灵不是自由的，它就无法有所行动，它只能做出反应，而反应是我们行动的基础。我们的行动不是真正意义上的行动，它不过是反应的继续，因为它是记忆、经历、昨天的反应的产物。

因此，问题是，心灵能否挣脱所受的限定？很明显，这就是有关轮回和业的问题里面所蕴含的。只要有思想的持续，行动就一定会是受限的，这样的行动将会导致对立、冲突，而业——与现在相连的过去的反应，带来了一种经过了修正的持续。所以，如果意识具有持续性，建立在持续性之上——这样的意识怎么可能是自由的呢？假如它无法实现自由，那么这种持续性能否停止呢？这是一个最为重要的问题。弄清楚意识究竟能否摆脱背景，需要展开大量的探究。意识难道不就是建立在背景之上的吗？思想难道不就是基于过去的吗？所以，思想能否使自己挣脱过去的束缚呢？思想唯一能够做的便是终结——但显然不是通过强迫，不是通过努力，不是通过任何形式的训诫、控制或压抑。作为一个观察者，必须洞悉这其中的真相，必须知道思想结束究竟指的是什么意思。领悟其中的真理和涵义，移除错误的反应，这便是我们在回答这个问题的时候试图去做的。一旦行动不是建立在观念或过去的基础之上，那么意识就将迈入绝对的安静，在这种安静中，行动将能摆脱观念的制约。但你想要得到对你所提出的问题的解答：即我究竟相不相信轮回转世。你觉得，如果我说我相信抑或不信，你会变得更加睿智吗？我不希望你对此感到困惑。满足于语词上的解释，说明了心灵的琐碎和愚蠢。凭借自己的力量去检验这整个的过程吧。只有在关系里才能展开这种检验，若想在任何关系里探明真理，就必须处于一种不断的、被动觉知的状态，这么做将会向你彰显出真理，为此你无需从他人那里得到确证。只要思想继续着，就不会有任何实相，只要思想如昨天般持续着，就一定会出现冲突与混乱。只有当意识安静下来，展开无为的观察，实相才会到来。

问：您为什么要反对国家主义呢？

克：你难道不反对国家主义吗？你为什么高举国家主义的旗帜？国家主义，自称是英国人、泰米尔人，或者天知道还有什么，难道不正是导致战争的根本原因之一吗，不正是世界上那令人惊骇的破坏与不幸的罪魁祸首吗？你自己跟某个群体、某个国家认同，不管是经济的、社会的还是政治层面的，这种认同的过程实际上是什么呢？是什么原因使得你称自己是锡兰人、印度人、德国人、美国人、苏联人或者其他国家的人呢？社会的限定与经济的压力让你使自己去跟某个群体认同，这是一个因素。但你为什么让自己跟某个事物相认同呢？这便是问题所在。你让自己跟家庭、跟某个理念或者跟你所谓的神进行认同，你干吗要去认同某个被你认为伟大的事物呢？生活在一个小村子里；我是个无名小卒，但倘若我自称是印度教教徒，倘若我让自己跟某个阶级、种姓相认同，那么我就会成为一个大人物。从心理层面上说，我是个小人物——空虚、贫乏、孤独，可如果我去认同某个伟大的事物，我就会变得伟大起来了。（笑声）请不要一笑了之，这就是你们实际上干的事情——你把这个叫做国家主义，为此你可以牺牲一切。一个主权政府必定总是会去对抗敌人的袭击，但你愿意为了某个理念毁掉自己，这就是你想要成为伟大人物的欲望。实际上你并不伟大，你依然是原来的那个你，只不过你自称是个大人物罢了。国家主义是荒谬的，它跟信仰一样，导致了人与人之间的界分，只要你是国家主义者，你便不可能拥有生理上的安全。

问：当您声称思想与思想者是一体的时候，你指的是什么意思呢？

克：这是一个十分严肃的问题，你们必须稍微注意一下。我们觉知到思想者与思想是分开的，思想者是一种跟思想的过程分离的实体，难道不是吗？原因在于，思想者对思想展开着运作，试图去控制、改变甚至找到思想的替代物，于是我们便声称思想者跟思想是分离的。那么，果真如此吗？思想者与思想是分开的吗？假如是的话，为什么会这样，又是什么导致了这种分离的呢？这究竟是事实情形呢，还是一种假象？思想者真的跟思想是分开的吗？抑或作为思想者的思想把自己给隔离开来了呢？很明显，思想制造出了思想者，思想者不可能超越思想，思想者是思想的产物。因此，认为思想者与思想是分开的，这种观念纯属荒谬。正是思想创造出了思想者，假如没有思考的能力，也就不会存在思想者了。思想者是通过思想形成的，那么为何会出现所谓的分离呢？一个简单的原因便是，思想不断在变化着，也就是说，它意识到自己处于不断的变化、流动之中，思想制造出了一个实体，即思想者，以便让自身获得永续。因此，渴望永续的欲望制造出了思想者，显然，思想是暂时的，但那一实体即思想者却觉得自己是永久的。实际上，根本就不存在所谓的思想者，只不过思想由于对短暂的恐惧而制造出了一个永恒的实体，所以这只是一个幻觉。我们大多数人都把这个虚幻的过程当作了实相，原因是存在着思想者和思想，存在着一个总是在体验的体验者，没有一种统一和完整。只有当思想不去制造出思想者，才能出现统一，这表示，思想不把自己界定为"我的"想法、"我的"的成就、"我的"经历——因为，正是这个"我的"，导致了思想与思想者的分离。只要思想者跟思想之间有一种完整的、统一的体验，那么思想就会发生根本性的革新了，尔后，不会再有某个控制、支配思想的实体，不会再想着"我"要变成什么，要变得更加完美、更有德行。一旦通过正确的冥想认识了思想的过程，就将迎来完整的统一。现在，没有时间去讨论什么是正确的冥想，我们下个周日再来探究这个——这需要大量的时间。不过，只有在关系里才能认识思想过程的彻底变革与统一。

问：相信神有必要或者有帮助吗？

克：正如我所指出的那样，任何形式的信仰都是一种妨碍。如果一个人相信神，那么他将永远无法找到神。只要你对真理抱持敞开的心态，就不会去相信它了；只要你对未知敞开，就不会去相信它了。毕竟，信仰是一种自造出来的东西，只有琐碎卑微的心灵才会去信仰神。看看战争期间那些一边声称神与自己同在、一边无情地扔下一枚枚炸弹的飞行员就知道了！因此，当你去杀戮的时候，当你剥削人们的时候，你也可能是信仰神的。你对神顶礼膜拜，但与此同时却继续残忍无情地榨取金钱、支持军队——可你却说自己相信慈悲、宽恕、友爱。这样的信仰显然有碍于我们去认识真理。所有形式的信仰全都是绊脚石，包括你对神的信仰在内。你的信仰会妨碍你去探明实相，因为它是建立在某个观念或者是以某个传统为模式的。只要有信仰存在，未知就永远无法到来，你无法去思考未知，思想无法去度量未知。头脑是过去的产物，是昨天的结果，这样的头脑怎么可能对未知敞开呢？它只会制造出某个形象，而这一自造出来的形象并不是真实的，因此，你的神也不是真正的神——它不过是你为了获得满足而自造出来的某个形象罢了。只有当头脑理解了自身的全部过程并且走向了终结，真理才会到来。当头脑彻底空无——

唯有这时，它才能够接纳未知。直到头脑认识了关系的内容，认识了它与财产、与人的关系，直到它与万事万物建立起了正确的关系，它才会获得净化。除非它在关系里理解了冲突的整个过程，否则它便无法获得自由。只有当头脑迈入彻底的宁静，处于彻底无为的状态，不去制造任何东西，只有当它不再去寻求，完全静止下来——唯有这时，那永恒之物才会登场。这绝非臆断。真理，不是你能够从他人那里学到的东西，不是感觉或感官上的事物——而是必须要去体验的东西。只要头脑处于活动的状态，你便不可能去体验它。头脑的宁静是无法通过行动而得到的，不是可以去寻求的，只有当冲突停止，头脑才会步入安宁。在关系里去认识自己的冲突，这便是智慧的开始，一旦头脑安静下来，永恒便会到来。

（第四场演说，1950 年 1 月 15 日）

冲突代表了倒退

这是最后一次演说，我将或多或少对我们在过去四五周时间里一直在讨论的内容做一番概括。

生活在各个层面——不仅是在外部的生理层面，而且还有内部的心理层面——都变成了这样一种挣扎与斗争，我们大多数人对此情形一定都感到十分奇怪吧。我们似乎处在世界的战场上，我们接受了冲突是人的自然状态，把这个视为当然。这种冲突、争斗是人的写照，这是所谓哲学家们提出的观点，我们认为这便是我们在关系里的正常生活，不单单是跟财产的关系，还有跟人的关系。这种不断的争斗存在于个体与社会之间、男人与女人之间、男人与男人之间、人与社会之间。与此同时，各个观念之间、左翼的意识形态跟右翼的意识形态之间、不同信仰之间也充满了纷争，不管是宗教的还是世俗的，不管是经济的、社会的还是政治层面的。因此，人与人之间上演着这种外部与内部的不断的界分。

在冲突的状态里，我们能够实现认知吗，能够有所创造吗？假如存在着冲突，那么你还能写书、画画吗，还能去理解、欣赏他人吗，还能对他人生出同情或爱吗？冲突显然与认知是对立的，经由冲突，任何时候、任何层面都无法获得认知。我们在哲学层面认可了如下看法，即冲突是不可避免的，我们接受这样的观念、论点或许是大错特错了。理解、认知，能够通过冲突、战争、无产阶级的革命而获得吗？要想懂得社会的结构以及带来根本性的变革，你就得认识实相，不去制造出对立面从而导致冲突，难道不是吗？冲突会带来两个对立面的融合吗？显然，为了获得认知，我们就必须洞悉、探究"当下实相"，同时不去制造出关于它的观念。很明显，唯有这时才能将问题给解决。如果我们带着观念、结论、看法、信仰、计划、体系方法去着手问题，那么这么做显然就会妨碍认知。世界上有饥饿、失业、战争等诸多问题需要我们去解决，那么实际发生的情形又是怎样的呢？各种基于左翼或右翼意识形态之上的体系方法，导致了人与人之间的对立，与此同时饥饿却依然存在着。所以，体制、意识形态，显然无法解决问题，但我们却就理念和体制彼此展开着争斗。很明显，我们应该抛掉过去的结论去着手问题，原因是结论会妨碍我们去认识问题，这一点是极为显见的。

因此，我们能够懂得，各个层面的冲突都代表了倒退——它是社会以及个体倒退的信号。如果我们不是停留在理论层面而是真正意识到冲突始终都在妨碍认知，意识到，通过冲突，你永远无法带来和谐，那么我们处理问题的方法显然就会截然不同了，不是吗？尔后，我们的态度将经历根本性的改变。迄今为止，我们对问题的解决方式，导致了其他的问题出现，导致了越来越多的悲伤和痛苦。根源就在冲突以及缺乏对问题的认知，只有当冲突不再，认知才会到来。假如我想要认识你，就不应该有任何的冲突，相反，我必须去观察你，必须去审视你、研究你，不抱持先前的结论、计划或体系方法，这些全都是成见，而成见会妨碍认知。我应该头脑清楚，不被任何偏见、任何先前的知识蒙蔽。唯有这样的心灵才有能力去认识问题，而解答就蕴含在对问题的处理方式之中。心灵的净化，显然是认识问题的首要之举。不断处于冲突、争斗中的心灵，必须摆脱自身所受的限定去迎接问题，无论是经济的、个人的还是社会的问题。

因此，重要的是我们如何去处理问题。我们必须清楚地认识关系，正是关系导致了冲突。没有建立正确的关系，才会引发冲突。所以，我们应该在关系里去认识冲突以及自身思想与行动的全部过程，这是至关重要的。很明显，若我们没有在关系里去认识自己，那么，不管我们建立怎样的社会，不管我们怀有怎样的理念和看法，都只会引发更多的不幸与危害。因此，在与社会的关系里去了解一个人自身的全部过程，是我们认识冲突这一问题的第一步。认识自我是智慧的开始，原因在于，你便是社会，你跟世界并不是分开的，社会就是你同他人的关系，是你创造出了社会。凭借你自己的力量去认识这一关系，去认识你跟社会之间的相互作用，那么冲突的问题就将迎刃而解了。没有认识你自己，去寻求解决方法将会是毫无用处的——这么做不过是一种逃避罢了。因此，重要的是去认识关系，正是关系导致了冲突。除非我们能够展开无为的觉知，否则就无法认识关系，尔后，在这种无为的觉知中，将会迎来觉知。

问：什么是简单的生活？在现代社会里，我怎样才能过一种简单的生活呢？

克：简单的生活得要去发现，不是吗？简单的生活，没有模式可循。拥有很少的衣物，系一条缠腰布，捧一个行乞钵，并不代表就是简单的生活。必须要去探明何谓简单的生活。很明显，制造出某个关于简单生活的模式，并不能带来简单，相反，这么做会导致复杂。我们所说的简单生活是指什么意思呢？除了一两件衣服再无其他，半身赤裸地四处游走，几乎一无所有——这就代表简单的生活了吗？生活难道不比这要复杂得多吗？显然，一个人应该只去占有很少的外物。拥有许多的财富并且依赖于它们，这么做是愚不可及的。一个人有许多的财产，他依附于这些东西——依附于他的财富、他的头衔等等。然而，对于一个人来说，简单生活是指怀有无数的信仰，还是只有一种信仰呢？依赖体系、权威，渴望变得如何如何，渴望去获得什么，渴望去模仿、去遵从，去按照某种模式来训练自己——这是简单的生活吗？这表示简单吗？

很明显，简单不该只是从外部事物的表现开始，而应当深刻得多。一个简单的人，没有任何冲突。冲突代表逃避，想要变得更多怎样或者更少怎样。也就是说，冲突意味着获取，意味着渴望变得更怎么样或更不怎么样。一个想要变得如何如何的人，会是一个简单的个体吗？你轻视那些试图获取财富、金钱的人，但倘若一个人看似对世俗之物不感兴趣，而是努力变得有德行，或者变成像佛陀、基督那样的伟人，抑或去遵循某种模式，那么你就会对他钦佩不已，你会说他是个了不起的非凡之人。很明显，一个努力想要在世俗世界里变得怎样的人，跟一个渴望在精神领域里达至某某高度的人，其实是一样的，他们在欲望上并无二致——全都渴望变得如何如何，要么是获得体面，要么是所谓的精神高尚。

显然，简单生活并不是矫揉造作的东西，你可以在日常生活里发现它。在这个经历了两次大战早已腐朽或许正在为第三次大战做着准备的世界里，无论是从外部还是从内部来说，我们都能够过上一种简单的生活。我们为什么要如此重视外在的简单的表现呢？我们为何总是怀着错误的目的开始呢？为什么不能从正确的目的即心理层面入手呢？很明显，我们应该从心理目的着手去探明什么是简单的生活，因为，正是内在创造了外在，正是内心的贫乏使得人们去依附财产、信仰，正是心灵的不充实，迫使我们去累积外物、衣服、知识、美德。显然，用这种方式，我们只会制造出更多的灾难、更多的危害。要怀有一颗简单的心灵是相当不易的——不是所谓的受过教育的理性的心智，而是当我们认识了某个事物时伴随而来的那种简单，那种洞悉了"当下实相"的简单。很明显，只要我们的心灵是复杂的，那么我们便无法去认识任何事物。我不知道你们是否曾经留意过，当你对某个问题焦虑万分的时候，当你关注着某个事物的时候，你是不会十分清晰地洞察它的，你的感知将会完全是模糊的。只有当心灵实现了简单，当它对一切抱持敞开的姿态，它才能够清楚地洞悉，才能按照事物的本来面目去察看。因此，心灵的简单对于生活的简单来说是不可或缺的。去修道院过僧侣般的生活，并不是解决办法。一旦心灵不去依附任何事物，不去获取什么，一旦它接受了"当下实相"，便能实现简单了。这实际上意味着摆脱它所得到的背景、已知和经验的束缚，唯有这时，心灵才可以做到简单，唯有这时，它才能够获得自由。只要一个人从属于某个宗教、某个阶级或团体，抑或任何左翼的右翼的教义，就不可能拥有简单。心灵处于简单、澄明、敞开的状态，犹如一束没有烟尘的火焰。若没有爱，你便无法拥有简单。爱不是理念，爱不是思想，只有在思想终止时，才能认识那包容一切的简单。

问：我发现，孤独是我们许多问题的潜在原因，那么我怎样才能应对这个呢？

克：你所说的孤独是指什么意思？你真的觉知到自己是孤独的吗？很明显，孤独不是一种独在的状态，我们很少有人是独自一人的，我们不希望一个人。认识到独在并非隔绝于世，这是十分重要的。显然，独自一人跟隔绝是两码事。孤立隔绝意味着一种封闭，意味着没有任何关系，觉得你已经同一切事物切断了联系。这跟独在是完全不同的，所谓独在，是一种非凡的敞开的姿态。当我们一个人的时候，会因为发现自己处于孤立之中而感到恐惧、焦虑和痛苦。你爱着某个人，你觉得如果没有了他，你便会失落，于是这个人对你变得至关重要起来，因为有了他，你才不会感到孤立。所以，你利用这个人来逃避自己的本来面目。这便是为什么我们努力要同他人建立关系、交流或者跟外物、财产建立直接关联的缘故——就只是为了感觉到我们是活着的。我们获取家具、衣服、汽车，我们渴望积累知识抑或沉溺于爱。我们所说的孤独，指的是心灵突然发生的一种状态：一种孤立隔绝的状态，与任何事物没有了丝毫的关联、关系和交流。我们很害怕这个，我们称它是痛苦的。由于害怕自己的本来面目，害怕自己的实际状态，于是我们便逃离开去，运用了如此多的逃避的法子——神、饮酒、听收音机、娱乐——任何可以逃离孤独感的法子。我们在个体的关系里以及在跟社会的关系里的行为，难道不正是一种孤立的过程吗？对于当前的我们来说，与父亲、母亲、妻子、丈夫的关系，难道不正是一种隔离的过程吗？这种关系几乎总是建立在相互需求之上的，不是吗？因此，自我隔离的过程是简单的——在你的各种关系里，你一直都在寻求自身的利益。这种隔离的过程不断地在上演着，当我们通过自己的行为意识到了突然出现在自己身上的这种孤立隔绝，就会渴望去逃离它，于是我们去到庙宇，或是埋头看书，或是打开收音机，或是端坐在某个神像面前展开冥想——任何可以帮助我们逃避"当下实相"的法子。

于是我们便触及到了真正的问题，即想要逃避的渴望。你恐惧的是什么？你为什么害怕未知，为什么害怕内心的贫乏和空虚？假如你感到恐惧，你干吗不去探究它？你为何应当害怕失去你所拥有的一切，害怕失去与人、物的联系？你自以为拥有知识，但你实际上知道些什么呢？你的知识不过是记忆罢了，你并不懂得生活，你只是知道过去——那些已经死去的、腐化的东西。所以，我们从不曾发现"当下实相"，这难道不正是我们的难题所在吗？我们从不曾直面内心的贫乏这一冲突——我们去压制它，逃避它，我们不认识"当下实相"。很明显，当我们着手问题的时候不怀有丝毫恐惧、不做任何的谴责，那么我们就能发现关于它的真理了，这或许要比我们因为恐惧而赋予它的重要性更大。由于害怕自身的贫乏，于是心灵就会对思想展开运作——心灵从不曾审视它，只有当我们能够审视思想的时候，才可以理解是什么导致了那一想法的，尔后，逃避"当下实相"的全过程也就会展现在我们的面前了。尔后，孤独将被改变，会变成独在，这种独在是一种完全敞开的状态，能够接受那未知的、无法估算、不可度量的事物。所以，要想认识这种敞开的状态，我们就得理解思想的整个过程，这意味着，我们必须去审视它，认识它那不同寻常的特性。这种状态无法从口头层面去领会——必须得去体验。

问：您极为强调去觉知我们所受的限定，我怎样才能去认识自己的意识呢？

克：限定难道不是不可避免的吗？——所谓不可避免，是指始终都在真实发生着。你把你的孩子限定为了佛教徒、僧伽罗人、泰米尔人、英国人、中国人、共产主义者，诸如此类。各种影响的冲击——经济的、风土的、社会的、政治的、宗教的影响——始终都在起着作用。看一看你自己吧，你要么是个佛教徒、僧伽罗人、印度教教徒、基督徒，要么是个资本主义者。意识不断地受着限定——这就是整个过程——这表示，意识是过去的产物，是建立在过去之上的。思想是过去的反应，意识即过去，意识是过去的一部分，而过去便是传统、道德。因此，行动是以过去为模式的，或者是把将来作为理想模式的。这就是所有受着限定的人身上所发生的实际状态。我们是环境的产物——社会的、经济的环境，抑或你认为的其他的环境。你信仰什么，源自于你的父亲和社会施加给你的影响，假如他们没有把佛教思想灌输给你的话，那么你显然就会是别的样子了——罗马天主教教徒、新教徒或者共产主义者。你的信仰是你所处环境的结果，这些信仰也是由你制造出来的，因为你便是过去的产物，与现在相关联的过去制造出了当下的社会实体。所以，你的意识受着限定，这种受限的意识迎接着挑战、刺激，它始终都是根据自己所受的限定在作出反应，从而导致了问题。因此，一个受限的意识在应对挑战的时候就会制造出问题，进而带来冲突。

那么，假如你询问："我能否摆脱限定呢？"这个问题很有意义。只要意识为某种模式所限，它就会始终按照该模式做出反应。有一些人声称，意识不可能不受限定，这是不可能实现的事情，于是他们用一种新的限定去替代旧的。不是资本主义者，便是共产主义者；不是罗马天主教教徒，便是新教徒或者佛教徒。这就是当下在全世界实际发生的情形。他们谈论着革命，但并非是真正的革命，不过是观念的更替。观念不会带来革命，它们只会产生一种经过了修正的继续，而不是变革。因此，有些人主张，心灵无法做到不受限定，而只能够以另外的方式重新被限定。这种主张本身就代表限定，如果你声称它能或不能，你就已经是受限的了。所以，重要的是探明心灵是否能够摆脱限定——彻底地摆脱，不是流于表面地或者暂时地摆脱。那么我们该怎样做呢？

你们为什么自称是佛教徒？从孩提时代起你便被告知你是佛教徒——你为何要接受这个，坚持这个？一旦你能够认识这个问题，就将摆脱这一限定了。倘若你不去坚持这个，会发生什么呢？假如你不自称是佛教徒，你就会感觉自己被孤立了、被落下了。于是，你是出于经济原因而去做这个的——这是一个因素。另一个因素是，你让自己跟某个更加重大的事物相认同，否则你便会感到迷失。你是个无名小卒，可当你声称自己是个佛教徒的时候，你便成了人物，它给你披了一件华美的外衣。因此你渴望自己是个人物，渴望与某个伟大的事物认同，正是这种渴望局限住了你，想要出人头地的欲望正是限定的实质所在。假如你不渴望出人头地，那么在深层涵义上你就不会受到限定。很明显，做本来的自己，是美德的开始，满足，便是认识"当下实相"。渴望变得怎样，始终会局限住思想，从而导致更加深层、更加广泛的问题出现，并使得冲突与不幸与日俱增。挣脱限定是非常简单的——对此展开一番检验吧。一旦你不去想着成为一个艺术家、大师、部长，成为一个伟大、睿智或博学之人，你就会是个普通人。这是事实，可我们不愿意去接受这个，于是便去依附于所有物、家具、书本、财产。为什么不满足于就做个普通渺小的平凡之辈呢，而不是去沉溺于那些虚荣的夸耀。尔后你将看到，心灵会变得格外的柔韧，可以对挑战做出迅速的反应，这样的心灵能够以新的姿态去应对挑战，这一点是极为显见的。

在意识的表层，限定是肆意存在的——限定还存在于意识的深层；在意识暗藏的层面以及表层的内容里，会有出人头地的渴望，正是这种想要出人头地的欲望、寻求一个结果的欲望，带来了限定。一个受限的心灵永远不可能具有革新精神，它只会按照某个模式去行动——它是梦游的，而不是革命性的。当心灵获得了自由，当它不去依照过去展开行动并且觉知到了自身所受的限定，变革就会到来。只有当心灵迈入安静，才能拥有自由。

问：什么是正确的冥想呢？

克：这是一个非常复杂的课题，需要大量的认知。让我们对此问题做一番探究吧，你与我将要去弄清楚什么是正确的冥想，这表示，你我要去展开冥想。我们如何去认识某个事物呢？要想实现认知，心灵需要处于怎样的状态呢？我们即将去探明何谓冥想这个问题里面所涉及的诸多涵义。若要认识某个事物，你必须同它进行交流——不应该有任何的障碍，假如你希望去认识某个新事物，就得与其彻底的融合。你将如何去接近它呢？你必须去审视它，既不去谴责它，也不对其展开辩护。要想理解这个问题，心灵必须展开无为的觉知。冥想便是认知的过程，它是一种能够发现真理的无为的状态。我之前曾经讨论过有关冥想的问题，不过现在我们要以新的方式来展开讨论。为了实现深刻的认知，心灵必须做到相当的安静。如果我想要认识某个事物，我的心灵就应该安静下来。若我怀有某个问题，我希望真正去认识它，那么我就不应该用一颗焦虑、躁动的心灵去探究它，我必须带着一颗自由的心灵去着手，因为，唯有无为的、机敏的心灵才能实现觉知。一个能够安静下来的心灵，将会处于一种可以接收到真理的状态。原因是，你不知道何谓真理，若你懂得真理，它就不是真理了。真理是全新的、自由的，无法通过预先构想去获得，也不是他人的体验。因此，要想发现真理、发现实相，心灵就必须迈入彻底的宁静。对于认识任何政治的、经济的或数学方面的问题，这一点是必须要做到的。

所以，为了获得觉知，心灵必须处于宁静的状态。只有当心灵安静下来，它才会是崭新的，只有当心灵不为过去所限，它才能够处于自由、宁静的状态，唯有这时，才能凭直觉去发现未知。因此，自由是必需的，一个被管制的心灵不是自由的心灵——不是宁静的。当它处于控制之下，它的运作就会受到局限，这样的心灵是通过训练而变得安静的，它是被控制着实现安静的。若想心灵实现真正的宁静，就必须得有自由，不是在最后，而是一开始的时候就得是自由的。一个背负着太多重担的心灵抑或被控制的心灵，是无法去认识问题的。什么可以带来自由呢？——不是由欲望促成的受限的自由。自由如何才能到来呢，以便心灵能够去接受真理？只有当你拥有美德的时候，方能获得这样的自由。

现在，你努力想要变得有德行，变得如何如何，显然意味着另一种形式的限定。当你努力想要变得不暴力的时候，这个努力的过程实际上就是暴力，也就是说，在你努力去变得不暴力的过程中，你是在效仿不暴力这一理想，而这个理想只是你自己制造出来的，所以，理想是自造的产物，是你自己的暴力的产物。由于你是暴力的，于是你便制造出了它的对立面，然而，对立面总是又包含了它自己的对立面，于是，不暴力这一理想势必包含着暴力的因素——这二者并无不同。因此，假如心灵努力想要变得仁慈、谦卑，那么它就会受到局限，从而永远无法洞悉真理。美德，便是认识"当下实相"，不去逃避它。如果你去抵制它，那么你就无法认识"当下实相"了，因为，认知需要不去对"当下实相"做出受限的反应，它不仅要求不去谴责或辩护，而且还要不去进行命名。美德是一种自由的状态，原因是，美德会带来秩序与澄明，美德是不去变得如何如何，是认识"当下实相"。认知不是时间的问题，然而，通过获得美德这一过程而去逃避则是需要时间的。所以，唯有宁静的心灵才能接受未知，因为，未知是不可度量的。凡能够被度量的事物皆非知，而是已知的，于是也就不是真实的。自由源于美德，而不是通过训练。一个受控的心灵是排他的，只有当你了解了每一个想法，既没有排他，也没有分心，自由才会到来。所谓的专注，不过是一种排他的行为。一个懂得如何去排他、去抵制的心灵，并不是自由的。如果你去抵制，你便无法认识思想。心灵必须是自由的，如此一来才能充分地迎接和认识每一个想法，尔后你将发现，作为一种累积过程的思想将会走向终结。

还有一个问题便是通过各种实践让心灵安静下来。思想者、观察者，难道跟他所观察的思想不是一体的吗？他们并不是两个不同的过程，而是统一的过程。只要存在着与思想分隔开来的思想者、观察者，就不会有自由。冥想便是认识思想者的过程，冥想是认识冥想者的过程——也就是说，在各个层面去认识自我，诸如"我的房子"、"我的财产"、"我的妻子"、"我的信仰"、"我的知识"、"我所获得的东西"、"我的工作"。只要思想者跟思想是分开的，就一定会出现冲突，就不可能会有自由。因此，认识冥想者便是认识自我，这就是我们今天晚上一直在做的事情。冥想的开始便是认识自我的开始，原因在于，倘若没有认识自我，我们就无法获得自由。认识你自己，需要展开无为的觉知，必须在一开始就是自由的，而不是在最后。真理不是个体可以达至的终极目标，它是要去体验的，是要在关系里每时每刻去体验的。宁静的心灵——不是被人为地变得安静——本身就可以感知那不可度量的事物。一旦认识了关系，就能解决让心灵在无强迫的情况下安静下来的问题了。因此，冥想是认识自我的开始，而认识自我又将开启智慧的大门。智慧不是累积知识和经验，智慧是无法从书本、仪式中获得的，也无法通过强迫得来。只有当心灵实现了自由，智慧才会到来，一个宁静的心灵将会发现那永恒的，那不可度量的事物登场。这种状态不是一种经历的状态，不是可以被记住的状态。凡你记住的东西，你都会去重复，而那不可度量的事物是无法重复的，也无法被培养出来。意识必须是流动的，从而每一次都能以崭新的姿态去接受真理，一个去累积知识、美德的心灵是没有能力领受永恒的。

（第五场演说，1950 年 1 月 22 日）

关系 [1]

关系就是行动，不是吗？唯有在关系里，行动才有意义，如果没有认识关系，那么任何层面的行动都只会滋生冲突。认识关系，要比寻求某个行动的计划重要许多。思想体系、行为模式，有碍于行动的展开。基于思想意识之上的行动，妨碍了我们去认识人与人之间的关系。思想意识可能是属于左翼的或者右翼的，也可能是宗教的或者世俗的，但它始终都会破坏关系。认识关系便是真正的行动，没有认识关系，争斗、敌对、战争和冲突就将难以避免。

关系意味着联系、交流，只要人们因为观念而被划分开来，就不可能实现交流。信仰或许会让一群人聚集在自己的周围。这样的群体势必会滋生出对立，从而形成另外一个有着不同信仰的群体。

理念会延误我们与问题建立起直接的关系，只有当你同问题有了直接关系，才能展开正确的行动。然而不幸的是，我们所有人全都怀着各种结论、解释即我们所谓的理念去着手问题，殊不知它们其实是搁置行动的手段。观念是用言语来描述的思想，没有语词、符号、形象，思想就不会存在。思想是记忆、经历的反应，而记忆、经历则是局限性的影响，这些影响不仅属于过去，而且还属于同现在相关联的过去，于是过去总是笼罩着现在，观念是过去对于现在所做的反应，从而遮蔽住了现在。观念是过去对于当下的反应，所以观念总是局限的，不管它可能多么宽广，因此观念必定始终导致人与人的界分。

大劫难总是向世界逼近着，不过似乎现在更加得逼近了。看到了这

---

① 此为原书标题。——中文版编者

一正在迫近的劫难，于是我们大部分人都躲进观念之中去寻求庇护，我们认为这一劫难、这一危机能够通过某种思想意识来解决掉。思想意识总是会妨碍直接的关系，也就是妨碍行动。我们渴望的和平不过是一种理念而已，而不是一种切实存在，我们只是在口头层面希冀着和平，即仅仅是在思想层面渴望和平，虽然我们骄傲地称它为智力层面。然而，"和平"一词并不代表和平。只有当你与他人制造的混乱停止时，和平才会到来。我们依附的是观念的世界，而不是和平；我们寻求的是新的社会的、政治的模式，而不是和平；我们关心的是影响的调解，而不是把导致战争的原因抛到一旁。这种寻求只会带来为过去所限的答案，这种限定便是我们所谓的知识、经验，我们依照这种知识去阐释那些变化着的新的事实，于是，"当下实相"同已经存在的经验之间便会出现冲突。过去即知识，必定始终同处在当下的事实发生着冲突，因此，这么做不会解决问题，而是会让那些导致了问题的限定永远存续下去。

我们带着关于它的理念，带着那些依照我们抱持的成见所形成的结论和答案去着手问题，我们在自己和问题之间插入了思想意识这道屏障。问题的解答自然是根据思想意识做出的，这么做只会制造出另一个问题出来，同时并没有解决我们一开始去着手的那个问题。

关系便是我们的问题所在，而不是关于关系的理念，不是在某个单独的层面，而是在我们生活的所有层面，这就是我们面临的唯一难题。要想认识关系，我们必须摆脱一切思想意识去着手，必须摆脱一切成见——不仅要摆脱那些未受教育者怀有的成见，而且还要摆脱知识的偏见。不存在由过去的经验去认识问题，每个问题都是新的，没有所谓旧的问题。当我们怀着某种观念去着手问题的时候——问题总是新的，而观念始终都是过去的产物——那么我们的应对也将是属于过去的，从而会妨碍对于问题的认知。

寻求关于问题的解答，只会进一步加剧问题。答案并不在问题之外，而只会蕴含在问题之中。我们应该以新的视角、新的方式来看待问题，而不是通过过去的屏障。如果我们无法充分地去应对挑战，将会导致问题出现。必须要认识的是应对的不充分，而不是挑战。我们急切地想要认识新事物，我们无法洞悉它，因为过去的形象妨碍了我们去清楚地感知它。我们只是作为僧伽罗人、泰米尔人，作为佛教徒或者作为左翼、右翼分子去应对挑战的，这势必会引发更多的冲突。所以，重要的不是认识新事物，而是移除掉旧事物。当我们能够对挑战做出充分的应对，唯有这时，不会再有冲突，不会再有问题。必须要在我们的日常生活里去领悟这个，而不是在报纸上的那些议题里面。关系便是每日生活里的挑战，假如你、我、他不知道如何去认识彼此，那么我们就会制造出将导致战争的环境。因此，世界的问题便是你的问题，你与世界并不是分开的，世界就是你，你是什么样子的，世界就会是何种模样。唯有认识你日常生活的关系，你才可以拯救世界，也就是拯救你自己，而不是通过信仰即所谓的宗教，或者左翼的、右翼的思想意识，或者通过任何改革，不管这改革是何等的广博。希望不在专家那里，不在思想意识那里，不在新的领袖那里，而是就蕴含在你自己的身上。

你或许会询问，在一个有限的生活圈子里头过着普通日子的你，如何能够去影响当今世界的危机呢？我认为你无法做到这个。当前的争斗源自于过去，而过去则是由你和他人制造出来的。除非你与他人从根本上改变了当下的关系，否则你们只会带来更多的不幸，这不是过于简单的事情。假如你对此展开充分的探究，就会发现，当你与他人的关系扩展开来的时候，是怎样带来世界的冲突与敌对的。

世界便是你，如果不去转变个体即你自己，那么世界上就不会出现任何根本性的变革。没有个体的转变，社会秩序的革新就只会导致更多的冲突与灾难，因为，社会就是你、我、他之间的关系。假如这一关系不发生根本性的改变，那么为了带来和平所做的一切努力都只会是一种改良，不管这种改良看似多么具有革命性，实际上却是一种倒退。

建立在相互需要之上的关系，只会带来冲突。不管我们彼此之间是怎样相互依赖，我们都是在利用对方去达成某个目的。如果怀有某个预见中的目的，就不会有真正的关系可言，你可以利用我，我可以利用你，在这种相互的利用中，我们失去了关联。一个基于相互利用的社会，将会成为暴力的温床。当我们利用他人的时候，我们怀有的只是一张要去获取的目的的图景。目的，妨碍了关系与交流。在利用他人的过程中，无论它可能多么让人满意和舒服，都会始终存在着恐惧。为了避免这种恐惧，我们必须去占有，由这种占有，滋生出了嫉妒、怀疑以及不断的冲突。这样的关系，永远不会带来幸福。

如果一个社会的结构是建立在单纯的需求之上的，不管是生理上的需求还是心理层面的需求，就必定会滋生冲突、混乱与不幸。社会是你与他人关系的投射，在这里面，需求和利用占据着压倒性的地位。当你为了自身生理或心理的需求而去利用别人的时候，那么实际上就不会有关系存在，你实际上跟他人并没有任何关联和交流。当他人被当做一件家具利用以满足你的便利和舒适，那么你跟他之间怎么可能会有交流呢？因此，我们必须要在日常生活里去认识关系的涵义。

我们没有认识关系，我们自身的整个过程，我们的思想、我们的行为，导致了隔离——这种隔离妨碍了关系。怀有野心、狡诈多端的信徒，不可能与他人建立关系，他只会去利用别人，而这么做将会导致混乱与敌对。这种混乱和敌对存在于我们当前的社会结构里，只要我们对待其他人类的态度没有发生根本性的改变，那么混乱和敌对还将存在于任何改革的社会中。只要我们利用他人，将其视为达至某个目的的手段，不管这个目的是多么的高尚，那么暴力和无序就将不可避免。

冲突说明没有建立关系，冲突永远不会带来对问题的认知，不管是认识个人的问题还是去认识世界的问题。我们应该在日常生活中去认识自身的关系，这是迫在眉睫的事情。你或许会问："这将如何去影响一个新的社会秩序的组织呢？"社会是你、我、他之间的关系。

假如你我能够从根本上转变自身，不是基于相互的需求——要么是生理上的需求，要么是心理上的——那么我们同他人的关系难道不会经历翻天覆地的变化吗？我们的困难在于，我们对于新的组织化的社会应当是怎样的怀有一幅既定的图景，我们试图让自己去适应那一模式，这个模式显然虚幻的，但实相便是我们的本来面目。当你去认识自己的本来面目时，即当你在日常关系的镜子里去清楚地洞悉时，就会懂得，遵循模式只会带来进一步的冲突与混乱。

当前社会的无序和不幸必须要自己来解决。但你、我、他可以并且必须懂得关系的真理，从而展开不是基于相互需求和满足之上的新的行动。不从根本上改变我们的关系，仅仅去改革当前的社会结构，就只是一种倒退。若革新意味着利用他人以达至某个目的，那么不管这个革新多么的有前途，都只会导致新的战争以及无数的不幸。目的总是我们自身所受限定的投射，无论目的可能预示了多么诱人的前景，多么的乌托邦，都只会成为引发更多的混乱和痛苦的手段。这其中重要的不是新的模式、新的流于表面的变化，而是去认识人的全部过程，即认识你自己。

在认识你自己的过程中，不是在孤立隔绝的状态，而是在关系里，你会发现将迎来深刻的、持久的转变。在这种转变里，不会再有利用他人，不会再把他人作为获得自身心理满足的手段。重要的不在于如何去行动，去遵循何种模式，或者哪种思想体系是最好的，而在于去认识你与他人的关系。这种认知是唯一的变革，不是建立在观念之上的变革。任何基于某种思想意识的变革，都只会继续把人仅仅作为手段去对待。

由于内在总是会征服外在，因此，假如没有认识整个心理过程，即认识你自己，那么就根本不会有思考的基础。任何会制造出行为模式的思想，都只会带来更多的无知与混乱。

只有一种根本性的变革。这种变革不属于观念，不是建立在任何行为模式之上。一旦我们不再需要利用他人，就会迎来这种变革了。这种转变不是某种抽象物，不是被渴望的事物，而是真实存在的。当我们开始去认识自身关系的方式，就能够体验到这种转变了。这种根本性的革新可以被称作爱——在带来我们自身的转变，进而带来社会的转变的过程中，爱是唯一富有创造力的因素。

（在锡兰发表的电台广播，1950 年 1 月 22 日）

PART 04

印度孟买

不怀任何希望地生活

懂得如何聆听难道不重要吗？在我看来，我们大部分人根本就没有在聆听，我们带着各种各样的成见在听、在检验所说的内容，要么是作为印度教教徒、穆斯林、基督徒在听，要么是带着已经成型的思想意识在听。我们的聆听，不是自由的、轻松的、宁静的，我们怀着或认可或排斥的意图去听，抑或是以展开辩论的心态去听，我们的聆听不是为了有所探明。依我之见，懂得如何聆听、如何阅读、如何观察、如何审视是格外重要的。我们大多数人都没能够做到正确地聆听，唯有通过正确的聆听，才能获得认知。认知，不是通过努力得来的，也不是来自于任何形式的遵从或强迫。只有当心灵迈入彻底的宁静，觉知才会到来。当我们努力去弄明白他人在说些什么的时候，没有任何压力，不做任何努力，只有立刻的欢愉，但倘若我们抱持着某种偏见去听的话，就无法弄清楚他人在说些什么了。

或许我有一些新的观点要表达，对于那些带着偏见，抱着或赞成或反对的心态的人，要想获得真正的认知将会是非常困难的。由于我们大多数人都受到社会、经济、宗教等影响的限定，所以我们成了抄写员，只懂得模仿，结果也就忽视了新事物，我们认为它是革命性的或者荒谬的，于是将其抛置一边。可如果我们能够展开检验，如果我们可以抛掉一切成见、局限去审视它的话，或许就能彼此了解和交流了。只有当没有任何障碍的时候，才能实现交流，而观念、成见却是障碍。当你爱着某个人的时候，你会与其交流，你对自己所爱的人不会抱持任何看法。同样的，假如我们可以在彼此之间建立起真正的交流的关系，以便你我能够一起去认识问题，那么世界就将发生根本性的变革了。毕竟，世界需要的不是单纯的改良，不是流于表面的变革，而是彻底的、根本性的革新，是不基于某种观念之上的革新。源于观念的变革并不是根本性的转变，而只是某种经过了修正的观念或模式的继续。因此，让我们看看在这些演说期间我们能否在演讲者跟听者之间建立起一种超越单纯的话语之外的交流。言语对于交流来说是必需的，但倘若我们仅仅只是停留在这一层面的话，显然就无法实现认知和理解。一旦我们超越了言语的层面，便将实现认知。然而，被高度培养起来的心智却靠着语词过活，它只能通过语词的屏障去检视，而这样的检视显然不是觉知，相反，只会导致更多的争论和异议。

那么，我们难道无法建立真正的交流吗，不光只在言语的层面，而且还要在更加深刻、更有价值的层面？很明显，这是能够办到的，然而要实现这个，你我就必须以新的视角去审视我们的问题——我们的问题便是有关生活、关系以及人与人之间、各个群体之间的争斗——我们应该以新的方式去着手和检视这些难题，因为，唯有这样才能让我们的生活发生根本性的改变，从而让社会生活也出现翻天覆地的变化。我们首要的基本问题便是关系，难道不是吗？这种关系是建立在过去或将来的道德之上的，也就是说，是建立在传统准则或者有关应当如何的观念之上的。我们的道德——我们的行为就是基于这种道德——是过去、传统或将来的产物，是一种理想，当我们把自己的行为建立在将来或过去之上，那么显然就根本没有行动可言。只要我们靠希望过活，就无法展开行动，因为希望显然是某个将来的需要的反应，只要我们把自己的行动建立在希望、建立在某个乌托邦、建立在完美的理想或是有关应当如何的规划之上，那么我们就不是生活在当下。观念总是属于未来或者过去，当我们从将来或过去的层面去思考关系，自然就不会有任何行动——行动是即刻的，总是处于当下、处于现在。

我们的一个重大问题便是带来当前生活秩序的根本性的变革，难道不是吗？由于目睹了分配的不公，贫富悬殊的经济结构以及那些应有尽有的人同一无所有者之间的冲突等，于是我们便试图通过某个规划、某个理念、某种模式去解决那些经济的、政治的难题。有左翼的、右翼的模式、思想体系，这些体系方法始终都是建立在某种观念之上的，也就是说，左翼分子开始通过怀有新的体系方法去解决问题，而他们的体系方法与右翼的体系方法处于冲突之中。只要我们在观念上有冲突——一切思想体系都是建立在观念之上的——那么显然就无法解决问题。换种方式来表述好了，世界上有饥饿、失业、战争等问题，我们着手这些难题的时候，脑子里已经有了某种确定的体系方法来解决每一个问题。任何体系方法，不管是左翼的还是右翼的，能够解决问题吗？那些献身左翼阵营跟献身右翼阵营的人们，都认为自己的体系方法是完美的、最终的、绝对的，于是这二者都用某种理念、某种成见去解决有关饥饿、战争、失业的问题，结果便是，这些思想体系、观念、信仰全都彼此冲突，而问题依旧存在。假如你我真的想要着手去解决某个问题，那么我们显然就应该直接地去检视它，不抱持任何偏见，不透过任何体系方法的屏障。因为，只有当心灵摆脱了各种体系方法的制约，不管是左翼的还是右翼的，我们才能直面问题本身。

那么，能否在没有观念的情形下展开行动呢？——这实际上是根本问题所在。观念显然是一种希望，它是建立在将来或过去之上的，我们能够不怀有任何希冀去生活吗？很明显，不怀有任何希望去生活，意味着直接认识当下，而不是从过去或将来的层面去认识。只要我们探究一下自己的意识，检视一下我们思想的基础，就会发现，我们是从理想、未来、希望变得怎样、希望达至某个新的状态等层面去进行思考的。希望总是会走向死寂，希望里面没有生机，因为生活总是在当下，而不是在将来，生活既不是在未来，也不是在过去，而是在当下的活着的过程中。所以，难道无法以新的视角去探究我们的全部难题吗？不论这些问题是关于什么的——经济的、个体的还是集体的——去审视它们，不怀有任何模式，不去寄望于未来，抛开一切成见与过去的限定。很明显，每个挑战都是新的，否则它就不是挑战了，要想迎接这一挑战，我们的心灵就必须是崭新的、鲜活的，不去背负过去，也不寄望将来。在迎接某个问题的时候，心灵能够抛开过去的限定，不去逃避，不去怀抱对于未来的希望吗？显然，只有当作为个体的你我能够去认识问题，无论是个体的还是集体的问题，才能实现这个，并且充分地去应对挑战。只有当心灵不去背负知识、经验，一个人才可以充分地、自然地应对挑战。这实际上难道不意味着，心灵必须能够迈入彻底的宁静吗？因为，只有当我们不去挣扎、努力，当我们不去提出某个观念，当心灵处于格外宁静的状态，觉知才会到来。

我不知道你是否曾经在自己的日常生活里留意过这个，当你激动不安，对某个难题焦虑万分的时候，那么你显然就无法认识它，可一旦心灵安静下来，挣脱了过去和未来的束缚，它便能够充分地迎接那一挑战了。正是由于我们没有充分地应对挑战，才导致了问题的出现，只要我们的行动是建立在过去和未来之上、建立在传统或希望之上，那么我们对于挑战做出的回应就必定会是不充分的。所以，如果一个人想要真正理解有关生活的问题，从而带来根本性的变革，那么他就必须摆脱过去和未来的制约，摆脱希望和传统的束缚，摆脱理想以及既定的一切。这样的心灵的状态是富有创造力的，唯有富有创造力的心灵才能认识当下的问题，而不是充塞着各种观念、制定规划、遵循理想的心灵，不是仅仅只懂得去模仿、复制的心灵。原因是，挑战总是新的，假如我们希望实现觉知，那么就得以新的视角、新的方式去迎接挑战。

因此，真理，无论你怎么称呼都好，是这样一种存在状态：在这种状态里，心灵不会再在过去和将来之间摇摆，而是会时时刻刻去感知、理解"当下实相"。过去与未来并不是"当下实相"，"当下实相"是崭新的，与过去和未来无关。若想迎接"当下实相"，心灵自己就必须不困在过去和未来之间的摇摆之中，不应该是由过去通往未来的通道。认识"当下实相"便是真理，真理不属于时间，源于时间的意识是无法认识真理的。所以，心灵应该迈入彻底的宁静，不是被人为地变得安静，不是被迫、被控制着安静下来。只有当它理解了"变成"的整个过程，理解了这种过去经由现在而到将来的时间的运动，它才能够获得宁静。

这里递上来了几个问题，在回答之前，我想建议你我携手一道努力去找到正确的答案。提出问题、等待解答是非常简单的——这不过是一个学生会做的事情——但若想踏上发现之旅，需要的是一颗成熟、睿智、探寻的心灵，一颗不为各种偏见所围的心灵。因此，在思考这些问题的时候，我们将要共同踏上探寻之旅，找到真理——而不是某个适合你、我的答案。真理，显然不是观念，真理不依赖于知识，只要有知识存在，真理就会消失。真理不是经验的结果，因为经验是记忆，仅仅活在记忆里，便是将真理挡在门外。要想发现真理，心灵就得是自由的、迅捷的、善于接纳的。因此，必须得有聆听的艺术，正确的聆听将为我们毫不费力地揭示出真理。原因在于，努力显然是一种欲望，只要怀有欲望，就会有冲突，而冲突永远都不会是具有创造力的。所以，在思考这些问题的时候，请不要坐等答案，因为没有答案。生活不存在是或否这样的回答，它要广阔得多，它是无法度量的。要想测度那不可度量之物，心灵就得是自由的、宁静的。我们的问题不是去找到某种观点、某个结论以及对它的认可或否定，而是去发现正确的答案，发现关于问题的真理。假如我可以建议的话，我希望你我去看一看我们是否无法探明问题的真理，因为真理本身就能够让你摆脱问题，而不是你或我的看法，不管你我的看法是何等的睿智、何等的博学。一个怀有知识的人、一个抱持观点的人、一个拥有经验的人，将永远无法找到真理，因为，若想发现真理，心灵必须处于格外简单的状态，而简单不是通过学习就能获得的。

问：我们的生活毫无真正的仁慈的动力，我们渴望用组织化的慈善和强迫的正义去填满这种空洞。性便是我们的生活。您能否就这个令人乏味的话题发表一点真知灼见呢？

克：让我这样来解释这个问题好了：我们的问题难道不就在于我们的生活很空虚吗？我们不懂爱，我们只知道感官上的东西，只知道广告，只有性的需求，但却没有爱。怎样才能改变这种空虚呢？一个人如何才能找到那没有烟尘的火焰呢？很明显，这就是问题，对吗？因此，让我们一起探明有关这一问题的真理吧。

我们的生活为什么会如此空虚呢？尽管我们格外的忙碌，尽管我们撰写书籍、去电影院，尽管我们玩乐、谈恋爱、去办公室上班，但我们的生活依然空虚、乏味，不过是单纯的例行公事罢了。为何我们的关系这般的俗气、空虚、无甚意义？我们充分地认识了自己的生活，觉知到我们的生活没有多少意义，我们引经据典以及引用那些我们学到的理念——谁谁说了些什么，圣哲、当代或古代的圣人们说了些什么。不是宗教方面的圣人，就是我们所追随的政界或知识界的领袖，不是马克思、阿德勒便是耶稣基督。我们仅仅是不断重复的留声机上的唱片，我们把这种重复美其名曰为"知识"。我们学习、我们重复，我们的生活依然是彻头彻尾的乏味、空虚、俗气和丑陋。原因何在？为什么会像这样子呢？假如你我真的扪心自问一下，不就会找到答案了吗？我们为何如此重视头脑的这些东西呢？为何思想意识会在我们的生活里变得如此重要呢？——思想意识即观念、想法以及阐释、权衡、盘算的能力。为什么我们要赋予思想如此重大的意义呢？——这并不意味着我们必须变得感性化。我们意识到了这种空虚，我们知道这种不同寻常的挫败感，那么我们的生活里为何会出现这种巨大的空虚、这种虚无感呢？很明显，只有当我们在关系里展开觉知应对这个问题，才能懂得这个问题。

那么我们的关系里真实发生的情形是怎样的呢？我们的关系难道不是一种自我隔离吗？意识的每一个活动，难道不是一种自我保护、寻求安全与隔离的过程吗？我们认为的集体性的思考，难道不是一种隔离的过程吗？我们生活的每个活动，难道不是一种自我封闭的过程吗？你自己可以在你的日常生活里看到这一点，不是吗？家庭已经成为了一种自我隔离的过程，由于处于隔离的状态，因此它必定存在于对立之中。于是，我们的一切行为都会导致自我隔离，而这又会产生出空虚感，由于空虚，我们开始用收音机、噪音、闲言碎语、聊天、阅读、获取知识、体面、金钱、社会地位等等去填满这种空虚。然而，这些全都是隔离过程的一部分，结果它们只会让隔离得到进一步的强化。于是，对于我们大多数人来说，生活成为了一种隔离、排拒、抵制的过程，成为了去遵从某种模式的过程，在这种过程里，自然不会有生机可言，因此便会感到空虚与挫败。显然，爱某个人便是与该人建立联系，不是只在某个单独的层面，而是展开完全的、彻底的、丰富的交流。可我们并不懂得这样的爱，我们只知道感官层面的爱——我的孩子、我的妻子、我的财产、我的知识、我的成就——这又是一种隔离的过程，不是吗？我们的生活在各个方向都走向了排他，这是一种自我封闭性的思想和感受的势能，我们只会偶尔与他人建立起联系，这就是为什么会出现这一巨大问题的缘故了。

那么，我们生活的真实状态便是——体面、占有、空虚——问题是，我们怎样才能超越这一切？怎样才能超越这种孤独、空虚以及心灵的贫乏？我觉得，大部分人都不愿意实现这种超越，大多数人都满足于自身的现状，发现新事物太累人了，于是我们宁可保持现状——这便是真正的困难所在。我们拥有如此多的安全，我们在自己的周围竖起了无数高墙并对此深感满意，偶尔会有一声低语越过高墙，偶尔会出现一场地震、一次变革、一场骚乱，但我们很快就会将其平定下来。所以，我们大部分人实际上并不希望去超越这种自我封闭的过程，我们寻求的一切便是一种替代物，是新瓶装旧酒。我们的不满是如此的表面化，我们渴望能够带给我们满意的新的事物、新的安全、新的自我保护的方式——这又是一种隔离的过程。我们实际上寻求的，并不是去超越这种隔离，而是去强化它，如此一来它就将是永久的、不被干扰的。只有少数几个人才渴望突围而出，洞悉那超越了我们所说的空虚、孤独的事物。那些寻求以新代旧的人，通过发现某种能够提供新的安全的事物获得满足。但是显然还有一些人愿意去超越这个，因此，让我们与他们同行吧。

若一个人要想超越孤独、空虚，那么他就应该认识意识的全部过程，不是吗？我们所说的孤独、空虚是什么呢？我们如何知道它是孤独、空虚的呢？你是通过什么衡量标准去指出它是"这个"而不是"那个"的呢？你理解问题了吗？当你声称它是孤独的、它是空虚的，你所依凭的是什么标准呢？你如何知道它是空虚的呢？你只会根据旧的衡量标准去认识它，你声称它是空虚的，你给了它一个名称，你觉得自己已经认识了它。给事物命名，难道不会妨碍我们去认识该事物吗？先生们，我们大部分人都知道这种孤独是什么，对吗？——这种我们试图去逃避的孤独。我们大多数人都觉知到了这种心灵的贫瘠，它不是中断的反应，而是事实，通过对它命名，我们无法消除它——它依然存在着。那么，我们如何知道它的内容，如何懂得它的本质呢？通过给某个事物命名，你就能认识它了吗？给我起个名称，你就会认识我了吗？只有当你对我展开观察，只有当你与我进行交流，你才能了解我，然而，给我起某个名称，称我是这个或那个，显然会终止与我的交流。同样的，要想认识那一被我们称为孤独的事物的本质，就必须与其建立联系，假如你去对它命名，就无法建立联系了。若想认识某物，应该首先停止命名的行为。如果你希望彻底了解你的孩子——对此我有些怀疑——那么你该怎么做呢？你要审视他，在他玩耍的时候去观察他、去研究他，对吗？换句话说，你要热爱你想去认识的对象，当你爱着某个事物的时候，自然就会与其建立联系了。但爱并不是一个词语、名称或想法，你无法去热爱被你唤作孤独的事物，因为你没有充分去觉知它，你是怀着恐惧去着手它的——不是害怕孤独，而是害怕其他东西。你没有对孤独展开思考，因为你并未真正认识到什么是孤独。先生们，请别笑，这不是一场机智的辩论。当我们谈论的时候去体验那一事物，尔后你将懂得它的涵义所在。

因此，被我们唤作"空虚"的事物是一种隔离的过程，而隔离则是日常关系的产物。因为，在关系里，我们有意或无意地渴望去排他，你希望成为你的财产、你的配偶、你的儿女的独一无二的拥有者，你希望把某个事物或某个人命名为"我的"，这显然意味着一种排他性的获取。这种排他的过程势必会导致隔离感，由于没有任何事物可以生活在孤立隔离的状态，于是便会有冲突出现，而我们则试图去逃避这种冲突。我们能够想到的各种形式的逃避——不管是社会活动、饮酒、寻求神、瑜伽、举行仪式、跳舞以及其他的乐子——全都处于同一个层面。假如我们在日常生活里洞悉了逃避冲突的整个过程并且希望去超越它，那么我们就必须认识关系。只有当心灵不展开任何形式的逃避，它才能与我们所谓的孤独建立起直接的联系。要想与该事物有联系，就必须得有爱，换言之，你应该去热爱该事物，如此一来才能认识它。爱是唯一的革命，爱不是理论，不是观念，不是去遵循任何书本或者社会行为的模式。所以，在理论中是无法找到问题的解答的，这么做只会导致进一步的隔离。只有当意识即思想不去想着逃避孤独，才能找到问题的答案，逃避是一种隔离的过程。这个问题的真理便是，只有当爱存在，才能建立关联，唯有这时，才能解决孤独的问题。

问：印度有简单生活、清心寡欲的古老传统。但是现在，成千上万的人都极不情愿地被贫穷和困乏的魔掌所困，然而与此同时，这个国家却被那些富有的上层阶级控制着，这些人已经过上了欧洲的生活模式了。一个人如何才能发现与占有和舒适的正确关系呢？

克：先生，你所说的简单是指什么意思？重要的是首先探明何谓简单的生活，不是吗？只有几件衣服、系一条缠腰布——这就是简单的生活了吗？简单的生活，是指需求很少，满足于一日一顿饭吗？外在的简单的表现——就是简单了吗？还是说，简单必须得从截然不同的层面开始，不是从外部着手，而是要从中心开始呢？那么，让我们去探明我们所谓的简单意指为何吧。

如果心灵很复杂，努力想要去培养美德，去遵循某种理想以寻求力量，试图变得无暴力，训戒自己，遵从某个事物，以某个事物为目标，强迫自己以便变得如何如何——那么这样的心灵是简单的心灵吗？答案显然是否定的。但我们渴望从外部去表现所谓的简单，因为这是非常有利可图的，这是传统的、理想的。一个追逐理想的心灵不是简单的心灵——而是在展开逃避的心灵。若心灵处于冲突之中，若心灵去遵从某个模式，不管该模式是怎样的，那么它都不是简单的心灵。但只要内心实现了简单，就能同样做到外部的简单了。

这位提问者想要知道如何去发现同占有和舒适的正确关系。假如我们用占有外物来获得心理的满足，那么这些占有显然就会导致复杂。我们没有把外物、拥有的东西仅仅视为单纯的必需品，而是用来满足心理上的需求，对吗？也就是说，财产成为了一种自我扩张的手段。我们大部分人都在寻求着头衔、地位、财富、土地、美德、认可，这一切难道不意味着一种心理上的需求吗，难道不代表内心想要出人头地的欲望吗？当我们同财富的关系是建立在某种心理需求之上的时候，那么我们显然就无法过上简单的生活，因此也就必然会有冲突——这一点是显而易见的。意思便是说，只要我把物、他人或者观念作为获得自身心理满足的手段，那么我必定会去占有——不管占有的是什么，它都是"我的"。于是我一定会去保护它，一定会为它而战，结果也就开始有了冲突。

因此，重要的认识我们同财产的关系，难道不是吗？但是很明显，假如你通过某种模式去着手的话，你就无法认识这一关系。认知不是依照任何规划，不管是共产主义者的还是社会主义者的，不管是左翼的还是右翼的。只要我们把财富当作一种自我扩张的手段，就一定会有冲突，一定会出现一个建立在暴力之上的社会。这不是单纯的经济问题，更多的则是心理层面的问题，那些试图从经济层面去解决问题的经济学家们总是会遭遇失败，因为涵义要深刻得多。你难道不是把财产、舒适、权力当作一种自我扩张的手段吗？知道你在银行里有如此多的存款，知道你拥有某个头衔、某处地产——这难道不会让你感到自己是举足轻重的吗，难道不会让你产生一种权力感吗？假如你所追逐的不是财产，那么你就会渴望成为一个官员、委员、大使，天知道还有啥，由此你得到了一种满足感，觉得自己是个人物了。

所以，我们的关系是建立在自我扩张之上的，只要我们利用他人、观念、外物来实现自我的扩张，就一定会出现暴力。依靠任何经济模式或社会行动是无法解决问题的，而是需要认识我们的整个心理存在，因此必须得有内在的转变，而非单纯的外部的变革。做一个无名小卒，不去渴望出人头地，要做到这个是相当不易的，因为我们大部分人都希望获得成功，我们全都在追逐着这种或那种形式的成功，难道不是吗？在商业或社交的世界里，在政治领域，成为一名作家、一位诗人，我们希望获得认可，我们渴望某种形式的成功，所以问题实际上更多的是心理、内在层面的，而不是外部层面的。只要我们的关系是建立在财产之上的，就一定会出现令人惊骇的界分——有的人应有尽有，有的人则一无所有，贫富的重大悬殊。我们试图通过基于某种观念的革命来消除这种界分，但这只是一种外在行为的模式，该模式决定了个体在社会中的行为举止应当是怎样的，但却没有中心层面即心理层面根本性的、翻天覆地的转变。这就是为什么说，单纯用一种模式去替代另一种模式的革命压根儿就不是革命的缘故。我们以为，只要有了外部的变革就可以带来一个崭新的世界，这个世界是建立在有关应当如何的观念或模式之上的。但正相反，变革只能是在中心层面、即心理层面，尔后才能带来真正的外部的革新，尽管你尽了一切力量，可是单纯的外部的变革永远不会带来内在的转变。

因此，我们的问题不在于如何带来新的模式或者新的替代物，而是怎样去唤醒自身的根本性的转变，这便是真正的问题所在。原因是，你是怎样的，世界就会是怎样的，你的问题便是世界的问题，你与世界并不是分开的，你和世界是一个统一的过程，没有你就没有世界。所以，除非内在发生了转变，否则外部的革新将会意义甚微。我们大多数人都不愿意改变，抑或希望只在表面做一些改变，与我们的心理需求相关的那些事物则保持原状。然而，唯有根本性的内在的革新，才能给世界带来改变。这种改变必须得从作为个体的你开始做起，你不可以去诉诸于大众，原因是，只有个体才能带来转变，而不是大众。所以，你我必须彻底地改变自身，在这种自我转变里，会有巨大的美与创造性的思考。一个幸福的人、一个心中有爱的人，不会渴望去占有，不会被成功、权力、地位、权威所裹挟。只有那些不快乐的人，才会去寻求权力和成功，将其作为逃避自身贫乏的手段。流于表面的不满只会带来满足以及更多的不满，由于我们大多数人的不满都只是表面性的，因此我们并不希望摆脱不满。殊不知，摆脱不满，将会带来根本性的变革。满足，不是不满的对立面，它是一种认识了"当下实相"的状态。认识"当下实相"，并不是时间上的问题，不是处于过去走向未来的运动之中。只有当心灵实现了简单、澄明，它才能够获得自由，而这样的心灵本身就可以是满足的。唯有自由的心灵，方能与财富建立起正确的关系。你会说："这要耗费很长时间，因为只有少数几个人才能做到这个。与此同时，世界正在分裂成碎片，所以我们应该集体性地组织起来。"这是十分容易提出的、似是而非的论点。实际上，即使你们把自己组织起来以带来集体革命，这同样也需要花费时间，而且你如何知道自己拥有开启未来的钥匙呢？是什么给了你权威并让你确信，凭借你的变革，你就能建立起一个非凡的乌托邦呢？

那么，很明显，真正重要的是深刻地、近距离地检视问题，全面地去着手，而不是仅从某个单独的层面去看待，因为，单单这么做就可以将问题给解决了。假如你怀着抵制的意识，假如你通过某种形式的强迫或遵从去着手问题，那么你便无法完整地去看待问题了。所以，那能够带来完整性的事物便是爱，但若想热爱问题，你就不可以带着任何理论或训戒来认识问题。如果你真的希望去解决与财富的正确关系这一问题，你就必须能够理解自身的全部结构。然而你发现，你希望立刻得到解答，你希望马上做出应对，希望轻而易举地去解决问题，可是世界上没有人能够带给你这个。不可能立即就能解决一个十分复杂的难题，所谓即刻，是在个体的应对上，而不是在对问题的解决上。假若你真是这般渴望去解决问题——但你并未如此——那么你就可以立即发生改变了。只有在你遭遇危机的时候，你才会不得不去改变，危机意味着你会格外完整地、全面地去着手问题，否则它就不是危机了。然而你不希望自己的生活里出现危机，这就是为什么你拥有律师的缘故，这就是为什么你有牧师的缘故，这就是为什么你拥有官方的革命者的缘故。你在逃避危机，可一旦你直面危机，那么你就将找到正确的解答了。

问: 什么是自知? 传统的自知的方法认为梵我 ① 与自我是不同的, 这就是您所说的自知吗?

克: 先生们, 你们都是能读书识字的, 对吗? 你们阅读了所有的宗教书籍, 你就是这样知道梵我的, 否则你对它一无所知。你在书本里读到过它, 你喜欢这个理念, 于是你便接受了它, 但你实际上并不知道它究竟是否存在。你渴望永恒, 而梵我则保证了这种永恒。现在, 假设你没有在任何一本宗教书籍里头读到过有关梵我、超我的概念以及其他相关的一切, 那么你会怎么做呢? 你可能会发明这个概念出来, 但倘若你不怀有先前的知识, 你将如何着手呢? 这就是我的方法——我没有读过任何一本宗教书籍或是心理学方面的著作, 因为我对它们并无渴望。不是因为我自负, 而是既然一切真谛都存在于你的内心, 那么你就可以凭借自己的力量去发现——而不是通过诉诸于外部。要不然, 你如何知道商羯罗、佛陀或是最近的权威有没有错误呢?

所以, 要想发现真理, 就必须拥有自由, 必须一开始就是自由的, 而不是在最后。自由不是在终点, 自由不是某种终极的产物, 它必须处于起点, 否则你便不可能有所发现。因此, 自由是必需的, 必须摆脱过去的羁绊——这就是你我要去探明的。你希望知道什么是认识自我, 它不属于自我, 不属于梵我——你不晓得这是什么意思。你唯一知道的便是你在这里——是一个与他人有着关系的实体, 与你的妻子、你的孩子、与世界有关系的实体——这就是你所知道的全部。这是一个切实存在的事实。梵我究竟是否存在, 这不过是个理论、猜想罢了, 而猜想是浪费时间——会导致行动迟缓与缺乏思考能力。

那么, 我是什么呢? 这才是最为关键的——我是什么? 我将要去探明我究竟是什么, 将要去看一看我在这个方向能走多远以及弄清楚它将会通往何处。原因是, 这就是事实——不是梵我, 不是自我, 不是超我。我不会去思考这些东西, 哪怕佛陀、基督以及每个人可能都曾谈论过这

---

① 梵我, 印度教中指生命本源、灵魂。——译者

些。我能够知道的便是我与物、与人、与观念的关系。因此，认识自我的开始就蕴含在对关系的认知中，这种关系在一切层面都运作着，而不是只存在于某一个单独的层面。我必须去探明我跟我的妻子、我的孩子、财产、社会以及观念的关系究竟是怎样的。关系是一面镜子，我在里面可以洞悉自己的本来面目，而认识自己的本来面目便是智慧的开始。智慧不是你可以从书本里购买到的东西，也不是你去到某个上师那里可以获得的东西——你获得的只是信息罢了，而智慧不是信息。智慧将会开启认识自我的大门，一旦你理解了关系，智慧便会到来。

那么，要想认识关系，要想在关系里清楚地洞悉你的本来面目，就应该既不去谴责，也不去辩护——你必须带着自由去审视你的本来面目。假如你去谴责某个事物或者希望它变成其他的样子，那么你怎么可能认识它呢？只要你认识了关系，就能时时刻刻发现你自己思考的方式，发现你自己的意识的结构。只要意识没有认识自身的全部过程，没有认识意识与潜意识的全部内容，就不会有自由。所以，当你通过日常接触、日常行为的关系认识到思想者与思想并不是分开的，你就能达至要义了。当你声称梵我与自我是不同的，那么它依然处于思想的领域之内。如果没有认识这一过程即思想的运作，谈论真理、梵我将会是完全无用的，因为它们根本就不存在，它们不过是思想的成见。我们必须要去做的是认识思想的过程，而唯有在关系里才能认识该过程。认识自我要从认识关系开始，关于这一点我们稍后再做讨论。

接下来便是我们所熟悉的思想者与思想、体验者与被体验之物的问题了。有与思想分离的思想者存在吗？很明显，并没有思想者这一单独的实体存在，有的只是思想，正是思想创造出了这个被叫做思想者的单独的实体。思想是记忆的反应，既包括意识也包括潜意识，既有那些暗藏的层面，也有那些敞开的层面。记忆是经历，经历则是对挑战做出的反应，该反应变成了被体验之物——这就是我们意识的全过程，对吗？先有记忆，尔后是体验即对挑战的回应，接下来是命名的过程，从而进一步培养了记忆。在关系里，记忆是作为想法在反应的，思想的整个过程，这个记忆、挑战、反应、体验、命名的循环，便是我们所说的意识。这就是我的全部，这就是我所知道的全部。于是我懂得，我的意识是在时间的领域之内、在已知的领域之内运作着，那么它能超越这一领域活动吗？现在我认识了自身思考的全过程，从而让我提出了这样一个问题：意识可以超越思想即已知的结果吗？答案显然是否定的，原因是，当思想寻求超越的时候，它是在追逐自造的产物。思想无法去体验未知，它只能够体验自造出来的东西，也就是已知。思想便是意识，它是时间的产物，是过去的结果。我希望知道意识究竟能否超越自身，很明显，它无法超越自己，因为"超越"是未知的，它不属于时间的范畴。所以，意识必须走向终结，这意味着，意识必须静止下来，必须展开冥想。冥想不是变得如何如何，而是去认识关系的整个过程，也就是认识自我。只有当意识静止下来，不是被迫安静，才能体验未知。

那么，意识——它是经历即记忆的结果——这样的意识能够体验未知吗？你明白这个问题没有？作为记忆的意识，作为时间的产物的意识，能够体验永恒吗？意识的作用便是记住，真理是有关经历和记忆的问题吗？随着不断地探究，我们将会进一步讨论所有这些问题的。但是现在，请你们就只是聆听正在说的内容，探究它，不要有任何抵制。要点在于：意识是时间的结果，而时间是记忆，记忆说道："我经历过了或者我还没有经历。"那未知的、不可度量的真理，是经历与记忆的事情吗？假如你记得某个事物，它就已经是已知的了，不是吗？那么，难道无法去体验那不属于时间层面的事物吗，即时时刻刻去洞悉真理？如果我记住真理，它就不再是真理了，因为记忆是属于时间的事物，是持续性的事物，而真理则不属于时间的范畴，真理也没有持续性。佛陀的真理并不是你今日所发现的真理，真理永远都不会是相同的——它没有任何持续性，它只能是时时刻刻的，无法被记住。只有当心灵迈入彻底的宁静，真理才会登场。真理不是去寻求、经历、占有、崇拜的事物。只有当心灵挣脱了一切限定，才能体验到永恒。因此，自知便是去认识那些局限住你的东西。

重要的是去理解意识的整个过程，我们稍后将会讨论这个。但我们必须懂得真理不是被记住的东西，凡是被记住的事物都属于时间的范畴，属于过去，而真理永远不会属于过去或将来，真理只能存在于当下，存在于没有时间的状态里。时间是意识的过程，意识即思想，而思想则是记忆的反应，记忆便是体验挑战和回应，由于回应并不充分，结果就使得关系里出现了问题。所以，认识自我的全过程，就蕴含在认识日常生活的关系之中，这种认知将会让意识摆脱时间的束缚，从而能够时时刻刻去体验真理，这不是一种记忆的过程——不可以再用"经历"去命名，这是截然不同的状态。这种存在状态是一种极乐，它不是你可以从书本里学到的东西，不是像留声机唱片那样去重复的事物。这样的人是幸福的，他不会去重复，因为他的生活没有任何问题。只有意识，才会制造出问题。

（第一场演说，1950 年 2 月 12 日）

认识了模仿才有创造力

当我们自己的生活乃至专家和学者的生活里都充满了如此多的混乱与矛盾，行动就会变得格外的困难。懂得做些什么，找到正确的行为模式、正确的生存之道，是碰运气的、不确定的事情。当前，我们自身以及周围的混乱在与日俱增，因此我们必须找到一种不会带来更多的冲突、不幸、争斗和破坏的行动方式，难道不是吗？我们意识到，不管那些专家、政治领袖、宗教权威们主张的是什么，都只会导致进一步的不幸、无序与混乱。所以，行动的问题——不仅是个体的行动，还有集体的行动——是非常重要的，探明如何生活，要比仅仅去遵循某种行为模式有意义得多。

那么，很明显，若想展开行动，就必须成为真正的个体，可尽管我们拥有独立的肉体，实际上却根本不是真正意义上的个体——从心理层面来说，我们不是独特的、个别的。从"个体"这一字眼的真正涵义上讲，我们并不是个体，而是由许多层面的记忆、传统、冲突、模式所构成的，既有意识，也有其他，这便是我们存在的整个结构。所以，假如我们缜密地去探究一下个体，就会发现，实际上根本就没有个性、独特性存在。毕竟，我们所说的个性，指的是独特性、创造性，指的是富有创造力的独立的个体。先生们，只有当出现真正的个体，才能展开不会导致更多的不幸、无序和破坏的行动。而只有当我们认识了遵从与模仿的整个过程，才可以成为真正的个体，拥有独特的个性。对于我们大多数人来说，生活不过是追逐某个模式——既定的模式抑或将要形成的模式。只要我们去检视一下我们日常的行为、日常的思考方式，就会发现，我们行动的过程是一种不断的模仿、一种单纯的复制。我们知道的一切，我们学到的一切，全都是建立在模仿之上的，正是由于我们只晓得去模仿、重复，所以根本算不上是真正的个体。我们引用这个或那个所说的话，引用商羯罗、佛陀、基督的言论，因为，从不曾依靠自己的力量去有所发现、去探明真理，而是重复着他人发现的东西、他人经历的事情，这已经成为了我们生活的模式。当我们把他人的经验作为自己行动的模式时，不管这经验是多么的正确，那么我们的行动实际上就是建立在模仿之上的，于是行动就成为了一个谎言。请坐下来，先生——这些会议不是为了那些不认真的人举办的，这不是一场你可以露露脸、拍拍照的政治会议或作秀。（笑声）你不会在宗教庙宇里去这么做，对吗？我们应对的是生活，而不是单纯的事物的外在表现。要想认识生活，就得理解生活的整个过程，也就是认识我们自己，若要认识自我，我们就必须认识意识和潜意识的全部内容。如果你不怎么注意正在谈论的内容，那么我担心你将无法领悟它的全部涵义。

因此，如果行动是基于模仿、复制、遵从或者追逐某个模式之上，那么它就一定会带来混乱——这便是当前世界上所发生的情形。为什么我们要去遵从，为什么我们要去模仿、要去引用权威，要去依附那些既定的或将要形成的准则？为什么我们不能够凭借自己的力量直接地去探明怎样生活，而不是去模仿他人呢？难道不是因为我们大多数人都害怕没有安全吗？我们大部分人都渴望一种所谓"和平的"状态，但这种状态实际上是一个人不希望受到扰乱。大多数人都没有冒险精神，这就是为什么我们仅仅靠模仿过活并且对此感到满足。只有当我们突围而出，当我们认识了模仿的过程，才能展开个体的行动，才能拥有创造力。

尤其是在世界上的混乱如此之多，有这么多的权威、上师、领袖——每一个都在主张、在否定，每一个都在提供一种新的行为模式——那么，在这些时候，探明什么是不依赖于模式、模仿的行动难道不格外的重要吗？只有当你理解了模仿的过程及涵义——不仅是模仿外部的榜样，还有你自身经验的权威所带来的模仿与遵从——方能找到答案。只要你希望获得安全，就会出现权威，不是吗？你越是渴望安全，你就越少得到它——这些永无止境的战争便是最好的明证。每个群体都是由许多希望得到安全的所谓的个体构成的，于是每一个群体都为了安全创造出了某种基于自身权威之上的体系、模式，而这一权威又同其他群体的权威发生着冲突。因此，只要你寻求着任何形式的安全，无论是心理层面的还是生理层面的，就一定会出现冲突和破坏。渴望安全，代表了遵从，只有当心灵真正处于不安全的状态，处于完全不确定的状态，当它没有任何的权威，不管是外部的还是内部的权威，当它不去模仿某个榜样、理想，不去依附既定的权威——唯有这时，心灵才不会有任何遵从，从而能够自由地去发现，唯有这时，创造力才会到来。

所以，我们的问题不在于怎样展开行动，而在于如何带来富有创造力的状态，即真正的个性。这种状态显然不是建立在观念之上的，因为创造力永远不会是思想过程。若想拥有创造力，就必须停止思想过程。只要存在着模式、理念，就不会出现富有创造力的行动。由于我们的生活是建立在观念之上，建立在对理念的遵从之上，因此我们没有创造力——这便是真正的问题所在，而不是如何去行动。任何人都会告诉你怎样去行动，任何政客、任何聪明的体系方法都可以告诉你该怎么做，但是，在做的过程中，你将带来更多的灾难、不幸、混乱与争斗，因为你的行动不是源自于创造力。这便是为什么说重要的是不再去遵从，成为一个真正的个体。要想做到这个，你就得每时每刻认识自己的本来面目，一旦你认识了自己的本来面目，就能够建立一个不基于冲突、破坏、不幸之上的社会了。这样的个体是幸福的人，而幸福不需要去模仿美德，相反，幸福会带来美德。一个幸福的人便是有德行的人——不幸的人才会没有美德，无论他可能多么努力想要变得有德行，但只要他是不快乐的，那么对他来说就没有任何美德可言，他或许会变得很体面，但这只是把不幸给掩盖了起来。因此，重要的是凭借我们自己的力量去发现遵从的模式以及洞悉关于遵从的真理，因为，一旦我们懂得我们是因为害怕没有安全才制造出了模式，就将迎来富有创造力的状态了。

　　跟以往一样，我这里递上来了许多的问题，当我们一同思考它们的时候，容我建议一下，希望你们不要去排斥正在说的内容，就只是去聆听，就像你们聆听音乐一样。就只是去听我的观点，不要驳斥。驳斥和否定是通常的简单的方式，但一个争辩的、驳斥的心灵永远无法处于宁静的状态，而只有在宁静的状态里，觉知才会到来。还有，假如我可以建议的话，请不要仅仅坐等我的解释，不要指望我提供某个结论或者答案——我不会给你们这些的。对于有关生活的问题，不存在任何直截了当的、绝对的回答，有的只是觉知，所谓觉知，便是领悟问题的全部涵义，洞悉它的全部内容。因此，请务必以友好的态度去聆听我的话语，带着探明问题本身的涵义的意图，而不是仅仅坐等着我给出一个解答。

　　问：您声称自己没有读过一本书，但您的意思真是这样吗？您难道不知道这样散漫的言论会激起怨恨情绪吗？您似乎了解政治、经济、心理、科学等领域的最新的行话，您是否试图暗示说您是通过某种超人的力量获得这一切信息的呢？

克：先生，不管你喜欢与否，事实是我的确没有读过一本宗教书籍，也没有读过任何心理学或科学领域的著作。年轻的时候，我也没有上过哲学或心理学的课程，这同样是一个事实。不知何故，我一直不愿意去阅读这方面的书籍——它们让我感到厌烦，这也是事实。很明显，我遇见过许多各种类型的人——科学家、哲学家、心理分析师、宗教人士，等等——他们会同我展开讨论，偶尔我也会看政治和世界事务方面的周刊，这就是我获取常识性信息的全部渠道了。那么，你为什么要憎恨这个呢？难道不是因为你博览群书，而某个没有读过这些书籍的人把你自己的无知给暴露出来了吗？先生，你读书是为了变得聪明吗？知识就是智慧吗？智慧难道不是跟知识截然不同的事物吗？不过这里头有两个问题：一是为什么你心里会有憎恨，一是我是怎样获得我所谈论的这些信息的。那么，让我们首先搞清楚你为什么会心生恨意吧。

探明你为何会感到憎恨难道不重要吗？你阅读报纸、杂志、圣书，阅读所有关于哲学、心理学、科学方面的讨论，你不停地阅读。你为什么阅读呢？你为什么让你的脑子始终处于忙碌的状态呢？当某个没有怎么读过书的人指出了某些事情的时候，你为何要憎恨他呢？是否因为你感到挫败，你不喜欢有人指出不同的生活观呢？你自己的憎恨的过程是怎样的呢？很明显，重要的是去探明智慧、觉知能否通过书本而得来以及你为何要去阅读，你为何要用信息，用谁谁说过的话把自己的脑子填满？这难道不表明你的心灵很懒惰，不愿展开探寻吗？这难道不意味着你的心灵无法展开真正的探究与直接的体验吗？这样的心灵是依靠他人的经验过活的，因此它会感到满足，会沉沉睡去，会变得迟钝、麻木。一个充塞着闲言碎语、各种信息的心灵，能够接受到智慧吗？

第二个问题是：尽管我可能会谈论，但我并未读过任何一本这方面的书籍，于是你问道："您是否试图暗示说您是通过某种超人的力量获得这一切信息的呢？"如果你没有阅读过，那么你就必须懂得如何去聆听，必须更加清楚地去认知，更加敏锐、细致地去观察，不是吗？你应该更加敏锐地去觉知与你有关的一切——不仅要觉知你遇见的那些人，那些来看望你的人，而且还要去观察那些坐在电车、出租车上的人以及走在路上的人。你应该更加敏锐、更加清楚地去观察万事万物，不是吗？若你的脑子里满是各种信息的喧嚣，那么你便无法做到这个。当你全神贯注地、充实地生活，就能展开直接的体验了。你不会怀有任何权威和准则，此外就是，当全部的宝藏就蕴含在你自己身上的时候，你为什么会想着去求助于他人呢？毕竟，你便是一切人类的结果，既是集体的，也是所谓个体的，不是吗？你是所有父辈们的总和。假如你懂得如何去探究自我，就没有必要去读任何一本宗教、哲学或心理学方面的书籍了，因为你自己就是书籍。你或许必须为了获得一些科学方面的信息或者学习数学知识而去阅读，诸如此类，但这一切只可以是在图书馆里头。当你自己的身上就蕴含着宝藏的时候，你为什么要用各种事实把你的头脑给塞满呢？不过这需要投入相当的关注，需要展开大量的观察，你知道，这就是问题的要旨所在。尽管我们遇见形形色色、学问程度各异的人，然而，唯有认识自我，方能带来无穷的知识与智慧。

先生们，我相信，在书籍印刷尚未出版之前的远古时代，在还没有追随者、老师、上师的时代，有一些不曾读过一本书的富有原创精神的发现者。因为没有什么《薄伽梵歌》、《圣经》，没有任何种类的书籍，于是他们不得不凭借自己的力量去探明，不是吗？那么他们是如何着手的呢？很明显，他们既没有任何准则，也不会愚蠢地去引用某个权威的言论，他们完全依靠自己的力量去发现真理，他们在自己心智的神圣之处找到了真理。显然，我们也可以凭借自己的力量在自己心灵与头脑的神圣之处发现真理。然而，要做到有所发现，既不谴责、也不辩护地去洞悉"当下实相"，这是十分困难的。意识只是一种过去利用现在通往将来的过程，这样的意识如何能够领悟"当下实相"呢？要想懂得"当下实相"，心灵就得挣脱一切获取和累积——不过这是不同的问题。我们现在努力要去认识的问题便是：为什么我们要阅读；为什么我们会憎恨那些没有读过书的人；一个阅读书籍的人，一个累积了如此多的信息的人，能够自由地去看、去听、去感受吗？

心怀恨意是没有任何好处的，这么做很愚蠢，只是在浪费时间，但我们全都沉溺于没有任何意义的行为之中。很明显，女士们、先生们，假若你希望弄清楚什么是智慧，钥匙以及那扇应该被开启的大门就在你自己的身上。认识自我是智慧的开始，但认识自我要从近处着手，它并不处于某种极高的层面——这不过是狡猾的头脑为了寻求安全而发明出来的。认识自我就体现在你与你的妻子、你的孩子、你的邻居、你的老板、你的财产的关系里，体现在你与花草树木、与世界的关系里。若想行至远方，你就得由近处开始。可我们大部分人都不喜欢从近处开始，因为我们是如此的丑陋，如此害怕自我，于是我们便想象着远方的某个非凡之物，将其作为我们的目标、我们的座右铭，作为我们必须去遵循的模式。由于我们不愿意时时刻刻去认识、洞悉自己的本来面目，结果我们就把自己的生活变成了一场矛盾、不幸、彻头彻尾的混乱。先生，真理就在这里，不在远方，幸福就在对"当下实相"的探明中，而这就是美德。

问：美是要去培养的还是获得的呢？在您看来，美是指什么呢？

克：显然，美是某种不属于意识的事物，所以，美不是感觉。我们大多数人都在寻求感觉，将这个称作美。时尚是可以被改变、调整或抛弃掉的，假如你有钱的话，你可以为自己的家购买昂贵的家具或者复制一套。貌美的妇人、漂亮的孩童、精美的绘画、好看的房子——显然，这一切实际上只是感觉的反应，即意识的反应，不是吗？美是感觉吗？美仅仅只是外在的形式吗？用正确的方式穿一件纱丽，用口红仔细地描画嘴唇，以某种姿势走路——这就是美吗？美就是排拒丑陋吗？美德就是排拒邪恶吗？任何排拒、否定之中会有美存在吗？很明显，只有当感觉存在时，才会有排拒——悦人的和不悦人的。就只是去聆听，不要反驳，就只是去听，你将发现我们所说的美究竟意指为何。

显然，外在的形式应该受到某种尊重，同时也需要一定的保养、洁净以及其他相关的一切，部分原因是基于必需，另外也是基于审美，但这显然并不是美，对吗？作为感官的美是属于意识的，而意识能够让任何事物变得美或丑，因此，依赖于意识的美并不是真正的美，不是吗？那么，什么是美呢？意识是感觉，假如意识对美做出判断，并且称呼它为善或真理，那么这是美吗？若美是通过意识被感知到的，它就是感觉，而感觉会终结——这能够是美吗？你明白我的意思没有？美是会终结的感觉吗？在夜晚的星光下，我看见一株树木，夕阳的光在棕榈叶上舞动、闪耀着，真是美极了。对它生出喜爱之情的意识说道："好美啊！"意识执着于这种美，不断地重复着这一画面。在感知的那一刻，它拥有了巨大的欢愉，感觉到深深的满足，它把这个称作美。然而，一秒钟之后它便结束了，它不过是个记忆，所以意识让那一被唤作美的感觉得到了持续。

尔后，意识继续在描绘美，而美总是属于过去。可是，美属于时间的范畴吗？如果美不为时间所限，那么它就是某种无限的事物，不是吗？——它不在"美"这一字眼的框架之内。意识可以发明出美的东西，然而，一个在追逐美的感觉的心灵是无法认识何谓体验无限的。你我可以看到外部的美，然而，单纯的欣赏外在的表现并不是美，对吗？所以，美是超越意识、超越感觉、超越时间的局限、超越那围于时间的思想的事物，那种不可度量的感觉便是美，它里面蕴含了一切——美是一种真正无限的感受。如果一个人去排拒邪恶、排拒丑陋，那么他永远不会懂得什么是美，因为正是排拒培养了丑陋。在字典、在任何宗教或哲学方面的书籍里，是无法找到那无限的事物的。

因此，美不属于意识的范畴。然而不幸的是，现代文明正在把美变成某种属于意识的东西，所有的画报、所有的电影都在干着这个事儿，我们的大部分努力都花在了制作精美的绘画、精致的家具，建造漂亮的房子、购买最时尚的衣服、最新推出的口红抑或其他广告里面呈现的东西。我们被困在头脑发明出来的东西里，这就是为什么我们的生活变得如此丑陋和空虚的缘故，这便是为什么我们要装扮自己的缘故——这并不表示我们不应该打扮自己。然而还有一种内在的美，当你发现它的时候，它就会赋予外在意义。可是，仅仅去装点外在、忽视内在，就犹如打鼓一般——鼓还是空的。美超越了意识,要想发现美——称它为真理、神,诸如此类——就必须摆脱思想的过程。不过这是另外的问题了,我们其他时候再做讨论。

问:通过联合国组织以及最近在印度召开的世界和平大会这类行动,全世界的人都在付出集体的或个体的努力去防止第三次世界大战的爆发。您的尝试跟他们的有何不同呢?您是否希望有可预估的结果呢?有可能阻止那正在迫近的战争吗?

克:让我们首先处理一些显见的事实,尔后再对问题展开更加深入的探究吧。第一个事实便是那正在逼近的战争,那么我们能够阻止它吗?先生,你觉得呢?人们很容易就彼此屠杀,你很容易就会去屠杀你的邻居——或许不是用刀剑,但你却在政治、宗教、经济的层面剥削、利用他们,不是吗?有社会的、地区的、语言的界分,你难道对这一切没有推波助澜吗?你并不希望去阻止那正在逼近的战争,因为你们有些人可以发战争财。(笑声)那些狡诈之徒会从战争里头大发横财,而愚蠢之辈同样也会希望挣到更多的钱,看在上帝的份上,请你们洞悉这里面的丑陋与残忍吧。先生,当你的目的是不惜一切代价想要有所得的时候,那么结果就将是不可避免的,不是吗?第三次世界大战源自于第二次世界大战,第二次世界大战则源于第一次世界大战,而一战则是先前那些战争的结果。除非你让战争的原因终结,否则,仅仅去胡乱地修补表面的症状将会毫无意义。导致战争的原因之一便是国家主义、主权政府以及伴随而来的一切丑恶——权力、名望、地位、权威。我们大部分人都不想要结束战争,因为我们的生活是不完整的、不充实的,我们的整个生活就是一个战场,是无穷无尽的冲突,不仅是跟自己的妻子、自己的丈夫、自己的邻居,还有跟我们自己——不断地努力着想要出人头地,想要变得如何如何。这就是我们的生活,战争和氢弹不过是以暴力的、场面壮观的形式投射着我们的生活罢了。只要我们没有理解自己生活的全部涵义以及带来根本性的转变,世界上就不可能迎来和平。

所以，第二个问题要困难得多，需要你投入更多的关注——这并不意味着第一个问题就不重要。我们大多数人之所以对于改变自我不太关注，是因为我们不愿意去转变，我们很满足，不想受到扰乱，我们满足于自己的现状。这便是为什么我们会把自己的孩子送往战场的原因，这便是为什么我们必须接受军事训练的原因。你们全都希望保护好自己的银行账户，全都执着于自己的财富——而这一切都以非暴力的名义、以神的名义、以和平的名义，这全都是一派假装神圣的胡言。我们所说的和平是指什么意思？你说联合国组织正努力通过管理其成员国来建立和平，这表示它正在平衡各方权力，这是追求和平吗？

接下来会有一群人聚集在某个被他们认为是和平的理念周围，也就是说，一个人抵制战争，依照的要么是他的道德信念，要么是他的经济理念。我们的和平，或者是建立在某个理性基础之上，或者是建立在某个道德基础之上。我们声称必须拥有和平，因为战争不会带来任何益处，这是经济的原因；抑或我们主张必须拥有和平，是因为杀戮是不道德的，是对宗教的漠视，人从本质上来说是神性的，不应该被毁灭，诸如此类。因此，关于我们为什么不应当爆发战争，有着各种各样的解释，宗教的、道德的、人性方面的解释，或者一边是伦理上的和平的理由，一边是理性的、宗教的、社会层面的原因。

那么，和平是属于意识的东西吗？假如你对和平怀有某个理由、某个动机，那么这会带来和平吗？你理解我的意思没有？若我之所以抵制杀戮，是因为我觉得这么做是不道德的，那么这是和平吗？如果是出于经济方面的原因我才不去破坏，如果我不参军是因为我认为这么做无利可图，那么这是和平吗？如果我的和平是基于某个动机、某个原因之上的，那么这能带来和平吗？如果我之所以爱你是因为你很美丽，因为你能让我获得肉体上的欢愉，那么这是爱吗？先生们，请稍微注意一下这个，因为这非常的重要。我们大部分人都培养着自己的智力，我们是这样的有智识，以至于我们希望找到不去杀戮的理由——这些理由最后变成了原子弹那令人惊骇的破坏性，从道德、经济的层面去提倡和平，诸如此类，我们以为，拥有越多的不去杀戮的理由，就会越有和平。然而，你能够通过某个理由而获得和平吗？和平能够变成一个原因吗？这个原因难道不是冲突的一部分吗？非暴力、和平，是通过逐渐的演进过程就能最终追求到、达到的理想吗？这些全都是理由、合理化的解释，对吗？

因此，倘若我们全都富有思考能力，那么我们的问题实际上便是：和平究竟是某个原因的结果呢，还是一种既不在未来、也不在过去，而是处于当下的存在状态呢？难道不是吗？如果和平、如果非暴力是一个理想，那么这显然就表示你是暴力的，你不是和平的。你希望变得和平，你给出了一些理由，解释你为什么应当是和平的，你对这些理由感到满意，结果你依然是暴力的。事实上，假如一个人渴望和平，假如他领悟到了和平的必要性，那么他就不会怀有关于和平的理想，他不会努力变得和平，而是会洞悉和平的必要性及其真理。只有那些没有懂得和平的重要性、必要性及真理的人，才会把非暴力变成一种理想——这么做实际上只会把和平搁置起来。而这就是你们正在做的事情：你们全都推崇和平的理想，与此同时却又在享受着暴力（笑声）。先生们，你们笑了，你们很容易就被逗乐了，对吗？这是另一种娱乐，而当你离开这次会议的时候，你将继续之前的状态。你指望着通过你那些流于表面的论点、偶尔的谈话就可以带来和平了吗？你不会拥有和平的，因为你并不渴望和平——你对和平毫无兴趣，你没有领悟立刻实现和平而不是明天实现和平是何等的重要与必需。只有当你的和平没有任何理由，和平才会到来。

先生，只要你的生活是基于某个理由，那么你就不是在活着，不是吗？只有当没有任何原因、没有任何理由——你就只是在生活——你才是真正的生活着。同样的道理，只要你怀有关于和平的理由，你便无法拥有和平。如果意识发明出了和平的理由，那么它就会处于冲突之中，这样的意识将会给世界带来混乱和冲突。就只是去思考一下，你会领悟的。倘若意识发明出种种和平的理由，那么它怎么可能是和平的、安宁的呢？你可以有格外聪明的正题和反题，然而，意识的整个结构难道不就是建立在暴力之上的吗？意识是时间的产物，是昨天的结果，它总是与当下发生着冲突。但倘若一个人真的希望做到和平，那么他就不会怀有任何和平的理由，因为，对于一个和平的人来说，和平是没有动机的。

先生，慷慨有动机吗？当你怀着某个动机去慷慨待人的时候，这还是真正的慷慨吗？当一个人为了达至神，为了找到某个更加伟大的事物而去摒弃世俗享乐的时候，这是真正的弃绝吗？如果我放弃这个是为了找到那个，那么我实际上有放弃吗？如果我的和平是出于各种原因，那么我会找到和平吗？

所以，和平难道不是超越了意识以及意识的产物吗？我们大部分人，大多数的宗教人士及其组织，是通过理性、训戒、遵从来实现和平的，因为他们没有直接地领悟到和平的必要性及真理。和平、安宁的状态，不是停滞，相反，它是一种最为活跃的状态。但意识只懂得自身创造物的活动，即思想，而思想永远不可能是宁静的，思想是痛苦，思想是冲突。由于我们只知道痛苦和不幸，于是便努力找到各种方式和法子去超越它，无论意识发明出来的是什么，都只会进一步加深自身的不幸、冲突和争斗。你会说，很少有人能够认识到这个，很少有人能够实现真正意义上的安宁。你为什么这么认为呢？难道不是因为它对你来说是一种方便的逃避吗？你声称用我谈论的方式是永远无法获得和平的，这是不可能办到的，所以你必须怀有和平的理由，必须建立倡导和平的组织，必须为了和平展开聪明的宣传。但所有这些方法显然只会让和平被搁置起来。只有当你直接地去接触问题，当你懂得假如今天没有实现和平的话，那么你明天也就无法拥有和平，当你不再怀有关于和平的理由，而是真正领悟到了如下真理，即没有和平就不会有生活，不会有创造力，领悟到没有和平就不会获得幸福感——只有当你洞悉了这其中的真理，才会迎来和平。尔后你将拥有和平，同时又不会有那些以和平为目的建立起来的组织。先生，若想实现这个，你应该抱持敞开的姿态，应该全身心地去渴望和平，应该凭借自己的力量发现和平所蕴含的真理，不是通过组织，不是通过宣传，也不是通过那些倡导和平、反对战争的论点。和平不是对战争的排拒，和平是一种存在状态，在这种状态里，一切冲突和问题都将不再。和平不是一种理论，不是在经历了十世、十年或十天之后会达至的一个理想。只要意识没有认识自身的活动，那么它就会制造出更多的不幸，而认识意识便是和平的开始。

问：您一再重复指出，若想迎来真理，就必须停止头脑的活动。那么您为什么要反对祷告、敬神和仪式呢，它们实际上不正是旨在让头脑安静下来吗？

克：使某个诡计就能让头脑安静下来，你可以吸毒或饮酒，你可以举行仪式，可以去祷告，可以对神顶礼膜拜，可以通过许多法子来让头脑安静下来。然而当头脑被人为地变得安静时，它还是头脑吗？你们有些人会去祈祷，对吗？你不断念诵祷文，你吟唱赞美歌，以便让头脑迈入静寂，抑或你扣紧双手，催眠自己，进入到一种你所谓的宁静、平和的状态。通过反复念诵某些语句来自我催眠是很简单的事情，当你不断重复着某些语词，你的头脑自然会变得格外宁静，通过摆出某些姿势，以某种方式去呼吸，去强迫头脑，你显然能够减少头脑的活动。也就是说，通过各种训戒、强迫、遵从的法子，头脑可以被人为地变得安静。

可是，当头脑被迫迈入静寂之时，它真的是安静的吗？它是死寂的，不是吗？它处于一种被催眠的状态，当你祈祷，当你反复念诵某些话语，头脑就会渐渐安静下来。在这种静寂中，会收到某些回应，你会听见一些声音，当然，你会认为这声音来自于那至高的存在，那至高的存在总是会对你最急迫的需求做出回答，而这回答让你感到十分满足，这种心理过程是众所周知的。然而当头脑通过祈祷、通过仪式、通过赞美歌变得安静下来，它是真的安静了呢，还是仅仅变得迟钝、麻木了呢？头脑实际上是在自我麻醉，进入到一种安静的状态，不是吗？你们大多数人都很享受这种被麻醉的状态，因为在这种状态里，你没有任何的问题，你完全是封闭的、隔绝的、毫无感觉。在这种状态里，你显然是无意识的，意识的反应都被封锁住了。当头脑通过人为的手段变得安静下来，头脑的表层就能够接收到暗示，这些暗示不仅来自于它自身的潜意识，而且还来自于集体无意识，我们根据受限的头脑去对这些暗示做出解释。因此，希特勒可以宣称自己的所作所为是受着上帝的指引，而对印度的某个人来说，神则意味着截然不同的涵义。这是一种非常简单的心理过程，只要你在行动中观察一下自己的头脑，看一看它是怎样自我麻醉进入一种宁静的状态，就能凭借自己的力量发现这个了。所以，当头脑通过专注、通过遵从、通过某种自我麻醉的训练被迫步入宁静，那么它显然就无法发现实相。它只会投射自身，听到它自己那难听的声音，而我们则称这声音来自于神，但这显然完全有别于头脑真正处于静寂之中的状态。

头脑是活跃的，它始终都在想着那些既定的和将要出现的事物，这样的头脑怎么可能是安静的呢？——不是被人为地变得安静，任何傻瓜都可做到这个。头脑如何才是真正的静寂呢？很明显，只有当头脑懂得了自身的活动，才能实现真正的宁静。就像风停则水静一样，当头脑不再去制造问题的时候，它便会迎来真正的宁静。所以，我们的问题不在于怎样让头脑安静下来，而在于如何去认识问题的制造者。原因是，一旦你认识了问题的制造者，头脑就会迈入静寂。不要因为提到了"静寂"这个词就把眼睛闭起、沉沉睡去。认识问题的制造者，就能让头脑变得安静。因此，你必须认识思想，因为思想正是问题的制造者，思想创造出了思想者，思想总是在寻求某种永恒的状态，由于发现自己总是处于转换、流动、无常的状态，于是思想便创造出了一个被叫做思想者、梵我、超灵①、灵魂的实体——一个更加高等的安全所在。也就是说，思想创造了一个与短暂的思想分开，被称为观察者、体验者、永恒的思想者的实体，而这二者之间的巨大差异就导致了时间的冲突。

认识思想创造思想者的过程，认识思想具象化为思想者的过程，会让头脑获得宁静。这意味着，一个人必须理解什么是思想。那个被你称为思想的事物究竟是什么呢？除非我们认识了它，否则，无论思想是怎

---

① 超灵，印度教中指最高境界的灵魂。——译者

样的，都只会带来更多的混乱。除非我们懂得了思想的全部涵义及深刻性，认识了意识与潜意识、个体的和集体的意识，否则，仅仅沉溺于更多的思考、更多的猜想，只会导致进一步的不幸。因此，假如头脑处于不断的活动状态，喋喋不休，总是把现在当成由过去通往将来的途径，那么这样的头脑怎么可能是宁静的呢？这样的头脑永远无法获得静寂。一个愚蠢的头脑总是愚蠢的，永远不会变得睿智，你或许可以变成你所谓的聪明，但这只是进一步的愚钝罢了。四处游走的头脑不可能是宁静的，只有当头脑认识了自身的过程，当它开始去觉知自己，你才能看到思想的终结。毕竟，我们如此引以为傲的思想究竟是什么呢？我们的思想，显然只是记忆的反应、经历的反应，即我们所谓的知识，我们的思想不过是昨天的反应，不对吗？这样的思想，属于时间的思想，如何能够认识某个超越时间的事物呢？

先生，头脑应当觉知自身的活动——不是作为与行动分开的实体，而是认识到它自己就是行动本身，这难道不重要吗？只有在与外物、与人、与观念的关系里，它才可以处于觉知的状态。只有在认识关系的过程中，我们才能认识思想，因为，没有同思想分开的思想者，没有在思考各种想法的思想者，有的只是思想。一旦我们洞悉了这其中的真理，思想者便会消失，当没有了思想者，头脑就将迈入静寂。当没有了那个试图让头脑安静下来的实体，那么头脑——它不过是时间的产物、过去的产物——就会成为静寂本身。唯有这时，才能够认识真理抑或真理才会到来。真理不属于记忆，真理也不是知识或信息，真理既不属于头脑的范畴，也不属于情感的领域，它与感觉毫无关系。它不是由自我创造出来的万能的神的形象和声音。真理不属于记忆，因此它不为时间所围。由于真理不属于头脑，所以，只有当头脑迈入宁静，当思想停止，真理才会登场。真理必须是时时刻刻去洞察的，唯有真理才能解决我们的难题，而不是头脑或者头脑的发明物。

（第二场演说，1950 年 2 月 19 日）

幸福是一种没有任何依赖的存在状态

我想再次强调一下正确聆听的重要性。我们大多数人的聆听都未实现认知，我们只是听了语词，殊不知，语词并不等于它所指称的那个事物——语词永远都不会是真实的。只有当语词拥有深刻涵义的时候，它才会是真实的。但倘若一个人想要领悟语词的深刻涵义，那么他就必须懂得如何去聆听。今晚，我想谈一谈有关美德的问题，或许我们可以不必去遵循古老传统的路径，可以用新的视角去看待美德。因此我希望你们能够怀着友好的态度去听，不要有任何抵触和排拒。怀着以下意图去听，即真正领悟我所说的内容的涵义，那么我们或许就能够理解美德那非凡的重要性了。我肯定，在领悟所说内容的涵义的过程中，困难将会是如何跨越我们自身的成见及个人经验这些障碍。

美德是不可或缺的，要想认识美德，我们就应该不再努力想要变得有德行，就应该超越这个词语惯常的涵义或释义。原因是，我们已经把美德变成了一种令人疲累、乏味和十分丑陋的东西了，拥有美德已经毫无欢愉可言了，它已经成了不断的努力，成了一种压力和痛苦。美德是一个事实，若想认识该事实，一个人就得自由地去把它当作一个事实看待。只有不快乐的人才会努力想要变得有德行，而这种努力想要拥有美德的行为本身，将会把美德挡在门外。但如果一个人摆脱了不幸，摆脱了争斗、努力、挣扎，那么这样的人就可以毫不费力地拥有美德了。认识事实是相当不易的，因为事实是一回事，渴望改变事实又是一回事。认识事实，便是美德。愤怒是一个事实，认识它，不去谴责它，也不去试图为它找到理由，这么做将能让一个人摆脱愤怒这一事实，而摆脱事实获得解放就是美德。所以，美德就蕴含在对事实的认知之中，不管这个事实是什么，而不是来自于要变成跟事实截然不同的样子。

对于我们大多数人来讲，美德是一个理想，是逃避事实的手段，于是，我们任何时候都从来不曾是有德行的。我们总是在变得有德行，因此我们不是有美德的人。显然，一个人必须洞悉自己的本来面目这一事实，无论这个面目是怎样的，不去否定，不去接受，也不去认同。因为，一旦他让自己去认同某个事实，去接受它或者排拒它，那么他就没有认识这一事实。单纯的排拒或认可，显然不是觉知。所以，美德不是一个被追逐的目标。认识事实便是美德，没有美德就不可能实现自由，没有德行的人是不自由的，唯有在自由的状态里才能发现真理。自由即美德，美德就是认识你的本来面目这一事实，这不是一个终极的过程。你可以立即洞悉事实，因此美德是即刻的，而不是在将来。假如你对此做一番思考，就会懂得其中的涵义。我们自然没有时间去细究，但倘若你能够认识自己的本来面目这一事实，就像你认识其他事实一样，那么你就会发现，自由将伴随着这一事实而来，唯有在自由的状态里，方能认识真理。

所以，美德不是一个过程，不是某种要被达至或实践的终极目标。被实践的东西，仅仅会变成习惯，而习惯永远无法成为美德，习惯只是一种自动的反应罢了。事实是一种始终鲜活、自由的事物，然而，被实践的美德只会让你获得体面，而体面的人永远不会是幸福的，幸福不是由地位、名望可以获得的，不是通过任何法子可以得到的东西。我们声称自己是幸福的，因为我们拥有金钱、地位或者某些获得感官享乐的方式，但是很明显，这并不是真正的幸福。幸福是一种没有任何依赖的存在状态，因为，只要有依赖，就会有恐惧，而一个恐惧的人是永远无法获得幸福的，不管他可能把自己的恐惧掩盖得多么好。幸福只存在于自由之中，而若想实现自由，就必须拥有美德，一个没有美德的人永远不会是自由的，因为他的心灵是困惑的、混乱的。所以，认识事实就可以摆脱事实的制约，而摆脱事实便是美德。只有当你拥有自由，才能有所发现，自由不在终点，而是在起点。真理不在远方，它应该是马上、即刻、第一步就要去发现的。要想立即发现真理，就必须是自由的，这意味着得认识事实，认识事实即是美德。

现在我将要回答一些提问。准确地回答问题总是困难的，因为生活不是简单的是或否，它要比一两个词、一两句话广阔得多，生活太重大了，无法被放在某个框框里头。但倘若我们能够懂得问题的涵义，那么答案就蕴含在问题本身。它是开放的，任何人都可以去发现问题的涵义、美及真理，只有当你能够认识事实而不是去逃避，才能实现这个。

问：一个人观察着您身边的那些人，想看看有没有任何可见的转变的迹象。当您实现了觉悟，而您身边的那些追随者们的生活和行为却依然是迟钝的、麻木的、丑陋的，那么您要如何解释这个呢？

克：首先，追随者毁灭了领袖。追随某个人，无法找到真理。如果一个人想要认识什么是真理，就不可以有追随者，也不可以有老师。没有哪位上师能够带领你达至真理，追随他人，便是将那由美德带来的自由挡在门外。这个回答不是仅仅说得好听。就只是洞悉其中的真理——追随任何形式的权威，都是在否定智慧。我们之所以会去追随权威、领袖，是因为自己身处混乱、困惑，我们基于这种混乱去选择了某个领袖，因此这个领袖同样也会是困惑的、混乱的。（笑声）先生，请不要一笑了之。你选择某个上师，是为了满足你对安全的渴望，你所追随的是你自造出来的事物，你寻求的是自身的满足，而不是真理。当你追随某个人的时候，你将会毁灭掉那个人，也就是毁灭掉你自己。我没有任何追随者，我也不是谁的老师，假如我是的话，你们就会把我毁灭掉，而我也会毁掉你们。尔后，我们之间不会有爱，有的只是单纯的追随、遵从，因为，追随者和领袖的心里不会有爱。

现在，这位提问者非常关心我周围的那些人，为什么呢？为什么他要关心其他人究竟是美丽的还是丑陋的？很明显，重要的是一个人自己所处的环境与限定，而不是其他人的。假如我的心灵琐碎、狭隘、局限，那么我在其他人身上也会看到同样的情形。这种想要去评判别人的欲望，其实是相当不正常的，当我连自己的本来面目都不了解的时候，我怎么可能认识其他人的样子呢？当我自己的衡量标准都是错误的，我如何能够去判断别人呢？当我没有认识"我自己"的整个过程，那么我将依据什么准则去衡量他人呢？当我应对"自我"的全部时，是没有时间去评判他人的，我也不会渴望去评判别人。只有懒惰、不安、焦虑的心灵才会去评判，只有不安宁的心灵才会始终在批判着他人，一个连自己都不认识的不安宁的心灵，如何能够清楚地审视其他东西呢？只有当你能够直接地、清晰地看待事物，才能摆脱其制约。

这个问题里面蕴含的第三个要点是：你怎么知道我已经"觉悟"了呢，难道不是吗？你声称我已经开悟，但你怎么可能得知这个呢？渴望接受或者把事物视为当然，表明心灵是愚钝的。相反，你应当抱持怀疑的态度，怀疑不是批判或者否定，怀疑是这样一种心灵的状态：不会很快就接受什么，对事物不会想当然。一个只懂得接受的心灵，寻求的不是智慧或启悟，而是逃避。很明显，重要的不是我是否实现了觉悟，而是你该怎么做。这是你的生活，不是我的，这是你的幸福、挣扎、奋斗、痛苦。思考其他人是否沐浴在觉悟之光里，这又有什么用处呢？他可能实现了觉悟，也可能没有，当你自己身处痛苦之中，那么这些对你来说又有什么价值呢？假如你仅仅只是信任他人的觉悟，你就会变成一个追随者、一个模仿者，这意味着你是一部留声机上的唱片，不断地重复着某个曲调，而你自己的心中却没有吟唱着歌曲。

这个问题里面还涉及到一个方面：你应该去找那些所谓的追随者，而不是去评判我、对付我。这就好像鞭打一个孩子而不是国王，国王不可能犯错，于是你便去找孩子算账。同样的道理，你该去找那些被你认为是我的追随者的人。幸运的是，就我所知，没有人追随我。正如我所指出来的那样，追随他人是一种毁灭，这就是当前世界上发生的情形。我们不过是模仿者，在政治和宗教的领域，我们急切地去追随，结果便被带领着走向了毁灭。这并不表示我们应该成为不受管束的个体，这又是一个极端。然而，不需要追随他人也可以幸福地生活，也可以凭借自己的力量洞悉真理。一个幸福的人不会去追随任何人，只有不幸的、困惑的人才会急切地想要去追逐别人，希望受到庇护，他会找到某个庇护所，但这个庇护所将会带给他黑暗与毁灭。只有一个努力在自己的内心去探明自身本来面目的人，才能懂得自由，从而获得幸福。

问：越是听您的演说，越会觉得您是在宣扬退隐于世。我是秘书处的一名职员，我有四个孩子，而我一个月只能挣到一百二十五卢布。您能否解释一下，我怎样才能以您所建议的新的方式去对抗那些为了生活所做的悲伤而绝望的斗争呢？您真的认为您的教诲对于那些饥肠辘辘的人、那些靠着微薄工资过活的人有任何意义吗？

克：首先，让我们解决一下这样一个问题：我是否活在这些人当中？这意味着，为了认识生活，你必须经历生活的每一个阶段、每一种体验，你必须生活在那些富人和穷人当中，你必须挨饿，经历生活的各种环境，不是吗？现在，让我们简单地表述问题好了：为了懂得何谓戒酒，你就得先去酗酒吗？一个人难道不能充分地、全面地体验、认识和揭示生活的全部过程吗？要想认识生活，你就得经历生活的所有阶段吗？请认识到这并不是在逃避问题——恰恰相反。我们以为，若想懂得智慧，我们就必须经历生活的每一个阶段和体验，从富人到穷人，从乞丐到国王。果真如此吗？智慧是许多经历的累积吗？还是说，充分地认识了某个经历，就能够发现智慧了呢？由于我们从未曾彻底地、充分地认识某个经历，所以便从一个经历游走到另一个经历，期待着某种救赎、某种庇护、某种幸福。于是，我们把自己的生活变成了一种不断累积经历的过程，结果它便成为了一种永无止境的努力、挣扎，成为了一场为了获取、为了有所得的无休无止的战争。很明显，这种应对生活的方式是痛苦的、彻头彻尾愚蠢的，不是吗？

难道无法领悟某个经历的所有涵义，从而认识生活的全部深刻与广阔吗？我认为这是能够实现的，这也是认识生活的唯一途径。不管经历是什么，不管生活的挑战和应对是什么，假如一个人能够充分地认识它，那么渴望去经历每一种体验就没有任何意义了，只会是浪费时间。由于我们无法做到这样，于是便发明了一个荒谬的观念：即通过累积经历，我们将最终达至某个高度，天知道会到达何处。

这位提问者想要知道我是否在倡导从生活中退隐。你所说的生活是指什么意思呢？我一边在思考这个问题，一边在做出回答，因此让我们一起来展开思索吧。我们所谓的生活意指为何呢？只有在关系里才能够生活，不对吗？假如没有任何关系，就不会有生活，活着，即意味着处于关系之中，生活便是关系的过程，便是与他人、与两个人或十个人、与社会建立关联的过程。生活不是孤立、隔绝，然而对于我们大部分人来讲，生活成为了一种隔绝的过程，不是吗？我们努力在行动中、在关系中把自己隔离起来，我们的一切行动都是自我封闭性的、狭隘的、隔离性的，在这种过程里，会有冲突、痛苦、悲伤。生活即关系，没有任何事物可以活在隔绝的状态里，因此，不可以从生活中退隐，相反，必须去认识关系——你与你的妻子、你的孩子的关系，你与社会、与自然、与这一日的美、与水面上的点点阳光、与鸟儿的翱翔的关系，你与你所拥有的那些外物以及那些控制着你的观念的关系。若想认识所有这一切，你就不可以退隐于世，在退隐、隔绝的状态里是无法发现真理的，相反，在隔绝的状态里，不管是有意的还是无意的隔绝，都只会有黑暗与死亡。

所以，我并不是在建议从生活中退隐，不是在建议压制生活，相反，我们唯有在关系里才能认识生活。正是由于我们没有认识生活，所以才会始终努力想要退隐、隔离，才会建立起一个以暴力、腐败为基础的社会，最终则走向了隔绝。

这位提问者还想知道，薪水如此微薄的他怎样才能过上我们所谈论的那种生活。首先，谋生不是只有那些杯水车薪的人才会面临的难题，而是你我同样需要去面对的问题，不是吗？你或许钱多一点，或许处境好一些，有一份更好的工作，更好的地位，银行账户上的零多几个，但谋生是你我都需要去处理的问题，因为这个社会是由你们所有人建立起来的，除非我们三个——你、我、他——真正认识了关系，否则就无法带来社会的变革。一个饥肠辘辘的人显然不可能找到真理，他必须首先填饱肚子，然而，对于一个吃饱了肚子的人来说，他的首要任务便是懂得社会必须得有一场根本性的革新，事物不可以继续保持现状。思考这些问题，更多来说应是那些时间充裕、生活悠闲的人该负起的责任，而不是那些薪水微薄、挣扎求生、没有时间且被这个腐朽、剥削的社会压榨殆尽的底层人。所以，像你我这些有时间的闲适之人应当去彻底地探究这些问题——这并不意味着我们要成为专业的演说家，提供一种新的体系方法来替代另一种体系方法——得由我们这些时间充裕、生活悠闲的人去展开思考，去寻求新的社会、新的文化的建设途径。

对于一个薪水只有区区一百二十五卢布的人，会发生什么呢？他必须养家糊口，必须接受他的祖母、阿姨、侄子的迷信思想，必须依照某种模式来嫁娶，必须做礼拜、仪式，必须去适应所有这些迷信的胡言乱语。他被困在其中，假如他去反抗的话，社会上那些体面人士比如你们，就会去扼杀、压制他。

因此，正确的谋生之道的问题是你、我共同需要去面对的，不是吗？可惜我们大部分人压根儿就不关心什么正确的谋生之道，只要有一份工作我们就已经是谢天谢地了，于是我们维系了一个认为不可能实现正确的谋生之道的社会与文化。先生们，请不要认为这只是理论层面的东西，如果你发现自己在从事着一份错误的工作并且真的想要对这一状况做些什么的话，那么你难道不会发现这么做将会让你以及你周围的那些人的生活发生何等重大的转变吗？但倘若你只是随便听听，倘若你因为自己有一份好差事，对你来说没有什么大的生存问题而依然维持原状的话，那么你显然就会继续给世界带来不幸。对于那些穷苦人来说，生存是一个重大的难题，然而他就像我们这些人一样，只关心挣更多的钱，当他如愿以偿的时候，问题将会继续存在，因为他会渴望挣得更多。

那么，什么才是正确的谋生之道呢？很明显，有一些职业是有害于社会的。军人这一职业就会给社会带来危害，因为它以国家的名义来谋划和鼓励杀戮。由于你是个国家主义者，你支持那些主权政府，因此你必须得有武装力量来保护你的财产，对你来说，财产要比你儿子的性命更加重要，这便是为什么你们会有征兵制度，为什么你们的学校会被鼓励展开军事训练。所以，你以保家卫国的伟大名义去毁灭你的孩子，你的国家便是你自己的投射，当你崇拜你的国家时，你会为了你的崇拜而牺牲掉你的孩子。这就是为什么说从军——军队是奉行分离主义的主权政府的工具——是一种错误的谋生之道的原因。然而，入伍是如此容易的事情，已经成为一种理所当然的谋生方式。就只是看一看现代文明社会里头这一不同寻常的事实吧，从军显然是错误的谋生之道，因为它的基础是一种计划好的、盘算好的破坏与毁灭。除非你我懂得了这其中的真理，否则我们将无法带来一个截然不同的崭新的社会。

同样的道理，你可以发现警察工作也是一种错误的谋生之道。不要一笑了之。警察工作成为了一种窥探私人生活的途径，我们不是在谈论那种旨在帮助、引导大众的警察工作，而是在讲作为政府工具的警察职业，比如秘密警察以及其他相关的一切。结果，个体仅仅沦为了社会的一个工具，个体没有自己的隐私、自由与权力，他被政府即社会窥探、控制和塑型，而这显然是一种错误的谋生之道。

接下来便是法律的职业，它难道不是一种错误的谋生之道吗？我看见你们当中有些人笑了，你或许是位律师，因此应该比我更加清楚这一制度是建立在什么基础之上的。从根本上而不是表面上来说，它的基础是维系事物的现状，是异议、争辩、混乱、争吵，是以秩序的名义去鼓励无序和分裂。

还有一种错误的谋生之道，那就是一个人渴望成为富翁，成为腰缠万贯的大商人，一个人通过剥削、通过残忍无情去聚敛财富——尽管他这么做的时候可能是打着慈善或者教育的幌子。

很明显，这些全都是错误的谋生之道。只有从你自己开始做起，社会结构才能发生彻底的改变，才能出现正确的革新。革新不可以建立在某个理想或体系之上，可一旦你把这一切视为一个事实去看待，就能摆脱它获得解放，从而自由地去展开行动。但是，先生们，你们并不希望去行动，你害怕受到扰乱，于是你说道："混乱已经够多了，别再折腾了。"

假如你不去制造更多的混乱，其他人也会这么做，并把这种混乱作为谋得政治权力的手段。显然，作为个体的你有责任去洞悉外在与内在的混乱，并且对此做些什么——不是仅仅去接受这种混乱，坐等发生某个奇迹，坐等其他人建立起一个非凡的乌托邦，而你则不费力气地就能迈入这个乌托邦。

　　先生们，这个问题既是那些穷人的，也是你的。穷人依赖于你，你也依赖着他，当你因为剥削他而得以开豪车、领丰厚的薪水、聚敛财富的时候，他是你的职员。所以，这是你的问题，也是他的问题，除非你和他在你们的关系里发生了根本性的转变，否则不会有真正的变革；尽管可能会有暴力和流血，但你从本质上维系着事物的原状。因此，我们的问题是改变关系，这种转变不是智识或口头层面的，只有当你认识了自己的本来面目的事实，才能实现这种改变。假如你采用理论化、言辞化的方式，假如你去否定或者去辩护，那么你就无法实现认知。这便是为什么说重要的是去认识意识的全部过程。仅仅源于意识的变革，根本就不是变革，只有不属于意识、不属于语词、不属于任何体系方法的革新，才是唯一的革新，才是解决问题的唯一方法。然而不幸的是，我们培养自己的头脑、培养我们所谓的智识到了如此的程度，以至于除了智力和口头表达的能力以外已经丧失了其他一切能力。只有当我们把生活视为一个整体去看待，彻底地、完整地去认识生活，才能迎来真正的变革，从而让穷人和富人都各得其所。

　　问：意识对于潜意识毫无所知并且充满了恐惧。您主要强调了意识，这是否足够呢？您的方法能让潜意识获得解放吗？烦您详细地解释一下，一个人如何才能充分地认识潜意识。

　　克：这是一个相当复杂和困难的问题，需要展开大量的探究，我希望你们能够投以关注，不是仅仅停留在口头层面，而是真正地聆听以及洞悉其中的真理。

　　我们觉知到有意识和潜意识，可我们大部分人仅仅只在意识的层面即意识的表层运作，我们的整个生活实际上受限于此。我们活在所谓的意识层面，我们从不曾去关注更为深层的潜意识。偶尔会有来自潜意识的暗示，但这暗示遭到忽视、曲解或者根据当时的意识的需要被阐释。现在，这位提问者询问："您主要是在强调意识，这是否足够？"让我们探明一下我们所说的意识是指什么意思。意识跟潜意识是分开的吗？我们把意识与潜意识划分开来，这么做合理吗？这么做对吗？意识与潜意识之间有区分吗？意识和潜意识之间有明确的界限吗？我们觉知到意识的表层处于活动状态，但它是一整天唯一活动的中介？所以，假如我只是强调意识的表层，那么我所说的显然不会有价值，没有任何意义。但是，我们大多数人都依附于意识所接受的那些东西，因为意识发现适应某些事实是很便利的事情；但潜意识可能会反抗，而且经常如此，于是所谓的意识同潜意识之间便有了冲突。

那么，我们的问题便是这个，不是吗？——事实上存在的只有一种状态，而不是意识和潜意识这两种状态，只有一种存在状态，那就是意识，尽管你可能把它划分为意识与潜意识。但意识总是属于过去，永远不会属于现在，你会意识到那些已经逝去的东西，在你有意识地去听我说话的那一秒，它便结束了，不是吗？——你是稍后才认识到它的。你从来不会觉知到当下。观察一下你们自己的头脑和心灵，就会发现，意识在过去和将来之间运作着，而现在不过是过去通往将来的途径。因此，意识是一种过去走向将来的运动，请好好思索一下这个。举例子或者打比喻的话有些儿抽象，用比喻的方法去思考，这根本就不是思考，因为比喻是有限的。你应该抽象地或者以逆向的方式展开思考，逆向思考是思考的最高形式。

假如你观察一下自身意识的运作，就会发现，在由过去通往将来的运动中，过去是缺席的。要么过去是逃避现在的手段，因为现在可能情况不那么让人开心，要么将来是一种远离现在的希冀。所以，意识忙于过去或将来，而把现在排除在外。也就是说，意识为过去所限——被限定为印度人、婆罗门或是非婆罗门阶层、基督徒、佛教徒，诸如此类——

这一受限的意识把自己投射到了将来，结果它永远无法直接地、不偏不倚地去审视任何事实，它要么会去谴责、排拒事实，要么会去接受事实并与其相认同，这样的意识显然无法把事实作为事实去看待。这就是我们意识的状态，它受着过去的限定，我们的思想是对事实的挑战做出的受限的反应。你越是根据信仰的限定、过去的限定去做出应对，过去就会得到越多的强化，强化过去显然会让过去得到持续，而这种持续就称作将来。因此，这就是我们意识的状态——在过去和将来之间来回摇晃的钟摆。这就是我们的意识，它不仅是由意识的表层构成的，还包括意识的深层，这样的意识显然无法在不同的层面运作，因为它只懂得向后和向前这两种运动。

只要你格外仔细地观察一下，就会发现，它不是一种没有间断的运动，而是在两个想法之间会有间隔存在，虽然可能不过是极小的一秒钟的片段。在钟摆向前向后摇摆的过程里，会有间隔，这间隔是有意义的。所以，我们认识到了这一事实，即我们的思想受着过去的限定，而过去又被投射进了将来。在你承认过去的那一刻，你必定同样承认了将来，因为没有过去和将来这两种状态存在，有的只是一种既包括意识也包含潜意识，既有集体的过去又有个体的过去的状态。在对现在做出反应的过程中，集体和个体的过去给了我们某些反应，从而产生出了个体的意识，因此，意识是属于过去的，这就是我们生活的全部背景。一旦你拥有了过去，你势必就会拥有将来，因为将来不过是过去以改头换面的形式的延续，但它依然是过去。所以，我们的问题在于怎样在这种过去的过程里带来一种转变，同时又不会导致另外的限定、另外的过去。我希望你们能够明白我讲的这一切，如果不太清楚的话，或许我们可以在周二或周四再做讨论。

换种方式来表述好了，问题是这样的：我们大多数人都排拒某种形式的限定，找到另外一种形式的限定——一种更加广阔、更有意义或者更加悦人的限定。你放弃了某个宗教，皈依了另外一种宗教；你排拒了某种形式的信仰，接受了另外一种信仰。这样的替代显然不是对生活的认知——生活即关系。因此，我们的问题在于如何挣脱一切限定。你要么会说这是不可能办到的事情，没有人可以摆脱限定；要么你会开始展开检验、探寻、发现。假如你声称这是无法做到的，那么你显然就不会有获胜的希望。你的主张可能是基于或有限或广泛的体验之上，抑或是基于单纯地去接受某个信仰，但这样的主张其实是将探寻、发现挡在了门外。要想探明心灵能否彻底摆脱一切限定，你就必须自由地去展开探寻与发现。

现在，我要说心灵绝对能够挣脱一切限定——这并不是说你应当接受我的权威。假如你是基于权威而去接受这个，那么你将永远不会有所发现，这是另外一种替代，没有任何意义。当我指出这是可以做到的，我之所以这样主张，是因为对我来说这是一个事实，我将对你们做一番口头的说明。但倘若你想凭借自己的力量去发现其中的真理，那么你就必须对此展开检验并且立即明白其中的道理。

通过分析或者反省，并不能让你认识限定的全部过程，因为，一旦你展开分析，那么这个分析者自己就成为了背景的一部分，于是他的分析也就失去了任何意义。这是一个事实，你必须将分析、反省抛到一边。分析者检验、分析他所审视的对象，这个分析者自己便是那限定的状态的一部分，于是，不管他的阐释、他的认知、他的分析是怎样的，都依然是背景的一部分。所以，这种方法是没有任何逃避的，必须得冲破背景的制约，原因是，若想迎接新的挑战，心灵就必须是崭新的，若想发现神、真理，心灵就必须是鲜活的，不为过去所囿。分析过去，通过一系列的检验达至某个结论，或主张或否定，以及其他相关的一切，究其本质，意味着背景以不同的形式持续着。只要你洞悉了关于事实的真理，就将发现不会再有分析者，背景依然在那里，但分析者却消失不见了。尔后，不会再有同背景分离的实体，有的只是作为背景的思想——思想是记忆的反应，既有意识也有潜意识，既有个体的也有集体的。

因此，意识是过去的产物，而过去是一种限定的过程，那么意识要怎样才能获得自由呢？要想拥有自由，意识必须不仅洞悉、认识自身如钟摆一般在过去和将来之间摇摆着，同时还要觉知到想法之间的间隔。这种间隔是自然产生的，不是来自于任何原因、愿望或强迫。今天晚上，就只是同我一起展开检验，在我慢慢探究问题的时候，看一看你自己的意识的运作吧。不要担心，我不会对你们施以催眠术的，（笑声）我没有兴趣去迷惑你们或者影响你们，因为，有意或无意地被催眠或者受影响，会使你变成一个追随者，而成为追随者将会毁掉你自己以及你所追随的那个人，于是我们之间也就没有爱存在。当爱存在的时候，不会有催眠，既不会有追随者也不会有老师，既不会有男人也不会有女人，只有爱的火焰，正是爱能够带来你我之间的交流。

尽管面对许多听众是很困难的事情，但今天晚上我将努力指明意识究竟是怎样运作的。你可以凭借自己的力量去检验和探明这个。我们知道，思想是一种背景的反应，你是作为一个印度教教徒、袄教徒、佛教徒去思考的，天知道还有什么其他的身份，不仅有意识的思考如此，无意识的思考也是同样。你就是背景，你并不是单独的，没有与背景分离的思想者，而这一背景的反应便是你所谓的思考。这个背景，无论它是高雅的还是未受教化的，博学的还是无知的，都在不断对某个挑战、某个刺激做出回应，这一回应不仅制造出了所谓的现在，而且还制造了将来——这就是我们思想的过程。

只要你格外仔细地观察一下，就会发现，尽管思想的反应、运动似乎如此的迅捷，但想法之间依然有间隔，两个念头之间会有一段时间的与思想无关的静寂。若你展开观察，会懂得这段静寂、这个间隔不属于时间。发现这一间隔，充分地去体验这间隔，将会让你摆脱限定——确切地说，它并不是让"你"得到解放，而是挣脱了限定。因此，认识思想的过程便是冥想——关于冥想，我们下次再做讨论。现在，我们不仅要讨论思想的结构和过程，即记忆、经历、知识的背景，而且还要努力去探明意识究竟能否使自身摆脱背景的制约。只有当意识不让思想得以持续，当它迈入一种没有任何原因的自发产生的静寂——唯有这时，才可以摆脱背景的束缚。我希望我已经充分解释清楚了这个问题。

问：为什么人的头脑会如此持久地以各种方式去执着于有关神的概念呢？信仰神，给全世界那些孤独、忧愁的人们带去了慰藉和意义，您能否定这一点吗？为什么您要宣扬一种新形式的虚无主义从而剥夺人享有这种慰藉呢？

克：先生们，这个问题跟先前的问题一样重要，因为所有重大的人类问题都是重要的。所以，对于我的言论，请不要去抵制，而是应当努力去理解，尔后你便能有所领悟。

信仰是对真理的否定，信仰妨碍了真理——信仰神，并不是去发现神。无论是有神论者还是无神论者，都不会找到神，因为真理是未知的，你对未知的信仰或不信，不过是一种自造出来的东西，所以不是真实的。因此，假如我可以建议的话，请不要抱持排拒的态度，而是让我们一同展开探究吧。我知道你们相信神，我知道这种信仰在你的生活里其实没有多大意义。许多人都信神，成千上万的人都信仰神并且由此获得慰藉。首先，你为什么要信仰呢？你之所以去相信，是因为它带给你满足、安慰、希望，你说信仰让你的生命有了意义。然而实际上，你的信仰没有多少意义可言，因为你一边信仰，一边去剥削、利用他人；你一边信仰，一边去杀戮；你一边信仰一个万能的上帝，一边彼此屠杀。富人也信神，但他却无情地盘剥他人、聚敛财富，然后修建庙宇或者成为一名慈善家，这是信神吗？投原子弹的人也声称神就坐在他飞机上的副驾驶的位子上。（笑声）先生们，请不要笑，接下来就要轮到你了。一个计划着大规模杀戮的人也在呼唤全能的上帝，一个对自己的妻子、孩子、邻居残酷的人也在高唱着赞美歌、盘腿而坐、双手合十、呼喊着神的名字。

所以，你们全都以不同的方式在信仰着神，但你的信仰没有任何实相。实相便是你的本来面目，是你的所思所行。你对神的信仰，不过是在逃避你那单调、愚蠢、残酷的人生。而且，信仰始终都会导致人与人的界分，有印度祆教徒、印度教教徒、佛教徒、基督徒、共产主义者、社会主义者、资本主义者，等等。信仰、理念带来了界分，它们从不曾让人们团结起来，你或许可以让一些人团结成一个群体，但这个群体将会同另外一个群体对立。因此，理念、信仰永远不会带给人类团结，相反，它们会引发分裂、瓦解、破坏。所以，你对神的信仰实际上让不幸在世界上散播开来，虽然它可能让你获得短暂的慰藉，然而事实上它会以战争、饥荒、阶级划分以及各个个体的残酷行为等方式带给你更多的痛苦与毁灭。因此，你的信仰根本没有任何用处。如果你真的信仰神，如果这对你来说是一种真实的体验，那么你的脸上会绽放出笑容，尔后你将不会去毁灭人类。我并不是说得好听，请首先审视一下事实吧。你并不是真的相信神，因为，倘若你真的信神，你就不会渴望成为富人，你就不会去建造庙宇，你就不会让世界上到处都是穷人，你就不会在盘剥他人之后成为一个有着庞大头衔的慈善家了。所以，你对神的信仰毫无价值，虽然它可能带给你短暂的慰藉，弥补和掩藏你自己的不幸，让你以体面的、被人认可的方式去逃避，这使得你成为了一个宗教信徒，但这一切全无意义。有意义的是你的生活，是你的生活方式，是你对待你的仆人的方式，是你看待其他人的方式。

因此，我所宣扬的不是虚无主义，我是在说，通过依附那些幻觉，你是在散播不幸，依附幻觉帮助你不去按照事物的本来面目去看待它们。直面事实便可以摆脱该事实的制约，信仰有碍于我们去认识实相，毕竟，你的信仰是你所受限定的结果，你可以被限定着去相信神，另外一个人则可以被限定着不去信神，否定世上有神存在。显然，信仰妨碍了我们去认识"当下实相"，领悟这其中的真理，便能摆脱信仰的羁绊，唯有这时，头脑才能去探寻、弄清神存在与否。

那么，什么是真理？什么是神？神不是语词，语词不等于它所指代的事物。要想认识那不可度量、不为时间所围的事物，头脑就必须摆脱时间的制约，这意味着头脑必须摆脱一切思想，摆脱一切关于神的观念。原因在于，你对神或真理知道些什么呢？实际上你对真理一无所知，你唯一知道的是语词，是他人的经验，抑或你自己的某些模糊的体验的时刻。很明显，这并不是神，并不是真理，并没有超越时间的领域。因此，要想认识那超越时间的事物，就必须认识时间的过程——时间即思想，即变成的过程，即知识的累积。这就是头脑的全部背景，头脑本身就是背景，既有意识又有潜意识，既有集体的意识又有个体的意识。所以，头脑应该摆脱已知，这表示头脑应该迈入彻底的静寂，而不是被人为地变得安静。如果头脑把静寂视为一个要去达到的结果，如果静寂是源自于已决定的行动，源自于实践、训戒，那么这样的头脑并不是宁静的。如果头脑是被迫进入到某个框架之中，被迫变得安静，那么它就不是宁静的头脑。你或许可以成功地在一段时间内强迫头脑做到表面的安静，但这样的头脑并非真正的宁静。只有当你认识了思想的整个过程，头脑才能安静下来，因为，认识思想的过程将会终结思想的过程，而思想的终结就是宁静的开始。

只有当头脑彻底安静下来，不仅是表层的头脑安静了，而且还有头脑的深层也迈入了静寂，这才是根本——唯有这时，未知才会到来。未知不是头脑去体验的东西，静寂本身就可以被体验，除了静寂再无其他。倘若头脑没有体验静寂，那么它不过是投射自身的欲望，这样的头脑不是安静的。只要头脑没有安静，只要思想以任何形式在运动着，不论是意识还是潜意识，就不会获得静寂。静寂是摆脱过去、摆脱知识、摆脱意识的和潜意识的记忆。当头脑彻底宁静，不处于运作状态，当你不费力地实现了这种静寂，唯有这时，才能迎来永恒。这种状态不是一种记忆的状态——没有在记住、在体验的实体。因此，神或真理，无论你怎么称呼都成，是每时每刻出现的事物，它只会出现在自由的、自发的状态里，而不是当头脑依照某种模式受到训练的时候。神不属于头脑的范畴，它不是自造的产物，只有当你拥有了美德即自由，神才会登场。美德便是直面"当下实相"的事实，直面事实是一种极乐的状态。只有当头脑处于极乐、安宁的状态，自身没有任何运动，不去制造思想，无论是有意识的还是无意识的——唯有这时，永恒才会到来。

（第三场演说，1950 年 2 月 26 日）

要想认识真理，心灵必须是简单的

除非我们理解了整个有关努力的问题，否则就无法彻底认识关于行动的问题。我们大多数人都是靠一系列的努力活着，努力去达至某个结果，要么是为了大众的福祉、整体的提升而去努力，要么是为了获得个人的成就而去努力。从本质上来说，努力其实是一种野心的过程，不管是集体的还是个体的努力，不是吗？而野心似乎驱使着我们大部分人去参加政治活动，或者是为了社会和宗教的进步而去工作。对于我们大多数人来讲，野心似乎就是生活的目的和方式，当对野心的追逐受到了阻碍，便会感到挫败和痛苦，从而导致一系列的逃避。很明显，从根本上来说，努力不仅意味着对于个人提升的野心，而且还意味着对于社会和政治进步的野心。假若我们在世俗世界里没有取得成功，就会把野心转向所谓的精神领域里去，如果我没有在这个世界成为人物，那么我就会希望在另一个世界出人头地，这被认为是精神性的，更有价值，更有意义。然而，任何方向的野心，无论你可能用怎样的名称去称呼它，都依然是野心。获得能力、技术和效率，渴望拥有做好事的能力，渴望拥有演讲、写作、清楚思考的能力，任何形式的对能力的渴望，都代表野心，不是吗？寻求能力会带来创造力吗，会带来生机与活力吗？创造力是通过努力、通过个体或集体的进步而得来的吗？创造力是通过培养能力和效率即力量而得来的吗？除非我们认识了富有创造力的状态，除非获得了那种深刻的创造力的感受，否则冲突将不可避免。如果我们能够认识这一有关创造力的问题，那么或许我们便能展开行动，同时又不会因为行动而让问题变得更多。要想认识创造力的状态，我们显然就得理解努力的过程。

那么，很明显，只要你努力想要获得什么，就无法实现觉知。只有当这整个过程停止，当这种努力想要怎样或者不怎样，努力去进步或者不进步的整个方式停止，才能迎来觉知。实际上，只有模仿者才会努力想要变得如何如何，假如一个人根据某种模式去训练自己的头脑，那么他显然就是个模仿者，他一定会努力去遵从该模式，而他把遵从模式叫做生活。不管有多隐蔽，不管拓展得多广阔，只要包含有模仿的努力，显然就不富有创新精神。由于我们大部分人都被困在模仿之中，结果我们便失去了对于创造力的感受，失去了这种创新感，我们为技术所困，为努力变得更加完美、更有效率所困。也就是说，我们发展了越来越多的技术上的能力，却没有创造力的激情，而毫无激情地在行动中寻求效率，就是当今年代的灾难。大多数关心行动的人，都希望行动能够带来变革，我们为基于某种观念之上的行动所困，于是这种行动就流于模仿，结果毫无效用。很明显，只有当我们认识了这整个的过程，这种努力的过程，而对努力的认知便是冥想，才能解决我们的问题——社会学的、宗教的、个人的、集体的，如此等等。

因此，除非我们实现了认知并且彻底摆脱了野心的全部过程，即对力量、效率、支配的渴望，否则便无法展开富有创造力的行动。唯有具创新精神的人才能解决这些难题，而不是仅仅模仿某种模式的人，不管这个模式多么有效率，多么有价值。寻求模式，不是寻求真正的变革。只要我们没有认识努力的过程——这里面包含有力量、模仿、野心——就不会拥有创造力。只有具创造力的人才是幸福的，只有幸福之人才是真正富有创新精神、能够带来变革的个体。

这里有几个问题。我们大多数人对于生活的问题并未抱持十分严肃认真的态度，我们希望得到现成的解答，我们不想去探究问题，不想展开充分、全面的思考，理解它的全部涵义，我们希望被告知答案，答案越让人满意，我们就会越快接受它。当我们不得不去思考问题，当我们不得不去探究它，我们的心灵就会反抗，因为我们不习惯去探寻问题。在思考这些问题的过程中，假如你仅仅只是坐等我给出现成的回答，那么我担心你将会失望。但倘若我们能够携手去对问题展开探究，以新的视角、新的方式去思考，不去遵从旧的模式，那么或许便能解决那些摆在我们面前而我们通常极其不愿意去审视的诸多难题了。我们必须审视它们，也就是说，必须有能力去直面事实，只要我们怀有各种解释，只要我们的头脑被语词塞满，就无法直面事实，正是语词、解释、记忆，遮蔽了我们对于事实的认知。事实总是新的，因为事实是一种挑战，但是，当我们把事实视为旧事物加以忽视的时候，那么事实就不再是挑战，不再是新的了。所以，在思考这些问题的时候，我希望你们能够和我共同展开思索，我不会给出答案，但我们要一起去思考每一个问题，探明其中的真理。

问：您所宣扬的观点，似乎跟《奥义书》[①]十分相似。那么为什么假如有人引用圣书的话，您会感到不快呢？您的意思是否在暗示，您是在阐发之前没有人提出过的看法呢？引用他人的观点会干扰您在运用的特殊的催眠术吗？

克：你为什么要去引用他人的看法呢，你为什么要进行比较呢？你之所以引用别人的言论，要么是因为你声称："通过引经据典，我可以进行比较，可以实现认知。"要么是因为，在你的心里，你什么也不是，就只是引文。（笑声）先生们，请不要发笑，就只是去领悟其中的真理。一部留声机上的唱片，不断重复着别人的话语，这对于寻求真理有价值吗？通过引用《奥义书》或者其他书籍，你就能实现觉知了吗？我向你保证，没有任何书籍是神圣的，就像报纸一样，它不过是印刷在纸张上的语词罢了，里面没有任何神圣的东西。你之所以要引经据典，是因为你觉得，通过引用和比较，你将理解我所谈论的内容。通过比较，我们能认识事物？还是说，只有当你直接地去应对所说的内容，方能迎来觉知呢？当你声称《奥义书》说过这个抑或其他人说过这个，你的心理

---

① 《奥义书》，印度古代哲学经典，最早出现于公元前 9 世纪左右，是用散文或韵文阐释印度教最古老的吠陀文献的思辨著作。——译者

过程会发生什么呢？通过指出其他人曾经提过这个，你就不必对此作更多的思考了，不是吗？你认为你已经理解了《奥义书》，当你把《奥义书》上的观点与我的言论进行比较的时候，你指出这二者很相似，你对问题不再展开进一步的思索了。也就是说，通过比较，你实际上在寻求一种不受扰乱的状态。毕竟，当你阅读《奥义书》或《薄伽梵歌》的时候，你会觉得你已经理解了该经典，于是你便可以不采取任何行动，就只是不断重复书里的观点，它对你的日常生活没有任何影响，你可以不断地重复，引用，不受干扰，绝对安全。尔后，你会非常的体面，你可以继续过自己的日常生活，但你的生活是极为丑陋和愚蠢的。当其他人出现，指出某种看法的时候，你会立即把他所说的话同你看过的书籍作比较，然后觉得自己已经实现了认知。实际上，你是在逃避干扰——这就是为什么你会去比较的缘故，而我反对的正是这个。

我不知道我的言论究竟是新还是旧，我对其他人是否说过类似的观点毫无兴趣，但我真正感兴趣的是探明每个问题的真理——不是依照《奥义书》、《薄伽梵歌》、《圣经》或商羯罗的主张。当你寻求某个问题的真理时，引用他人的言论是愚蠢之举。先生，这不是一场政治性的会议。从根本上来说，问题在于，通过比较，你是否实现了认知？用他人的观点塞满你的头脑，遵循他人的经验、知识，这么做你就能够认识生活了吗？还是说，只有当心灵迈入静寂——不是被人为地变得安静，这种安静实际上是一种愚钝——觉知才会到来呢？通过探寻、通过寻求、通过探索，心灵必然会安静下来，尔后，问题将呈现出自己的全部涵义，只有当心灵实现了宁静，才能认识问题的涵义，而不是当你不断地去比较、引用、评判、权衡的时候。很明显，先生，一个拥有知识、学问的人，永远无法懂得真理，相反，知识和博学必须要终结。要想认识真理，心灵必须是简单的，不被他人的知识或者它自己的不安充塞着。假如你没有任何书本，没有所谓宗教的或神圣的书籍，那么你要怎样去找到真理呢？如果你对这些感兴趣的话，你就必须要探寻你自己的意识，对吗？你必须凭借自己的力量，你必须认识你的意识的运作方式，因为意识是你唯一拥有的工具，假如你没有认识这一工具，那么你如何能够超越意识呢？显然，先生，第一个撰写圣书的人不可能是模仿者，对吗？他们不会去引用别人的观点。但我们之所以引经据典，是因为我们的心灵很空虚，我们很乏味，我们的内心空空如也。我们制造出了许多的噪音，并将这个美其名曰智慧，我们希望用这一知识去改变世界，于是我们制造出了更多的噪音。这就是为什么，对一个真的渴望带来根本性变革的心灵来说，重要的是去摆脱复制、模仿、模式。

现在，这位提问者询问道："引用他人的观点会妨碍您在运用的特殊的催眠术吗？"我有在对你们进行催眠吗？不要回答我——因为一个被催眠的人是不会知道自己正处于被催眠的状态的。问题不在于我是否有对你们施以催眠，而在于你们为什么要听我演说。如果你的聆听只是为了找到某个替代物，找到另一个领袖、另一个去崇拜、去献花的形象，那么我的话将会毫无用处。你的墙壁上已经满是图像了，你怀有无数的偶像。倘若你的聆听是为了获得更多的满足，那么无论说的是什么，你都会被催眠。只要你寻求满足，你就会找到能够带给你满足的途径，于是你就会被催眠——正如你们大多数人所做的那样。那些信仰国家主义、民族主义的人就是被催眠了，那些信仰某些关于神、关于轮回的教义的人，是被语词、被观念给催眠了。你们喜欢被催眠，要么是被他人，要么是被你们自己，因为，在这种状态里，你可以保持不被扰乱。只要你寻求一种没有任何扰乱的状态，即你所谓的心灵的安宁，那么你就总是能够找到方法和途径，找到上师——任何可以满足你的愿望的人或物，这种状态就是催眠。这显然不应该是在这里发生的情形，对吗？

实际上，我并没有给你任何东西。相反，我说道：请从催眠的状态里醒过来，无论你是被你的《奥义书》还是被最近的上师给催眠了——摆脱他们。审视一下你自己的问题，领悟最近的问题的真理，而不是最远的问题，认识你同社会的关系。很明显，这不是在对你施以催眠，相反，这是让你直面事实，让你看到那些事实。逃避事实，就是催眠的过程，那些报纸、电影、圣书、上师、庙宇、祷文和圣歌，则是催眠的助手，帮助你去逃避事实。事实不是某种格外非凡的事物，事实就是：你在剥削他人，你要对世界的混乱负责，有责任的是你，而不是某些经济失调。这便是事实，而你不愿意去审视它；只要你不想审视事实，你就会被催眠，不是被我，而是被你自己的欲望——那就是想方设法不受扰乱，走寻常之路，变成体面人。先生，体面人士、所谓的宗教人士，就是被催眠的，因为他的最终逃避是他的信仰，这种信仰总是带给人满足，从来不会带来扰乱，否则他就不会去信仰它了。

因此，要么是渴望慰藉、安全、满足，渴望一种不受扰乱的状态，制造出了一个外部的对你进行催眠的人；要么是你的内心被你自己对于安全的渴望给催眠了。但若想认识真理，心灵就必须是自由的。自由不是某种最终达至的东西，它应该是一开始就拥有的。但我们不愿意一开始就是自由的，因为，一开始自由，意味着内在的革新，意味着对事实自始至终强烈的感知，而这要求心灵不断地展开觉知。由于我们不想醒悟到这些事实，于是便找到了各种逃避的法子，要么是躲进社会活动里去，要么是逃进个人的野心里去。一个为社会活动和野心所囿的心灵，要比一个仅仅封闭在自己的不幸里的心灵更加受催眠，但这二者都是被它们自己的欲望所催眠的。只有当你懂得了自身的全部过程，才能摆脱你自己的自我催眠，所以，认识自我是自由的开始，如果没有认识自我，你就会永远处于被催眠的状态。

问：您在宣扬一种哲学上的无政府主义，这是那些有高度文化修养的知识分子们最爱的逃避。一个社会难道不总是需要某种形式的管制和权威吗？什么样的社会秩序能够体现您所主张的价值理念呢？

克：先生，当生活极为困难之时，当问题与日俱增之时，我们要么通过智识去逃避，要么通过神秘主义去逃避。我们懂得通过智识的逃避：理性化，越来越巧妙的设计，越来越技术化，越来越多的对于生活的经济层面的应对，这些都是非常聪明的、理性的。此外就是通过神秘主义的逃避，通过圣书、通过推崇某个既定的观念——这个观念是某个形象、符号、更为高等的实体，抑或其他什么，随你怎么称呼——认为它不属于意识，然而，智识和神秘主义都是意识的产物。我们认为一个是知识分子的高深学养，一个则予以轻视，因为当今的潮流便是轻视神秘主义者，将其踢出局，但这二者都是通过意识在运作。知识分子可能会更加清楚地发表讲话，表达自己的看法，但他过于退到他自己的观念里了，在那里静静地生活，忽视社会，追逐自己那些源于意识的幻觉。因此，我认为这二者之间并无太大差异，他们都是在追逐意识的幻觉，无论是学识渊博者，还是教养浅薄者，无论是退隐于世的神秘主义者，还是政委、代表，都没有答案。是你我这样的普通民众必须要去解决这个问题，不需要是学识渊博者，也不需要是神秘主义者，不去通过理性逃避，也不通过模糊的术语去逃避，不被语词、被我们自造出来的方法给催眠。你是什么样子的，世界就会是怎样的，除非你认识了自我，否则你制造出来的一切都只会带来更多的混乱与不幸。

然而，认识你自己，不是一种你必须经由它才能展开行动的过程，这并不是说你必须首先认识自我，尔后才能行动，相反，认识你自己就蕴含在关系的行动之中，行动是在关系里去认识你自己，在关系里去清楚地审视你自己。但倘若你等待着变得完美或是去认识自我，那么这种等待就是一种死亡。我们大多数人一直都是在活动着、忙碌着，但这种活动带给我们的是空虚、乏味，一旦我们被刺痛了，就会去等待，不去展开进一步的行动，因为我们说道："直到我实现了认知，我才会去行动。"等待着实现认知，是一种死亡的过程，但如果你认识了整个有关行动的问题，认识了时时刻刻去生活的问题——这并不需要等待——那么觉知就蕴含在你的行为之中，它就在行动本身，它与生活并不是分开的。生活就是行动，生活就是关系，由于我们没有认识关系，由于我们逃避关系，所以才会被困在语词之中。语词对我们进行了催眠，让我们进入到那种将会带来更多混乱与不幸的行动里。

"一个社会难道不总是需要某种形式的管制和权威吗？"显然，只要一个社会是建立在暴力之上的，就一定会有权威。我们当前的社会结构难道不就是以暴力、不宽容为基础的吗？社会就是你与他人的关系，你们的关系难道不是建立在暴力之上的吗？从本质上来说，为了你自己，你要么是个代表，要么是个瑜伽修行者，不是吗？瑜伽修行者首先渴望的是自己的救赎，代表亦然，只是你会用不同的名称来称呼罢了。我们当前的关系难道不就是以暴力为基础的吗？——而暴力是一种自我封闭、自我隔离的过程。我们日常的行为，难道不是一种隔离的过程吗？由于每个人都在自我隔离，于是必定会出现带来凝聚力的权威——或者是政府的权威，或者是组织化的宗教的权威。我们如此团结在一起，迄今为止，出于宗教的恐惧或者政府的恐惧，我们被团结在一起，但如果一个人认识了关系，如果他的生活不是基于暴力，那么他就不需要权威。需要权威的人是愚蠢之辈，是暴力的、不快乐的——而你自己便是这样了的。你之所以寻求权威，是因为你觉得，若没有权威，你就会迷失，这就是为什么你怀有所有这些宗教、幻觉、信仰的缘故，这就是为什么你会有无数政治的、宗教的领袖。在混乱、困惑的时候，你制造出了领袖，你追随的领袖，由于他源自于你自身的混乱，因此很明显，这个领袖自己也一定会是混乱的。所以，只要你在你的关系里制造出了冲突、不幸、暴力，权威就会成为必需。

"什么样的社会秩序能够体现您所倡导的价值理念呢？"先生，你理解我所主张的价值理念吗？我有主张什么吗？——至少对少数几个带着严肃认真的目的去听我演讲的人来说。我并没有给你提供一套新的价值观念以取代旧的，我没有给你任何替代物。但是我指出：审视你所坚持的那些东西，对它们展开检验，探寻其真理，尔后你所建立起来的价值观念就将带来一个崭新的社会了。不是由其他人来勾画出某个蓝图，从而让你能够在对其一无所知的情况下盲目地去遵从，而是得由你凭借自己的力量去探明每个问题的价值与真理。假如你能够明白我的话，就会发现，我的观点其实非常简单和清楚。社会是你自身的产物，它是你的投射，世界的问题就是你的问题。要想认识问题，你必须认识自我，唯有在关系里你才能了解自我，而不是在逃避的过程中。由于你通过你的宗教、你的知识去逃避，因此它们毫无意义。你不愿意从根本上改变你与他人的关系，因为这意味着麻烦，意味着扰乱、革新，于是你谈论着学养深厚的知识分子和神秘主义者以及其他相关的一切，这些全都是胡言乱语。先生，他人无法建立起一个新的社会、新的秩序，必须得由你自己去创立。基于观念之上的变革压根儿就不是变革，真正的变革是源自于内心的。通过逃避，无法带来这种变革，只有当你认识了关系，认识了你的日常行为、你行为的方式、思考的方式、言谈的方式，认识了你对你的邻居、你的妻子、你的丈夫、你的孩子的态度，才能迎来转变。假如没有认识你自己，那么无论你做什么，无论你逃避得多远，都只会导致更多的不幸、更多的战争、更多的破坏。

问：祈祷是每个人心灵的唯一表现方式，它是心灵对和谐发出的呼喊。虔信教派的所有学校都是以献身的本能倾向为基础的。您为什么把它当作意识的产物抛到一旁呢？

克：大多数人都祈祷——你们大家都祷告——要么是在庙宇，要么是在你自己的房间里头，要么是静静地在内心做祷告。你什么时候会祷告呢？很明显，当你身处困境之时，你才会祈祷，对吗？当你面临着一系列的难题，当你遭遇痛苦，当没有人向身陷困境的你伸出援手，当你感到不幸、困惑、烦乱，你希望有人来帮助你摆脱这一切——于是你便去祈祷。也就是说，祈祷是每一个渴望有人来帮助自己走出不幸的人都会发出的呼喊，所以，祈祷通常来讲是一种哀恳，对吗？它是向你身外的某个独立的实体发出恳求，希望他给予你帮助，你希望与那一实体结合起来。

先生们，你们当中大部分人都会以这种或那种的方式去祈祷，所以请试着去理解我正在谈论的内容，不要抵触，而是先去探明。我并不是在对你们施以催眠，我是在试图告诉你们，抵制某个新事物并不能让你认识它。不要说我是在谴责祈祷，我之所以认为祈祷是没有用处的，是因为或许还有其他的方法来着手这整个的问题。除非你仔细地去领悟这一切，否则我担心你不会认识其涵义。

祈祷是一种恳求、祈愿，是求助于我们自身以外的事物。有超越我们之外的东西存在吗？不要引用《奥义书》或马克思的观点，因为引经据典没有任何意义。《奥义书》可能指出有东西超越你自己，马克思主义者则或许会说没有事物超越你，但这二者都可能是错误的。

你必须要去探明其中的真理，而要想弄清楚这其中的真相，你就得在祈祷的过程中去检验你自己，你就得懂得你为何要祈祷。因为，我们暂时不要去想祷告是否能够收到回应抑或这回应是如何出现的，而是立即展开探究吧。当你祈祷的时候，会想当然地认为你是在向他人祷告，在向某个更加高等的、超越了你的实体祷告。然而，在我们对此展开探究之前，显然必须首先探明你为何要祈祷。

祈祷的过程是怎样的呢？很明显，首先，我们之所以去祈祷，是因为我们感到困惑、混乱。一个幸福的人不会去祈祷，不是吗？一个充满欢愉的人不会去祈祷，只有身陷悲伤的人，只有面临困境的人，只有身处混乱、痛苦之中的人——只有这样的人才会去祷告。而他的祈祷要么是为了澄清自身的混乱与困惑，要么是为了其他迫在眉睫的需要而去恳求。因此，祈祷者是困惑的、混乱的，身处痛苦和烦恼之中。当他祈祷的时候，会发生什么呢？你是否曾经在祈祷的时候观察过你自己呢？你或者双膝跪下，或者静静地端坐，你的身体会摆成某种姿势，对吗？抑或，你一边在走路，心里一边在祷告。

那么，在这个过程里会发生什么呢？请好好思索一下，你将会有所发现的。当你祈祷的时候，你的意识反复念诵着某些语句，基督教的或者梵语的段落，反复念诵这些话语会让意识安静下来，不是吗？尝试一下，你将会发现，假如你不断重复着某些语句、某些段落，那么意识的表层会变得安静——这并不是真正的宁静，而是一种催眠。那么，一旦意识的表层变得安静，会出现什么情形呢？显然，意识的深层会给出暗示，不是吗？意识的所有较深的层面、种族的累积、个体的经历、过去的记忆和知识——全都在那里，但我们的日常生活、日常活动仅仅只是处于意识的表层，我们大部分人全然不关心意识的深层。只有当我们感到扰乱，或者当偶尔出现了某个记忆、某个梦境的时候，我们才会去关心意识的深层。但是很明显，意识的深层一直都在那里，它们永无止息地活动着、等待着、观察着。当表层的意识——通常来说，表层的意识想的全是它自己的麻烦、需求、焦虑——变得十分安静抑或被人为地变得安静，那么那些内心的记忆自然就会给出暗示了，而我们称这些暗示是神的声音。但它真的是神的声音吗？它是超越你之外的事物吗？很明显，当这些暗示出现时，它们一定是源于集体和个体的经历，源于种族的记忆，这些要比表层的意识稍微机敏一些、睿智一些。但这回应依然是来自于你自己，而不是源于外部。集体的记忆、集体的本能、集体的特性和反应——所有这些都把暗示投射进了安静的意识里头，但它依然来自于受限的实体，来自于受限的意识，而不是源于意识之外。你的祈祷就是这样收到回应的。你是集体的一部分，你的祈祷的回应来自于你内心的集体记忆。对祈祷的回应必定会让意识得到满足，否则你就不会去接受它了，你之所以相信和祈祷，是因为你渴望摆脱自己的困境，而摆脱困境的法子总是让人感到满意——不知何故，你的祷告总是根据你的满意在得到回应。因此，我们的祷告——实际上是一种恳求——所收到的回应，源于我们深层的自我，而不是源于我们之外。

接下来的问题是：有事物超越于我们之外吗？要想探明这个问题，需要以截然不同的方式去思考，不是通过祈祷，不是通过冥想，不是通过引经据典，而是通过了解意识的全部过程。意识能够创造出关于神或真理的观念，但意识创造出来的东西都没有超越思想的领域。只要意识活跃于创造自身的观念，就显然无法探明是否有事物超越它自己。若想弄清楚是否有事物超越它，意识就得停止制造观念，因为，无论它能够想到什么，都依然处于思想的领域之内，不管是意识还是潜意识。意识可以创造的事物，不在它自身的领域之外。若要探明是否有东西超越意识，那么作为思想的意识就必须停止。意识的任何运动，都仍然是它自己创造出来的，只要思想继续，它就永远不可能发现是什么超越了它自己。只有当意识安静下来，才能探明那超越了意识的事物。而意识的静寂不是一种意愿的过程，不是已经决定好的行动的过程，通过意愿的行动而变得安静的意识，显然不是静寂的。所以，问题在于思想如何能够在不去希望它结束的情形下自发地走向终结。原因是，假如我训练、强迫心灵变得安静，那么它就是死寂的心灵，是封闭的、不自由的心灵。唯有自由的心灵才能发现那超越自身以外的事物，这种自由是无法被强加在心灵之上的，强加不是自由。可一旦心灵意识到遵从不是自由，那么它便会获得自由了。领悟这一事实便是自由的开始，即把谬误视为谬误，把真理视为真理，不是在遥远的将来，而是时时刻刻去懂得这个，唯有这时，自由才会到来。在自由的状态里，心灵能够是简单的、宁静的，这样的心灵方能认识那超越它之外的事物。

问：您是否认可轮回与业的法则是有根据的呢？抑或您设想了一种人的身心完全灰飞烟灭的状态？

克：你们大多数人或许都相信轮回和业，因此请不要对我即将发表的观点抱以抵触的情绪，抵触，不会让我们实现觉知，排他，不会带来交流。要想认识某个事物，我们就得热爱它，这意味着我们必须与它进行交流，建立联系，不要去害怕它。

首先，任何形式的信仰都是对真理的否定，一个抱持信仰的心灵不是展开探寻的心灵，一个去信仰的心灵永远无法处于体验的状态。信仰，不过是由某种欲望制造出来的枷锁。一个相信轮回的人不可能懂得关于它的真理，因为他的信仰只是一种慰藉，只是在逃避死亡，逃避对无法获得永生的恐惧，这样的人不可能发现有关轮回的真理，因为他所渴望的是慰藉，而非真理。真理可以带给他慰藉，或者它可以成为一种扰乱性的因素，但倘若他是渴望得到慰藉而去开始的，那么他就无法洞悉真理。假如你抱持严肃认真的态度，你我就将去探明这一问题的真理。重要的是我们如何着手问题，你我要怎样去着手有关轮回的问题呢？你是出于恐惧、出于好奇、出于对永生的渴望去着手它吗？还是说你希望认识"当下实相"呢？我并不是在逃避问题。一个渴望认识真理的心灵，不管这真理是什么，那么它显然会跟一个害怕死亡，寻求慰藉与永生，从而依附于轮回的心灵处于截然不同的状态。这样的心灵，显然不会处于探明的状态。所以，如何着手问题才是至关重要的，我想当然地认为你将以正确的方式着手问题，不是通过对慰藉的渴望，而是去探明问题的真理。

那么，你所说的轮回是指什么意思呢？那个轮回的事物是什么呢？你知道死亡会来临，你尽了一切力量也无法逃避死神，你或许可以拖延死亡的进程，但这是事实。我们马上就要对其展开探究。那个在轮回的事物是什么？它将是这二者中的一个，对吗？要么它是一种精神实体，要么它不过是经历、知识、记忆的累积，不仅有个体的，还有集体的，它会在来世重新成形。所以，让我们对这两种事物展开检验吧。我们所说的"精神实体"是指什么？你身上有精神实体存在吗？——它不属于意识，超越了感觉，它不属于时间，而是永恒不朽的，有这种东西存在吗？你会说："是的。"——所有宗教信徒都会如此回答。你声称存在着某种精神实体，它超越了时间，超越了意识，超越了死亡。请不要排拒这个，让我们一起来思考。假如你认为你的身上存在着某种精神实体，那么它显然就是思想的产物，对吗？你一直被告知这个，它并非是你自己的经验。由于一个人在成长的过程中被灌输了如下观念，即存在着某种精神实体，他受着这样的限定，此外还有各种社会的、经济的、环境的影响也一起袭来，于是你为精神实体的观念所围，不是吗？很明显，即使是你自己发现存在着精神实体，它依然处于思想的领域之内。而思想是时间的产物，思想是过去的结果，思想是累积、是记忆。也就是说，假如你能够思考这一精神实体，那么该实体显然就处于思想的领域之内，是思想的产物，因此并非精神实体。凡你可以去思考的东西，都依然处于思想的范畴之内，所以不可能是超越思想的事物。

如果不存在精神实体，那么那个在轮回的事物又是什么呢？若有精神实体存在，它能够轮回吗？它属于时间吗？它属于应你的方便和渴望来来去去的记忆吗？如果它源于时间，如果它是时间里的过程，如果它有过程，那么它显然就不是精神实体。若它不属于时间，那么也就不会有轮回的问题了。因此，假如没有所谓的精神实体，那么这个"你"就只是一堆累积的记忆，这个"你"是你的财产、你的妻子、你的丈夫、你的孩子、你的名字、你的特性。与现在相连的过去经历的累积便是"你"，既有意识也有潜意识，既有集体的也有个体的——这一堆东西就是"你"。这堆东西问道："我会轮回转世吗？我会永生不灭吗？我死后会发生什么呢？"如果存在着精神实体，它会超越思想，不为意识之网所困。要想发现这一实体、这种精神性的状态，意识就必须是安静的，它不可以因为思想的运作而激荡不安。现在你询问这个"你"是否会永生不朽——这个"你"是名字、财产、家具、记忆、特性、经历、累积的知识，它会永续吗？也就是说，受限的思想会永续吗？很明显，思想具有持续性，对此，你不必从远处展开探究。你在你的孩子、你的财产、你的姓氏那里得到了持续，它显然会以这种或那种形式持续。然而，你对这种持续并不感到满意，对吗？你希望作为一种精神实体永续下去，而不是仅仅作为思想、一堆反应——这里头没有乐趣。可是，你是否不止于此呢？你是否不止是你的宗教、你的信仰、你的等级划分、你的迷信、传统以及未来的希冀呢？你超越了这一切吗？你喜欢认为你不止于此，但事实是你就只是这些东西，再无其他。可能有某种超越之物，但要想发现那超越的事物，就必须终止上述这一切。所以，当你探究轮回的问题时，你关心的不是那超越的事物是什么，而是被界定为"你"的思想能否持续，而持续是显然存在的。

这里头还包含有另外一个问题，那就是死亡。什么是死亡？死亡仅仅只是肉体的终结吗？为什么我们如此惧怕死亡？由于我们依附于持续性，我们发现，当我们死去的时候，这种持续也就结束了，于是我们便渴望在另一层面能够保证这种持续，这就是为什么我们会相信来世的缘故。但是，无论这种持续性得到了多少保证，所有的研究团体、所有的书籍和信息，永远都无法让你感到满足。死亡总是未知的，你或许会拥有关于死亡的全部信息，但已知对于未知充满恐惧，总会如此。因此，这个问题里面的难点之一便是：持续的事物会具有生机吗？持续的事物能够发现超越它自己以外的事物吗？先生，持续的事物可以认识超越它自身领域之外的东西吗？这便是问题所在，而你不愿意去面对这个问题——这就是为何你会害怕死亡的缘故。凡持续的事物永远都不会富有生机和活力，唯有在终结里才能迎来新事物。只有当已知结束的时候，生机与活力才会到来，新事物、未知才会登场。但只要我们执着于这种对永续的渴望——即被界定为"我"的思想——那么这种思想就将持续下去。而凡是持续的事物都在自己身上种下了死亡和衰败的种子，它不会具有活力和生机。只有终结的事物才能认识新事物、认识全部、认识未知。

先生，这一点简单而清楚。只要你继续着某种思想的习惯，那么你显然就无法认识新事物，不是吗？只要你执着于你的传统、你的名声、你的财产，你便无法认识任何新事物，对吗？只有当你彻底抛下这一切，新事物才会到来。可你不敢放开旧的东西，因为你害怕新事物，这就是为什么你惧怕死亡的缘故，这就是为什么你怀有无数逃避的缘故。关于死亡的书籍要比关于生活的书籍更多，这是因为你希望去逃避生活，生活对你来说是一种持续，而凡是持续的事物都会凋残，不会有生命力，它总是害怕结束——这便是为什么你会渴望永恒。你在你的名声、你的财富、你的家具、你的儿子、你的衣服、你的房子身上获得了永续，这一切便是你的永恒——你拥有它，但你渴望更多。你渴望另一层面的永恒，你也拥有了，那便是被界定为"你自己"的你的思想的持续——"你自己"就是你的家具、你的帽子、你的替代物、你的信仰。然而，你难道不应该探明持续的事物是否能够认识永恒吗？凡是持续的事物，意味着一种时间的过程：过去、现在、将来，也就是说，持续是与现在相连的过去在滋生着明天即将来，而明天又会滋生出另一个将来——于是便有了持续。但这种持续能够发现未知吗，能够发现那不可知的、永恒的事物吗？如果它无法做到，那么让那一被界定为"我"的思想持续下去又有什么意义呢？这个被界定为思想的"我"，必定处于一种永无休止的冲突的状态，必定不断在遭受痛苦，永远都在对问题焦虑不已，诸如此类——这是许多的持续。只有当意识终结，当它不再被界定为"我"，你才能认识那超越了时间的事物。然而，仅仅去猜想什么是超越之物，不过是在浪费精力，是一种懒汉的行为。所以，凡持续的事物永远不会认识真理，然而，凡会终结的事物都将领悟实相。死亡本身就可以指出达至真理的路途——不是年迈或疾病的死亡，而是每一天去终结，每一分钟去终结，如此一来你便能发现新事物。

这个问题里面还包含了有关业的问题。我想知道你们是否更愿意下一次来讨论这个呢？现在已经七点半了。你们希望我对业的问题展开探究吗？

讨论：是的，先生。

克：对于我就轮回发表的看法，你们是否理解了呢？明白没有，先生们？为什么会是一片奇怪的沉默？（打断）这不是一场讨论，先生。我们将在下周二讨论有关时间的问题，周四晚上则讨论冥想。但如果你们真正去思考一下刚刚说过的内容，就将发现那非凡的终结的死亡了。能够每分钟终结的意识，将会认识永恒，然而，持续的意识永远无法认识那超越了意识的事物。先生，这不是要被引用、要进行讨论的事情，你必须去体验它，唯有这样，你才能领悟它的美，你才能懂得死亡以及每一分钟都去终结的涵义。死亡仅仅只是过去的结束，过去即记忆——不是对事实的记忆和意识，而是作为"我"、"我的"的心理累积的结束。一旦你结束那被认同为"我"、"我的"的思想，就能迎来新事物了。

现在你们希望我能够回答一下有关业的问题。请以自由的状态去着手该问题，不要抱着抵触的态度，也不要怀着迷信以及你的那些信仰。很明显，世界上有因和果，意识是某个原因的结果，你是昨天、是无数个昨天的结果，因和果是一个显见的事实。树苗里面既有因，又含有果，它是专门化的事物，一粒种子是无法变成其他事物的，小麦的种子是专门化的东西，但我们人类则是不同的，对吗？凡是专门化的事物都可以被毁灭，凡是专门化的事物都会走向终结，无论是生理上的还是心理上的，但我们则是不同的，不是吗？我们发现，因会变成果，果又会变成新的因——这很简单，今天是昨天的果，明天又是今天的果，昨天是今天的因，今天又是明天的因。果会变成因，所以这是一个永无终结的过程，没有离开果的因，因果之间没有界分，因为因果彼此融合。假如一个人能够懂得因果实际运作的过程，那么他就可以摆脱因果的束缚了。只要我们仅仅关心轮回的果，因就会成为模式，尔后模式会变成行为的动机。然而，任何时候因的结束、果的开始有界限吗？显然没有，因为因果处在不断的运动之中。事实上，并没有所谓的因和果，有的只是"过去"通过现在走向将来的运动，即"过去"把现在当作通往将来的途径。对于一个被困在这一过程里的心灵来说，只会有结果，也就是说，这样的心灵只关心结果，只关心果的轮回，因此，这样的心灵，无法去逃避、去超越它自己的创造物。所以，只要思想被困在因果的过程里头，那么心灵就只能在它自己的领域之内运作，于是也就不会有自由。只有当我们领悟到因果的过程不是静止不动的，而是处于运动之中，当我们认识了该运动，当它走向终结——才能迎来自由，尔后一个人便能够有所超越了。

因此，只要心灵仅仅从过去来对刺激做出回应，那么无论它做什么，都只会增加自身的痛苦。可一旦它认识了、理解了因果的这整个过程，认识了时间的过程，那么这种对于事实的认知就能让它摆脱事实的制约。唯有这时，心灵才能认识那既非果也非因的事物。真理不是某个结果，真理也不是原因，它是根本没有原因的事物。凡是有原因的事物，都属于意识，凡是有结果的事物，都属于意识。要想认识那没有原因的永恒之物——那超越了时间的事物——那么作为时间的产物的意识就必须终结，既是因也是果的思想，必须终结，唯有这时，才能认识那不为时间所围的事物。

（第四场演说，1950 年 3 月 5 日）

终结反应，便是认识自我

这是在这里举行的最后一场演说了，我相信周二即 14 号 9 点在达达会有一场演说，或许你们已经被告知此事了。

在我看来，重要的是去认识语词的涵义，不仅是字典上给出的表面的涵义，而且还要洞悉单纯的表面之外的意义。原因在于，我们被语词迷惑住了，以为只要认识了一个语词，我们便懂得了它的全部内容。只有当我们超越了表层，超越了语词通常的或普遍的用法，明白了其更为深刻的涵义，语词才会具有意义。我们已经被诸如"神"、"爱"、"简单生活"这样的语词给麻醉了，尤其是当有如此多的混乱、如此多的领袖、书籍、理论、观点的时候，我们更容易被"活动"或"行动"这样的语词轻易地给迷惑住。因此，我觉得，探究我们所谓的行动究竟意指为何将会是极有价值的，而不是仅仅被该词语施了催眠术。我们认为，当我们不停前行的时候，当我们不断处于运动之中的时候，当我们或者是在俱乐部，或者是在政界、在家中抑或其他地方做某件事情的时候，我们是非常活跃的，具有相当的行动性。我们觉得，活动就是生活——它是生活吗？活在日常生活的机械性的反应中——这便是生活吗？由于单纯的活动占据了我们的大部分精力，所以，重要的是去认识"活动"、"行动"这一语词，而不是仅仅被其迷惑住，难道不是吗？行动显然是必须的，行动即生活，然而是处在什么层面呢？我们依照观念、依照记忆去行动，我们是一系列受限的反应、记忆和传统。我们的行动和我们的道德，都是建立在既定的和即将出现的事物之上的，我们的思考——它显然是我们行动的基础——几乎是机械化的，我们大多数人在做事情的时候都像机器一般。你给机器提供了某些信息，而它则向你做出了某些回应，同样的，我们通过自己的感觉收到了某些信息，尔后予以反应。因此，我们的思考与行动几乎是机械性的，我们将这种机械性的思考及其反应和活动美其名曰为"生活"，我们满足于活在这一层面，我们被我们的领袖、被我们自己、被我们环境的影响所迷惑，然后继续活在这种状态里头。

那么，我们能够超越并且探明什么是行动吗？对于我们大部分人来讲，行动仅仅只是对挑战做出的机械化的反应。我询问你某些事情，你给出回答。不断地做出有刺激的冲击，不断地做出有意或无意的反应，这种背景的过程，既定的传统，对挑战、刺激做出机械性的回应，就是我们的全部生活，就是我们的思想和行动。在宗教和政治层面，我们总是对挑战做出回应，我们把这种回应叫做行动。但这种回应是行动吗？它能够称得上是行动吗？它显然不是行动，只不过是反应罢了。那么能否超越反应、超越机械化的意识活动的过程呢？我们知道意识的结构，意识只是累积的信息、累积的经历、过去的限定，这种受限的意识总是在做着反应，我们把这种反应称作行动。然而很明显，建立在反应之上的行动，一定会带来混乱。由于没有新鲜、没有鲜活、没有活力、没有澄明，它只是机械化的反应，这就像是一部车子——你灌入汽油、燃料，发动它，让它运行，偶尔检修一下。我们的生活就是这样的——对刺激、挑战做出的一系列机械化的反应，这便是我们所谓的生活。显然，这种对问题的处理方式，只会依照反应去解决问题，而依照反应被解决的问题，压根儿就没有得到真正的解决。

那么，难道无法去超越机械化的反应，探明什么是真正的行动吗？行动显然不是反应，只有当我们领悟到行动本身是一种挑战的时候，才能迎来鲜活、崭新。要想达至这个，一个人就得认识思想和反应的全部过程，这便是为什么认识自我是如此重要的缘故了。自我显然是反应，要想超越反应，就必须彻底了解所有层面的自我、"我"——不仅是生理层面的，还有心理层面。只要有反应，就一定会出现自我，认识自我，便可以终结反应。对任何问题都从反应的层面去思考，只会让问题变得更多，只会增加生活的复杂与不幸。终结反应，便是认识自我、"我"。

这个"我"是处于各个层面的，不管你是把它置于最高的层面，称其为梵我、超我或灵魂，抑或是那拥有财产，寻求权力、美德的"我"，它都依然是"我"。这个"我"仅仅只是反应，所以，终结反应，便是终结自我。这就是为什么重要的是认识自我的全部过程，这显然意味着，必须认识思想的整个过程。由于我们的思想是建立在反应之上的，所以它是机械化的。自我是机械性的，因此它可以机械性地做出反应，若想超越，就必须彻底认识自我。自我即反应，一旦认识了自我，我们就将探明什么是行动。既然行动便是挑战，那么行动就不是反应，它来自于某个中心，这个中心没有要点。我们总是从一个有要点的中心去展开行动，那个要点便是"我"——我的恐惧、我的希望、我的挫折、我的野心、我所受的社会的、环境的或宗教的限定，这便是我们由此做出反应的中心。只要我们没有充分认识这一中心，那么无论我们如何努力去解决自身的问题，它们也只会变得更多，不幸、争斗、灾难只会与日俱增。认识这一具有要点的中心，便能结束反应并且带来一个没有要点的中心，只要出现了这个没有要点的中心，就会迎来行动，而行动便是挑战本身。

唯有在关系里才能认识意识——在你同财产、同人、同观念的关系里。目前，这一关系便是反应，由反应导致的问题，是无法通过另外的反应来解决的，只有当我们认识了反应的整个过程——反应便是自我、"我"——才可以将其解决。尔后你会发现将出现这样一种行动，它不是反应，而是挑战本身，它富有创造力。然而，闭起眼睛，迈入深深的冥想，想象以及其他无法名状的举动，这么做并不能实现上述的状态。所以，宗教便是认识自我，便是认识反应的开端。如果没有认识自我，思想就缺乏根基，反应就只会有一个基础。思想是没有中心的行动——但尔后它不再是思想，因为尔后没有了言辞，没有记忆、经历的累积。只有当我们以新的视角、新的方式去着手，当创造力登场，才能解决我们的那些难题。假若有机械性的反应，就不可能迎来创造力，机器是不具有创造力的，不管它的建造是怎样不可思议。我们怀有一颗被非凡创造出来的头脑，但它是机械性的，它会引发问题。若想解决这些难题，我们偶尔给它一点冲击，尔后是越来越多的冲击，然而，冲击的办法不是问题的解决之道。只有当我们展开不是反应的行动，问题才能解决，而只有当我们在日常生活的关系里理解了意识活动的全部过程，才会迎来并非反应的行动。

因此，宗教便是对日常生活的认知，而不是某个理论或者某种隔绝的过程。假如一个宗教信徒一边不断重复着某些语句，一边无情地剥削他人，那么他显然就是个逃避现实者，他的道德、他的体面都没有任何意义。认识自我将会开启智慧之门，而智慧不是反应。只有当我们理解了反应即限定的全部过程，才会迎来没有要点的中心，也就是智慧。

提出问题显然十分容易，由于递交上来许多提问，我便从所有这些提问、摘要里面挑选出了一些较有代表性的，所以，假如你的问题没有得到回答，只说明我用其他不同的方式加以解答了，但问题其实是一样的。在我回答这些提问的时候，请不要只是从口头层面去理解我所说的话，而是在我们展开探究的时候去体验。让我们一同踏上探寻之旅，去观察路边的每一个影子、每一朵花儿、每一块石头、每一个死去的动物，观察沿路的所有尘土与美丽。这是我们能够解决问题的唯一途径——即清楚、明确、仔细地观察我们所见到、感受到的万事万物。

问：烦您解释一下，当您在这里实际发表讲话的时候，您的头脑的过程——假如您没有累积知识，假如您没有累积经验和记忆，那么您的智慧从何而来呢？您是如何培养起它的呢？（停顿）

克：我有些迟疑，因为我之前没有见到问题。我将自发地给出回答，所以你们同样也必须自发地去理解，不要用传统的路径去思考。那么，这个问题是，我的头脑是怎样工作的以及我是如何累积智慧的。"假如您没有累积经验和记忆，那么您的智慧从何而来呢？您是如何培养起它的呢？"首先，你怎么知道我的话是智慧呢？（笑声）先生们，请不要笑，一笑而过是很容易的事儿。你如何晓得我所讲的是正确的呢？你用什么标准、尺度去衡量、判断的呢？智慧有衡量标准吗？你能否声称这是智慧而那不是呢？感觉是智慧吗？还是对感觉的反应是智慧呢？先生，你不知道什么是智慧，所以你无法声称我所说的话便是智慧。智慧不是你体验的东西，也不是在书本里头能够找到的，智慧压根儿不是你能够去体验、去积累的事物。相反，智慧是一种存在状态，在这里面没有任何形式的累积，你无法累积智慧。

这位提问者希望知道我的头脑是如何运作的，如果我可以略作探究的话，我将向你指明。它的行动不是源于某个中心，它的反应也不是来自于某个记忆。我会记得刚刚走过的那条路，会记得我居住的那条路，会认识一些人、一些事件，但没有累积的过程，没有机械性的逐渐累积的过程，而反应就源于这一累积的过程。如果我不知道英语抑或其他语言的使用方法，我就无法发表讲话。为了彼此理解，需要进行口头层面的交流，但重要的是说的是什么，如何说的，从何说的。当一个问题提出的时候，若答案是累积着经历与记忆的头脑的反应，那么它仅仅只是反应，因此不会是理性的。可一旦没有任何累积——这表示没有任何反应——那么就不会有挫败、努力、挣扎。累积的过程、累积的中心，就像是风暴里一棵根深蒂固的大树，在它周围堆累着碎屑，而思想坐在树顶上，想象着自己正在思考、在生活。这样的头脑仅仅只是在累积，而一个累积着的头脑——无论是累积知识、金钱还是经历——显然并不是鲜活的。只有当意识流动起来，才是鲜活的。

这位提问者想要知道智慧是如何取得的，是如何培养起来的。你无法培养智慧，你可以培养知识、信息，但却无法培养起智慧，因为智慧不是能够被累积起来的东西。一旦你开始去累积，它就变成了单纯的信息、知识，而信息、知识不是智慧。培养智慧的实体依然是思想的一部分，而思想不过是对挑战的反应，因此，思想只是记忆、经历、知识的累积，所以思想永远无法找到智慧。只有当思想停止的时候，智慧才会到来，只有当累积的过程结束时——累积的过程，即关于"我"、"我的"的识别——思想才会终结。当头脑在"我"、"我的"的领域之内运作时，不过是反应罢了，所以不会出现智慧。智慧是一种自发的状态，这种状态里面没有中心，即没有那个在进行累积的实体。在我发表讲话的时候，我觉知到自己使用的语词，但我不是从某个中心出发来对问题做出回应的。要想探明关于某个问题的真理，思想的过程——我们知道它是机械性的——就必须停止。所以，这表示心灵必须要迈入彻底的静寂，唯有这时，你才能认识创造力，它不是机械性的，不是单纯的反应。因此，静寂是智慧的开始。

先生们，这是相当简单的。当你怀有了某个问题的时候，你最初的反应是去思考它、抵制它、排拒它、接受它或是把它解释过去，对吗？观察一下你自己，你会发现这个的。以任何一个出现的问题为例，你会发现，你马上做出的反应便是去抗拒或接受它，抑或，假如你不去这么做，你就会为其辩护，或者将它解释过去。所以，当提出一个问题的时候，你的头脑立即开始运作起来，就像一部机器，马上做出反应。但倘若你想要解决问题，那么立刻做出的反应应该是宁静，而不是去思考。当问题提出的时候，我的反应是安静、彻底的宁静，由于身处宁静之中，我能立即意识到，只要有累积，就不会有智慧。智慧是自发的，只要有知识、记忆的累积，就不可能有自发性或自由。因此，一个拥有经验的人永远不可能成为智慧之士或是简单的人，但如果一个人摆脱了累积的过程，那么他就将拥有智慧，他将懂得什么是静寂，凡是由那静寂产生出来的皆为实相。这静寂不是可以被培养起来的东西，没有任何途径可以达至它，没有任何"怎样"。询问"怎样"意味着培养，它仅仅只是反应，是想要去累积静寂的欲望。可一旦你懂得了累积的全部过程即思想的过程，那么你便将认识静寂，这静寂会带来不是反应的行动。一个人可以始终活在那种静寂中，它不是某种天赋或能力——它与能力毫无关系。只有当你仔细地去观察每一个反应、每一个想法、每一种感觉，当你去觉知事实，不做任何解释，不去抵制，也不去接受或辩护，就能迎来这种静寂了。只要你格外清楚地洞悉事实，没有任何干扰的障碍和屏障，那么，对事实的感知就会消除掉事实，心灵将迈入宁静。唯有格外宁静的心灵——不是努力变得安静——才是自由的。先生，只有自由的心灵才拥有智慧，若想获得自由，心灵就得实现宁静。

问：作为一个个体，我如何才能迎接、克服、解决印度跟巴基斯坦之间那与日俱增的紧张态势和战争的热度呢？这种情势导致了一种报复的心态以及集体的复仇。呼吁和争论完全不够，不作为是一种罪恶。一个人要怎样去应对像这样的难题呢？

克：先生，你为什么说不作为是一种罪恶呢？照你看，处理这个只有两种办法——要么是变成一个和平主义者，要么是拿起枪，这就是你唯一的应对方式，对吗？这是大多数人所知道的解答这类问题的唯一法子了。于你而言，枪与和平主义是唯一的行动方式，不是吗？你认为，当你用枪去报复的时候，你便是在解决挑战，如果你觉得暴力无法解决问题，你则会高举和平主义的大旗。换句话说，你希望你的行动获得认可，这种认可能够带给你满足，你说道："我是个和平主义者"或者"我有一把枪"，你对自己贴上的标签感到满足，你认为你已经把问题给解答了。很明显，这就是通常的反应，对吗？所以，这便是为什么你会声称不作为是一种犯罪了。当然，从这两种观点来看的话，它确实是一种罪恶。假若一个人不扛起枪或者不自称是和平主义者，在你看来，他就是个罪犯，因为你的思考是依照被认可的标签，是依照这两种方法。

现在，明白了这些，让我们探明一下不作为是否是一种犯罪吧——不作为是指不沿着这两条路径之一或者与其相当的方法去行动。这是犯罪吗？声称"我既不是和平主义者也不会举起枪"，这是犯罪吗？你什么时候会这么说呢？当你意识到这二者都不过是对挑战的反应，意识到，通过反应你无法解决问题的时候。很明显，一个人举起枪来，他之所以这么做是出于他的反应，这是源自于他作为国家主义者、作为印度人、巴基斯坦人的限定。举起枪，仅仅只是依照他所受的环境的限定做出的反应。如果一个人不举起枪而是自称为和平主义者，那么他同样是根据自己的观念在做出回应，不是吗？这是我们所知道的两种反应，对此我们很熟悉。战争期间，你让和平主义分子成为了殉道者，诸如此类，然而这二者都被认为是行动的方式，当你沿着这两条路径之一及其所有的涵义来行动时，你感到满足，你觉得至少你对战争做了些事情，人们也认可你所做的，你感到满意，他们也觉得满意，越多人举起枪来越好。

假如一个人身处战火之中，但他既不举起枪，也不自称是和平主义者，他是不作为的——从这个词语深层涵义来讲的话——他不对挑战做出反应；你说这样的人是不作为，因此是罪犯。那么，他是罪犯吗？他是不作为吗？和平主义者和举枪的人，你们难道不是罪犯吗？显然，如果一个人声称："我不会以任何方式对战争做出回应"，那么他并不是罪犯，因为这样的人没有国家，他也不从属于任何宗教、任何教义，他没有领袖——政治的、宗教的或经济的领袖，他不属于任何党派，因为这些全都是反应，所以他既不是和平主义者，也不会举起枪来。倘若一个人不对挑战做出反应，但他本身就是一种挑战，你会说这样的人是不作为，是没有用处的人，因为他没有让自己去归于上述这两种类别。很明显，和平主义和举起枪，这二者全都错了，因为它们不过是反应，通过反应，你永远无法解决任何问题。只有当你自己成为挑战而不是单纯的反应，才可以解决战争这一难题。

所以，举起枪来的人没有解决问题，他只会让问题变得更多，因为，每一场战争都会导致另外一场战争出现——这是一个历史的事实：一战引发了二战，二战将会导致第三次世界大战，这个链条将会继续下去。那么，当你明白了这个，你会反对，会说道："我是个和平主义者，我不会举起枪来的，我宁可因此蹲大狱，我宁可为此受苦，我这么做是有理由的。"痛苦、殉道，依然是一种反应，因此也无法解决问题。但如果一个人在任何战争中都不对战争做出反应，那么他就会是挑战本身——他本身就是旧传统的冲破者，这样的人是唯一能够消除战争这一问题的实体。这就是为什么重要的是去认识你自己——你的限定，你从小到大浸染的背景，你受教育的方式——原因在于，政府、整个体制就是你自己的投射，是你自己创造出来的。世界便是你，世界与你并不是分离的，世界及其问题，投射的是你的反应。因此，导致更多的反应出现，并不能带来问题的解决。只有当出现不是反应的行动时，才能解决问题，只有当你理解了对来自外部和内部的刺激做出反应的整个过程，才能出现不是反应的行动，这表示你得认识自身的结构，而社会正是由你自己创造出来的。

问：我们知道性是一种不可逃避的生理与心理的需求，它似乎是我们这一代人个体生活混乱的根源所在。年轻女子沦为了男人肉欲的牺牲品，这是很可怕的事情。性压抑和沉迷于性，同样是无效的。我们怎样才能应对这个难题呢？

克：为什么无论我们触及到什么东西都会将其变成一个问题呢？我们把神变成了问题，我们把爱变成了问题，我们把关系、生活变成了问题，我们把性变成了问题。原因何在？为什么我们所做的一切都会成为问题，成为恐怖？为什么我们会遭受痛苦？为什么性会变成一个难题？为什么我们屈从于满是问题的生活？为什么我们不去终结它们？为什么我们不去消除自身的问题，而是日复一日、年复一年地背负着它们？显然，性是一个有关的问题，我不久就会予以回答，但还有主要的问题。我们为何把生活变成了一个难题？工作、性、挣钱、思想、感受、体验，你知道——生活的全部——为何会变成难题？难道根本原因不就在于我们总是从某个固定的观点出发去思考吗？我们总是从中心向外围去思考，然而，对于我们大多数人来讲，外围便是中心，于是我们接触到的任何事物都是表层的。但生活不是肤浅的，它需要彻底地去经历、去体验，由于我们只是活在表层，因此我们只知道表面的反应。我们在外围无论做的是什么，都一定会导致问题，这就是我们的生活——我们活在表层，我们满足于带着所有问题活在表层。因此，只要我们活在表层，活在外围——外围便是"我"及其感觉，它可以被具象化或者变得主观，可以与世界、国家或者由意识制造出来的其他事物相认同——就一定会出现问题。所以，只要我们活在意识的领域之内，就一定会出现复杂性，一定会出现问题，这就是我们知道的全部。意识是感觉，意识是累积的感觉和反应的结果，它所触及的一切，注定会导致不幸、混乱以及无止境的问题。意识便是我们问题的真正根源——意识日夜不停地有意或无意在机械性地运作着，意识是最表层的事物。我们一代又一代人、我们把自己的全部生活都用来培养意识，让它变得越来越聪明、越来越敏锐、越来越狡诈、越来越不诚实——这一切在我们生活的日常行动里是显见的，我们意识的本质便是不诚实，狡诈，无法直面事实，它就是导致问题的事物，它就是问题本身。

那么，我们所说的性是指什么意思呢？它是一种行为呢，还是关于该行为的想法？很明显，它并不是行为。性行为对你来说不是问题，就像吃饭对你来讲不是问题一样，但倘若你整天想着吃饭或是其他事情，因为你没有别的东西可想了，那么它对你而言就会成为一个问题。（笑声）不要发笑，不要去看其他人——这是你的生活。所以，性行为是问题呢，还是关于该行为的想法是问题？为什么你会思考它呢？为什么你要让它增大呢？而你显然就是这么做的。电影、杂志、小说、女人穿衣打扮的方式，所有这一切都是在放大你对于性的想法。为什么意识要确立起它，为什么要想到性呢？女士们、先生们，原因何在？这是你的问题，不是吗？为何性会成为你生活里的主要问题呢？当有如此多的事情需要你投以关注的时候，你却把全部的注意力都用来去想性的问题了。发生了什么？你们的脑子为何如此忙于去想性的问题？是因为它是一种最终的逃避的法子，对吗？它是一种彻底忘我的方式，至少你可以暂时忘记自己——没有其他忘我的法子了。

你在生活中做的其他一切事情都是在强调"我"、强调自我，你的工作、你的宗教、你的神、你的领袖、你的政治和宗教活动、你的逃避、你的社会活动、你加入某个政党而排斥其他党派——这一切都是在强调、强化"我"。也就是说，先生们，只有一个行为里面没有在强调"我"，于是它便成了问题，对吗？当你的生活中只有一件事情是通往终极逃避的途径，可以让你彻底地忘却自我，哪怕只是几秒钟，那么你便会依附于它，因为只有这一刻你才是快乐的。你所接触的其他一切事情都成为了一场噩梦，成为了痛苦和不幸的根源，于是你便依附于那个能够让你彻底忘却自我的事物，你将它称为幸福。可一旦你依附于它，它同样会变成噩梦，因为，尔后你会想摆脱它，不愿意成为它的奴隶，于是你再一次由意识发明出了守贞、禁欲的观念，你努力通过压制、排拒、冥想，通过各种宗教实践做到禁欲、守贞，所有这些都是意识为了让自己摆脱事实所采取的运作，这么做又格外强调了那个正在努力想要变得如何如何的"我"，结果你再一次陷入辛苦、麻烦、努力和痛苦之中。

所以，只要你不认识那在思考问题的意识，性就会变成一个格外困难和复杂的问题。性行为本身永远不会成为问题，但关于该行为的想法却制造出了问题。你所保护的行为，你懒散地生活抑或沉溺于婚姻，由此把你的妻子变成了如妓女一般，而这一切显然是非常体面的，你满足于让事情保持这种状态。很明显，只有当你认识了"我"、"我的"的整个过程和结构：我的妻子、我的孩子、我的财产、我的汽车、我的成就、我的成功，才能将问题解决。除非你理解并消除了所有这一切，否则，性将始终作为问题而存在。只要你充满野心——在政治或宗教领域抑或任何层面——只要你用野心喂养着自我，无论是以作为个体的你自己的名义，还是以国家、党派抑或你所认为的宗教的观念的名义，从而强调着自我、思想者、体验者——只要存在着这种自我膨胀的行为，你就会面临性的问题。显然，你一方面在制造、喂养、膨胀着自我，一方面在试图忘记自我，哪怕只是片刻。这二者如何能够共存呢？结果，你的生活成为了一种矛盾：强调"我"与忘却"我"。性不是问题，问题在于你生活里的这种矛盾，而这种矛盾无法由意识来跨越，因为意识本身就是矛盾。只有当你充分认识了自己日常生活的整个过程，才能理解这一矛盾。

去电影院，注视着荧幕上的那些女人，阅读那些会刺激你想到性的书籍，阅读那些刊载着裸体画像的杂志，你看女人的方式，那些鬼鬼祟祟偷瞟你的眼光——所有这些都在通过间接的方式鼓励意识去强调自我，与此同时你又在努力做到和善、可爱、温柔。这两者无法共存。一个充满野心的人，不管是在精神领域还是在其他方面怀有野心，永远都会是一个问题，因为，只有当自我被忘却的时候，当"我"不存在的时候，问题才会终止。无我的状态并不是一种意愿的行为，也不是单纯的反应。性变成了一种反应，当意识试图去解决问题的时候，它只会让问题变得更加混乱、更加麻烦、更加令人痛苦。因此，性行为本身不是问题，意识才是问题——那个声称自己必须要守贞的意识。贞洁不属于意识，意识只能压制自身的行为，而压制并非贞洁。贞洁不是美德，贞洁也无法被培养起来。一个培养谦逊的人显然不是谦逊的，他可以把自己的骄傲称作谦逊，但他依然是个骄傲的家伙，这就是为什么他会渴望变得谦逊。骄傲永远不会变成谦逊，贞洁不是属于意识的事物——你无法变得贞洁。只有当你心中怀有爱的时候，你才会懂得何谓贞洁，而爱既不属于意识的范畴，也不是意识的产物。

因此，直到你认识了意识，才能解决性这一折磨着世上无数人的难题。我们无法停止思考，可一旦思想者不在，思想便会终止。只有当我们认识了这整个的过程，思想者才会终结。当思想者与其思想存在界分的时候，恐惧便会出现。只要没有了思想者，唯有这时，思想中才不会有冲突。要理解其中的涵义，无需展开努力。思想者是通过思想出现的，于是思想者努力去控制自己的想法或者去停止它们。思想者是一个虚构的实体，是意识的幻觉。只要认识到思想是一种事实，就无需去思考这事实了。只要展开了简单的、无选择的觉知，那么蕴含在事实里的涵义就会开始彰显出自身，于是，作为事实的思想便会终止。尔后你将发现，那些啃噬着我们意识的问题、我们社会结构的问题，便能够迎刃而解了。尔后，性不再是个难题，它有自己适当的位置，既不是不纯洁的事物，也不是纯洁的事物。性有自身的位置，可一旦意识给予了性压倒一切的地位，那么它就会变成问题。意识之所以会把性置于压倒一切的位置，是因为，若没有某种欢愉它便无法生活下去，所以性就成为了问题。但只要意识理解了自身的全部过程并因而走向了终结，也就是说，只要思想停止了，创造力便会登场，正是这种创造力会带给我们欢愉。处于这种富有创造力的状态将会是一种极乐，因为它是忘我的，在它里面没有来自自我的反应。这不是对日常的性的问题做出的抽象回答——而是唯一的解答。意识把爱挡在了门外，没有爱，就没有贞洁，正是由于心中无爱，你才会把性弄成一个问题。

　　问：如我们所知和体验的那样，爱是两个人之间抑或某个群体中成员之间的融合，它是排他的，爱里面，既有痛苦也有快乐。当你指出，爱是解决生活里诸多难题的唯一良方，你便赋予了"爱"这一词语某种我们几乎无法体会到的涵义。像我这样的普通人，能够懂得你所指的爱是何意义吗？

　　克：先生，每个人都可以懂得爱，可只有当你能够非常清楚地去审视事实，不去抵制、不去辩护、不把它们解释过去——就只是仔细地察看事实，格外清楚地、仔细地去观察它们——你才能领悟何谓爱。那么，我们所谓的爱是什么呢？这位提问者声称爱是排他的，声称爱里面我们懂得了痛苦和快乐。爱是排他的吗？当我们去检视我们所谓的爱、普通人所谓的爱，将会有所探明。不存在普通人，存在的只有人，即你和我，普通人是由政客发明出来的虚构的实体，存在的只有人，即你与我，身处悲伤、痛苦、焦虑、恐惧之中的你与我。那么，我们的生活是怎样的呢？若想弄明白什么是爱，让我们从我们所知道的开始着手吧。

　　我们的爱是什么？身处痛苦和欢愉之中，我们知道爱是排他的、个人的：我的妻子、我的孩子、我的国家、我的神。我们认为它是烟尘中的火焰，我们出于嫉妒而知道它，我们出于支配欲而知道它，我们出于占有欲而知道它，我们出于某个人离去带来的失落而知道它。因此，我们认为爱就是感觉，不是吗？当我们声称自己在爱着某个人的时候，我们知道的是嫉妒、恐惧、焦虑，当你说你爱着某个人，指的就是上述这一切：嫉妒、占有欲、支配欲、担心失去，等等，我们把这一切叫做爱。我们不懂得没有恐惧、没有嫉妒、没有占有的爱，我们只是口头描述着那种没有恐惧的爱的状态，我们称它是非个人的、纯粹的、神圣的，天知道还有什么其他的，然而事实是我们充满了嫉妒，我们在支配和占有。只有当嫉妒、占有、支配终结的时候，我们才能懂得爱的状态，只要我们在占有，就永远无法实现真爱。嫉妒、占有、憎恨、想要去支配某个人或者认为某个东西是属于"我的"，想要去占有以及被占有——这一切都是一种思想的过程，不是吗？

爱是思想的过程吗？爱是属于意识的事物吗？事实上，对我们大部分人来说，是的。不要说不是这样的——这么说没有意义，不要随意地否认这一事实，即你的爱属于意识的范畴。明显如此，不是吗？否则，你就不会去占有，你就不会去支配，你就不会说："它是我的。"由于你这么主张了，于是你的爱便是属于意识的事物，因此，对你而言，爱是一种思想的过程。你可以去想你所爱的那个人，然而，想到你所爱的人——这是爱吗？你什么时候会去想你所爱的人呢？当她离去的时候，当她不在的时候，当她离开你的时候，你才会去想她。可一旦她不再让你心烦意乱，一旦你可以声称"她是我的"，那么你就没有必要去想她了。你不必去想你的家具，它是你的一部分——这是一种认同的过程，以便不会受到扰乱，以便避免麻烦、焦虑、悲伤。所以，只有当你感到扰乱，当你遭受痛苦，你才会去思念你声称自己爱着那个人。只要你占有着那个人，你就不必去想着她，因为占有里面没有扰乱，可一旦占有受到了扰乱，你就开始去想，尔后说道："我爱那个人。"因此，你的爱不过是一种意识的反应，对吗？——这意味着，你的爱仅仅只是一种感觉，而感觉显然不是爱。

女士们、先生们，当你与那个人很亲近的时候，你会去想他吗？当你占有、拥有、支配、控制，当你可以声称："她是我的"或者"他是我的"，不会有任何问题出现。只要你确信自己是占有对方的，就不会有任何问题，不是吗？社会，即你在自己周围建立起来的一切，帮助着你去占有，如此一来就没有干扰，如此一来就不去想它了。当你受到扰乱的时候，便会去思考——只要你的思考是你所谓的爱，你就一定会受到扰乱。很明显，爱不是属于意识的东西，由于意识的产物填满了我们的心灵，因此我们没有了爱。意识的产物便是嫉妒、野心、想要出人头地的欲望、想要获得成功的欲望，意识的这些东西塞满了我们的心灵，于是你声称你在爱着某个人，然而，当你的内心满是这些令人困惑的因素时，你怎么可能去爱呢？当烟尘缭绕时，怎么可能会有纯粹的火焰呢？爱不是意识的产物，爱是解决我们问题的唯一方法，爱不属于意识。一个累积财富和知识的人，永远无法懂得爱，因为他带着意识的产物在生活，他的行动是属于意识的范畴，无论他接触的是什么，都将被他变成问题、混乱和不幸。

因此，我们所谓的爱是意识的产物。女士们、先生们，看一看你们自己吧，会发现我的话显然是正确的，否则，我们的生活、我们的婚姻、我们的关系将会截然不同，我们将会拥有一个崭新的社会。我们把自己跟他人绑缚在一起，不是通过融合，而是通过契约，这就是我们所谓的爱、婚姻。爱不是融合，不是适应——它既不是个人的，也不是非个人的，它是一种存在状态。如果一个人渴望同某个更加伟大的事物融合在一起，渴望使自己跟他人结合在一起，那么他会逃避不幸和混乱。但意识依然处于隔离之中，而隔离是一种瓦解。爱既不懂得融合，也不懂得扩散，它既不是个体的，也不是非个体的，它是一种意识无法发现的存在状态——意识可以去描述它，给它起个名字，但语词、描述并不是爱。只有当意识安静下来，它才能懂得爱，而这种宁静的状态不是可以被培养起来的。培养依然是意识的行动，训练依然是意识的产物。一个被训戒、控制的心灵，一个去抵制、解释的心灵，无法懂得爱。你或许可以阅读、可以聆听人们对爱发表的见解，但这并不是爱。只有当你抛开了意识的产物，只有当你的心灵清空了意识的内容，爱才会登场。尔后你将知道什么是没有隔离、没有距离、没有时间、没有恐惧的爱——这不是只有少数人才能领悟的真理。爱是不分等级的，存在的只有爱。只有当你心中无爱时，才会有所谓的多和一，才会有排他。一旦你心中有爱，先生，就不会再有"你"，也不会有"我"，在这种状态里，只会有没有烟尘的爱的火焰。

现在已经七点半了，还有一个问题，你们希望我回答吗？你们不累吗？

问：有关什么是真理的问题已经是比较老的问题了，没有人最终回答过这个。您谈到真理，但我们没有看到您为了获得它有展开过试验或努力，就像我们在圣人甘地或者贝赞特博士的生活中所看见过的那样。您美好的人格，您那令人消除敌意的微笑以及柔和的慈爱，便是我们见到的全部了。您能否解释一下，为什么您的生活跟其他真理探寻者的生活有这样的不同呢？有两种真理存在吗？

克：你需要证据吗？用什么标准去判断真理呢？有些人声称，努力和试验对于探寻真理是必需的，然而，通过努力、通过试验、通过磨难和犯错，可以获得真理吗？有些人会展开勇敢的努力，会付出很大的努力，或者是公开的，或者是静静地在山洞里头——他们会找到真理吗？真理是通过努力就可以被发现的事物吗？真理有路可循吗？你的道路、我的道路、一个展开努力的人的道路、一个不做任何努力的人的道路，有路可以达至真理吗？有两种真理呢，还是真理有许多方面呢？

这是你的问题，不是我的，你的问题便是这个，不是吗？你说道："某些人——两个或多个或上百个——展开了努力，寻求着真理，但您却没有付出努力，您过着愉悦的、谦逊的生活。"因此，你想要去比较，也就是说，你有某个标准，你心里怀有那些付出努力去获得真理的领袖们的形象，当其他没有符合你的框架的人出现，你深感困惑，于是你问道："哪个是真理呢？"你感到困惑——这才是重要的事情，先生，而不是究竟是我拥有真理还是其他人拥有真理。重要的是去探明你是否能够通过努力、意愿、奋斗去发现真理。这会带来觉知吗？很明显，真理不在远方，真理就在日常生活的微小事物里头——在每一个语词、每一个笑容、每一种关系里——只是我们不知道如何发现它罢了。如果一个人展开尝试，勇敢地去努力，去训戒、控制自己，他会洞悉真理吗？一个被训戒、控制的心灵，一个因为努力而受着限制的心灵——能够发现真理吗？显然无法。唯有静寂的心灵，而不是努力去找到真理的心灵，才能看见真理。先生，假如你努力去听我的话，你还能听到吗？只有当你安静下来，当你真正迈入静寂的状态，才能实现觉知。只要你仔细地观察、安静地聆听，你便能听到。但倘若你很紧张、很努力地想要去抓住所说的内容，那么你的精力就会被耗费在这种紧张和努力之中。所以，通过努力你是不会找到真理的；谁说的并不重要，不管是古代的书籍、古代的圣人还是现代的圣人所言。努力其实是将觉知挡在了门外，唯有安静的心灵、简单的心灵、静寂的心灵，唯有不因自己的努力而负重难行的心灵——唯有这样的心灵，才能实现觉知，才能发现真理。真理不在遥不可及的远方，真理无路可循，既没有你的路径，也没有我的路径，没有献身之路，没有知识之路或行动之路，因为没有任何路可以达至真理。一旦你怀有了通往真理的路径，你就与真理分道扬镳了，因为路径是排他的，一开始就排他的事物，终点的时候也会是排他的。一个遵循某条路径的人，永远无法懂得真理，因为他活在排他的状态里，他的方式是排他性的，而手段即结果，手段跟结果并不是分开的，如果手段是排他性的，那么结果同样也会是排他性的。

因此，真理是无路可循的，也没有所谓两种真理。真理不属于过去，也不属于现在，它是永恒的。假如一个人去引用佛陀、商羯罗或基督的真理，或者仅仅去重复我所说的话，那么他是不会找到真理的，因为重复不是真理，重复是谎言。当意识——渴望去划分、去排他的意识，只能从结果、获取的层面去思考的意识——走向终结的时候，真理才会到来，唯有这时，真理才会登场。假如心灵为了达至某个目的而去展开努力，去训练自己，那么它将无法认识真理，因为这个目的是它自造出来的，追求这一自造出来的产物，无论它是多么的高尚，都是一种自我崇拜。这样的人是自我崇拜的，因此他不可能懂得真理。只有当我们理解了意识的整个过程，也就是说，只有当我们不去展开任何努力的时候，才能认识真理。

真理是一种事实，只有当我们移除了被置于意识与事实之间的诸多事物，才能认识事实。事实便是你与你的财富、与你的妻子、与人类的关系，便是你与自然、与观念的关系，只要你没有认识关系的事实，那么你对神的寻求就只会让混乱变得更多，因为它是一种替代、一种逃避，于是毫无意义。只要你去支配你的妻子或者她支配着你，只要你占有和被占有，你便无法领悟爱，只要你去压制、替代，只要你充满野心，你便无法懂得真理。否定野心不会让意识获得宁静，而美德不是对恶的否定。美德是一种自由的、有序的状态，这种状态是邪恶所无法带来的，认识邪恶便是树立美德。假如一个人用他通过剥削、通过欺骗、通过狡诈和肮脏的把戏赚得的金钱，以神的名义去修建庙宇或教堂，那么他不会懂得真理，他可能话语温和，但他的话语是带着剥削、悲伤的苦味的。若一个人不去寻求，不去努力，不去试图获得某个结果，那么他将认识真理。意识本身就是一个结果，它所制造的一切都依然是一种结果。然而，一个满足于"当下实相"的人将会认知真理，满足并不意味着满足于现状，维系事物现有的状态——这不是满足。只有正确地看待事实，摆脱了事实，才是获得满足，这便是美德。

　　真理不是持续的，它没有停泊点，只有时时刻刻去发现真理，真理总是新鲜的，因此是永恒的，昨天的真理不是今日的真理，今天的真理不是明天的真理，真理没有持续性。只有渴望去经历的心灵，才会称真理是持续的，这样的心灵将不会懂得真理。真理总是新的，它是去看到同一个笑容，却以新的视角去看待那一笑容，看到同一个人，但却以新的视角去看待他，以新的眼光去看那波动的棕榈叶，以新的姿态去迎接生活。真理不是通过书本、通过献身或者通过自我牺牲就可以获得的东西。但是，当心灵处于自由、宁静的状态，便能认识真理，只有当我们认识了意识的关系的事实，它才能迈入这种自由和安宁。如果没有认识它的关系，那么无论它做什么，都只会导致更多的问题。可一旦意识摆脱了它全部的自造物，就能迎来不再有任何问题的宁静的状态，唯有这时，那永恒的事物才会登场。所以，真理与知识无关，它不是可以被记住的东西，不是被重复、被印刷在纸张上尔后四处散播的东西。真理便是实相，它没有名字，因此意识无法去触及它。

（第五场演说，1950 年 3 月 12 日）

净化关系就是自己转变的开始

我希望那些懂英语的人能够有耐心去听马拉地语，尽管这将会是相当困难的。

必须要给世界带来一种不同的思考和行动，这对我们大多数人来说一定是极为显见的。这需要非常仔细地去观察我们自己，不是单纯的分析，而是对我们每个人的行为展开深刻的探寻。我们日常生活的问题数不胜数，我们没有办法或能力去应对它们，由于我们的生活如此的单调、麻木、愚蠢，因此我们试图逃避它们，或者通过智识，或者通过神秘主义。在智力层面，我们变得愤世嫉俗、聪明、博学，抑或在神秘主义层面，我们努力发展起某些能力或者去追随某个上师，指望着让我们的心灵变得越来越可爱，让我们的生活变得更加富有热情。或者，由于目睹了我们生活的单调以及我们问题的涵义，意识到问题总是在与日俱增，总是变得越来越多，于是我们以为，若想带来根本性的变革，那么我们就不可以作为个体来行动，而是必须结成集体采取行动。在我看来，声称我们的问题必须通过集体或大众的行动才能解决，这是大错特错。我们相信，当问题如此巨大、如此复杂、如此迫在眉睫的时候，个体的行动将会没有太大的重要性和作用，于是我们便求助于集体或大众的行动。我们以为，假如你我作为个体单独行动，将会收效甚微，因此我们参加大众运动，加入集体行动。但倘若我们非常仔细地去检视一下集体行动，就会发现，它实际上是以你我为基础的。我们似乎认为集体行动是唯一有效的行动，因为它可以产生某个结果，但我们忘记了个体的行动要更加有用，因为大众正是由许多的个体组成的，大众不是一个独立的实体，它与你我并不是分开的。

所以，重要的是去认识到，任何有创造性的行动、任何真正有效的行动，只能通过个体也就是由你我带来。集体的行动实际上是政客发明出来的，不是吗？它是一种虚幻的行动，它里面没有任何个体独立的思想与行为。只要你去看一看历史，就会发现，一切带来集体行动的伟大运动，都是由像你我这样的个体开始的，由那些能够展开格外清楚的思考以及洞悉事物本来面目的个体开始的。那些个体，通过他们的觉知，邀来了其他人，尔后便有了集体的行动。毕竟，集体是由个体构成的，只有个体的反应、你我的反应，才能给世界带来根本性的转变。可一旦个体没有意识到自己的责任，把它推给了集体，那么集体就会被那些聪明的政客或者宗教领袖们利用。但如果你能够意识到你我有责任去改变世界的环境，那么个体就会变得格外重要，而不是沦为他人手里的单纯的工具。

因此，作为个体的你就是社会的一部分，你与社会并不是分离的，你是什么样子的，社会就会是怎样的。尽管社会可能是一个在你之外的实体，但却是你制造出了它，因此，单单你自己就可以改变它。作为个体的我们变得愤世嫉俗、理性化或者神秘，而没有意识到我们在集体当中负有的责任。我们逃避自己的责任，不去展开明确的行动，这种行动从根本上来说是革命性的。只要个体即你我没有担负起责任，带来社会的彻底的转变，那么社会就将依然保持原状。

我们似乎忘记了世界的问题就是个体的问题，世界的问题是由作为个体的你我导致的，战争、饥饿、剥削以及其他无数摆在我们每个人面前的难题，正是由你我制造出来的，只要我们没有从各个层面认识自己，那么我们就会让当今社会的腐烂继续下去。因此，你首先必须懂得你的整个结构是怎样的：你思考的方式，你行为的方式，你与人、与观念、与物的关系，尔后你才能够去改变社会。社会的革新，必须从你自身的思想与行动的变革开始。假如你希望带来社会根本性的转变，那么认识你自己是最为重要的，而认识你自己便是自知。如今，我们把自知变成了某种极为困难和遥远的东西，各个宗教让自知变得格外神秘、抽象、遥不可及。但倘若你更加仔细地去审视一下，就会发现，自知其实非常简单，需要在关系里投以简单的关注——假如要让社会结构出现根本性的变革，这是不可或缺的。只要作为个体的你没有认识自身思想与行为的方式，那么，仅仅带来社会外部结构的表面的改变，将会引发更多的混乱与不幸。如果你没有认识你自己，如果你在不了解自身思想与感受的全部过程的情形下去追随他人，那么你显然就会被带向进一步的混乱和灾难。

毕竟，生活就是关系，没有关系，就不会有生活。任何事物都无法活在孤立隔绝的状态，因为生活是一种关系的过程，关系不是抽象的，它是你与财产、与人、与观念的关系。在关系里，你洞悉自己的本来面目，不管你是什么样子的，是美丽还是丑陋，是隐蔽的还是公然的。在关系之镜里，你清晰地审视着每一个新的问题，审视你自己的整个结构的真实模样。由于你觉得你无法从根本上改变你的关系，因此你便努力通过智力或神秘主义去逃避，而这种逃避只会导致更多的问题、更多的混乱、更多的灾难。但倘若你在关系里审视自己的生活，认识这一关系的全部结构，而不是去逃避，那么你就能够超越它了。显然，要想行至远方，你必须由近处开始。然而，由近开始对我们大多数人来说十分困难，因为我们希望逃避"当下实相"，逃避我们的真实模样的事实。假如没有认识我们自己，我们便无法行至远方。我们始终处于关系之中，没有关系就根本不可能生存于世。因此，关系是即刻的、当下的，要想超越当下，就必须认识关系。可我们更宁愿去检视那些格外遥远的事物，即我们所谓的神或真理，而不是带来我们关系的根本性变革。逃避到神或真理那里，彻头彻尾是虚幻的、不真实的。关系是我们唯一拥有的东西，没有认识这一关系，我们就永远无法探明什么是真理或神。所以，若想带来社会结构的彻底转变，个体就必须净化他的关系，净化关系就是他自己转变的开始。

　　我将回答一些递上来的提问。在思考这些问题的时候，我不会给出任何明确的结论或者最终的答案，因为重要的是去探明关于问题的真理，而真理不在答案里头，而是蕴含在问题本身。我们大部分人习惯于重复我们被告知的东西，背诵我们从书本里学到的知识，于是，在提出问题的时候，我们期待着那些能够符合我们思考方式的答案。我们以为，通过引用某本圣书，我们便能认识关于生活的问题了，其实这么做只会让我们变成留声机上的唱片，如果歌曲不一样了，我们就会迷失。所谓的宗教人士以及所谓的无神论者，都是重复性的机器，他们既不虔诚，也不具有革命性，他们仅仅只是重复着某个公式、准则，而重复不会让一个人变成虔诚的宗教信徒或者革命志士。所以，在思考这些问题的时候，让我们一同踏上探寻之旅，对问题展开充分的、广泛的探究，而不是仅仅从外部去审视问题。

　　问：政治自由并没有带来新的信仰和幸福。我们在各处都发现了愤世嫉俗，地域上的和语言上的对抗以及阶级的仇恨。对于这种悲惨的景况，您将做出怎样的诊断以及开出何种良方呢？

　　克：先生，这不是只有印度才有的问题，而是世界性的问题。它是全世界都面临的难题，不是仅仅印度才有。现在，当人们把自己划分成地域的、语言的群体时，就会出现瓦解的、分裂的因素。我们似乎觉得，通过国家主义、民族主义，我们将能解决自己的难题。然而，国家主义，不管拓展得多么广，都是一种排他，它依然是分离主义，只要有分离主义，就会出现瓦解。虽然一开始充满了希望、愿景、欢愉和期待，但国家主义会变成一剂毒药，正如你在这个国家里面能够看到的那样——这便是在每个国家切实发生的情形。当有排他的时候，怎么可能会实现团结呢？团结意味着不会分成印度教教徒和穆斯林，当它变得具有排他性，当它被局限为了某个群体，那么团结就会遭到破坏。团结不是排他的对立面，它是个体自身全部存在的一种内在统一，不是单纯地与某个群体或团体认同。你为什么会是个国家主义者？你为什么从属于某个阶级？为什么要如此强调姓氏？让我们检视一下这种跟某个国家、某个人、某个语言的群体等等进行认同的过程吧。为何你要自称是印度教教徒？为何你要自称是印度人、古吉拉特人或者其他的名称？这难道不是因为，通过与某个伟大的事物认同，你感觉自己也变得伟大起来了吗？在内心，你是个无名之辈——你空虚、乏味、肤浅。通过让自己跟那被唤作印度、英国或其他国家的伟大事物认同，你觉得自己也变得重要起来了。于是，你自称是国家主义者，你让自己与某个国家进行认同，这显然表明你的内心空虚、迟钝、乏味、丑陋。在让自己跟某个伟大事物相认同的时候，你仅仅只是逃避了自己的本来面目。那么，这样的认同势必会导致分裂和瓦解，因为，作为个体的你是一切社会的基础，如果你在自己的思考中是不诚实的，那么你所创造的社会或者作为你自己的外部投射的社会，将会建立在不诚实的基础之上，没有任何根本性的真实。那些聪明的政客或宗教领袖们把国家主义作为一种工具去利用，以便达至某个结果，但这不过是人为的，因为没有认识人类思想与感受的全部结构。

我们似乎觉得，一旦赢得了独立，我们就获得了自由。自由不是可以被获取的东西，不是通过单纯的政治独立就能得来的，当幸福到来时，自由才会登场。仅仅把一个由白人组成的官僚体系改变成由褐色人种组成的官僚政府，这么做你并不会获得自由，不是吗？你依然是剥削者与被剥削者，你依然被那些聪明的政客以及无数领袖们拖累着，天知道他们试图带你去往哪里。国家主义就像是一剂暗暗发挥着毒性的毒药——还没等到你知道发生了什么，你便已经身处战争之中了。主权政府及其国家主义和武装力量，必定会导致战争。要想避免战争，不是变成单纯的和平主义者，也不是加入反战运动，而是去认识作为人类实体的我们自身的全部结构，在与他人的关系即社会里去认识作为个体的我们自己。

所以，认识你自己要比用某个名称唤你自己重要得多。名称很容易被利用，但倘若你认识了自己，就没有人能够利用、盘剥你了。国家主义总是会导致战争，通过带来更多的国家主义，并不能解决问题，这么做只是在逃避事实，是同样的毒药在扩散开来。然而，摆脱了国家主义的羁绊，摆脱了从属于某个群体、某个阶级或社会的意识，就可以让问题迎刃而解了。

问：这片土地上那些饥肠辘辘、无知的民众，能够理解您的教诲吗？您的话怎样才能对他们具有意义呢？

克：饥饿与失业的问题，不单单是在这个国家才有，尽管在这里更为严重，但却是在全世界范围内都普遍存在的情形。有诸多明确的原因，除非我们认识了那些原因，否则的话，仅仅隔靴搔痒是没有任何效果的。国家主义便是原因之一，分离主义的主权政府则是另外一个原因。我们的科学知识已经足以让全世界的民众有饭吃、有衣穿、有地方住了，可为什么没能实现这个呢？难道不是因为我们就体系方法争吵不休吗？意识到世界上满是饥饿与失业，于是我们便求助于那些许诺了一个更加美好的将来的体系和方案。你是否曾经注意过，那些有一套体系方法来解决失业和饥饿问题的人们，总是在与其他的体系方法对抗呢？

于是，体系方法变得比解决饥饿问题本身更加重要起来。通过某种观念，永远无法解决饥饿的事实，因为观念只会引发更多的冲突、更多的对立，但事实永远不会导致对立。这个国家以及全世界都有饥饿和失业的问题，目睹了问题，于是我们用某种关于问题的观念去着手。因此，观念、理论、体系，变得比事实更为重要。也就是说，我们从事实转向了关于事实的理论、观念、信仰，围绕着信仰，形成了一些群体，这些群体彼此争斗、清算，而事实依然存在。（笑声）重要的是认识事实，而不是关于事实的观念，这种认知并不依赖于观念，观念不过是意识的产物，但认知不是意识的结果。我们拥有足够的智力、能力和知识去解决饥饿与失业的事实，然而，妨碍我们去解决问题的正是我们关于解答的观念。事实就在那里，我们发明出了好几种方法去解决那一事实，有瑜伽修行者的方法，有政委的方法，有资本主义者的方法，有社会主义者的方法，等等。那么，通过某种方法能够领悟事实吗？很明显，方法必定会妨碍我们去认识事实。因此，只有当观念、信仰不会干扰对事实的认知时，才能解决饥饿和失业的事实。这难道不意味着，作为社会一部分的你必须摆脱国家主义，摆脱对某个宗教的信仰，不去跟某个理念或群体进行认同吗？所以，问题的解决，不在那些政委或瑜伽主义者的手里，而是在你的手里，因为，正是你的本来面目妨碍了对所有这些问题的解决。如果你是个国家主义者，如果你从属于某个阶级或种姓，如果你怀有狭隘的宗教传统，那么你显然就会妨碍人类的福祉。

问：您难道不反对制度化的婚姻吗？

克：请仔细地、理性地去听，不要仅仅只是去反对或抗拒。反对某个东西是很容易的，在没有理解的情况下就去抵制是非常愚蠢的做法。如今，家庭是排他性的，不是吗？家庭是跟某个个体进行认同的过程，当社会是建立在如下观念之上，即认为家庭是一个排他性的单位，与其他排他性的单位对立，那么这样的社会势必会引发暴力。我们把家庭当做个体获得自身安全的手段，只要我们寻求着这种个体的安全、个体的幸福，就一定会出现排他。我们把这种排他美其名曰"爱"，在这种所谓的家庭或婚姻状态里，会有真正的爱存在吗？那么，让我们探究一下家庭实际上究竟是什么，而不要依附于某个关于家庭的理论。我们不是去思考有关家庭应当是怎样的理念，而是去检视一下你所知道的家庭实际上究竟是什么。你所谓的家庭，指的是你的妻子、你的孩子，对吗？它是一个跟其他单位对立的单位，在这个单位里，重要的人是你——不是你的妻子、不是你的孩子或者社会，而是那个在家庭内外寻求着安全、名声、地位、权力的你。你支配着你的妻子，她屈从于你，你是挣钱养家的人，也是财产的分配者，她不过是给你洗衣做法带孩子的。（笑声）因此，你建立了一个家庭，它是一个同其他单位对立的排他的单位。成千上万的你便制造了这样一个社会，在它里面，家庭是一个排他性的、自我隔离的、单独的实体，与其他实体处于对立的状态。所有革命都试图废除家庭，但它们不可避免地以失败告终，因为个体不断地通过隔离、排他、野心和支配来寻求自身的安全。所以，你把家庭作为一个单独的单位建立了起来，它成为了集体的一种威胁，而集体同样是个体的产物。于是，只要作为个体的你在每个行动中是排他的、自我隔离的，一切利益都是为了你自己，那么就不会出现集体的变革。

这种排他的过程显然不是爱，爱不是意识的产物，爱不是个人的、也不是非个人的或者全世界的——这些语词只是意识的产物。只要排他性的思想继续存在，我们就不可能懂得爱。思想是意识的反应，它永远无法认识什么是爱，思想不可避免地会是排他性的、单独的，当思想试图去描述爱的时候，它一定会把爱局限在语词里，而语词同样是排他的。正如我们所知道的那样，家庭是意识发明出来的东西，因此它是排他性的，它是一种自我、"我"扩张的过程，而自我是思想的结果。在家庭里面——我们始终拼命地依附于家庭——显然没有爱存在，不是吗？我们使用"爱"这一字眼，我们认为自己在爱着别人，但实际上并没有，对吗？我们声称自己热爱真理，声称热爱自己的妻子、丈夫、孩子，然而，"爱"这一字眼被嫉妒、压制、支配以及不断的争斗包围着。于是，家庭变成了一场噩梦，变成了两性之间的战场，因此，家庭势必会跟社会形成对立。解决的方法不在于立法去废除家庭制度，而在于你去认识问题，只有当真爱来临，才能认识问题，从而将其终止。当心灵没有被意识的产物填充，当个体的野心、个人的成功和成就没有处于压倒性的位置，当它们在你的心灵里毫无地位，你便将领悟何谓爱。

问：为什么您试图动摇我们对神和宗教的信仰呢？对于个体和集体的精神的提升，难道某种信仰不是必需的吗？

克：我们为什么需要信仰？如果你去观察，会发现，信仰难道不是导致人与人之间隔离的因素之一吗？你相信神，另外一个人则不信神，于是你们的信仰使得你们彼此隔离开来。全世界的信仰被组织为了印度教、佛教或基督教，因此它把人与人划分成了不同的阵营。我们感到困惑，我们以为，通过信仰便能澄清这困惑，也就是说，信仰被添加在了困惑之上，我们希望由此可以消除掉困惑。然而，信仰仅仅只是逃避困惑的事实，它无助于我们去直面和理解事实，而是会让我们去逃离自己身陷其中的混乱与困惑。要想认识混乱，并不需要信仰，信仰只是犹如一道屏障，横在我们自己跟我们的问题之间。因此，宗教即组织化的信仰，成为了一种逃避"当下实相"、逃避混乱的事实的手段。一个信神的人，一个相信来世的人，或者一个怀有其他形式的信仰的人，是在逃避自己的本来面目的事实。你难道不了解那些相信神的人吗？他们一边做着礼拜，重复着某些赞美歌和语句，一边在自己的日常生活里头支配他人、残酷无情、野心勃勃、欺骗、不诚实。他们能够找到神吗？他们真的是在寻觅神吗？通过反复念诵话语、通过信仰，就可以发现神吗？然而，这些人相信神，他们崇拜神，他们每天都会去庙宇，他们做一切事情以逃避自己的本来面目的事实——你认为这样的人是很体面的，因为他们就是你自己。

所以，你的宗教、你对神的信仰，是在逃避实相，因此它根本就不是宗教。一个通过残酷、通过不诚实、通过狡诈的剥削来聚敛钱财的富人，也可能相信神。你同样也信神，你同样是狡诈的、残忍的、迷信的、嫉妒的。通过不诚实、通过欺骗、通过头脑那狡猾的把戏，能够找到神吗？你收集了所有圣书以及神的各种符号，这是否表示你是个虔诚的宗教信徒了呢？因此，宗教不是逃避事实，宗教是在你的日常关系里去认识你的本来面目的事实，宗教是你言谈的方式，你讲话的方式，你跟你的仆人说话的方式，你对待你的妻子、你的孩子、你的邻居的方式。只要你没有认识你与你的邻居、与社会、与你的妻儿的关系，就一定会出现混乱。一个混乱的头脑，无论它做什么，都只会导致更多的混乱、更多的问题和冲突。一个逃避实相、逃避关系的事实的头脑，将永远无法找到神。一个为信仰而激动不安的头脑，将不会认识真理。可一旦头脑理解了它同财产、同人、同观念的关系，一旦它不再与那些由关系导致的问题交战，因为解决方法不是退隐，而是认识爱——那么这样的头脑本身就可以懂得真理。一个在关系里倍感困惑和混乱的头脑，抑或逃避关系、躲进隔离之中的头脑，是无法认识真理的，唯有在行动中去认识自身的头脑，才能领悟真理。任何形式的强迫、任何形式的训戒，都无法带来头脑的宁静，因为，只有当它懂得了自己跟财产、跟人、跟观念的关系，它才能够迈入静寂。当头脑被它与上述这些事物的关系的事实扰乱时，那么不管它如何做，都无法获得宁静。如果头脑没有认识自身的关系，而是被人为地变得安静，那么它就是一个死寂的头脑。但假如头脑不怀有任何信仰，假如它因为认识了自身的关系而变得安静——那么这样的头脑是静寂的、富有活力的并将认识真理。

（第六场演说，1950 年 3 月 14 日）

PART 05

法国巴黎

问题的制造者就是自己

我们大多数人都面临着诸多的问题，不仅是个人的，还有集体的，这些问题不单单影响到我们个体的生活，而且还影响着作为一个国家的公民的我们，作为某个集体性的团体的一部分的我们，等等。我们有许多的难题，它们不仅是社会或经济层面的，还有精神领域的，假如我可以使用这个词语的话。我们有各种各样的问题，我们越是去应对这些难题，它们却似乎变得越来越多，越来越混乱。

做出阐释将会相当困难，但或许当我们习惯了的话，它就将展开得很平顺了。我很多年都没有干过这类事情了，所以我希望，如果我出现犹豫的话，你们能够耐心一些。

正如我所指出的，我们越是去应对这些问题，它们似乎就会变得越多，由于问题在与日俱增，于是便有了更大的痛苦、更大的不幸、更大的混乱。很明显，重要的不在于如何去解决某个问题，而是去探明怎样在问题一出现的时候就去应对它们，以便问题不会越来越多。也就是说，我们显然应该去应对生活的诸多难题，不是在某个单独的层面，而是在所有的层面，因为，假如我们仅仅只是从问题本身的层面去着手，那么显然就无法解决该问题。若我们脱离精神或心理层面的问题去解决经济问题，不管是个人的还是集体的，就永远无法将经济问题解决。为了解决某个问题，我们必须认识问题的制造者，而认识制造者显然要比认识问题本身重要得多，原因是，一旦我们理解了问题的导致者或制造者，问题便迎刃而解了。因此，我们的困难在于去认识问题的制造者，即我们自己，不是仅仅流于表面的认识，而是从根本上去认识。所以，探究自我不是在逃避问题，不管是表面的还是深刻的，相反，认识自我要比通过应对问题，通过改变问题或者对问题采取一些行动从而带来某个结果重要得多。

就像我所指出来的那样，重要的不在于去寻求某个单纯的问题的解决方法，无论是经济的还是其他的问题，无论是个体的还是集体的问题，而在于去认识问题的制造者。认识制造者要困难许多，需要比仅仅去研究问题展开更多的觉知，投以更多的关注。问题的制造者就是自己，认识自我，并不意味着一种隔离的过程、一种退却的过程。我们似乎觉得，我们应该因问题激动不安，应该积极活跃一些，因为，尔后，我们至少便能感觉到自己是在对问题做些什么。然而，只要是关于认识、研究问题的制造者，我们就会认为是一种隔离的过程、封闭的过程，因此是在排拒行动。所以，重要的是意识到认识自我不是一种退却，不是一种隔离或不作为的过程，相反，它是一种要展开非凡的关注、机敏的觉知的过程，需要的不仅是表面的澄明，而且还有内心的澄明。

毕竟，当我们谈论行动的时候，我们实际上意味着反应，不是吗？我们大部分人都会对任何外部的影响做出反应，我们被困于这种反应的过程里，我们把这种反应叫做应对问题。所以，认识反应便是认识自我的开始。正如我所指出来的那样，重要的不是对问题本身认识得如此之多，而是去认识那些反应。每个人都对某个刺激、某种影响或限定做出了回应，研究自我，要比研究问题更加有意义——我们大多数人都把自己的生活用来研究问题了，我们从各个角度去研究问题，但却从来没有去深刻地、深入地研究问题的制造者。若想认识问题的制造者，我们就得认识我们的关系，因为，问题的制造者只能存在于关系之中。所以，我们的主要问题就是去研究关系，以便认识问题的制造者，认识关系是认识自我的开始。我不知道，若没有认识我们自己，那么我们如何能够去认识生活抑或我们的任何问题，因为，如果没有认识自我，思想、行动便会缺乏根基，任何转变或革命就将没有基础。

所以，着手去认识关系，由此去探明问题的制造者，这才是最为重要的。问题的制造者就是意识，认识问题的制造者即意识，不是仅仅变得非常聪明，而是去研究自身心理反应的整个过程。没有理解意识的全部过程，那么，无论我们关于那些问题做什么，不管是个体的还是集体的问题，经济的问题、战争的问题、国家主义的问题，诸如此类——如果没有认识意识，我们就不可能摆脱所有这些问题。于是，我们的问题实际上并不是战争，不是经济问题，而是去研究、认识意识，因为，正是意识制造出了关系里的问题，不管是与人的关系、与观念的关系还是与物的关系。意识不是在实验室里被研究的东西，不是某种遥远的事物，而是只有在关系的行动里去认识。

　　毕竟，意识是过去的结果，我和你是什么样子的，源自于许多个昨天，我们是过去的全部总和，没有认识过去，我们就无法展开。那么，要想认识过去，我们是否必须研究过去的全部内容和背景呢？也就是说，要想研究过去，我们可以要么去挖掘它，深入地开掘种族、群体、个体的全部记忆，这意味着去研究分析者；要么去探究如下问题：即分析者是否与被分析之物是分开的，观察者与其所观之物是否是分开的。因为，只要有一个分析者在检验着过去，那么这个分析者显然同样是过去的产物，因此，不管他分析什么、检验什么，都必定是受到限定的，于是也就是不充分的。分析者是被分析之物的一部分，这二者并不是分离的——只要我们去观察一下，就会发现这是一个显见的事实。没有与思想分开的思想者，只要有与思想分开的思想者，只要有在检验思想的思想者，那么，不管检验的结果可能会怎样，都必然是受限的，从而是不充分的。这就是为什么说，在我们试图去认识战争的问题、经济的或任何其他的问题之前，必须首先认识那个在对问题进行分析的思想者。原因是，问题同思想者并不是分开的，思想者同思想并不是分开的——正是思想制造出了思想者。假如我们能够意识到这个，就会发现，存在的只有思想，而不是思想者、观察者、体验者。存在的只有思考，而非思考者。一旦我们明白了这个，那么我们对问题的着手，不管会是怎样的，都将截然不同。因为，尔后，不会再有一个努力去剖析、分析或影响思想的思想者了——存在的只有思想。所以，思想能够在没有努力、没有分析的情况下终结。只要有一个"我"、"我的"的思想者，就会有一个中心，而行动总是源自于这个中心。该中心显然是我们思想的产物，我们的思想是限定的结果，当思想者仅仅让自己去摆脱那一限定，试图带来行动、变化或革命的时候，总是会出现一个中心，这个中心将会永远存在。所以，真正的问题是去认识并消除掉那一中心，即思想者。

对我们大多数人来说，困难在于我们的思想是如此的受到限定，不是吗？我们要么是法国人、英国人，要么是德国人、苏联人、印度人，永远带着某些宗教的、政治的、经济的背景。我们试图通过这道限定的屏障去迎接生活的难题，结果也就让问题与日俱增。我们并没有不受限定地去迎接生活，我们是作为某种有着背景和训练、有着某些经验的实体去迎接生活的。由于深受限定，于是我们依照自己的模式在迎接着生活，而依照模式做出的反应，只会带来更多的问题。很明显，尔后，我们不得不去认识和消除这些使问题变得更多的限定。然而，我们大多数人都没有意识到自己是受限的，没有意识到我们的限定源自于我们自身的欲望，源自于我们对安全的渴望。毕竟，我们周围的社会来自于我们在自身的限定中渴望获得安全、渴望得到永恒。由于没有觉知到自身的局限，于是我们便继续制造出了更多的问题。我们如此累积知识，我们怀有如此多的偏见、如此多的意识形态、如此多的信仰并依附于它们，这些背景、这些限定、妨碍了我们去真正地迎接生活本身。我们总是带着自己不充分的反应去迎接生活，而生活本身就是一种挑战，因此，除了透过自身所受的限定去爱生活以外，我们从不曾去认识生活。挑战便是生活，而生活处于不断的变化、不断的流动之中，我们必须去认识的不是挑战，而是自己对挑战的反应。

我们的限定就是意识，意识是我们所有限定的根源——限定是知识、经历、信仰、传统、与某个党派认同、与某个群体或国家认同。意识是限定的结果，意识是受限的状态，因此，意识处理的任何问题都一定会进一步增加那些问题。只要意识在应对问题，任何层面的问题，都只会导致更多的麻烦、更多的不幸与更多的混乱。那么，能否在没有思想的过程、没有这种累积的经历即意识的情况下去迎接生活的挑战呢？也就是说，能否在没有意识的反应即过去的限定的情况下去迎接生活的挑战呢？只要有挑战，我们就会做出反应，意识立即会给出回应。当一个人观察的时候，他会发现，意识的反应总是受限的。因此，只要有挑战，那么做出反应的意识就只可能引发更多的问题、更多的混乱，总是如此。

所以，尽管我们在生活的各个层面有无数的难题，但只要意识去应对它们，只要思想对它们做出反应，就必定会出现更多的混乱。那么，能够在没有受限的意识的反应的情形下去迎接生活吗？只有当危机袭来之时，我们才能迎接挑战，同时思想又不会对该挑战做出回应。只要出现了严重的危机，我们就将发现，思想没有任何反应，背景不做出反应。唯有在这种状态里，当作为思想过程的意识不对问题做出反应——唯有这时，我们才能解决那些摆在我们每个人面前的难题。

这里有一些提问，我将做出解答。

问：您给那些社会不公的受害者们的唯一武器便是认识自我。对我来说，这是一种嘲弄。历史教育我们说，除了通过暴力，人们将无法获得解放。社会的状态限定着我，因此我必须粉碎它。

克：在我们开始去粉碎社会之前，必须首先懂得什么是社会，以及一个人是怎样去应对那个将其困于其中的社会的。所以，重要的不是如何冲破社会以摆脱掉它的束缚，而是去认识社会的结构。因为，一旦我理解了与我有关的社会的结构，我就能够以正确的方式对它展开行动了。

那么，什么是社会呢？它难道不就是我们的关系的产物，不就是你、我、他之间的关系的产物吗？我们的关系就是社会，社会与我们并不是分开的。所以，假如没有认识关系，那么，改变当前社会的结构就只会让当前的社会以某种经过了修正的方式继续下去。当前的社会已经腐朽，它是一种腐败、暴力的过程，在它里面总是有不宽容、冲突和痛苦。要想带来这一社会的根本性转变——我们是这个社会的一部分——就必须认识我们自己。很明显，认识自我不是一种嘲弄，也不是与当前的秩序相对立，只有作为反应才会有对立。社会的根本性变革，不是通过理念，不是通过基于理念之上的革命，而是通过在我与他人的关系里去改变我自己。社会显然需要转变——所有的社会都需要转变。转变的基础，应当是某个观念即思想、权衡、聪明的辩证的主张和否定以及其他相关的一切吗？抑或，既然模式只会引发对立，那么这样的变革是否就不应当去依照某种模式来发生呢？只有当"我"这一想法停止时——"我"是与社会分开的实体——变革才会到来。只要思想继续——思想便是想要以各种形式获得安全的受限的欲望——这个"我"就会存在。

我们全都懂得和承认说社会结构必须得发生某种根本性的改变。有些人声称这样的转变应该是建立在某个理念、某种意识形态之上，但理念无疑会导致对立，于是你有了一场依照左翼或右翼观念的革命。那么，当革命是建立在某种理念、某种信仰之上的时候，它还能够是真正的变革吗？也就是说，当变革来自于思想的过程——思想仅仅只是背景的反应，以一种修正的方式让过去继续下去——那么它还是变革吗？很明显，基于观念的变革并不是真正的变革，它不过是以修正的方式继续着过去，无论它有多么理智、多么聪明。所以，只有当意识不再是行动的中心，当信仰、观念不再是一种支配性的影响，才能迎来真正意义上的革新。这就是为什么说，若想从根本上改变社会，一个人就必须认识自我——这个"自我"就是观念、经验、知识、记忆这一受限的背景。

问：我的丈夫在一战中被杀，我的孩子在另一场战争中丧命，我的房子被毁于一旦。您说生活是一种永恒的创造力的状态，但在我心里，每一个春天都是破碎的，我发现自己无法参与到那种新生里去。

克：是什么妨碍了我们的生活不断地更新？是什么妨碍了新事物的出现？难道不就是因为我们没有懂得如何在每一天终结吗？由于我们活在一种持续的状态里，日复一日不断地背负着我们的记忆、我们的知识、我们的经验、我们的焦虑、我们的痛苦和悲伤，因此我们从不曾抛掉昨日的记忆走向新的一天。对我们来说，持续性就是生活。对我们而言，认识到"我"作为记忆持续着，带着某种知识、带着某种经验与某个群体认同——这就是生活。凡是持续的事物，凡是通过记忆持续的事物——如何能够迎来新生呢？很明显，只有当我们理解了想要得到持续这一欲望的整个过程，才能迎来新生，只有当思想里作为实体的"我"的持续性终止时，才能获得更新。

毕竟，我们是记忆的集合——关于经历的记忆，我们通过生活、通过教育累积的那些记忆——而这个"我"就是与这一切进行认同的结果。我们是让我们自己跟某个群体认同的结果，不管是法国人、荷兰人、德国人还是印度人。没有与某个群体、某栋房子、某架钢琴、某个观念或者某个人认同，我们就会感到迷失，于是，我们依附于记忆、依附于认同，这种认同给了我们持续性，而持续性妨碍了更新。显然，只有当我们懂得怎样在每一天终结和重生，也就是说，摆脱那带来了持续性的一切认同，才能够实现自我更新。

创造力不是一种记忆的状态，对吗？它不是一种意识活跃的状态，创造力是一种思想缺席的意识的状态，只要思想在运作，就不可能拥有创造力。思想是持续的，它是持续性的结果，凡是拥有持续性的事物，都不可能迎来生机与活力，不可能实现新生，它只会从已知走向已知，因此它永远无法是未知。所以，重要的是去认识思想以及如何让思想终结。思想的结束不是一种活在抽象的象牙塔里的过程，相反，思想的终结是最高形式的认知。思想的停止会带来生机与活力，在它里面会有新生，但只要思想在继续，就不可能实现更新。这就是为什么说，认识我们是怎样思考的，要比去思考如何更新自我重要得多。只有当我懂得了自身思考的方式，洞悉了它的所有反应，不仅是在表层，还有深层的无意识的层面——唯有这时，在认识我自己的过程里，思想才会终结。

思想的结束便是创造力的开始，思想的结束便是静寂的开始。然而，思想的终结是无法通过强迫、通过任何形式的训诫、通过任何迫使而获得的。毕竟，我们必须拥有意识格外安静的时刻——自发的安静，没有任何强迫，没有任何动机，没有任何想要让它安静的欲望——我们必须要体验意识彻底静寂的时刻。那么，这种静寂永远不可能来自于某种形式的认同，在这种状态里的意识会终结，也就是说，作为某种限定的反应的思想会终结。思想的终结就是新生，它是一种鲜活，在它里面，意识能够实现新的开始。

所以，认识意识，不仅是作为思想者的意识，而且还有作为思想的意识，直接地去觉知作为思想的意识，不做任何谴责或辩护，不做任何选择，将会让思想终结。尔后你将发现，假如你想要去检验这个的话，伴随着思想的终结，不会再有思想者，当思想者消失的时候，意识便将迈入静寂。思想者是拥有持续性的实体，思想认识到自己转瞬即逝，于是它便制造出了思想者这一永恒的实体，赋予了他持续性，于是，思想者变成了煽动者，让意识始终处于一种不断在激动不安、不断在寻求、探问、憧憬的状态里。只有当意识认识了自身的全部过程，没有任何形式的强迫，才能迈入静寂，并因此能够迎来更新。

那么，很明显，在所有这些问题里面，重要的是理解意识的过程。认识意识的过程，并不是一种自我隔离或反省的行为——它不是排拒生活，不是退隐到修道院里头或者把自己封闭在某种宗教信仰之中。相反，任何信仰都只会让心灵受限，信仰导致了敌对，一个怀有信仰的心灵永远不可能是宁静的，一个为教义所困的心灵永远无法去认识何谓创造力。因此，只有当我们懂得了意识的过程——意识即问题的制造者——我们的问题才能得到解决，而只有当我们认识了关系，才可以终结这个制造者。关系便是社会，要想带来社会的革新，我们就得认识我们在关系里的种种反应。只有当心灵迈入彻底的宁静，不为某种活动或信仰所围，才能迎来那种富有创造力的新生的状态。当意识实现了绝对的宁静，因为思想已经停止了——唯有这时，创造力才会登场。

（第一场演说，1950 年 4 月 9 日）

寻求心理安全破坏了生理安全

很明显，我们大的困难之一，便是努力去获得安全，不仅是在经济的世界里，而且还在心理或所谓的精神世界里，结果也就破坏了生理的安全。在寻求经济和心理安全的时候，我们制造出了某些观念，依附于某些信仰，并且怀有焦虑、获取的本能。对我们大部分人来说，正是这种寻求最终破坏了生理的安全。因此，重要的是去探明为什么心灵让自己如此依附于那些观念、信仰、结论、体系和公式，不是吗？因为，很明显，我们指望着能够得到心理上的安全，于是便去依附信仰和观念，结果最终破坏了外部的或身体的安全。欲望、焦虑、寻求内在安全的心理需求，使得生理上的安全变得不可能。所以，很显然，重要的是去弄明白为何心灵、为何我们每个人如此热烈地去追逐内在的安全。

那么，我们必须获得生理上的安全，必须有食物、衣服、住所，这一点是显见的。重要的是去探明，在寻求心理安全的过程中是如何破坏掉了外部的安全，难道不是吗？为了获得生理上的安全，我们必须去探究这种对于内在安全的渴望，这种内心对于观念、信仰、结论的依附。为什么心灵要寻求内在的安全呢？为什么我们要如此重视观念、财产、某些人呢？为什么我们要躲到信仰里去，为什么要退隐于世以求得庇护呢？而这么做最后毁灭掉了外在的安全。为何心灵如此强烈地、拼命地去依附观念呢？国家主义，对神的信仰，对这种或那种公式、准则的信仰，不过是对观念的依附。我们发现，观念、信仰导致了人与人的界分。我们为什么会这般强烈地去依附于观念呢？假如我们可以摆脱想要获得心理安全的渴望，那么或许便能组织起外部的安全了。原因是，正是对于内部安全的渴望才把我们划分开来，而不是对外在安全的渴望。我们必须拥有外部的安全——这一点是显见的,然而,对于心理安全的渴望却妨碍了我们实现外部的安全。除非解决了这一问题,不是流于表面的解决,而是从根本上解决,认真地加以解决,否则就不可能有外部的安全可言。

所以,我们的困难不在于去寻求某个可以带来外部安全的公式或体系方法,而在于去探明为何心灵始终都在渴望内心的隔离、心理的满足与安全。提出问题很容易,但要发现正确的答案——它必定是真实的——则是非常艰难的。由于我们大部分人都希望拥有确定感,于是我们便去逃避不确定性,我们想要在自己的感情里头获得确定,想要在自己的知识里面获得确定,想要在自己的经验里头获得确定,因为这种确定带给我们一种保证,带给我们一种幸福感,这里面没有任何扰乱,没有经历的冲击,没有新出现的特质的冲击。正是这种对于确定感的渴望,才使得我们无法去探究挣脱一切内在安全的必要性。我们能够用双手或者头脑即累积的知识和经验去制造出各种东西,这种能力带给了我们巨大的满足,我们在这种能力中寻求着确定感,因为,在这种状态里,心灵需要永远不被扰乱——没有焦虑、没有恐惧、没有新的经历。

因此,心灵通过财产、通过人、通过观念去寻求着内在的确定感,它不希望受到扰乱,不希望变得不确定。你难道没有经常注意到,心灵是多么地抗拒任何新的事物吗?——新的观念、新的经历、新的状态。当意识经历了某种新的状态时,它立即会将其带入自己的领域,带入已知的领域,使其处于确定的领域内、已知的领域内、安全的领域内——这些都是它自造出来的,于是它便永远无法去体验那超越自身以外的事物。确定的状态,显然便是去体验某种超越了意识的状态,只要意识依附于某种形式的安全,内在的或外在的安全,就无法迎来创造力的状态。那么,很明显,对于我们每个人来说,重要的是去探明自己依附的是什么,在寻求怎样的安全。假如一个人真的怀有兴趣,那么他便能够轻易地凭借自己的力量探明这个了——他可以发现,心灵是以哪种方式、通过哪种经历、通过哪种信仰去寻求安全感和确定性的。当一个人有所发现,不是停留在理论层面，而是切实地去发现的时候，当他直接地体验到了对于信仰、对于某种感情、对于某个观念或准则的依附，就会发现他将摆脱对某种形式的安全的渴望获得自由了。在那种不确定的状态里——这种状态不是隔绝，也不是恐惧——创造力便会登场。不确定，对于富有生机与活力的生存状态来说是不可或缺的。

我们发现，这个世界上，信仰、观念、意识形态正在把人们分隔开来，并且导致了灾难、不幸与混乱。我们依附于、执着于自己所抱持的信仰，我们因为个人的观念和经验而被划分开来——我们依附于它们，如同依附于终极的真理一般——尔后我们试图去带来集体的行动，而这显然是不可能办到的。只有当我们不再渴望躲进某种意识形态、某种信仰、某种体系方法、某个群体、某个人、某位老师或某种教义里头去寻求庇护，才能展开集体的行动。只有当我们不再渴望获得内在的安全，才能实现外部的安全，才能拥有那些对于个体生存必需的物质上的东西。

我将要回答一些提问，请记住，对于任何人类的问题，都没有简单的是或非。一个人应该对每个问题展开思考和探索，洞悉关于它的真理，唯有这时，问题才会彰显出自身的答案。

问：什么是思想？它源自于何处？思想者与思想之间是什么关系？

克：是谁提出的这个问题？是思想者提出问题的吗？抑或，问题源于思想呢？如果是思想者提出的问题，那么思想者就是一个同思想分离开来的实体，他只是思想的观察者，是位于经历之外的体验者。因此，当你提出这个问题的时候，你必须弄清楚思想者与思想是否是分开的。在你提出这个问题时，你是当自己处于思想过程之外吗？如果是的话，那么你必须探明思想者是否真的跟思想是分开的。思想是一种反应的过程，对吗？也就是说，有挑战和反应，而反应便是一种思想的过程。若不存在任何形式的挑战，不管是有意的还是无意的，强烈的还是细微的，就不会有任何反应，不会有任何思想。所以，思想是对某个挑战做出的反应，思索、思想，是一种反应的过程。首先有感知，尔后是接触、感觉、渴望和认同——思想便开始了。思想是对挑战予以反应的过程，无论是有意识的还是无意识的——这一点是相当显见的。假若没有挑战，就不会有任何反应，因此，思想是对某种形式的刺激或挑战做出反应、回应的过程。

那么，这就是全部了吗？思想者是思想的产物吗？还是说，他是一种依靠自身出现的实体，不是由思想制造出来的，而是位于一切思想之外、位于时间之外的呢？由于思想是一种时间的过程，思想又是背景的反应，因此背景的反应是时间的过程。所以，思想者位于时间之外吗？抑或，思想者是时间即思想过程的一部分呢？

用两种语言来着手是一个难题，假如我能够说法语的话，将会简单许多。由于我不会——尽管我对法语略有所知，能够说一点儿——让我们开始着手去探究，将会有所发现的。

问题是：何谓思想以及何谓思想者？思想者与思想是分开的呢，还是说他其实是思想的产物呢？如果他与思想是分开的，那么他就能够对思想进行运作，能够控制、改变、修正思想。但倘若他是思想的一部分，他便无法去操作思想，虽然他或许会觉得自己能够控制思想，改变或修正它，但他实际上并不能做到，因为他自己就是思想的产物。因此，我们必须探明，究竟是思想制造出了思想者，还是思想者独立于思想之外，与思想是分开的，于是能够控制思想。

那么，我们可以非常清楚地意识到，思想者是思想的产物，原因是，若无思想就没有思想者，若无体验就没有体验者。体验、观察、思考，产生出了体验者、观察者和思考者，体验者与体验不是分开的，思想者与思想不是分开的。那么，为什么思想要把思想者变成一个单独的实体呢？当我们知道我们日常的思考——它是对挑战做出的反应——制造出了思想者，那么为什么我们会相信有一个与我们日常的思考分离的思想者呢？思想之所以把思想者制造成了一个单独的实体，是因为思想总是在变化，它意识到自己不是永恒的，由于知道自身是短暂的，于是思想便渴望获得永恒，结果就把思想者创造为了一个永恒的实体，不为时间之网所困。因此，我们制造了思想者——这仅仅只是一种信念。也就是说，寻求安全的心灵执着于如下的信念：即认为有一个与思想分离的思想者，有一个与我的日常活动、日常想法、日常行为分离的"我"。于是，思想者变成了一个位于思想之外的实体，尔后，思想者开始去控制、改变、支配思想，从而导致了思想者与思想之间、行动者与行动之间的冲突。

一旦我们洞悉了这其中的真理——即思想者便是思想，没有与思想分开的思想者，只有思想的过程存在——那么会发生什么呢？如果我们领悟到存在的只有思想，而不是一个试图去改变思想的思想者，那么结果会如何呢？我希望我把自己的意思阐释清楚了。迄今为止，我们知道思想者在对思想进行操作，而这又引发了思想者与思想之间的冲突。但倘若我们洞悉了如下真理，即存在的只有思想而非思想者，思想者是人为的、完全虚幻的——那么会发生什么呢？难道不就会消除了冲突吗？当前，我们的生活是思想者和思想之间的冲突与交战——做什么和不做什么，应当怎样和不该怎样，思想者总是把自己隔离成了一个始终位于行动之外的"我"。一旦我们意识到存在的只有思想，那么我们难道不就消除掉了引发冲突的根源了吗？尔后我们便能不做任何选择地去觉知思想，而不是作为一个从外部来观察思想的思想者。当我们移除掉了那个导致冲突的实体，显然就能认识思想了。只要不再有一个观察、评判、影响思想的思想者，而是仅仅不做任何选择地去觉知思想的整个过程，没有任何抵制、没有交战、没有冲突，那么思想过程便会停止。

所以，当心灵领悟到存在的只有思想而非思想者，那么它就会消除冲突，于是只会有思想的过程存在。当你不做任何选择地去觉知思想，因为选择者已经被消除掉了，你就会发现思想将走向终结。尔后，心灵会变得格外的宁静，不再激动不安，在这种宁静中，在这种静寂中，问题就会得到认识了。

问：考虑到世界当前的状况，那些还没有为任何体系方法所囿的人，无论是左翼的体系还是右翼的体系，必须立即行动起来。要怎样去造就这个群体呢？它要如何就目前的危机展开行动呢？

克：怎样去造就这样一个不属于左翼或右翼，不属于任何信仰的群体呢？如何才能形成这样一个群体？你觉得它该怎样产生出来呢？什么是群体？很明显，群体就是你和我，对吗？要形成这样一个群体，你我必须让自己不再渴望获得安全，不再渴望与任何观念、信仰、结论、体制或国家认同。也就是说，你我必须着手让自己不再想着躲进某种观念、某种信仰或知识里头去寻求庇护。尔后，你我显然就会不再因为从属于某个事物而排他了。但我们是这样的群体吗？你我是这样的人吗？如果我们没有挣脱信仰、结论、体制、观念的束缚，我们可以形成一个群体，但我们将再一次制造出同样的混乱、同样的不幸、同样的领袖，同样会对那些持异议的人进行清算，诸如此类。所以，在我们能够形成群体之前，必须首先不再渴望获得安全，不再想着在某种信仰、理念、体系中去寻求庇护。你我摆脱了这种欲望？假如没有的话，那么让我们不要从群体以及未来的行动的层面去思考吧。然而很明显，重要的是去探明——不是仅仅停留在口头上，而是在内心深刻地探明，在意识的层面以及我们的头脑和心灵的暗藏的部分——我们是否真的摆脱了与某个群体、某个国家、某种信仰或教义进行认同的意识。如果我们没有，那么，在创建群体的时候，我们必定就会制造出同样的混乱、同样的不幸。

你或许会说："对我来讲，要挣脱我自己的那些信仰与教义的制约需要花费很长时间——它们是我自造出来的，是我自身思想的产物。因此我无法有所行动，无法做任何事情，我只能去等待。"这便是你的反应，对吗？你说道："由于我是不自由的，那么我该如何是好呢？我无法行动。"这难道不就是你的问题吗？当你等待的时候，世界正在继续制造出更多的混乱、更多的不幸、更多的恐怖和破坏。抑或，由于急切地想要助上一臂之力，于是你带着自己的信仰、自己的教义一头扑了进去，结果便导致了更大的混乱。显然，重要的是去意识到，只要心灵依附于、执着于某个左翼或右翼的结论或信仰，就不可能展开正确的行动。原因是，一旦你真的洞悉了其中的真理，你显然就会处于行动的状态了。这并不会花费多久时间，它不是一种渐进的过程，洞察事实不是渐进的过程，对吗？可你并不感兴趣，你不想领悟其中的真理，你只是说道："嗯，对我来讲，挣脱束缚是要花费时间的"——你就在这里放弃了。

那么，问题便是：一个像你我这样的普通人，一个不太聪明的人，能否立即摆脱想要去依附某种信仰或教义的渴望呢？能否马上挣脱信仰的羁绊呢？当你对自己认真地提出此问题的时候，还会留下质疑吗？对你来说，思考这个是时间的事情？一旦你意识到信仰会带来人与人的界分，一旦你真的洞悉了这个，从内心懂得了这个，那么信仰难道不会就此离你而去吗？这并不需要努力，这不是时间的过程。但我们不愿意去懂得这个事实——这就是我们的难题所在。我们希望去行动，于是我们加入那些或许文化程度更高一点、心地更和善一些、愉悦一些的群体，这样的群体可以有所行动，但它只会在另外的方向带来同样的混乱。但只要你我领悟了如下真理，即我们每个人都能摆脱信仰、教义的桎梏，那么很明显，无论我们是否形成群体，都将有所行动。需要的正是这种行动，而不是建立在某个观念之上的行动。

所以，这个问题里面的重点在于，是否能够出现没有观念、没有信仰的行动，难道不是吗？纵观全世界，我们都能看到，那些基于信仰、教义、结论、体系、公式之上的行动，已经带来了界分、冲突和瓦解。那么，能否在没有观念、没有信仰的情况下去行动呢？你必须要弄明白这个问题，不是吗？——不要去接受，也不要去排斥。你必须凭借自己的力量去探明这样的行动是否是可能的，只有在体验的过程中你才能够有所发现，而不是在去相信或否定的时候。一旦你意识到所有基于信仰、教义、结论、盘算之上的行动都必定会导致界分，从而带来瓦解——一旦你懂得了这个，那么你就能体验到那种没有任何观念强加的行动了。

问：个体与社会的关系是什么？个体对社会负有责任吗？假如负有责任，那么他应当去改变它呢，还是否认它呢？

克：那么，什么是个体呢？什么是社会呢？你我是什么？我们难道不就是我们身处的背景、我们所受的教育、我们所受的社会与环境的影响、我们接受的宗教训练的产物吗？我们是自己周围这所有一切事物的结果，而我们周围的事物反过来又是被我们制造出来的，不是吗？当前存在的社会是我们的欲望、我们的反应、我们的行动的产物，我们制造出了社会，尔后又变成了这一社会的工具。因此，你难道不就是由你自己制造出来的那个社会的产物吗？很明显，个体和社会之间并没有明显的划分或界限。当我们开始让自己去摆脱社会的影响时，就将逐步地具有个性了。

那么，你是个体吗？虽然你或许拥有某种名声，拥有一片土地，一栋私人的房子，拥有个人的关系，拥有单独的银行账户，但你真的是一个个体呢，抑或仅仅只是环境的产物呢？尽管这一切使得你认为自己是单独的，可你难道不是整体的一部分吗？除非你与它是分离的，否则你如何能够同它建立起关系呢？毕竟，我们的意识是过去的结果，对吗？我们所有的思想都是建立在过去的基础之上的，而过去，包括意识的和无意识的，都是一切人类的想法、努力、奋斗、意愿及欲望的产物。所以，我们是整体的综合，我们难道不属于整个人类的奋斗吗？既然我们是大众、社会的产物，因此我们无法声称自己是单独的，声称自己其实是位于社会之外的。我们即社会，我们是整体的一部分，我们不是单独的。只有当心灵开始洞悉何处是谬误，从而加以抵制，才能成为独立的个体。唯有这时，才能出现一个不去抵抗社会、不与社会处于对立面的个体，才能出现一个不是建立在对立、排拒、接受之上，而是认识了谬误从而使自己摆脱谬误的个体。唯有这样的个体才能对社会展开行动，于是他对社会负有的责任将会截然不同。尔后他将有所行动，不是从否认或改变社会的层面，而是出于他自身的觉知、自身的创造力，而这一切又都源自于他发现了何谓谬误。

因此，只要你我没有认识自己，只要我们没有理解自身的全部过程，那么，仅仅去改变或否认社会将会毫无意义。为了带来社会的根本性变革，必须实现自我认知，而认识自我就是要觉知到谬误。由这种觉知，会让我们认识到独在——这种独在不是隐退，不是隔绝。假如我们想要展开真正的行动，独在是不可或缺的——因为，唯有独在的事物才具有创造力，才具有生机和活力。当过去的所有影响都撞击着现在，创造力是不会到来的。只有当实现了独在——独在不是孤独，不是一种远离、分隔的状态——才能拥有创造力。它是一种由认知而来的独在，既有意识也有那些暗藏的潜意识，在这种独在的状态里，方能有效地去改变社会。

问：死亡与生命有何关系呢？

克：生死之间有界分吗？我们为什么认为死亡和生命是分离的事物呢？为什么我们会惧怕死亡？为什么有如此多的书籍都是关于死亡的？为何生死之间会有这种界限？这种界分是真实存在的呢，抑或仅仅是偶然的，是头脑想出来的呢？

那么，当我们谈论生命的时候，我们所指的生命是一种持续的过程，在它里面存在着认同。我和我的房子、我和我的妻子、我和我的银行账户、我和我过去的经历——这便是我们所谓的生命，对吗？生命是一种记忆的持续的过程，包括意识和无意识，及其各种努力、争斗、事件、经历，等等。这一切便是我们所谓的生活，与之对立的便是死亡，它是对所有这一切的终结。因此，由于制造出了对立面即死亡，由于惧怕死亡，于是我们便去寻找生与死之间的关系。如果我们可以用某种解释，用对永生、对来世的信仰去弥补生死之间的裂缝，我们便会感到满足。我们相信轮回转世，或者相信其他形式的思想的永续，于是我们试图在已知和未知之间建立起关系，我们努力在已知与未知之间搭建起一座桥梁，从而试图找到过去跟未来之间的关系。当我们探寻生与死之间是否有某种关系的时候，这便是我们正在做的事情，不是吗？我们希望懂得如何在生命和终结之间搭建桥梁——显然，这就是我们最根本的思考。

那么，能够在活着的时候懂得终结即死亡吗？也就是说，如果我们可以在活着的时候知道什么是死亡，那么我们就将没有任何问题了。正是由于我们无法在活着的时候去体验死亡这一未知，所以才会对它心生恐惧。因此，我们努力想要在我们自己——我们是已知的产物——跟未知即我们所谓的死亡之间建立起某种关系。过去与头脑无法构想的事物即我们所谓的死亡，这二者之间会有关系吗？我们为什么把这二者分隔开来呢？难道不是因为我们的头脑只能在已知的领域之内、在持续的领域之内运作吗？一个人只把自己理解为一个带着对不幸、快乐、爱、情感以及各种经历的记忆的思想者、行动者，一个人只是把自己理解为永续的实体，否则他就不会记起自己是什么了。那么，当某个事物终结的时候，即我们所说的死亡，我们会对未知产生恐惧之情，所以我们希望把未知牵引到已知里面去，我们的全部努力便是让未知成为持续的事物。也就是说，我们不想认识那包含了死亡在内的生命，但却希望知道怎样才能永生不灭，我们不想认识生与死，只想知道如何永续下去，不会终结。

那么，凡是持续的事物都无法实现新生，不可能有任何新事物，不可能有任何生机与活力，在它里面，有的只是持续——这一点是十分显见的。只有当持续性终止的时候，才能迎来那常新的事物。然而，我们害怕的正是这种终结，我们不明白，唯有在终结里才能实现更新，才能迎来创造力与未知——而不是当我们日复一日地背负着自己的经历、记忆和不幸的时候。只有当我们每一天都把一切旧的东西终结掉，才能迎来新事物。只要存在着持续，就不会有任何更新——新事物是富有生机和活力的，是未知的、永恒的，是神，诸如此类。一个寻求着未知、实相、永恒的人，假如他是持续性的，那么他便永远无法找到真理，因为他只能够发现自造出来的东西，而他自造出来的事物并不是真实的。因此，只有在终结、在死亡的状态里，才能认识新事物。假如一个人渴望找到生死之间的关系，渴望在持续性与他所认为的超越性的事物之间架起桥梁，那么他就会活在一个虚幻的、不真实的世界里——这个世界是他自造出来的。

那么，在活着的时候，能够实现死亡吗？——这意味着终结，意味着一无所有。当我们活在一个一切事物正变得越来越多或变得越来越少的世界里，活在一个一切事物都成为了一种爬升、获取、成功的世界里——在这样的世界里头，能够认识死亡吗？也就是说，能否终结所有的记忆——不是关于事实的记忆，不是对回家的路的记忆，而是心理通过记忆对内在安全的依附，是一个人所累积的在其中去寻求安全和幸福的记忆。能否终结这一切呢？——这表示每一天都要去终结，如此一来明天就将迎来新生。唯有这时，一个人才能在活着的时候懂得死亡。唯有在死亡里，在终结里，唯有结束持续性，才能实现新生，才能获得那永恒的创造力。

（第二场演说，1950 年 4 月 16 日）

依赖性将幸福挡在门外

对于那些希望领悟何谓真理的人，重要的是通过自己的体验去发现真理，而不是单纯地依照某种模式去接受或相信，难道不是吗？很明显，一个人必须要凭借自己的力量去探明什么是真理，什么是神——你如何称呼并不重要——因为这是唯一真正富有创造力的事物，一个人唯有通过这扇大门，才能发现那种不是转瞬即逝、不依赖于任何其他事物的永恒的幸福。我们大部分人都寻求着这种或那种形式的幸福，我们试图通过知识、通过体验、通过不断的努力去找到幸福，但是很明显，依赖于某种事物的幸福并不是真正的幸福，一旦我们依赖财产、人或观念来获得幸福，那么这些东西就会变得格外重要起来，而幸福也就离我们远去了。我们为了获得幸福而去依赖的这些事物，变得比幸福本身更加重要了。如果你我依赖某些人以获得幸福，那么这些人就会变得重要，如果我们依赖某些观念来获得幸福，那么观念就会变得重要，依赖财产、名声、地位、权力来获得幸福，也是一样的——只要我们让自己的幸福取决于这些东西，它们就会成为我们生活中最为重要、最不可或缺的事物。

因此，依赖性会将幸福挡在门外，当一个人去依赖观念、人或外物的时候，这种关系显然一定会把他给隔离起来。依赖意味着隔离，只要有隔离，就不可能实现真正的关系，只有当一个人认识了真正的关系，他才能让自己抛掉那会带来隔离的依赖。这就是为什么我会认为，重要的是去深入地、充分地探究有关关系的问题。假如关系仅仅只是一种依赖，那么它显然就会走向隔离，这样的关系必定会引发各种各样的恐惧、自我封闭、占有、嫉妒、诸如此类。当我们通过关系去寻求幸福的时候，不管是跟财产、跟人还是跟观念的关系，我们不可避免地会去占有这些东西；我们之所以必定会去占有它们，是因为我们通过它们来获得幸福——至少我们是这么认为的。然而，占有那些我们所依赖的事物，将会导致自我封闭的过程，于是，关系——关系应当是消除掉自我、"我"，消除掉生活的那些局限性的影响——就会变得越来越严厉，越来越局限，最终毁灭掉了我们所渴望的幸福。

所以，只要我们单纯地依赖那些外物、人或观念来获得幸福，那么关系就会是一种自我封闭、自我隔离的过程，我认为，意识到这一点格外的重要。当前，所有的关系都容易局限住我们的行为、我们的想法、我们的感受，除非我们意识到依赖性将会妨碍我们的行动，毁灭我们的幸福，除非我们真的洞悉了这其中的真理，否则就无法拥有更加广阔、更加自由的思想与感受。毕竟，为了能找到永恒的幸福、找到一个安全的庇护所，我们去求助于书本、大师、老师，我们去求助于训练、经验和知识——于是我们让大师、书本、观念、知识变得越来越多。但是很明显，没有人能够带给我们这种永恒的幸福，没有人能够让我们从自身的那些欲望、所受的那些局限性的影响下解放出来。因此，重要的是去彻底地认识自我，不仅要认识自己的意识，还要认识自我的内在的部分，难道不是吗？只有通过关系才能认识自我，因为，对关系的认知将会揭示出自我、"我"的过程。只有当我们理解了"我"的全部范畴及其活动，不是仅仅停留在表层，而是包括所有更加深刻的层面，才可以摆脱依赖性的束缚，从而认识到什么是幸福。幸福本身不是目的，正如美德本身不是目的一样，假如我们把幸福或美德作为目的，那么我们就会去依赖外物、人或观念，依赖大师或知识。然而，除了我们自己通过在日常生活中去认识关系以外，没有人能够让我们挣脱自身那些局限性的混乱、冲突和局限。

我们似乎觉得，认识自我极为困难，我们有这样的印象：要想在自身头脑和心灵的秘密之处发现自我的过程，发现自身的思考方式，那么我们就必须求助于他人，必须被告知或给与某个方法。显然，我们把认识自我变得十分的复杂了，不是吗？但是，探究自我真的这般困难吗？它需要他人的帮助吗，不管大师可能处于怎样的层面，不管他是多么睿智？很明显，没有人可以教会我们去认识自我。我们必须要探明自我的整个过程，但要想探明这个，就得是自发的。一个人不可以把某种训戒、某种运作模式强加在自我之上，他只能时时刻刻在关系里觉知思想、感受的每一个运动。对我们大多数人来讲，困难在于——不做任何选择地去觉知每一个语词、每一个想法、每一种感觉。然而，觉知并不需要你去追随任何人，你不需要某位大师，你不需要某个圣人，你不需要某种信仰。要想认识意识的全部过程，你唯一需要的是怀有观察、觉知的意愿，既不去谴责，也不去辩护。只有当你在关系里展开觉知，在你跟你的妻子、跟你的孩子、跟你的邻居、跟社会的关系里，在你跟你所获得知识、你所积累的经验的关系里去觉知，你才能够认识自己。正是由于我们很懒惰，所以才会去求助于他人，求助于某个领袖、某位大师，指望他们可以给我们指点或者告诉我们某种行为模式。但是很明显，这种想要求助于他人的欲望，只会让我们变得依赖，而我们越是依赖别人，距离认识自我就会越远。只有通过认识自我，通过认识自我的全部过程，才能获得自由，当一个人使自己摆脱了自身那封闭的、狭隘的、隔离的过程，便能迎来幸福了。

所以，重要的是一个人应当彻底地、深入地、充分地认识自我，难道不是吗？如果我不认识我自己，如果你不了解你自己，那么我们的行动、我们的思想有何基础呢？若我不了解自身，不仅是那些表面的层面，而且还有那些深刻的层面——一切动机、反应、累积的欲望和冲动都源自于这一层面——那么我如何能够去思考、行动、生活和存在呢？因此，尽可能彻底地认识自我难道不重要吗？假如我不了解自己，我怎么能够求助于他人、探寻真理呢？我可以求助别人，我可以由自己的混乱挑选出某个领袖，但由于我是出于自身的混乱而选择他的，因此，这个被我选择的领袖、老师、大师必定同样也是混乱的、困惑的。所以，只要存在着选择，就不可能实现认知，认知不是通过选择得来的，也无法通过比较、评判、辩护得来。只有当意识充分地觉知到了自身的整个过程，从而变得静寂，觉知才会到来。当意识彻底安静下来，没有任何要求——唯有在这种静寂之中，才能迎来觉知，才能体验那超越了时间的事物。

在我回答这些提问之前，假如你们不介意的话，我希望指明，重要的是凭借你自己的力量去发现答案，也就是说，你和我将要去探究每个问题的真理，凭借我们自己的力量去探明、去体验，否则就将仅仅停留在口头层面，于是也就没有任何价值可言。如果我们能够体验每个问题的真理，那么或许就能彻底解决该问题了。然而，仅仅停留在口头层面，仅仅通过言语彼此展开讨论、辩论，无法带来问题的解答。所以，在思考这些问题的时候，我不会只是给出口头上的表达，而是你我要努力去探明问题的真理；若想探明真理，我们就得摆脱自身固化的思维，摆脱观念的影响，逐步地去探究关于问题的真相。

问： 由于富有创造力的人可以根据他们自己的特性和能力来扰乱社会，因此创造力难道不应当处于社会的控制之下吗？

克： 那么，我们所说的创造力是指什么意思呢？是指发明原子弹或者探明如何去杀戮他人的能力吗？是指拥有某种天赋、才能的能力吗？是指可以格外聪明地谈话、撰写非常理性的书籍、解决问题的能力吗？是指发现自然的过程、发现生命那潜藏的过程的能力吗？上述这些是创造力的状态吗？还是说，创造力与创造力的表现是截然不同的呢？我或许能够把大理石变成某种视觉上的景象、某种感觉，抑或成为一名科学家，我或许能够依照自身的能力和倾向去发明什么东西，但这是创造力吗？把某种感受表达出来，发明出某些东西，写书或写诗，画画，做到了这些就意味着必然具有创造力了吗？抑或，创造力是完全不同的事物，并不依赖于外在的表现呢？在我们看来，表现似乎格外的重要，不是吗？能够用话语、用绘画、用诗歌去表达某些东西，能够专注于去发现某个科学事实，这是创造力的过程吗？抑或，创造力压根儿就不属于意识呢？毕竟，当意识发出需求的时候，它就会找到某个回答，然而，它的回答是富有创造力的回答吗？还是说，只有当意识迈入彻底的宁静——不去询问，不去要求，不去探寻——创造力才会登场呢？

那么，我们是社会的产物，我们是社会的储藏室，我们要么去遵从社会，要么去冲破社会的束缚。从社会突围而出，取决于我们的背景、我们所受的限定，所以，我们的冲破社会并不意味着我们就获得了自由——它可能仅仅只是背景对于某些事件做出反应而已。因此，假如一个人所谓的富有创造力仅仅只是从这个词语被认可的意义上来说的，那么他可能会是危险的、富有破坏力的，不会让这个剥削人的社会发生任何根本性的转变——社会就是我们自己。这位提问者想要知道，社会是否不该操控一个人的创造力。但由谁来代表社会呢？领袖、掌权者、那些体面的、有法子去控制他人的人吗？还是说，必须得以完全不同的方式来着手这一问题呢？也就是说，社会是我们自造出来的产物，是我们自身意愿的产物，因此，我们跟社会并不是分开的。既然一个反社会的人并不一定就是革命者，所以，重要的是去理解我们所说的革命究竟意指为何，难道不是吗？很明显，只要我们把变革建立在某个理念之上，它就不是真正的变革，对吗？基于信仰、教义、知识之上的变革，显然根本就不是变革——它只不过是以一种经过修正的方式持续着过去罢了。意思便是说，背景对社会那限定性的影响做出的反抗，其实是一种逃避，显然并非是革命。

只有当我们认识了自身的全部过程，才能实现不依赖于观念的真正的变革。只要我们接受了社会的模式，只要我们制造出了那些会带来一个基于暴力、不宽容和停滞的社会的影响——只要存在这种过程，社会就将努力去控制个体。只要个体试图在自身所受限定的领域之内去实现创造力，那么他显然就无法拥有创造力。只有当我们彻底认识了意识，创造力才会到来，尔后，意识不再去依赖单纯的表现——表现的重要性是其次的。

那么，很显然，重要的是去探明什么是富有创造力。只有当我理解了自身的整个过程，才能探明、认识何谓创造力，才能洞悉关于它的真理。只要有意识的产物，不管是在口头层面还是任何其他的层面，就无法进入创造力的状态。只有当我们认识了思想的每一个运动，从而终结了思想——唯有这时，创造力才会登场。

问：我为我的朋友的健康祈祷，尔后收到了某些回复。如果我此刻在心中为和平祈祷的话，那么我能够直接接触到神吗？

克：很明显，需求、恳请、哀求，会带来某些答复。你提出要求，尔后你会收到答复——这是一个十分显见的心理事实，你可以自己去展开检验。你在心中祷告、恳请、哀求，你就会收到答复，但这答复属于实相吗？要想发现实相，就必须没有任何恳请、哀求、祈愿。毕竟，只有当你感到困惑、混乱，只有当你陷入麻烦、不幸之时，你才会去祈祷，对吗？否则你就不会去祷告了。只有在你倍感混乱的时候，只有在你身处不幸的时候，你才会希望有人施以援手。祈祷是一种发出需求、恳请的过程，它必然会得到某个答复，这答复可能来自于一个人深层的无意识，又或者来自于集体的无意识，但它显然不是实相、真理给出的答复、回应。一个人可以发现，通过祈祷，通过摆出某种姿势，通过不断地去反复念诵某些话语、句子，心灵就会变得安静下来。当心灵在与某个难题斗争之后迈入了宁静，显然就会收到回答，但这回答明显不是源于那超越了时间的事物。你的需求是在时间的领悟之内，所以，这答复也必然同样是在时间的范畴之中。因此，它是问题的一部分，只要我们在祷告——祷告是一种恳请、哀求——就一定会收到答复，但这答复不是实相的反应。

现在，这位提问者希望知道，通过祈祷是否能够直接与实相、与神接触。通过让意识安静下来，通过训练，通过反复念诵话语、保持某种姿势、通过不断地控制、压制从而强迫意识安静下来——用这些方式能够与实相建立联系吗？答案显然是否定的。如果心灵受着环境、欲望、训练的影响，那么它永远无法获得自由。唯有自由的心灵才能有所发现，唯有自由的心灵才能触摸真理。然而，一个在寻求、在恳请的心灵，一个努力想要拥有幸福和美德的心灵，这样的心灵永远不可能实现宁静，因此也就永远无法与那超越了一切经验的事物取得联系。毕竟，经验是暂时的、转瞬即逝的，对吗？——声称"我经历过了"，便是把那一经历置于时间之网里。真理是去经历的事物吗？真理是被重复的事物吗？真理是属于记忆、意识的事物吗？抑或，真理是超越了意识，从而超越了体验状态的事物呢？当一个人去经历的时候，就会有对该经历的记忆，而这记忆即重复显然不是真实的。真理是每时每刻的，不是某种体验者去体验的事物。

因此，要想触摸真理，心灵就必须得是自由的，但这自由不是通过训练、要求、祈祷而来的。通过欲望，通过各种形式的强迫、努力，可以让心灵安静下来，但一个被人为地变得安静的心灵，并不是真正宁静的心灵，它只不过是一个受到训戒的心灵，一个被囚禁起来、受着控制的心灵。假如一个人希望接触到真理，他不必去祈祷，相反，他应该去认识生活——生活即关系，活着即意味着处于关联之中。如果没有认识自身与物、与人、与观念的关系，那么心灵势必陷入冲突、敌对的状态。你或许暂时可以压制这种敌对，但这样的压制并不是自由，自由源于对你自己的认知，唯有这时，才能够与那并非意识自造出来的事物取得联系。

问：个体究竟是社会的产物呢，还是社会的工具呢？

克：这是一个十分重要的问题，不是吗？在这个问题里，世界被划分成了两大敌对的意识形态——个体究竟是社会的工具，还是社会的产物。这一阵营的专家、权威们会说，个体是社会的产物；另一阵营的专家、权威则会坚称，个体是社会的工具。所以，重要的是你我必须凭借自己的力量去探明有关这个问题的真理，不去依赖那些专家、权威，不管是左翼的还是右翼的，难道不是吗？能够让我们摆脱谬误的是真理，而不是观念或知识。对于我们每个人来说，重要的是去发现真理，而不是仅仅依赖语词抑或他人的看法，对吗？

那么，你打算怎样去发现这个问题的真理呢？若想探明该问题的真理，显然就不应该去依赖那些专家、学者、领袖。要想凭借自己的力量懂得其中的真理，你就不可以去依赖先前的知识；当你去依靠之前的知识，你便会迷失，因为，每个权威都彼此矛盾，每个人都是根据自己的成见或特性去阐释历史。所以，很明显，首要之举便是挣脱知识、专家、有权力的政客等外部的影响。

为了探明关于这个问题的真理，你或许会去抵制外部的权威，依赖你自己的经验、自己的知识、自己的研究，但你自己的经验能够让你懂得其中的真理吗？你可能会说，你没有其他的可以继续了，会说，判断个体究竟是社会的工具还是产物——要想懂得其中的真理，你就必须依靠自身的经验。那么，发现真理依赖于经验吗？毕竟，什么是你的经验呢？它是累积的信仰、影响、记忆、限定的产物，它是过去——经验是累积的过去的知识，你试图通过过去发现关于该问题的真理。所以，你能够依靠自己的经验吗？如果你不能，那么你凭何做出判断呢？

我希望我把这个问题阐释清楚了。若想洞悉、领悟这一问题的真理，你必须知道你的经验是什么。那么什么是你的经验呢？你的经验显然是你所受的限定的反应，你的限定是你周围的社会的产物，因此，你是根据自己所受的限定在寻找这一问题的真理的，不是吗？你喜欢认为你仅仅只是社会的产物——这要容易一些，因此也就更加让人愉悦，但你实际上觉得你是精神性的，你是神的化身，是某种终极事物的表现，等等，而这一切全都源自于你所受的社会的、宗教的限定性的影响。所以，你是在根据这些东西做出判断的。但这是衡量真理的正确标准吗？对真理的衡量取决于经验吗？经验本身难道不会妨碍我们对真理的认知吗？现在，你既是社会的产物，又是社会的工具，对吗？所有的教育都在把孩子限定为这一结果。假如你切实地去审视一下，就会发现，你是社会的产物——你是个法国人、英国人、印度人，你相信这个或那个。当社会主张："去打仗"，你们便会成群结队地走向战场；当社会说道："你属于这种宗教"，你们便会去重复那些准则、话语、教义。因此，你既是社会的工具，又是社会的产物——这是一个显见的事实，无论你喜欢与否，情形都是如此。

那么，探明那超越的事物究竟是什么，探明生命是否不单单只是一种受着社会影响的过程——要想弄明白这其中的真理，那么一切影响都必须终结，一切经验即衡量标准都必须终结。若想发现真理，就必须没有任何衡量标准，因为衡量标准是你所受限定的结果，而凡是受到限定的事物，都只能看到自造出来的东西，因而永远无法领悟实相。重要的是依靠你自己的力量去发现这一问题的真理，因为，唯有真理才能让你获得自由，尔后，你将成为一个真正的革命者，而不是单纯地去重复那些话语了。

问：您为何谈论意识的静寂？这种静寂究竟是什么呢？

克： 假如我们想要认识某个事物，难道意识不需要安静下来吗？若我们有某个问题，我们会焦虑万分，对吗？我们会去分析它、探究它，会对它抽丝剥茧一般地剖析，指望着能够认识它。那么，通过努力、通过分析、通过比较、通过某种智力上的努力，我们能够认识问题吗？显然，只有当意识格外宁静，我们才能实现认知。我不知道你是否曾经对此做过检验，但倘若你愿意这么做的话，就将凭借自己的力量轻易地探明这个了。我们以为，我们越是努力对付饥饿、战争或是任何其他的人类问题，越是与之交战，就越能认识该问题。那么，真是这样的吗？战争已经延续了好几个世纪了，个体之间、团体之间的冲突，外部的和内部的战争，一直都在上演着，通过更多的冲突、更多的争斗，通过聪明的努力，我们是否消除掉了战争、冲突呢？抑或，只有当我们直接地站在问题前面，当我们去直面问题的时候，才能认识它呢？只有当心灵和事实之间不再有那干预性的敌对，我们才可以去面对事实，所以，假如我们希望实现认知，那么重要的是让心灵迈入静寂，不是吗？

但你们始终都在询问："心灵怎样才能变得安静呢？"这是你马上就会有的反应，对吗？你说道："我的心灵激动不安，我如何才能让它平静呢？"那么，体系、方法可以让心灵变得宁静吗？准则、训练，可以让心灵走向宁静吗？可以，但一旦心灵被人为地变得安静下来，那么它能够是真正的静寂吗？抑或，心灵只是被封闭在观念、公式、话语之中呢？这样的心灵是死寂的，不是吗？这便是为什么大多数努力想要在精神上达至某种高度的人，都是没有生机的——因为他们训练着自己的意识做到安静，为了达至静寂，他们把自己封闭在了某种模式里头。很明显，这样的心灵永远都不是宁静的，它不过是受着压制罢了。

当心灵洞悉了如下真理，即只有当它迈入了静寂，觉知才会到来，那么心灵就会安静下来了。假如我想要了解你，我就必须安静下来，我不可以去排拒你，我不应该抱持任何成见，而是必须抛下我所有的结论、经验，与你面对面。唯有这时，当心灵挣脱了我所受的限定，我才能够实现认知。一旦我领悟了其中的真理，心灵就会安静下来——尔后，不会再有如何让心灵变安静的问题了。唯有真理，才能让心灵摆脱自身观念的局限。若想洞悉真理，心灵就必须认识到如下事实：即只要它处于激动不安的状态，那么它就不可能实现认知。所以，心灵的静寂，不是来自于意志力抑或任何欲望的行动；假如是的话，那么这样的心灵就是封闭的、隔离的，它是死寂的心灵，因而也就无法实现迅捷、柔韧、无法具有适应力，这样的心灵是没有创造力的。

那么，我们的问题并不在于怎样让心灵变得安静，而在于当每个问题向我们彰显自身的时候去洞悉关于它的真理。这就好像风止而水静一般，我们的心灵之所以激动不安，是因为我们有各种问题，为了躲避问题，我们让心灵安静下来。意识制造出了这些问题，没有脱离意识之外的问题存在；只要意识制造出了任何关于感觉的概念，只要它去实践任何形式的静寂，那么它就永远不会是静寂的。可一旦意识认识到，唯有在静寂的状态才能迎来觉知，它就会变得格外安静。这种静寂不是被强加的，不是受着控制的，一个激动不安的心灵是无法认识这种静寂的。

　　许多寻求心灵静寂的人，都会从活跃的、积极的生活退隐到某个村庄、修道院或山林里去；或者，他们会退隐到观念中去，把自己封闭在某个信仰里头；抑或去躲开那些给他们带来扰乱的人。然而，这样的隔绝于世并不是心灵的静寂，把心灵封闭在某个理念之中，抑或去逃避那些让生活变得复杂的人，并不能带来心灵的静寂。只有当我们不再通过累积去展开隔离的行为，而是充分认识关系的全部过程，才能迎来心灵的静寂。累积会让心灵变得衰老，只有当心灵是崭新的、鲜活的，没有任何累积的过程——唯有这时，才能迈入静寂。这样的心灵不是死寂的，而是最富有活力的，静寂的心灵是最为活跃的心灵。但倘若你对此展开检验，展开深入的探究，就会发现，在这种静寂中，思想不会再制造任何东西。各个层面的思想显然是记忆的反应，思想永远不会处于一种富有创造力的状态，它只能表现出创造力，但思想本身永远无法具有创造力。可一旦实现了心灵的静寂——这种心灵的静寂不是某个结果——那么我们就能看到，在这种静寂里，会有非凡的活力，会有非凡的行动，这是那因为思想而激动不安的心灵永远无法去认识的。在这种静寂里，没有任何公式、准则，没有任何观念，没有任何记忆，这种静寂是一种富有创造力的状态。只有当我们彻底认识了"我"的整个过程，才能去体验该状态，否则，静寂就会毫无意义。唯有在那不是某个结果的静寂之中，才能发现那超越了时间的永恒。

（第三场演说，1950 年 4 月 23 日）

自知是智慧的开始

我们应当充分认识为了某个事物而去展开努力、奋斗这一问题，因为，在我看来，我们越是去努力，越是努力想要变得如何，问题的复杂性就会越大。我们从不曾真正去探究为了某个事物而展开努力的问题。我们做着巨大的努力，在精神层面，在物质层面，在生活的方方面面，我们的整个生活，不管是积极的还是消极的，都是一种不断努力的过程——要么是努力想要变得如何如何，要么是努力去逃避什么。我们的整个社会结构，包括我们的宗教与哲学生活，其基础，都是努力想要去达至某个结果或者避免某个结果，难道不是吗？

那么，通过努力、通过奋斗、通过冲突，我们是否认识了事物呢？通过冲突、争斗，能够实现调整、适应吗？我们所展开的努力，无论是有意的还是无意的，是否实际上就是一种时间的过程呢——这种努力真的是必需的吗？我知道，很明显，当前的社会结构的基础便是努力、奋斗，便是想要获得成功或者逃避个人不希望的结果。它是一种不断的心理的交战，通过心理上的努力，试图变得如何如何，我们是否实现了认知呢？我觉得，我们应当真正去面对这个问题并且展开深入的分析，或许这个上午不可能探究得过于仔细，但一个人可以十分清楚地意识到，存在着各种各样的努力，在关系里努力去适应，便是我们展开的最为显著的努力。争斗、冲突存在于关系之中——我们总是努力让自己去适应社会的不同的类别抑或去适应某个观念。这种不断的努力，真的能够带领我们达至某处吗？

努力，在一个人的意识里制造出了一个中心，围绕该中心，我们确立起了"我"、"我的"的整个结构——我的地位、我的成就、我的意愿、我的成功。很明显，只要这个"我"存在着，就不可能真正去认识自我的全部过程。难道无法在没有争斗、没有冲突、没有"我"这一中心的情形下去生活吗？显然，这样的生活方式并不是单纯的东方式的空想——这么称呼真的有些荒唐，那就将其搁置一旁好了。相反，让我们去思考一下是否能够活在这样一个世界里头，建立起新的社会，思考一下，这种变得成功、变得有德行、取得什么或者逃避什么的过程，是否能够被彻底地抛到一旁。假如我们真的想要去认识什么是生活，那就应当抛掉这种不断地努力想要得到什么的过程，这一点很重要，难道不是吗？毕竟，通过努力、通过奋斗、通过冲突，我们能够领悟事物的涵义吗？抑或，只有当我们能够直接地审视该事物，观察者跟所观之物之间不再有冲突和争斗，我们才可以认识它呢？

我们在日常经验中可以发现，如果我们真的希望去认识某个事物，就必须处于一种宁静的状态——不是那种受着强迫、训戒或控制的宁静，而是自发的宁静，在这种宁静的状态里，一个人将会洞悉问题的涵义。毕竟，当我们有了某个问题的时候，我们就会与问题展开交战，就会去分析它、剖析它，对它抽丝剥茧，试图探明如何将其解决掉。那么，当我们不再展开努力，会发生什么呢？在这种放松的宁静的状态里，问题将会呈现出不同的面貌——一个人会更加清楚地认识问题。同样的道理，难道不能够活在一种机敏、警觉、不做任何选择的觉知的状态吗，从而让心灵迈入静寂，单单在这种静寂的状态里，觉知便会到来。

毕竟，我们所受的限定——社会的、经济的、宗教的限定，诸如此类——全都是建立在对成功的推崇之上的。我们全都渴望获得成功，渴望达至某个结果，若我们在此生失败了，就会希望在来世能够实现成功，若我们在政治、经济领域没有出人头地，就会想着在精神世界里取得成功。我们推崇成功，在变得成功的过程中，一定会有努力——这意味着不断的冲突，内部的和外部的冲突。很明显，通过冲突，一个人永远无法认识任何事物，对吗？自我、"我"的本质，难道不就是一种冲突的过程吗，难道不就是一种想要变得怎样的过程吗？为了展开直接的思考与感受，难道不需要去认识这个"我"吗？——它是一片冲突的领域。一个人能否认识自我的整个过程，同时又不会因为试图去改变"当下实相"而导致冲突？换言之，一个人能否审视、思考自己的真实模样，同时又不去试图改变它呢？显然，只有当我们能够去审视事实的本来面目，才可以着手该事实，但只要我们与事实展开争斗，试图去改变它，把它变成其他的样子，那么我们就无法理解"当下实相"。只有当我们认识了"当下实相"，才能去超越它。

因此，为了认识自我的结构——它是全部生活的主要问题——难道不需要去觉知"我"的全部过程吗？——这个"我"寻求着成功，这个"我"生性残忍，这个"我"想要去获取，这个"我"把所有的行动、所有的想法都划分成了"我的"。为了认识这个"我"，你难道不应该去审视它的本来面目而不与之交战，不试图去改变它？很明显，唯有这时，才能有所超越。因此，自知是智慧的开始。智慧不是在书本里可以得到的，智慧不是经验，智慧不是累积美德或者逃避邪恶。只有通过认识自我，通过理解"我"的全部结构、全部过程，才能获得智慧。

若想清楚地认识这个"我"，就必须在关系里去洞悉、去体验，唯有在关系之镜里，我才能够发现自我的全部过程，包括意识和无意识。显然，一切想要改变它而做的努力，都是一种逃避、抗拒的过程，从而会妨碍认知。所以，假如一个人真的抱着严肃认真的态度，不是仅仅活在口头层面，那么他就必须去理解"我"的整个过程——不是停留在理论上，不是依照任何哲学或教义，而是在关系里切实地去认识。只有当我们不再努力去改变它，才能发现和彻底认识这一过程，也就是说，只有当我们展开没有选择的觉知，方能实现认知。

我认为，我们大部分人都没有意识到世界的问题并不在我们之外。世界上之所以会存在诸多难题，正是因为你和我，世界的问题就是我们的问题，原因在于，世界与你我并不是分开的。如果一个人真的怀抱认真、急切的态度，真的希望去认识有关生活的全部难题，那么他显然就应该从自己开始着手——但不是处于隔离的状态，不是作为一个与大众对立的个体或者退隐于世。大众的问题就是"我"的问题，若我们想要认识世界，带来社会的新的结构，那么我们就应当去认识自己，这一点是格外重要的。我觉得，我们并没有真正认识到每个人都有能力去改变自己，我们求助于那些领袖、老师、救世主，但我担心他们并不会改变世界，他们不会带来一种新的社会秩序。没有哪个老师可以做到这个，唯有你我认识了自身，才能让世界发生转变。在我看来，我们并没有懂得这里面的浩瀚深意，我们以为，由于我们个人是如此的渺小、卑微、普通，以至于我们在这个世界上无法做些什么。很明显，伟大的事情都是以很小的方式开始的，根本性的变革不是从外部开始，而是源自于内部，源自于内心，只有当你我认识了我们自己，才能迎来根本性的、永恒的转变。

所以，认识自我并不是退隐于世，不是指从生活退隐到修道院或者宗教冥想里去。相反，认识自我便是去认识自己与物、与人、与观念的关系，如果没有关系，我们就无法生存——我们只能活在关系里，活着即意味着处于关联之中。关系是跟财产、跟人、跟理念有关的。只要我们没有在关系里去理解"我"的整个过程，那么我们势必就会导致内心的冲突——这种冲突会投射到外部世界里去，从而给世界带来不幸。因此，认识自我是不可或缺的，而对自我的认知并非源于书本，并不是通过任何哲学得来的。只能时时刻刻去认识自己，只能在日常的关系里去认识自己。关系就是生活，没有认识关系，我们的生活就会变成一场冲突，不断地努力去把自己的本来面目改变成我们所渴望的样子。若没有认识这个"我"，那么，仅仅去改变或者改革外部的世界，只会带来更多的不幸、冲突与破坏。

我这里有几个提问，我将做出回答。但是在我回答之前，我想说，提出问题很简单，但是要理解问题、凭借自己的力量找出答案则格外的困难。我们大部分人在提出问题的时候，总是指望着能够得到解答，然而，生活并不是由问答构成的，这才是实相。当一个人提出问题的时候，他应该展开彻底的探究，深入到问题的核心，找到正确的答案。所以，在思考这些问题时，我希望你我可以努力去探明关于问题的真理，而不是仅仅活在口头的层面上。

问：我们为什么会惧怕死亡？我们应该如何去克服这种恐惧呢？

克： 恐惧不是一个抽象的事物，它显然只会存在于跟某个事物的关系里。那么，在死亡里面我们害怕的东西究竟是什么呢？害怕无法存在，害怕无法继续下去——这显然就是让我们恐惧的最为主要的因素了。我们担心不能获得永生，不是吗？——从本质上说，这意味着我们害怕不知道未来，不知道未知。如果我们可以被保证说将永续下去，也就是说，如果我们能够知道将来，如果我们能够认识未知，就不会感到恐惧了。

那么，我们能够认识未知吗？——未知超越了由意识构想、制造出来的一切事物。我们可以认识意识的产物，但它并不是未知。我们可以克制自己的意识不去制造，然后努力去感受未知，但这依然是意识的一种产物。因此，只要我们试图通过欲望在理智上、口头上去探明如何征服未知，显然就会心生恐惧。我们之所以会惧怕，从本质上来说是由于未知、由于将来，假如他人可以向我们保证说我们将永续下去，那么我们就不会感到害怕了。然而，任何形式的持续能够带来我们对未知的认识吗？持续能够带来创造力或者富有创造力的感受吗？很明显，只要有持续存在，就不会有终结，而唯有在终结、在死亡里，才能迎来生机与活力，新事物才会登场。我们不想去终结，于是我们就把生活变成了一种持续的过程，殊不知，唯有在死亡里面，我们才能懂得生活。

所以，我们的问题难道不就在于意识能够去构想未知吗？意识难道不是过去、时间的产物吗？它难道就不是单纯的经历、知识的累积，从而就是时间、过去的仓库吗？因此，作为时间之产物的意识，能够去认识那超越了时间的永恒吗？答案显然是否定的，无论意识构想出的是什么，都依然处于时间的领域之内，只要意识在投射自身或者试图去认识将来、未知，就一定会生出恐惧。只有当我洞悉了其中的真理——即持续性意味着自我的投射，意味着自我处于冲突之中，在快乐和痛苦之间不断地摇摆——恐惧才会结束。只要"我"持续着，就一定会有痛苦，一定会有恐惧。意识是"我"的中心，它永远无法发现那超越了时间之域的事物。

我们的困难在于，我们实际上并不懂得如何生活，难道不是吗？由于我们不认识生活，所以我们觉得自己想要去认识死亡，但倘若我们能够理解生命的过程，就不会惧怕死亡了。正是因为我们不知道怎样去生活，所以才会害怕死亡。看看那些关于死亡的书籍吧，看看我们为了认识那超越时间的事物所展开的各种努力吧。很明显，只有当我不知道在当下如何生活，当我不知道生命的全部涵义，才会惧怕那超越时间的事物。

我们的生活是一种奋斗、痛苦、快乐的过程，是不断地从一个事物移动到另一个事物，从已知移向已知，是一场适应的战役，一场为了获取的战役，一场改变的战役，这就是我们的整个生活——偶尔才会放射出澄明的光芒。由于我们不理解生活，于是便会惧怕死亡。那么，生活必须成为一场战役、奋斗、不断的"变成"吗？抑或，这种"变成"是否能够带来自由，从而让一个人没有冲突地生活呢？——这意味着，每一天都要终结，结束一个人所累积的一切事物，他作为经验、知识所累积的一切。尔后，一种鲜活、崭新的特质就会到来，因为生活不再是由已知移向已知，而是摆脱了已知的束缚，从而能够去迎接未知，唯有这时，才可以挣脱对于死亡的恐惧。

问：体验的过程是怎样的？它不同于自我意识吗？

克：首先，让我们懂得何谓体验。显然，体验是对某个挑战的反应，是认知到反应，对吗？刺激、反应、认知到反应——这就是体验，不是吗？假如你不对挑战、刺激做出反应，抑或假如你不认知到那一反应，还会有体验吗？因此，体验显然是认知到对于某个挑战的反应——认知到即命名、赋予它某种适当的价值。也就是说，体验是对挑战的反应以及认知到那一反应，给它命名，要么是口头上的，要么是以符号的形式，或者是有意的，或者是无意的。没有这种认知的过程，就不会存在体验。

所以，这种对挑战做出反应以及认知到该反应的过程，显然就是我们所谓的体验了。体验跟自我意识有不同吗？只要对挑战的反应是充分的、彻底的，那么显然挑战跟反应之间不会有任何的矛盾与冲突。因此，只有在挑战与反应之间出现冲突的时候，才会有自我意识，不是吗？你可以凭借自己的力量去探明这个，这很简单，你将发现，这不是相信或摒弃的问题，而是只有体验与觉知，去洞悉实际上发生的情形。

一旦你没有了冲突、交战、争斗，还会有自我意识吗？你是否觉知到你是幸福的呢？在你认知到你是幸福的那一刻，幸福便消失了，不是吗？对某个事物的渴望，对幸福的渴望，就是那会带来自我意识的冲突。只要有冲突存在，只要有扰乱，就会出现认知，而这种认知正是自我意识的过程。

因此，体验，即认知到对挑战的反应，便是自我意识的开始，于是，体验即认知跟自我意识之间没有任何差别。显然，要想懂得这个，无需去阅读关于意识的书籍或者展开非常深入的探究，抑或是去聆听他人。真正去观察自身的体验、自身意识的全部过程，一个人就可以探明这个了，这实际上就是我们正努力要去做的事情。我不是在提出某种新的哲学思想——我希望不会如此——我也不会把什么东西强加在你们身上。我努力要去做的全部，便是认识何谓意识。很明显，意识就是体验，尔后会将该体验命名为好的或坏的、愉悦的或痛苦的，会希望这种体验更多一些或者变少一些。正是这种命名让体验得到了强化，使其永续下去。所以，意识是一种体验、命名、存储为记忆、回忆的过程，这整个的过程，或许是有意识的，或许是无意识的。只要我们给体验起了某个名称，那么它就一定会变得永续，一定会根植在意识里，被困在时间之网里。这整个的过程就是自我意识——不管它是在口头层面还是在更为深刻的、暗藏的层面。

所以，只要我们把某个名称、术语、符号赋予了某种体验，那么这一体验就永远不会是新鲜的，因为，在我们认知到某个体验的那一刻，它就已经是陈旧的了。只要有体验以及对它的命名，那么体验就仅仅只是记录、记忆的过程。也就是说，每一个反应、每一个体验，都被意识进行了阐释，都作为记忆被放在了意识里。我们用这一记忆去迎接新事物即挑战，当用旧的东西去迎接新事物的时候，我们就把新事物也变成了旧的——于是也就压根儿没有认识新事物。

只有当意识能够不去对体验命名，我们才可以认识新事物，唯有这时，体验才能得到充分的、彻底的理解以及被超越，如此一来，每一次对于挑战的迎接才会具有新的特质，而不是仅仅被意识到，然后付诸于记录。只有当我们认识了这整个有关体验、命名、记录的过程，才能摆脱自我意识。只有当该过程停止，即不再有"我"和"我的"，才可以有所超越以及发现那不属于意识的事物。

问：我没法去构想一种既不能被感受也不能被思考的爱。您或许是用"爱"这一词语去表示其他的事物，难道不是这样吗？

克：当我们说"我"的时候，我们指的是什么意思呢？事实上而不是理论上，我们所谓的爱意指为何呢？它是一种感觉和思想的过程，对吗？这就是我们所说的爱———一种思想的过程、一种感觉的过程。

那么，思想是爱吗？当我想到你的时候，这是爱吗？抑或，当我声称爱必须是非个人的、必须是普遍的——这是爱吗？很明显，思想是某种感受、感觉的结果，只要爱被困在感觉与思想的领域之内，那么显然在这个过程里头就一定会出现冲突。我们难道不应该去探明，是否有事物超越了思想的领域吗？这就是我们努力要去做的事情。我们知道通常意义上的"爱"是指什么意思———种思想和感觉的过程。假如我们不去想某个人，我们会觉得自己并不爱他，假如我们没有感觉，我们就会认为没有爱。但这就是全部吗？还是说，爱是某种超越的事物呢？若想有所探明，那么作为感觉的思想难道不应该停止吗？毕竟，当我们爱着某个人的时候，我们就会去想到他们，头脑里会勾画出他们的样子。也就是说，我们所谓的爱，是一种思想的过程，是一种感觉即记忆——关于我们跟他或她做过什么或者没做过什么的记忆。因此，记忆——它是感觉的产物，它是用言语表达出来的思想——便是我们所说的爱，即使当我们声称爱是非个人的、是普世的，随便你怎么说，它依然是一种思想的过程。

那么，爱是一种思想的过程吗？我们能够去思考爱吗？我们可以想到某个人或者去想关于该人的记忆，但这是爱吗？显然，爱是一团没有烟尘的火焰。我们对烟尘十分熟悉了——嫉妒的烟尘、愤怒的烟尘、依赖的烟尘、称它为个人的或非个人的烟尘、依附的烟尘，我们没有爱的火焰，但我们对烟尘十分熟悉。只有在没有烟尘的时候，才能拥有爱的火焰。因此，我们要关注的不是爱，不是它是否是某种超越了意识或超越了感觉的事物，而是要去摆脱那烟尘——嫉妒的烟尘、隔离的烟尘、悲伤和痛苦的烟尘。只有当烟尘消失不见时，我们才能领悟、体验那团爱的火焰。这火焰既不是个人的，也不是非个人的，既不是普遍的，也不是个别的——它就只是一团火焰。只有当我们认识了意识即思想的整个过程，才能拥有这团火焰。所以，只有当冲突、竞争、争斗、嫉妒的烟尘消散时——因为这一过程滋生出了对立，在对立里面会有恐惧——爱才会到来。只要有恐惧，就不会有交流和关系，因为一个人无法通过烟尘的屏障去进行交流。

所以，只有当烟尘消失，爱才会登场，这一点是十分清楚的。由于我们对烟尘非常熟悉了，所以让我们彻底地去探究它，充分地去认识它，如此一来才能摆脱掉它。唯有这时，我们才能认识那团爱的火焰，它既不是个人的，也不是非个人的，它没有名称，凡是新的事物都不可以被命名。我们的问题不在于什么是爱，而在于是什么妨碍了爱的火焰充分地燃烧。我们不懂得怎样去爱——我们只知道如何去思考爱，在这种思考的过程中，我们制造出了"我"、"我的"的烟尘——而我们则被困于其中。只有当我们能够让自己不再去思考爱以及由此出现的一切复杂性——唯有这时，才会拥有爱的火焰。

问：什么是善，什么是恶？

克：正如我所指出来的那样，提出问题是很容易的，但充分地探究问题则要困难得多。不过，让我们努力去展开探究吧。

我们为什么总是要从二元性、对立面的层面去进行思考呢？为什么我们要被善恶这样的想法给局限住呢？为何这种划分、这种二元性的过程总是会在我们心里运作呢？很明显，假如我们能够理解欲望的过程，就将认识这个问题了，对吗？善恶的划分，是我们内心的一种矛盾。我们依附于善，因为它更加让人愉悦；我们被限定着去躲避恶，因为它令人痛苦。那么，若我们能够认识欲望的过程——正是欲望把生活变成了一种矛盾——那么我们或许就可以摆脱对立面的冲突了。

因此，问题不在于何谓善，何谓恶，而在于为什么我们的日常生活中会存在这种矛盾。我渴望某个东西，正是在这种渴望中会出现对立面。那么，善是避开恶吗？美是避开丑吗？只要我躲避着什么，我难道不就必然会去抵制它，从而制造出它的对立面吗？所以，善与恶之间有一条清晰的界限吗？抑或，一旦我认识了欲望的过程，那么我或许就将懂得什么是美德了呢？原因是，一个努力想要变得有德行的人，显然永远无法拥有美德，一个努力想要变得和善、慈爱、宽容待人的人，永远不可能富有美德，他只不过是在努力想得到什么，而美德不是一种获取的过程，躲避恶就是一种想要有所得、有所达成的过程。但倘若我能够理解欲望——正是欲望导致了二元性，导致了对立面的冲突——那么我就将知道什么是美德了。

美德不是去终结欲望，而是认识欲望。终结欲望，仅仅只是另一种形式的欲望罢了。正是在想要去终结欲望的过程里，我制造出了对立面，于是我也就让理想与我自己的本来面目之间的冲突、交战永远持续下去。因此，一个追逐理想的人只会制造出对立面，一个想要变得有德行的人永远不会认识美德——他只是被困在对立面的交战之中，他自己的本来面目与他所认为的应有面目之间会有冲突，这种冲突让他感觉自己是活着的，但一个怀有理想的人实际上是个逃兵。

那么，如果一个人能够认识何谓美德，这意味着，如果他能够认识欲望，那么他就可以摆脱对立面的冲突获得自由了。只有当他按照自己的本来面目去审视自我，洞悉自己的真实模样，不做任何的比较，既不去谴责，也不去抗拒，才能理解欲望，唯有这时，他才可以挣脱欲望的罗网。只要他去谴责欲望，就一定会出现善与恶、重要与不重要这类对立面的冲突，只要他去抗拒欲望，就一定会出现二元性的冲突。可一旦他按照欲望的本来面目去加以审视，不做任何比较，没有任何谴责或辩护，那么他就会发现欲望将走向终结。

因此，美德的开始便是去认识欲望。被困在对立面的冲突之中，只会让欲望得到强化。我们大部分人都不愿意去充分地认识欲望——我们享受着对立面的冲突，我们把对立面的冲突叫做美德，是变得富有精神性，但这不过是以另外一种形式去强化"我自己"的持续性，在这种"我自己"的持续的过程里，是不会有丝毫美德可言的。只有当恐惧消失的时候，自由才会到来，而一旦认识了欲望，恐惧就将消失不见了。

还剩下一个问题，我是否要回答呢？

听众：是的。

问：您指出，假如我富有创造力，所有的问题都将迎刃而解了。那么，为了拥有创造力，我要怎样去改变自己呢？

克：这个问题跟第一个问题同样重要，我希望你们不会太累，这样我们就可以在几分钟的时间里尽可能充分地去展开探究。

我们发现，在努力解决一个问题的时候，我们会制造出许多其他的问题来——这是一个十分显见的事实。在试图解决经济问题的过程里，我们产生出了其他许多的问题，不仅是外部的问题，而且还有内部的问题。当我有了一个难题，我会努力去加以解决，正是在对问题的解决中，我发现自己又制造出了其他的问题。因此，这就是我们对于问题的了解——问题从不曾得到最终的解决，而是不断地在与日俱增。

那么，基于这种情况，怎样才能去应对生活的难题或是任何其他的问题，同时又不会让问题变得越来越多呢？这也就是说，是否能够以新的视角、新的方式去着手问题呢？这显然便是问题的关键，对吗？假如我能够以新的方式去应对问题，也就是用富有创造力的方式去应对它，那么我或许不仅可以消除某个问题，而且还不会引发许多其他的问题。那么，如何才能拥有创造力呢？是什么东西妨碍了这种创造的意识、妨碍了这种崭新与鲜活呢？我觉得，这是最好的问题：如何才能以新的视角与方式，以一个鲜活的心灵，一个不背负经验、知识、模仿的心灵去应对一切？

是什么使得我们无法拥有创造力呢？很显然，是技术，我们总是知道该做些什么，我们有各种手段和方法。我们的全部教育，就是一种学习技术的过程——这意味着一种模仿、复制的过程，毕竟，知识便是模仿、复制，这难道不就是妨碍了我们以新的方式去迎接事物的一个主要负担吗？各种形式的权威，精神领域的或世俗世界的权威，外部的或内部的权威，难道不就是创造性的认知的绊脚石吗？为什么我们会有各种权威呢？原因在于，如果没有权威，我们就会觉得迷失，我们必须怀有某种权威。因此，当我们渴望去获得内在和外在的安全时，我们便会制造出权威，正是这种权威——权威显然意味着模仿——破坏了创造力和鲜活。

通过模仿、通过复制、通过权威、通过强迫，能够达至神、真理吗，能够获得创造力吗？一个人难道不应该摆脱权威，摆脱一切模仿和复制的意识吗？你会说："不，为了能够获得自由，我们必须从权威开始，为了最终可以实现自由，我们必须要通过模仿、强迫开始。"假如你采用的是错误的方式，那么你能够取得正确的结果吗？若终点是自由，那么一开始不应该也是自由的吗？因为，很明显，如果你使用错误的手段，那么目的必定也同样会是错误的，如果你一开始是没有自由的，那么你在终点的时候也不会是自由的。倘若起点的时候你的心灵是受着控制、影响、依照权威被塑型的，那么在终点的时候它显然将会被困在一个框框里头，而这样的心灵，永远无法处于富有创造力的状态。所以，起点便是终点，目的与手段是一体的。

很明显，若我们想要去认识创造力，那么起点就会无比的重要——这表示，认识一切妨碍了心灵以及使它无法获得自由的事物。只有当我们认识了对于安全的渴望，自由才会到来。正是这种渴望，制造出了权威，带来了训练、模仿的模式，对理想的追逐以及去遵从的整个过程。理想越是崇高、神圣，我们越会觉得它是精神性的，但它依然不过是一种模式，而为某个模式所围的心灵，显然无法拥有创造力。然而，意识到心灵被困于某个模式之中，你的反应若仅仅只是去抗拒，那么这显然不是自由。当我们懂得了为什么心灵会制造出某种模式并依附它，为什么心灵在对知识的沉溺中为技术所困，为什么心灵总是从已知移向已知，从安全移向安全，从模仿移向模仿——当我们直接认识了所有这一切，而不是仅仅去对抗，那么我们就将摆脱对于安全的渴望，从而不再有恐惧感了。很明显，只要存在着"我"这一中心——行动和反应，接受和排拒都是来自于这一中心——就一定会出现模仿、复制的过程。只要我们只是单纯的重复者，阅读书籍，引用权威，追逐理想，遵从某个公式或教义，依附某种宗教或加入新的教派，寻求新的老师，指望着由此获得幸福——只要存在着这种过程，我们显然就不会拥有任何自由。

所以，只有当心灵挣脱了一切模仿、一切经验——经验不过是"我"的持续——创造力才会登场；只有当不再有那个正在体验的中心，心灵才会获得自由；只有当我们认识了欲望的整个过程，意识里的中心才会消失。唯有这时，心灵才能迈入静寂——不是被强加的静寂，不是受到控制的静寂或者遵从的静寂，而是伴随着觉知而来的自发的宁静。一旦心灵安静下来，创造力便会到来，那富有生机与活力的生存状态便会到来。静寂不是模仿、遵从的过程，你无法去思考静寂，宁静不是通过任何意识的产物而来。只有当思想安静下来，不是仅仅表层的宁静，而是既包括意识又包括无意识，唯有当思想的过程终结，才能迎来心灵的安宁。在这种宁静里，创造力将会登场，这种创造力不是单纯的技术，而是拥有自身的活力，有自身的表现方式。只要你关心着表现，关心着技术、知识、任何形式的沉迷，就不可能有创造力，因为，只有当心灵迈入彻底的宁静，创造力才会到来。这种宁静不是一种逃避的过程，不是通过学习某种冥想的技巧就可以获得的。那些学习着如何展开冥想的人，将永远无法懂得什么是宁静，永远无法拥有创造力——他们的状态是一种丧失生机和排拒。只有当思想终结时，不仅是在意识的表层，还有那些暗藏的、潜在的意识的深层，创造力才会出现。一旦心灵迈入彻底的宁静，创造力便会登场了。

（第四场演说，1950 年 4 月 30 日）

没有冥想，就无法自知

我们似乎以为，通过上某个哲学课程，或是去追逐某种信仰、思想体系，我们便能清除自身以及周围的混乱了。我们怀有无数的信仰、教义、希冀，我们指望着，通过努力去追随它们，做到对自己的理想诚挚以待，就可以扫清那些在通往幸福、知识、觉知之路上的障碍了。很明显，真诚和认真是两码事，一个人可以忠实于某个理念、希冀、教义、体系，但却只是在模仿、追逐理念，或是让自己遵从于某种教义——所有这一切都可以被称为真诚——真诚或者意愿，显然无助于我们清除掉自身及周围的混乱。

所以，在我看来，认真才是必需的——不是那种仅仅去追逐某个潮流、某个路径的认真，而是那种在认识我们自己的过程里不可或缺的认真。要想认识我们自己，就必须不去抱持任何的体系方法，任何的观念。一个人的真诚只会是跟某个事物有关的，跟某种态度、信仰有关，但这样的真诚无法帮助我们，因为我们可以在真诚的同时依然是混乱的、愚蠢的、无知的。当真诚仅仅只是去模仿、复制，努力追寻某个理想的时候，那么它就会是一个绊脚石。但认真则是完全不同的事物，做到认真是十分重要的——不是认真地去追逐某个事物，而是认真地去认识我们自身的过程。在认识我们自己的过程里，必须不去保持任何信仰、教义或哲学思想，相反，假如我们怀有某种哲学思想、教义，那么它就将妨碍我们去认识自己了。

认识我们自己，与遵循某种教义、哲学思想、公式抑或努力去模仿某个榜样无关。很明显，这一切都是"我"的过程。在认识我们所受的各种限定的过程中，不需要真诚——但需要认真，这二者是截然不同的。认真不依赖于情绪，它是认识我们自己的开端，原因是，如果没有真的抱持严肃认真的态度，一个人就无法行至远方。然而，我们的严肃认真，通常是被用在了遵循某个观念、某种信仰或希冀上面了。重要的是去认识我们自己，认识自我并不依靠模仿某个理想或者尽可能做到与其相似。相反，我们必须时时刻刻去认识自己的本来面目，无论它是什么样子的，为此就必须怀着认真的态度，认真，不取决于任何情绪或倾向。

那么，若没有认识自我，我们就无法解决任何人类的难题，无论是外部的还是内部的问题，这一点是十分清楚的。只有当我们对自己觉知的对象既不去谴责也不去辩护的时候，才能实现对自身的认知。去觉知每一个想法、每一种情绪、每一个反应，不做任何谴责、辩护或比较，并不需要去效仿某个理想，它需要的只是认真——充分地、彻底地探究的意识。可是我们大多数人都不愿意去深入地、充分地认识问题，我们宁愿通过某个观念、通过效仿、通过比较或谴责而去逃避对问题的认知，于是我们从不曾解决摆在自己面前的任何问题。

因此，为了认识我们自己，重要的是在每一个反应、每一种感觉出现的时候就对其展开觉知，难道不是吗？觉知并不依靠任何公式、准则，并不依靠任何教义或信仰——这些不过是自造出来的逃避罢了。显然，若想认识每一种情绪、每一种反应的意识，一个人就得展开不做任何选择的觉知。因为，一旦我们去选择，就会开始一种冲突的过程，也就是说，当我们做出选择的时候，便会去抵制，在抵制里面，不会有任何觉知。选择仅仅只是让思想集中在某个兴趣上头，同时排拒其他的兴趣、需要、追求，很明显，这样的选择不会帮助我们去解决或认识自身的整个过程。我们每个人都是由许多的实体构成的，包括意识和无意识，选择了某个实体、某种欲望，追逐它，显然就会妨碍我们去认识自我。

所以，洞悉了我们自己的整个过程，将会开启智慧的大门。智慧不是可以从书本里获得的东西，也不是能够通过他人学到的，亦不是通过经验累积起来的。经验仅仅只是记忆，累积记忆或知识，并不是智慧。智慧显然是时时刻刻去体验的，既不去谴责，也不去辩护，它是充分地、彻底地认识每一种体验或反应，如此一来心灵才会以新的方式去迎接每一个问题。毕竟，"我"就是识别的中心，假如我们不了解这一中心，而是仅仅识别每一个体验或反应，给它命名，那么这并不意味着我们就认识了那一反应或体验。相反，当我们去命名或者识别某种体验的时候，只会让"我"得到强化——"我"是被隔离的意识，是识别的中心。因此，仅仅识别每个体验、每个反应，并不等于认识自我。只有当我们觉知了识别的过程，允许体验和识别之间的间隔——这意味着心灵处于一种静寂的状态——才能认识自我。

很明显，假如我们希望去认识某个事物、某个问题，心灵就必须迈入宁静，不是吗？但心灵不能被强迫着安静下来，被培养起来的宁静仅仅只是抵制、隔离罢了。只有当心灵懂得了安静的必要性及其真理，从而开始理解认知的过程——即"我"的整个意识——才能自发地安静下来。没有认识自我，那么思想显然就会缺乏基础，没有了解自己，仅仅认识外部的问题，获取外部的知识，只会让我们走向更多的混乱与不幸。但是，我们对自己了解得越多，包括意识和潜意识，就越能洞悉"我"的整个过程，越是能够去认识和解决我们的难题，从而带来一个更好的社会、一个不同的世界。所以，我们必须要从自我开始做起，你或许会说，从自身开始着手是一件非常小的事情，但倘若我们想要去应对大的事情，就必须从近处着手。世界的问题就是我们的问题，没有认识我们自己，就永远无法解决我们在世上要去面对的任何难题。因此，智慧的开始就是认识自我，没有认识自我，我们就不可能消除任何人类的问题。

在我回答一些提问之前，我想建议一下，在聆听解答的时候，你我都应当去体验正在说的内容。也就是说，让我们共同踏上一段探寻之旅，去认识我将试着从口头上予以解释的这些问题。因此，请不要只是停留在口头层面，或是仅仅试图获得智识上的认知——不管这个词指的是什么意思。原因是，智识无法实现觉知，它只会制造出自身的累积物，它可以接受、否认或排拒，这便是认可和用言语表达出来的过程，但理性无法认识任何人类的问题——它只会让问题变得更加令人困惑，只会带来更多的冲突与悲伤。假如我们能够超越理性，而不是试图仅仅从口头的层面去认识，那么我们或许就能洞悉这些问题的真理了。超越理性并不意味着要变得感性、情绪化，不是要变成它的对立面，在对立面的冲突里，显然不会有任何觉知与理解。但倘若我们能够洞悉大脑的、心灵的运作过程——该过程只会带来更多的争论、更多的冲突——倘若我们能够领悟其中的真理，那么或许我们就将发现摆在我们面前的每一个问题、每一个人类的难题的真相了。

问：在一切表面的恐惧之外，有一种深层的痛苦是我理解不了的，它似乎是对生活的恐惧——抑或是对死亡的害怕，又或者是生命的巨大虚无？

克：我认为，我们大部分人都感觉到了这个，我们大多数人都体会到了一种巨大的空虚感和孤独感。我们试图去躲避它，我们努力去逃开它，努力去找到安全、永恒，以远离这种痛苦，抑或，我们试图通过分析各种梦境、各种反应去摆脱掉它。然而，它总是存在着，令我们无法把握，无法被轻易地、表面化地解决掉。我们大多数人都觉知到了这种空虚、孤独与痛苦，由于感到惧怕，于是我们便在外物、财富、在人或关系里，或者是在观念、信仰、教义、名声、地位和权力里面去寻求安全以及一种永恒感。但是，单纯地去逃避我们自己，可以让我们消除掉这种空虚感吗？逃避自我，难道不就是给我们的关系进而给世界带来混乱、痛苦、不幸的根源之一吗？

所以，这个问题不应该被视为平庸的、愚蠢的问题，抑或仅仅只是针对那些在社会或宗教领域不活跃的人们而言的，因而被搁置一旁。我们必须格外仔细地去检视这一问题，必须展开充分的探究。正如我所说的那样，我们大多数人都意识到了这种空虚，于是我们试图去逃避它，在逃避它的过程中，我们确立起了某些安全，结果这些安全就变成了对我们来说最为重要的东西了，因为它们是我们逃避自身的孤独、空虚或痛苦的手段。你的逃避可能是某个大师，可能是认为你自己非常重要，可能是把你全部的爱、财富、珠宝、一切给予你的妻子、你的家人，抑或可能是参加社会或慈善活动。任何形式的对这种内心孤独的逃避，都会变得最为重要起来，于是我们便拼命地去依附于它。那些宗教人士——在思想意识上执着于他们对于神的信仰，通过这种信仰掩盖自身的空虚和痛苦，结果他们的信仰、教义就变得不可或缺了——为了这些东西，他们愿意去杀戮和毁灭彼此。

那么，很明显，以任何形式去逃避这种痛苦、这种孤独，都无法解决问题，相反，只会让问题变得更多并带来进一步的混乱。因此，一个人必须首先意识到这些逃避。一切逃避都是处于同样的层面，没有更高等的或更低等的逃避，没有世俗之外的精神性的逃避，所有的逃避，其本质都是一样的。若我们认识到头脑不断在逃避痛苦、空虚这一主要问题，那么我们就能审视自身的空虚，同时又不会去谴责它或者害怕它了。只要我在逃避事实，我就会惧怕那一事实，只要有恐惧，我就无法与它产生真正的交流和联系。所以，要想认识空虚这一事实，就必须没有丝毫的恐惧。只有当我试图去逃避它的时候，才会心生恐惧，因为，在逃避的过程中，我永远无法直接地去审视它。可一旦我不再去逃避，那么我就与事实单独相处了，我可以毫无畏惧地去审视它，尔后我便能应对它了。

因此，第一步便是——直面事实，这意味着，不通过金钱、娱乐、收音机、信仰、断言或者任何其他的手段去逃避。因为，空虚是无法用话语、活动、信仰来填满的。无论我们做什么，这种痛苦也是无法通过头脑的把戏来消除的，不管头脑对它做什么，都只会是一种逃避。可一旦不再有任何形式的逃避，那么事实就会在那里，对事实的认知，并不依靠头脑的发明、创造或权衡。当一个人直面孤独、巨大的痛苦、生活的空虚这一事实的时候，那么他就会知道这空虚究竟是一种实相——抑或仅仅只是命名、自我投射的结果。因为，通过对它进行命名，我们便谴责了它，不是吗？我们声称它是空虚，它是孤独，它是死亡，这些字眼——死亡、孤独、空虚——代表着一种谴责、一种抵制，通过抵制、通过谴责，我们无法认识事实。

　　若想认识那个被我们叫做空虚的事实，就不可以对事实进行谴责或命名。毕竟，认知到事实，会制造出"我"这一中心，这个"我"是空虚的，这个"我"不过是字眼。当我不去对事实进行命名的时候，当我不把它视为这个或那个，那么还会有孤独吗？毕竟，孤独是一种隔离的过程，不是吗？很明显，在我们所有的关系里，在我们生活的全部努力里，我们总是在把自己给隔离起来。显然，这种隔离的过程势必会带来空虚，没有认识有关隔离的整个过程，我们就无法去解决这种空虚与孤独。可一旦我们懂得了隔离的过程，就会发现，空虚不过是字眼而已，不过是一种命名，只要不去对它命名，也就不会再有恐惧，空虚将会变成其他的东西，将会超越自身。尔后，它也就不再是空虚了，而是独在——它是比隔离的过程更加广阔的事物。

　　那么，我们难道不应该做到独在吗？现在，我们并不是独在的——我们不过是许多的影响。我们是各种各样的影响的产物——社会的、宗教的、经济的、遗传的、风土的影响。我们试图通过所有这些影响去找到某种超越之物，假如我们没能找到，就会发明出它来，并且依附于我们所发明的东西。可一旦我们认识了处于自身头脑的各个层面的影响，那么，通过摆脱掉它，我们就能实现不受任何影响的独在了，也就是说，头脑和心灵不再受到外部的事件或内部的经验的影响。只有当我们拥有了这种独在，方能发现真理。然而，一个出于恐惧而把自己仅仅隔离起来的头脑，只会有痛苦，而这样的头脑将永远无法超越自身。

对于我们大多数人来说，困难在于我们没有觉知到自己的逃避，我们受着如此多的限定，如此习惯去逃避，以至于将这些逃避当作了实相。但倘若我们能够更加深入地去探究自我，就会发现，在那些肤浅的逃避之下，我们是何等的孤独与空虚。由于意识到了这种空虚，于是我们便不断地用各种活动来掩盖自己的空虚，不管是艺术的、社会的、宗教的还是政治方面的活动。但最终永远无法将空虚给掩盖起来——必须要去认识它。若想认识空虚，我们就得觉知那些逃避，一旦我们认识了这些逃避，就可以直面自己的空虚了。尔后我们将会看到，空虚与我们自己并不是分开的，观察者就是所观之物。在这种体验中，当思想者与思想实现了统一，那么这种孤独、这种痛苦就将消失不见了。

问： 西方人能够实现冥想吗？

克： 我认为这是西方人所抱持的一个虚妄的观念——即觉得只有东方人才可以展开冥想。因此，让我们去探明我们所说的冥想究竟意指为何，而不是怎样去冥想。让我们一同展开探究，以便弄明白冥想指的是什么意思，冥想的涵义是什么。仅仅学习如何去冥想，如何获得技巧，这显然并非冥想。求助于瑜伽修行者，阅读书本里头关于冥想的内容，努力去模仿，双眼紧闭、以某种姿势端坐，以某种方式去呼吸，反复念诵某些语句——这一切显然不是冥想，而不过是追逐某种遵从的模式，让心灵变成一部重复性的、习惯性的机器。单纯培养起某个习惯，无论这个习惯是高尚的还是琐碎的，都不是冥想。培养习惯，这种做法在西方和东方都是人们所知晓的，我们以为这就是一种冥想的过程。

那么，让我们探明究竟何谓冥想吧。全神贯注是冥想吗？从许多其他的兴趣当中挑选出某个兴趣，然后专注于它，让思想集中在某个对象或实体上头——这是冥想吗？在专注的过程里，显然会对其他的兴趣进行抵制，所以，专注其实是一种排他的过程，不是吗？我不知道你是否曾经尝试过展开冥想，尝试着让你的思想集中在某个念头上，当你这么做的时候，其他的念头会涌入进来，因为你还对其他的念头感兴趣，而不是只对你所挑选出来的那个想法有兴趣。你选择了某个念头，认为它是高尚的、精神性的，认为你应当专注于它，排拒其他的想法，然而，正是这种抵制、排拒，在你挑选出来思考的那个想法跟其他的兴趣之间引发了冲突，因此，你把时间都用来专注于某个念头，排除其他的想法，你把这种想法之间的交战称为冥想。假如你能够成功地让自己彻底跟某个想法认同，抵制所有其他的想法，那么你会觉得自己已经学会了如何去冥想。这样的专注是一种排他的过程，因而是一种满足的过程，对吗？你挑选出了某个你认为它将最终让你感到满足的兴趣，你反复念诵某些语句，全神贯注于某个形象，你以某种方式去呼吸，等等，通过这些，你去追逐那个兴趣。这整个的过程，意味着一种演进，意味着想要变得如何如何，想要达至某个结果。这就是我们大家感兴趣的——我们渴望成功地展开冥想，我们越是成功，就越会认为自己是在进步。所以，很明显，这样的专注，即我们所谓的冥想，不过是满足罢了，它们压根儿就不是冥想，因此，仅仅全神贯注于某个念头之上，不是冥想。

那么，究竟什么才是冥想呢？祷告是冥想吗？献身是冥想吗？培养美德是冥想吗？培养美德只会让"我"得到强化，不是吗？正是我要变得有德行，这个"我"，能否变得有德行呢？也就是说，那个在抵制、在认可的中心——它是一种隔离的过程——能够拥有美德吗？很明显，只有当你摆脱了这个"我"，美德才会到来，所以，通过冥想去培养美德，显然是一种错误的、虚幻的过程。但它却是十分方便的，因为它让"我"得到了强化，只要我在强化着自我，我便觉得自己在进步，在精神领域获得了成功，但这显然并不是冥想，对吗？祈祷也不是冥想——祈祷不过是哀求、恳请，这又是自我的需求、自我的投射，以获得更大、更广的满足。冥想也不是把自己奉献给某个形象、某个理念，即我们所谓的献身，因为，我们总是依照自己的满足去挑选形象、准则、理想。我们所选择的可能是很美好的，但我们依然是在寻求满足。

所以，专注、反复念诵某些语句、以某种特殊的方式去呼吸，以及其他相关的一切——这些过程，无一能够帮助我们去理解什么是冥想。它们之所以十分流行，是因为它们总是会产生结果，但这些显然全都是以愚蠢的方式去努力展开冥想。

那么，究竟何谓冥想呢？认识头脑活动的方式，便是冥想，对吗？冥想就是去认识自我，去觉知每一个反应，包括有意识和无意识的——即自知。如果没有自知，如何能够展开冥想呢？很明显，冥想便是自知的开始，原因是，若我不了解我自己，那么无论我做什么，都必定只是在逃避自我。若我不了解自身思考、感受、反应的结构和方式，那么，模仿，努力做到专注，学习怎样以某种方式去呼吸或者去献身，这一切又有什么价值呢？显然，用这种方式，我将永远无法认识自己，相反，我只不过是在逃避自我罢了。

因此，冥想是自知的开始，在它里面，没有所谓的成功，没有任何浮华，它是最艰难的。由于我们不希望认识自己，而是只想着去逃避，于是我们便去求助于那些大师、宗教书籍、祈祷、瑜伽以及其他的一切，尔后我们认为自己已经学会了如何去冥想。只有在认识我们自己的时候，心灵才会安静下来，若没有认识自我，就不可能实现心灵的宁静。当心灵迈入静寂，不是通过训戒被人为地变得安静，当心灵没有受着控制，没有为谴责、抵制所困，而是自发地安静下来——唯有这时，它才能够探明什么是真理，探明那超越了意识的产物的事物。

显然，假如我希望知道是否存在着真理、神，诸如此类，那么心灵就必须迈入彻底的宁静，不是吗？原因在于，无论意识寻求的是什么，都不是真实的——它只会是自身的记忆的投射，是它所累积的事物的投射，而记忆的投射显然不是真理或神。所以，意识必须实现静寂，但不是被人为地变得安静下来，它必须自然地、轻松地、自发地安静下来，唯有这时，它才能够去发现那超越了自身的事物。

问：真理是绝对的吗？

克：真理是某种终极的、绝对的、确定的事物吗？我们希望真理是绝对的，因为，尔后我们就能躲到它里面寻求庇护了；我们希望真理是永恒的，因为，尔后我们就可以依附于它，在它里面找到幸福了。然而，真理是绝对的、持续的、可以一再去经历的事物吗？经历的重复，只是在培养记忆，不是吗？在宁静之时，我可能会体验某个真理，但如果我通过记忆去依附这一体验，让它变成绝对的、固定不变的东西——那么它还是真理吗？真理是记忆的持续和培养吗？抑或，只有当心灵迈入了彻底的宁静，才能发现真理呢？当心灵不为记忆所困，当它不去培养记忆，将其作为认知的中心，而是在我的关系、我的活动里去觉知我所说的一切、我所做的一切，时时刻刻去洞悉万事万物的真理——显然，这便是冥想的方式，对吗？只有当心灵安静下来，才能实现觉知，只要心灵对自己是无知的，它就不可能迈入静寂，任何形式的训戒，追逐古代的或现代的权威，都无法消除掉这种无知。信仰只会导致抵制、隔离，只要有隔离，就无法获得心灵的宁静。只有当我认识了自身的全部过程——构成"我"的彼此冲突的各种实体——心灵才会实现静寂。由于这是一项艰巨的任务，于是我们便去求助于他人，学习各种我们所谓的冥想的技巧。意识的把戏不是冥想。冥想是自知的开始，没有冥想，就无法自知。冥想是去观察、觉知自己，不是单单只在一天当中的某个时间段里头，而是始终展开观察——在我们走路的时候，在我们吃东西的时候，在我们说话的时候，在我们阅读的时候，在我们所有的关系里面——这一切便是我们去发现"我"的过程。

一旦我认识了自己，心灵就会迈入静寂，在这种静寂里，真理将会向我走来。这种静寂不是停滞，不是对行动的排拒，相反，它是最高形式的行动。创造力就蕴含在这种静寂里——不是单纯地去表现某种富有创造力的活动，而是感受到创造力本身。

因此，冥想将会开启认识自我的大门。仅仅去依附那些公式、准则，去重复那些话语，并不能揭示出自我的过程。只有当心灵不再激动不安，不再受着强迫、控制，才能实现自发的宁静，而真理就蕴含在这静寂里。

（第五场演说，1950 年 5 月 7 日）

PART 06

美国纽约

不分心才能发现真理

我认为，重要的是要记得，彼此了解并非易事。我们大部分人都只是很随意地在聆听，我们只听自己想听的，忽视掉那些会带来扰乱或敏感的东西，只去听那些让人开心的、满足的。显然，假若我们只去听那些让我们感到满意的、能够抚慰我们的东西，那么我们就不会真正去认识任何事物。聆听一切，不抱持任何偏见，不去树立起防护的高墙，这实在是一门艺术。容我建议，我们应当努力去抛开所获得的知识，抛开自身的特性和观点，认真展开聆听，以探明问题的真理。唯有真理能够真正地、从根本上让我们获得解放——不是那些猜想和结论，而是去领悟什么是真理。真理是事实性的，当我们带着自己的结论、成见、经验去着手的时候，就不可能去审视事实。因此，假如我可以建议的话，在这些演说期间，我们应当努力去聆听所说的内容，不只是字面上的涵义，而是去认识它的内在涵义，我们应当努力凭借自己的力量去发现关于问题的真理。

那么，只有当我们不去寻求任何形式的分心，才能发现真理。我们大多数人都希望被分散注意力，生活及其所有的争斗、难题、战争、事业的危机、家庭的争吵、对我们来说有些难以承受了，于是我们希望被分散注意力，我们来参加这次会议，或许就是为了分心的。然而，分心，不管是外部的还是内部的分心，都无助于我们去认识自己。分心——无论是通过政治、宗教、知识、娱乐等方式，还是通过追逐所谓的真理来分散我们的注意力——不管暂时来说是多么的刺激，最终都只会让心灵走向麻木，只会封闭、局限住心灵。分心既有外部的也有内部的，对于外部的分心我们相当熟悉了，随着年龄的增长，我们开始意识到它们，假如我们善于思考的话。但尽管我们可以抛掉这些显见的分心，可是，要认识内部的分心则困难得多。如果我们仅仅只是把这些会议变成一种新的分散注意力的方式、新的刺激的方式，那么我担心它们将会对认识自我毫无价值——而认识自我是最为重要的。

所以，一个人必须要认识分心的整个过程，因为，只要头脑被分散了注意力，寻求着某个结果，试图通过刺激或所谓的激励去逃避，那么它便无法认识自身的过程。若我们想要去思考无数摆在我们每个人面前的难题当中的某一个，就必须懂得自身思考的整个过程，不是吗？认识自我是解决我们无数问题的最终的、唯一的方式，认识自我不可能源自于刺激或分心，相反，分心、刺激以及所谓的激励，只会让一个人远离主要问题。很明显，假如没有从根本上深入地认识自己，没有懂得意识的所有层面，既包括表层的意识，又包括暗藏的深层的意识，那么思考就将缺乏基础，对吗？假使我在意识的表层和深层没有认识自己，那么我有什么基础去展开思考呢？没有任何形式的分心能够有助于去认识自我。可我们大部分人都很关注于分心，我们的宗教、政治、社会及经济活动，我们去追随各种各样的老师及其特性，我们大声疾呼着要寻求知识——这些全都是逃避，它们显然会分散我们的注意力，让我们远离认识自我这一主要问题。虽然我们经常会说，认识自我是不可或缺的，但我们实际上对这一问题并没有投以较多的时间和思考。如果没有认识自我，那么无论我们思考什么、做什么，都必定会带来更多的混乱与不幸。

所以，在所有这些问题里面，认识自我的过程是十分重要的，因为，没有认识自己，就无法解决任何人类的难题。在没有认识自我的情况下去解决问题，都只是一种分心，将会导致更多的不幸、混乱和争斗——只要一个人去思考一下，就会发现，这一点是相当显见的。既然洞悉了这其中的真理，那么，怎样才能认识自我的整个结构和内容呢？在我看来，这是我们每个人都要去面对的一个根本性问题。在一起思考问题的时候，你们不要仅仅只是去听我给你们提供一系列的观点，我也不是在阐述某种体系或方法，相反，你我要携起手来，努力去探明如何才能认识自我——这个"自我"是行动者、观察者、思考者。显然，若我不懂得自己的整个过程，那么，单纯的结论、理论、猜想将会意义甚微。

那么，要想认识自己，我就必须认识我的行为、我的想法、我的感受，因为，我只能够在行动里去认识自己，而不是在行动之外。脱离了我在关系里行动，我是无法认识自身的。我的行为、我的特性便是我自己。唯有在关系里——我跟观念、跟人、跟物、跟财产、跟金钱的关系——我才能够认识自身思考的整个过程，包括意识和潜意识。脱离关系去认识自己将会毫无意义，只有在我与这些事物的关系里，我才可以认识自己。把我自己划分成高等的和低等的，这么做很荒谬。认为我是高等的自我，在指挥、控制我那低等的自我，这是意识发明出来的一种理论。没有认识意识的结构，仅仅发明出方便的理论，这是一种逃避自我的过程。

所以，重要的是去探明我们与人、与物、与观念的关系究竟是怎样的，因为，生活就是一种关系的过程，没有任何事物可以活在孤立隔绝的状态，除了理论上以外。若想认识自我，我就必须理解关系的全部过程。然而，当我带着谴责、辩护或比较的意识去审视关系之镜的时候，就很难或者几乎不可能去认识关系，若我去谴责、辩护或者比较，那么我如何能够去认识关系呢？只有当我以新的视角、新的方式去着手它的时候，当我带着一个鲜活的心灵，一个不为谴责或接受这一传统背景所围的心灵去面对它，我才能够认识它。

认识我自己是不可或缺的，因为，不管问题是什么，它们都是由我制造出来的。我便是世界，我并不是独立于世界之外的，世界的问题就是我自己的问题。要想认识我周围的那些问题——它们是我自身的投射，是我制造出来的——那么我就必须在与万事万物的关系里去认识自己。但倘若我以比较、谴责或辩护的姿态开始，就不可能实现认知。谴责、辩护、比较是意识的本能，当我们在关系之镜里去审视自己的反应和特性，我们的本能反应便是去谴责它们或者为其辩护。认识这种谴责和辩护的过程，就是认识自我的开始——没有认识自我，我们就无法行至远方。我们可以发明许多的理论和猜想，加入各种团体，追随老师、大师，举行仪式，加入小派系，感觉自己比其他人优越——但所有这一切都不会带领我们达至任何地方，这只是那些缺乏思考的人们才会做的幼稚之举。要想探明什么是实相，探明究竟是否存在着真理、神，那么一个人就得首先认识自我，因为，不管他怀有怎样的关于真理或神的概念，它们都只是自我的投射，而自我创造出来的东西显然永远不会是真实的。只有当心灵迈入了彻底的静寂——不是被强迫着变得安静，不是受着强迫或控制——它才能够弄明白什么是真实，只有当它懂得了自身的结构，它才能变得宁静。唯有实相——它不是意识制造出来的事物——才能让心灵挣脱一切苦难，挣脱一切摆在我们每个人面前的难题。

所以，我们应该首先意识到认识自我是何等的重要和必需，因为，若没有认识自我，就无法解决任何问题，战争、敌对、嫉妒、争斗就将继续下去。如果一个人真的希望领悟真理，那么他就必须有一个宁静的心灵。唯有通过认识自己，静寂才会到来，心灵的静寂不是通过训练、控制、压制而来的，只有当我们彻底认识了那些由我们自己制造出来的问题，才能迎来心灵的静寂。只有当心灵迈入了宁静，当它不去表现自己，实相才会到来。也就是说，若想迎来实相，心灵就必须实现宁静——不是被人为地变得安静，不是受着控制、压制或压抑，而是因为认识了"我"的整个结构及其全部的记忆、局限和冲突而自发地安静下来。一旦我们充分地、真正地认识了所有这一切，心灵就将迈入静寂，唯有这时，它才能领悟真理。

我这里有一些提问，这个上午我将回答其中的一部分。不过在回答提问之前，我想说，提出问题，期待得到解答是很容易的事情，然而我担心，生活并没有是或否这样的答案。我们必须凭借自己的力量去发现正确的答案，而要想探明正确的答案，我们就得去检视问题。检视问题是不易的，尤其是一个与我们密切相关的问题，因为我们大部分人都是带着成见去着手问题的，希望能够找到某个结果，能够得到某个让人满意的答案。所以，在思考这些问题的过程中，让我们一同对问题展开探究，不要坐等我来告诉你们答案，因为，我们必须每时每刻去发现真理，而不是仅仅对其进行阐释。真理不是知识——知识不过是培养记忆，而记忆是经历的持续——凡是持续的事物都不可能是真理。所以，让我们一起去探究这些问题吧，我这样主张并非只是说得好听——我是认真的。你我将要探明问题的真理，假如你凭借自己的力量去探明它，它就是你的，但倘若你坐等我来给出答案，就将毫无价值，原因是，尔后你将仅仅只是停留在口头层面，你聆听的只有语词，而语词无法带领你达至远方。

问：什么制度能够保证我们获得经济上的安全呢？

克：那么，我们所说的制度是指什么意思呢？当前，世界正被撕裂为两大制度，左翼的和右翼的。信仰、理念、准则将世界割裂成了碎片，我们沿着某种路径去寻求经济的或政治的安全。那么，依照某种体制能够获得安全吗？你能够把生活建立在信仰、结论或理论之上吗？世界上有左翼和右翼这两种体制，它们都许诺说会带给我们经济上的安全，它们彼此交战——而这意味着你是不安全的。你之所以不是安全的，是因为你们就体系展开着争斗并因而培养着战争。所以，只要你依靠某个体系去获得安全，就一定会是不安全的，这一点是相当显见的，对吗？那些依附信仰、依附有关乌托邦的许诺的人，并不关心民众——他们关心的是理念，而基于理念的行动势必会导致界分和瓦解——这便是实际上发生的情形。因此，很明显，只要我们通过某种体系、通过某个观念去寻求安全，就一定会出现界分、斗争和瓦解，而这势必又会带来不安全。

因此，接下来的问题便是：立法、强迫、极权能够带来经济的安全吗？我们全都希望获得安全，生理上的安全是不可或缺的，我们必须拥有食物、衣服和住所，否则就无法存活。然而，通过立法、通过经济管制，能够带来安全吗？——抑或，安全是一种心理的问题呢？迄今为止，我们只把它视为经济上的问题，认为它只关乎经济调整，但是很明显，它实际上是一个心理的问题，对吗？经济学家们能够解决这一问题吗？既然经济问题显然是由我们自己的倾向、欲望和追逐导致的，所以它实际上是心理的问题。若想带来经济的安全，我们就得认识想要获得安全的心理欲望。我不知道我是否把自己的意思给阐释清楚了。

现在，世界正因为不同的国家、不同的民族、不同的信仰、不同的政治意识形态而变得四分五裂，它们每一个都在许诺安全，许诺一个未来的乌托邦，显然，这种界分的过程是一种瓦解。

那么，理念能够带来团结吗？理念、信仰，是否可以让人们凝聚起来呢？答案显然是否定的——这一点在全世界都得到了证明。因此，要想带来安全，不是为了一小部分人，而是为了整个人类，就必须摆脱这种由观念导致的界分的过程——身为基督徒、佛教徒、印度教教徒的观念，身为国家主义者、共产主义者、社会主义者、资本主义者的观念，身为美国人、苏联人的观念，天知道还有什么其他的名称。正是这些东西把我们隔离开来，它们不过是信仰、观念，只要我们依附于信仰，将其视为一种获得安全的手段，就一定会出现隔离、界分，就一定会有瓦解和无序。

所以，从本质上来说，这是心理的问题，而不是经济上的问题，它是个体心理的问题，因此我们必须认识个体的过程，认识"你"的过程。身在美国的"你"，跟生活在印度或欧洲的"我"是不同的吗？尽管我们可以通过习俗、通过某些信仰把自己区分开来，但我们从本质上来说是一样的，不是吗？当"我"在信仰中去寻求安全的时候，那么这种信仰会让"我"得到强化，我是个印度教教徒，我是个社会主义者，我属于某个宗教、某个派别，我依附于它，依赖于它。因此，对信仰的依附导致了界分，而这显然就是你我之间争斗的根源。只要我们把自己划分到不同的国家、民族、宗教团体里去，或是从属于某些意识形态，就无法解决经济的问题。所以，从本质上讲，它是心理上的问题，也就是说，是个体在与社会的关系里的问题。社会是自我的投射，这便是为什么说，若没有充分地认识自我——这表示心理上要处于一种彻底不安全的状态——就无法解决任何人类的难题。我们希望获得外部的安全，于是便去追逐内在的安全，但只要我们通过信仰，通过依附，通过意识形态去寻求心理上的安全，那么我们显然就会制造出以国家主义、意识形态、宗教团体为形式的一个又一个的孤岛，从而处于彼此交战的状态。

所以，重要的是去认识自我的过程。然而，自知并不是获得终极安全的手段——相反，真理必须是要每时每刻去发现的。一个感到安全的心灵，永远无法处于探明的状态；一个不安全的心灵，不会抱持任何信仰，不会为任何思想意识所围，这样的心灵不会去寻求内部的安全，因而也就能够带来外部的安全。只要你寻求着内在的安全，你便无法拥有外部的安全，所以，问题不在于带来外部的安全，而在于去认识那想要获得心理安全的欲望，只要我们没有认识这个，就不会获得安宁，不会拥有外部世界的安全。

那么，一个人会极为频繁地发现自己身上存在着令人惊骇的歪曲，对此他感到十分可怕。那么他要如何摆脱掉这个呢？有不同的方式去摆脱，对吗？有心理分析，有控制、训练，有逃避。通过心理分析，一个人能够从根本上获得自由吗？我并不是在谴责心理分析——但是让我们去展开检验吧。首先，"我"、"我"的整个结构是过去的产物，你和我是过去、时间的产物，是许多事件、经历的产物，我们是由各种个性、记忆、特质构成的。"我"的整个结构便是过去，那么，在过去里面，有一些特性是我不喜欢的，我希望摆脱掉它们。于是我探究过去，审视它们，我把它们带出来加以分析，希望消除掉它们；抑或，我把现在的行为作为一面镜子去反射过去，试图消除过去；抑或我重温过去，努力通过分析去消除它；抑或我把现在当作一种消除过去的手段，也就是说，我希望在现在的行动里发现和认识过去。所以，这是一种方法。

还有一种方法，那就是训戒。我对自己说道："这些歪曲是没有价值的，我要去克制、控制它们。"这难道不就意味着有一个与思想的过程分离的实体——称它为更高的自我，或者别的什么——正在进行着控制、支配和选择吗？这显然蕴含了此意，对吗？当我说"我要消除那些歪曲"的时候，我与那些歪曲是分开的。也就是说，我不喜欢歪曲——它们妨碍了我，它们带来了恐惧、冲突——我想要消除它们，于是便会产生如下想法，即"我"与那些歪曲是分开的，我能够去消除它们。

在我们对此展开进一步讨论之前，必须首先探明"我"、体验者、观察者、分析者是否跟那些特性是分开的。我说清楚没有？思想者、体验者、观察者，与思想、体验、所观之物是不同的吗？这个"我"，无论你把它置于最高的层面还是最低的层面——这个"我"与那些构成我的特性是分开的吗？思想者、分析者跟他的思想是分开的吗？你觉得他是——觉得思想者与思想是不同的，于是你控制思想、影响思想，你压制它，把它抛到一旁。你认为，思想者与思想是分开的，但果真如此吗？如果没有思想，会有思想者吗？假如你没有任何想法，那么思想者会在何处呢？所以是思想制造出了思想者，而不是思想者制造出了思想。一旦我们把思想者跟思想分隔开来，就会出现试图控制、驱散、压制思想的问题，抑或是试图摆脱某个想法的问题。这便是思想者与思想之间的冲突，而我们大多数人都被困在这种冲突之中——这就是我们的全部问题。

一个人看到了自己身上的某些他并不喜欢的歪曲，他希望摆脱掉它们，于是他努力去分析或控制它们，也就是说，对自己的想法做些什么。但是在我们这样做之前，难道不应当先去探明一下思想者是否真的与思想是分开的吗？答案显然是否定的——思想者就是思想，体验者就是被体验之物——这二者并不是两个不同的过程，而是一个统一的整体。思想把自己划分开来，为自己的便利而制造出了思想者，也就是说，思想始终都是短暂的，它没有停泊点，由于意识到了自己是转瞬即逝的，于是思想制造出了思想者这一永恒的实体，尔后，这永恒的实体对思想展开运作，选择这个念头，抵制那个想法。那么，一旦你真正懂得了这种过程的虚幻，就会发现，并没有所谓的思想者，只有思想——这是一个了不得的革新。若想认识思想的整个过程，这一根本性的变革是不可或缺的。只要你确立起了一个独立于自身想法之外的思想者，你就注定会有思想者和思想之间的冲突，于是也就无法实现觉知。倘若没有认识自己身上的这种界分，那么无论你做什么——压制、分析、发现争斗的根源、去看心理医生以及其他的一切——你都将始终处于冲突的状态。但如果你能够懂得、领悟如下真理，即思想者便是思想，分析者便是他所分析的事物——如果你能够明白这个，不是仅仅在口头层面，而是在实际的体验里，那么你就会发现，那非凡的变革正在到来。尔后，不会再有"我"这一永恒的实体在做着选择和抛弃，在寻求结果或是努力达至某个结果。只要有选择，就一定会出现冲突，选择永远不会带来觉知，因为选择意味着一个在进行选择的思想者。所以，要想摆脱某种歪曲，我们就必须首先凭借自己的力量探明如下真理：思想者与思想并不是分离的，尔后我们将会懂得，我们所说的歪曲是一种思想的过程，并没有脱离那一过程的思想者存在。

那么，我们所谓的思想是指什么呢？当我们说："这是丑陋的"、"那是恐惧"、"这个必须得抛弃掉"，我们知道这个过程是什么。有一个"我"在做着选择、谴责、抛弃。可如果没有这个"我"，只有恐惧，那么会发生什么呢？我要解释这个问题吗？假若不存在一个做着谴责、选择的个体，一个认为自己与他所不喜欢的事物是分开的个体，那么会发生什么呢？请在我们展开探究的过程中去体验一下这个，你将会明白的。不要只是去听我的话语，而是真正地体验到存在的只有思想，而不是思想者，尔后你会懂得究竟什么是思想。何谓思想呢？思想是一种用言语表述的过程，对吗？没有语词，你就无法思考，所以，思想是一种记忆的过程，因为语词、符号、名称，都是记忆的产物。因此，思想是一种记忆的过程，记忆给某个感受起了一个名字，要么是谴责它，要么是接受它。通过对某个事物命名，你就对它进行了谴责或予以了认可，不是吗？当你说某个人是美国人、苏联人、印度人、黑人的时候，你已经完成了对他的认识，对吗？你给某个事物贴上了标签，于是你就认为自己已经认识了它。所以，只要存在着被你命名为"恐惧"的反应，那么在对它命名的时候，你就已经在谴责它了。当你开始去觉知自己的思想，你将看到实际上演的正是这一过程。

那么，能够不去对感受进行命名吗？因为，通过把某种感受叫做"愤怒"、"恐惧"、"嫉妒"，我们便让感受得到了强化，不是吗？我们把它确立起来了，这种命名的过程实际上是让那一感受得到了确认，是让它得到了强化，从而将它封闭在了回忆之中，只要你展开观察，就会发现这个。只有当我们认识了命名的过程——命名就是起个术语，用符号来表示，这些便是记忆的行动，因为记忆就是"你"——才能从根本上获得自由。没有你的记忆，没有你的经历，"你"就不会存在。心灵依附于这些经历，认为若想获得安全，这些经历就是不可或缺的。于是，我们便去培养记忆，即经历、知识，通过这一过程，我们指望着能够控制那些被我们视为歪曲的反应和感受。如果我们想要摆脱某种特性，就必须认识思想者与思想的整个过程，必须领悟如下真理，即思想者与思想并不是分开的，这二者是一个统一的过程。一旦你真正意识到了这一点，就会发现，你的生活将发生非凡的变革。我所说的变革，并不是指经济改革，它根本就不是真正的革新，而仅仅只是以一种经过了修正的方式让过去得以持续罢了。可一旦思想者认识到他与思想并不是分开的，那么你就会看到将发生根本性的、深刻的、不同寻常的转变，因为，尔后，存在的只有思想的事实，不会再为了适应思想者去对该事实进行阐释。

那么，怎么做才能认识事实呢？不用做什么，不是吗？事实就是事实，它是不证自明的。只有当思想者试图去对事实做些什么的时候，才会展开努力以实现认知。思想者对事实展开的行动，受到他的记忆、他过去的经历的影响，因此，事实总是被思想者影响着，于是他便从不曾去认识事实。但倘若不再有思想者，只有事实存在，那么就没有必要去认识事实了——它就是事实。当你用事实去直面事实，会发生什么呢？当不再有逃避，不再有一个思想者试图赋予事实某种意义以适应自己，或者依照他自己的模式去塑造事实，那么会发生什么呢？当你以事实去直面事实，你显然就会认识它了，不是吗？从而也就能够摆脱它了。这样的自由是根本性的自由，不是单纯的表面的反应，不是源自于意识努力让自己跟某个对立面去认同。只要我们寻求着某个结果，就一定会有思想者，一定会有隔离的过程。如果一个人在自己的想法中把自己作为思想者给隔离开来，那么他将永远无法发现真理。一个寻求神的所谓的宗教人士，只不过是把自己确立为了某种与他的思想分离开来的永恒的实体，这样的人永远不会寻觅到真理。

因此，我们的问题便是：觉知到了某种反应，某种恐惧、罪恶、愤怒、嫉妒的反应，随便你怎么称呼好了，那么一个人要怎样彻底地摆脱掉它呢？他会发现，通过训戒是无法摆脱掉它的，因为，冲突的产物永远不会是真理——它只是某个原因的结果。但倘若他洞悉了如下真理，即思想者永远无法与其思想分离，"我"的特性和记忆与"我"并不是分开的——当他意识到了这个，直接地体验到了这个，那么他就会发现，思想变成了一个事实，同时不会对该事实进行阐释。事实便是真理，当你直面真理的时候，不会再有其他的行动，就只是直接地审视它的本来面目，既不去谴责也不去辩护，正是这种对事实的认知，将会让心灵挣脱事实的束缚。

因此，只有当心灵能够在它与万事万物的关系里去审视自身，它才能够迈入宁静。通过隔离、压制、控制变得安静的心灵，并不是真正的静寂，而是死寂的，它不过是在遵从某个模式，寻求着某个结果。唯有自由的心灵才能获得宁静，而这种自由不是通过任何形式的认同得来的，相反，只有当我们认识到思想者就是思想，而不是与思想分开的，心灵才会迎来自由。这种因自由、觉知而来的宁静，与知识无关，知识只不过是记忆的培养，在它里面，心灵寻求着安全，这样的心灵永远无法认识真理。唯有在自由的状态里才能发现真理，这意味着要直面事实的真相，不要有丝毫的歪曲。只要"我"与其观察的事物是分开的，就一定会出现歪曲。显然，宁静的心灵是自由的心灵，唯有在自由中，才能发现真理。

（在纽约市的第一场演说，1950年6月4日）

认识自我没有方法可循

我觉得，重要的是去意识到认识自我的必要性，因为，我们是怎样的，我们所创造出来的事物就会是怎样的。如果我们混乱、不确定、焦虑、野心勃勃、残忍或恐惧，那么我们投射到外部世界的一切便将呈现出同样的面貌。我们似乎没有懂得，若想展开思考和行动，就应当从根本上认识自我——不仅要认识一个人意识的表层，而且还要认识那些暗藏的潜意识的层面，认识一个人思想与感受的整个过程——我们没有懂得这种认知是何等的必需。我们似乎把认识自我视为一项十分困难的任务，以至于我们宁可躲进各种各样幼稚、不成熟的活动里去，诸如仪式、所谓的精神组织、政治团体，等等——除了彻底地、充分地研究、认识自我以外——以逃避对自我的认知。

通过知识抑或通过累积经验——这些不过是培养记忆罢了——并不能让我们从根本上认识自身。认识自我是时时刻刻的，假如我们仅仅去积累关于自我的知识，那么这种知识将会妨碍进一步的认知，原因是，累积的知识与经验会变成思想聚焦与形成的中心。世界与我们以及我们的活动并不是分开的，因为，正是我们自己导致了世界的问题。对于我们大部分人来讲，困难在于我们没有直接地去认识自己，而是寻求着某种体系、方法、运作方式去解决诸多的人类的问题。

那么，认识自我有方式、方法吗？睿智人士或哲学家能够发明体系、方法，但是很明显，遵循体系、方法只会带来某个由该体系导致的结果，对吗？如果我遵循某个方法来认识自己，那么我将会得到该体系、方法必然带来的结果，但这结果显然不是对自我的认知。也就是说，通过遵循某个体系、方法去认识自我，我会按照某个模式去塑造自己的思想、行为，但遵循模式不是认识自我。

因此，认识自我没有方法可循。寻求某个方法，势必意味着想要得到结果——这正是我们全都希望的。我们追随权威——假如不是某个人的权威，就是某种体系或思想意识的权威——因为我们渴望得到一个会让人满意、会带给我们安全的结果。我们实际上并不想去认识自己，认识我们的冲动、反应，认识我们思想的整个过程，认识我们的意识和潜意识，我们宁可去追逐某种体系方法，因为它保证我们可以得到一个结果。然而，追逐体系、方法必然源自于我们对安全和确定的渴望，而这种结果显然不是对自我的认知。当我们去遵循某个方法的时候，就一定会有权威——老师、上师、救世主、大师——他们向我们保证说将会满足我们的渴望，而这显然不是认识自我的正途。

权威会妨碍我们去认识自己，不是吗？在某个权威、某个向导的庇护之下，你可能会暂时地获得某种安全感、幸福感，但这不是去认识自我的整个过程。权威究其本质而言，将会妨碍我们去充分地觉知自身，因而最终会破坏自由，而唯有在自由的状态里才能迎来创造力，只有通过认识自我，才能获得创造力。我们大部分人都没有创造力，我们不过是重复的机器，不过是留声机上的唱片，一遍又一遍地播放着某些歌曲，这些歌曲便是我们自己的或者他人的经验、结论和记忆，这样的重复不是一种富有创造力的状态——但这却正是我们想要的。由于希望获得内在的安全，于是我们便不断地寻求着方式、方法以获得这种安全，结果也就制造出了权威以及对他人的崇拜，而这将会毁灭觉知，毁灭心灵自发的宁静。然而，单单在这种宁静的状态里，创造力才会到来。

很明显，我们的困难在于，我们大多数人都已经丧失了这种创造的感觉。富有创造力，并不意味着我们必须去画画或者写诗，变得声名卓著，这并不是创造力——它不过是表达某个观念、想法的能力，公众对此予以喝彩或者投以漠视。不应当混淆能力和创造力，能力不是创造力，创造力是一种截然不同的状态，不是吗？在这种状态里，自我是缺席的，在这种状态里，意识不再是我们的经验、我们的野心、我们的追逐、我们的欲望的焦点。创造力不是一种持续的状态，它每时每刻都是崭新的，它是一种不断的运动，这运动里头没有"我"、"我的"，这里面，思想不再被任何经验、野心、成就、目的或动机包围。只有当自我消失时，创造力才会登场——单单在这种富有创造力的状态里，便会迎来真理即万事万物的创造者。然而，这种状态是无法被构想或想象的，无法被复制或公式化的，无法通过任何体系、方法，通过任何哲学、任何训戒而得来，相反，只有认识了自我的全部过程，才能迎来这种富有创造力的状态。

认识自我不是结果，不是终点，它是每时每刻在关系之镜里去审视自己——一个人同财产、同外物、同人、同观念的关系。但我们发现，要做到敏锐、觉知是十分不易的，我们宁可通过遵循某个方法，通过接受权威、迷信、令人满意的理论来让头脑走向愚钝，于是，我们的头脑变得筋疲力尽、毫无感受力。这样的头脑无法处于创造力的状态，只有当自我即认知和累积的过程终止时，才能迎来创造力的状态，因为，毕竟，"我"这一意识是认知的中心，而认知不过是累积经验的过程。但我们全都害怕籍籍无名，因为我们全都渴望出人头地。无名小卒想要成为大人物，没有德行的人想要拥有美德，软弱和卑微的人渴望权力、地位和权威，这就是头脑不断的活动。这样的头脑无法获得宁静，结果也就永远不能认识那富有创造力的状态。

所以，要想改变我们周围的世界及其不幸、战争、失业、饥饿、阶级划分和彻底的无序，就必须改变自我。变革得从我们自己开始——而不是依照任何信仰或者思想体系，因为，基于某个观念或者去遵从某种模式，显然根本就不是变革。要带来自我的根本性的转变，一个人就必须在关系里去认识自身思想与感受的整个过程。这是解决我们所有问题的唯一方法——而不是去拥有更多的戒律、更多的信仰、更多的思想意识、更多的老师。如果我们可以时时刻刻去认识自己的本来面目，没有任何累积的过程，那么我们就会发现头脑将迎来宁静。这种安宁不是头脑的产物，不是想象或培养起来的，唯有在宁静的状态里，才能拥有创造力。

这里有几个问题，在共同去思考它们的时候，让作为个体的我们一起展开检验，去探明每个问题的真理。能够消除问题的，不是我的解释，也不是你对于答案的急切寻求，而是一步一步地将其解开，从而洞悉关于它的真理，唯有领悟了有关我们的难题的真理，才能解决掉它们。然而，按照事物的本来面目加以审视并非易事。聆听是一门艺术，若在聆听的过程中我们能够展开检验，明白所说的内容，那么就能认识真理，从而解决可能摆在我们每个人面前的问题了。

问：您认为，在今天这样一个充满扰乱的世界里头，对于获得满足抱持怎样的心态才是最为合适的呢？您能否建议我们该怎样获得这种心态呢？

克：当你渴望获得满足的时候，你会怀有关于它的观念，对吗？你对于什么是满足抱持着一种先入之见，你希望处于那一状态，于是你寻求某个方法，你想要知道如何获得它。满足是一个结果吗，是被获得的事物吗？难道不正是由于寻求结果才会导致不满吗？很明显，在我渴望有所成就的那一刻，我就已经播下了不满的种子，因为我希望获得满足，我已经把不满带进了心里。

请让我们理解这种想要得到某个结果的渴望吧。结果总是给人带来满足，我们以为它将给予我们永恒的安全与幸福，也就是说，结果总是自我投射出来的，我们制造出了它，或想象出了它，或用言语描述了它，我们希望获得它，尔后我们便寻求某个方法来得到它，我们想要知道怎样才能得到满足。这种想要获得满足的欲望或是去寻求某个方法以获得那一结果，难道不正表明我们自己心灵的愚蠢吗？一个声称"我想要得到满足"的人，显然已经处于一种停滞的状态了，他关心的只是被封闭在没有任何东西会扰乱自己的状态里头，因此他的满足实际上是终极的安全，是不受扰乱的隔离。要被获得的满足，我们所谓的最高的精神上的获得，实际上是一种衰退的状态。但倘若我们能够认识不满的过程，洞悉是什么导致了不满，同时又不会得出任何结论，倘若我们能够觉知到不满的各种方式，不做任何选择地去观察它的每一个运动——那么，在这种觉知中，将会迎来一种满足的状态。这种满足不是意识的产物，不是思想过程或欲望的结果。

无论意识制造出来的是什么，都显然是建立在思想的基础上的，而思想仅仅只是记忆、感觉的反应。当我们寻求满足的时候，我们是在追逐一种感觉，一种将会给人带来彻底满足的感觉，但感觉永远不是满足。如果我意识到我是满足的，如果我觉知到了这个，那么它还会是满足吗？美德是自我意识到的吗？幸福是这样一种状态，即我意识到自己是幸福的吗？很明显，在我觉知到自己是满足的那一刻，我就已经是不满的了——我渴望更多。（笑声）请不要对这些发笑，因为，你发笑就会把这些问题抛到一旁而没有去注意它、理解它，对于你不想去面对和审视的某些严肃的东西，一笑了之是一种肤浅的反应。

满足是一种无法被获得的东西——尽管所有的宗教书籍、所有的圣人和大师都向你许诺说可以获得满足，但他们的许诺压根儿就不是许诺，只不过是一种让你满意的虚夸罢了。然而，我们能够认识不满的整个过程，不是吗？是什么使得我不满的呢？很明显，是因为想要得到某个结果、奖赏、成就，是因为想要变得如何如何。在这种获得某个奖赏的过程里，会有惩罚，一个寻求奖赏的人已经在自我惩罚了。赢得意味着不满。渴望去获取，导致了害怕失落，正是渴望获得满足，才带来了不满。重要的是认识到这个，不是将其视为理论，不是将其视为要去思考、讨论、冥想的东西，而是把它看作一个简单的事实，不是吗？在你渴望某个事物的那一刻，你就已经制造出了不满，所有的广告、我们社会里的一切，都在鼓动着这种占有欲，鼓动着我们去增加、去获取、去变得如何如何。努力想要变得怎样，能够被称作进步、发展吗？

显然，认识不满有一个过程，在认识它的过程中，你将发现，不满是自我，"我"的本质。"我"是不满的中心，因为"我"是记忆的累积，记忆无法生长，除非有更多的记忆、更多的感觉。直到你我认识了这个

"我"，即不满的中心，直到我们去探究它，理解了这种变成、获取的整个过程，否则必定总是会有不满。一个因为想要得到结果而激动不安的心灵，如何能够去认识任何事物呢？当它把自己隔绝在自身所获得的事物里，它可能会暂时安静下来，但这样的心灵显然是自我封闭的，永远无法认识那种满足的宁静，这种满足不是获取的结果。一个为结果所困的心灵，永不可能获得自由，而唯有在自由的状态里，才能得到满足。

问：您说我们利用生理上的需求来获得心理上的扩张和安全。您又进一步向我们指出，安全是不存在的。这让我们感觉到彻底的无望和恐惧。这就是全部了吗？

克：这是一个复杂的问题，让我们一起来展开思考吧。首先，生理上的安全是必需的，不是吗？你必须得有食物、衣服、住所，必须获得安全，这种安全是指我们生理上的需要必须得到满足，否则我们根本无法存活于世。然而，生理上的需要被当作了心理上自我扩张的手段，不是吗？也就是说，一个人把财产、衣服、一切生理所需，当作了获得自身的地位、进步、权威的手段。

换种方式来表述好了，以国家主义为例，自称是美国人、苏联人、印度人，如此等等，这显然是导致战争的因素之一。国家主义是一种界分，凡是界分的东西显然都会带来瓦解。国家主义破坏了生理上的安全，但是，一个人之所以会成为国家主义者，是因为当他与某个更大的事物，与某个国家、群体或种族进行认同的时候，会获得心理上的安全。自称是印度人或者其他名称，让我感觉到心理上的安全，我觉得愉快而满足，这让我有一种幸福感。

同样的道理，我们把财富、外物当作了心理扩张、自我膨胀的手段，这便是为什么世界上会发生如此多的混乱、冲突和界分的原因。所以，经济问题并不完全只处在它自己的层面，从根本上来讲，它实际上是心理的问题。这就是这个问题所包含的内容之一。

那么，只要我们在寻求心理的或内在的安全，显然就一定会把外部的安全挡在门外，也就是说，只要我们是国家主义者，那么我们就一定会制造出战争，从而毁灭那不可或缺的外部的安全。正是因为个体寻求内在的安全，才会带来战争、阶级斗争、无数的宗教的界分以及其他的一切，最终破坏了所有人类的外部的安全。因此，只要我在寻求任何形式的内在的安全，我就注定会引发外部的无序与不幸。单纯去重新安排、调整外部的安全，无论是个体的还是集体的，但不认识内在的占有欲，将会是彻底的徒劳，因为，心理上对于内在扩张的需要，势必会摧毁外部的结构所制造出来的一切。这是一个我们可以去讨论的事实，稍后我将对此展开探究。

那么，内在的安全是一种并不存在的状态，当我们去寻求它的时候，我们所做的不过是把自己给隔离起来，把自己封闭在某个可以带给我们满足的观念、希冀或模式里头。也就是说，我们要么把自己封闭在集体的经验和知识里，要么封闭在我们自己的经验和知识里，我们喜欢一直待在这种状态中，因为我们感觉到安全。拥有某种名声，拥有某些特质和外物，会带给你幸福感。称你自己是个医生、市长、大师，天知道还有什么其他的，会让你感到一种心理上的安全。这种心理的安全显然是一种隔离的过程，从而是一种瓦解、分裂的过程。

那么，当你真正领悟到并不存在任何心理的安全，你说自己感到彻底的无望和恐惧。为什么会有这种无望感呢？为什么会感到绝望呢？你所说的希望是指什么？一个依附于希望的人，显然是死寂的，一个在憧憬的人是正在走向死亡的，因为，对他来说重要的是将来——不是"当下实相"，而是将来怎样。一个活在希望里的人，根本就不是真正在生活着，他活在别处，活在将来，而活在将来显然不是生活。现在你说，当你没有丝毫希望的时候，你会变得绝望，是这样的吗？当你领悟到了关于希望的真理，你变得绝望将会具有多么大的破坏性啊，对吗？如果你懂得了如下真理，即并没有任何形式的心理的安全——如果你真正领悟了这一真理，而不是仅仅去猜想心理上的不安全的状态——你还会绝望吗？由于我们总是从对立面的层面去思考——于是，当我们身处绝望时，我们渴望希望；当没有希望时，我们变得无望。这难道不表示，我们在寻求一种没有任何扰乱的状态吗？为什么我们不应该受到扰乱呢？若想有所探明，心灵难道不应该处于一种彻底不确定的状态吗？可一旦你是不确定的，你就会落入无望、绝望和恐惧的状态，尔后你会发展起一套绝望的哲学并去追逐它。很明显，假若你真正懂得了关于希望的真理，就会摆脱无望和希望。可一个人必须明白这个，必须认识和体验这种状态。

我们所谓的恐惧是指什么意思呢？对什么恐惧？害怕不存在吗？害怕你的本来面目吗？害怕失去，害怕迷失吗？恐惧，无论是有意识的还是无意识的，都不是抽象的事物——它只会存在于跟某个事物的关系里。我们害怕的是不安全，对吗？我们担心不安全——不仅是经济上的，更多的是心理上的。也就是说，我们害怕孤独，害怕一无所有，害怕彻底赤裸的状态，害怕头脑的全部信仰、经历、记忆都被清除干净。我们害怕这种状态，不管它具体是什么，害怕不被爱，失去或者没有得到的状态。可一旦我们领悟到什么是孤独，一旦我们知道何谓孤独同时又不去逃避，那么我们就能有所超越了，因为独在与孤独是截然不同的。必须得做到独在，可现在我们由许多的事物、许多的影响构成，我们从不曾是独在的，我们不是真正的个体，我们不过是一大堆的集体的反应，同时带着某个名称、某些记忆，既有继承下来的，也有获得的，很明显，这并不是个体。

那么，要想认识什么是独在，你就必须了解恐惧的全部过程。对恐惧的认知，最终会带你进入到一种彻底空无、彻底独在的状态。也就是说，你直面一种无法被满足、无法被填满的孤独，你无处逃避。尔后你将看到，一个人可以去超越孤独——尔后，既不会有希望，也不会有无望，只有一种没有任何恐惧的独在的状态。

正如我所说，一个怀着希望的人显然并没有在真正地生活着，因为对他来说，将来才是格外重要的，于是他愿意为了将来去牺牲掉现在。这就是一切思想家、一切构建乌托邦的人们所做的事情——他们牺牲现在，意思便是说，他们宁可为了将来而杀死你我，仿佛他们知道将来一般。所有的政治党派、所有的思想家，都在我们面前晃动着某种希望，那些追逐希望的人最后则遭到了毁灭。可如果我们能够认识那种对于心理上的安全的渴望，洞悉它的全部过程，而不是仅仅去排拒它或者活在某种幻想的状态里，如果我们通过机敏的觉知能够意识到自我、"我"的每一个反应，懂得并不存在任何形式的心理上的安全，不管是通过财富、通过人或是通过某种思想意识——那么，在这种心灵彻底不安全的状态里，将会迎来自由，单单在这自由中，就能够发现"当下实相"。然而，这样的一种状态，是那些怀有希望、恐惧或者那些想要得到某个结果的人们无法达至的。

问：我要怎样才能在内心体验到神呢？

克：我们所说的体验是指什么意思？体验是一种怎样的状态？什么时候我们会说"我有某种体验"呢？只有当我们认知到那一体验，我们才会这么说，意思便是，只有当出现了一个体验之外的体验者的时候。这表示，我们的体验是一种认知和积累的过程。我解释清楚了吗？

只有当认知到了某个体验，我才能够体验，而认知便是回忆、记忆，记忆显然是"我"的中心。也就是说，认知和积累体验的过程，便是"我"，尔后这个"我"说道："我有过某种体验。"被作为体验去认知、去积累的，是对刺激的反应、对挑战的反应。如果我没有认知到对某个挑战的反应，我就没有体验。很明显，若你来挑战我，我没有认知到你的挑战的意义或者我对它的反应，那么我如何能够拥有某种体验呢？只有当我对挑战做出反应并且认知到该反应的时候，才会有体验。

现在，这位提问者询问道："我怎样才能在内心体验到神呢？"神、真理，或随便你怎么称呼，是一种被体验、被认知到的事物，于是你能够说："我对神有过体验"吗？显然，神是未知的，它不可能被认知，在你认识它的那一刻，它就不是神了，而是某种自造出来的东西，也就是记忆。这就是为什么信神者永远无法认识神的缘故：由于你们大多数人都相信神，所以你们永远不可能认识神，因为正是你的信仰妨碍了你。然而，不信神——这是另外一种形式的信仰——同样会妨碍我们去发现未知，原因是，一切信仰显然是一种意识的过程，信仰是已知的结果，你可以相信未知，但这种信仰脱胎于已知，它是已知即记忆的一部分。记忆说道："我不知道神，它是未知的事物。"因此，记忆制造出了未知，尔后相信它是一种体验未知的手段。

神是被信仰的事物吗？牧师、布道者、宗教的组织者、主教、红衣主教、屠户、驾驶飞机投炸弹的人——他们全都说道："神与我同在。"一个挣钱、剥削他人的人，一个聚敛财富、修建庙宇或教堂的人，会声称神与自己同在。所有这些相信神的人，很明显，他们的信仰不过是一种自我膨胀，是他们的一种自我欺骗。这样的人，这些信仰组织化的教义、按照某种被叫做宗教的模式去限定自己心灵的人，显然永远无法认识终极真理。

要想迎来未知，心灵就必须彻底空无。不可能去体验真理，因为体验者就是"我"及其所有累积的记忆，包括意识和无意识。这个"我"是所有这一切的残留物，他说道："我在体验。"然而，他唯一能够体验的只有他自己的制造物，"我"无法体验未知，他只能够体验已知，体验他自造出来的东西，体验他去相信或者憧憬的东西，即思想的产物，而思想是来自过去的反应。这样的心灵显然无法实现彻底的空无、彻底的独在，于是也就永远不会获得自由。唯有能够认识"当下实相"的心灵才是自由的心灵——即认识那无法描述、无法被诉诸语言来让你我去认识的事物。描述它，不过是在培养记忆，用言语来阐发它，便是把它置于时间的网里，而凡是属于时间的事物，永不可能是永恒。

所以，重要的不在于你信什么或不信什么，抑或你展开怎样的活动，而在于去认识你自己的全部过程、全部内容，这意味着时时刻刻去觉知，不要有任何累积的意识。当心灵迈入彻底的宁静，既不去接受，也不去排斥，没有任何获取或累积的意识，当心灵进入了这种宁静的状态——在这里面，不再有体验者——唯有这时，那被称作神的事物才会登场。

字眼并不重要，尔后，将会迎来一种创造力的状态，这种状态里，没有丝毫的自我的表现。

（在纽约市的第二场演说，1950 年 6 月 11 日）

是什么导致了我们内心的矛盾？

最为重要的，是应当去认识我们生活中各种各样瓦解性的因素，难道不是吗？这些分裂性的因素，不仅存在于生活的表层或者经济层面，而且还存在于一个人的意识的深层。我们可以在全世界的范围内看到，不单各个人群之间存在着界分，而且一个人自身内部也充满了冲突与矛盾。除非我们认识了自己身上的这种冲突，否则将无法去应对周围的矛盾。这种存在于我们每个人身上的矛盾，我们大多数人都有所觉知，假如我们全都善于思考的话。想要让矛盾变成统一，单单这种愿望是无法将其解决的——这不过会变成要去应对的其他的问题。但倘若我们可以意识到那些导致了矛盾的因素，那么或许就能将矛盾化为统一了。

那么，是什么导致了我们每个人身上的矛盾呢？很明显，是因为渴望变得如何如何，对吗？我们全都希望出人头地——想要在世界上获得成功，内心希望能够得到某个结果。因此，只要我们从时间的层面、从获取的层面、从地位的层面去思考，就一定会滋生出矛盾。毕竟，意识是时间的产物，思想是建立在昨天、过去之上的，只要思想在时间的领域之内运作，从将来、变成、获取、赢得的层面去思考，就一定会出现矛盾。因为，尔后，我们将无法直接地面对"当下实相"，只有当我们认识了"当下实相"，当我们不做任何选择地去觉知"当下实相"，才能摆脱那些瓦解性的因素也就是矛盾。

所以，必须去认识我们思想的全部过程，难道不是吗？因为我们正是在那里发现了矛盾。思想本身变成了一种矛盾，原因是，我们没有认识自身的整个过程，只有当我们充分地觉知到了自己的思想，不是作为一个对自己的思想展开运作的观察者，而是与思想统一的整体，不做任何的选择——做到这个相当不易——方能实现觉知。唯有这时，才能消除那给人带来危害与痛苦的矛盾。

　　只要我们试图得到某种心理上的结果，只要我们渴望内在的安全，那么我们的生活就一定会充满矛盾。我觉得，我们大部分人都没有觉知到这种矛盾，抑或假如我们觉知到了，也没有明白它的真正涵义。相反，矛盾给了我们生活的推动力，正是矛盾的因素让我们觉得自己是活生生的。努力，矛盾的斗争，让我们感到一种活力，这就是为什么我们会热爱战争，为什么我们会享受那带来挫败的争斗。只要我们想要获得某个结果，也就是想要获得心理上的安全，就一定会出现矛盾。只要有矛盾存在，心灵就无法获得宁静，心灵的宁静对于认识生活的全部意义来说是不可或缺的。思想永远不会是宁静的，思想是时间的产物，它永远无法发现那永恒的事物，无法认识那超越了时间的事物。我们思想的本质便是矛盾，因为我们总是从过去或将来的层面去思考，于是我们从不曾充分地认识现在。

　　充分地认识现在是一项相当困难的任务，因为心灵无法在没有任何欺骗的情况下去直接面对某个事实。正如我所阐释的那样，思想是过去的产物，因此它只会从过去或将来的层面去进行思考，它无法在当下充分地去觉知事实。所以，只要思想——它是过去的产物——试图去消除矛盾以及它所制造出来的一切问题，那么它就只是在追逐一个结果、试图得到某个结果，而这样的思想只会引发更多的矛盾，进而给我们自身以及我们周围的世界带来冲突、不幸和混乱。

　　要想摆脱矛盾，一个人就必须去觉知现在，不做任何选择。当你面对着事实的时候，怎么能够有选择呢？很明显，只要思想试图从变成、改变、更改的层面出发去对事实展开运作，就无法实现对事实的认知。

所以，认识自我是觉知的开始，如果没有认识自我，矛盾与冲突将会继续下去。认识自我的全部过程，并不需要任何专家或权威，追逐权威，只会滋生恐惧，没有哪位专家、学者能够告诉我们怎样去认识自我的过程，一个人必须要凭借自己的力量去探究它。你我可以通过谈论它来帮助彼此，但没有人可以为我们揭示出它来——没有任何专家、老师能够为我们去探索它。我们只有在自己的关系里才能觉知到它——在我们与物、与财产、与人、与观念的关系里。在关系里，我们将会发现，当行动让自己去接近、符合某个观念的时候，矛盾便会出现，观念只是把思想固化为了某个符号，努力去符合那一符号，结果便导致了矛盾的出现。

所以，只要存在着思想的模式，矛盾就将继续，要想终结那一模式，从而终结矛盾，就必须认识自我。这种对自我的认知，不是只为少数人保留的，要在我们日常的言语里、在我们思想与感受的方式里、在我们审视他人的方式里去认识自我。假如我们能够时时刻刻去觉知每一个想法、每一个感觉，那么我们就会发现，在关系里，我们将认识自我的方式。唯有这时，才能迎来心灵的静寂，单单在这种静寂里，那终极的真理就会到来。

我将要回答一些提问，在我回答提问的时候，让我们一起去探索每一个问题，我不是权威、专家、老师，不会告诉你们要怎么做，这对成年人来讲太过荒唐了——如果我们都是成年人的话。因此，在思考这些问题的时候，让我们努力凭借自己的力量展开探索、发现真理。正是对真理的发现，将会让我们摆脱自身的各种难题，但倘若心灵仅仅在这些问题的漩涡里动荡不安，就不可能发现真理，真理就无法向我们走来。为了发现问题的方式，就必须让问题彰显出来，心灵必须要迈入宁静，尔后我们将洞悉真理，正是真理能够让我们获得解放。

问：我要怎样摆脱那影响了我全部行为的恐惧呢？

克：这是一个非常复杂的问题，需要投以密切的关注，如果我们不对它展开充分的探究，意即在我们着手的时候逐步地去体验，那么我们就无法最终挣脱恐惧的束缚。

我们所谓的恐惧是指什么意思呢？对什么恐惧？有各种形式的恐惧，我们不必对每种形式展开分析。但我们可以发现，当我们没有充分认识自身的关系，就会心生恐惧。关系不仅是指人与人之间的关系，而且还有我们跟自然、我们跟财富、跟观念之间的关系。只要没有充分认识这一关系，就一定会出现恐惧。生活便是关系，活着即意味着处于关联之中，没有关系就没有生活，没有任何事物可以活在孤立隔绝的状态。只要心灵寻求着隔绝，就一定会有恐惧。所以，恐惧不是一种抽象物，它只存在于跟某个事物的关系之中。

那么，问题是如何摆脱恐惧。首先，要被克服的事物，必须一再地去克服。没有任何问题可以最终被克服，只可以去认识问题，而不是去克服。这是两个完全不同的过程，克服的过程将会带来更多的混乱、更多的恐惧，对问题采取抗拒、控制的姿态或者与之交战，抑或是去抵制它，只会引发更多的冲突。但倘若我们能够认识恐惧，逐步地对它展开充分的探究，探索它的全部内容，那么恐惧就永远不会以任何形式重来了——这便是我希望我们在这个上午能够去做的事情。

正如我所指出来的那样，恐惧不是一个抽象物，它只存在于关系之中。那么，我们所说的恐惧意指为何呢？我们最终害怕的是不存在，是没有变得怎样，难道不是吗？那么，当我们惧怕不存在，惧怕没有进步，或是惧怕未知、死亡，通过决心、结论、选择能够克服这种恐惧吗？答案显然是否定的，单纯的压制、升华或替代，会导致更多的抵制，不是吗？因此，恐惧永远无法通过任何形式的训诫、抵制来克服，必须要清楚地明白、感受和体验这一事实——即通过任何形式的防御或抵制都无法克服恐惧。寻求答案抑或单纯的智力或口头的阐释，也无法让我们摆脱恐惧的束缚。

那么，我们害怕的是什么呢？我们是害怕事实呢，还是害怕关于事实的观念呢？请弄明白这一点，我们究竟是惧怕事物的本来面目，还是惧怕我们对该事物的认识？以死亡为例，我们害怕的是死亡的事实呢，还是关于死亡的观念？事实是一回事，关于事实的观念是另一回事。我恐惧的，究竟是死亡这个字眼，还是死亡这一事实本身？由于我害怕的是字眼、是观念，因此我从不曾认识事实，从不曾审视事实，从不曾与事实建立直接的关系。只有当我与事实有了彻底的联系，恐惧才会消失，但倘若我没有跟事实建立关联，便会滋生出恐惧。只要我怀有关于事实的观念、看法、理论，就无法与事实建立关系。所以，我必须要弄清楚我惧怕的是字眼、观念，还是事实。如果我直面事实，那么关于事实就没有什么可认识的——事实就在那里，我能够应对它。但倘若我害怕的是字眼，那么我就必须去认识这个字眼，去探究这个字眼、术语的全部涵义。

比如，一个人害怕孤独，害怕孤独带来的痛苦。很明显，之所以会有这种恐惧，是因为他从不曾真正去审视孤独，从不曾与孤独建立充分的联系。一旦他向孤独的事实彻底敞开，那么他便能够认识何谓孤独了。但是他却怀有关于孤独的观念、看法，这种看法是建立在先前的知识之上的，正是这种观念、看法妨碍了我们去认识事实，从而制造出了恐惧。因此，恐惧显然源于命名，源于制造出一个符号去代表事实，也就是说，恐惧是不依赖于字眼、术语的。我希望我把自己的意思表达清楚了。

我对孤独做出了某种反应，意思便是说，我声称我害怕一无所有。我是害怕事实本身呢，还是说，恐惧之所以被唤醒，是因为我怀有关于事实的先前的知识，而知识便是字眼、符号、形象呢？怎么可能会对事实惧怕呢？当我直面事实的时候，当我与它直接交流的时候，我能够去审视它、观察它，于是也就不会对事实生出恐惧了。导致恐惧的，是我对事实的认知，是事实可能会怎样或者会怎么做。

因此，是我对于事实的看法、观念、经验、知识，引发了恐惧。只要我用言语去描述事实，给事实命名，从而去辩护或谴责事实，只要思想作为观察者在对事实进行着评判，就一定会生出恐惧。思想是过去的产物，它只能够通过言语、符号、形象而存在，只要思想在重视或者阐释事实，就必定会有恐惧。

所以，正是意识制造出了恐惧，意识便是思想的过程，思想是一种言语化的过程，没有语词、符号、形象，你便无法思考。这些形象——它们是成见、先前的知识、意识的理解——是就事实制造出来的，由此滋生出了恐惧。只有当意识能够去审视事实，同时不去阐释它、不去对它命名、不去给它贴上标签，才能挣脱恐惧的羁绊。这是相当困难的，因为我们怀有的感受、反应、焦虑，很快就被意识识别了，然后会被命名。那么，能否识别某种感受、审视那一感受，同时又不对它命名呢？正是对感受命名，赋予了它持续性，让它得到了强化，一旦你去命名那个被你唤作恐惧的事物，你就让它得到了强化，但如果你能够审视那一感受，不去进行命名，你就会发现，它将逐渐消退。所以，假如一个人想要彻底地摆脱恐惧，就必须去认识这种命名，制造符号、形象，对事实进行命名的整个过程。也就是说，只有当我们认识了自己，才能挣脱恐惧的罗网。自知是智慧的开始，而智慧便是恐惧的终结。

　　问：我如何才能永远地摆脱性欲呢？

　　克：为什么我们想要永久地摆脱某个欲望呢？你称它是性欲，其他人称它是依附的恐惧，等等。我们为何希望永远摆脱某个欲望呢？因为这一欲望给我们带来了扰乱，我们不想受到扰乱，这便是我们思考的全部过程，对吗？我们想要把自己封闭起来，没有任何扰乱，也就是说，我们希望被隔离起来，然而，没有任何事物可以活在孤立隔绝的状态。当一个所谓的宗教人士去寻求神的时候，他实际上寻求的是彻底的隔离，在这种隔离的状态里，他将不会受到任何扰乱，可这样的人并不是真正的虔诚之士，对吗？真正虔诚的人，是去彻底地、充分地认识关系，从而也就不会有任何问题、任何冲突。不是因为他们不受扰乱，而是因为他们没有在寻求确定性，他们认识了扰乱，于是也就不会再有因为对安全的渴望而导致的自我封闭的过程了。

　　那么，这个问题需要相当的觉知，因为我们将要去应对感觉，即思想。对大多数人来讲，性已经成了一个十分重要的问题，由于不确定、恐惧、封闭，在其他的方向都没了出路，于是性成为了唯一能够让大多数人找到释放的途径，在性行为里，自我暂时会缺席，在这种简单的状态里，自我、"我"及其所有的烦恼、困惑、焦虑全都消失不见了，有的是一种巨大的幸福。通过忘却自我，会感到一种平静，一种释放；由于我们在宗教、经济以及其他的所有方向都丧失了活力，结果性变成了最为重要的东西。在日常生活里，我们只是留声机的唱片，重复着我们所学到的那些语句；在宗教层面，我们沦为了机器人，机械化地遵循着神职人员的指令；在经济和社会层面，我们为环境的影响所围。在这些层面，我们会得到释放吗？显然不会。当没有得到释放的时候，必然会感到挫败、沮丧，这便是为什么性行为会在我们大部分人的眼里成为如此重要的问题，因为在它里面能够得到释放。社会通过广告、杂志、电影以及其他的一切，鼓励、刺激着性。

那么，只要意识——它是感觉的结果和焦点——把性视为让自身获得释放的手段，那么性就必然会成为一个问题；只要我们无法获得广泛的、充分的活力，并且不是仅仅局限在某一个方向上，那么性这一问题就会继续存在下去。创造力与感觉无关，性属于意识的范畴，而创造力不属于意识，创造力从来不是意识的产物，不是思想的结果。从这个意义上来讲，性即感觉，它永远无法获得创造力，性行为可以孕育子女，但这显然不是创造力。只要我们为了获得释放而去依赖任何形式的感觉、刺激，就一定会遭遇挫败，因为意识无法认识什么是创造力。

通过戒律、通过禁忌、通过社会伦理或准则，无法解决这一问题。只有当我们认识了意识的全部过程，才能解决性这一难题，因为意识正是性欲，正是意识的想象、幻想和勾画才刺激了性欲，由于意识是感觉的产物，因此它只会变得越来越流于感觉。这样的意识永远不会具有创造力，因为创造力不是感觉。只有当意识不去寻求任何形式的刺激，无论是外部的还是内部的刺激，它才能获得彻底的宁静与自由，唯有在自由的状态里，创造力才会登场。我们已经把性变成了某种丑陋的东西了，因为它是我们唯一拥有的私人化的、个体性的感觉，其他所有的感觉都是公众性的、公开化的。但只要我们以任何形式把性作为一种获得释放的手段，那么性就只会让问题、混乱、麻烦与日俱增，原因是，通过寻求某个结果，永远无法带来真正的释放。

这位提问者想要永久地终结性欲，因为他认为，尔后他将处于一种没有任何扰乱的状态，这便是为什么他会寻求这个、会为此努力的缘故了。正是朝着这一状态去努力，才妨碍了他自由地去认识意识的过程。只要心灵仅仅寻求着一种没有任何形式的扰乱的永恒的状态，它就是封闭的，因此永远不会富有创造力。只有当心灵不再渴望变得如何如何，不再渴望去达至某个结果，从而挣脱了恐惧的羁绊，它才能够迈入彻底的宁静。唯有这时，创造力才会到来，而创造力便是真理。

问：我是否应当成为一个和平主义者呢？

克：恐怕我无法告诉你你究竟应该还是不应该成为和平主义者。我们理应成熟，但是，渴望从他人那里得到这类建议，却表明了一个人的不成熟。寻求权威，只会导致腐化，不会带来自由，唯有在自由中，才能发现真理。通过追随他人，你将永远无法懂得如何做才能摆脱暴力的制约。

让我们弄清楚我们所说的和平主义究竟是指什么意思吧。和平主义跟暴力是对立的吗？和平是排拒冲突吗？善是恶的对立面吗？当你否定邪恶，寻求它的对立面，这便是美德了吗？假如你否定、抵制、抛开丑陋，那么你就是美丽的吗？追逐对立面，是否便能够达至和平、美德、美丽了呢？对立面意味着冲突，不是吗？如果你否定暴力，追逐和平，那么会发生什么呢？正是对和平的追求导致了冲突，因为你在否定、排斥暴力，正是这种否定、排拒引发了冲突。而美德是冲突的结果吗？和平是排拒战争吗？战争显然是我们自身的延伸、投射，不是吗？战争是以一种血腥的、壮大的方式投射着我们自己的日常生活。出于对安全的渴望，于是我们便自称是美国人、苏联人、印度人，天知道还有什么其他的称呼，跟某个国家、种族、群体进行认同，让我们感到安全。然而，与某个群体或国家认同，意味着隔离、界分，将会导致瓦解、分裂与战争。很明显，只要我在寻求着任何形式的认同——与我的家庭、我的群体、我的财产、我的意识形态或信仰认同——就一定会有隔离、界分、瓦解和战争。尽管所有的思想家，不管是左翼的还是右翼的，全都梦想着能够让所有人都相信某个理论或体系，但这样的事情是不可能实现的，信仰总是会带来界分，所以它是一种分裂性的因素。

因此，只要你我的内心处于一种冲突的状态，那么这种冲突就一定会以战争的形态投射到外部世界里去。如果没有认识你自己内心的冲突，仅仅成为一个和平主义者或是加入某个呼吁和平的组织，将会毫无意义。假使一个人一边抵制战争，一边依然维系着心理的冲突，那么他只会制造出更多的混乱。但倘若你真正认识了这种内在冲突的过程——这种冲突投射到外部世界便会是战争——那么你显然既不会是主战者，也不会是单纯的和平主义分子。你将会是截然不同的，因为你自身处于和平、安宁的状态，你与世界达成了和平。由于你的内在和外在都实现了和平，因此你显然不会从属于任何国家、民族、宗教、团体或阶级。假如你因为拒绝应征入伍而被带到陪审团面前，你将会被枪杀，但这不是你的责任——这是社会的责任，因为社会抛弃了你，毕竟，社会并不是十分明智的。什么是社会呢？社会就是自身的投射，对吗？你我是什么样子的，社会就会是怎样的。所以，请不要说社会愚蠢然后予以嘲笑，社会是我们自身结构的投射，如果我们想要让社会发生根本性的转变，那么我们自己就必须彻底地改变——这是一项极为困难的任务。任何基于观念之上的变革，从来不会是真正的变革——它不过是以一种修正的方式让过去得到持续罢了。观念永远不会具有革命性，因为观念只是记忆的反应。思想是单纯的反应，基于反应之上的行动，永远不会是根本性的，永远不会是真实的。

那么，很明显，问题不在于你是否应当做个和平主义者。我们发现，世界上的一切都在对战争推波助澜。战争明显不是解决任何问题的方法，但我们显然无法懂得这个。我们不时地改变着敌人，我们似乎对这一过程十分满意，因为宣传，因为我们自身那想要去报复的欲望，因为我们自己心理上的冲突，使得这一过程不断在上演着。所以，我们因为国家主义、因为贪婪、因为想要获得成功、想要出人头地而鼓励着战争。也就是说，我们在内心鼓励着战争，然后在外部又想要做个和平主义者，这样的和平主义显然毫无意义，它仅仅只是一种矛盾罢了。我们全都希望变得如何如何：变成一个和平卫士、一个战争英雄、一个百万富翁、一个有德行的人，或者是你所期待的其他什么。这种想要变得如何如何的欲望，包含了冲突，而冲突又引发了战争。只有当我们不再渴望变得怎样，和平之花才会绽放，这是唯一真实的状态，因为，单单在这种状态里，将会迎来创造力、迎来真理。然而，对于整个社会结构来说，这是完全陌生的——社会便是你自己的投射。你崇拜成功，你奉成功为神灵，因为它会带来头衔、地位、等级、权威，你的内心不断展开着交战——努力想要获得你所渴望的东西，你不曾有过一刻的和平，你的心里不曾安宁过，因为你总是努力想要变得如何如何，想要取得进步。不要被"进步"这一字眼给误导了，机械化的事物的确在进步，但思想永远不会进步，除了从它自身的变成的层面以外。思想从已知移向已知，但这并不是成长，并不是进化，并不是自由。

所以，假如你希望成为一个真正意义上的和平主义者，也就是挣脱冲突的制约，那么你就必须去认识你自己。当心智实现了和平、安宁，你就会懂得什么是没有冲突的状态，它将会在行动中表现出来，不管这行动会是什么。然而，一门心思地想要变得怎样，不过是一种努力的过程，而这势必会带来更多的冲突与争斗。正如每一场战争都会引发另一场战争，同样，每一个冲突都会导致更多的冲突，只有当冲突终结的时候，才能迎来真正的和平，而终结冲突便是去认识自我的整个过程。

问：我没有尝过被爱的滋味，我很想感受一下，因为，如果没有爱，生活就失去了任何意义。那么我怎样才能实现这一憧憬呢？

克：我希望你们并非仅仅只是在聆听话语，因为，那样的话，这些会议将会变成另外一种分散注意力的形式，将会是浪费时间。但倘若你真的去体验了我们在讨论的内容，那么它们就将具有不同寻常的意义，因为，尽管你可能带着意识听了那些话语，可如果你去体验正在说的内容，那么潜意识同样会参与进来。一旦被给予了机会，潜意识将会彰显出自身的全部内容，从而带来我们对自身的充分认知。因此，我希望你们不要仅仅只是去聆听他人的讲话，而是要在我们展开探究的过程中切实地去体验。

这位提问者想要知道如何去爱以及被爱，这难道不是我们大部分人的状态吗？我们全都渴望被爱以及付出爱，我们就此问题高谈阔论，所有的宗教、所有的布道者，都在谈论这个。所以，让我们探明一下我们所说的爱究竟是指什么意思吧。你能够思考爱吗？你可以思考爱的对象，但你无法去思考爱，对吗？我能够想到我所爱的人，我能够怀有那个人的形象、样子，回忆起关于我们关系的感觉和记忆。但爱是感觉、记忆吗？当我说："我希望去爱与被爱"，这难道不仅仅只是想法、是头脑的反射吗？思想是爱吗？我们以为它是，对吗？对我们而言，爱是感觉，这便是为什么我们会怀有所爱之人的样子，这便是为什么我们会去想他们并且依附于他们的缘故。而这全都是一种思想的过程，不是吗？

那么，思想在各个方向都受到了阻拦，于是它说道："我在爱里面找到了幸福，因此我必须要拥有爱。"这就是为何我们会依附自己爱着的人，这就是为何我们会在生理和心理上去占有此人的缘故。我们制定了法律，以保护这种对我们所爱对象的占有，无论它是一个人、一架钢琴、一份财产、还是一种观念或信仰，因为，在占有及其所有的复杂性如嫉妒、恐惧、怀疑、焦虑之中，我们感觉到安全。于是，我们把爱变成了一种意识的产物，我们用意识的东西塞满了心灵。由于心灵很空虚，因此意识说道："我必须拥有爱。"结果我们便试图通过妻子、丈夫来让自己获得圆满，我们试图通过爱去变得如何如何。也就是说，爱成为了一个有用的东西，我们把爱当作了达至某个目的的手段。

因此，我们把爱变成了一种意识的事物，意识成为了爱的工具。意识不过是感觉，思想是记忆对感觉的反应，没有符号、字眼、形象，就没有记忆、没有思想。我们知道所谓的爱的感觉，我们依附于这种感觉，当它消退的时候，我们就会渴望同样的感觉能以其他的方式表现出来。所以，我们越是培养感觉，越是培养所谓的知识——知识不过是记忆——爱就会越少。

只要我们寻求爱，就一定会出现自我封闭的过程，只要有自我封闭性的思想过程，就不可能有交流，不可能抱持敞开的姿态。思想的过程便是恐惧，当有恐惧存在的时候，当我们把思想当作一种获得更多刺激的手段的时候，如何能够与他人进行交流呢？

只有当你懂得了意识的整个过程，爱才会到来。爱不属于意识的范畴，你无法去思考爱。当你说："我渴望爱"，你便是在思考它、憧憬它，这是一种感觉，是达至某个目的的手段。所以，你渴望的并不是爱，而是刺激，你渴望有某个方法，通过它你可以实现自我，无论它是一个人、一份工作还是一种刺激，等等。而这显然不是爱。只有当你不再去想到自我的时候，爱才会来临，而唯有认识了自我，方能摆脱自我。一旦认识了自我，便会实现觉知，当意识的全部过程得到了充分的、彻底的展现和认识，你就将懂得何谓爱了。尔后，你将发现，爱与感觉无关，它也不是自我实现、自我圆满的手段。尔后，爱就是它本身，不附带任何结果。爱是一种存在状态，在这种状态里，不再有"我"及其认同、焦虑和占有。只要自我、"我"的活动继续存在，不管是意识还是潜意识，就不可能拥有爱。这便是为什么说，重要的是去认识自我的过程，而自我正是"我"这一认知的中心。

（在纽约市的第三场演说，1950 年 6 月 18 日）

观察者即所观之物

假如我们能够找到某个法子来摆脱自身的冲突，就不会去追随权威了，但由于我们没有找到办法来解决自己与日俱增的无数冲突，于是我们要么求助于内部的权威，要么求助于外部的权威，以获得指引和慰藉，结果权威就在我们的生活里变得格外重要起来。因为我们没有能力去认识和解决冲突，所以就把权威当作一种逃避冲突的手段，而手段则变成了最为重要的东西，而不是去了解、探索冲突的过程。

于是我们便有了各种各样的内部和外部的无数权威。外部的权威的形式为知识、榜样、老师，等等，内部的权威则是我们自身的经历和记忆。当身陷冲突和焦虑的时候，我们便去求助于它们来获得指引，因此，外部的和内部的权威带给了我们一种希望，使得我们以为由此便能够摆脱掉自身的各种麻烦和困扰。

然而，任何形式的权威，无论是外部的还是内部的，能够解决我们的难题吗？我们越是去寻求权威、理想、结论、希望，就越会依赖它们，于是依赖权威变得比认识冲突本身更加重要起来。我们对权威的依赖越大，我们就会变得越依赖，因为依赖性最终会破坏掉我们自身认识问题的信心。我们大多数人都不相信自己有能力去探明、探索许多问题，当我们依赖权威的时候，这种信心显然就会被否定掉。

自信不是傲慢自大。一个人经历得越多，心理上就越会确定，就会变得越发傲慢和固执，这样的自信只不过是一种自我封闭、一种抵制。但我认为，还有另外一种信心，它不是累积性的。若想探究冲突的本质，一个人就不可以把自己累积的东西带入进来，假如他带着先前的知识展开探索，就不再是探索了。尔后，你不过是从已知移向已知，从确定移向确定，从你已经经历的移向你希望去经历的，而这根本就不是探索或检验，这不过是一种累积知识、经验的过程，而它所带来的信心，其实是一种过分自信的自大。

我觉得，有一种信心更加的隐蔽，更加的有价值，当你不再有任何累积的意识，而是不断地去探索和发现，便能迎来这种信心了。正是这种不断发现的状态，不断探索的能力，带来了一种永恒的信心，这种信心绝非自大。当存在任何形式的权威，当我们依赖或求助于他人以获得行动的指引，就会把这种不可或缺的信心挡在门外。当我们有所依赖时，会带来某种自信，尽管这自信里面包含有恐惧。然而，通过追随他人，从属于某个群体，信仰某种理念或某些教义所获得的自信，显然是一种自我封闭性的过程，不是吗？一个不断在自我隔离的心灵，注定会唤醒恐惧，于是也就会从一个权威游走到另一个权威，从一种情感的耗尽游走到另一种情感的耗尽，在这种过程里，我们的问题从不曾得到解决——而只会与日俱增。

那么，能否审视我们的冲突，而不带入任何的权威，无论是外部的还是内部的权威呢？很明显，一个人可以展开无为的觉知，觉知那些冲突，既不做任何选择，也不去谴责。也就是说，他可以展开觉知，但不是作为一个观察着自己的经历或者分析着自己身上他想要去消灭的某个东西的观察者，而是以一种无为的状态去觉知，在这种状态里，观察者即所观之物。在这种意识的状态里，我们将会发现，问题得到了认识和解决。但倘若我们选择关于某个问题的行动的方式，做比较或谴责它，那么我们就只会增加抵制，从而让问题愈来愈多。这种选择的过程在我们生活的各个层面都上演着，这便是为什么我们让问题与日俱增而不是令其减少的缘故。只有当我们寻求答案、结论，从而依赖于外部或内部的权威时，问题才会变得越来越多。依赖权威，实际上会妨碍我们对问题的认知，问题总是新的，没有问题是旧的，只要它是问题，它就是挑战，因此总是新的。问题始终是自造出来的，所以，重要的是去认识自我的整个过程，不要有任何的权威，不要遵循任何模式或者求助于某个榜样、理想或领袖。

自知是终结一切冲突的开始，只有当冲突停止，才能迎来创造力。创造力是无法用言语来表达的——当思想的过程停止，创造力的状态便会到来，唯有这时，那不可知的事物才会向你走来。

在思考这些问题的时候，让我们携手踏上探索之旅，让我们大家凭借自己的力量去发现每一个问题的真理。坐等答案抑或依附于某个观点是没有任何用处的，而这正是你我喜欢做的事情。要想探明何谓真理，心灵显然就必须处于机敏的警觉状态，这会让我们能够深入地探究每一个问题。

问：我有许多朋友，但我总是害怕会遭到他们的排斥。我该怎么做呢？

克：问题是什么？问题是关于排斥和恐惧，还是关于依赖？我们为什么想要交朋结友？不是说我们不应当有朋友，而是说当我们感觉有必要交朋友的时候，当我们依赖他人的时候，这表明了什么呢？这难道不说明一个人自身的不充实吗？孤独难道不代表心灵的贫乏吗？由于孤独，由于心灵的贫乏、不充实，于是我们便去求助于朋友、爱情、活动、观念、占有、知识和技术。也就是说，由于内心的贫瘠，我们便去依附那些外在的事物，于是外在的东西对我们而言变得格外重要起来。当我们把某个事物当作逃避自我的手段，那么它显然就会变得非常重要。我们之所以依附于外物、观念、人，是因为我们心理上依赖它们，当它们被拿走时，我们便会感到迷失和恐惧，就像遭到朋友排斥的时候一样。因此，依赖意味着心理的不确定，意味着心灵的贫乏，只要我们去利用或依靠他人，就一定会害怕失去。

那么，这种孤独、这种心灵的贫乏或空虚，能够通过意识的行为来填满吗？若我可以建议的话，请仔细聆听，通过观察你自己的意识来探明，你将会凭借自己的力量找到答案。在我们展开探究的过程中，我只会对体验进行描述，但还是得由你自己去体验，你必须处于机敏的警觉状态，不要仅仅聆听话语。

　　由于内心的贫瘠，我们便试图通过工作、通过知识、通过爱、通过许多形式的活动来逃避这种贫乏。我们听广播，读最新出版的书籍，追逐某个理念或美德，接受某种信仰——任何逃避自我的事情。我们的思想是一种逃避"当下实相"的过程，心灵的空虚能够被掩盖或填满吗？只有当一个人不去逃避的时候——要做到这一点实属不易——他才能够认识关于这个问题的真理。一个人必须意识到自己正在逃避，必须懂得一切逃避都是相似的，并没有所谓"高尚的"逃避，所有的逃避，从饮酒作乐到寻求神，全都是一样的，因为一个人正在逃避"当下实相"，即逃避自我，逃避自己心灵贫乏这一实相。只有当他真正不再去逃避，他才会直面孤独、心灵的贫乏的问题，任何知识、经验都无法掩盖这种孤独与空虚，唯有这时，才能够迎来觉知从而解决这一难题。这种孤独、这种心灵的贫乏，不单单只是那些生活闲适、除了探究自己以外没有其他事情可做的人需要面对的问题，而是世界上每一个人都要去解决的问题，无论富贵还是贫穷，无论杰出人士还是愚钝之辈。

　　那么，心灵的空虚能够被掩盖起来吗？假如你尝试过，但未能通过逃避的手段成功地将其遮掩，那么你显然就会懂得，一切逃避皆为徒劳，不是吗？要想明白心理上的贫乏是永远无法被填满、掩盖或充实的，你不必从一种逃避转向另一种逃避。彻底地认识某种逃避，就能了解逃避的全部过程，不是吗？尔后会发生什么呢？一个人只剩下空虚、孤独，然后会出现如下问题——孤独与那个感受到孤独的实体是分开的吗？显然不是，不是那个实体感到空虚，而是他自己本身就是空虚，只有当你给那一被唤为空虚的状态贴上某个名称或标签的时候，感觉到空虚的实体与那被他叫做空虚的状态之间才会出现界分。当你不去对该状态进行命名时，将会发现，观察者与所观之物不会再有任何界分，观察者即所观之物——所观之物就是心灵的贫乏。换句话说，当我们不去命名，体验者与被体验之物便将融合统一，尔后你就可以进一步着手去探明那个你一直都在逃避的所谓孤独、贫乏的状态是否真的是如此，抑或只是对"孤独"这一词语的反应——该反应会将恐惧唤醒。

究竟是语词还是事实把恐惧唤醒的呢？是事实让人恐惧，还是关于事实的观念带来了恐惧呢？如果你明白了这整个的过程，就会发现，一旦不再渴望去逃避"当下实相"，就不会有恐惧，于是，"当下实相"就将发生转变。因为，尔后，心灵不再害怕自己的真实模样，在这种状态里，不会感觉到孤独、贫乏——存在的只有实相。若你展开得更加深入，会看到，心灵不再排斥或接受那一状态，从而能够迈入宁静，唯有这时，它才可以摆脱孤独或贫乏。但若想达至这一点，你就必须认识心灵的贫乏、逃避、依赖的过程，必须懂得逃避以及各种逃避的手段是怎样变得比你正在逃避的事物更加重要的，必须发现思想者与那被他称作孤独的状态之间的界分，并且凭借你自己的力量去探明这究竟只是口头上的还是切实存在的状态。如果是口头层面的，那么这种界分就会继续下去，但倘若你不去给它命名，便将迎来那一你不再命名为孤独的状态——唯有这时，心灵才能够进一步地去超越和发现。

问：个体在社会中有何作用呢？

克：个体与社会是分开的吗？你与你的环境是分开的吗？环境把我们限定为了基督徒、资本主义者、共产主义者、社会主义分子或是其他，环境反过来又是我们自身的投射，对吗？社会是个体创造出来的，而个体又会受到社会的限定，因此，个体与社会是相互关联的，它们不是两个分离的状态或实体。只要你受着环境的限定，会有单独的个体吗？我并不是说生活是如此——这只是理论罢了。然而，重要的是去探明个体是否与环境是分开的，不是吗？尽管我们可能自称是个体，但我们难道不为社会所围吗？显然如此。我们是社会不可或缺的一部分，因此，尽管我们看似单独的实体，但我们并不是真正的个体。从身体层面来说，你我是单独的、不同的，但内在却有着惊人的相似，不管表面来看种族和习俗可能有着怎样的差异，我们全都或多或少是沿着同样的方式被塑造和影响的，全都为恐惧、依赖、信仰、对安全的渴望等等限制着。很明显，只要我们为环境所围——环境是我们自造出来的产物——那么我们就不是真正的个体，虽然我们可能会有不同的名称。只有当我们能够超越这种限定，才能成为真正意义上的个体。个体是一种富有创造力的状态，是一种独在的状态，在它里面，摆脱了欲望的限定性的影响。

因此，只要我们为欲望所困，只要思想仅仅只是欲望的反应——它的确也是如此——就一定会有来自社会、环境以及我们自身对社会做出反应的经历的限定。我们是社会不可或缺的一部分，如果我们努力想要在自己跟社会之间建立起一种关系，仿佛我们同社会是两个分开的实体，那么我们显然就会误解这整个的过程。除非我们认识到社会是如何通过我们自身欲望的本能反应来影响、塑造、控制着我们的，否则我们显然就不是独一无二的个体，哪怕我们可能会声称："我是一个单独的灵魂"以及其他的一切。这不过是在宣称某种教义、信仰——而这始终会遭到那些属于另一团体的人们的否定。所以，我们以一种方式受着限定，他们则以另一种方式受着局限。只要我们把自己视为跟社会分离开来的实体，那么我们就永远无法认识社会或自身，我们将总是处于和社会的冲突之中。但倘若我们能够懂得欲望的过程——欲望导致了那限定着我们的环境的影响——就可以超越和发现那种真正的个体所具有的独在的状态以及那种独一无二的存在即创造力。

所以，重要的不在于去探究个体在社会中的位置，而在于去觉知到我们是怎样被自己的信仰、欲望、动机所限定的。觉知意识和潜意识或是过去对现在的集体的反应，认识一个人自身思想的表层与深层——这显然要比探究个体与社会之间的关系来得重要。假若我们真的洞悉了这个，那么改革社会就会成为次要的事情了。如果没有认识我们自己，改革社会就只会导致需要进一步的改革——于是改革也就没完没了了。但倘若我们能够超越欲望的局限，便能迎来个体的变革，若想带来一个崭新的世界，不可或缺的正是这种内在的革新。单纯依照某种意识形态去变革世界，将会毫无意义，因为，基于观念之上的变革根本就不是变革。观念只不过是过去对现在的反应，只有当我们认识了欲望，才能实现内在的革新或转变，这种内在的变革才是最为重要的，因为单单这种变革就能带来一个截然不同的世界。

问：我爱我的孩子，我怎样去教育他们成为完整的人呢？

克：我想知道我们是否真的热爱我们的孩子？我们会如此声称，我们会想当然地认为我们爱他们。但我们真是如此吗？如果我们爱自己的孩子，还会有战争吗？如果我们爱他们，还会标榜国家主义吗，还会被划分成不同的群体吗，还会不断彼此毁灭吗？还会从属于彼此对立的种族、宗教吗？生活里的这种界分的过程，最终导致了瓦解、分裂，不是吗？很明显，战争、社会中不同群体、不同阶级之间的永无止息的冲突，说明我们根本不爱自己的孩子。若我们真的热爱他们，就会希望去拯救他们了，不是吗？我们会渴望去保护他们，会希望他们快乐地生活，希望他们是完整的个体，不会希望他们活在一个不安全或者被毁灭的外部世界里。可由于我们制造出了一个满是冲突和不幸的世界，在这个世界里，外部的安全已然不存在，这难道不说明我们压根儿就不是真正热爱自己的孩子吗？如果我们爱他们，那么我们显然就会有一个完全不同的世界了。让我们不要变得情绪化。若我们真的热爱自己的孩子，就将拥有一个截然不同的世界，因为，尔后，我们会迅速懂得怎样去制止战争，尔后，我们不会把这个问题留给那些看似聪明但却从未能阻止战争的政客们去解决了，我们将会对战争负起直接的责任，因为我们将真正怀抱拯救孩子的愿望。

很明显，那么，我们的整个教育观、我们的整个社会结构，都必须发生彻底的变革，不是吗？这意味着，我们不可以再把孩子当作获得自身个人的或心理上的满足的手段，就像我们当前所做的那样——这便是为什么我们会如此轻易地满足于我们所谓的"爱"。但倘若我们不把孩子当作自我永续的手段，当作继承我们姓氏的工具，倘若我们不以任何方式去利用他们以获得自身的满足，那么我们显然就会以截然不同的眼光去看待他们了。尔后，我们关心的将不再是去教育孩子，而是去教育教育者。目前，教育仅仅只是让孩子们变得有效率，教会他们掌握一门技术，赚钱谋生的方式，而效率显然会带来冷酷无情。不是说一个人应该没有效率，而是说这种效率的驱动力，这种不断地关注于取得成功，必定包含有争斗、努力、竞争。

那么，除非我们认识了这种瓦解、分裂的过程，否则就无法成为完整的人。统一、完整并不是去追逐某个模式，去适应某个理念或是遵循某个榜样。只有当一个人认识了自我的全部过程，才能成为完整的个体。只要我们肤浅地活着，就不可能认识自我。我们的整个思想过程是肤浅的、表面的，是所谓的智力的过程，我们过分地强调了去培养智力。因此，从智力层面来说，也就是从口头层面来说，我们已经十分进步了，但我们的内心却是贫乏、不充实、不确定，暗中摸索着，依附于某种形式的安全。这整个的思想的过程，就是一种瓦解、分裂的过程，因为思想始终都在进行着界分、隔离，观念就像信仰一样，从不曾带来人们的团结，除了在彼此冲突的团体内部以外。所以，只要我们去依赖思想，将其作为实现统一的手段，就一定会出现瓦解、分裂。认识思想的过程，就是认识自我的种种方式，唯有这时，才能实现完整，而完整是没有任何局限的。

因此，不仅应该去教育教育者，而且作为成年人的我们还应该去认识自己跟孩子的关系，不是吗？假如我们真的爱他们，那么我们显然就会意识到，世界上不应该有战争，社会不应该有贫富之间的斗争，不应该有那些寻求权力、地位、名望的人们因野心以及展开的攫取所导致的掠夺与破坏。但倘若我们希望自己的孩子成为有权势的人，拥有更大、更好的地位，变得更加成功，那么这显然就表明我们并不爱他们——我们爱的仅仅是欢呼、喝彩、魔力、地位和荣耀，我们希望他们能给我们带来这些，于是，我们鼓励混乱、破坏以及彻底的不幸。我知道你们在听着这一切，但你们或许回到家中之后又会继续那些滋生战争的方式。我们大部分人实际上对这些东西并无兴趣，我们感兴趣的是立即的解答，我们不想去探索、发现真理。能够让我们获得解放的，能够带给我们一个新世界的，唯有发现真理，而不是经济改革。

所以，解决这整个问题的关键如下：不是如何去教育孩子，而是怎样教育我们自己，从而带来一个不同的社会。要想做到这个，一个人就必须认识自我，认识自身的欲望、思想的种种方式。我们应该去觉知我们周围以及自身的万事万物，去观察颜色、人、观念、我们所用的字眼、我们的记忆，包括个体的和集体的记忆。只有当一个人充分觉知到了这整个的过程，他才能够成为一个独自的、独一无二的个体，而只有这样的人才可以创造一种崭新的文明、崭新的文化。

问：祈祷能够成为生活与宗教之间的纽带吗？

克：我们所谓的祈祷是指什么意思？我们所谓的生活和宗教又是指的什么？生活跟宗教是分开的吗？很明显，对于我们大多数人来说是如此，因此我们把祈祷当作一种连接生活和宗教的手段。为什么生活与宗教是分离开来的呢？什么是宗教？什么是生活？宗教便是去追求某个理念吗？当你声称宗教是追随神的时候，那么你的神显然就是一种观念，对吗？于是你的神是一种自造出来的事物。抑或，假若你否定神，接受另外的意识形态，不管是左翼的还是右翼的，那么它依然是一种宗教形式。因此，宗教仅仅是遵循某个观念的模式吗？——该观念许诺说，现在或将来会得到奖赏。宗教与生活、与行动、与关系是分开的吗？

我们所说的生活意指为何？生活便是关系，不是吗？没有关系——与人、与观念、与物、与财产、与自然的关系——会有生活吗？在孤立隔绝的状态，能够有生活吗？然而，这正是我们每个人所追求的，不是吗？我们把自己封闭、隔离在我们的观念以及我们与周围一切事物的关系里，由于处于隔离的状态，于是我们便希望与我们所谓的宗教建立某种关系或者联系起来——这不过是另外一种形式的隔离罢了。也就是说，由于我们在自己的关系里寻求着内在的安全，结果我们使得外部的安全成为了不可能。在宗教里，我们同样寻求着安全，我们的神是终极的幸福、绝对的安宁。很明显，这样的神是我们的意识发明出来的，以便保证我们可以得到永恒即终极的安全，尔后我们问道："祈祷能够成为生活与宗教之间的纽带吗？"它显然可以办到，不是吗？就像我们生活里的其他东西一样，祈祷将会帮助我们变得越来越隔绝，因为这就是我们希望的。我们在自己的关系里、在自己拥有的东西里寻求着隔绝，它是一种安全，我们在关系里同样寻求着安全与永恒，我们的神、我们的美德、我们的道德、如同我们日常的行为，全都是自我封闭性的、自我隔离性的，因此我们把祷告当成了一种把各种隔离聚集起来的手段。

我们所谓的祈祷是指什么意思？我们什么时候会祈祷？很明显，只有当我们遭遇痛苦、不幸、冲突、混乱，当我们身陷痛苦，才会去祷告。在我们幸福、快乐的时候，在我们的心灵充实的时候，会去祈祷吗？显然不会。只有当我们处于混乱、不确定，当我们不知道如何是好，才会去祈祷——尔后，我们会转向某个人寻求帮助。

因此，祈祷通常来说是祈愿、恳求，对吗？它是一种求索、要求，一种心理上的求援，乞求能够得到满足和实现。当你提出需求的时候，你会收到回复，不是吗？然而，你所得到的便是你所希望的——它从来不是你不想要的东西——因此，你得到的其实是你自造出来的东西。你在对祈祷的反应中所收到的，是你自己的幻想、局限、限定所塑造出来的。你越是要求，就越是会收到你自造出来的事物，而你对此十分满意。

然而，祈祷是一种自我满足的过程吗？当你祷告的时候，会发生什么呢？你反复念诵某些话语，你摆出某种姿势，当你不断地去重复话语的时候，心灵显然就会安静下来，不是吗？尝试一下，你会发现的。重复话语会让心灵平静，但这不过是一种伎俩，不是吗？心灵并没有安静下来——它依旧激荡不安——但你人为地让它安静，以便得到你想要的。你希望获得帮助，因为你感到困惑、混乱、不确定，你将得到你所希望的东西。然而，这种对于恳求的回应，不是来自真理的声音——而是你自己以及集体制造出来的回应。原因是，我们全都渴望收到回复，不是吗？我们全都希望有个人告诉我们说我们是何等优秀的人，我们全都希望有人指引我们，帮助我们走出自己的混乱与不幸。因此，我们会收到我们想要的东西，但我们渴望的东西却是琐碎的。

所以，祈祷即恳求、祈愿，永远无法发现真理、实相——真理不是要求的产物。只有当我们身处混乱、悲伤，才会去要求、恳求、祷告。我们求助于其他人，而不是去认识这种混乱与痛苦。对祷告的答复，是我们自造出来的，它总是以这种或那种方式让我们感到满意，否则我们就会去排斥它了。因此，当一个人学习着通过反复念诵让意识安静下来的技巧，他继续着这一习惯，但恳求收到的答复必然是受着那个发出恳求的人的欲望的影响。

因此，祈祷、恳求、祈愿，永远不会揭示那不属于意识的产物的事物。要想发现那不属于意识产物的事物，心灵就必须迈入静寂——不是通过反复念诵话语而被人为地变得安静，这只是自我催眠；也不是通过任何其他的方式来让心灵变得安静。被强迫、被刻意引导的安静，根本就不是真正的宁静，这就像是把一个孩子放到角落里——表面上他很安静，但内心却在沸腾。所以，一个通过训戒被人为地变得安静的心灵，从不曾是真正宁静的；被刻意引导的宁静，永远无法发现那富有创造力的状态，而唯有在这种状态里，真理才会到来。

所以，当我们把祈祷当做一种联系生活和宗教的手段，就只会发现更多的自我隔离的方式，更多的分裂、瓦解的方式。通过祈祷把你自己置于一种重复性的状态里，是一种瓦解的过程，因为你渴望有所得。你或许会说："我不要求任何东西，我只是通过祈祷把自己放在一种重复性的状态里。"但这不过是以一种隐蔽的方式去强迫心灵罢了，任何形式的强迫，永远无法带来宁静。只有伴随着思想的终结，才能迎来心灵的宁静，而当一个人认识了思想者即发出要求的人，思想才会终结。因此，自知是智慧的开始，仅仅去祈祷，意义甚微。祈祷无法开启自知的大门，能够开启自知之门的，是不断的觉知——不是实践性的觉知，而是时时刻刻去觉知和发现。发现永远不会是累积性的，如果它是渐增的，它就不是发现。发现每时每刻都是崭新的，它不是一种渐增的、累积的状态。时时刻刻去发现，便是摆脱欲望的制约，而欲望也是时时刻刻要去认识的。只有当你认识了那在寻求着安全、永恒的欲望，心灵才会迈入自发的状态。欲望便是各个层面的自我、"我"，只要你没有充分地、全面地认识你自己，就一定会有各种形式的逃避、混乱和破坏。祈祷没有帮助，它们只会提供其他形式的逃避。但倘若你开始着手去认识那导致了混乱、痛苦、冲突的欲望，那么你就会发现，在觉知的过程中，将会迎来心灵的自发，尔后，心灵会真正迈入宁静，不再渴望怎样或不怎样，唯有这样的心灵才能领悟真理。

（在纽约市的第四场演说，1950 年 6 月 25 日）

只有困惑的人才会去选择

我认为，社会必须发生彻底的变革，这一点是十分显见的。而社会的变革只能够从我们每个人的根本性的转变开始，原因是，社会与我们并不是分开的，我们是什么样子的，社会就是怎样的。世界的问题同我们的问题并不是分开的，是我们自己制造出了它们，所以我们对它们负有责任。只有当我们自身有了彻底的改变，才能带来外部环境的根本性变革，无论它是多么的必要。依照任何模式或是通过某个理念无法带来我们自身心理上的巨变，基于某种意识形态之上的变革，不再是真正的变革——它不过是以修正的方式让旧的模式持续下去罢了。思想永远无法是革命性的，因为思想是记忆的反应。观念永远不会带来我们自身的转变，因为观念不过是那一反应的继续，要么是以言语的方式，要么是以符号、形象等形式。当我们渴望依照某种由思想预先确立的模式带来自身的转变，那么这样的转变只不过是以一种经过了修改的方式持续着记忆罢了，由于它是不同形式的我们自造出来的产物，因此它便继续着那受限的状态，所以它根本就不是转变。建立在某种思想意识之上的变革，无论多么包罗广泛，都不是真正的变革，原因在于，观念是思想即记忆的产物，记忆的反应永远无法带来转变。能够让我们自己发生改变，从而给社会带来转变的，唯有认识思想的整个过程，而思想与感受并不是分开的。感受便是思想，尽管我们喜欢让它们分开，或者依赖这个，或者依赖另一个，但它们是完整的，不是二元性的过程，而是一个统一的过程。

因此，只要我们没有认识思想与感受的全部过程，那么显然我们的内心与外部世界就不可能出现根本性的革新。认识思想即感受，便是认识自我，而认识自我是无法被购买到的，钻研书籍、听讲座，都不会带来对自我的认知。只有当我们时时刻刻自发地、自然地、轻松地去觉知自身，没有任何强迫感——不仅去觉知我们有意识的思想，而且还要去觉知我们的无意识及其全部内容——方能认识自我。这就好像看一幅地图，让它在眼前打开，当我们通过训诫，通过任何形式的实践去加以阻碍的时候，自我的彰显就会结束。

很明显，重要的是不做任何选择地觉知，因为选择会导致冲突。选择者处于混乱的状态，于是他才会去进行选择，假如他不处于混乱、困惑之中，也就不会有任何选择了，只有一个困惑的人才会去选择他要做什么或者不做什么，一个澄明、简单的人是不会选择的——是怎样就怎样。基于某个念头之上的行动，显然是选择的行动，这样的行动不具有解放性，相反，它只会依照那一受限的思想制造更多的抵制、更多的冲突。

因此，重要的是时时刻刻去觉知，不要累积觉知带来的经历，因为，在你去累积的那一刻，你就只是依照累积、依照模式、依照那一经历去觉知。也就是说，你的觉知是受到你的累积的限定，因此也就不再是观察，而不过是阐释。只要有阐释，就会有选择，而选择会引发冲突，在冲突的状态里是不会有觉知的。

我们在过去的四周里一直都在讨论，之所以认识自我会有困难，是因为我们从不曾去思考过这个问题，我们没有懂得，不去依照任何观念、模式或老师而是直接探究自我的重要性与意义。只有当我们领悟到，如果没有认识自我，思想、行动、感受就没有基础，才能懂得认识自我的必要性。然而，认识自我并不来自于想要达至某个结果，假若我们因为恐惧、抵制、权威或是渴望获得某个结果而开始去探究认识自我的过程，那么我们将会拥有自己所渴望的，但它不会是对自我以及自我的种种方式的认知。你可以把自我置于任何层面，称它是高等的自我或低等的自我，但它依然是思想的过程。若没有认识思想者，那么他的思想显然就是一种逃避的过程。

　　思想与思想者是一体的，然而，正是思想制造出了思想者，没有思想，思想者便不会存在。因此，一个人必须去觉知限定即思想的过程，当我们不做任何选择地对该过程展开觉知，当我们没有任何抵制的意识，对于被观察的对象，既不去谴责，也不去辩护，那么我们就会发现，意识便是冲突的中心。当我们通过梦境、通过每个语词、通过思想和行动的每个过程去理解意识及其有意识的和无意识的各种活动方式，心灵就会变得分外安静。这种心灵的静寂是智慧的开始，智慧是无法被购买到的，无法被学习到的，只有当心灵迈入彻底的宁静——不是通过强迫或训戒被人为地变得安静——智慧才会到来。只有当心灵自发地安静下来，它才能够去认识那超越了时间的事物。

　　正如我经常提醒你们的那样，在思考这些问题的时候，既不要去排拒，也不要去接受。我们将要去探索每一个问题，而答案并不在问题之外。当我们尽可能充分地、深入地去探究问题，就将洞悉关于它的真理了，正是真理能够让我们摆脱问题。

　　问：您向我指明，我正在过的生活是肤浅的、无意义的。我希望有所改变，但我为习惯和环境所围。我是否应当抛开一切人、一切事去追随您呢？

　　克：你认为，当我们追随他人的时候，我们的问题就能够被解决了吗？追随他人，无论这个人是谁，意味着把认识自我挡在了门外。追随某个人是非常容易的事情，这个人人格越伟大，权力越大，就越容易被追随。在这种追随他人的过程中，你将破坏觉知，因为追随者在破坏——他从不曾是创造者，从不会带来觉知。追随，便是排拒一切认知，于是也就是在排拒真理。

假如你不去追随，那么你会怎么做呢？正如这位提问者所说的那样，由于一个人为习性和环境所围，那么他该如何是好呢？很明显，你唯一能够做的，便是去认识习惯与环境的牵绊，认识你的生活是肤浅和无意义的。我们总是处于关系之中，不是吗？活着即意味着发生关联，假如你把关系视为一种牵绊，希望去逃避，那么你将只会落入另一个局限——你所追随的老师的限制。这可能有点儿艰难，有点儿不便，不太让人舒服，但它依旧是限制，因为，这同样是一种关系，同样会有嫉妒，想要成为老师最亲近的门徒以及其他所有无意义的事情。

所以，我们之所以会受到限制，是因为我们没有认识关系。假如我们去谴责，让自己跟某个事物认同，抑或假如我们把关系当作逃避自我、逃避我们的本来面目的手段，那么就很难实现对关系的认知。毕竟，关系是一面镜子，不是吗？关系是一面镜子，从中我可以看到自己的模样。然而，直接地审视我们自己的真实模样，会让人感到十分不悦，于是我们便谴责它，为它辩护或者仅仅让自己跟它认同，试图通过这些做法去逃避它。没有关系就没有生活，对吗？没有任何事物可以活在孤立隔绝的状态。但我们所有的努力却是希望把自己给隔离起来，对我们大多数人来讲，关系是一种自我隔离、自我封闭的过程，于是也就充满了矛盾。只要有矛盾、不幸、痛苦、悲伤，我们就会希望去逃离，希望去追随其他人，活在他人的荫庇之下，因此我们求助于教堂、修道院或是最新的老师。它们全都是一样的，因为它们全都是逃避，我们之所以求助于它们，动机显然是因为想要去逃避实相，在这种逃避的过程里，我们制造出了更多的不幸、更多的混乱。

因此，我们大部分人都是受限的，不管我们喜欢与否，原因在于，这便是我们的世界，这便是我们的社会。关系里的觉知是一面镜子，从中我们可以非常清楚地审视自我。要想清楚地审视，显然就应该不去谴责、接受、辩护或认同。如果我们展开简单的觉知，不做任何选择，那么我们不仅能够观察到意识的表层反应，而且还有那些潜藏着的深层的反应，这些反应会以梦的形式出现，或者当表层的意识安静下来的时候，会出现自发的反应。但倘若心灵受着某个信仰的局限、影响，那么显然就不会有任何自发性可言，于是也就无法直接地感知关系的反应。

重要的是懂得，没有人能够让我们摆脱关系的冲突，难道不是吗？我们可以躲在语词的屏幕后面，抑或是去追随某个老师，或者跑到教室，或者让自己完全沉浸在某部电影或某本书籍里头，或是不断地去参加各种会谈。然而，只有当我们在关系里展开觉知从而探明了思想的基本过程，才能认识我们本能地想要去逃避的矛盾并且摆脱其羁绊。我们大部分人都把关系当成一种手段，以便逃避自我，逃避我们自己的孤独，逃避我们自己内心的不确定和贫乏，因此我们便去依附于关系里的那些外在的东西，于是这些东西也就变得对我们而言无比重要。但倘若我们不去通过关系逃避，而是能够把关系当做一面镜子去察看，去清楚地审视"当下实相"，不抱持任何成见，那么这种认知就会让"当下实相"发生转变，同时又不需要展开任何的努力。做什么也无法改变事实，它就是那样子的。可我们带着犹豫、带着恐惧、带着偏见的意识去着手事实，因此我们总是在对事实展开运作，结果也就从不曾按照事实的本来样子去认识它。当我们按照事实的本来模样去审视的时候，那么这事实本身就是真理，能够将问题迎刃而解。

因此，在所有这些事情里面，重要的不在于其他人是怎么主张的，不管这个人可能多么的伟大或愚蠢，而在于要时时刻刻去觉知自我，审视"当下实相"，不做任何累积。当你去累积的时候，你就无法洞悉事实，于是你所看见的是累积而不是事实。可一旦你能够审视事实，不去累积，不依赖思想的过程——思想的过程就是累积的经历的反应——那么你就能够超越事实了。正是逃避事实才会导致冲突，然而当你意识到了关于事实的真理，心灵就会迈入宁静，在这种宁静的状态里，冲突将会终结。

所以，不管你做什么，你都无法通过关系去逃避。假如你去逃避，你就只会制造出进一步的隔离，制造出更多的不幸和混乱，原因在于，把关系当作一种自我实现的手段，这么做是在排拒关系。只要我们非常清楚地去审视这个问题，就会发现，生活是一种关系的过程。如果我们渴望去逃避关系，把自己封闭在观念、迷信、各种形式的沉迷之中而不是去认识关系，那么这些自我封闭只会让我们努力想要去避免的冲突变得更多。

问：什么是智慧？它是否与知识不同？

克：什么是知识呢？很明显，知识是我们身上累积的准则，即记忆。获得信息的过程就是知识，对吗？知识是经验和记忆，我们越是去积累经验，我们所知的就会越多。知晓是一种言语化的过程，而凡是被累积的事物，即经验、记忆或知识，永远无法带来智慧。知识是经验的结果，只有当存在一个在进行累积的经历者的时候，才会有经历、体验。经历者是他自身的累积、经验和知识的产物，他所经历的事情是依照他所受的限定，因此，他经历得越多，他就越是受限，越是负重难行。当他去体验的时候，他只能根据自己的背景去体验，于是背景对知识、经历做着阐释。经历、对事实的阐释，无法带来觉知，只有当知识得到抑制的时候，觉知才会到来。

毕竟，我们是根据自己的信仰去体验的。假如相信世界上没有神，那么我显然就会按照我的信仰去展开体验，因为背景、限定、训练，对我的体验做着阐述。假如我相信神是存在的，我的体验就会按照我作为一个有神论者所受的限定。因此，体验是受限的意识做出反应的过程，只要有知识或者经验、记忆、语词、符号、形象的累积，就不可能实现任何觉知。只有当我们挣脱了知识的束缚，才能获得觉知。毕竟，当你有了某个问题，你越是去思考它，越是对它焦虑万分，你对它的认知就会越少。但倘若你能够自由地去审视它，不去对它进行阐释，不把你的传统、经验的背景带入进来，那么你就会发现，觉知将由此而来了。

所以，觉知不是累积的结果，智慧不是知识，智慧是独立的，它与知识不同。智慧是每时每刻的，但知识永远无法摆脱过去、摆脱时间。智慧不受时间制约，知识却是时间的过程，这二者不可以混淆。一个知晓许多东西的人，永远不会是睿智的，因为正是他所拥有的知识把智慧挡在了门外。知识是时间的过程，即经验的累积，智慧则不为时间所围，即每时每刻去体验，同时又没有积累的过程。

问：虽然我还很年轻，但对于死亡的恐惧却萦绕着我。我要怎样去克服这种恐惧呢？

克：很明显，凡是被克服的东西，都必须要一再地去克服，不是吗？当你征服你的敌人时，你必须得一次又一次地打败他，这便是为什么战争会持续不断的缘故。一旦你克服了一个欲望，就会有另外一个需要去克服的欲望出现。所以，凡是需要被克服的事物，永远无法获得理解。克服不过是一种压制，你永远不能摆脱那被压制的事物。因此，克服恐惧仅仅只是把恐惧暂时搁置起来罢了。

于是，我们的问题不在于如何去克服对于死亡的恐惧，而在于去认识死亡的整个过程。认识死亡与你是年轻还是年迈无关，死亡有各种形式，有针对老年人的，也有针对年轻人的。我们所有人都因为我们的过去、遵从、想要让自己取得进步、隐蔽地积累着权力等等而受着局限，尽管我们看上去活很活跃，但我们的心灵却可能是死寂的。因此，认识死亡的过程，需要展开大量的探索，而不是仅仅去依附于某种信仰——即死后究竟是否有永生。相信死后会有来生，可能会带给你一种思想上的慰藉，或许存在着某种形式的永生，但然后又会如何呢？是什么事物得到了持续呢？凡是持续的事物，能够富有生机与活力吗？只要有持续，难道不就总是会担心终结吗？所以，死亡是一种时间的过程，不是吗？

我们所谓的时间是指什么？有年代顺序层面的时间，不过还有另外一种时间，对吗？它是心理层面的持续的过程，也就是说，我们希望永续下去，正是这种对于永续的渴望，带来了时间的过程以及对于不能持续的恐惧。我们关心的正是这种对于无法永续的惧怕，我们害怕的正是这种终结。我们之所以害怕死亡，是因为我们以为，通过持续，我们将会有所得，将会获得幸福。

　　毕竟，那个在持续的事物是什么呢？如果我们能够真正认识这个，如果我们可以在坐在这里的时候去真正地体验一下它，而不是仅仅去聆听话语，那么我们或许就将懂得何谓时时刻刻去死亡了。认识了死亡，我们便能懂得生活，因为这二者并无太大不同。假如我们不知道如何生活，那么我们就会惧怕死亡，但倘若我们晓得怎样去生活，就不会有死亡了。我们大多数人都不知道何谓生活，于是我们便把死亡看作是生的反面，因此我们害怕死亡。可一旦我们能够明白什么是生活，就能在生活的过程中去认识死亡了。若想探明这个，我们必须知道我们所说的持续是指什么意思。

　　我们每个人都怀有的这种对于永续的急切的渴望，究竟是什么呢？很明显，凡是持续的事物都是一种名字、形体、经验、知识以及各种记忆，这就是我们，不是吗？把你自己划分成高等的自我和低等的自我，这么做无关紧要——你依然不过是所有这一切的总和。虽然你可能会说："不，我远不止于此，我是一个精神实体。"这种宣称是思想过程的一部分，而思想是记忆的限定性的反应。那些受限的人说道："我们不是精神性的，我们不过是环境的产物。"因此，你便是你的记忆、你的经验、你的思想，不管你把思想过程置于哪个层面，你都依然是如此。你害怕的是，当死亡来临时，这个过程，也就是"你"将会终结。抑或，你会把它合理化，说道："死后，我将会以某种形式存续下去，在来世重返人间。"

　　那么，精神实体显然无法永续，因为它超越了时间。持续意味着时间——昨天、今天、明天，所以，凡是永恒的事物都不可能持续。声称"我是一种精神实体"，这是给人带来慰藉的想法，然而，正是这种对于它的想法，将它困在了时间之网里，所以它不可能是永恒的，因此也就不是精神性的。

　　所以，我们拥有的只是我们的思想，思想也就是感受。我们除了自己的名字、形体、家庭、衣服、家具、记忆、经历、反应、传统、空虚、成见以外，再不拥有其他任何东西了，这便是我们拥有的全部，这便是我们希望永续的事物。我们害怕这一切会终结，害怕我们将无法说："我为之努力的这些东西全都是我的。"那么，凡是持续的事物能否自我更新？显然无法，凡持续的事物，都不可能实现更新，它只能持续。唯有那会终结的事物，才可以自我更新，只有当出现终结的时候，才能迎来生机与活力。可我们却惧怕终结，我们害怕死亡，我们希望从昨天经由今天持续到明天，我们建立起乌托邦，为了将来而牺牲现在，我们出于对永续的渴望而杀死人类。假如我们格外仔细地去检验那持续的事物，就会发现，它只是各种形式的记忆罢了。由于心灵依附于记忆，因此它惧怕死亡。但是很明显，唯有在死亡里，才能迎来那超越了时间的事物，而不是在累积的状态里。意识无法去构想或体验那不属于时间的事物，它只能体验时间的产物，因为意识便是时间、过去的结果。

所以，只要意识害怕终结，它就会依附于自身的持续，而凡是持续的事物显然必定会走向衰败。我们的困难在于要终结我们累积起来的一切，终结昨天的全部经历。毕竟，这便是死亡，对吗？——不确定，处于一种完全敞开的状态。一个确定的人，永远无法认识那超越了时间的永恒之物；一个怀有许多知识的人，永远无法认识那超越了时间、属于未知的死亡。只有当我们每时每刻去终结昨天的一切，去认识持续性的整个过程，才能迎来未知、迎来新事物。凡是持续的事物，永远不可能认识真理、未知、新事物，它只能认识自身制造出来的东西。我们大部分人都是通过累积在活着，于是，昨天和明天就变得比现在还要重要了。

显然必须得有年代顺序层面的时间，否则你就赶不上你的火车了。但只要你为意识——即心理层面的时间——的产物所困，那么就不会有终结。凡是持续的事物都不是永恒的，唯有那会终结的事物才是不受时间所囿的，也只有这种事物才能认识永恒。

问：*有好几种冥想的方法，既有东方的也有西洋的。您建议哪一种*

呢?

克: 认识什么是正确的冥想,真的是一个非常复杂的问题。重要的是去知道如何冥想,如何处于冥想的状态,然而,遵循某种方法,不管是东方的还是西方的,都不是冥想。当你遵循某个方法的时候,你所学到的一切便是让头脑遵从某个模式或者让它沿着某个窠臼去运作。如果你足够热切地去追逐这个,你就会制造出该方法所保证的结果,但是很明显,这并不是冥想。关于冥想有许多无意义的教义,尤其是那些来自东方的人们所给出的教义。(笑声)请不要发笑或鼓掌——这不是那种会议。我们要努力去探明什么是冥想。

你会发现,那些追逐方法的人,那些驱使头脑进入某些练习的人,显然会依照该公式去局限头脑。所以,头脑不是自由的,唯有自由的头脑才能有所发现,而不是一个依照某个方法受限的头脑,无论是东方的还是西方的方法。限定是一样的,不管你可能给它起什么样的名称。要想洞悉真理,就必须实现自由,一个按照某个方法受到限定的头脑,永远无法领悟真理。

那么,要想认识到如下真理,即通过任何形式的训练都无法获得自由,就需要了解意识的过程,因为意识依附于体系、方法、信仰、公式、准则。若想发现该问题的真理,你显然就得认识到自己为某个体系、方法所困。觉知到意识被困于某个体系、方法的过程,便是冥想。觉知思想的整个过程,就是自知,不是吗?所以,冥想是自知的开始,没有认识你自己的思想的过程,仅仅坐在某个角落里,渐渐迈入宁静,抑或随便你怎么做,都不是冥想——它不过是希望变得如何,希望有所获。很明显,专注也不是冥想,仅仅让思想集中在某个念头、形象或是语句上头,把其他的想法排除在外,这并非冥想,对吗?你能够以这种方式来学习专注,但专注实际上是排他,当头脑在排他的时候,它不是自由的。

我们为什么想要让思想聚焦在某个形象、念头上面,或者练习某种所谓的冥想的方法呢——而且还是越神秘越好?因为我们以为,通过全神贯注,或是通过祷告,通过不断地重复某些话语,头脑就会变得安静下来。正如我所指出的那样，专注是一种排他的过程，我们选择某个念头或想法，然后全神贯注在它上面，当我们强迫头脑专注于它的时候，其他的想法会涌现出来，于是冲突便会上演，我们把精力都花在了这场浪费性的战役里了。但倘若我们能够在每一个想法出现的时候向它敞开，并且去认识它，那么我们就会看到，头脑不会再回复到任何想法上去。头脑之所以会回到某个想法上，是因为没有认识它，也就是说，那没有得到认识的事物会一再地被重复，仅仅排他无法阻止这个。所以，专注即排他并非冥想。我们大部分人都希望带着我们自己的记忆、自己的经历、自己的知识过一种排他性的生活，而专注即我们所谓的冥想，不过是一种进一步的自我封闭、自我隔离的过程。然而，通过隔离，头脑是永远无法获得自由的，无论你制造出来的观念可能是多么的广阔。

现在，你通过所谓的祈祷、不断重复某些话语来让头脑安静下来，可一旦头脑被催眠着进入宁静的状态，这会是冥想吗？很明显，这么做只会让头脑变得迟钝、麻木，不是吗？虽然头脑可以通过训练而变得宁静——这种训练是基于想要获得某些结果——但这样的头脑显然不是自由的。通过训练永远无法带来自由，尽管我们以为，为了获得自由，我们就必须训练自己。开头决定了结尾，如果头脑在一开始就是受训戒的，那么它在最后也会是受训戒的，永远无法得到自由。但倘若我们能够认识训练、控制、压制、升华、替代的过程，那么就能从一开始获得自由了，因为手段和目的是统一的——它们并不是分开的过程，无论是政治还是宗教层面皆如此。

所以，通过专注进行训练并不是冥想，各种形式的祈祷也不是冥想，这些全都是一些伎俩，好迫使头脑安静下来。一个通过意志、通过欲望而人为地变得安静的头脑，永远不会是自由的。假如我们真正去审视所有这一切——专注、祈祷、各种冥想的方法以及我们学习着催眠头脑，使其安静下来的各种技巧——就会发现，它们是思想的方式、自我的方式。这种发现便是冥想的开始，而冥想又是自知的开始。如果没有认识你自己，仅仅去专注、去遵从某个模式、遵循某个方法，通过训练让头脑安静下来，这些做法只会带来更多的不幸、更多的混乱。但倘若你在关系里观察自己，在你谈话、走路的时候观察你自己，不做任何选择，从而认识自身思想的方式，当你在观察一只飞鸟或是审视某个人的时候，那么，在这种觉知中，就会出现你受限的状态的反应——在这种自发性里，你将会发现自己的本来面目。你越是去观察自己，不做任何选择，既不去谴责也不去辩护，就会拥有越多的自由。这种自由便是冥想的过程，但你无法培养自由，正如你无法培养爱。自由的到来，不是通过去寻求它，而是当你认识了自身的整个过程与结构的时候。

冥想是自知的开始。当你从近处开始时，你才能行至远方，于是你会看到，思想即头脑的产物将在没有任何强迫的情况下终结自身。尔后便会迎来静寂——不是那种由自我修炼实现的静寂，由头脑导致的静寂，而是一种不属于时间的静寂，在这种静寂里，将会迎来创造力的状态，迎来永恒，而永恒即真理。

所以，如果没有认识思想的方式，单纯地迫使头脑展开冥想，将会是完全地浪费时间和精力，只会制造出更多的混乱与不幸。然而，认识自我即思想者的过程，认识自我即思想的方式过程，便是智慧的开始。若想迎来智慧，就必须了解累积的过程——这一过程就是思想者。没有认识思想者，冥想就毫无意义，因为，无论他创造的是什么，都是依照他自己所受的限定，而这显然不是实相。只有当头脑认识到自身整个过程即思想，它才能够获得自由，唯有这时，永恒才会登场。

（在纽约市的第五场演说，1950 年 7 月 2 日）

PART 07

美国华盛顿

若想改变世界，就得觉知自己的心理反应

在我看来，重要的是学习聆听的艺术。我们大部分人都只去听那些让人开心的、合宜的内容，我们不去听那些可能会带来扰乱，会深深地影响我们，会质疑我们所抱持的信仰和观念的东西。很明显，我们应当懂得如何一边聆听，一边不去很费力地想要理解，这一点十分重要，当我们努力去理解的时候，我们的精力多半用在了努力上，而不是去理解。很少有人能够在聆听的时候不去抵制，不去在自己跟演说者之间竖起障碍。但倘若我们可以抛开自己所怀有的那些看法、抛开我们那些累积的知识和经验，就只是轻松地去听，不要做任何努力，那么或许我们便能认识那根本性的转变的本质了——身处于当今如此重大的危机，这种根本性的转变是这般的不可或缺。

因此，必须得有某种改变，这一点是显见的。我们正站在悬崖的边上，危机并不局限于某个团体、宗教或群体，而是将我们所有人都裹挟其中，无论你是美国人还是韩国人，日本人还是德国人，苏联人还是印度人，你都不可避免地受到这场危机的影响。这是一场世界性的危机，若想充分地认识它，假如一个人对此抱着严肃认真的态度，那么他显然就得从对自我的根本性的认识开始。世界同我们每个人并不是分开的，世界的问题就是你我的问题，这不是戏剧性的慷慨陈词，而是真切的事实。只要你仔细地检验一下这个问题，展开充分的探究，就会发现，集体的问题便是摆在我们每个个体面前的问题。我觉得，集体问题跟个体问题之间并没有界分，世界就是我们的模样，我们是什么样子的，我们制造出来的一切，对我们而言，就成为了世界的问题。

所以，要想认识我们在世界上所目睹的这一极为复杂、与日俱增的

问题，我们就应该认识自己——这并不意味着我们必须向内转，必须变得十分主观，以至于不去同外部事务产生联系，这样的行为、这样的过程是毫无意义的，根本没有用处。但倘若我们能够意识到世界的危机——正在上演或将要上演的混乱、悲剧、令人惊骇的杀戮和灾难，这整个令人无比厌恶的混乱——倘若我们能够明白这一切都源自于我们自己日常的生活与行为，源自于我们所抱持的宗教的和国家主义的信仰；倘若我们能够懂得这世界的灾难是由我们自己制造出来的，并不是独立于我们之外的，那么我们对问题的探究就将既不是主观的，也不是客观的，而是会通过一种截然不同的方式来展开了。

那么，通常来讲，我们要么是用客观的方式，要么是用主观的方式来着手这类问题的，对吗？我们试图去认识问题，或者会从客观层面，或者会从主观层面。困难在于，问题既不是纯粹主观的，也不是纯粹客观的，而是二者兼有，它既是社会的过程，也是心理的过程，这便是为什么没有任何社会学家、经济学家、心理学家可以解决这个问题，无论你去遵循哪一种体系，不管是左翼的还是右翼的，也都无法解决该问题。专家学者们只能从他们自己所属的领域去着手问题——他们从不曾将其视为一个完整的过程去对待——要想认识该问题，一个人就得全面地、充分地去着手。所以，我们显然既不能够从主观层面也不能够从客观层面去应对问题，而是必须将其视为一个完整的过程去对待。

要想把世界的危机当作一个统一的整体去认识，一个人就必须从自身开始做起。在外部世界有不断的战争、冲突、混乱、不幸、争斗，而身处其中的我们在寻求着安全和幸福。很明显，这些外部的问题源于我们自己内心的混乱、冲突和痛苦。因此，为了解决外部的问题——它们并非独立于我们内心的争斗和痛苦之外——我们显然就必须开始着手去认识我们自身思考的过程，也就是说，必须得认识自我。没有从根本上认识我们自己，认识我们的意识和潜意识，思考就将缺乏基础，不是吗？假如我没有深刻地从各个层面了解我自己，那么我思考与行动的基础在哪里呢？虽然这话每一个布道者、宣传者都说了一遍又一遍，但我们却继续抱以漠视的姿态，因为我们觉得，通过环境的改变，通过改变外部的状况，我们就能从根本上转变自身思考的过程了。但是很明显，只要我们能够更加审慎一点、热切一点地去审视问题，就会看到，单纯的外部的改变永远无法带来根本性的革新。没有认识自我、"我"的整个过程，没有认识我们自身思考的过程，那么，无论我们怎样聪明地去重建外部环境，都会被我们生活于其间的内心的混乱所战胜。

所以，对那些真正抱持着严肃态度的人，那些不是仅仅口上说得天花乱坠或者去追逐某种信仰的人，很明显，对于这些人来讲，重要的是开始去认识他们自身思想的过程，难道不是吗？因为，毕竟，我们的思想是我们所受的限定的反应，如果没有限定，就不会有任何思想，也就是说，不管你是个社会主义者、共产主义者、资本主义者、天主教徒、新教徒、印度教教徒，抑或其他什么，你的思想都是那一限定的反应。若没有认识这一限定或背景，也就是"你"，那么无论你做什么、思考什么，都必然是该限定的反应。因此，要想带来自身根本性的变革，就必须认识这一导致了思想过程的背景、限定，而这种认识自我便是智慧的开始。

不幸的是，我们大多数人都是通过书本、通过聆听他人来寻求智慧的，我们以为，通过追随专家或是加入哲学团体或宗教组织，我们就能认识生活了。显然，这些全都是逃避，不是吗？因为，毕竟，我们必须认识自己，认识自我是一个非常复杂的过程，我们不是仅仅活在某一个层面，我们存在的结构是处于多个层面的，我们身上有着许多个不同的实体，它们彼此冲突着。没有认识自我的整个过程，我们便无法最终解决任何问题，无论是政治的、经济的还是社会的问题。根本的问题是人的关系的问题，要想解决这一问题，我们就得开始着手去认识自我的全部过程。若想带来世界的改变——这显然是必需的——我们就得觉知自己所有的心理的反应，不是吗？觉知我们的反应，便是去观察它们，不做任何选择，既不去谴责，也不去辩护——就只是在关系的过程中、在行动的过程中去认识我们自身思想的整个过程。于是我们要开始充分地、全面地检视问题，也就是说，我们要觉知它的全部范围，然后，将会发现，我们的反应是怎样为我们的背景所围，这些受限的反应是怎样导致了世界的无序。所以，自知是自由的开始。

要想有所发现，要想认识什么是真理、实相、神，就必须实现自由。自由永远无法通过信仰而来，相反，只有当我们认识了信仰和记忆的限定性的影响，才能迎来自由。一旦意识懂得了自身的过程，它就将迈入真正的自发的宁静，在这种静寂里——这种静寂无法通过任何强迫而得来——自由便会到来，唯有这时，才能发现真理。所以，伴随着对自我、"我"的认知，伴随着对我们思想的整个过程的认知，就可以迎来自由了。

这里有一些提问，在思考它们的时候，容我建议一下，你我应当努力去探明问题的真理，而不是仅仅坐等某个答案，生活没有简单的是或否这样的解答。我们应该非常深入地去探究每一个问题，若想展开深入的探究，我们就得从近处开始，仔细地去探索，不要错过一步。假如我们可以一起踏上探索之旅，发现关于这些问题的真相，那么，任何专家、任何来自公众意见的压力、任何不成熟的思考，都无法遮蔽住那被发现的事物。

问：面对当今世界的危机，我的职责是什么呢？

克：首先，世界的危机是与你分开的吗？当今世界的灾难，与我们日常生活的冲突是分开的吗？毕竟，这一灾难性的世界情势，正是来自于我们所抱持的分离主义的信仰、我们那狭隘的爱国主义、我们怀有的宗教偏见、琐屑的敌对、经济的壁垒，正是这一切的集体的反应。它是我们日常的争斗、无情的效率的结果，不是吗？

因此，世界的危机是我们自身的投射，它同我们并不是分开的。要想带来世界的根本性的转变，我们每个人显然就必须冲破、摆脱那些局限、障碍以及限定性的影响，因为正是它们导致了这一世界性的恐怖与混乱。然而我们的困难在于，我们并没有意识到自己是负有责任的，我们没有真正领悟到国家主义、民族主义把人们划分开来，那些所谓的宗教及其教义、信仰、仪式是会带来界分、隔离的影响，尽管他们高声宣扬人类的团结，但他们自己却是导致人与人相互对立的手段。我们没有懂得这其中的真理，没有懂得如下事实的真相，即我们自身那些受限的想法、经验、知识，同样是一种会带来隔离、界分的过程，只要存在着隔离、界分，显然就会出现瓦解、分裂，最终则会走向战争。

我们的生活，实际上是一种瓦解、分裂的过程，在它里面，没有任何生机与活力，没有任何创造力。我们就像是留声机上的唱片，重复着某些经验、口号，复制着我们所得到的知识。在重复的过程中，我们制造出了许多的噪音，我们以为自己在活着，但这种机械化的重复显然是一种瓦解、分裂的过程。当这种重复被投射到外部世界的时候，就会变成世界性的危机，带来最终的毁灭。因此，世界的危机是我们日常生活的投射，我们是什么样子的，就会让我们周围的世界呈现出怎样的面目。所以，对于那些真的抱持严肃态度的人，最为重要的事情是让我们的本来面目发生根本性的转变，因为，唯有转变了我们自己，这正在上演的恐怖才会结束。然而不幸的是，我们大部分人都很懒惰，我们希望别人来为我们做事情，来告诉我们该做什么，我们满足于自己那些琐碎的知识，满足于我们小小的经验，满足于那些报纸上陈词滥调的标语口号，渐渐的，我们在自己那些狭隘的方式中固步自封起来——我们失去了改变的活力，失去了心智的迅捷和敏锐。

所以，问题不在于弄清楚你对世界危机负有的责任，而在于意识到，你是怎样的，世界就会是怎样的。如果你自己没有发生根本性的转变，那么世界的危机将会继续下去，而且还会与日俱增，带来越来越多的灾难。于是，问题在于怎样带来自我的根本性的改变，我们将会在接下来的四周时间里讨论这一问题，这不是一个简单的问题。转变不是单纯地改变、修正一个人的态度，这样的改变是流于表面的——它永远无法触及到根本。因此，我们应该以极为不同的方式、视角去思考这整个的问题，在接下来的几周里，我们要做的事情便是这个。

问：究竟个体是社会的工具，还是社会是为个体存在的？

克：这是一个十分重要的问题，不是吗？让我们一起来展开思考，探明该问题的真理，同时不要去依赖任何权威或专家的看法。权威与专家会依照自身的便利、自身最近的发现等等去改变观点。但倘若我们能够凭借自己的力量去探明该问题的真相，那么我们就不会去依赖他人了。

那么，这个问题意味着，世界是被划分开来的，对吗？有些人出于其庞大的知识以及他们个人的倾向、特性，宣称个体是社会的工具，这意味着，个体根本就不重要。有相当一部分人都坚称这个观点，于是他们将自己的全部精力都投入到重建社会的工作中去。还有一些人则同样强调说，个体在社会之上，社会是为个体而存在的。

所以，你我必须探明关于这个问题的真理。我们要怎样去探明呢？很明显，不是通过被说服去接受这个或那个观点，而是通过极为深入地去探究这整个的问题。也就是说，我们的问题不在于究竟社会是为个体存在，还是个体是为社会存在，而在于去弄清楚什么是个体。我希望我把自己的意思说清楚了。有些人主张，个体并不重要，唯有社会才是重要的；还有一些人则坚称，个体在社会之上。但要想弄明白该问题的真相，我们显然就必须去探究何谓个体的问题。

你是个体吗？你可能认为自己是一个个体，因为你有自己的房子、姓名、家庭、银行账户，你怀有一个人所拥有的某些经历、记忆，既有私人的也有集体的。但这就代表了个体吗？因为，毕竟，你为你的环境所限，对吗？你是美国人、苏联人或印度人，你带着它所包含的所有涵义。你抱持着某种思想意识，要么是左翼的，要么是右翼的，这是由你的社会强加给你的。你的社会按照某些方式对你进行着教育，你的宗教信仰源于你所受的教育以及身处的环境的影响，你信神或不信神，都是依照你所受的限定。因此，作为一个实体的你，是社会或环境的限定的产物，不是吗？也就是说，你是一个受限的实体，受限的实体是一个真正的人吗？人是独一无二的，不是吗？否则他就不是个体了。凡是独一无二的事物都富有创造力——它超越了一切限定，它是不受局限的，是不被思想控制的。所以，只有当我们挣脱了限定，才能成为真正的人。只要你被限定为了印度教教徒、佛教徒、共产主义者、资本主义者、苏联人，诸如此类，就不可能是一个真正意义上的个体。

那么，社会只关心制造出一个有效率的实体，以实现自身的目的，包括战争在内，它显然不会关注于去带来一个独一无二的、富有创造力的个体。因此，问题不在于个体究竟是不是社会的工具，而在于我们自己是否是真正的个体。要想探明这一问题，我们显然就得觉知到我们所受的限定。只要我们没有摆脱自身的限定，就不可能会有独一无二的、富有创造力的个体，只有当我们挣脱了一切限定获得了自由，无论是左翼的还是右翼的限定，才能成为真正的个体，单单这种自由本身就可以带来那富有创造力的、独一无二的个体。

你或许会说我对"个体"一词赋予了完全不同的涵义，但我并不认为我们是真正的个体，不是吗？意识到我们不是个体，我们仅仅只是根据自己的限定做出反应——通过意识到这一事实，我们便能够去超越它，但倘若我们否定该事实，那么显然就无法实现超越了。我们大多数人都会去否定这一事实，因为我们喜欢自己的本来面目，我们喜欢舒舒服服地待在自身那狭小思考的范围内——我们会为此而战。可如果我们能够认识自身的限定以及该限定的反应——我们如此骄傲地称其为个体——如果我们能够觉知到这一切，那么就将实现超越，探明何谓真正的创造力。

问：今天的世界，有许多关于神的观念。您对神有何看法呢？

克：首先，我们必须探明我们所谓的概念是指什么意思，我们所说的思想过程是指什么意思？因为，毕竟，当我们构想出一个概念的时候，比如，关于神的概念，我们的公式或概念必定来自于我们所受的限定，对吗？如果我们相信神，那么我们的信仰显然源于我们所处的环境。有些人自孩提时代起就被训练着去否定神的存在，有些人则被训练着去相信神——就像你们大部分人那样。所以，我们依照自己所受的训练、所处的背景，依照我们的个性、喜好、希望和恐惧，构想出了关于神的概念。那么，很明显，只要我们没有认识自身思考的过程，单纯的关于神的概念将会毫无价值，不是吗？原因是，思想能够制造出它所喜欢的一切，它可以制造出神，也可以否定神，每个人都能够按照他的倾向、愉悦、痛苦去发明和破坏神。因此，只要思想在活动、在构想、在发明，就永远无法发现那超越了时间的事物，只有当思想终结的时候，才能探明神、真理。

那么，当你询问"您对神有何看法"的时候，你已经构想出了你自己的看法，不是吗？思想可以制造它已经制造出的神与体验，但是很明显，这并不是真的体验，它只是思想所体验到的自造的产物，所以不是真实的。但倘若你我能够懂得这其中的真理，那么或许我们便将体验某种比单纯的思想的自造物要伟大得多的事物。

现在，当外部的不安全越来越严重的时候，显然就会去渴望内在的安全。由于我们无法找到外部的安全，于是便在观念、想法里去寻求它，结果我们就制造出了我们所谓的神，而这个概念也就变成了我们的安全。那么，一个寻求安全的心灵显然无法找到实相、真理。要想认识那超越了时间的事物，思想的产物就必须终结。没有语词、符号、形象，思想就无法存在，只有当意识安静下来，摆脱了它自己的创造物，才能探明真理。所以，仅仅去询问究竟有没有神存在，这是对问题做出的不成熟的回应，对吗？构想出关于神的观念，真的很幼稚。

要想体验、认识到那超越了时间的事物，我们显然就得认识时间的过程。意识是时间的产物，它是建立在昨天的记忆之上的，那么它能够摆脱无数个昨天即时间的过程吗？显然，这是一个非常严肃的问题，它与信或不信无关。信或不信，是一种无知的行为，可一旦认识到思想为时间所围这一特性，就能够带来自由了，单单在这种自由里面，就会有所发现。然而，我们大部分人都希望去相信，因为这要便利许多，它会带给我们安全感，让我们感觉自己从属于某个群体。很明显，正是这种信仰把我们划分开来，因为你信某个东西，而我则信其他的东西。因此，信仰犹如一道障碍，它是一种瓦解、分裂的过程。

于是，重要的不在于培养我们去相信或不信，而在于认识意识的过程。正是意识、思想制造出了时间，思想即时间，思想制造出来的一切都必然属于时间的范畴，所以思想无法超越自身。若想发现那超越了时间的事物，思想就必须停止——这是十分困难的事情，因为思想的终结并不是通过训练、控制、排斥或压制而来的，只有当我们认识了思想的整个过程，思想才会终止。要想认识思想，就必须认识自我，思想即自我，思想是一个把自己跟"我"进行认同的字眼，无论自我被置于哪个层面，是高等还是低等，它都依然处于思想的领域之内。要想发现神，即那超越了时间的事物，我们就必须认识思想的过程，也就是说，必须认识自我的过程。自我是非常复杂的，它不是只处于某一个层面，而是由许多的想法、实体构成的，每一个都同其他有着矛盾。必须不断地去觉知它们——在这种觉知中，不做任何选择，既不去谴责，也不去比较，意思便是说，必须能够按照它们的本来面目去察看，不要歪曲它们或去解释它们，在我们对所观之物进行判断或阐释的那一刻，我们就将根据自己的背景对它们予以歪曲。若想发现真理或神，就不可以怀有任何信仰，因为接受或排拒都有碍于发现。我们全都渴望获得外部的和内部的安全，心灵必须认识到这种对于安全的寻求是一个幻觉，只有不安全的心灵，只有彻底摆脱了任何形式的占有的心灵，才能有所发现——这是一项艰巨的任务。这并不意味着要隐退到森林里去或是到某个修道院里去，抑或把自己隔离、封闭在某种信仰里头，相反，没有任何东西可以活在孤立隔离的状态，活着即意味着处于关联之中。只有在关系里，我们才能自发地发现自己的本来模样，一旦发现了我们自己的真实模样，没有任何谴责或辩护的意识，就能带来我们自身的根本性的转变了——而这便是智慧的开始。

（在西雅图的第一场演说，1950 年 7 月 16 日）

我们大多数人都在寻求着隔离

对大多数人而言，生活是一场跟自己，由此也就延伸到外部世界的不断争斗、无休止的战役。对大部分人来说，困难在于，我们总是试图让自己的生活去符合某些准则或理想。那么，冲突不会通过遵从过去或未来而停止，而是通过每时每刻在我们日常生活里的那些事件出现的时候便去认识它们，才能终止。只要我们依附于观念、看法、经验和理念，那么我们就无法充分地认识那些事件。

生活即关系，在关系里，我们大多数人都在寻求着隔离。假如我们仔细地观察一下，就会发现，我们的思想与行为是自我封闭性的，我们把这种自我封闭性的过程称为体验。关系不仅是跟人的，还有跟观念和事物的，只要我们没有认识关系里的这一自我封闭性的过程，就注定会有冲突，因为，只要有隔离，就一定会出现冲突。

隔离有许多不寻常的形式，有记忆的隔离，包括个人的记忆和集体的记忆，有信仰形式的隔离，有个人所累积的并且对其依附的经验的隔离。这整个的隔离的过程，显然是我们生活里的一种瓦解性的、分裂性的因素——这便是当今世界上正在发生的情形。作为个体，作为国家的、宗教的群体，无论是在外部还是在内部，我们都在那些自我封闭性的观念、信仰、教义和看法中寻求着隔离，只要这种隔离的过程继续，就必定会有冲突。冲突永远无法被克服，因为，凡是被克服的事物都必须一再地去战胜，只有当我们认识了关系的过程，冲突才会停止。我们无法活在孤立隔绝的状态，因为生活即关系，活着即意味着处于关联之中。如果没有认识关系，显然就一定会产生冲突，因此，我们的问题便是去认识关系——认识我们跟人、跟物、跟观念的关系。

认知依赖于体验吗？我们所说的体验是指什么意思？体验是对某个挑战的回应，不是吗？假若回应不充分，就会有冲突，只要我们没有认识关系，就永远无法做出充分的应对。要想认识关系，我们就得了解自身思想的整个背景与过程。思想、我们思想的整个结构，是建立在过去之上的，只要我们没有认识这一背景，那么关系势必就会始终是一种冲突的过程。

认识思想——思想是自我的过程，无论它被置于哪个层面——是相当不容易的，因为思想是连续不断的。这便是为什么说，若想追随思想即自我的运动和反应，心灵就必须十分的迅捷、敏锐，必须具有相当的适应力。自我、"我"，显然是由意识的许多特性、倾向、成见、特质所构成的，没有认识思想的整个结构，仅仅去解决关系的外部的问题，显然是徒劳的。

所以，认知并不依赖于思想的过程。思想从不曾是新的，但关系却总是新的，思想是带着旧的背景去着手这一真实、崭新、活力充沛的事物的。也就是说，思想试图依照记忆、模式、旧的限定去认识关系——于是也就会出现冲突。我们必须了解思想者的背景，也就是去觉知到思想的整个过程，同时不做任何选择，尔后我们才能认识关系。意思便是说，我们必须能够按照事物的本来面目去审视它们，不去依照我们的记忆、我们预先构想的观念去对它们进行解释——这些记忆、先入之见，源自于过去的限定。

要想认识冲突，我们应该了解关系，对关系的认知，不依赖于记忆、习惯、既定的东西或者应当如何。它取决于时时刻刻展开无选择的觉知，假如我们深入地去探究一下，就会发现，在这种觉知里面，根本就没有任何累积性的过程。一旦存在累积，就会有一个由此展开检验的点，而这个点是受限的，于是，当我们从某个确定的点出发去看待关系的时候，就一定会出现痛苦和冲突。

那么，生活是一种不断与观念、与人、与物发生关系的过程。只要我们的认知有一个确定的点或中心，即关于"我"的意识，就必定会有冲突。我们从认知的中心——"我"所累积起来的原则——出发去检验我们所有的关系，结果必定会有不断的隔离，正是这种隔离，这种想要隔离开来的渴望，导致了冲突与争斗。

因此，我们生活的问题，便是去认识这种想要隔离的欲望。没有任何东西可以活在孤立隔绝的状态，但我们建立在欲望之上的所有努力，最终必定会是排他性的、隔离性的，所以，欲望是一种瓦解、分裂的过程。欲望以许多方式表现出来，或隐蔽或公然，或有意或无意。但倘若我们能够去觉知欲望——不是作为一种训练，而是通过每时每刻去观察它，不做任何选择——就会发现，我们将立即自发地探明真理。正是真理可以带来自由，而不是我们为了获得自由所做的一切努力。

真理不是累积性的，它是时时刻刻被洞悉和认识的。一个去累积的人，不管是累积知识、财产还是理念，一个被困在这种自我封闭性的关系里人，是无法洞悉真理的。一个怀有知识的人，永远无法认识真理，因为知识的过程是累积性的，一个进行累积的头脑为时间所困，所以无法认识永恒。

那么，我们怎样才能认识自我、"我"的过程呢？假如没有认识这一过程，行动、思考就将缺乏基础。为了认识自我，我们就得了解关系，原因是，只有在关系之镜里，才能清楚地审视自我。然而，只有当我们既不去谴责，也不去辩护的时候——也就是说，当我们能够展开观察，机敏的觉知，在这种觉知里，不会再有任何选择——才能清楚地审视自我。只要头脑去进行累积，它就不是自由的，可一旦它能够不做任何选择地感知到实相，那么，这种感知便将让它获得自由。只有当头脑处于自由的状态，它才会有所发现，在这种自由里，冲突和痛苦将消失不在。

我这里有几个提问，在思考问题的时候，让我们一同去检验问题、发现真理。要做到这个，头脑就必须十分迅捷，必须具有相当高的适应力，必须展开主动的觉知。没有问题会有答案，假如我们去寻求答案，就将远离问题，但如果我们认识了问题，问题便会结束。只要我们寻求问题的解答，那么问题就会继续，因为，正是渴望找到答案，妨碍了我们去认识问题本身。所以，我们对问题的着手方式格外的重要，对吗？一个寻求问题答案的人，他的全部注意力都放在了发现答案上面，因此他实际上无法直接地审视问题。但倘若我们能够审视问题，同时又不渴望去找到答案，那么我们就会发现，问题将很快迎刃而解，原因是，尔后，问题会彰显出自身的全部内容。所以，如果容我建议的话，让我们用这种方式一起去探究问题吧。

问：什么体制能够让人获得最大的生理上的安全呢？

克：这个问题里面涵盖了几个方面，不是吗？我们所说的体制是指什么意思？我们所说的生理的安全又是指什么呢？我们的体制，是指意识形态，要么是左翼的，要么是右翼的，对吗？意识形态可以保证生理上的安全吗？体制、理念、教义，能够带来安全吗，无论它多么让人憧憬，思考得多么精妙、细致，多么博学？围绕理念、知识、经验建立起来的政治结构——这就是我们所谓的体制，对吗？它是一种与其他意识形态相对立的思想意识，那么它能带来生理上的安全吗？

我们所说的观念意指为何？观念是一种思想的过程，不是吗？如果一个人去思考一下，会发现，观念不过是累积的知识和经验的结果，我们求助于观念，将其作为获得生理安全的手段。换种方式来表述好了，也就是说，世界上有许多的难题：饥饿、战争、失业、人口过剩、土壤的腐蚀，等等。以饥饿为例——尽管它或许不是这个位于东方的国家会有的问题。两种对立的体制，左翼和右翼，都试图去解决该问题。意思便是，我们用某种理念、公式去着手问题——尔后，就公式展开争斗，结果，公式、准则、体制，变得比饥饿这一问题更加重要起来。问题是饥饿，而不是用什么观念、公式，可我们更感兴趣的是观念，而非饥饿问题本身，于是我们依照自己的理念结成了一个个彼此对立的团体，并且为自己抱持的理念而战，彼此清算——而饥饿问题却依然继续着。

所以，重要的是能够去直面问题，直接地应对它，而不是诉诸于某种体制，通过认识问题，我们自然就可以将其解决了。这跟用某个公式去着手问题是完全不同的，不是吗？毕竟，我们有足够的科学知识去解决饥饿的问题，为什么没能解决掉呢？因为我们的国家主义、民族主义、我们的强权政治以及我们如此骄傲的无数其他荒谬，所以它是一个心理的问题，而不是单纯的经济问题。没有任何专家可以将该问题解决，因为专家是依照自己的公式、准则，从自己的观点出发来审视问题的。这便是为什么说，重要的是去认识一个人自身思想的整个过程。

那么，只要我们寻求着心理的安全，就能够拥有生理的安全了吗？这是这个问题里面所包含的另外一点。我们已经懂得，当我们求助于某种体制以获得生理安全时，这将会意味着什么。现在，我们将试图去探明我们所谓的生理安全是指什么意思，以及生理上的安全是否并不依赖于心理上的安全。如果我们寻求心理的安全，是否就能保证生理的安全了呢？也就是说，如果我们把财富当做一种获得心理安全的手段，那么我们难道不就会导致生理上的不安全了吗？财富对我们而言变得至关重要，因为我们的心灵很虚弱，而财富给了我们地位、权力、名望，于是我们在它周围竖起栅栏，称它是"我的"，为了保护它，我们建立起了警察、军队，由此滋生出了国家主义和战争。所以，正是因为渴望获得心理上的安全，我们才导致了生理上的不安全。因此，生理的安全完全依赖于我们是否在寻求着心理的安全，假如我们没有寻求任何形式的心理的安全，那么显然就能够获得生理的安全了。

于是，生理的安全取决于我们去认识自身心理的过程、我们内在的整个结构，只要我们没有认识自己，那么任何体制都无法带给我们生理的安全。建立在观念之上的变革，永远不会是真正的变革，因此也就永远不会带来生理的安全，因为它不过是以一种经过了修正的方式持续着现状罢了。革新、转变，不是源自于思考，只有当思想终止时，才能迎来变革。我们的困难在于，我们如此困在乌托邦的愿景之中，以至于愿意为了将来而牺牲掉现在，但正是这种牺牲现在的行为，把将来给毁掉了。只有当我们认识了"当下实相"的事实，不去根据任何思想意识对它进行解释，才能获得生理的安全，而这种安全是如此的不可或缺。

问：我寻求神、真理，觉知。在寻找的过程中，我要怎样去着手呢？

克：不要去寻求，因为，你所寻求的显然是你自己制造出来的东西，不是吗？当你说："我寻求神、真理、觉知"，你便怀有了关于何谓真理或神的观念，你在追逐这个，你将会找到你所寻求的——但它并不是神，它只不过是你的观念所投射出来的形象。只有不去寻求的人才能找到真理——这并不意味着我们必须变得冷漠、懒惰。相反，要做到不去寻求十分不易，它需要相当的觉知，深刻的认知。当心灵去寻求的时候，它就会去保护、制造、虚构，只有当心灵迈入静寂——不是被训戒着安静下来，而是自发的宁静——真理就会到来了。如果一个人展开努力，试图去寻求，那么他就会被困在冲突的过程里，不是吗？由于他始终在寻求，因此他的心灵也就一直处于激动不安的状态，从不曾宁静过，这样的心灵如何能够实现安静呢？这样的心灵渴望得到某个结果，它寻求着结果、目的，这表示它希望获得成功，只是它不会如此称呼罢了，它把这个美其名曰寻求神、真理，觉知。但这种寻求的意图、背景却是渴望获得成功，渴望得到确定、安全，想要逃避一切冲突，想要达至某个地方，在那里，所有的扰乱都将终止。当这样的心灵说道："我在寻求"，它所渴望的是永远被封闭在某个理念的安全之中，而这个理念实际上是它自己制造出来的产物。

所以，一个寻求的人将永远无法探明，但倘若我们可以认识自身寻求的过程，认识我们那想要去找到、达至、成功的整个心理结构——这一结构是十分复杂的——就会发现，当我们不再去寻求的时候，便将开启真理、觉知的大门。可只要心灵处于寻求的过程中，就不可能实现任何觉知。

心灵的本质便是去获取、变成，不是吗？在获取、变成的过程中，总是会出现激动、冲突。由于身处冲突的状态，于是心灵寻求着神或真理，但这种寻求不过是在逃避冲突，逃避总是一样的，无论它是饮酒还是神。所以，一个在寻求的心灵永远无法有所发现，可一旦心灵开始去认识自身的过程，那么它就会安静下来，就会感到满足。这种满足不是来自于获得什么或者变得如何，不是达至了某个地位的满足，只有当你认识了"当下实相"，才能获得这种摆脱了一切寻求的满足。然而，认识"当下实相"要求勤勉，要求展开觉知，既不去排拒，也不去接受。只有当心灵不再挣扎、努力、获取、寻求的时候，它才能迈入静寂，唯有这时，觉知才会到来。

问：对我而言，要想拥有良善的生活，训戒是必须的。但您却说训戒有碍于良善的生活。烦您解释一下这个。

克：我们理所当然地认为，要想拥有良善的生活，训戒是不可或缺的。但果真如此吗？我们所说的训戒是指什么意思？我们的训戒，指的是遵从某个体系、理念，不是吗？我们害怕做自己，于是我们把自己训练成其他的样子——这是一种抵制、压制、升华、替代的过程。那么，遵从、抵制、压制，会带来良善的生活吗？当你去抵制的时候，你会良善吗？当你害怕审视自己的本来面目并且逃避它的时候，你会是高尚的吗？当你去遵从的时候，你会富有美德吗？一个把自己封闭在戒律里的人——他会过着高尚的生活吗？显然，他只是在抵制着自己害怕的东西，遵从于某个能够保证他得到安全的模式。这是美好吗？这是良善吗？还是说，美好、良善是超越了恐惧、遵从、抵制的事物呢？

仅仅去抵制，这是很容易的，不是吗？遵从、符合、效仿，很容易做到，但这样的心灵能够是高尚的吗？毕竟，美德是自由，对吗？训戒是一种变得有德行的过程，很明显，一个变得有德行的心灵永远不会是富有美德的。美德是自由，自由源于去探索、认识这种抵制、遵从社会标准的过程——心灵通过这一过程，从已知移向已知，因此从不曾处于不安全的状态。所以，假如我们能够认识抵制、遵从、压制的心理，认识这种变得如何如何、变得有德行的过程——假如我们能够认识这一切，唯有这时，才能迎来高尚的生活。高尚、善良的生活是自由的生活，是觉知的生活，而不是抵制、争斗、遵从的生活。若想获得自由，我们就得认识自身限定的过程，正是我们所受的限定，训练着我们要么去抵制、要么去遵从。

因此，一个受着训戒的心灵，永远无法获得自由。一个一开始就处于受训戒状态的心灵，到了最后也不会是自由的，因为起点便是终点，起点和终点并不是两种分离的状态，而是一个连续的过程。如果你说："通过训戒，我将会获得自由"，那么你一开始就把自由挡在了门外。但倘若一开始的时候你便去深刻探究和认识训练、控制、影响、塑型、遵从、抵制的过程，你将发现，自由是在当下，而不是在未来。

社会利用训戒来达到自己的目的，政党希望拥有遵守纪律的成员，以便展开共同的行动，但这种行动永远不会是自由的，于是它便会带来抵制，带来对立面，即其他的党派，结果两个党派就处在了彼此冲突的状态。可一旦我们能够认识这一导致了党派的过程，无论是左翼的还是右翼的，认识了那源于我们的限定的训戒的过程——倘若我们能够充分地认识它，就会发现，良善的生活不是来自于训戒，而是来自于认识一个人所怀有的想要去遵从、抵制、压制、模仿的欲望——这种觉知便是美德。

问：您在某次演说中指出，要想迎来真理，思想过程就必须终止。但倘若思想停止的话，我们怎么能够认识事物呢？

克：首先，让我们探究一下我们所说的思想以及体验即认识是指什么意思吧。正如这位提问者所言，假如思想停止，如何能够去认识事物呢？那么，我们所谓的思想意指为何？请不要坐等我给出回答——我们要一同展开探索。当我们说"我正在思考"的时候，我们是指什么意思呢？假如我询问你，你会做出回应，对吗？正确与否暂时不关紧要。所以，思想是对挑战做出反应的过程，挑战总是新的，但回应总是旧的，因此，思想是记忆的反应，不是吗？我问你是否相信神，你立即做出的反应是根据你的记忆或限定，你要么信神，要么不信。所以，思想是记忆即习惯的反应的过程，也就是说，记忆是经历的结果，而经历是知识，你依照你的记忆、经历、知识去对挑战做出反应。挑战是新的，你的反应根据挑战的崭新和活力做着改变、修正，但它总是背景的反应，对吗？

所以，思想是背景、过去、累积的经历的反应，它是各个层面的记忆的反应，既有个体的也有集体的，既有个人的也有种族的，既有意识也有潜意识，这一切便是我们思想的过程。因此，我们的思想永远不会是新的，不可能会有"新的"观念，因为思想永远无法更新自己，思想永远无法获得自由。原因在于，它总是背景做出的反应——背景就是我们的限定、我们的传统、我们的经验、我们的累积，集体的和个体的累积。所以，当我们求助于思想，把它作为发现新事物的手段，将会发现这完全是一番徒劳。思想只能够发现自身制造出来的东西，无法发现任何新的事物，思想只会认识它曾经经历过的东西，无法认识自己不曾体验过的事物。于是，思想是一种认识的过程，思想通过言语、符号、形象、语词存在，否则就不会有思想，所以，思想永远不会是新的，永远不会富有创造力。当你声称自己在体验某个事物的时候，你的体验其实是一种认识，对吗？假如你没有认识，你就不知道自己在体验。那么，思想能否体验新事物呢？显然无法，因为思想只能认识旧的东西，认识它已经知道的东西，认识它之前曾经经历过的东西。思想永远无法去体验新事物，原因是，思想是旧事物的反应。

这并不是形而上学、复杂或抽象的问题。假如你更加仔细地去审视一下，就会发现，只要"我"——它是由所有这些记忆构成的实体——在体验，就永远无法发现新事物。思想即"我"永远无法体验神，因为神或真理是未知的、不可想象的、不可构想的，它没有标签、没有语词，神这一字眼并不等于神。所以，思想永远不能去体验新事物，体验那不可知的事物，它只能体验已知，因为意识只能在已知的领域内运作——它无法超越已知。一旦去思考未知，意识就会激荡不安起来，它总是渴望把未知带入已知，然而，未知永远无法被带入已知，于是已知跟未知之间便有了冲突。

因此，只有当思想终结，才能迎来未知，尔后，不会再有"我"在体验未知的问题了。这个"我"永远不能体验未知、真理、神，抑或其他你愿意给出的名称。"我"、意识、自我，是一堆已知，也就是记忆，记忆只会认识自身制造的事物，它无法认识未知，这便是为什么思想必须要终止的缘故。

作为"我"的思想必须不再去体验，必须没有"我"体验过的任何感受、任何确定性。当思想即记忆的反应停止时，意识便不会再在已知的领域内活动了，唯有这时，未知才会登场。

体验未知是不可能实现的，因为，当你"体验"未知的时候，你只是在把已知当作一种新的感觉去体验。永远无法认识未知，未知就在那里。然而在这种状态里，意识在抗拒，因为它只能够在已知的领域内活动。

这便是为何说，要想迎来真理，你就必须认识思想、自我的整个过程。思想永远无法发现或达至未知、实相，可一旦意识安静下来，迈入彻底的宁静——不是通过任何训戒、克制、任何控制或冥想的方法而被人为地变得安静——那么，在这种静寂里，意识永远无法去体验的真理便会到来，因为真理超越了自我的创造物。

（在西雅图的第二场演说，1950 年 7 月 23 日）

欲望是痛苦

我以为，我们应当能够辨明必需和欲望之间的区别。欲望永远无法是完整的，因为欲望总是会制造矛盾、制造自己的对立面，但倘若我们能够认识何谓必需，就会发现，在它里面，没有任何的矛盾。很明显，重要的是去觉知欲望这一问题，正是欲望导致了我们每个人身上的矛盾，因为欲望任何时候都不能带来统一、完整，唯有在完整的状态里，才能超越由欲望带来的心理的矛盾。毕竟，欲望是感觉，而感觉是思想、意识的基础，感觉是我们所有思想的根基，只要我们没有认识欲望的过程，就注定会在生活里引发矛盾的冲突。

因此，认识欲望是必须的，仅仅把欲望从一个层面转化到另一个层面，这么做无法带来觉知，任何层面的欲望，无论我们可能把它置于怎样高级的层面，它都始终是矛盾性的，从而会带来破坏。可如果我们能够认识何谓必需，就会发现，欲望是一种束缚，它不会带来自由。辨明什么是必需的，是一项十分艰难的任务，因为欲望不断在干扰我们的所需。当我们认识了什么是必需的，就一定会懂得欲望。我们的问题在于，必需和欲望之间始终都在上演着战争，难道不是吗？我们的整个社会结构都是基于这种欲望的矛盾。我们以为，当我们从一个欲望转向我们所谓的某个更加高等的欲望，便是在进步，但欲望无论高等还是低等，始终是一种矛盾，是冲突和巨大痛苦的根源。

所以，假如我们可以洞悉欲望是如何在我们的日常生活里运作的，就会懂得必需是何等的重要了。必需无关选择，不是吗？当我们能够认识什么是必需，那么里里外外就不会再有任何矛盾、任何交战了。但要想认识必需，我们难道不应该去探究意识的过程吗？因为正是意识在选择什么是必需的。在我们把选择带入进来的那一刻，这么做难道不就妨碍了我们去认识必需吗？当我们进行选择的时候，我们会发现什么是必需的吗？选择总是基于我们的限定，而限定源于我们那些相互矛盾的欲望。因此，如果我们选择了什么是必需的，就一定会引发冲突，一定会带来混乱。没有感觉就没有思想，思想是感觉的产物——若我们能够认识感觉的各种方式、思想的方式，不去选择什么是必需的，就会懂得，必需是一件简单的事情，在这种认知中，没有任何冲突、没有任何矛盾。

只要有欲望，就会有冲突和矛盾，不管我们是否觉知到了这一点，而矛盾不可避免地会带来痛苦。所以，欲望是痛苦，无论我们渴望的是琐碎的东西还是重大的事物，欲望的余波里始终都会有它的对立面。因此，重要的是去认识思想的整个过程，也就是"我""我的"的整个过程，难道不是吗？认识欲望，便是认识自我的方式，没有认识自我，就无法懂得什么是生活里必需的、必不可少的。只有认识了关系，才能了解自我，这便是智慧的开始。智慧是无法被购买到的，无法被累积起来的，当心灵时时刻刻在关系里去觉知，保持澄明的状态，不做任何选择，智慧便会到来。

所以，假如我们想要认识那存在于我们大部分人的生活里的矛盾，就必须认识自我，也就是认识欲望。没有理解欲望的整个过程，仅仅弄明白了某一个欲望，并不能解决我们的问题，能够解决我们问题的，是认识矛盾也就是欲望的本质。欲望永远无法被克服，可一旦我们洞悉了如下真理，即欲望总是会制造出它自己的对立面，因此欲望是一种矛盾，那么欲望就会终结，唯有这时，我们才会满足于只拥有那些必需的东西。

在思考这些问题的时候，重要的是去探明我们要以怎样的方式去着手。假若我们带着预先构想的观念、结论、看法去应对问题，那么显然就无法认识问题。正如我所指出来的那样，问题总是新的，如果心灵带着结论、累积的知识去应对问题，就不可能认识它，只有当心灵以新的方式、新的视角去看待问题，才能实现对问题的认知。如果这个上午我们可以的话，让我们直接地去探究每一个问题，洞悉关于它的真理，因为，只有发现了问题的真理，才能让我们摆脱问题本身获得自由。

问：要多少个世纪，那寥寥几个实现了觉知的人才能带来世界的根本性的变革呢？

克：重要的是探明应该从哪个视角来提出这个问题，不是吗？如果我们说，之所以要花费好几个世纪才能带来根本性的变革，是因为只有寥寥数人真正渴望去改变自我，那么我们关心的显然是时间的问题。也就是说，我们希望立即的转变，因为我们在世界上目睹了如此多的混乱、不幸、冲突、饥饿、经济问题、战争，我们目睹了这般无休止的痛苦，于是失去了耐心，希望在某个时间段内就能有所改变。我们说道："少数几个人的转变无法带来社会结构的根本性的、迅速的革新，所以，少数人的转变并不重要，虽然它是必需的，但应该有更快的方式去带来根本性的变革。"

那么，有立即的、迅速的办法来让人发生转变吗？如果我们带来了即刻的变化，它会是持久的吗？世界无法立即发生改变，即使革命也不能带来立即的、世界性的改变，成千上百万的人口不可能在一夜之间就被喂饱。然而，重要的是去探明你我是否能够改变，是否能够让自身发生根本性的转变，不管这种改变是否具有实用性，不是吗？发现、认识真理有用吗？真理具有用处吗？它是实用性的吗？这个问题里面真正包含的是——真理是否是有用的。真理根本就没有任何用处，对吗？它无法被使用。一旦我们怀着在行动的世界里去运用真理的意图来着手真理，我们就会把真理毁灭。但倘若我们能够洞悉真理，让它自由运作，同时不去想着使用它，那么它就会让我们的思想、我们的关系发生彻底的变革。因此，只要我们把真理视为一个可以使用的事物，视为改变社会或自身的手段，那么真理就将沦为一个单纯的工具——它本身不是目的，没有起因。可如果它本身就是目的，没有任何实用的意图，也就是说，如果我们让真理在自己身上运作，同时意识不去干扰它，那么，不知不觉中，它就会产生深远的、广大的效果了。

所以，重要的不在于少数几个人是否能够带来根本性的改变——即使根本性的改变通常来说正是由少数人带来的——而在于去探明一个人是否真的热切地渴望发现那一解放性的因素，那一被我们称为真理或神的事物，而不在乎它是否具有任何社会的或其他方面的价值。因为，意识总是在寻求着价值，不是吗？假若它把真理当作某种"价值"去寻求，那么这种价值就是能够被认识的；但真理是不可被认识的，它对于意识没有"价值"可言，意识无法使用它。可一旦意识安静下来，那么真理就会开始运作，这种运作是广泛的、无限的——自由与幸福就蕴含在其中。

问： 各个宗教都提倡祈祷，几个世纪以来，人在祈祷的行为里找到了慰藉。这种延续了数个世纪的共同的努力，显然是一种十分有意义的、重要的力量。您否认它的重要性吗？

克：祈祷的作用是什么呢？祈祷有意义吗？我们所说的祈祷是指什么意思？让我们去探究一下这整个的问题，不要抱持任何偏见或成见。显然，人类已经祈祷了许多个世纪，这必然会带来某些结果，必然会以某种方式带给他慰藉和满足，会带给他一个与其需要相符的回答，否则他就不会继续祷告了。

那么，我们什么时候会祈祷呢？很明显，当我们深陷麻烦的时候便会去祷告，不是吗？当我们处于不确定、矛盾的状态，也就是说，当我们不开心的时候，才会去祷告。在我们感到幸福、快乐时，在我们非常清晰、简单、直接地洞悉事物时，不会去祈祷，只有在倍感困惑和混乱之时，才会去祷告。所以，祈祷是一种哀求、恳请，对吗？当我们发出请求的时候，会收到回复，我们会依照自己的需求得到回复。当我们祈祷时，很明显，我们总是在寻求着这种或那种形式的满足，这个人或许会为了得到指引或光明而去祈祷，另一个人则会为了摆脱痛苦等等而去祷告，但是，欲望、意图，总是为了获得安宁、满足。如果心灵寻求获得满足，无论是哪个层面的满足，高等的还是低等的，它都必定会得到，对吗？这便是为什么说，当我们感到困惑、混乱的时候，当我们遭遇痛苦的时候，当我们感到不确定的时候，便会求助于祈祷。通过祈祷，我们希望可以获得确定、安心以及解决自身问题的正确答案。请注意，我并不是在赞成或反对祈祷，我们只是在探究这一问题。依我之见，有比祈祷重要得多、伟大得多的事物，只有当我们认识了祈祷的方式，认识了有关恳求的整个的问题，才能发现那一事物。

因此，当我们祈祷时，会发生什么呢？我相信我们许多人都有过祈祷的经历。祈祷的方式、过程究竟是怎样的呢？我们会采取某个姿势，重复某些话语或句子，渐渐的，通过这种重复，心灵会安静下来。心灵是通过重复话语人为地变得安静的，在这种静寂中，你收到了自己问题的解答。但这答案必定会是让人满意的，否则你就不会去接受它了，尽管答案可能是痛苦的，但当你去接受这一痛苦的答案时，会感到满足。也就是说，通过不断地重复某些话语或者长时间地去思考某些念头，心灵会变得安静，在心灵安静的时候，它就能够接收到回答了。可回答取决于恳求者，他所收到的回答，源于无数欲望的累积，源于有意识的和无意识的憧憬以及许多个世纪以来无数人的集体的努力。你可以凭借自己的力量去检验一下这个。当你有意识地在祈祷的时候去要求什么，就会收到一个无意识的回复，这回复来自于几个世纪以来累积的、集中的努力，并且根据恳求者个人所受的限定进行了修改。然而，祈祷最终无法帮助个体去认识自身，只有当他充分地认识了自己，把自己视为一个整体去理解，才能够超越要求、寻求、为了获得某个结果而去努力的状态。正如我所言，有某种事物要比祈祷重要得多——那便是冥想，我们将会在其他时候讨论这一问题。

那么，重要的是去认识这一与冲突、痛苦、悲伤有关的祈祷的问题，不是吗？因为，当我们感到幸福的时候，当我们无比愉悦的时候，当我们没有任何难题的时候，绝不会去祈祷。只有当我们遭遇冲突，当我们有了某个无法解决的难题，才会去祷告。有两种不同的祈祷，但它们本质上是一样的，有一种祈祷是主动的恳请、哀求，还有一种祈祷，我们只是简单地抱持敞开的姿态，但无意识中却在渴望收到些什么。当我们祈祷时，总是会把手伸出去——我们在等待、希望、憧憬着某个回复，希望获得慰藉，在这种恳请中，我们将会找到某个与我们的努力与限定相符的回答。然而，祈祷永远无法让意识不再去制造那些令我们去祷告的问题，能够让意识停止制造自身问题的，是认识它本身，认识它自身便是自知。但是，认识自我的整个过程是如此的复杂，以至于我们很少有人渴望去探究这一问题，我们宁愿找到一个肤浅的答案，于是便去求助于祈祷。经由许多个世纪，人类修建起了坚固的蓄水池、一个思想和欲望的仓库，由此，祈祷可以唤起回答、慰藉，但这回复并不能解决问题，要想解决问题，唯有去认识意识自身的整个过程。

问：在我们生活的各个时期，我们有过某种神秘的体验。我们如何知道这些体验并不是幻觉呢？我们怎样才能认识真理呢？

克：我们所谓的幻觉是指什么意思？是什么制造出了幻觉？很明显，当头脑被困在欲望的罗网之中，便会制造出幻觉，对吗？只要头脑根据自身的憧憬、希冀、渴望，根据自己的好恶去对感知到的东西进行阐释，就一定会出现幻觉。只要头脑没有认识欲望，它就会对体验进行阐释，并且不可避免地导致幻觉。也就是说，假如我有了某个所谓的"神秘的"体验，而没有认识自身意识的过程，那么这一体验必定就会带来幻觉。如果我依附于任何形式的体验，如果我希望积累更多的体验，继续呆在这种体验里面，那么同样一定会出现幻觉，因为，我关心的不是去领悟"当下实相"，而是去获得、保护、累积。

我们大多数人都有过某种神秘的体验，这种体验带来了某种澄明、释放与幸福，当它逝去时，关于它的记忆就变得对我们无比重要起来。我们依附于对该体验的记忆，而依附于它这一事实，表明了我们为欲望所困。记忆处于时间的领域之内，而真理则超越了时间，当头脑依附于任何体验的时候，这一体验就会变成单纯的感觉，而感觉又会导致幻象。因此，当我们依附于对自己曾有过的所谓的"神秘体验"的记忆，这就表示，我们关注的是该体验留下来的感觉，于是便会出现幻觉。我们可能不会依附体验本身，我们从不曾坚持体验的状态，我们只会累积记忆及其感觉，当我们这么做的时候，就会妨碍进一步的体验。依附过去，有碍于新的事物，所以，正是因为依附于对某个体验的记忆才制造出了幻觉。

这个问题的第二个部分是："我们怎样才能认识真理？"要想探究这个，我们就得了解体验的过程。只有当我们去认知，才会有体验，对吗？如果我同你相遇，认识了你，我便有了某种体验，但倘若我没有认识你，就不存在体验了，因此，只要有认知的过程，便会有体验。那么，我是怎样认知的呢？认知是建立在记忆之上的，对吗？记忆，也就是过去的残留，能够认识新事物吗？请注意，由于这是一个十分重要的问题，所以让我们探究的时候稍微仔细一点。

　　我们大部分人都是从已知移向已知，我们的头脑在已知的领域内活动，它无法在已知的范畴之外运作。那么，这样的头脑能够认识真理吗？能够认识未知吗？能够认识神吗？假如神是未知的，那么我们怎样才能认识它呢？我们只能够认识到自己经历过的、之前知道的东西，当我们认识到某个事物的时候，它会是真理吗，会是新事物吗？只要有旧的东西存在，就不可能迎来新事物，只有当旧的事物消失不在，新事物才会到来。当我们询问："我怎样才能认识真理？"我们希望知道，"我"、累积的过去、已知是否能够给新事物命名。当我们对新事物进行命名的时候，新事物难道不就消失了吗？因此，神不是可以被认识到的事物，真理不是通过记忆被认识到的事物。只有当头脑迈入绝对的、彻底的宁静，新事物才会到来——这不是一种认知的过程。相反，当头脑从旧的层面出发去阐释新事物，它就不是安静的，于是真理也就无法登场。头脑不可以从旧的层面去解释新事物——它只能从它已知的层面去解释新事物应该是什么。

　　所以，重要的，不在于你我是否能够认识真理，而在于怎样让头脑挣脱欲望的束缚，如此一来它才可以实现彻底的宁静。头脑的静寂不是通过任何训戒而得来的，头脑不可以通过任何强迫、带着任何动机或者为了某种目的而被人为地变得安静。一旦它懂得了自身那冲突性的引发了问题的欲望，便会自发地安静下来了。只有当它把自己视为一个整体去认识，它才会迈入宁静，但只要它没有充分地认识自身，它便会继续制造出问题，永远无法拥有安宁。因此，头脑必须认识自身的方式，为此，它应该处于一种机敏的无为的状态，应该展开没有任何选择的觉知，唯有这时，它才能够实现彻底的静寂。通过祈祷，通过各种心理的技巧，我们可以让头脑实现表面的宁静，但这样的头脑并没有从根本上安静下来。只有当我们充分认识了认识、需求、反应的过程，也就是自我的过程——这是一项艰巨的任务——才能迎来头脑的静寂。

问：烦您解释一下您所说的创造力是指什么意思。

克：创造力与能力有关吗？创造力是指熟练地掌握某种技巧吗？创造力是天赋异禀吗？

一个人可以通过不断的练习，通过累积自身和他人的知识与经验来掌握某种技巧。然而，技巧的完美能够带来创造力吗？你可以一连几个小时演奏钢琴，你可以弹得十分专业，你的技巧可以相当的完美，但这能够让你成为一位具有创造力的音乐家吗？假如你知道如何写诗，假如你能够完美地写出华丽的辞藻，那么你会因此成为诗人吗？技巧会带来那种无我的自由吗？只有当自我、"我"消失的时候，才能迎来创造力，否则，技巧仅仅只会强化自我或者让自我分心，只会修正它或增强它——很明显，这并不能带来创造力。

只要头脑与它制造出来的、正在制造的或将要制造的事物发生着冲突，它就不可能处于创造力的状态，对吗？只要我们处于冲突之中，能够拥有创造力吗？显然，冲突把每一种创造力的行动都挡在了门外，只有当头脑安静下来，不处于冲突之中，创造力才会到来。只要头脑被困在正题和反题之间、对立面之间，如何能够迎来那种无为的机敏的状态呢，而单单这种状态便是创造力。我们以为，通过冲突，通过争斗，通过探索、分析，我们将获得和平、安宁的状态，然而，冲突会带来这种和平的状态吗？安宁的状态难道不是独立于冲突之外的吗？只要渴望获得某个结果，渴望拥有创造力，我们显然就必定会处于冲突的状态，而这样的状态也就把创造力挡在了门外。

因此，一个人如何才能拥有创造力的状态呢？如何才能获得创造力呢？不可能获得创造力，我们唯一能做的，便是去认识那把创造力挡在了门外的冲突，认识冲突就是认识自我。你知道，我们以为，拥有了某种技术，能够画画、写诗、写文章，以这种或那种方式实现自我，这便是创造力。但是很明显，这并不是创造力，这不过是自我表现罢了，是通过技术、技巧让某个欲望得到满足。但倘若我们能够认识冲突的整个过程，认识那为了有所得而去努力的过程——这种过程给我们的生活带来了如此多的矛盾、悲伤和痛苦——那么我们就会发现，头脑将会变得格外的安静，没有任何努力、挣扎、争斗。当头脑安静下来，摆脱了自我的焦虑和欲求，唯有这时，创造力才会登场。这种创造力可能是用语词、大理石、思想表现出来的，也可能并不如此——抑或它可能是彻底的静寂。但我们却渴望去表现，对大多数人来讲，创造力是一种表现的过程，是能够去做什么，我们觉得，表现的能力远比获得自由来得重要，我们渴望去表现，因为它会让我们感到圆满，感到自己是重要的，会让我们感觉自己是个人物，在社会上是有用的。这一切以各种方式滋养着我们的空虚，于是也就摧毁了创造力的状态。

实际上，创造力可能根本不会表现出来，因为创造力的状态是静寂的。寻求表现，便是把创造力挡在门外，原因是，创造力永远无法被累积起来，创造力是时时刻刻的——它不是一种持续的状态，一旦它是一种持续的状态，就处在了时间的领域之内，而凡是处于时间之域的事物，都不是富有创造力的。创造力是永恒的，不受时间所围，但我们却喜欢把它困在时间的领域里，以便能够将其表现出来。只要头脑寻求着创造力，就永远无法获得它，原因在于，头脑的所有努力都是处于时间的领域之内。只有当头脑迈入彻底的宁静——这种静寂不是被人为地引发的——创造力、永恒才会到来。所以，重要的不在于用言语去表现创造力的状态，而在于去认识头脑里整个冲突的过程。正如风止水静，当头脑制造出来的问题停止时，创造力便会登场了。

（在西雅图的第三场演说，1950 年 7 月 30 日）

心理上渴望结果，手段势必变坏

我们大部分人都寻求着某种结果，我们从不曾想到没有结果的行动，除非有某个预见中的结果，否则我们就不会有行动的意识。只要我们寻求着结果，那么对我们来说，结果在心理上就要比手段重要得多，当我们赋予了结果更加重要的意义时，手段势必就会变坏。于是，指引行动的，更多的是对结果的渴望，而不是对手段的考量——于是行动也就失效了。也就是说，只要心理上希望行动会带来结果，我们就会让该行动失效，因为我们主要关心的是结果，偶尔才会关注行动。因此，就像我们当前在世界范围内所目睹的那样，行动滋生出了更多的混乱、更多的不幸。只有当我们懂得心灵是怎样不断地在行动中寻求着结果，意即寻求着自身的安全，因而并不关心行动的手段，才能终结这种外部的冲突和痛苦。手段和目的并不是两个分离的状态——它们是一个统一的过程，手段即目的，假若我们认识了手段，势必就会得到正确的目的。然而，正如我所指出来的那样，我们大多数人都对手段漠不关心，我们主要关注的是目的，我们使用错误的手段、方法，却指望着能够得到正确的目的。但方式制造了结果，假如我们渴望和平，就必须使用和平的手段，所以，手段要比目的重要许多。

那么，认识手段，同时不去寻求结果，将会令我们对待生活的整个观念和方式发生根本性的也是必需的变革。由于思想总是在寻求奖赏，由于我们每个人的内心都渴望获得满足，结果便是，一切行动，无论是政治的、经济的还是社会的，都会带来无休无止的争论，最终走向暴力。我们没有实现澄明的感悟，因为我们从本质上来说并不关心手段，而是只在乎结果、目标、目的。我们并不懂得目的跟手段并不是分离的，它们是一体的，目的就蕴含在手段之中。如果我们心理上寻求某个不依赖于手段的结果，那么身体上的行动势必就会导致混乱。意思便是说，当我们把结果当作获得心理安全的手段时，我们为了那一结果而展开的行动，将会对意识产生局限性的影响。只有当我们领悟了行动的意义，才能充分认识这一过程。

现在，我们仅仅是从获得结果的层面去认识行动的，我们为了一个目的而去工作，无论是心理还是生理的层面皆是如此。对我们而言，行动是一个有所得的过程，而不是去认识行动本身——单单这种认识就能够带来正确的手段，从而产生正确的目的，同时又不会去寻求结果。认识行动显然便是认识我们思考的整个过程，这就是为什么说彻底了解一个人的意识的全部过程是如此的必需——认识一个人自身的思想、感受与行为。没有认识自我，仅仅去得到某个结果将只会带来更多的混乱、不幸与挫败。

认识自我的整个过程，需要在关系的行动里展开不断的觉知，必须不停地去观察每一个事件，不做任何选择，既不去谴责也不去辩护，要怀有冷静、客观的意识，如此一来才能揭示出每个事件的真理。然而，这种对自我的认知并不是结果、目的，认识自我没有终点，它是一种不断的觉知的过程。只有当一个人开始着手去客观地、深入地探究日常生活的全部问题——即关系里的"你"和"我"——才能迎来这种觉知。

我这里有几个提问，在思考它们的时候，让我们不要去寻求答案，因为，仅仅寻找答案意味着停止了进一步的探明和觉知。但倘若我们能够在问题逐步展开的时候去循着它的脚步，那么或许我们就将洞悉关于它的真理了，正是问题的真理能够让我们摆脱问题本身。

问：尽管您告诉我们说，如果我们想要体验真理，那么意识就必须安静下来，但您却在尽可能地刺激我们去思考啊。

克：我在刺激你去思考吗？假如是单纯的刺激，你就会由此感到疲惫，因为每一种激励、刺激不久都会结束，徒留下一个迟钝、不灵活、疲倦的心灵。如果这些谈话和讨论仅仅变成了刺激的手段，那么我担心你将会发现，当它们结束的时候，你会重新落入自己那些单调乏味的陈规惯例之中，落入你那些旧的信仰、你那麻木的态度和思考方式之中。但倘若这些谈话和讨论不是单纯的刺激，倘若这期间你我能够去检验事实，按照事实的本来面目去审视它们——这是领悟真理的开始——那么这些谈话和讨论显然就将具有价值了。很明显，按照事物的本来面目去洞悉它们，这么做十分有益，因为，尔后，它将会带来根本性的改变。所以，我们不是在寻求刺激，而是携手去探索我们所有的人类问题。刺激会让你沿着某个路线去思考，这是一种替代的过程，会把你限定在某个新的方向。可一旦我们努力去清楚地洞悉事物的本来面目，不抱有任何偏见，没有任何歪曲，意识就会迈入宁静。当有任何歪曲的时候，当意识能够制造幻觉的时候，它就不可能安静下来，不可能平静或安宁。由于意识有无限的能力去制造幻觉，因此，觉知到那制造幻觉的能力，即觉知到欲望，显然就不是刺激。相反，只有当我们觉知到意识是如何运作的，它是怎样运作、谋划、歪曲的，才能摆脱刺激获得自由，单单这种自由就可以带来心灵的静寂。

那么，心灵能够把自己封闭在某种信仰或幻觉里面，从而认为自己是静寂的，但这样的心灵显然不是安宁的——它是死寂的、缺乏柔韧性、麻木的。只有当心灵拥有了极大的柔韧性，能够去调整、适应，能够按照事物的本来面目加以审视，才可以摆脱被审视对象的束缚。很明显，我们应该经历这整个探明、探索的过程，尔后心灵才会安静下来。假如心灵没有获得宁静，显然就不会有真正的觉知。发现意识培养起来的那些歪曲性的因素、分心的事物究竟是什么，并不是刺激。如果是刺激，心灵就永远不会安宁，因为它将从一种刺激移向另一个刺激，一个寻求刺激的心灵是迟钝的、贫乏的，它无法感知任何事物，除了自己的感觉以外。

因此，重要的不在于依靠任何刺激，或者是某种仪式，或者是某个观念，或者是大醉一场。一切刺激都是一个层面的，因为，任何刺激都会使心灵变得迟钝、疲倦。然而，认识到如下事实即心灵依赖刺激，便能摆脱这一事实了。感知事物，不做任何歪曲，会带来心灵的静寂，而要想迎来真理，心灵的静寂是不可或缺的。

问： 我有许多焦虑，您能否告诉我怎样才能摆脱焦虑呢？

克： 你为什么希望摆脱焦虑？你指的是你想要摆脱某个焦虑，摆脱某种扰乱，但你不希望摆脱全部的焦虑，对吗？我们大部分人都想要忙忙碌碌，因为只有有事干、有事忙才可以让我们觉得自己是活着的。我们声称，忙碌对于心灵来说是必要的——无论它是忙着思考神、自我实现、车子、家庭、成功、美德还是其他的东西。很明显，脑子需要有事可想，否则我们就会感到迷失，这种忙碌便是焦虑，对吗？如果你不去焦虑，如果脑子不忙于什么事情，会发生什么呢？你难道不会感觉彻底的失落吗？假若你不对社会感到担忧，你就会去焦虑有关神的问题并且整个心思都忙于此，抑或你会去焦虑战争、报纸、广播，焦虑人们说什么或者不说什么，脑子始终都处于忙碌状态——它的存在就取决于它有事可忙。因此，对我们大多数人而言，忙碌——它是一种焦虑——是不可或缺的，如果我们不去焦虑，如果我们不去忙碌，就会感到彻底迷失，就会说没事可干，生活空虚，所以，脑子让自己忙忙碌碌，始终处于焦虑之中。

对我们大部分人来说，忙碌是为了逃避自己内心的贫乏，由于心灵空虚，我们才会去焦虑某件事情，将其作为逃避实相的手段。因此，问题不在于如何摆脱某个焦虑，而在于去认识忙碌的整个问题——这意味着正确的生活方式是一个方向，而头脑的忙碌则在另一个方向。我们大多数人都发现，头脑不能没有思想，不能不去焦虑些什么、忙碌些什么。我们大多数人都害怕做自己——无论美丽或丑陋、聪明或愚钝，抑或是其他样子——并且由此着手。头脑害怕自己的本来模样，于是它寻求着逃避，更加冠冕堂皇的逃避。这种对于"当下实相"的逃避，可能会被称作真理或神，但它不过是自我封闭性的隔离。一个人越是把自己隔离起来，越是会焦虑万分，于是一定越是忙碌不堪。

那么，很明显，问题不在于摆脱焦虑，而在于去探明为什么头脑需要忙碌。假如我们展开格外仔细的探究，就会发现，头脑害怕自己什么都不是。显然，只有当杯子是空着的时候它才会是有用的，同理，只有当意识能够清空自己，清除掉自己的全部内容，才能具有生机与活力，只有当头脑处于空无、静寂的状态，它才能拥有创造力。但若要达至这一点，一个人就必须认识头脑的整个过程，认识到它是怎样不停地在忙忙碌碌着，为美德、死亡、成功这些事情焦灼万分。无论处于怎样高等的层面，焦虑依然是焦虑，而一个焦虑万分、激荡不安的头脑，永远无法理解任何问题，它只会在圈圈里打转，指望着找到出路——而这正是它所做的事情。一个始终忙碌着的头脑在寻求着某个结果、目的、目标，对于这样的头脑来说，手段根本就不重要。所以，重要的不在于如何让自己摆脱焦虑，而在于去探明为什么头脑会如此忙碌，如此渴望去依附以及让自己去跟某个观念、信仰、概念认同。很明显，它之所以如此，是因为自身的空虚，头脑没有认识自身的贫乏，没有深入地加以探究，而是试图通过忙碌去逃避这个。你越是逃避，就越是焦虑，唯一的出路便是反观自身，审视心灵的空虚与贫瘠。

问： 我爱我的儿子，但他却死于战争。我该如何是好呢？

克： 我想知道你是否真的爱你的儿子。如果你真的爱他，怎么还会有战争呢？若你真的爱你的孩子，你难道不会以某种形式去阻止战争吗？你难道不会带来正确的教育吗？——这种教育不可被界定为西方的或东方的。假使你真的爱你的儿子，你难道不会领悟到，不可以有任何信仰来把人们划分开来，人与人之间不可以树立任何国家的、民族的壁垒吗？

我担心我们并不爱自己的孩子，"我爱我的儿子"，不过是一句被认可的话罢了。倘若我们真的爱自己的儿子，教育便会发生根本性的变革了，不是吗？因为，当前，我们仅仅只是在培养技术、效率，效率越高，越会残酷无情。我们越是抱持国家主义、分离主义，社会越是会加快瓦解、分裂的进程。我们因所持的信仰、意识形态、宗教、教义而变得四分五裂，于是势必就会出现冲突，不仅是不同的社会之间，而且还有同一个社会的不同群体之间。

因此，尽管我们会声称热爱自己的孩子，然而，只要我们是国家主义者，只要我们为自己的宗教信仰所限定，那么我们显然就没有深深地在关心我们的孩子。这些东西是社会里的瓦解性的因素，势必会带来战争与彻底的不幸。如果我们真的渴望去拯救孩子们，那么作为个体的我们就应该带来自身的根本性的转变。这难道不意味着，我们必须重新评估社会的整个结构吗？这是一件十分复杂和艰辛的事情，于是我们便把它留给了那些专家们去解决——宗教的、经济的、政治的专家。但是，专家无法认识超越了自身专业领域的事物，专家从不是一个完整的人，而完整是解决我们问题的唯一良方。作为个体的我们，必须要实现自身的完整，唯有这时，我们才能把孩子教育成完整的人，只要存在着种族的、国家的、政治的、宗教的偏见，显然就不会实现完整。除非我们从根本上改变了自己身上的这一切，否则注定会有战争——无论你声称自己多么爱你的孩子，都无法阻止战争的爆发，能够制止战争的，是深刻地认识到一个人必须让自己摆脱那些会带来战争的分裂性的因素，唯有这时，我们才能终止战争。然而不幸的是，我们大部分人都对这一切毫无兴趣，我们渴望立即的结果、立即的答案。

毕竟，战争是以一种壮观的、血腥的方式投射出我们日常的生活，我们没有改变自身存在的根本结构，却指望着通过某种奇迹，战争将会终结。抑或，我们指责其他的社会，我们说，其他国家的群体要对战争负责，殊不知，这其实是我们的责任，而不是他人。那些真正对此问题抱持严肃认真态度的人，那些不去寻求简单的解释的人，将会知道如何行动，将会去思索战争根源的整个结构。

所以，假如我们真的热爱自己的孩子，那么社会的结构就将发生根本性的改变了，我们越是热爱我们的孩子，我们对于社会的影响就会越深刻。因此，重要的是去认识自身的全部过程，没有任何专家、长官、老师可以赋予我们觉知的钥匙。自知源于我们自身的澄明，源于我们对觉知的强烈渴望，源于我们在关系里展开觉知，不仅是跟人的关系，还有跟财产、跟观念的关系。

问：我怎样才能战胜孤独呢？

克：你能够战胜孤独吗？无论你克服的是什么，都需要一再地被克服，不是吗？你所认识的事物会终结，但你所克服的对象永远无法结束，交战的过程只会滋生和强化那个你与之争斗的事物。

那么，我们大部分人觉知到的这种孤独是什么呢？我们知道它，我们逃离它，不是吗？我们逃离它，躲进各种活动里去。我们空虚、孤独，我们惧怕它，因此我们试图通过这种或那种方式将其掩盖——冥想、寻找神、社会活动、广播、酒精；抑或你所希望的其他事情——我们做一切事情，除了直面孤独，与其共处、去认识孤独。逃离是一样的，无论我们是通过神的观念还是通过酒精去逃避孤独，只要一个人在逃避孤独，那么崇拜神与沉溺于酒精就没有本质的区别。从社交层面来讲可能会有不同，但从心理层面来说，一个逃避自我、逃避自身的空虚的人，纵使他的逃避是去寻求神，但却跟一个酒鬼其实是处于同一层面的。

所以，重要的不在于去战胜孤独，而在于去认识它。假如我们不去直面孤独，假如我们不去直接地审视它，假如我们不停地逃离它，就无法认识它。我们的整个生活是一种逃避孤独的过程，对吗？在关系里，我们利用他人来掩盖孤独，我们追逐知识，我们积累经验，我们所做的一切，都是在分散注意力，都是在逃避孤独。因此，这些分心和逃避，显然必须终结。如果我们想要去认识某个事物，就必须对它投以全部的注意力，不是吗？假若我们惧怕孤独，假若我们通过某种分心去逃离孤独，那么我们如何能够对它投以全部的关注呢？所以，当我们真的希望去认识孤独，当我们的意图是充分地、彻底地探究孤独，因为我们领悟到，只要没有认识孤独的根本原因即内心的贫乏，就无法拥有创造力——当我们懂得了这一点，就将停止各种形式的分心了，对吗？许多人嘲笑孤独，说道："哦，这是资产阶级才会有的东西，看在上帝的份上，让自己忙碌起来，忘掉它。"然而，空虚是无法被忘记的，无法被抛到一边的。

因此，如果一个人真的想要认识这一被我们唤作孤独的根本性的事物，就必须停止一切逃避。可是，通过焦虑，通过寻求结果，或是通过任何欲望的行动，是无法停止逃避的。一个人应该意识到，如果没有认识孤独，那么任何形式的行为都是一种分心、逃避、自我隔离，只会带来更多的冲突、更多的不幸。认识到这一事实是必要的，因为，唯有这时，一个人才能直面孤独。

那么，假若我们更加深入地去探究，就会生出如下问题：我们所谓的孤独，究竟是切实存在，还是仅仅只是个语词？孤独究竟是一种切实存在，抑或不过是个语词，它掩盖了某种东西，这种东西可能不是我们所认为的那样？孤独难道不是一个念头吗，难道不是思想的产物吗？也就是说，思想是基于记忆的一种言语化的表达，我们难道不是带着这种言语化，带着这种思想、记忆去审视我们所谓的"孤独"的状态吗？所以，对这一状态进行命名，或许正是恐惧的原因，这种恐惧使我们无法更加仔细地审视它。假如我们不去对它命名——这显然是由头脑制造出来的——那么这种状态还是孤独吗？

很明显，孤独与独在是不同的。在自我隔离的过程里，孤独是最终的。你越是意识到自我，你越是隔离，自我意识是一种隔离的过程。但独在不是隔离，只有当孤独终结时，才能迎来独在。独在是这样一种状态，在它里面，一切影响都彻底停止了，包括外部的影响与内在的记忆的影响。只有当头脑处于这种独在的状态，它才能认识那不可摧毁的事物。然而，要想达至这一点，我们就必须认识孤独，认识这种隔离的状态，也就是自我及其活动。所以，认识自我便是停止隔离的开始，从而也是结束孤独的开始。

问：死后会有永生吗？

克：这个问题里面包含了几个方面。有关于不朽的观念，即我们认为的永生，还有我们所谓的死亡的问题，以及我们每个人的身上是否具有一种将会永续的精神实质，尽管肉体会死亡。因此，让我们对这个问题做一番检验吧，无论是多么简单。

你询问死后是否有永生。那么，我们所谓的"永生"是指什么意思呢？永生显然意味着因果———系列被记住以及会延续下去的事件或原因。请注意，假如容我建议的话，让我们格外仔细地去聆听，共同展开思索，或许我们就能洞悉某种比仅仅渴望死后得到永生更加伟大、重要的事物了。

我们大多数人都渴望永生，对我们来说，生命是一系列由记忆串起来的事件，我们拥有不断积累的经历，比如孩提时代的记忆，对美好的、开心的事情的记忆，同时还有不快乐的记忆，尽管是暗藏的。这整个的因果的过程，会让你感到一种持续性，也就是"我"。"我"、自我，是一连串的记住的事件——不管是开心的还是不开心的，这并不重要。我的房子、我的家庭、我的经历、我培养的美德，等等——这一切便是"我"。你想要知道这个"我"在死后是否永续下去。

那么，很明显，必定存在着某种思想的持续性，但我们对此并不满足，不是吗？我们渴望不朽，我们声称，这种持续的过程最终将会带领我们达至永生。然而，持续能够让我们获得永生吗？那个持续的事物是什么呢？它是记忆，对吗？它是一系列的记忆从过去经由现在移向将来。凡是持续的事物，能够挣脱时间之网吗？

很明显，唯有会终结的事物才能更新——而不是拥有持续性的事物。凡是能够持续的事物，都只能继续自身的状态，它可以被修正、改变，但本质上始终都是相同的。唯有那可以终结的事物，才能实现根本性的转变。因此，不朽不是持续的，不朽是这样一种状态，在它里面，时间即"我"的持续已经停止。

在我们每个人的身上，是否存在一种将会永续的精神实质呢？什么是精神实质？如果存在着精神实质，那么它显然应该超越了时间的领域，超越了因果。假如头脑能够去思考它，抑或假如它已经构想出了它，那么它显然就是思想的产物，从而属于时间的范畴之中，于是也就不是精神实质。我们喜欢认为存在着某种精神实体，但这不过是种观念罢了，是思想的产物，是我们所受限定的结果。当头脑依附于关于精神实体的观念，这难道不就表明，我们在寻求着安全、确定，我们所谓的不朽、永生，其实是指安全、舒适的永续。只要头脑继续从已知移向已知，就总是会有对死亡的惧怕。

那么，很明显，还有另外一种生活方式，那便是每一天都要让昨天的事物消亡，不把今天的东西背负到明天。假如在生活中我们能够对头脑依附的那些事物做到淡然，那么，正是在这种消亡、漠然中，将会发现，我们会迎来一种新的生活，它不属于记忆、不属于时间。从这种意义上讲，死亡是指认识这种累积的过程，正是这一过程使得我们害怕失去，正是这一过程使得我们渴望通过家庭、通过财富，或者通过来世的永生来让"我"获得不朽。如果我们可以觉知到心灵是怎样在不停地寻求着确定——这是一种永远无法获得自由的状态——如果我们可以停止心理上的累积，内心不再去关心明天会如何，这表示每一天都要走向终结，如果我们可以做到这样，就能迎来不朽，在这种不朽的状态里，时间将不复存在。

（在西雅图的第四场演说，1950 年 8 月 6 日）

获取，妨碍了我们清楚、简单、直接地生活

我们大多数人都很容易满足于解释、理论、话语，我们那些肤浅的兴趣显然永远不会带来根本性的变革。很明显，在当前以及所有的时代，一个人自身必须发生彻底的转变，这种转变不仅会影响我们个人的关系，

而且还会影响我们与社会的关系。没有这种深刻的内在的变革，就不可能迎来永久的幸福，就无法最终解决我们的任何难题。那些兴趣浅浅的人，不可能深入探究这些问题以及认识自我的整个过程，只有真正热切的人，才能带来这种革新。这种内在的变革不是去寻求新的解释、新的语词、新的标语口号，唯有摆脱了一切获取的意识，才能实现这种革新。

那么，我们不仅在生理层面是攫取性的，我们的整个社会结构都是建立在攫取之上，而且在关系里我们也是攫取性的。也就是说，在我们跟他人的关系里有占有的意识，这不过是我们内心挫败与孤独的外在表现。我们在知识方面也是攫取性的，我们以为，获取的知识、解释越多，信息越广，就能奇迹般地解决我们的问题了。任何层面的获取都只会让头脑受限，按照某种模式来塑造它，而模式显然永远无法带来变革。任何形式的获取——无论是对世俗之物的追逐，无论是在关系中、学习、经历中，还是渴望找到真理——始终都会导致冲突，都会带来误解以及一系列外部的和内部的争斗。只要存在着冲突，显然就不可能实现理解。

正是获取妨碍了我们清楚、简单、直接地生活。除非每个人身上发生了根本性的转变，否则显然不可能实现真正的社会的进步，这便是为什么说，重要的是去认识自我的整个过程。唯有在与物、与人、与观念的关系里才能发现自我的方式，在关系之镜里，我们开始去审视自我的本来面目。但若想认识自我的过程，就不能够对自身的反应有任何的谴责或辩护。我们的困难在于，大多数人都在不停地寻求着各种隐蔽的隔离，难道不是吗？由于我们在关系里有冲突，于是我们渐渐退却到隔离之中，无论是在外部还是在内部。没有认识各个层面的关系，不单单是跟人的关系，还有跟观念、跟物的关系，就无法深入探究有关真理的问题。

真理不是某种抽象的事物或者理论上的东西——它与哲学无关，真理蕴含在对关系的认知中，蕴含在时时刻刻去观察我们的言谈、行为、我们对待他人的方式、我们思考他人的方式，因为行为便是正直，真理就蕴含在其中。没有认识关系，就无法超越冲突，在没有实现认知的情况下去超越冲突，不过是一种逃避的方式。只要有逃避，就有了制造幻觉的能力，我们大部分人培养出了非凡的制造幻觉的能力，因为我们没有认识关系。只有在对关系的认知中，也就是去深入地、彻底地了解自我的全部过程，方能迎来自由，而唯有在自由的状态里，才会发现真理。

通过寻求真理，头脑永远无法找到真理。头脑唯一能够去做的，便是安静、宁静，尔后真理就会到来。真理应该是向我们走来，我们无法去寻求它，如果你寻求神，你将永远不会找到神，因为你的寻求仅仅只是渴望逃避生活的实相。没有认识生活的实相，认识每一个冲突，认识思想的每一个运动，头脑的内部运作，既有隐蔽的也有公然的，既有隐藏的也有公开的——没有认识这一切，仅仅去寻求真理，只会是一种逃避。头脑有无限的能力去制造关于真理的虚幻的概念，所以，只要我们没有认识头脑，只要我们没有充分地理解自我、"我"的整个过程，即获取的中心，就不可能停止冲突，因而也就无法拥有任何幸福与美德。

美德不是目的，美德会带来自由，所以美德是不可或缺的。美德即自由，当我们认识了冲突，认识了自己跟物、跟自然、跟人、跟观念的关系，美德就会到来。那么，很明显，重要的是去认识我们自身的思想与感受，去觉知我们所有的行动，同时不怀有任何谴责或辩护的意识。要想在我们的关系之镜里清楚地洞察正在发生的一切，就必须展开无选择的觉知，一旦感知了"当下实相"，就能摆脱它们了。然而，清楚地、切实地觉知到正在发生的事情，是最为困难和艰辛的，因为我们抱持如此多的偏见、如此多的隐蔽的谴责和辩护，这些东西妨碍了彻底的认知。正是这些隐蔽的头脑的限定，使得我们无法进一步地去认识关系，认识生活的复杂难题。没有实现这种认知，那么，无论一个人可能是何等热切地想要寻求所谓的真理，这样的寻求势必都会变成一种逃避。在逃避里，有各种各样的幻觉、各种各样的虚构，我们越是去获取，越是去依附这些虚幻的东西，获得自由的难度就会越大。

因此，重要的是去认识自我、"我"的整个过程，原因是，如果没有实现这种认知，就无法展开新的、根本性的行动。假若一个人想要认识社会，带来社会结构的根本性的变革，那么他显然就应该从自己开始做起，因为，我们跟社会并不是分开的，我们是什么样子的，社会就会是怎样的。我们由自身、由我们自己的反应制造出了社会，没有理解我们的反应，就不可能让社会发生彻底的改变。

我这儿有几个提问，我将试着尽可能简单地解答，然而，问题的解决并不在答案里，答案从来不是重要的，重要的是去认识问题。如果我们只是怀着想要找到答案的意图去着手问题，那么就不会去认识问题本身。我们大部分人都急切地想要找到答案，急切地想要解决问题，这种迫切妨碍了我们展开充分的观察以及清楚地去认识问题。无论问题可能是什么，只要我们寻求着一个问题之外的解答，那么问题就不会彰显出它的全部涵义。我们大多数人在自己的生活里都有着许多的问题，日复一日地背负着某个问题，将会让心灵疲惫不堪。冲突永远无法解决任何问题，能够让问题得到解决的，便是去研究它、观察它、因为，唯有这时，它才会彰显出自己的整个涵义。然而这又是极为艰难的，我们总是如此急切地想要去超越问题，以至于无法跟问题共处，让它彰显自身。显然，只有当我们彻底地认识了问题，它才能够终结。

问：*我希望帮助他人。那么最好的方式是什么呢？*

克：我想知道你为什么想要去帮助别人？是因为你爱人们吗？如果你心中有爱，你会询问什么法子帮助人是最好的吗？"帮助"他人有各种办法，不是吗？做销售的可以帮助人，医生、律师、科学家、工人、牧师——他们全都在"帮助"人，对吗？渴望去服务他人，已经变成了一种职业，这种渴望总是会收到某种紧附其上的奖赏。服务他人的意识，让人们组织起了有效率的团体，每个团体都在彼此竞争，全都想要提供服务、帮助，全都彼此争斗着，变得越来越有效率，于是也就越来越残酷无情。

所以，当你声称自己希望去"帮助"人们的时候，你所说的帮助一词究竟指的是什么意思呢？你如何能够帮助别人呢？你想在哪个层面上去帮助他人？是在经济层面，还是在所谓的精神或心理层面？有些人仅仅满足于在经济层面、在直接的社会层面给予人帮助，因此他们关心的是带来社会的变革。然而，单纯的改革只会导致需要进一步的改革，于是改革也就没完没了了。有些人希望在心理或精神层面给人帮助，但要想在心理或精神方面去帮助他人，你难道不应该首先认识你自己吗？声称"我可以帮助别人"，怀有帮助人的渴望、愿望、憧憬是非常容易的事情，但是，正是在给予帮助的过程中，你可能会带来混乱。

所以，假如你想要在某个层面给予人帮助，重要的是去认识到，必须得有根本性的变革，而不是单纯的缝缝补补式的改革，难道不是吗？根本性的革新能够建立在某个观念之上吗？当变革脱胎于思想，它还会是真正的变革吗？因为，观念总是受限的，它们是受限的反应，对吗？思想总是记忆的反应，于是它总是受限的。任何基于观念的革新，永远无法成为根本性的变革，革新越是建立在观念之上，就会有越多的分离和瓦解，因为观念、信仰、教义总是把人们划分开来，它们永远不会使人们团结起来，除了在彼此排他性的、冲突性的团体内部。它们是建立社会的最为糟糕的基础，因为它们不可避免地会导致敌对。

那么，洞悉了所有这一切，假如你真的希望带来社会结构的根本性变革，你显然就得从心理层面开始着手，也就是说，从你自己开始做起。若你真的让自身发生了彻底的转变，你就能够帮助他人不去制造幻觉，不去制造更多的教义、更多的信仰、更多的囚禁人们的牢笼。尔后，你帮助他人的渴望将不会来自于任何说服、任何考量、任何信仰。你之所以去帮助别人，是因为你爱他们，因为你的心灵是充实的。但倘若充塞心灵的是头脑的东西，那么你的心灵永远都不可能是充实的。我们大多数人都用头脑的产物把心灵塞满，只有当我们的心灵被头脑的产物塞满，我们才会想知道怎样去帮助别人，可一旦心灵清除掉了头脑的产物，从而实现了充实，就能够去帮助他人了。当一个人心中真正满怀爱，他就会对别人伸出援手。然而，爱并不属于头脑的范畴，爱也不是感觉，你无法去思考爱，假如你思考爱，你就只是在思考感觉，而感觉不是爱。当你说："我爱着某个人"，你想到的不是爱，而是感觉，是关于那个人的样子。

所以，思想不是爱，爱是无法被头脑捕捉的事物，头脑只能够捕捉到感觉。于是，填充我们心灵的正是感觉，由这种感觉，会生出想要通过让他人变得更好、通过改变他们等等手段来帮助他的渴望。只要我们的心灵被头脑的东西塞满，就不可能有爱，当爱来临，就不会提出怎样去帮助他人的问题了。在没有头脑干扰下的爱的行动，将会给予人帮助，但只要头脑干预进来，就不会有爱。

问：我的生活似乎漫无目的，结果我的行为便走向了不理性。我难道不应当怀有一个总的目标吗？

克：你要如何去发现一个总的目标呢？你为什么想要一个目标？你能够找到一个可以涵盖生活全部意义的目标吗？依靠什么工具来发现呢？我们大部分人都渴望一个目的，因为，尔后我们就能把它当作指引，依照我们的目的，我们能够去建设，在它的荫庇之下，我们能够安全地、有目标地、有方向感地生活。没有目的、目标，我们大多数人便会迷失，我们的行动就会变得不理性，正如这位提问者所说的那样。

那么，你可以找到一个总目标吗？你如何着手去发现它呢？谁是那个找到它的人呢？很明显，是你自己的头脑，你自己的渴望和憧憬，所以，你自己的渴望将会影响目的，对吗？也就是说，你自己的欲望制造出了目的或目标。换种方式来表述好了，你感到困惑、混乱，于是你的行动便是不理性的，出于混乱，你希望去挑选出一个目的，一个总的目标。然而，当你身处混乱的时候，你能够挑选吗？你所挑选出来的东西，难道不会同样也是混乱的吗？显然，重要的是去澄清这种混乱，而不是出于混乱去挑选一个目的出来。只有当你开始去认识该混乱的每一个行动，才能清除掉混乱，正是在这一过程中，你将发现澄明，这种澄明本身就是目的。

我们大多数人都是混乱的、不确定的、挣扎的，我们不知道该做什么。我们建立起了社会，屈从于它的一切影响、要求，屈从于它的战争、它那彻底的混乱、不幸和破坏。我们是这一切的一部分，很明显，在这种状态里，如果我们做出了选择，那么无论我们选择的是什么，依然会是混乱的。这便是世界上正在发生的情形，对吗？由于混乱，我们挑选出了某个领袖，结果这个领袖也同样是混乱的。但倘若我们能够耐心地认识自身的混乱，更加深入地、广泛地去探究意识的所有层面，就会看到，这种认知将带来一种澄明，从而产生一种自发的行为，该行为不是被意志挑选出来的或者被某个模式指引的。

所以，重要的不是拥有一个目的，而是去认识自我，难道不是吗？也就是说，一个人应该着手去洞悉导致冲突、不幸、痛苦、不确定的深层的内在原因，在这种认知的过程里，将会迎来直接的行动，这种行动不会再处于某个确定目的的阴影之下了。

问：有什么客观的证据能够表明在体验真理呢？在寻求真理的过程中，自信难道不是必需的吗？

克：很明显，有两种自信，对吗？有一种自信，源自于拥有某种能力、经验、重复、实践、获得，也就是说，你在某个层面越是有所得，你就越是感到自信。这样的信心只会滋生出自大、防范的态度和敌对，因为它从本质上来说是基于自我膨胀。你占有的越多，你获得的越多，你经历得越多，自我、"我"的力量就会越大，而这显然会滋生出某种自信。但是很明显，这样的自信是一种抵制，不是吗？它只会强化隔离的过程，最终导致幻觉、虚幻。

那么，我认为还有另外一种自信，它不是建立在累积之上的。这种信心，来自于检验、敏锐、机敏，来自于不断的探明，来自于去认识思想的每一个反应、每一个念头、每一个运动。这是一种截然不同的信心，对吗？因为，在这种信心里面，没有一个进行累积的中心的问题，一旦你有了一个在累积的中心，就不可能实现迅速的适应、快速的敏锐，也不会有立即的感知，即充分地、广泛地认识思想与感受的每一个运动。不可或缺的是这种源于觉知的信心——而不是那种会滋生出自大、自负的自信，只有当你展开不断的觉知，不去进行任何的累积，才能拥有这种真正的自信。当你去累积的时候，如何能够做到敏锐呢？一个进行累积的人在解救自己以及他所累积的事物时是机敏的、警觉的，但是很明显，这并不是敏锐。只有当没有任何累积的意识，没有一个总是在进行累积，总是在渴望得到更多的中心，才能拥有这种机敏的信心，而这种信心是不可或缺的。

这个问题的另外一个部分是："体验真理的客观证据是什么？"你所说的客观证据是指什么意思？实证吗？能够说服他人的论据吗？某个设计审慎、界定明确，如此一来他人就可以明白的哲学体系吗？你希望有他人的权威来支持你自己的体验吗？真理、实相是要向你自己或他人证明的东西吗？只要我们渴望证明，这意味着我们希望自己的体验得到确定，那么我们所体验的就不是真理。我们大部分人都希望得到保证，希望被保证说正在体验我们所谓的真理，希望确信自己没有被困在幻觉、虚构的罗网里，希望确信我们体验的是真理。我们要的不仅是客观的证据，而且还有主观的证据。只要心灵依附于任何形式的体验，它就注定会被困在幻觉之中，因为，尔后，残留的关于经历的记忆，对心灵来说会成为最为重要的东西。被记住的是对体验的感觉，假如感觉是痛苦的，就会被避开，假如是开心的，就会被保持下去。所以，只要心灵依附于任何所谓的精神体验，围绕着它的感觉而活，并把这种感觉带进自己的体验里去，那么它就注定会被困在幻觉的罗网里。

真理不是累积性的，它不是被累积起来的，它不会给你任何保证，任何满足。当心灵迈入静寂，没有任何要求，真理便会到来。真理是要时时刻刻去认识的。体验的结果，没有任何累积，不会渴望更多。一旦你希望你对真理的体验能够得到保证，你可能就会相信这体验是一种幻觉。一个渴望得到确定的心灵，一个把确定当作目的去寻求的心灵，将会局限自身，结果，无论它拥有的体验是什么，都只会进一步令自己局限，带来更多的争斗与痛苦。

你或许有过某个经历，由于它令人愉悦，于是你便依附于它，心灵一遍又一遍地重温那种愉悦的感受，因此，过去变得格外重要起来，尔后，你关于过去的记忆将会妨碍你去体验新事物。只有当心灵不去依附任何愉悦或体验，它才能够体验新事物。

所以，真理是没有客观或主观证据的，然而，重要的是生活的行为，因为行为与正义并无不同。仅仅寻求主观体验的证据，无法改变生活的行为，相反，它会妨碍正义的行为，因为，尔后，过去的经历会变成最为重要的东西，心灵会变得无法去认识当下自身的反应。让我们不要为证据或反证所困，不要为宣称和否定所困，而是去认识混乱、争斗、不幸、歹念、敌意、贪婪、野心。当头脑挣脱了所有这一切，挣脱了它制造出来的与依附的一切世俗之物，就能迎来真正的静寂，在这种静寂里，真理将会登场。然而，渴望关于真理的证明，便是在要求不可能的事情，因为，假如你希望保证，你就不是在渴望真理。为了迎来真理或实相，必须得处于不确定的状态，因为，唯有这时，才会没有任何累积，没有一个头脑聚焦的中心。

因此，重要的不在于寻求关于真理的证明，而在于去审视一个人在日常生活中的行为，不做任何选择地去觉知我们的所思、所言、所行。在这种觉知的自由中，头脑将会迈入宁静，没有任何要求，不去制造任何东西——在这种静寂里，真理便会到来。

问：*我的念头是这般的游走，以至于我发现很难实现冥想。若想展开冥想，专注难道不是必需的吗？*

克：这是一个非常复杂的问题，要想充分地理解它，我担心我们必须要对问题展开更加深入的探究。正确的冥想是不可或缺的，但极少有人懂得冥想的全部涵义，他们可能从某个东方老师或者他们自己的牧师那里学习了一些技巧，但这并不是冥想。冥想是没有任何结果的，也不是寻求结果。只有当我们能够认识思想的过程，才会探明什么是正确的冥想。这位提问者想要知道如何做到专注，因为他的念头总是四处游走。

那么，为什么我们的想法会到处游走呢？你是否曾经观察过你的意识的运动呢？它总是在游走，总是会分心——至少，我们是这么认为的。从哪里分心呢？从某个中心的念头，某个你挑选出来，希望集中精神在它身上的念头。请好好思索一下这个，假如你这么做的话，将会明白何谓正确的冥想。如果没有正确的冥想，就无法自知，没有自知，那么，无论你做什么，都不会实现正确的思考。所以，从根本上来说，冥想是必须的。但我们应该认识什么是冥想，所以我希望你们耐心地紧跟问题。

当我们想要把自己的注意力放在某个念头上的时候，意识会不断地游走开去，于是我们不停地努力集中思想，我们把这种游走叫做分心。那么，这个过程里面包含有几个方面。首先，你挑选出了某个中心的念头，你希望把注意力集中在它身上，由于你的选择是出于混乱做出的，因此便会去抵制其他的想法。也就是说，只要你挑选出了一个中心的想法，希望聚焦在它身上，那么每一个其他的想法都会是一种分心。重要的是去探明为什么你要挑选出那一中心念头，很明显，你从许多念头里面挑选出它，是因为它带给你愉悦，抑或它许诺给你奖赏、慰藉，这就是为什么你希望专注于它的缘故。然而，正是因为你渴望专注在它身上，才导致了你去抵制其他那些涌入进来的念头，结果你便始终都在交战，中心的念头与其他的念头之间不断地在争斗。假如你最终能够战胜所有其他的想法，把它们汇聚成一个，你便会认为自己懂得如何冥想了，显然，这实际上是相当幼稚的。

所以，声称"这是正确的念头，所有其他的念头都是分心"，这么做是徒劳的。重要的是探明为什么意识会游走。那么它为何会游走不定呢？它之所以如此，是因为它对正在出现的一切都感兴趣，每一个再现的念头都怀有既定的意义，否则它就不会再现了。每个想法都有某种意义、某种价值、某种隐藏的涵义，因此，它们会像野草一般春风吹又生。

如果你能够认识每一个念头，同时又不去予以抵制，不将其推开，如果你能够在每一个念头出现的时候去审视它，揭示其意义，就将发现，这些想法不会再现——它们已经结束了，只有那些没有得到充分认识的想法才会一再地出现。因此，重要的不在于去控制想法，而在于去认识它们，任何人都可以学会控制念头，但这并不是觉知。单纯地控制想法，会让你的脑子变得不灵活，没有柔韧性，这不过是一种抵制罢了。凡是控制念头去符合某种模式，都会带来抵制，通过抵制，你如何能够实现认知呢？

这位提问者询问："要想展开冥想，难道不需要做到专注吗？"我们所说的专注是指什么意思呢？我们所谓的专注，指的是排他，对吗？专注，意味着排除其他的想法，只聚焦在一个念头之上。所以，对于我们大多数人来说，专注是一种局限性的过程。一个受限的心灵，一个依照自身的欲望及其环境的影响而受着控制、局限、影响的心灵，显然永远无法获得自由。因此，就像许多人在他们所谓的冥想中所实践的那样，专注是一种排他，结果便是一种自我隔离的过程。这种隔离是一种自我保护，一个自我保护的心灵势必会处于一种恐惧的状态，而一个倍感恐惧的心灵又如何能够向真理敞开呢？

只要你去探究、认识每一个念头的涵义，那么你自然就会生出如下问题：思想者跟思想是否是分开的？假若思想者与思想是分开的，那么思想者就能够对思想展开运作，就能够去控制、影响思想。然而，思想者跟思想真的是分离的吗？之所以会有思想者，难道不正是因为他的想法吗？很明显，这二者并不是分离的，思想者、体验者，与被体验之物并不是分开的。

那么，一旦你领悟到，没有脱离思想的思想者，存在的只有思想，你就会清除掉所有的选择了，不是吗？也就是说，如果存在的只有思想，没有对思想的阐释，那么就不会有一个声称"我将挑选这个想法、抵制其他的想法"的人了。不会再有解释者、阐释者，不会再有评判。尔后你将看到，思想者与思想之间不再有冲突，于是头脑也就不再聒噪，不再被困在"分心"这一字眼里头，尔后，思想的每一个运动都将成为有意义的。只要你继续深入地探究，会发现，心灵将迈入寂静，它不再是被人为地变得安静，不再是被控制着实现安静。

一个通过控制而实现宁静的心灵是迟钝的，它活在控制的公式之中，这样的心灵无法拥有敏锐、自由。它只活在已知的层面——它不是开放的心灵，因此无法接受那未知的、无法估量的事物。一个受着控制的心灵，永远不可能拥有广阔，它是受限的，无论它做什么，都注定总是会流于琐碎，一个琐屑的心灵，会把神也变得琐屑起来。所以，当心灵懂得，无论它怎样去控制自己的想法，都只会使其变得更加狭隘、局限，那么思想的过程就会终结，正如我们所知道的那样，因为，思想者不再同自己的想法交战。尔后，心灵会变得宁静，没有任何矛盾，在这种静寂里，将会迎来更加广阔、更加深刻的状态。但倘若你仅仅去追逐深刻，它就会变成想象、猜想，若想迎来真理，就必须停止想象和猜测。

所以，认识自我的整个过程便是冥想的开始。没有技巧，没有特殊的姿势，没有获得的呼吸的方法，没有一个人从书本或他人那里学到的任何技巧。自知将会开启冥想之门。如果不了解你自己，那么无论你想的是什么，都将没有实相和基础。可要想认识你自己，就必须展开不断的观察——不要带着一根棒子指指点点，不要有任何的谴责或辩护，就只是去觉知，无为的机敏的觉知。在这种觉知里，你要洞悉事物的本来面目，当你按照事物的本来面目去审视它们的时候，你便将认识自我了。认识自我会带来头脑的完美的静寂，唯有在这种静寂里，在心灵和头脑的静寂状态，真理才会到来。

（在西雅图的第五场演说，1950 年 8 月 13 日）

PART 08

印度马德拉斯

认识欲望的整个过程

我必须做一两个声明。这些每周六和周日的会议，将会一直继续到2月10日，同时，每周三晚上的5点半还会有讨论，跟往常的时间一样。

我认为，大多数人都意识到了在我们每个人周围存在的那些格外复杂与巨大的问题。那些专家们有如此多的矛盾——政治的、经济的、宗教的专家们，有些人不停宣称只有某个体系方法才是有效的。在宗教领域则存在着信仰的冲突。在我看来，假如你想要解决这些问题中的任何一个，就必须以全新的角度去思考，不要依靠任何权威。对我们大多数人而言，这似乎便是最为困难的事情。我们要么会求助于过去，将其作为信息的来源或者是为了模仿，要么会依靠某种将来的许诺——经济的、政治的或宗教方面的许诺。我们或者重返过去，通过宣称宗教上的遵守是不可或缺的而把过去当作一种慰藉的手段，或者依靠改革的经济权威以及对于将来理想状态的许诺。除非我们凭借自己的力量格外审慎、理性地思考这些问题，否则我认为无法解决这些满是混乱和矛盾的难题中的任何一个。

在这些讨论期间，我的建议是，我们每个人都要去思考这一格外复杂的生活的难题。你知道这个问题并不限于某个狭隘的地区，它在全世界都是一样的。我们身处混乱、困惑，我们不知道该如何是好，不知道怎样去着手抑或去探明为什么每个群体都在彼此争斗。野心、腐败以和平跟其他理念的名义在全世界蔓延着，这番情形并非只是地方性的，而是极为广泛的。那么，假如我们想要真正解决这一问题，就必须依靠自己的力量展开思考，我们必须找到正确的解答。我相信解答是有的，我完全相信存在着答案。然而，单纯发现答案并不是解决之道，所以，你我应该要去做的便是探明，这意味着你我应该彼此聆听，以便找到正确的答案。聆听是一个非常困难的艺术，这是因为我们大多数人都无法做到聆听，因为我们怀有如此多的知识、如此多的信息，我们饱览群书，我们怀有的成见是这样的根深蒂固，我们的经验就像我们周围的那些高墙一般——我们试图通过这些成见，试图越过这些高墙去聆听。假若我们的心灵没有挣脱这些偏见的制约，没有总是去参照某个被我们阐释的知识，哪怕只是暂时的，那么我们还能聆听到任何东西吗？这便是最大的困难之一，不是吗？

尽管我们似乎无法实现聆听，但在我看来，这是我们、这是你我应该要做的最为必须的事情之一。你不应当对我所说的话进行阐释，或者按照你的背景去理解，因为当你这么做的时候，你就会停止一切思考，对吗？假如你说："这符合我的理解"，那么你便已经停止了思考，停止了聆听，你不会打开一扇门，不会看到更加伟大的景象，不会懂得这些话语更加深刻的涵义。聆听而不去进行解释，这需要心灵具备相当的机敏。在这些讨论期间以及在你们自己的家里，请试着真正去聆听彼此，不做任何的阐释，就只是去聆听，不要按照你所抱持的成见去进行解释。毕竟，解释意味着你怀有先前的知识，这会让思想受限，会妨碍它进一步的深入的洞悉。因此，你我应当建立正确的关系，这是不可或缺的。我不相信任何形式的权威，如果你把我的话视为权威，那么你就停止了聆听。你应该展开探究，应该努力去探明什么才是正确的解药，用什么办法才能摆脱这令人惊骇的战争与无序，用什么办法才能消除贫富之间、以各种暴力与和平的名义去寻求权威的人们之间的这种矛盾。假如我们不去寻求和认识正确的解答，我以为，我们就不会有责任去坐下来彼此聆听，耗费我们的时间。我热切地感觉到，哪怕只是我们中的两三个人能够坐下来，展开充分的探究，不顾一切去探明，那么星星之火也可燎原了。但这要求我们抱持严肃认真的态度，要求真正的思想的交流，而不是仅仅去主张自己抱持的成见以及坚持某个经验。

那么，要怎样才能找到正确的答案呢？我确信，这便是我们大部分人试图去探明的东西，对吗？任何一个善于思考的人都一定会去寻求正确的解答，希望可以一劳永逸地解决所有这些令人惊骇的痛苦与不幸，解决富人跟穷人之间，那些以和平的名义去寻求权威的人们之间，有权势的人跟被压迫的人之间，一无所有的人跟应有尽有的人之间，那些寻求权力的人们之间的矛盾。很明显，必须要解决这一切，不是吗？那么我们怎样去探明呢？显然，要想实现认知抑或找出解答，首先一个基本的要求，便是认识所有为欲望所限的寻求。让我们来思考一下吧。假如我寻求经济的或其他方面的办法去解决这一问题，但却没有认识那个在展开寻求的人，那么这个人就会是受限的，为寻求的欲望所限。如果我寻求正确的解答，希望正确地解决问题，那么这一寻求难道不被我的欲望所限吗？因此，我必须首先认识欲望，尔后才能寻求答案，难道不是这样吗？假如我想要知道神是否存在，是否有绝对的幸福，那么很明显，我应该首先认识那个展开寻求的心灵，尔后才可以去寻求。否则，心灵将会让我寻求的对象受限，这一点是相当显见的，对吗？那些有所寻求的人，会找到他们所寻求的，但他们的所获依赖于他们的渴望。如果你寻求慰藉和安全，你会找到它们，但它们不会是真实的，相反，这只会带来越来越多的混乱、矛盾和不幸。所以，在我们开始去寻求之前，应该首先认识欲望的整个过程，一旦认识了欲望，你便会找到答案。但倘若没有理解欲望即认知的中心便去寻求解答，将会是一番徒劳。那些真正抱着诚挚态度的人，那些真正想要见到一个和平世界的人，真正想要彼此之间拥有和平关系的人，渴望以友好、怜悯之情待人的人，显然必须首先解决这一问题。

　　如果你对世界上正在发生的情形做一番真正的思索，就会发现人类是怎样把自己给隔离开来的，是怎样带来了战争、混乱以及绝对的不幸。必须要解决这一切的混乱，这一切与日增长、不断扩散的不幸。只有当我们了解了欲望的过程，方能解决这一难题。只要我们在没有认识欲望的情况下去寻求，我们便是把观念当作行动的手段去寻求；我们寻求的一切，最终都会以观念告终——这观念可能会是一个公式、一个概念或者一种体验。我们寻求着一个结论、想法、概念，然而，想法、概念、公式，永远都不会带来行动。我不知道是否阐释清楚了，还是有点儿抽象和让人困惑。对我们来说，观念格外的重要——观念的形式可能表现为体验或者结论。因此，当我们展开寻求的时候，我们寻求的是某个观念，之后我们会把它变成行动。首先，我对于自己应当做什么怀有某种想法，尔后我便展开行动；关于社会应当是怎样的，我们怀有某种模式，然后我们便去符合、遵从那一模式，于是行动跟想法之间总是会有矛盾、竞争、争斗。

真正的解答，究竟是去寻求观念呢，还是渴望不依赖观念，仅仅有行动呢？如果你真的去思考一下，会发现这并不十分复杂。在你进一步着手之前，务必要认识这一点，这真的很重要。由于我们的寻求是智识性的，结果想法跟行动之间便会有矛盾、间隔，我们不断的努力，目的就是要把这二者弥合起来，但这显然是在浪费时间和愚不可及，随便你怎么说都行，因为我们并未意识到寻求依赖于欲望，而欲望从根本上来说会滋生出念头。所以，很明显，我们当中那些真正抱着认真态度的人，那些不背负着情绪化的胡言乱语或者自身怀有的成见和空虚的人，假如他们真的希望找到一个和平的、永久的解决办法来消除这个问题，那么他们就必须去探寻和认识欲望，而这意味着行动。认识欲望便是行动，而不是观念。

在你有了某个想法的那一刻，会发生什么呢？观察一下你自己的意识，审视一下，看一看当你有了某个想法的时候会发生什么情形。你会希望把那一想法付诸于行动，对吗？你想把它变成一幅画或者对它做些什么，想把它传达给某个人。想法从来不是行动，对吗？假如和平是建立在某个观念之上，你便注定会就如何实践它、如何贯彻它生出许多的矛盾。但倘若你着手去认识欲望的整个过程，那么你便会发现，行动不依赖于思想、观念。我们犯的错误便是，我们先有了想法，尔后才去行动。可如果我们开始去认识欲望这个非常复杂的问题，那么你就会看到，随着我们认识了每一个欲望，行动便会到来。

我所说的认识欲望是指什么意思呢？欲望不是静止的，对吗？假如你希望认识欲望，你就不可以把某些规则强加在它身上，不是吗？你必须去理解它，必须展开观察，必须跟随它那些错综复杂、有意无意的冲动、幻想的每一个运动，对吗？你不可以说："这是正确的欲望，那是错误的欲望。这是对的，我想要做这个"，诸如此类。当你这么说的时候，你便停止了认知，你在不停地去跟随那一欲望的运动。这样做并不容易，因为我们从孩提时代起就被训练着去控制、压制，以及说道："这是对的，那是错的"，于是，我们停止了探究、探寻以及所有的认知。不要一开始就马上说道："这是正确的欲望或者错误的欲望。"让我们去探明。就像在地图上寻找一条道路一样，也就是说，假如你抱着诚挚态度的话，但倘若你希望以和平之名对它说三道四，那么这显然就会毫无意义。这样的人不会有任何经验。若你真的想要去探明，将发现，你会有一个中心，它总是认知的过程。如果没有认知，也就不会有体验，如果我没有认知到，我就不会有任何体验，对吗？只有当有了认知的过程，你才会说："我有了某个体验。"我们的困难在于，要去认识欲望，同时又不会有这种认知的过程。

　　你理解我所说的认知吗？我所说的认知，是指当你遇到或见到某个人的时候所发生的过程。尔后你会有一种主观的反应、情感，你有了认知，你对它命名——这种认知只会强化每一个经历，每个经历都让自我受到了局限、控制。因此，假如你希望认识什么是真理、什么是神，就必须完全终结这一认知的中心。否则，你会有什么呢？你的思想和记忆投射、制造出来的东西，你从过去学到的东西，你认知到这便是发生的事物。而正在发生的是你自造出来的体验。如果我希望理解何谓真理，我的思想就应该处于一种不再有任何认知的状态。这是否可能呢？如果你没有被说服，就请不要去接受这些观点中的任何一个，对这一切抱持一种理性的、平和的质疑。你们不是我的学生或追随者，你们是试图去找到正确的解答来消除所有这些可怕的不幸的有尊严的人。要想找到正确的良方，你就必须格外的敏锐，必须去质疑，必须具有一种平和的怀疑主义。

这能做到吗？你是否有某个不被认知到的体验呢？你明白这意味着什么吗？因为这是追寻神，这是真理，这是永恒，如此等等。一旦你怀有了某种衡量标准，以此去做衡量，那么它就不是真理。我们的神是可以度量的，我们预先就知道它们。我们的经文、我们的朋友、我们的宗教老师是如此限定着我们，以至于我们知道这一切，我们所做的一切，仅仅是一种认知的过程。

能否消除掉这一认知的中心呢？毕竟，正是欲望让一个人的认知得到了强化。声称："我知道，我有过某个体验，它是如此这般"，表明在强化自我。没有高等的自我，也没有低等的自我，自我就是自我。那么，要想探明是否存在着神，是否存在着真理，是否存在着一种不再有认知、不再有衡量的状态，那么我们显然就必须着手去认识欲望。那些所谓的宗教人士说道："神是存在的"，其他人则说："没有什么神"，这是非常荒唐的。这不是在解决问题，重复《圣经》、《薄伽梵歌》，天知道还有什么，也无法解决问题。而这便是多少个世纪以来每个人都在做的事情。但我们依然没能解决它，我们让自己的问题变得越来越多，给自己造成了越来越多的不幸。所以，要想理解生活的难题及其所有的混乱、磨难、麻烦、考验、痛苦，我们显然就应该理解欲望、跟随欲望。只有当头脑觉知到了自身，当你不再视欲望为一种外在于你的东西，当你去紧随它的每一个运动，你才能够认识它。先生们，看这儿，我有一个欲望，我会做什么呢？我的本能反应便是去谴责它，说它是多么的愚蠢，或者说它是多么的高尚。接下来会发生什么呢？我没有真正懂得欲望——我没有去探究它，没有认识它，我终结了它。请思考一下，你将会明白这其中的重要性。尔后我向你保证，你将会迎来变革，最伟大的变革——因为内在的转变而不是经济的改革，是唯一的革新，原因在于，内在的转变总是会战胜外部的改变，而外部的变革永远无法战胜内在的革新。重要的是心理层面的革新、重生，只有当我们认识了心理层面那些有意识的、无意识的欲望、动机的整个过程，认识了这一复杂的过程，才能实现内在的转变，这并不容易。声称"我现在明白了，一切都好了，我改变了",毫无用处,因为这么说只会让你发现自己重新回到了行动的漩涡之中。只要我们能够懂得如何去紧随欲望的运动,如何去认识它,如何不去对它进行阐释,便能解决所有这些问题了。

一个像你我这样的普通人,一个有如此多问题的人——经济的、家庭的、宗教的问题,还有我们全都身陷其中的混乱与无序——如何才能对欲望追根溯源、与它共处、认识它呢?这难道就不是问题所在吗?我并不睿智,我怀有这么多的准则、成见、记忆,那么我怎样才能去认识欲望呢?如果你有一个同伴,而他能够每一次都制止住你,说道:"看看你正在干吗?你在解释欲望、你在谴责欲望,你没有真正在认识它,你实际上是在给它扣个帽子",那么一切都会变得简单了。假若有人可以立即制止住你,让你去观察你在做什么,那么或许这会有所帮助。可你并没有这样的同伴,你也不希望有这样的同伴,因为这会很难,会激怒你,会给你带来干扰。但倘若你态度恳切,说道:"我希望去认识欲望",你便会有这样的同伴。不要询问:"当我声称自己想要它,这难道不是一种欲望吗?"这样的询问会制造智识上的困难,这不过是一种诡辩,而非睿智的论点,毫无价值。尔后你我不会认识它,因为我们为了传达思想而必须使用语词,可如果你仅仅只是在某个点上停下来,拒绝超越以及认识语词的涵义,就将停止一切行动。以某个欲望为例——渴望拥有权势,这是我们大部分人都存有的欲望,渴望去支配别人,这是我们大部分人都会有的欲望,无论职员、总统或是任何人,无论贫富,都会渴望拥有权势。不要去谴责这种欲望,不要说:"这是对的,这是错的",而是去探究它,你将发现它会带你去往何方。你不必阅读任何书籍,所有潜意识中用各种手段累积起来的对权力的欲望,将会向意识敞开。纵使你有知识的书本,但如果你不知道如何阅读它,那么你便不会认识任何事物。你将明白这一切都是没有意义的垃圾,因为,真理就蕴含在你的心里,从外部去寻求真理将会毫无用处,尽管这么做可能会带给你开心。结果,我们过着非常复杂、矛盾的生活,不仅个体如此,集体也如此,婆罗门反对非婆罗门,诸如此类。它们不是地方性的问题,而是广泛的问题、世界性的难题，仅仅局限于某个狭隘的领域，你是无法解决它们的。我们应该是作为一个巨大的整体在思考这一问题，而不是作为一个探究某个小问题的渺小的个体。

因此，这便是我们在接下来的六周时间里要去讨论和谈论的问题，即怎样去了解欲望，假如可能的话，怎样去超越认知，超越那一在进行认可的中心，因为这一中心妨碍了一切有创造力的行动。若你并不是真的抱着严肃认真的态度，那么请你不要来参加这些会议。有两三个人真正怀着诚挚的态度会更好。你纯粹是在浪费时间，因为我觉得我已经谈论了这么多年，可结果怎样呢？请不要同情我。我感觉这一中心的某些东西能够得到领悟、理解，因为，正如你所知道的那样，它是比物质生活或者表面的生活重要得多的事物。我希望把这个传达给那两三个真正抱着严肃认真的态度并且能够展开探究的人。然而，找到那两三个人并不容易，因为我们有各种各样的人，他们怀有各自的自负、野心，他们拒绝超越自身去审视。所以，我恳请你们，如果你并非严肃认真，那么就请不要来了。原因是，假如你是诚挚的，我们就可以走很远，就可以实现认知，不是最终，而是马上。这便是真正的转变——清楚地审视一个事物，对它展开行动，而这要求相当的耐心、观察以及内在的完整。

问：在过去的十六个月里，您一直都在静修，这也是您生活中的头一次。我们可否知道这里面是否包含有某种意义呢？

克：某些时候，你难道不也希望远离所有的喧嚣，让自己安静下来，观察一下事物，而不是仅仅变成一部重复性的机器、一个演说者、阐释者、陈述者吗？某些时候，你难道不会想这么做吗，你难道不会渴望安静吗，你难道不会希望对自己认识得更多吗？你们当中有些人希望如此，但经济上却无法实现，你们有些人可能想这么做，但家庭的责任等等会成为你的绊脚石。同样的，退隐，让自己拥有一段宁静的时光，审视一下你所做的一切，这将会很有益处。当你这么做的时候，你会获得一些体验，它们是无法被认知到、无法被阐释的。因此，我的静修对你没有丝毫的意义，我很抱歉。但倘若你正确地理解了你自己的静修，那么它对你就会有意义。我认为，有些时候，静修是很有必要的，把你正在做的所有事情都停下来，完全放下你的信仰和经验，以全新的视角去审视它们，不要像机器一般不停地去重复你究竟该相信还是不去相信。尔后，便会有新鲜的空气吹进你的心灵，不是吗？这意味着，你必须处于一种不安全的状态，对吗？如果你能够这么做的话，你就会向自然以及那些在我们周围低语的事物的神秘敞开，否则你便无法触及到它们，你将达至神，神正等待着来临，真理是无法被邀请而来的，它自己会到来。但是我们没有向爱敞开，没有向那些在我们身上出现的更好的过程敞开，因为我们全都被自己的野心、成就、欲望围困住了。很明显，离开这一切将极为有益，对吗？不再是某个团体的成员，不再是婆罗门、印度教教徒、基督徒、穆斯林，停止你的崇拜、仪式、彻底离开所有这些东西，看看会发生什么。当你静修、当你退隐，不要投入到某个其他的事情中去，不要带本书，沉溺于新的知识、新的渴求，与过去完全地了断，看看会发生什么。先生们，做一做，你将收获欢愉，你将会看到爱、觉知、自由是何等的广阔。当你的心灵敞开，真理便会到来，尔后，不会再听到你自己的那些成见、噪音所发出的低语了。这便是为什么说，静修、远离喧嚣、不再例行公事将会很有益处——不仅是外部生活的例行公事，还有心灵为了自身的安全和方便所确立起来的那些惯例。

先生们，那些有机会的人们，请尝试一下吧。或许，尔后，你就将认识那超越认知的事物，认识什么是那不可度量的真理。尔后你会发现，神不是可以被体验、被认知到的事物，神会向你走来，无需你的邀请。可只有当你的心智处于绝对的静寂，不去寻求，不去探索，当你没有任何获取的野心，这一切才能实现。只有当心灵不再寻求进步，才能发现神。如果我们离开所有这一切，那么或许就不会再听到欲望的低语了，而那正在等待的事物显然就会直接地到来了。

（第一场演说，1952 年 1 月 5 日）

信仰带来局限与隔离

　　昨天我们一直都在谈论欲望的问题以及如何去认识它，由于这是一个十分重要的问题，所以我们不应当偶尔去思考，尔后将其抛到一旁。一个人可以提出无数的问题，找到正确的答案，但他必须能够去聆听。我们大部分人都如此急切地想要获得解答，想要得到一个正确的回应，想要找到正确的解决办法，以至于，在这种急切之中，我们把这些解答统统错失了。因此，正如我昨天所建议的那样，我们应该怀着极大的耐心，不是无生气，而是一种带着耐心的机敏，机敏的警觉。今天晚上，我想要谈论有关信仰和知识的问题，信仰、知识与欲望密切相关，或许，假如我们能够认识这两个问题，就可以看到欲望是怎样运作的，就可以认识它的复杂性。

　　容我建议，你们应当仔细聆听而不要忙着去做笔记，因为很难一边做笔记一边倾听。我希望在这些讨论和谈话期间能与在座的你们每一位共同展开探究，我们应当直接地审视问题，直接地认识它，尔后你将发现这些会议是有价值的。我感到很困难，因为我不是在跟一大群的听众演说，或者是一小部分的听众，而是在对每一个人发表讲话，而我是很认真的。唯有个体才能去审视、去认知，创造一个新的世界，唯有个体才能实现内在的转变，从而带来外部的变革。所以，作为个体的你我应当携手去讨论问题，尽可能深入地去探究它。而要做到这个，你就必须聆听，必须抱持一种接纳的、敞开的姿态，能够让自己向正在谈论的内容敞开，在我们探寻的过程中去探明自身的反应。因此，容我建议，在聆听的时候，你应该去审视事物，不要去进行阐释，而是直接地认识它。

　　正如我所言，有关信仰和知识的问题真的是相当的有趣。它在我们的生活里有着何等重要的地位啊！我们怀有多少的信仰啊！显然，一个人越是有理性、越是有文化、越是追求精神层面的东西，假如我可以使用这些词语的话，那么他就越没有能力去认知。原始人怀有无数的迷信，甚至是在现代世界里。越多思考、越多觉醒、越多警觉，或许就越少会去盲信。这是因为，信仰会带来局限和隔离，我们在全世界都目睹了这个，在经济和政治的世界里，同样也在所谓的精神世界里。你相信世界上有神存在，我或许觉得并非如此；抑或，你主张彻底地控制一切人和事的状态，而我则推崇个体的信心以及其他的一切；你觉得只有一位救世主，通过他你将达至你的目标，而我却并不这么认为，于是，你与你的信仰跟我和我的信仰都在主张着自己的看法。但我们却在谈论爱、和平、人类的统一、大一统的生活——这没有丝毫的意义，因为，实际上信仰是一种隔离的过程。你是个婆罗门，我是非婆罗门，你是基督徒，我是穆斯林，诸如此类，但你却高谈阔论所谓的兄弟友爱，我也谈论着同样的友谊、爱与和平，然而实际上我们是分隔的，我们把自己划分开来。如果一个人渴望和平，渴望创造出一个新的世界、幸福的世界，那么他显然就不会通过任何信仰把自己隔离开来了。这一点是否清楚了呢？这可能是口头化的，但只要你懂得了其中的涵义和正确性，它就会开始带来行动了。

所以，我们发现，只要有欲望的过程在运作，就一定会出现因信仰带来的隔离。因为，很明显，你的信仰是为了获得经济、精神以及心理层面的安全。我不是在说那些出于经济原因而去信仰的人，因为他们从小就受到了这样的教育，认为必须要依靠工作，于是他们成为了天主教教徒、印度教教徒——这无关紧要——只要他们能有工作。我们也不是在讨论那些出于方便而去依附信仰的人，或许对你们大多数人来说，情形是一样的，我们为了方便起见而去相信某些东西。抛开那些经济原因，你必须更加深入地展开探究。以那些笃信某个东西的人们为例，无论是经济、社会还是精神方面的笃信，这背后的过程便是心理上对于安全的渴望，不是吗？尔后便是对永生的渴望。我们在这里不会讨论究竟是否存在永生，我们只是讨论那种不断地去相信某些东西的渴望。一个和平的人，一个真正认识了人类存在的过程的人，是不会为某个信仰所囿的，对吗？这意味着，他认识到了自己的欲望是一种获得安全的手段。请不要走到另一个极端，声称"我是在宣扬无信仰论"，这根本不是我的观点。我的看法是，只要我们没有认识以信仰为形式的欲望的过程，就一定会有争斗、冲突和痛苦，人与人之间就会充满对抗，这是我们每天都能目睹到的情形。因此，假如我意识到了、觉知到了这种以信仰为形式的过程，它实际上表现的是对于心理安全的渴望，那么我的问题就不是我应当信这个或那个，而是我应该让自己不再渴望去获得安全。心灵能否摆脱这种欲望呢？这才是问题所在，而不是要相信什么以及信多少，这些不过表明内心渴望获得安全，渴望对某个事物感到确定，尤其是在一切都变得如此不确定的世界里。

　　一个自觉的人，能否摆脱这种对于安全感的渴望呢？我们希望获得安全，于是便需要我们的房子、地产、财富、家庭的帮助。我们渴望获得内在的安全，这表明渴望获得确定。作为个体的你，能否摆脱这种渴望，能否不再希望获得安全呢？——它表现为渴望去相信某个东西。假如我们没有摆脱所有这一切，那么我们就会成为争斗之源，我们不会带来和平，我们的心中没有爱。信仰毁灭了所有这一切，我们可以在自己的日常生活里看到这个。所以，当我为欲望所困——欲望表现为依附于某个信仰——我如何能够审视自我呢？心灵能够摆脱掉它吗？它不应当给信仰找到某个替代品，而是应该彻底地挣脱欲望的罗网。对这一问题你无法回答是或否，如果你的意图是要挣脱信仰的束缚，那么你就可以给出确定的回答了。尔后，当你寻求着各种方法来让自己不再渴望获得安全时，你势必就能做到这个了。很明显，并不存在永远的心理的安全，尽管你喜欢这么认为。你喜欢相信有一个神，他细心地照顾着你那些琐碎而渺小的事物——你应当见到谁，你应当做什么，你如何做，而这显然是一种幼稚的不成熟的想法。你认为那位伟大的父正在看护着我们每一个人，这不过是你自身个人喜好的投射罢了，这显然不是真实的，真理必定是截然不同的东西。探明真理——真理不是我们的喜好的投射——便是我们这些讨论和谈话的目的所在。因此，假若你真的很认真地努力去发现什么是真理，就会意识到，一个裹足不前的心灵、一个为信仰所囿的心灵，是无法行至远方的。

我们的下一个问题是知识。知识对于认识真理来说是必需的吗？当我声称"我知道"的时候，这表明的是知识。这样的心灵能够去探寻什么是真理吗？此外，我们所知道的、让我们倍感骄傲的是些什么呢？我们实际上晓得些什么呢？我们知道信息，我们有许多的信息和经验，它们是基于我们的限定、我们的记忆、我们的能力。当你说"我知道"的时候，你的意思为何呢？请思考一下，请与我一同去探索，不要就只是听我讲话。承认你知道，要么是对某个事实或某个信息的认知，要么它是你有过的某个体验。不断地累积信息，获取各种知识、信息，这一切，使得你去宣称"我知道"。你开始根据你的背景、你的欲望、你的经验去对你读到的东西进行解释。在你的知识里，有一种与欲望的过程相似的过程在运作着。我们用信仰去替代知识，"我知道，我有过某个体验，它是无法被驳倒的，我的经历便是这个，我完全依赖于它"，这些表明的都是知识。可一旦你去超越它，分析它，更加理性和审慎地去观察它，就会发现，宣称"我知道"是又一堵把你我隔离开来的高墙。你在这堵高墙的后面寻求着庇护，寻求着安全与慰藉。因此，心灵越是背负着知识，它就越是没有能力去认知，这一点是显见的！先生们，很明显，假如一个人希望寻求和平，希望寻求真理，那么他就应该挣脱一切知识的制约，原因是，怀有知识的他将会对自己在路途上所观察到的、体验到的一切进行阐释。所以，要想体验真理，就必须压制所有的知识，这里的压制，意思并非是克制、强迫。

观察一下知识和信仰这二者在我们的生活里占据着怎样强大的地位，这么做将会十分的有趣。看一看我们是何等崇拜那些知识渊博的人吧！你能够明白这其中的意思吗？先生们，假如你希望发现新事物，希望去体验某种并非是你想象出来的东西，那么你的心灵就必须是自由的，难道不是吗？它必须能够洞悉新的事物。然而不幸的是，每一次你看见了新事物，你都会把你已经知道的全部信息带进来，把你全部的知识、把你所有的过去的记忆带进来，于是你显然无法去洞悉、接纳任何新的事物、任何不属于过去的事物。请不要马上对这个进行详细的解释。如果我不知道怎样返回麦拉波，我就会迷路，如果我不知道怎样操作一部机器，我就将毫无用处。这是完全不同的事情，我们不会在这里讨论这个，我们讨论的是知识，它被用来当作获得心理安全的一种手段。你通过知识得到了什么呢？知识的权威，知识的分量，重要感、自尊、活力感？若一个人声称"我知道"，"有"或"没有"，那么他显然就已经停止了思考，已经不再去探寻欲望的整个过程了。

所以，正如我发现的那样，我们的问题便是："我为信仰、知识所围，我因信仰、知识而负重难行，那么心灵能否摆脱昨天以及那些经由昨天而获得的信仰吗？"你明白问题没有？像你我这样的个体，能否活在这个社会里，同时摆脱那些心灵从小就被灌输的信仰呢？心灵能否挣脱这一切的知识、权威呢？先生们，请稍微注意一下这个，因为，在我看来，重要的是你是否真的抱持认真的态度去探究这一有关信仰和知识的问题。我们阅读了各种各样的经文、宗教书籍，它们十分仔细地描述了该做什么、不该做什么、怎样达至目标、目标是什么、神是什么。你把这一切牢记于心，你去追逐这些东西，这就是你的知识，这就是你所获得的东西，这就是你所学到的东西。你沿着这条道路展开探寻，显然，你将找到你所追逐和看到的东西，但它是真理吗？它难道不是你自己的知识创造出来的吗？它并非真理。能否现在就意识到它——不是在明天，而是现在——并且说道："我洞悉了这其中的真理"，然后放手？如此一来你的心灵就不会因为去想象、制造、发现有关应该如何的过程而裹足难行了。

同样的，心灵能否摆脱信仰的束缚呢？只有当你认识了那些令你去依附信仰的原因的内在本质，认识了那些令你去相信的有意和无意的动机，才能挣脱信仰的羁绊。毕竟，我们并不仅仅是在意识层面活动的表面化的实体。如果你给无意识机会，我们就可以探明那些更为深层的有意识的和无意识的活动，因为，它在反应里要比意识更加快速。假如你在听我所说的话，就像我希望你在聆听一样，你的无意识一定会做出反应。你的意识正在安静地思考、聆听、观察，无意识要更加活跃、更加机敏、更加有接纳性，所以它一定会有某个答案的。如果心灵因为压制、威胁、强迫而去信仰，那么这样的心灵能够自由地思考吗，能够以新的视角去看待事物吗，能够消除你我之间的隔离吗？请不要说信仰让人们团结，它并非如此，这一点是显见的，难道不是吗？没有任何组织化的宗教给人们带来了团结，看一看这个国家里的我们自己吧，你们全都是信仰者，但你们团结吗？你们自己知道并非如此。你们被划分进了如此多的琐碎、渺小的党派、等级，你们知道这无数的界分，西方的情形也是一样，这一过程在全世界都是一样的——基督徒毁灭基督徒，为了那些琐碎、渺小的事情彼此屠杀，把人们划分进各个阵营，诸如此类——这整个恐怖的战争。因此，信仰不会让人们凝聚起来，这一点是如此的明显。假如这是显见的、真实的，假如你认识到了这个，就一定会明白的。然而困难在于，我们大多数人都没有认识到这个，因为我们无法直面内心的不安、内心的孤独感，我们希望有东西可以依靠，无论它是国家、阶级、国家主义、大师、救主还是我们希望去依附的任何东西。一旦我们洞悉了这里面的荒谬，心灵就能够——可能只是短暂的一瞬间——领悟其中的真理了。然而，短暂地洞悉已经足够，如果你可以在飞逝的一瞬间意识到了这个，因为，尔后你将会看到有非凡的事物出现。无意识在运作，虽然意识可能会抵制。这并不是渐进的瞬间，但这一瞬间却是唯一的，它将有自己的结果，即使意识在抗拒着它。

所以，我们的问题是："头脑能否摆脱知识和信仰的局限呢？"头脑难道不是由知识和信仰构成的吗？你是否明白这一切呢？头脑的结构难道不就是信仰和知识吗？信仰与知识是认知的过程，是头脑的中心，这一过程是封闭性的，这一过程是有意识的。因此，头脑能够摆脱自身的结构吗？你理解我的意思没有？头脑不是我们所认为的那样。提出问题但却没有实现认知是很容易的事情，或许我明天会收到许多这样的问题：
"头脑怎么会像这样或那样呢？"请不要提出这样的问题，思考一下、感受一下、探究一下，不要接受我所说的话，而是去审视你每天在自己的生活里都要面对的问题。

头脑能够不再如此吗？这便是问题所在。正如我们所知道的那样，头脑的背后是信仰，它怀有渴望，想要获得安全、知识以及累积力量。如果一个人带着头脑所具有的全部力量和优越性却无法独立地展开思考，那么世界上就不会有和平。你可以谈论和平，你可以组织政党，你可以从屋顶上高喊，但你无法拥有和平，因为，那导致了矛盾、隔离与界分的基础就蕴含在头脑之中。在我们展开探究的期间，将会讨论这个，现在就把它放到一旁好了，你已经听过了，让它自己慢慢酝酿吧。假如你已经抛却了欲望，已经终结了欲望，这样自然更好，但如果你没有，那么让欲望运作起来吧，只要你正确地聆听了，它就会运作的，因为它富有活力，它是你必须要去解决的东西。一个和平的人、一个认真的人，不会一边把自己隔离起来，一边高谈阔论友爱与和平。这就像是一场政治的或宗教的游戏，带有一种成就和野心的意识，我们稍后会来讨论这个。如果一个人对此真的抱持严肃认真的态度，如果他渴望去探明，那么他就必须直面知识与信仰的问题，他必须超越它们，从而发现欲望运作的整个过程，发现那想要获得安全、确定的欲望的整个过程。

问：您谴责训戒，认为它是一种在精神或其他方面达至某个目的的手段。倘若没有训戒，至少是自我训戒，那么生活里如何能够做成任何事情呢？

克：还是那句，请让我们仔细聆听，让我们聆听，以便探明该问题的真理。我说了什么或者其他人说了什么并不重要，而是我们必须洞悉该问题的真理。首先，有许多人主张，训戒是必需的，否则整个社会、经济、政治体系都将停止，为了做这个或那个，为了认识神，你必须训戒，你应该遵从某些戒律，因为，若没有训戒，你便无法控制头脑，你便会失去控制。

但是我想认识关于问题的真理，而不是商羯罗、佛陀、帕坦伽利或任何其他人说了些什么。我想知道该问题的真理，我不希望依赖权威去探明这个。我应当去训练、调教一个孩子吗？当我没有时间，当我很不耐烦，当我愤怒，当我想让他去做什么事情的时候，我会去管束他。但倘若我帮助孩子去认识到他为什么是淘气的，他为什么要做某个事情，那么就没有控制他的必要了，不是吗？如果我做出解释，不怕麻烦，耐心地去认识为什么孩子会以这样的方式去行为，那么显然就无需去管束他了。真正必需的是唤醒理性，对吗？若我身上的理性被唤醒，我显然就不会去做某些事情了。由于并不知道如何去唤醒理性，于是我们便建起了一堵堵控制、抵制的高墙，称其为训戒。所以，训戒跟理性无关，相反，它会毁灭理性。那么我要怎样去唤醒理性呢？如果我明白，以某种方式去思考——例如，从国家主义的层面去思考——是一种错误的行为，如果我懂得了它的全部涵义、隔离、跟某个更大的事物进行认同的意识，等等，如果我领悟了欲望、头脑的活动的涵义，如果真的认识了、理解了它的全部内容，如果我的理性被唤醒，欲望便会离去，我不必说："这是一个非常糟糕的欲望。"而这需要观察、关注、机敏和检验，不是吗？由于没有能力做到这些，所以我们声称自己必须要训戒，对于一个如此复杂的问题，这样的思考方式是非常幼稚的。即使是现代教育体制也抛弃了训戒的观念，他们试图探明孩子的心理状态以及他为什么会以这样的方式去行为，他们观察他、帮助他。

那么，审视一下训戒的过程吧，会发生什么呢？训戒显然是一种强迫、压制的过程，难道不是吗？我想要做某件事情，我说道："我必须如此，因为我希望达至那一目标"抑或"这是糟糕的"。通过谴责，我能认识事物吗？当我谴责某个东西的时候，我会去观察它、探究它吗？我没有去审视它。所以，只有懒惰的头脑才会在没有认识的情形下去控制，我相信所有的宗教规则都是为了懒人制定的，遵从要比探究、认知容易得多。你越是训练，你的头脑越少敞开。先生们，你们是否明白这一切了呢？一个空虚的头脑，如何能够认识那超越了头脑的影响的事物呢？

　　训戒的问题实际上非常复杂。政治党派运用训戒，以便获得某个结果，以便让个体去遵从某个关于未来社会的理性模式，我们极其乐意去服从，因为该模式许诺了非凡的前景。所以，一个寻求奖赏、目的的头脑，迫使自己去遵从那一目的，这目的始终是一个聪明的头脑、肤浅的头脑、一个更加狡猾的头脑制造出来的。一个受训戒的头脑永远无法懂得什么是安宁，一个被各种规则、限制围困起来的头脑，如何能够发现任何超越的事物呢？

　　如果你审视一下这种训戒的过程，就会发现，它背后存在的是欲望——渴望强大，渴望获得某个结果，渴望变得如何如何，渴望拥有权力，渴望变得更加怎样。这种想要去遵从、训戒、压制、隔离的欲望不停地在活动着。你可以去压制，你可以去训戒，但意识无法控制潜意识。如果你试图去控制自己的意识，那么这就是你所谓的克制，对吗？你越是去压制，越是去禁止你的意识，潜意识就越是会反抗，直到最后，意识要么以紊乱告终，要么会做出疯狂的事情。

　　因此，在这个问题里面，重要的不在于我是否谴责训戒抑或你赞同训戒，而在于应当懂得如何去唤醒完整的理性，不是局部的理性，而是完整的理性，它会带来自身的认知，从而自然地、自动地、自由地避免某些事情。正是理性能够指引我们，而不是训戒。先生，这真的是一个非常重要的、复杂的问题。假若我们真正去探究它，假若我们观察自身，认识训戒的整个过程，就会发现我们根本就没有真的在训戒。在你们的生活里，你们是受训戒的吗？抑或你们仅仅只是压制着各种欲望，抵制着各种形式的诱惑呢？若你通过戒律去抵抗，那些诱惑和欲望依然在那里，它们难道不是潜藏在深处，依然存在着，等待着一个出口喷涌而出吗？你难道没有注意过，随着年龄的增长，那些被压制的感觉会再一次地出现吗？所以你无法跟你的潜意识耍伎俩，它会百倍千倍地奉还给你的。

　　你必须认识这整个的过程，这并不是说你要去赞成训戒，我反对这个。我认为，训戒无法带领你达至任何地方，相反，它是一种盲目的行为，是不理性的、缺乏思考的。然而，唤醒理性则是十分不同的问题。你无法培养理性，当理性被唤醒，它会带来自己的运作模式，它会掌控自己的生活，观察各种各样的欲望、倾向、反应并且展开探究，它会去认识，不是流于表面，而是以一种完整的、觉知的方式。要想做到这个，头脑就必须始终处于觉知、机敏的状态，不是吗？很明显，对于一个希望实现觉知的头脑，在它身上强加各种限制是没有多少意义的。若想获得认知，就必须拥有自由，自由不是来自于任何形式的强迫，自由不在终点，而在起点。我们的困难在于要唤醒完整的理性，只有当我们能够认识这整个问题时，智慧才会到来。

欲望这一复杂的问题，通过训戒、遵从、压制、信仰、知识表现了出来。一旦我们懂得了欲望的庞大结构，就能开始实现认知了。尔后，头脑将开始去审视自己，并且能够去接受那不是由它制造出来的事物。

（第二场演说，1952 年 1 月 6 日）

认识欲望，不是去谴责它

在我们最近的两次相聚里，我一直试图探明这样一种行动：它不是孤立的，不是片面的、不完整的，不为观念所囿。我认为，格外审慎地去探究这一问题是十分重要的，因为我觉得，如果没有认识观念的整个过程，那么单纯的行动将会意义甚微，想法和行动之间的冲突将会不断增加，永远无法弥合。所以，若想探明那种不是片面的、孤立的而是全面的、广泛的行动，我们就必须研究欲望的整个过程。欲望不是可以被消灭掉的东西，也不是可以被压制或扭曲的东西。正如我所解释过的那样，原因在于，无论我们可能多么希望抛却欲望，都永远无法实现，因为欲望是一种不断的意识和潜意识的过程，我们或许可以暂时地控制住有意识的欲望，但很难压制或控制那些无意识的欲望。在我看来，任何孤立的行动都将带来彻底的混乱和无序，我还认为，我们大多数人都在忙着展开这样的行为。专家们把行动跟想法划分开来，他们在各个层面、以各种模式做着这件事情，并且告诉你要如何去行动。就像你所知道的那样，有经济学家、政客、宗教人士，等等，他们让我们从各种片面的观点去看待生活的全部。依我之见，那些真的非常认真地想要去认识这种不孤立、不片面的行动的人，应该保持警觉。只有当我们懂得了欲望的整个过程，才能做到这样。这或多或少就是我们在上个周六和周日所讨论的内容。

认识欲望，不是去谴责它。由于我们大部分人都是受限的，由于我们都对欲望怀有确定的观念和看法，因此我们几乎无法跟随欲望的运动同时又不对它予以谴责，不怀有任何看法。如果我想要认识某个事物，就应该观察它，不抱持丝毫谴责的态度，不是吗？假如我希望了解你，假如你想要认识我，我们就不应该彼此评判，不应该彼此谴责，而是必须抱持敞开的姿态，能够去接纳彼此的话语和表情的所有涵义，必须能够彻底接纳，必须思想开明。当我们去谴责对方的时候，就无法做到这个。对我们大多数人来讲，想法在先，行动在后。想法总是不完整的，总是片面的，任何基于想法之上的行动都必定会是不完整的、片面的。能否拥有完整的、广泛的行动呢？在我看来，这样的行动是我们唯一的救赎，所有其他的行动都注定会带来更多的混乱与冲突。那么，一个人要怎样去找到这种不以观念为基础的行动呢？

我们所说的观念是指什么意思？很明显，观念是思想的过程，对吗？观念是一种心理活动、思考的过程，思想总是有意识的或者无意识的反应，思想是一种用言语表达的过程，而这种言语化是记忆的结果，思想是时间的过程。所以，当行动是基于思想的过程，那么这样的行动就不可避免会是受限的、孤立的。观念必定会反对观念，观念必定受着观念的支配，行动跟观念之间会有隔阂。我们试图探明的便是，在没有观念的情形下是否能够有行动？我们意识到观念是怎样导致了人与人之间的隔离，就像我已经阐释过的那样，知识与信仰从本质上来说具有隔离性的特质，信仰从不曾让人们团结，它们总是带来了人与人的隔阂。当行动是建立在信仰、想法或理念之上，这样的行动就势必会是孤立的、不完整的。如果没有思想的过程——思想是时间的过程，是考量、权衡、自我保护、信仰、否定、谴责、辩护的过程——那么能够展开行动吗？很明显，你一定偶尔会思考这个问题，就像我一样，那就是，没有观念的行动是否有可能。你我都意识到，当我有了一个想法并且把行动建立在这一想法之上，就一定会带来对立面，观念必定会与观念相遇，必定会导致压制、敌对。我不知道我是否把自己的意思给表达清楚了，对我而言，这真的是非常重要的一点。假如你能够认识这个，不是通过意识或情感，而是从内心领悟了，我觉得，我们就能超越自己的所有困难了。我们的困难是观念层面的，而不是行动，不在于我们应当做什么，这不过是一种观念，重要的是行动。如果没有权衡、考量——这是自我保护的结果，是个人与集体的记忆、关系的结果——能够展开行动吗？我认为是能够的。当你身处这里的时候，就可以对此做一番检验。假若我们能够懂得欲望的全部过程，同时又不去谴责，那么你将发现，行动势必就会摆脱观念了。这无疑要求心灵拥有相当的警觉，因为我们的所有限定都是去谴责、辩护、归类——这一切全都是考虑、思考的过程。对于我们大部分人来说，行动跟想法是两码事，先有想法，后有行动，我们的困难在于去弥合这二者。让我们以不同的视角去审视该问题吧。

我们知道各种形式的贪婪都是破坏性的，嫉妒会带来野心——政治的、宗教的、集体的或个人的野心。只要我们去观察一下，就会发现，每一种野心都是受限的、破坏性的，我们全都懂得这个，我们不必被告知这个，不必对此做一番思考。野心会引发嫉妒，野心来自于想要获得权力、地位，想要实现个体的提升，政治的和宗教层面的提升——在政治层面，是以某个将来或现在的理念的名义；在精神层面，是以某个同样好的事物或同样有过的事物的名义。我们了解这样的野心——想要出人头地，想要以和平、大师、神的名义去支配他人，天知道还有什么其他的幌子。只要有野心，就一定会出现盘剥、利用，就一定会有人与人之间、国家与国家之间的对抗。那些高喊和平的人，正是做这些事情的人，这些事具有相当大的破坏力，或许会给他们自己、给他们的国家或者他们的理念带来毁灭。这样的人不会带来和平，他们只是口头上倡导和平，但心中并没有怀抱和平，这样的人显然无法令世界和平或幸福，而必定只会带来争斗与战争。

野心源自于贪婪、嫉妒、权力欲，它是建立在某个观念之上的，不是吗？观念不过是反应罢了，它就是如此，神经的、心理的或生理上的反应。野心是一种念头，即想要在政治、宗教领域有所成就。"我希望成为一个伟人，为未来而奋斗。"这反映了什么呢？我们还懂得以国家等等为幌子的政治上的野心，这一切都是基于某个观念，是关于我应当如何或者我的政党应当如何的想法、概念、公式。由于确立起了观念，于是我便在行动中去追逐那一观念。首先，从道德层面来讲，一个野心勃勃的人是不道德的，他是争斗的根源。但我们全都鼓励野心，否则，我们能够做什么呢？不会有成绩。所以，当你去审视这一切，会发现，野心是一种念头，是在行动中去追逐这一念头——"我将要功成名就"——这里面包含有盘剥利用、无情残忍、可怕的残酷，等等。毕竟，"我"是一个不真实的观念，它是时间的过程，是记忆、认识的过程，从本质上来说，这些都是观念。

当我领悟到，假如行动是建立在观念之上，就势必最终会滋生出仇恨、嫉妒，那时我能否彻底抛却掉野心呢？我能否彻底抛却野心，从而在没有观念的情形下展开行动呢？我将更加简单地表述一下。如果我们怀有野心，那么能否完全抛下政治的、宗教的野心呢？唯有这时，我才能成为和平的中心。然而，要彻底抛却野心及其所有的涵义、内心的混乱、残忍，以及一方面想要获得权力，一方面又去谴责，并非易事。只有当我不再追逐观念——观念便是"我"——才可以完全地放下野心，尔后，不会再提出我要怎样才能不怀有野心，我要怎样才能摆脱它的问题了。

这难道不就是我们的问题所在吗？我们全都贪婪、嫉妒，只不过可能你更多一些我则少一些罢了，你拥有更多的权力，我也渴望权力，无论是精神领域的还是世俗世界的。由于被困于其中，因此我的问题便是如何去摆脱它。我要怎样抛却野心呢？然后我们便会提出"怎样"的问题，这不过是把行动搁置起来罢了。只要我领悟到基于观念的行动必定会带来搁置，那么我便能懂得没有观念的行动是何等的必要了。我想知道我是否把自己的意思表达清楚了。野心难道不是破坏力十足吗？野心勃勃的国家、追逐权力的个体，抑或无比自负的人全都是危险因素，你知道他们会给自己以及周围的人带来怎样的灾难和不幸。他们要怎样挣脱野心的羁绊呢？不是流于表面，而是从根本上摆脱，包括意识和潜意识。

被带入行动里的观念会导致无所作为，不以观念为基础的行动是在当下、在即刻，而不是在明天。一旦我能够懂得野心的残酷及涵义，同时又不去形成观念，便能展开立即的行动了，不会再有我要怎样才能不怀有野心的问题了。假如我们希望展开不是片面的、孤立的行动，就应该好好思索一番。你难道没有发现，人与人之间、国家与国家之间、一个派别与另一个派别之间、一个团体与另一个团体之间、一种教义与另一种教义之间、一个大师与另一个大师之间都在彼此对抗吗？你知道这种界分和残忍的游戏。认识到这个，清楚地洞悉其中的事实，能否抛却掉野心呢？我们觉知到了精神、经济、政治等层面的支配，我们留意到了结果——那便是无休无止的战争、饥饿、人类的界分，等等。我们明白，如果没有认识观念的整个过程及其原因，那么任何行动就只会滋生出更多的敌对。

所以，假如一个人态度认真，假如他真的和平、安宁，不是仅仅在政治上倡导和平，那么他就不会通过观念对这个问题抱有成见了。因为观念是一种搁置，观念是片面的，它不是完整的理智。思想必定总是为思想者所限，思想者始终都是受限的，从不曾获得自由。一旦想法冒了出来，观念就会立即紧随其后。为了行动的观念注定会引发更多的混乱。既然懂得了这一切，那么能否在没有观念的情形下展开行动呢？是的，那便是爱的方法，爱不是观念，不是感觉，不是记忆，不是一种延后感，不是自我保护的策略。只有当我们认识了观念的整个过程，才能觉知到爱的方式。那么，能否抛却其他的方式并且认识那唯一的救赎即爱的方式呢？任何其他的方法，无论是政治的还是宗教的，都无法解决问题。这不是一个你需要去思索并在自己的生活中去采纳的理论，它必须是切实的，只有当你认识到欲望是一种巨大的破坏力量，所以应该从你身上清除掉，它才会是切实的。

我们尝试了所有其他的方法，却从不曾尝试过爱的方式。请不要闭起眼，忽略"爱"这一字眼，它不是一种思考的过程。你的立即反应会是："什么是爱？我能够认识它吗？我怎样才可以按照它来生活呢？"爱既不是思想也不是观念，那么什么是爱的方式呢？当你去爱的时候，有观念存在吗？不要去接受，就只是去审视，展开深刻的探究，因为我们已经试过了其他所有的方法，发现无法解决不幸。政客们或许会做出许诺，所谓的宗教组织可能会许诺未来的幸福，但我们现在没有得到它，当我们饥肠辘辘的时候，未来是无关紧要的。我们试过了所有其他的法子，只有当我们懂得了观念的方式并且放弃了观念，才能认识爱的方式。当你听说行动是可以没有观念的，或许对你们大部分人来讲，这听上去有些荒谬和愚蠢，但倘若你更加深入地去探究一下，不把它视为愚蠢的想法而抛到一旁，倘若你怀着认真热切的态度去深入地探索，便会发现，观念永远无法替代行动，行动总是即刻的。你发现了诸如野心和贪婪这类事物，并不存在"怎样才能摆脱它？你能够做到吗？"这类问题。请仔细加以思索，我们可以展开讨论。你将看到，爱是唯一的救赎，它是我们仅有的救赎，在爱里面，人与人之间可以和平、幸福地生活，没有剥削，没有利用，没有支配，没有一个人通过野心、狡诈而变得更加重要或优越。我们不认识爱这一方式。让我们觉知到所有这一切。当我们充分认识到基于观念的行动的全部涵义，那么这种认知将会让我们远离这种行动，而这便是爱的方式。

问：我们被告知说，印度正在迅速地瓦解。您是否也有这样的感受呢？

克：你怎么想？你所说的瓦解是什么意思？显然，当一个国家、一个团体、一个人腐朽的时候，为传统所围的时候，当他去模仿、遵从的时候，当他没有独立思考的时候，当他没有挣脱环境的影响以至于作为个体的他无法清楚地审视、思考、洞悉的时候，便会走向瓦解。很明显，如果一个人通过自己的狡诈、通过自己较高的知识、通过自己的能力去剥削、利用别人，那么这样的人显然就是一种瓦解性的因素，对吗？我们难道不全都处于同样的境地吗？我们难道不全都在模仿、遵从、盘剥、恐惧、为他人的思想的传统所围吗？我们能够凭借自己的力量去思考，不被其他人的观念影响吗？这一切难道不表明瓦解的过程吗？当你去崇拜某个人的时候，不管这个人有多么的伟大，这难道不是一种瓦解的过程吗？当你去追逐某个欲望，攀上它的阶梯，到达最高一级的时候，这难道不是一种瓦解吗？最高一级可能在政治层面是让人满意的，在经济层面给人带来满足，但这难道不同样是瓦解吗？当你在精神方面被某个人、某位特殊的先知影响，这难道不是瓦解吗？当你为了将来、明天或者你自己的生活的将来即来世去建设的时候，这难道不是瓦解吗？你总是活在将来，为了某个观念牺牲许多。显然，这一切都表明了瓦解，不是吗？这番景象不只是在印度才有，而是在全世界的范围内上演着。我们为什么一直都在干着这些事情呢？探明原因很难吗？

我们全都希望获得安全，不管是经济上的还是心理上的安全。我们那琐碎的自我是如此的狭隘、局限，以至于我们想要得到安全，于是我们便去崇拜权威，只要我们寻求着内心的安全，就一定会出现瓦解。我们必须拥有外部的安全，我必须确保自己下一顿有饭吃、有地方住，有衣穿，但倘若我们每个人都在通过财富或国家寻求着内在的安全，抑或渴望攀上阶梯的最高一级，那么就无法拥有外在的安全。也就是说，只要我寻求着任何形式的个人的提升，这表明想要获得心理的安全，就势必会走向瓦解，因为我在对抗自己的同胞。

你听到了这一切，那么你将有何行动呢？不是你的想法、观点是什么，因为任何人都可以怀有某种看法，而是你的行动会是什么？如果你询问："我怎样才能不怀有野心，我怎样才能不去自我保护？"那么对你来说，我的回答就只是一种观点，就只是思想、看法的交流。但倘若对你而言它是一个挑战，你要通过行动来做出回应，那么你会怎么做呢？意思便是，你实际上是一种瓦解的因素，你属于什么社会并不重要——印度、苏联、美国或英国——只要你有意地去追逐安全，内在和外在的安全，那么你就必定会成为破坏性的因素。你将如何行动呢？很明显，你唯一能够有的反应，不是"我要思考一下，我要怎么做？"这实际上是对观念的反应。但只要一个人意识到了这个，他就会立即展开行动。在我看来，一个认识了爱的方式的人，会让这个腐朽的世界走向新生。这并不要求巨大的勇气、智慧，这些不过是一个狡猾的头脑具有的因素，这需要的是直接地领悟实相。若一个人清楚地洞悉了这一切，那么他势必就会有所行动了。我们不想去洞悉，我们的不幸就在此。我们懂得这一切，我们熟悉所有这些腐朽、瓦解，我们之所以无法行动，是因为我们为观念、有关怎样和什么的想法所困。所以，如果一个人意识到了腐朽，如果他觉知到了这一切，同时又没有观念的屏障，那么他就会行动起来了，而这样的人将懂得爱的途径。

问：当头脑不再去认知，那不就进入一种无所事事的状态吗？那么它还会有什么作用呢？

克：要想充分地回答这个问题，你就得明白先前所说的内容。我指出，思想的过程是一种认知，思想、经历、我的中心，便是认知，没有认知，没有知道，就没有思想。如果我有了某个体验，我必须能够认知它，或者是用词语来表达，或者是不用词语来表达。我必须知道我有过某个体验，也就是说，我必须认识到这经历是开心的、痛苦的等等，我必须给它一个名字。有一个认识的中心，即"我"、自我——不是高等的自我或低等的自我，自我是一体的——不存在高级或低级之分，这是由聪明的头脑发明出来的。所以，认知的中心便是自我，没有认知，思想还能够存在吗，那个中心即"我"还能够存在吗？答案显然是否定的。

这位提问者询问，如果没有认知，如果没有那个中心，头脑的活动的状态会是怎样的呢？那里会有什么活动呢？然后会发生什么？我是否解释过这个问题？那么，你为什么想要知道呢？这不是把你们推回到自我中去。你之所以想知道，是为了能够认识，不是吗？当我用言语把体验表达给你的时候，你就能够从我的体验获得认知了，如此一来你可以说我有过这个体验了，如此一来，你可以认为自己的体验与我的一致。你询问这个问题，是自我的过程的继续。我的体验跟你的一样吗？你问此问题，是为了在你的认知中感觉到安全。请看一看你自己的头脑是如何运作的。所以，你感兴趣的，不是当没有认识的过程时会发生什么，而是你希望从我这里获得保证，保证说你的体验跟我的是一样的，也就是说，你希望以我的体验作为比较去认识你自己的经历。因此，你的问题无解，这是一个错误的问题。

让我们换种方式来表述好了，我们只通过认知去认识自己的经历，每一个认知都让头脑、自我得到强化，强化自我的安全。每一个体验得到认识，如果没有声称："是的，我知道它是什么"，你便无法拥有体验，所以，你的体验只是你自己的思想制造出来的。去聆听，不要玩弄什么聪明，就只是去观察。从心理层面来说，它是一个事实。我希望见到大师，我见到了他，我体验过了，但这跟真理没有任何关系。这是我那被制造出来、被认识到的欲望，它只会让我的体验、我的认识得到强化，于是我说道："我相信，我知道。"所以，假如我依赖自己的经验去领悟什么是真理，那么它就只是我自造出来的有关真理应当是什么的想法。那个中心、"我"能否不去认识，不去通过认识来帮助体验呢？你尝试一下。你试图搞清楚你的头脑是否可以迈入彻底的宁静，没有识别，不去认出事物，当这情形发生，头脑便会处于静寂的状态了。这之后不久，它希望延长这一状态，从而把那体验简化到记忆的领域里去，强化思想、认识的过程，也就是自我的中心，结果也就无法去体验任何新的事物。认识在继续着，你会渴望依附于那个多年前就发生过的经历，渴望去继续它。如果没有了上述这一切，那么头脑能够安静下来吗？这意味着，若没有言辞化的过程即思想的过程，头脑能够安静吗？假如头脑以这种方式安静下来，就无法去衡量、表达、认识那随之而来的行动了。

神、真理是无法被认识的，因此，要想懂得真理，就必须实现觉知，必须抛掉所有的信仰、知识，原因是，当头脑不处于知识的状态，当认识活动停止了，真理便会到来。

问： 若我自己无法发现真理，那么我如何才能让我的孩子不成为我所受的限定的牺牲品呢？

克： 你要怎样来着手呢？认识到父母受着限定，认识到他怀有偏见、野心、荒谬、断言、世俗之心、信仰、传统、父辈的观念，认识到社会将说什么、不说什么——认识到所有这一切，那么你打算怎样去帮助孩子成长为一个自由的、完整的人呢？这便是问题所在，不是吗？这需要一个小时的时间去回答，因为问题是如何去教育孩子。我们为自己的孩子都做了些什么呢？不过是努力让他们去适应当前社会的状态，帮助他们通过考试罢了！我们对于他应该如何完全没有概念，我们希望尽力帮助孩子去认识我们没有认识的东西。假如我目盲，那么我怎么可能带你穿过马路呢？但由于我是盲目的，我没有说自己是盲目的，我没有觉知到自己是盲目的。我说道："是的，我受着局限，事实是如此。但我希望帮助我的孩子。"但倘若我意识到自己从根本上来说受着深深的限定，我有各种问题，我怀有偏见、野心、迷信、信仰，倘若我觉知到了这些，那么会发生什么呢？我对孩子的行为将会截然不同。如果我认识到自己是有毒的，在宗教上被毒化了，我还会让我的孩子靠近我吗？我会跟他讲道理，会向他指明为什么他不应该靠近我，这意味着，我应该爱我的孩子。可我们并不爱自己的孩子，对于孩子，我们的心中没有爱，要不然的话，我们就会阻止战争了，就会阻止这一切把人划分成不同的阶级、国家，英国人、印度人、婆罗门、非婆罗门、白人、黑人的碎片式的行为了。因此，由于深受限定，所以，若我没有意识到自身的局限，我就无法去帮助他人。然而，承认我是受限的，便是要去冲破局限，而不是"我受着限定，我要怎样摆脱它呢？"这不过是一种有助于我去延迟行动的念头罢了。如果我意识到了这个，如果我知道自己是受限的，那么我就只会去展开行动，帮助孩子了。

　　认识这个问题真的非常重要，问题不是去指导孩子，而是如何去帮助他。我们必须要去认识整个有关观念跟行动的问题，我们总是把观念放在前面，把行动摆在后头。我们的一切文明——宗教、政治、经济——都是建立在观念之上的，我们的知识仅止于此。一个塞满了知识和观念的心灵，永远无法展开行动，所以，信仰和知识是行动的绊脚石。这听起来可能有些矛盾和荒唐，但倘若你能够友好地展开探究，就会发现这话背后的合理性了。那么，在这些问题和谈话期间，重要的不是去培养观念，或交流看法、教义、信仰，或用别的东西去替代它们，而是要自由地去行动，这种行动不是片面的、孤立的。只要行动是建立在知识、信仰之上——知识、信仰便是观念，是思想的过程——那么行动就会始终是孤立的。当你有了野心这一问题，你不会怀有关于它的看法，你只会对它展开行动。同样的道理，当我认识到自己是受限的，仅仅就此做一番思考，将会让心灵迟迟无法摆脱局限。我向你们保证，只有当一个人抱持认真的态度，当他的作用是和平，当他的意图是去发现爱、爱的方式，那么对他来说这就不会再是一个问题了，因为他关心的是不孤立的行动。

（第三场演说，1952 年 1 月 12 日）

什么是"我"？

我一直都在试图探明怎样去解决有关意识的问题，讨论什么是个体或者意识的问题十分重要。作为个体，我们努力去适应社会、集体、极权主义的模式。在我们能够充分地、真正地涵盖主题之前，难道没有必要去认识一下有关个体的整个问题吗？

什么是个体呢？我们应该不断地、理性地讨论这个问题，不要有任何障碍，不要抱持任何结论，也不要去做什么比较。如果你能够去聆听我即将要谈论的内容，不竖起一道道的障碍——这些障碍包括你自己的正确或不正确的结论，以及你从你的环境的影响、从书本里学到的东西——那么或许你就可以真正与我、与其他人展开协作，同时又不会去支配，不会通过法规、通过强迫、通过集中营等等彻底地消灭掉个体了。我不知道你是否感受到了该问题的重要性，假如没有，我建议你应当尝试一下，因为这真的是一个格外重要的问题。由于它是一个很困难的问题，所以我们应当能够像两个朋友那样展开谈论，而不要如同两个处于敌对阵营的对手，你坚称你的看法，我抱持我的观点。我不会提供某个看法，我不会提出某个信仰、准则、概念，因为我不会沉溺于这种愚蠢，因为在我看来，当我无法认识"当下实相"的时候，想要去认识"当下实相"便是愚蠢的。

我们不该去猜测"当下实相"，我希望看到猜测"当下实相"跟认识"当下实相"之间的差别，很明显，这二者截然不同。我们大多数人只是去猜想，我们怀有信仰，怀有关于"当下实相"的结论，我们带着这些结论、猜想、公式等等去应对个体的问题。实际上，假如我们如此着手的话，必定会失败，但倘若我们能够去审视问题，不带有任何公式，就只是去观察它，那么或许我们就能够懂得在个体中所包含的那些问题的意义了，或许就能够超越我们所谓的个性了。那便是去了解意识跟潜意识的整个问题，不仅是一目了然的最表层的意识、活跃的意识，而且还有暗藏的无意识。

那么，什么是个体呢？什么是"我"？你应该去探究一下我们认为它是什么以及我们希望它是什么，也就是说，观察我们自己，不要去猜想这是否是可能的。如果你说诸如"我是神的最高代表"这类话，那么这不过是推测罢了。我们应该丢掉这样的猜想，这一点是显见的，难道不是吗？它们全是你学到的语词，是社会以这种或那种方式强加给你的。政治上，你或许会说，假如你属于极左派，你就没有什么要烦心的，只需让环境的影响发挥作用。如果你怀有宗教上的倾向，你会有自己的措辞，即你是这个，你是那个，这些东西在你身上是很明显的，你知道高等自我与低等自我这整个的事情。带着这一背景，你显然无法去审视或检验问题，不是吗？你只能通过仔细观察个体的整个过程，个体是什么来洞悉"当下实相"。你能够告诉我你是什么吗？请记住我们在讨论什么，为了什么目的去讨论。了解有关意识的问题，展开探究，假如可能的话，不要去猜想，不要是理论性的，而是要去超越个体这一狭隘领域的限定——这便是我们努力要去做的事情。

什么是个体呢？你实际上是什么呢？显然，某些心理的反应，身体上的反应，心理上对记忆、时间的反应，构成了个体。我们全都是由那些挫败的希望、沮丧，偶尔的愉悦构成的，这里面是自我、"我"及其全部的恐惧、希冀、退化、记忆。我们是一个仓库，里面储藏着传统、知识、信仰，我们希望变得如何，渴望获得确定感，渴望名字、形体的永续，我们实际上就是这些东西。我们是我们的父亲、母亲的结果，是环境影响的结果，无论是风土还是心理方面的影响。这就是"当下实相"，这之外我们一无所知。我们只能去猜测，只能去宣称，只能说我们是永恒的、不朽的灵魂，然而实际上，这些东西并不存在，这不过是从安全的层面去阐释"当下实相"罢了。

因此，如我们所知道的那样，意识是一种时间的过程。你什么时候会有意识呢？当有反应的时候，开心的或不开心的反应，否则你就没有意识，对吗？当你感到恐惧的时候，你会感觉到；当遭遇挫败的时候，你会觉知到自己的受挫；当感到愉悦的时候，你会觉知到自己的开心。当意识进入行动，当欲望受阻或者当欲望得到了圆满实现，你都会有所觉知。所以，我们知道的是，意识是一种时间的过程，是一种受限的思想的过程。很明显，这便是在我们每个人身上实际发生的情形，不是吗？这一过程可能被提升到一个高等的层面，抑或被降低到一个低等的层面，但这就是真实出现的情形。

意识是行动里的时间的过程。我想要做些什么，当我能够做它的时候，当没有任何障碍、争斗，没有任何恐惧和挫败感的时候，就不需要努力为之了。一旦包含了努力，就会出现"我"这一意识。我希望你们听明白了。

个体是时间的产物，它是记忆、意识、被局限为某个形体和名称的"我"。这个"我"是指在运作着的意识以及潜意识。我们全都惧怕死亡，我们害怕无数的东西。依照教育、依照环境的影响，你有各种层面的挫败和希冀，有各种依赖于心理和生理限定的沮丧，因此，我们是所有这一切，我们是这些东西的集合体。只有当意识的运作受阻时，我们才会觉知到，只有当你遭遇阻拦时，你才会有自觉。用任何其他的方式你会觉知自我吗？你在实现、达成、获得、变成中觉知到了自己，否则你便没有觉知，对吗？只要有这种时间的过程，就一定会有恐惧，不是吗？

什么是恐惧呢？恐惧是跟某个事物有关的，对吗？恐惧不会单独存在。害怕死亡，害怕不存在，害怕没有达成，没有当选，没有获得，没有取得成功，诸如此类。有各种层面的恐惧，有担心经济上、心理上的不安全。只要有恐惧，就一定会有争斗，一定会有战争，一定会有是和非之间的不断摩擦，不单单是意识层面的，还有潜意识层面的。因此，由于恐惧，这是我们大部分人都有的状态，于是我们试图逃离它，而逃避有许多的形式。

请仔细理解这些内容，理解的时候去观察一下你自己。尔后你我就可以进一步展开，会比处于单纯的口头层面探明得更多。在我讲话的时候，你应该把我的话语当成一面镜子去观察你自己。假如你仅仅只是停留在口头层面，你便无法走得更远，只有当你把我说的话跟你自己联系起来，才可以进一步着手。我不是在说你必须要去检验、分析的事情，我说的是正在切实发生的事。

我们全都心怀恐惧，我们渴望安全，你喜欢跟你的丈夫一起，我想要和我的妻子、我的邻居、我的社会、我的神一起，诸如此类。有无数的渴望，我们没有解决恐惧的问题，我们所做的，便是通过各种形式去逃避它。如果我们是所谓受过教育的人、所谓的文明人，我们的逃避将会是优雅的。有时候这些逃避会以迷信的形式进行。

那么，能否超越恐惧呢？我知道自己是害怕的，你知道你也心有惧怕，你可能外在不如此，但你的内心感到恐惧。那么这种恐惧是什么呢？它显然只会存在于跟某个事物的关系里。我惧怕死亡，我之所以害怕，是因为我不知道将会发生什么。我害怕失去我的工作，我害怕我的邻居，我害怕我的妻子，我害怕怀有欲望，我害怕没有达至期待中的精神的高度，等等。这个"我"是什么呢？它是恐惧，是行动里的意识，是渴望成为什么或者不成为什么。恐惧找到了各种各样的逃避，通常的形式便是认同，对吗？跟国家认同，跟团体认同，跟观念认同。你难道不曾注意过，当你看到了军队或者宗教队伍时，或者当国家处于被侵略的危险时，你的反应是怎样的吗？尔后你让自己跟国家、信仰、意识形态进行认同。还有一些时候，你会跟你的孩子、你的妻子认同，跟某种行为或不作为认同。因此，认同是一种自我忘却的过程，只要我意识到了"我"，我知道就会有痛苦、争斗以及不断的恐惧。但倘若我能够让自己跟某个更加伟大的事物认同，跟某个有价值的事物认同，跟美、生命、真理、信仰、知识认同，至少是暂时的认同，那么我就是在逃避"我"，不是吗？假如我谈论我的国家，我便会暂时地忘记自己，对吗？假如我可以说说神，我就会忘记自己。假如我可以让我的家庭跟某个群体、某个党派、某种意识形态认同，那就能够暂时地逃避了。

　　因此，认同是一种逃避自我的方式，就像美德也是在逃避自我一样。一个追求美德的人是在逃避自我，他的心灵是狭隘的，这不是一个拥有德行的心灵，因为美德是不应当被追求的东西，你不会变得有德行，原因在于，你越是努力想要变得有德行，你越会强调自我、"我"，越会赋予自我安全。所以，恐惧——我们大多数人普遍都怀有各种各样的恐惧——必定总是寻找着替代品，于是也就一定会让我们的争斗愈演愈烈。你越是跟某个替代物认同，越会用更大的力气去依附于那个你准备为之死、为之奋斗的东西——因为这背后有恐惧。

　　我们现在是否懂得什么是恐惧了呢？它难道不就是不去接受"当下实相"吗？我们应该理解"接受"这个词语，我使用这个词，意思不是指努力去接受。当我能够洞悉"当下实相"，当我感知了"当下实相"，就不会有接受的问题了。当我没有清楚地洞悉"当下实相"，就会出现接受的过程，所以，恐惧就是不去接受"当下实相"。我是一系列的反应、回应、记忆、希望、沮丧、挫败，我是受阻的意识运动的结果，那么这样的我如何能够去超越呢？也就是说，没有这种阻碍，意识还能够自觉吗？我们知道，当没有阻碍的时候，会是何等的欢愉！你难道不晓得，当身体健健康康、无病无灾，便会感到欢愉、幸福吗？你难道不晓得，当不再有认知的中心也就是"我"的时候，你就会体验到一种愉悦吗？你难道不曾体验过无我的状态吗？很明显，我们全都有过这种体验，由于体验过，于是我们希望重温，这又是时间的过程。体验过了某个东西，我们渴望它，因此我们阻拦了意识。显然，要想发现那种不是源于孤立的行动，就必须展开无我的行动。这就是你在社会里用这种或那种形式，通过宗教猜测、通过冥想、通过认同、通过信仰、通过知识、通过各种各样的活动所寻求的东西。这便是我们每个人在寻求的东西——逃避那个叫做"我"的狭小领域，逃离它。假如没有认识"当下实相"的整个过程，你能够逃避它吗？若我没有懂得在我面前的"当下实相"即"我"的全部内容，我能够逃避它跑开去吗？

只有当我将其作为一个整体予以充分的、彻底的审视，才能认识自我继而摆脱它的束缚获得自由。要想做到这个，我就必须理解一切活动的整个过程，理解欲望的整个过程——欲望正是思想的表达，因为思想跟欲望并不是分开的——不去辩护、不去谴责、不去压制。只要我能够认识到这个，就会知道超越自我的局限是可以办到的。尔后，就会迎来并非孤立的行动，并非以观念为基础的行动。但只要意识局限在自我的领域内，人与人之间就一定会出现冲突。一个寻求真理或和平的人，必须认识欲望。当欲望没有因为恐惧、谴责而受阻——这并不意味着你应该发泄欲望，你应当紧随它的运动，认识它，应当展开没有矛盾、没有谴责的运动。尔后你将发现，意识——无论它可能多么活跃——会成为一片潜意识开花结果的领域。

必须要有探明何谓真理的自由，这才是真正的美德，一个为信仰、知识、自我所围的人，永远无法发现什么是真理。探明真理，不属于时间的过程，时间的过程是意识，而意识永远不能发现何谓真理。因此，必须要去认识那被局限为"我"的意识的过程。

问：您觉得，是什么导致了当今世界精神错乱如此流行的呢？是因为不安全吗？假如是的话，我们能够做些什么来防止千百万感觉不安全的人们不会走向失衡、神经质、精神错乱呢？

克：首先，有内在的安全可言吗？能有心理的安全吗？假如你能够找到这一问题的答案，那么生理的安全便是可以实现的，因为这正是成千上万的人所渴望的——生理的安全，下一顿饭有着落、有住的地方、有衣服穿。千百万人是饿着肚皮上床睡觉的。要想解决许多人而不是少数人的衣食住行的问题，我们就必须探寻一下为什么人会寻求安全、心理的安全。因为，答案不在于重组一切，答案也不在经济层面，而是在心理层面。由于我们每个人都在寻求内在的安全，而这又妨碍了人的外部安全的获得，由于我们每个人都渴望功成名就，所以我们把物质当成了获得心理安全的手段。你难道不是这么做的吗？假如你我、假如世界关心喂饱人的肚子，让他有衣穿、有地方住，那么我们显然就必须找到法子，难道不是这样吗？没有人在干这个，这便是导致精神错乱的一个原因，对吗？如果我觉得外部是不安全的，我就会感受到各种各样会带来精神错乱状态的东西。

因此，我们的问题并不完全是经济上的，尽管经济学家们喜欢这么认为；更多的则是心理层面的。也就是说，我们每个人都希望通过信仰、通过迷信得到安全，我们知道各种形式的信仰，我们依附于它们，指望着可以感觉到安全。你难道不知道信徒永远不可以自杀吗？而一个非信仰者则会准备去自杀，要么是杀死自己，要么是杀死其他人。所以，信仰是获得安全的手段，我越是相信来生、神，就越是会去想它们，因为它会带给我慰藉与安全，我会感到心理的平衡。但倘若我去探寻、质疑，那么我就会开始失去我的支柱、失去我的安全，我在精神上无法忍受这个，于是头脑便会出现精神错乱的状态。你难道不曾在你自己的身上注意过这种情形吗？一旦你有了某个你可以去依附的事物，你就会感到安宁，它可能是某个人、某个理念或党派——它是什么无关紧要。只要你能够去依附某个事物，你便会觉得安全，便会觉得或多或少和谐、安定。但倘若去质疑信仰，对它展开探究，你将招来不安全。这便是为什么所有聪明、理性的人最终都会去皈依某种信仰的缘故了——因为他们把自己的智力推到了最远的地方，什么也没有发现，于是说道："让我们去信仰吧。"很明显，我们的问题是，心理的内在的安全真的存在吗？答案显然是否定的。我可以在信仰里面找到安全，但这不过是我的不确定以信仰的方式投射出来罢了，然后变得确定。

我可以探明有关安全和不安全的真理吗？唯有这时我才能够是一个健全的人，而不是如果我去依附某种信仰、知识或理念。假如我可以探明有关安全的真理，那么我就将是一个完整的人了。你的问题是这个吗？显然不是，因为你不想知道是否存在安全。在你去质疑它的那一刻，你会怎样呢？你如此聪明建构起来的不切实际的计划，将走向崩塌。假如你无法获得安全，你就会变得精神错乱。因此，除非你懂得了关于安全的真理以及是否有安全这样的事物存在，否则你显然会是一个失衡的人。

是否有心理的安全、内在的安全呢？显然没有，我们希望它存在，但实际上不然。你能够依赖任何事物吗？当你这么做的时候，会发生什么呢？正是依赖会引发恐惧，而恐惧又会滋生出想要不依赖，想要逃离，而这是另外一种形式的恐惧。所以，除非你发现了有关不安全的真相，否则你注定心里会有障碍，在行动中，这些障碍会导致精神失常的状态。没有什么永恒，没有任何东西是确定的，存在的唯有真理，只有当你认识了欲望和不安全的整个过程，真理才会到来。

问：单单通过艺术和舞蹈的复兴，是否真的就能带来印度的新生呢？

克："单单"这个字眼很重要，不是吗？因为我们每个人所忙碌的，都会变成复兴的手段。假如我是名艺术家，这是我能够带来一个富有创造力的世界的唯一渠道；假如我是名宗教人士，这也是我能够采取的唯一方式；对于经济学者来讲，经济是让国家、民族迎来新生的仅有途径。因此，我们每个人忙碌的事情，那种天赋、倾向，都会成为带来一个新生的印度的手段。

通过外部的组织、通过能力、通过重组事实、舞蹈或艺术，会带来更新吗？你所说的更新是指什么意思呢？重生，新的事物，不是以新的形式去持续旧的东西。我们显然指的便是这些意思，对吗？一种新的状态，一个新的充满了和平与幸福的世界，你知道我们为之奋斗的这一切。如果没有内在的转变，如果心灵没有获得自由，能够迎来复兴吗？你或许是舞蹈专家，这可能是你的天赋。就因为你是位非凡的舞者或者是个了不起的化学家、政治家，就真的可以让印度或世界迎来新生吗？究竟什么能够带来根本性的、彻底的变革呢？这种变革是如此的必要，它不是碎片式的而是完整的，不是流于表面地重新去安排模式。很明显，我们每个人身上都必须发生这种转变，对吗？

不要惧怕"革命"这个词。它要么是要么不是。我们倒是更希望内在的演变，变得越来越世俗化，越来越有德行，而这只会经由时间让"我"

得到强化。只要这个"我"存在着，就不会实现内在的革命，这个"我"是无法通过时间或者通过跟我们渴望的对象进行认同就能够被消除掉的。

只有当你洞悉了"当下实相"，当你展开了不基于观念的行动，才能迎来内在的革命。因为，一旦你去直面"当下实相"，观念就将毫无价值。唯有当你的内心实现了觉知和转变，新生才会到来，而不是通过具备某种天赋或能力。

问： 假如我说，治疗我们所有疾病的良方便是停止一切识别，停止一切欲望的奇思异想并且超越它，那么我是否正确理解了您的观点呢？我体验过狂喜的时刻，但它们不久之后都褪去了，欲望不断地涌现，由过去冲向将来。能否一劳永逸地消灭掉欲望呢？

克： 看吧，你希望某个结果，你崇拜成功，你想要摆脱欲望，以便达至狂喜的状态。也就是说，我希望获得幸福和狂喜，我希望挣脱欲望的羁绊。于是我不去探寻怎样认识欲望，而是询问如何摆脱欲望，以便达至那一状态。请务必懂得这其中的重要性。我想要某个我曾经体验过的结果，我希望这种体验可以继续下去，只要有欲望存在，我就无法继续那一体验，因此我必须挣脱欲望的束缚。你感兴趣的不是去认识欲望，而是在某个阶段去改变它，这便是这个问题里面所蕴含的。你渴望狂喜，你知道自己曾经体验过这个，于是你便有了怎样摆脱的问题。你渴望狂喜的状态，这就是全部。你只是从那些世俗的、狭小的高墙内把你的欲望改变成了你曾经体验过的某个东西。所以，你关心的是什么呢？关心的是某个已经逝去的经历。请你务必理解这个，假如你希望认识你所面临的这整个过程，即重新捕捉某个逝去的体验的问题，就像一个有过狂喜时刻的男孩，当他老去的时候，会渴望重温那一时刻。你知道这是不完整的，因为他无法体验任何新的东西。

你所说的体验是指什么呢？你只能够去体验我们认识到的东西，因此，发生了什么呢？——"我"认为某个事物带来了狂喜，我希望抓住它，它被起了一个名字。在体验的时刻，不会有任何命名，请理解这句话。在行动中去观察你自己，尔后我的话就会有意义了。当你意外地遭遇了某件事情，会出现一种狂喜的状态，在这一刻，没有识别。尔后你说道："我有过某种体验"，你给它起了个名字，这便是意识试图给体验命名的过程，如此一来它才能够被记住，如此一来，通过这种记忆，才可以继续这种体验。

但是，认识欲望需要一个警觉的心灵以及不断的观察，既不去谴责，也不去辩护，不断地观察，不断地领悟，因为它从来不会停止，它是一种运动，任何对抗都没有丝毫用处，原因是，这么做只会导致这里面更大的抵制。当你有了某个不被识别到的体验，就会发现你命名的所谓的体验压根儿就不是体验，而只是以不同的形式继续着你自己的欲望罢了。一旦你认识了欲望，一旦你真的理解了它，就会处于一种新的状态，在它里面，不再有识别和命名。只有当意识不去制造任何东西，当它真正迈入静寂，而不是被人为地变得安静下来，才能迎来上述的状态。意识安静了，因为它实现了认知，它探究和觉知了欲望的整个过程。只要意识步入宁静，它就不会再去想象，不会再用言语去表达。正是意识的这种静寂，会带来那意识无法度量的存在状态。

（第四场演说，1952 年 1 月 13 日）

体验是如何强化自我的？

最近这几次聚会，我们一直在讨论认识自我的方式是何等的重要，因为，毕竟，大部分勤于思考的人都一定会意识到，自我、"我"是我们一切灾难与不幸的根源所在，我认为，多数有思想的人都觉知到了这一点。我们可以看到，大多数宗教组织都用理论阐明并漠然无情地坚决主张，彻底地抛弃自我、"我"是何等的必要。我们读过那些主张抛却自我的书籍。假如我们都怀有宗教上的倾向，那么我们对此会有各种各样的表述，我们可以重复曼彻①以及其他的一切。但尽管如此，我们关于自我的感知与模糊的理解，依然是十分隐蔽的、微妙的。我觉得，假如我们全都过着放松自在的生活，就一定会认识各种各样的自我的表现，并且会去看一看我们是否无法彻底地消灭一己之私。因为，我感觉，如果没有认识自我的全部复杂性，我们就无法进一步地展开探究——是否自我可以被划分成高等的自我和低等的自我，这其实是无关紧要的，这只是头脑的事情——头脑最终把自己划分为了实现自身安全的手段。除非我们理解了这整个复杂的过程，否则世界上就不会迎来和平。我们知道这个，我们有意无意地觉知到了这一事实，但它在我们的日常生活里却没有发挥任何作用，我们没有将其带入到现实中来。

我们始终都在讨论的问题是——怎样意识到自我的各种活动及其隐蔽的形式？头脑就躲在这些形式背后寻求着庇护。我们意识到了自我，意识到了它那些基于某个念头之上的活动。以念头、想法为基础的行动，是自我的一种形式，因为它让该行动得以持续，赋予了该行动以某个目的，于是，行动中的观念变成了让自我持续的手段。假如观念不存在，行动就将具有截然不同的意义，该意义不是源于自我。寻求权力、地位、权威、野心以及其他的一切，都是以不同的方式表现着自我，都是自我的形式。然而重要的是去认识自我，我相信你我对此都是信服的。容我在此多说一句，让我们对这个问题抱持认真的态度，因为我觉得，假如作为个体的你我——不是作为属于某个阶级、某个团体、某个地域分界的一群人——能够认识这个，能够对此展开行动，那么我认为，真正的变革就将到来。当改革成为普遍的、世界性的，当它得到了更好的组织，自我就会在其中寻求庇护。但倘若作为个体的你我能够心中怀有热爱，

---

① 曼彻，mantra 的音译，一种神圣的语言形式，在祈祷、冥思或咒语中重复。——译者

能够把这个切实地贯彻到日常生活中去，就将迎来那不可或缺的变革了，不是因为你们通过结成各个群体来组织它，而是因为，从个体层面来说，变革始终都在发生着。

今天晚上，我希望讨论一下体验是如何让自我得到强化的。

你知道我所说的自我是指什么意思吗？我的意思是指，想法、记忆、结论、经验、各种能够命名的和无法命名的意图、有意识地努力想要变得怎样或者不怎样，累积的无意识的、种族的、群体的、个体的、家族的记忆以及这整个的一切，不管它是在行动中从外部反映出来，还是在精神层面作为美德表现出来——为这一切去奋斗，便是自我。它里面包含有竞争、想要出人头地的渴望。这整个过程就是自我，就是私欲，当我们直面它的时候，会知道它是一个邪恶的东西。我有意用了"邪恶"一词，因为自我会带来界分，自我是封闭性的，它的行为，不管多么高尚，都是孤立的、隔离的。我们懂得这一切，我们还知道，一旦自我消失不在——这里面没有了努力、奋斗的意识——将会是多么非凡的时刻。只要心中有爱，就可以迎来这种无我的状态。

在我看来，重要的是去认识体验是如何让自我得到强化的，假如我们抱持认真的态度，就能懂得这个有关体验的问题了。我们始终都在体验——印象——我们对这些印象进行解释，我们对它们做出反应，抑或根据那些印象去行动，我们盘算、考量，我们心思狡猾，等等。被客观看到的事物与我们对它的反应，无意识与对无意识的记忆，这二者之间总是在不断地相互作用着。

请不要记住这一切。若容我建议，请在我讲话的时候去观察一下此时你自己的思想和活动，你将会有所发现。我没有记住这些，我只是在它发生的时候谈到罢了。

我根据自己的记忆对我看见的、感受到的、知道的、相信的、经历的东西做出反应，对吗？对所见之物的反应便是体验，当我看到你的时候，我会有所反应，这反应便是体验，对该反应进行命名便是体验。假如我不去命名这一反应，它就不是体验。请观察一下这个，观察一下你自己的反应以及在你的周围所发生的事情。除非同时有一个命名的过程，否则就没有任何体验。如果我对你没有认知，我如何能够拥有体验呢？这听起来很简单，也很正确。这难道不是事实吗？也就是说，假若我不去根据自己的记忆、根据我所受的限定、根据我抱持的偏见对你做出回应，那么我如何能够知道我有了某个体验呢？这是一种类型。

还有各种欲望的投射。我希望得到保护，我希望拥有内在的安全，抑或我希望拥有一位大师、上师、老师、神。我体验了我所制造出来的东西，意思便是说，我制造出了某个欲望，这欲望会表现为某种形式，我对它进行了命名，对它予以了反应，它是我自造出来的，它是我命名的。该欲望给了我某种体验，这体验使得我说道："我已经得到了"，"我已经经历过了"，"我已经遇到了我的大师"或者"我没有遇见大师"。你知道对某个体验进行命名的这种过程。欲望就是我们所谓的体验，对吗？

当我渴望心灵的宁静，会发生什么呢？会出现什么情形呢？我意识到了拥有一颗宁静之心的重要性，理由有各种——因为《奥义书》如此说，宗教经典如此说，圣人如此说，而且，我自己偶尔也会觉得宁静是何等之好，因为我的心灵整天都在聒噪。有些时候，我会感觉拥有一颗宁和的心灵、静寂的心灵是多么好、多么让人愉悦的事情。希望拥有宁静的心灵，便是去体验宁静。我想要拥有一颗静寂之心，于是我便询问你如何能够达至这种状态。我知道这本或那本书中关于冥想以及各种戒律都写了些什么，我体验了静寂，自我、"我"在体验静寂的过程中确立起了自身。我表达清楚了吗？

我想要认识什么是真理，这是我的渴望、我的憧憬，然后我便会制造出我所认为的真理，因为我阅读了大量关于真理的内容，我听过许多人谈论过它，宗教圣典描述过它。我渴望这一切，那么会发生什么呢？这一欲望会被制造出来，我体验了，因为我意识到了这一状态。假如我没有意识到那一状态、那一行动、那一真理，我就不会称它为真理了。我意识到了它、体验了它，该体验让自我、"我"得到了强化，不是吗？所以，自我在体验中变得更加牢固。尔后你说道："我知道了"，"大师是存在的"，"神是存在的"或者"没有神存在"。你声称你希望某种政治体制会到来，因为它是正确的，而其他的都是错误的。

因此，体验总是在强化"我"，你越是得到了强化，你在你的体验中越是变得牢固，自我就越得到增强。结果，你让个性、知识、信仰得到了强化，你把它们传授给了其他人，因为你知道他们并不如你那般聪明，因为你有写作的天赋，你很聪明。由于自我仍然在运作，你的信仰、你的大师、你所属的阶级、你的经济体制全都是一种隔离的过程，所以它们会带来竞争。如果你对此抱持严肃认真的态度，那么你就应该彻底地解决这一切，不为其辩护。这便是为什么说我们应该认识体验的过程。

头脑、自我能否不去制造、渴望、体验呢？我们看到，自我的全部体验都是一种否定、破坏，但我们却称它是一种积极肯定的行为，对吗？这便是我们所谓的积极的生活方式。消除掉这全部的过程，被我们视为消极、否定。你们这么做对吗？你我、作为个体的我们，能够对此追根溯源，认识自我的过程吗？什么元素可以消除掉自我呢？什么会带来自我的消灭呢？宗教及其他团体通过认同解释过这个，不是吗？让你自己跟某个更大的事物认同，于是自我便会消失了，这就是他们所说的。我们以为认同依然是自我的过程，那个更大的事物不过是"我"的投射，我体验过这个，而这又会让"我"得到强化。我想知道你们是否明白了。所有形式的训诫、信仰、知识，都只是强化自我罢了。

我们能够找到某个会消除掉自我的元素吗？还是说，这是个错误的问题呢？这就是我们最渴望的，我们希望发现某个可以消除"我"的事物，难道不是如此吗？我们认为有各种各样的形式可以发现这个，意即，认同、信仰、等等，但它们全都是处于同一层面，这一个并不比那一个高等，因为它们在强化自我、"我"的方面，力量是同样的。那么，不管"我"在哪里运作，我都意识到了它，我意识到了它那破坏性的力量，无论你可能给它起怎样的名字，它都是一种隔离性的力量，它是一种破坏的力量，所以我想要找到办法来消除掉它。你一定曾经问过自己这个问题——"我发现'我'始终都在运作着，总是给我自己以及我周围的一切带来了焦虑、恐惧、挫败、绝望与不幸。那么自我能否被消除掉呢？不是局部地、部分地被消除，而是彻底地、全部地消解掉。"我们能否对它追根溯源，将其消灭呢？这是唯一有用的方法，不是吗？我不希望我的睿智只是局限于某个方面，而是想拥有完整的、全面的智慧。我们大部分人都在某些层面上是聪明的，你或许是在这个方面，我可能是在另外某个方面，你们有些人在自己的商业领域很聪明，其他一些人则是在你们的公务方面充满了智慧，诸如此类。但我们的智慧并不是完整的，所谓完整的智慧，是指无我。这有可能吗？假如我去追逐这一行动，你会有何反应呢？这不是一场讨论，所以请不要做出回答，而是去觉知该行动。我试图指明的涵义一定会在你的身上产生出某种反应，那么你的反应会是什么呢？

自我能否彻底地消失呢？你知道这是能够实现的，那么，如何才能实现呢？什么是必要的元素？什么元素可以带来这个？我能够找到它吗？先生们，你们明白了没有？当我提出这个问题——"我能够找到它吗？"我显然就相信这是可以做到的，我已经制造出了一个自我将会得到强化的体验，不是吗？自我的消解，需要相当的智慧与警觉，需要不停地去观察，如此一来它才不会溜走。我的态度十分认真，我希望消除自我，当我这么说的时候，我知道消除自我是能够做到的。请保持一点耐心，在我说"我想要消除这个"的那一刻，在我为了消除自我而去展开探究的过程里，我会去体验自我，于是自我便会得到强化。那么，自我怎样才能不去体验呢？一个人可以认识到，创造力根本就不是去体验自我，创造力是当自我消失的时候才会出现的，因为创造力不是智识，它不属于头脑的范畴，不是自我投射的东西，如我们所知，它超越了一切经验。头脑能否迈入静寂，迈入一种不去识别即不去体验的状态，一种能够迎来创造力的状态？——这意味着，当自我消失的时候。我有没有表述清楚？先生们，问题的关键就在这里，不是吗？头脑的任何运动，积极的、消极的，都是一种体验，而体验实际上让"我"得到了强化。头脑能够不去认识吗？只有当它实现了彻底的宁静，才可以做到这个，不过这种宁静，不是去体验自我，从而强化自我。

自我之外是否有一个实体，他在观察着自我、消除掉自我呢？你明白这一切没有？是否有一个精神实体，它替代了自我，消灭了自我，将其抛到一旁？我们认为有这样一个精神实体存在，不是吗？大多数宗教人士都觉得存在这样一个元素。唯物主义者说道："自我不可能被消灭掉，它只能受到限定和抑制——政治、经济、社会层面的限定与抑制，我们可以把它牢牢地控制在某个模式之内，我们可以冲破它，所以能够让自我过一种高等的人生、有道德的生活，不去干扰任何东西，而是遵循社会的模式,仅仅如一部机器那样运作。"我们知道这个。还有一些人，即所谓的宗教人士——他们并不是真正虔诚的信徒，尽管我们如此称呼他们——他们说道："从根本上来讲，有这样一种元素存在。假如我们能够同它取得联系，那么它就可以消除掉自我了。"

有这样一种消除掉自我的元素存在吗？请看一看我们在做些什么吧，我们只不过是把自我逼到一隅，若你允许自己被迫到一隅，你就会发现即将会发生什么了。我们喜欢认为应当存在某个元素，它是永恒的，它不属于自我的范畴，我们希望它可以到来，发挥调停作用，消灭我们的私心，我们将它称作神。那么，有这样一种头脑可以构想到的事物存在吗？可能有，也可能没有，这不是关键。当头脑寻求着某个永恒的精神状态，该状态将会投入行动，以便消灭掉自我，这难道不是另外一种形式的体验吗？这体验将会让"我"得到强化。当你去相信的时候，这难道不是实际上发生的情形吗？当你相信存在真理、神、永恒的状态、不朽，这难道不是一种强化自我的过程吗？自我制造出了你所感受和相信的事物，制造出了那一将会到来和消灭自我的事物。于是便制造出了这一永生的观念，即作为一个精神实体以一种永恒的状态持续下去。你将去体验这个，所有这类体验都只会让自我得到强化，所以你究竟做什么呢？你并没有真的消灭自我，而是仅仅给了它一个不同的名字、不同的特性，自我依然在那里，因为你体验了它，所以，我们的行动由始至终都是同样的行动，只是我们觉得它在演进、发展、变得原来越美丽，但倘若你从内心去观察，会发现，发生的是同样的行动，是同一个"我"在不同层面、贴着不同的标签、带着不同的名字运作着。

一旦你懂得了这整个的过程，这些精巧的、非凡的发明，自我的聪明，它是如何通过认同、通过美德、通过经验、通过信仰、通过知识把自己遮掩起来的，一旦你懂得你是在一个圈圈内运动，在它自己制造出来的笼子里头运动，那么会发生什么呢？当你觉知到了这一切，充分地认识了这一切，你的头脑难道不会迈入格外的静寂吗？——不是通过强迫，不是通过任何奖赏，不是通过任何恐惧。当你认识到头脑的每个运动不过是一种让自我得到强化的形式，当你观察到了这一点，明白了这一点，当你在行动中彻底觉知到了这个，当你领悟了这个——不是在理论层面，不是在口头层面，不是通过经验，而是当你真正处于那一状态——那么你就会看到，头脑将迈入绝对的静寂，不再有能力去制造任何东西。无论头脑制造出来的是什么，都是在一个圈圈里头，在自我的领域之内。当头脑不去制造任何东西，创造力就会到来，它不是一种可以被识别的过程。

真理、实相，是无法被识别的。若想迎来真理，那么信仰、知识、经验、美德、追求美德——这是另外一种形式的想要变得有德行——这一切都必须停止。一个有意去追逐美德的所谓有德行的人，永远无法找到真理，他可能是个非常正派的人，但这跟获得真理、实现觉知的人是完全不同的。对于一个领悟了真理的人来讲，真理已经到来。一个有美德的人是正直之士，而一个正直的人永远无法懂得什么是真理，因为对他来说，美德是把自我掩盖起来，是让自我得到强化，因为他在追求美德。当他说道："我必须没有任何贪念"，这种他没有任何贪念、他所体验的状态，会让自我得到强化。这便是为什么说，做到甘于贫穷是如此的重要，不仅是甘于世俗之物的贫穷，而且还有信仰和知识方面。一个在世俗层面十分富有的人，抑或拥有丰富知识和信仰的人，将永远不会认识黑暗之外的任何事物，而且还会成为灾难与不幸的中心。但倘若作为个体的你我能够洞悉自我的全部运作，那么我们就将懂得什么是爱。我向你保证，这是唯一能够让世界发生改变的革新。爱不是自我，自我无法认识爱。你声称："我怀有爱"，然而，在这么说的时候，在体验它的时候，爱并不存在。可一旦你认识了爱，自我就将消失，只要有爱存在，自我便会不复存在了。

问：什么是简单？简单是否表示格外清楚地认识到哪些是必需的、抛掉其他的一切呢？

克：让我们弄明白简单不是什么。不要说"这是否定"，不要说任何绝对的肯定的东西，这是幼稚的、欠思考的表达。那些这么说的人是盘剥者，因为他们有东西给你，这东西是你渴望的，他们通过它来剥削、利用你。我们不做这类事情，我们试图去探明关于简单的真理。所以你必须要去放弃，要把那些东西抛到一边，要去观察。一个拥有很多的人总是会惧怕变革，无论是外部的还是内部的变革。因此，让我们去探明什么不是简单。一个复杂的心灵不是简单的心灵，对吗？一个聪明的心灵不是简单，如果心灵怀有一个预见中的目标，它为这个目的去运作，将其作为奖惩，那么这心灵就不是简单的心灵，对吗？先生们，不要接受我的看法，这不是接受的问题，这是你的生活。一个背负着知识的心灵不是简单的心灵，一个因信仰而裹足不前的心灵不是简单的心灵，对吗？一个让自己跟某个更加伟大的事物进行认同、努力想要保持这种认同的心灵，不是简单的心灵，对吗？但我们以为，所谓简单的生活便是系一两条缠腰布，我们渴望从外部去表现出简单，我们轻易地就被这个给欺骗了，这就是为什么一个人非常富有的人会去崇拜那些摒弃了世俗享乐的人。

什么是简单呢？简单是能够抛弃掉那些不必需的东西，追求必需的吗？——这也就意味着选择。请好好理解这个。这难道不代表选择吗？选择必需的，舍弃不必需的，这种选择的过程是什么？请深刻思考一下。那个在进行选择的实体是什么？头脑，对吗？你如何称呼它并不重要。你说道："我将选择这个作为必需的东西。"你怎么知道什么是必需的呢？你或者有一个模式，即其他人是怎么说的，抑或你自己的经验指出这是必需的。你可以依赖你的经验吗？因为，当你去选择的时候，你的选择是建立在欲望之上的，你所认为的必需的东西，是会带给你满足的事物。于是，你再一次地回到了同一个过程里，不是吗？一个混乱的心灵，能够做出选择吗？假如它这么做了，那么选择一定也是混乱的。

所以，在必需的和非必需的之间做出选择，这不是简单，而是冲突。一个陷入冲突、混乱中的心灵，永远不会是简单的。因此，当你做出舍弃的时候，当你洞悉了所有荒谬、虚幻的事物以及头脑的那些把戏，当你去观察、审视、觉知这一切，那么你就会懂得何谓简单了。一个为信仰所围的心灵，从来都不是简单的心灵；一个因知识而裹足难行的心灵，不是简单的心灵；一个因为神、女人、音乐分心的心灵，不是简单的心灵；一个被办公室的例行公事、仪式、曼彻所围困的心灵，不是简单的心灵。简单是没有观念的行动，然而这是非常少有的事情，这意味着创造力。只要没有创造力，我们就会成为灾难、不幸和破坏的中心。简单不是你可以去追逐、体验的东西，简单的到来，就如同一朵花儿的绽放，当每个人都理解了生活与关系的整个过程，就在那一刻，简单将会登场。由于我们没有去思考简单，抑或没有去观察它，没有觉知到它，所以我们评估的方式是以外部形式的简单为标准的——比如摇头的方式，比如以某种方式去着衣或者不着衣，但这些并不是简单。简单不是可以去找到的东西，简单不在必需和非必需。当自我消失，当自我不为猜想、结论、信仰、理念所困，简单便会到来。只有这样的心灵才能发现真理，单单这样的心灵就可以接纳那不可度量、无法命名的事物——那便是简单。

问：我是一个有宗教倾向的人，我渴望展开全面的、完整的行动，那么我能够通过政治来表达自己吗？因为，对我来说，似乎政治领域必须发生根本性的改变。

克：这位提问者的意思是：我虔诚地寻求着整体、全部、完整，那么我是否能够在政治层面活动，也就是局部地活动呢？他声称，政治显然是他的道路，当他寻求和遵循这条并非完整的道路时，他只会在局部的领域运作，难道不是这样吗？你的答案是什么呢？不是你那些聪明的回答，抑或直接的反应。我能够懂得生活的全部吗，即我能够心中怀有爱吗？让我们以爱为例。我心怀慈悲，我总是从整体上去感受，那么我可以只是在政治层面活动吗？寻求整体的我，能够是一个印度教教徒或婆罗门吗？心中怀有爱的我，能够让自己跟某条道路、某个国家、某个经济或宗教体系认同吗？假设我希望提升局部，我希望让我所生活的那个国家的某个领域发生根本性的改变，在我让自己跟局部认同的那一刻，我难道不就关闭了整体的大门吗？这便是你我的问题。让我们一起来思考。你并没有在聆听我的讲话。当我们努力去找到答案的时候，你的看法、观点并不是答案。我们努力要去探明的是，一个真正虔诚的人——不是向他人咨询的冒牌货——一个真正圣洁、寻求完整的人，能够让自己去跟一场为了国家的激进运动认同吗？假如我寻求完整，假如我试图认识那不局限于头脑领域内的事物，那么这么做会带来一个国家、一个人、一个政府的变革吗？——不要害怕这个词语。我运用我的头脑，能够在政治上活动吗？我意识到必须展开政治活动，我意识到必须得发生真正的改变，我们的关系、我们的经济体制、我们的土地分配制度等等必须要有彻底的革新，我意识到革新是必须的，但与此同时我在追求某条道路、政治道路，我还试图去认识整体。我在这里的行动是什么呢？先生们，你的问题难道不就是这个吗？你可以在政治方面活动——意即局部地活动——同时又认识整体吗？政治和经济是局部，它们不是整体，不是生活的全部，它们是局部的、必需的。我能够抛掉整体或者离开整个社会，对局部修修补补吗？显然不能。

我们想要带来某种改变，我们对此怀有一些想法，我们追逐如此多的群体，诸如此类。我们使用各种手段以达至这一结果。认识整体是否跟这个是相反的呢？我让你感到混乱了吗？我只是告诉你我的想法，不要去接受，而是凭借你自己的力量去思考、去明了。对我来说，政治活动、经济活动都是次要的，尽管它们是不可或缺的。政治领域必须发生根本性的变革，但倘若我不去追逐其他领域的改变，那么这样的变革就将没有任何的深刻性。如果其他方面不是主要的，如果其他方面只是次要的，那么我对次要展开的行动就将具有深广的意义。但倘若我看见了某条道路，在政治领域展开活动，那么政治活动对我而言就会变得十分重要，而不是展开完整的行动。可如果对我来说完整的行动才是真正重要的，如果我去追求完整的、全面的行动，那么政治活动、宗教活动、经济活动就会走向正确、深刻、根本。若我不去追求其他，而是仅仅让自己局限在政治、经济或社会的转变，那么我就会导致更多的灾难。

因此，这完全取决于你强调的是什么。强调正确的东西——即整体——将会对政治和其他领域发挥自身的作用。这完全取决于你。在追逐整体的时候，不要说："我将要展开政治的或社会的活动"，如此一来你就会带来政治、宗教、经济领域的根本性的变革了。

这个问题里面的重点是：你寻求的究竟是什么？你的生活里面什么是最为主要的问题？主要和次要之间并没有真正的界分，然而，在寻求的时候，你将发现，当你开始去认识整体，就不会再有任何主次了，尔后，整体便是你的道路。但如果你声称自己必须改变某个部分，那么你就无法认识整体。局部的改变，比如政治领域的改变，无法带来整体的转变，这一点已经在历史上得到了证明。但倘若你懂得了这一点，倘若你觉知到了自我的全部过程并且将其消除掉，倘若你心中怀有爱，那么你就将给印度带来彻底的变革。

（第五场演说，1952 年 1 月 19 日）

若想真爱来临，必须终结意识

我认为，认识演讲者跟你之间的关系是十分重要的，因为，一个人在听这些谈话和讨论的时候，很容易要么是带着完全的冷淡、好奇、某种质疑的态度，要么很自然地采取赞成或反对的姿态、沉溺的姿态，在我看来，这两种态度似乎都大错特错了。重要的是去认识到，你我是两个个体，而不是属于两个派别或宗教团体的群体，认识到，作为两个个体的我们要去努力解决该问题。这一直都是我的处理方式，我不是那种坐在讲台上，建议你应当做什么或者制定规则的人——那样是很愚蠢的。但倘若作为两个个体的你我能够去审视问题，理解问题，对它追根溯源，那么或许我们便能帮助彼此去解决摆在我们每个人面前的诸多难题了。依我之见，这是唯一的方法，任何一个为当前的混乱所困的聪明之士，都应该采纳此办法。我们如此轻易地就会去相信、接受，这是因为，在信仰、接受里面有一种安全、一种逃避、一种自我扩张。假如我们能够怀着清楚且诚实的目的去审视问题，那么就可以轻而易举地将问题给解决了。但这十分困难，因为我们大部分人的思想都是如此的陈腐，因为我们怀有这么多的既得利益——经济的、宗教的、心理的，我们大多数人都很难脱离开这些背景去进行思考。若容我建议的话，这是解决无数迫在眉睫的难题的唯一途径。作为个体的你与作为个体的我，将要在我们那方小小的关系里去解决自身的问题。

在过去的几周时间里，我们一直在讨论的问题是自我及其方式。我们能否认识到，自我是一切罪恶的根源所在呢？"我"或者自我、私心，及其所有的反常和隐蔽的行为，要为我们全部的罪恶负上责任。每一个睿智之人都应该解决自我的问题，不做出暧昧的模棱两可的回答，不把问题遮掩起来，他应该在日常生活里认识到自己是怎样让自我得到维系和活力的。如果我们想要解决世界上的任何一个问题，那么我们显然就应当了解自我的整个过程及其全部的复杂性，包括意识和潜意识，这就是我们一直在从不同的方面讨论的问题。

组织化的宗教、组织化的信仰，跟极权主义的政府十分相似，因为他们全都希望通过强迫、通过宣传、通过各种形式的高压去消灭个体。组织化的宗教做的也是同样的事情，只不过是以不同的方式进行罢了。

于是，你必须去接受，必须去相信，你受着重重限定。左翼以及所谓的精神团体的整个趋势，便是按照某个行为模式去塑造、约束人的心灵和思想。结果，个体因为强迫、因为宣传而被摧毁，在为了社会、国家等等的幌子之下，个体饱受控制与支配。所谓的宗教组织也干着同样的勾当，只不过稍微隐蔽一些罢了，因为在那里，人们也必须去相信、压抑、控制还有其他相关的一切。这整个的过程，便是把自我控制在这个或那个形式里头。通过强迫去寻求展开集体的行动，这就是大部分组织所渴望的，不管它们是经济团体还是宗教组织。它们都渴望集体行动，这意味着必须消灭掉个体，起码最终只能意味着这个。你认可左翼思想、马克思主义或者是印度教、佛教、基督教的教义，于是你希望带来集体性的行动。但协作显然不同于高压、强迫。

怎样才能带来集体的行动呢？迄今为止，一直都是通过信仰，通过在经济上许诺说将会有一个繁荣的国家，许诺说会有一个光明的未来，抑或是通过所谓的精神方法，通过恐惧、强迫以及各种各样的奖赏。当出现了既不是集体的也不是个人的智慧时，难道不就会实现合作了吗？这就是我今晚想要与你们一同讨论的问题。

若想有效地讨论问题，你就必须探明意识的作用是什么。我们所说的意识是指什么意思呢？正如我一直在指明的那样，你不要仅仅只是听我的讲话，而是你我应当携手去探究问题，即意识的作用为何。出于纯粹的偶然，我碰巧现在坐在讲台上同你们一起去讨论这一问题，然而实际上是你我共同去解决问题，共同去探究这整个的问题。

当你去观察自己的意识时，你不仅应该去观察所谓的意识的表层，而且还要去观察潜意识，如此一来你便将看到意识实际上在做些什么，不是吗？这是你唯一可以展开探究的途径。你不应当强加意识该是怎样的，它应当如何思考，抑或它应当如何行动等等，这么做等于仅仅在做一些声明。也就是说，假如你声称意识应当是这样子的或者不应当是那样子的，你就停止了一切的探究与思索，又或者假如你去引用某个权威，那么你也等于停止了思考，对吗？若你去引用商羯罗、佛陀、基督或 XYZ 的话，便会停止所有的追寻、思考与探究，因此，一个人应该提防这种做法。你必须抛掉这一切意识的隐蔽行为，你必须知道自己应同我一起去探究这一关于"我"的问题。

意识的作用何在呢？要想弄清楚这个问题，你就应该知道意识真正在干着什么。那么你的意识在干着什么呢？它完全是一种思考的过程，对吗？否则意识就不会存在了。只要头脑没有在有意或无意地去思考，没有去描述，就不会有任何意识。我们应该去探明我们在自己的日常生活里所运用的意识以及大多数人都没有觉知到的意识究竟在我们的问题上都做着些什么。我们应该去审视意识的本来面目，而不是它应当如何。

那么意识究竟是怎样运作的呢？它实际上是一种隔离的、孤立的过程，不是吗？从根本上来说是如此，这便是思想的过程，它是以某种隔离的形式去进行思考，但却维系着一种整体性。当你去观察自己的思想，会发现它是一种孤立的、碎片式的过程。你根据自己的反应，根据你的记忆、经历、知识、信仰的反应去进行思考，你对这一切做出回应，难道不是吗？如果我声称必须得有根本性的变革，你就会立即有所反应的。假若你怀有既得利益，你将会反对变革一词。因此，你的反应取决于你的知识、你的信仰、你的经验，这是一个十分显见的事实。反应是各种各样的。你说道："我应该满怀友爱之情"，"我应该与人协作"，"我应该待人友好"，"我应该为人和善"，诸如此类。那么这些东西是什么呢？这些全都是反应，不过，思想的最基本的反应是一种隔离的、孤立的过程。请不要轻易地就去接受这个结论，因为我们要一起去探究。你们每个人要去观察一下自己的意识的过程，这意味着，你在观察自身的行为、信仰、知识和经验。这一切给予了一种安全，不是吗？它们带来了安全，它们让思想的过程得以强化。就像我们昨天所讨论的那样，这一过程只是让"我"、意识、自我得到了强化，不管这个自我是高等的还是低等的。我们的全部反应、我们所有的社会准则、所有的法律规定，都是在支持个体、个人的一己之私和单独的行动，与此相对立的便是极权主义的政府。只要你更加深入地去探究一下潜意识，就会发现同样的过程在运作着。我们是在环境、风土、社会、父亲、母亲、祖父影响下形成的集合体，你知道这一切，于是你会再一次地渴望去坚持己见，去作为一个个体、作为"我"去支配自己。

所以，意识的运作难道不是一种隔离的过程吗？就像我们所知道的那样，就像我们每天的活动那样。你难道不是在寻求个体的救赎吗？你希望在将来成为一个人物，此生，你想要成为一个伟人、一个伟大的作家。我们的整个倾向便是要与他人隔离开来，要做到单独、特殊。除了这个，意识还能够做什么吗？意识能否不去进行分离性的思考呢，能否不以一种自我封闭的方式片面地思考呢？这是不可能的。因为这个，我们崇拜意识，于是意识变得格外的重要。你难道不知道，当你拥有了一点儿小聪明、一点儿机敏，拥有了一点儿累积的信息和知识，那么你在社会里就将变得多么重要吗？你已经看到了你是怎样推崇那些智力上高人一等的人，那些律师、教授、演讲家、伟大的作家、阐释者和陈述者的！难道不是吗？你努力培养着智力和意识。

意识的运作便是一种隔离的过程，否则你的意识就不会存在了。由于几个世纪以来我们都在培养这一过程，因此我们发现自己无法与他人合作，我们只是为权威所支配，只是出于经济的、宗教上的恐惧而受着强迫、推动和驱使。如果这便是实际的状态，不仅是在意识的层面，而且还在那些更为深刻的层面，在我们的动机、我们的意图、我们的追求里，那么怎么可能实现协作呢？怎么可能群策群力去做某个事情呢？由于这几乎是不可能的，所以宗教和组织化的社会党派便强迫个体去遵从某些纪律。于是，为了实现协作，为了共同去完成某件事情，纪律就变得不可或缺了。

因此，除非我们懂得了怎样去超越这种孤立性的思考，这种无论是以集体的形式还是个体的形式强化"我"与意识的过程，否则我们将不会拥有和平，反而会陷入无休止的冲突与战争。现在，我们的问题是怎样去解决这个，怎样让思想的隔离性的过程终止。通过描述以及某些反应，思想能够消灭自我吗？思想不过是反应，思想不具有创造力，它只是用言语表现出创造力而已，这便是我们所谓的思想。这样的思想能够终结自身吗？这就是我们试图去探明的问题，对吗？我沿着以下的路径去思考："我必须训练"，"我必须去认同"，"我必须更加合宜地思考"，"我必须这个或那个"。思想在强迫、推动、训练自己变成某个样子或不变成某个样子，这难道不是一种隔离的过程吗？因此，它并不是完整的智慧，完整的智慧是能够作为整体运作的，单单这种智慧本身就可以带来协作。现在你明白这个问题没有？假如你尚未觉知到这个，那么你必须认识到这是你的问题。你可以用不同的方式去表述它，但从根本上来讲，问题就在此。

那么你要怎样去终结思想呢，抑或，思想如何才会结束呢？我指的是孤立的、片面的思想。你要如何去着手呢？训戒可以消灭它吗？你所谓的训戒能够消灭它吗？显然，这么多年你都未能取得成功，要不然的话你就不会坐在这里了。你必须去探究训戒的过程，它是一种思想的过程，这里面有压制、抑制、控制、支配——这一切都对潜意识发生影响。随着你年龄的增长，它随后会彰显出来。这么长时间尝试着去训戒但却无果，于是你一定会发现，训戒显然不是消灭自我的过程，自我无法通过训戒被消除掉，因为训戒反而会让自我得到强化。但是，你们所有的宗教都主张训戒，你们所有的冥想、主张都是建立在训戒之上。知识可以消灭自我吗？信仰可以消灭自我吗？换句话说，我们当前所做的一切、我们当前忙于的一切活动，只为对自我追根溯源，这一切能够获得成功吗？这一切难道不是在思想过程里的根本浪费吗？思想过程是隔离的过程、反应的过程。当你从根本上意识到或者深刻地认识到思想无法终结自身的时候，你会做什么呢？会发生什么呢？先生们，观察一下你自己，然后告诉我答案。当你充分地觉知到了这一事实，会发生什么？尔后你将懂得，任何反应都是受限的，尔后你将明白，通过限定不会获得任何自由，不管是一开始还是在最后，自由总是在起点，而不是终点。

一旦你认识到任何反应都是一种限定，从而以各种方式让自我得到维系，那么实际会发生什么呢？对此问题你必须十分清楚。信仰、知识、训戒、经验、达至某个结果或目的的过程、野心、在今生或来世出人头地——所有这些都是一种隔离的过程，会带来破坏、不幸、战争，即便通过集体行动也无法去逃避这一切，无论你可能在集中营里面受到怎样的威胁以及其他的一切。你觉知到了这一事实没有？意识的状态是怎样的？当你说"就是这样"，"这便是我的问题"，"我的确处于这一境地"，"我被排斥了"，"我明白知识和训戒能够做些什么，野心都做了些什么"，你的意识处于怎样的状态呢？显然是截然不同的过程在运作着。

我们懂得智识的各种方式，但却不了解爱的方式，通过智力是无法找到爱的方式的。若想真爱来临，那么智识及其所有的欲望、野心、追逐就必须终结。你难道不知道，当你心中怀有爱的时候，你就会与人协作，你就不会想到你自己了吗？这就是智慧的最高形式——而不是在你作为一个高等的人受到他人敬爱或者在你位高权重时，它们不过是恐惧罢了。只要你怀有既得利益，爱便不可能存在，有的只是以恐惧终结的盘剥和利用。因此，只有当意识消失，爱才会到来。所以，你必须认识意识的整个过程及其运作，唯有这时，唯有当发生深刻的变革时，你才能有所探明。

你不可能在短短的几分钟时间里头或者仅仅听一两场演说就能理解意识的过程。只有当你的身上发生了巨大的转变，只有当你怀着深深的兴趣去探明这种不满与绝望，才能认识意识的过程。然而你并非身处绝望，你受过良好的教育，你在物质方面衣食无忧，于是你就使得自己无法进入到那种绝望的状态，你总是有东西可以去依靠。你总是能够去逃避，去教堂或庙宇、阅读书籍、听讲座、跑开，而一个逃避的人是无法身处绝望的境地的。假如你陷入绝望，你会试图找到一条希望之路，找到逃离绝望的办法。只有彻底抛掉了所有这一切、处于赤裸状态的人，才能领悟何谓爱。若不这样，就无法迎来改变与新生，有的只是模仿和灰烬，而这正是我们文化的现状。只有当我们懂得了如何去爱彼此，才可以实现合作，才可以展开理性的行动，才可以携手去解决任何难题，唯有这时，才能探明什么是神、什么是真理。现在，我们试图通过智识、通过模仿去发现真理——模仿其实是一种盲目崇拜，无论是用手还是用头脑去模仿。只有当你认识了自我的整个结构，从而彻底抛掉了这一切，那永恒的、不可度量的事物才会到来。你无法去寻求它，只有它向你走来。

问：通过觉知，能够彻底根除像贪婪这样的问题的根源吗？觉知是否有各种层面呢？

克：对这位提问者来说，这是一个问题，那么这是否也是我们每一个人的困惑呢？贪婪无法一点一点地被碾碎，能够被你碾成碎片、抛到一边的东西，将会生长成另外一种形式的贪婪。你知道贪婪都给社会带来了些什么，在两个人的关系里，你懂得了贪婪的整个过程，经济上的或精神上的贪婪。这位提问者询问怎样才能从根本上消灭贪婪，因为他觉得一定有某个法子可以追溯到问题的根源。假如你说："我希望慢慢地、逐渐地摆脱它，直到我变得完美"，那么这只不过是一种逃避问题的途径。有办法彻底根除贪欲吗？让我们来一探究竟好了。

首先，你为什么希望挣脱贪念的束缚呢？难道不是为了得到其他的东西，为了有所成就吗？难道不是因为书上如是说，或者因为你目睹了贪婪给社会带来的恶果吗？是什么驱动力使得你说道"我应该消除贪念"呢？探明这个格外重要。当你指出："我不想这样，但我希望成为那样"，这种渴望变得如何，无论是主动的还是被动的，都可能就是贪婪的根源所在，你可能就是这根源。你只会说："我将做这个和那个"，通过变得如何如何，你并没有认识动机所在，不是吗？意志、排拒、压制、控制或者与某个不是贪念的事物认同，这些能够消灭贪婪吗？你能够根除贪欲吗？如果你尝试过这些，那么跟某个事物进行认同的过程难道不也是一种贪婪吗？这当然是贪婪，因为你想要逃避贪婪导致的痛苦、冲突，但却并没有真正解决贪婪的问题。你试图成为其他的模样，动机、欲望仍然是渴望变得如何。想要变得如何，难道不正是贪婪的本质吗？变得怎样就是贪婪。你可以活在这世上，同时却不去变得如何，不去想着出人头地吗？你可以活在这世上，同时不去想着拥有头衔、地位、学位、能力吗？除非你做好了当一个无名小卒的准备，否则你必定会陷入到各种形式的贪念之中。

你是否真的觉知到了贪婪的这种运作以及它那些会带来毁灭的追逐呢？心灵——毕竟，心灵便是贪婪——能够不去寻求，不去渴望变得如何吗，能够甘于平凡吗？显然是可以办到的。唯有当你的心灵充实的时候，你才不会去要求什么，不会去渴望实现什么。但你并不希望一无所有，并不希望只是个无名小卒，你的所有努力就是为了功成名就，不是吗？假如你是个职员，你会渴望升职加薪，渴望拥有更高的地位、名望、更多的野心，渴望能与大师亲近并且被许诺说将来能够得到奖赏。你不会抛掉这一切，你没有做到简单，你不甘于什么都不是，你无法做到真正的赤裸。显然，除非你达至了这一状态，否则必定会陷入各种形式的贪欲之中。若你不能做到甘于简单、平凡，不去渴望变得怎样，那么你就无法实现这种状态。你去体验一无所求，这其实是自我的投射，从而会让自我得到强化。因此，你无法去体验无欲无求，正如你无法去体验爱的状态。当你去体验任何事物时，爱便不会存在，因为，就像我昨天解释过的那样，你所谓的体验，不过是你自己的欲望的投射，于是也就是自我的强化。所以，假如你明白了这一切，假如你觉知到了这一切——不是仅仅停留在肤浅的层面，如此将会意义甚微——假如你觉知到了想把自己从这样改变为那样的渴望，当你充分认识了贪婪的整个过程，那么贪婪自然就会消失不见了。

很明显，觉知有许多的层面。觉知到树木、月光、穷苦的吃不饱的孩子、他们那半饿半饱的鼓胀的肚皮——这些全都是表层的觉知、观察。但倘若你能够探究得更加深入一些，就会觉知到我们受着怎样的限定，不单单是在意识的表层，而且还有更为深刻的层面。这种觉知是通过梦境或者运动而来的，当两个想法之间出现小小的间隔时，会有某种设想不到的观察。当你能够坚持展开深入的探究，也就是说，当意识迈入彻底的静寂，没有任何识别、任何反应，当意识安静下来，不去体验，智慧便会到来。

意识总是去对体验进行描述，从而强化了记忆，进而强化了自我。显然，我们越是认识到了自我的一切方式，就越是觉知到自身的全部感受，我们认识了每一个悲伤、思想的每一个运动，我们不仅观察它，而且还要与之共处，不将其抛到一旁。这会带来成熟——不是年纪的增长，不是知识或信仰，这会带来完整的而非片面的智慧。

问：我们全都是通神论者，同您一样，对真理与爱怀有根本的兴趣。您难道不能够继续呆在我们的学会①里，给予我们帮助，而不是与我们分隔开来并且对我们加以抨击吗？这么做能让您得到什么呢？

克：首先，你们当中许多人都感到愉快，其他一些人则有点儿不安、有点儿担忧。你们难道没有感觉到这一切吗？让我们来探明一下吧。

从根本上来讲，我们、你我寻求的是同样的事物吗？你能够在某个组织里面寻求到真理吗？你能够给自己贴一个标签然后去寻求真理吗？你能够一边是名印度教教徒，一边声称"我在寻求真理"吗？那么，当你在寻求的时候，真理难道不过是信仰的实现吗？你可以从属于某个精神组织同时又去寻求真理吗？真理是集体去发现的事物吗？当你去信仰的时候，你会懂得爱？你难道不知道，当你格外强烈地去信仰某个事物，而我则相信相反的事物，那么你我之间就不会有爱存在吗？当你相信某些等级制度的原则和权威，而我却不信这些，你觉得我们之间会有交流、理解可言吗？当你的思想的整个结构是关于未来，是通过美德去变得如何如何，当你想要在将来出人头地，当你的思想的整个结构是建立在权威与等级制度的原则之上，你认为我们之间会有爱吗？你可能为了便利而去利用我，我可能为了便利而去利用你，但这并不是爱。让我们弄清楚这个。不要对这些问题太过担忧，因为若这样，你就不会获得觉知。

要想弄明白你是否真的在寻求真理和爱，那么你就必须展开探究，

---

① 指通神学会，克里希那穆提被其作为"世界导师"教养长大。——译者

不是吗？假如你去探究，假如你在内心去探明，从而在外部展开行动，那么会发生什么呢？你将会实现超越，不是吗？若你去质疑自身的信仰，你难道不会发现自己将有所超越吗？只要有团体和组织——那些在财产、信仰、知识方面怀有既得利益的所谓的精神组织——那么显然人们就不是在寻求真理，尽管他们或许会这样声称。因此，你应该弄明白我们是否从根本上来讲是在寻求同一事物。通过大师、通过上师，你可以找到真理吗？先生们，好好思索一下这个问题，这是你们的问题。通过时间的过程，通过变得如何如何，你能够发现真理吗？通过大师、通过弟子、通过上师，你可以获得真理吗？从本质上来说，他们究竟可以告诉你什么呢？他们只会告诉你去消灭"我"，你这么做了吗？如果你没有，那么你显然就不是在寻求真理。这并不表示我认为你没有在寻求真理，但事实是，若你声称："我将要出人头地"，若你坐上了精神权威的位子，你就不可能是在寻求真理。我对这些问题十分清楚明了，我不是在试图劝说你去接受或谴责，这么做将会是愚蠢的，我不可能像这位提问者所说的那样去抨击你们的。

即使你听了二十年我的讲座，你却依然抱持着自己的那些信仰，原因是，相信你正受着看护，相信你拥有精神上的使者，为你指引未来之路，相信你将会变得美丽，在现在或永远，这会带给你慰藉。你将继续怀着你的那些信仰，因为你在财产、工作、信仰、知识里面怀有既得利益，你不会去质疑它们。此番情形在全世界都是一样的，不是只有这个或那个特殊的群体才会如此，而是所有的群体皆然——天主教徒、新教徒、共产主义者、资本主义者——全都处于同一境地，他们全都怀有既得利益。如果一个人真正怀有革命的精神，如果他在内心洞悉了所有这些事情的真理，他就会找到真理。他将会即刻懂得什么是爱，而不是在将来的某个日子——这毫无价值。当一个人饥肠辘辘的时候，他希望的是现在就填饱肚子，而不是明天。但你怀有许多方便的关于时间、关于可能性的理论，而你则被困于其中。所以，你我之间的联系在哪里呢？你我之间的关系在哪里呢？抑或你自己跟你试图要去探明的那个事物之间的关系在哪里？然而，你们全都在谈论着爱，谈论着所谓的兄弟般的情谊，但你们所做的一切却正好与之相反。先生们，在你们有了组织的那一刻，就一定会为了地位、权威展开各种阴谋诡计，这一点是显见的，你们知道这整个的游戏。

所以，我们需要的，不是我是否在抨击你们，抑或你们是否指责我或踢我出局，问题不在这里。很明显，假如一个人指出你信仰的或者做的事情是错误的，那么你一定会去否定他、排拒他，你已经这么做了，抑或你在内心觉得自己应当这么做，因为我声称我反对你所渴望的东西。如果你真的希望去寻求，如果你想要找到真理与爱，那么你的目的就必须是单纯的，你必须彻底抛掉一切的既得利益。这意味着你的心灵必须是空无的、谦卑的，不去寻求什么，不去要求地位和权威，不去渴望成为大师的使者或者其讯息的展示者，你应该完全赤裸裸。由于你不希望如此，于是你自然就会获得信仰、标签以及各种各样的安全。先生们，请不要拒绝接受我所说的，请去探明你是否真的从本质上来说是在寻求真理，就像你所宣称的那样。当你说"我正在寻求真理"的时候，我真的对你存有质疑。你不可能去寻求真理，因为你的寻求是由你自身的欲望制造出来的产物，你去体验这一产物，便是你所渴望的经历。可一旦你不去寻求，一旦心灵迈入静寂，没有任何欲求，没有任何动机，没有任何强迫，那么你会发现，狂喜将会到来。为了迎来这种狂喜，你必须处于彻底赤裸的状态，必须是空无的、独立的。大多数人都会加入这些团体，因为它们是群体性的，因为它们是俱乐部，而加入俱乐部是非常容易的社交行为。你觉得，当你寻求慰藉、满足、社会安全的时候，你会找到真理吗？不，先生们，你应该卓然独立，不去寻求任何依傍、支撑，不去寻求朋友、上师、希望，你的心灵必须处于彻底赤裸与空无的状态。唯有这时，心灵的空无才能迎来那永恒的事物，这就犹如一个空的杯子才能够装入内容一样。

（第六场演说，1952 年 1 月 20 日）

痛苦是什么

或许今天晚上我们可以讨论一下痛苦是什么的问题及其全部的涵义。我认为，在我们进入这一主题之前，应当首先思考一下我们所说的"认知"一词究竟是指什么意思。因为，若我们能够懂得痛苦的深刻涵义，懂得它的深刻及意义，那么或许我们就能让心灵完全摆脱那些我们所谓的"痛苦"的反应，而痛苦其实是一种感觉。所以，重要的是去探明我们所说的"认知"意指为何。

认知是理智活动或推论吗？认知仅仅是源于一种智力的或言语的过程吗？还是说它是与推论、演绎、理解完全不同的事物呢？通过仔细的分析，我们能够解决某个深刻的心理问题吗？认知，难道不是理解、识别、完整地洞悉问题的全部吗？意识只会做出反应，把几个事物放到一起去进行推理、分析、比较，去掌握有关的知识，然而，这样的意识——它是一种思想的过程，它里面包含有时间，也就是记忆，它是信仰、知识的累积——能够去认识问题的全部涵义吗？换句话说，时间的过程——从本质上来讲，它是一种意识的过程、思想的过程——能够让问题得到解决吗？对我们大多数人来说，探明这个尤为重要，因为就我们大部分人而言，我们如此勤勉地培养起来的工具就是意识、智力，我们用它来着手问题，指望着由此可以将问题解决。

我们询问自己："意识是时间的过程，是昨天、今天、明天的结果，那么这样的意识能够成为认知的手段吗？"意识可以完整地洞悉问题的全部吗？经由时间就可以获得认知了吗？还是说它与时间无关呢？假如我们把认知的过程与作为时间过程的推理、演绎、分析区分开来，那么我们或许马上就能充分地理解某个问题了。这一点分外重要，不是吗？

若我们希望理解痛苦的全部涵义，那么就必须根除掉时间的问题，时间不会解决累积痛苦的过程，也无法帮助我们去消除痛苦，它只能帮助你去忘却痛苦、逃避痛苦、搁置痛苦，但痛苦的感受依然存在。

因此，这个晚上，请让我们以两个个体的身份去审视有关痛苦的问题，不把时间的过程作为认知和解决问题的手段带入进来，不以群体的身份去对问题展开集体性的思考。换言之，我们能够完整地洞悉这一有关痛苦的问题吗？只有当我们充分地、全面地认识了某个事物，才能将其解决掉，否则就无法办到。问题的解决，不是通过我们所谓的意识、推理、思想的过程。这便是为什么我会说我们应该理解"认知"一词的涵义，我们应该领悟该词的意义，我觉得，假如我们可以做到这个，那么或许我们就将探明有关痛苦的问题了。

如果我想要认识某个事物，我首先必须去热爱它，不是吗？我必须同它进行交流，建立联系，我不应该有任何的障碍，不应该有任何抵制、排拒，不应该有任何忧虑、恐惧，因为它们会把自己转变为谴责、辩护或认同的过程。我希望你们可以明白我所说的这一切。暂时忘记语词吧，我所运用的语词对你来讲不需要有任何的价值。跟我所说的内容、跟我讲话的实质建立联系，去理解、去感受，我的话并不仅仅只是口头层面的。若想认识某个事物，那么你就必须怀有爱。假如我希望去了解你，我就应该对你怀有热爱，我就应该不抱持任何的成见。我们知道所有这一切。你说道："我没有任何偏见。"但我们所有人都是由许多的偏见、敌对构成的，我们树立起了言语的屏障，让我们把这道屏障移除掉，领悟痛苦的涵义究竟是什么。我觉得，只有通过这个法子，我们才能解决痛苦这一极为复杂的难题。

所以，认知需要交流，认知需要心灵能够去感知那未知的事物，那不可度量的事物。因为，一个希望去认知某个事物的心灵，必须本身便是格外宁静的，这不是一种识别的状态。如果你想要实现认知，那么你就必须展开交流，这意味着你的心中得怀有热爱，不是仅仅处于某个层面，而是在所有的层面。当我们爱着某个人的时候，它便是一种具有永恒特性的过程，你无法去命名它，没有恐惧、奖赏、谴责等障碍，也没有跟其他人进行认同——这是一种心理过程。只要我们能够真正领悟该词的涵义，便能探究关于痛苦的诸多问题了。若怀有交流的感受，若真正热爱那个被我们叫做痛苦的问题，那么我们便能充分地认识它了，否则，我们将仅仅只是去逃避，找到各种逃避的法子。因此，如果可以的话，让我们处于这一状态吧，唯有这时，我们才能懂得什么是所谓的痛苦。我们不应当有任何心理的障碍，不应当有因为传统而导致的任何成见、谴责、辩护，尔后，作为个体的你我就可以去着手痛苦这一让我们大多数人都感到精疲力竭的事物了。

处于运动、行动之中的能量便是欲望，对吗？遭受挫败的欲望就是痛苦，实现了的欲望就是愉悦。对我们大部分人而言，行动是一种实现欲望的过程。"我希望"和"我不希望"决定了我们的态度。能量被疏导了，通过欲望与"我"认同，它始终都在寻求着实现。处于自身运动中的欲望，是一种实现或排拒的过程。有各种形式的实现，同样也有各种形式的排拒——每一个都是约束，每一个都会带来各种各样的痛苦。只要有痛苦，就会有各种解决它、逃避它的方式。

我们知道不同层面的痛苦，对吗？生理上的痛苦，死亡的痛苦，没有实现愿望时的痛苦，因空虚状态带来的痛苦，当野心没有得到满足的时候所出现的痛苦，没有达到某个标准或者好的榜样而产生的痛苦，理想的痛苦，最后还有认同的痛苦。我们知道各种生理的、心理的、处于不同层面的痛苦，我们还知道各种各样的逃避：酒精、仪式、反复念诵某些语句，求助于传统，求助于将来，寻找更好的时代、更好的希冀、更好的环境，我们知道所有这些逃避的形式——宗教的、心理的、生理的、物质层面的。我们越是去逃避，问题就会变得越发严重和复杂。当我们审视问题的时候，我们的整个结构就是一系列的逃避。你把痛苦解释过去，尔后对你来说，解释要比痛苦的深刻性、意义来得更加重要，毕竟，解释不过是语词罢了，无论它是多么的精妙、多么的合理，我们满足于语词，这是另外一种逃避。

在处理像痛苦这类问题的时候，我们运用了自己全部的心理过程，我们有一系列的逃避、辩护、谴责作为基础。于是，我们并没有同痛苦这一问题产生直接的、有活力的交流。你是一个审视痛苦的位于痛苦之外的实体，你试图去解决、探究、分析痛苦这一问题。你身处痛苦之外，在这种分析、谴责、辩护的过程中，遭受痛苦的是其他的事物。

并没有作为实体的你处于痛苦之境或者感到痛苦的问题。痛苦与思想者并不是分开的，思想者、感受者、那个有所欲求的实体，就是痛苦本身，根本没有所谓的他与痛苦是分离的，他将要去消除痛苦。欲望的过程——它是行动中的能量——便是一种挫败、痛苦、实现、悲伤的过程。你与痛苦并不是分开的，这就是整幅图景，对吗？我们可以口头上把它放得更大，更加详细地去描绘它，但这便是问题所在，不是吗？你并非身处痛苦之外，所以你无法解决痛苦，你不可以把自己分析为一个正在审视痛苦的单独的实体，你也不可以求助于某个分析者来将痛苦解决掉，你不可以通过把精力都花在社会活动上而去逃避痛苦或者把直接的痛苦抛到一旁。

我们的大部分努力、多数的意图、我们的寻求都是为了声称："我与我感受到的事物是不同的，我怎样才能消除它？"这真的是一个非常重要的问题，不能随随便便地抛到一边或者给出狡猾的回答。你必须用你的整个身心去反抗，从而去审视痛苦，因为我们所受的教育便是认为你可以对痛苦有所作为。你根本不是一个独立的实体，你不是处于你的思想、你的欲望、你的野心之外，不是处于你在精神或社会层面所攀爬的阶梯之外。要想认识这一问题，你就必须同整体进行交流，如果你把自己与那一对象分隔开来，片面地去审视问题，那么你就无法与整体建立联系了。若你认为自己是一个单独的实体，在审视着那一被你唤作痛苦的事物，认为自己跟痛苦是分开的，那么这就会是一种片面的、局部的理解和认知——这压根儿就不是觉知。

因此，你便是痛苦的制造者，你就是那个在遭受痛苦的实体，你与痛苦、悲伤并不是分开的。只要你跟痛苦之间有着界分，就只会有局部的、片面的认知、了解，就只会局部地看待事物。这实际上意味着，你应该抛掉所有先前的解释，意味着你必须直面痛苦，你跟那个被你叫做痛苦的事物并不是两个分离的过程，而是一个统一的过程。当你真正怀有爱，就不会再有任何的障碍，尔后便会实现交流。爱不是跟他人的认同，爱里面是不存在认同的，它只是一种身心的状态。

你能够审视痛苦这一问题吗？不仅是那种由同情、希望或失败的反应带来的痛苦，而且还有那种如此隐蔽、如此深刻的痛苦，以至于任何言辞的描述都无法将其遮盖住。你我能够与它进行充分的交流吗？我们不应该利用痛苦，将其作为实现认知、取得进步的手段。

痛苦实际上是什么呢？当你感到痛苦的时候，当你的儿子离世的时候，会有一种痛苦；当你看到了那些贫苦的、吃不饱肚子的孩子，则是另外一种痛苦；当你努力想要攀上阶梯的最高一级但却没能获得成功，则是第三种痛苦；当你没有实现理想，你也会感到痛苦。很明显，痛苦是一种欲望的过程，这欲望始终在增加、在翻倍，它是一种自我封闭的过程。我能够认识运动中的能量的过程即欲望的过程，终结欲望，但同时又不会导致能量的停止吗？我们所知道的便是，运动中的能量即欲望——欲望就是"我"，这个"我"想要取得进步，想要去实现，想要去搁置问题。

我是否能够理解有关痛苦和欲望的整个问题，从而终结作为"我"的运动的欲望，同时又不会重新陷入欲望的泥沼之中，而是处于一种纯粹理性的充满能量的状态呢？这不是一个是或否的问题，不是可以像上学的孩童那样去着手的问题。这需要展开大量的冥想，这里所说的冥想，不是指把你的思想确定在某个层面——这么做是荒唐的，我们在这里不是去讨论有关冥想的问题。正如我所指出来的那样，这要求相当的领悟与洞察，假如有任何欲望的扭曲，那么你就无法去洞察。

能量是纯粹的智识，一旦我们懂得了这个，抑或让它开始显现，那么你就会发现欲望将变得毫无意义。怎样控制欲望，怎样在社会或精神层面上去控制欲望——这便是我们的问题所在，不是吗？"我"或者欲望是怎样由于要为集体或个人所用而被影响的呢？这一切是怎样完成的呢？

只要我们没有充分地认识欲望，就一定会有痛苦，因为我们不会拥有那能够消除痛苦、那解除痛苦所必需的纯粹理性。理性无法消除痛苦，无法消灭欲望。所以，必须去理解整个的问题，但不是通过推理，不是通过理性，而是通过洞悉这整个的过程。这意味着要真正去热爱问题，真正去热爱痛苦。你们明白没有？有些人热爱痛苦，但他们的心灵是空虚的，他们热爱痛苦，但却不爱人，他们把痛苦视为一种理念。你难道没有见过那些热爱美德的人吗？他们之所以热爱痛苦，是因为他们在这种热爱里面感觉良好，他们感受到了某种热情的反应、某种幸福。我指的根本不是这种热爱。当你心中怀有爱的时候，就不会有任何的认同，而是会有交流，你跟你所热爱的事物之间会有敞开的接纳。认识这整个的问题是必须要做的事情。

就像我所指出来的那样，认知不是一种时间的过程，它不属于时间的范畴。不要说什么："我明天将会实现认知"，"我将会去"，"我将会来"，"我将会觉知到越来越多"。认知与时间或时间的过程即思想无关，所以意识无法解决痛苦的问题。那么，什么可以消除痛苦呢？如果你试图用你的意识去理解问题，你就会去辩护、谴责或者让自己跟它认同。能够充分认识问题的心灵，是不处于激动不安状态的心灵；能够认识问题的心灵，不会去寻求某个结果；不会渴望去找到某个答案；不会说："我必须摆脱痛苦，以便去体验，以便拥有更多。"没有所谓的"更多"，"更多"便是痛苦。因此，假如你能够彻底地审视问题，不是作为在观察、影响、破坏的"我"，而是意识到观察者与所观之物是统一的，那么你会发现爱将到来，这种爱不是感觉；你会发现智慧将到来，这种智慧不属于时间或思想的过程——唯有爱和智慧，方能解决痛苦这一巨大而复杂的难题。

问：因为那些许诺了伟大事物的政治运动，我生命中最美好的十年都是在牢狱中度过的。现在这一切都幻灭了，我感觉自己已经燃烧殆尽，那么我该如何是好呢？

克：你可能并没有十年的牢狱之灾，但你或许把一两年的时间都用来追逐那些虚幻的希冀、那些错误的运动，用来做了一些事情，你曾把自己的全部身心、把你的思想都投入其中，你完全献身于它，然后发现了它的虚无。我们都做过这种事情，不是吗？你遵循了某条道路，展开了某些行动，指望着这么做能够带来一些伟大的事情，能够给予人们帮助，能够让他们获得自由，指望着最后能够迎来慈悲与爱。你把自己的生命都献身其中，尔后，有一天，你发现这些东西是彻头彻尾的虚空。也就是说，你所盼望的、你为之奋斗的事情不再具有任何意义，你的激情已经燃烧殆尽。你难道不知道这些情形吗？你难道不是这其中的一分子吗？你难道不曾蹲过监狱吗？你难道不曾有过这样的经历吗？你难道不知道自己曾经遵循过那些政治或宗教的大师、教导者的道路吗？他们许诺说，通过革命，将会建立起一个理想的政府、国家。于是你便把自己的热情、精力、生命全都奉献其中，最后，你感到了幻灭，你的热情燃烧殆尽，你为之奋斗，然后又离开。不过，会有另外一个愚蠢而无知的家伙将代替你的位置，他会继续你所走过的道路，他会给那一堆无价值的火焰添加燃料。如果他也筋疲力尽了，他将会走开，将会停止这一切。但是依然会有另一个人来接棒。这种愚蠢的行动以宗教、政治、神、和平的名义继续下去——随你怎么称呼都好。于是便会出现另外一个问题：怎样防止那些愚蠢之人落入到这种毫无意义的无用的冲突中去呢？

团体、组织是如此空洞的事物，尤其是那些宗教团体，所以，当你的热情燃烧殆尽时，你要怎么做呢？你的弹性已经用完了，你垂垂老去，你为之奋斗的一切不具有丝毫意义。你要么会变得愤世嫉俗，要么会继续像一堆死木头一般过着与世隔绝的生活，这是一个十分显见的事实，对吗？我们懂得这一切，有成百上千的例子，你自己可能就是其中一个。当一个人处于这种状态时，他该怎么办呢？死寂的能够重生吗？肤浅的、虚幻的事物，能够获得新生吗？它能突然间获得新生，洞悉自己做过的事情，然后去追求真理和更新吗？这便是问题所在，对吗？我一生里头的重要时光都奉献给了无意义的事情——这里所说的无意义，是指没有深刻的、永恒的涵义——我已经失去了那一状态，我的热情已燃烧殆尽，那么这样的我能够重新获得生机吗，能够再一次找到热情吗？我觉得可以。

当我激情消失，当我意识到自己蹉跎了岁月，但还没有变得愤世嫉俗，假如我能够领悟我所做的事情的全部涵义，能够懂得我是如何去追逐理想的，理想又是如何走向破坏的——因为理想没有任何意义，理想不过是自造出来的东西，不过是一种搁置，它妨碍了我去认识实相，妨碍了我去理解整体——假如我能够静静地坐下来，不被拖到另外一个方向去，假如我懂得了我所做的事情的全部涵义，意识到是什么把我引向了那些虚幻的希望，是什么唤醒了我身上的各种野心；假如我能够洞悉这一切，不朝着其他方向运动，既不去辩护也不去谴责；假如我可以与之共存，那么我就将迎来新生，不是吗？原因是，心灵曾经追逐某个事物，它希望这会带来某些结果、乌托邦、奇迹，等等。如果心灵意识到自己所做的事情，便会实现新生，对吗？若我知道自己做了一件很严重的事情、错误的事情，若我觉知到了这个、认识到了这个，那么这种觉知显然便是光明，便是新生。

可我们大多数人都没有耐心，也没有智慧，或者无法默默地、没有任何怨言地去接受我们所做的事情。我唯一知道的便是我浪费了我的生命，我渴望获得新生，我急切地想要去抓住新的事物。当我迫不及待地去抓住时，我便会再一次地失落。尔后就会有上师、政治领袖，他们许诺了一个乌托邦，而我则被裹挟而去。于是，我又重新回到了跟之前一样的过程里。然而，认识这一过程，意味着耐心、觉知，知道我做了些什么，不要再有任何更多的尝试。这需要相当的智慧，这需要怀有深深的热爱，需要知道我不会参与这些事情中的任何一个。它将带领我到何处并不重要，但是我不会这么做的。当我们这样做的时候，当我们处于这一状态的时候，我向你保证，新生便会到来。但我必须认识到我的头脑没有在制造新的幻觉、新的希冀。

问："接受当下实相"是指什么意思？它与听任、顺从有何不同？

克：什么是接受？接受的过程是怎样的？我接受痛苦，这指的是什么意思？我因为失去了一个朋友、兄弟或子女而悲伤，于是便有了痛苦。通过解释而去接受这种痛苦，便是听任、顺从，不是吗？我说这是不可避免的，于是痛苦便会褪去，我对它进行了阐释，把它合理化了，或者我转向因果报应、轮回，我接受了这一切。接受是一种认可的过程，对吗？请不要对这个词语进行界定，而是洞悉它的意义。也就是说，我之所以接受，是为了获得安宁，我听任、顺从了某个事件、某种境遇，我接受它们，是因为这么做会带给我平静、安抚，会把我带出冲突的状态。在听任里面有一种隐蔽的动机，我可能没有意识到这个，在内心深处，在无意识的层面，我渴望获得安宁，我渴望得到满足。我不希望受到扰乱，但失去亲友则会带来扰乱，这就是我们所谓的痛苦。为了逃避痛苦，我去解释、去辩护，尔后说道："这是不可避免的，这是因果报应，我只能听天由命了。"这是最为愚蠢的生活方式，不是吗？但这并不会带来觉知，对吗？

如果我能够审视"当下实相"——也就是说，审视已经发生的事情，比如某个人的离世、某个事件——不展开任何思想的活动，如果我能够观察它、觉知它，对它进行探究，与它建立联系，热爱它，那么我就不会去听任、顺从、接受了。我必须去接受事实，事实就是事实。但倘若你能够让自己不去对事实进行解释，不去对它予以辩护，不把它置于某个对你来说合宜的位置，倘若你觉知到了这个，从而自然而然地、毫不费力地将它抛到一旁，那么你就会发现那截然不同的、意义非凡的事物了。尔后，它会开始一点一点地展开，会显现得越来越多，就像阅读一本书那样。可如果你已经得出了结论，说这本书是关于什么的，已经知道了结果，那么你就不是在阅读。

任何辩护、谴责或者让自己跟"当下实相"认同，都无法让你获得对"当下实相"的认知。我们已经丧失了爱的方式，这就是为什么会有这一切肤浅的过程存在的缘故。请不要去询问什么是爱，你始终都在谈论爱，那么你所说的爱指的是什么意思呢？你只能通过否定去探明什么是爱，由于我们所过的生活是一种否定，因此不可能有任何爱存在；由于我们的生活主要是一种破坏性的，因此我们的生活方式、我们的交流方式便是自我封闭的。只有当否定停止，才能认识那涵盖一切的事物。一旦你同"当下实相"有了充分的交流，便能认识它了。

问：您倡导没有观念的行动，认为这样才能迎来真理。行动能否始终没有观念的介入呢，也就是说，不怀有预见中的目的呢？

克：我并没有在提倡任何东西，我不是一个宗教或政治领域的宣传者，我没有邀请你去展开任何新的体验。我们所做的一切，便是努力去探明什么是行动。你不要在探明的过程中对我亦步亦趋，假如你这么做的话，你就永远不会有所洞察，你只是口头上明白了我。但倘若你希望去探明，倘若作为个体的你想要弄清楚什么是观念和行动，那么你就应该展开探究，不要去接受我的界定或者我的经验，因为它们可能完全是错误的。由于你必须要去探明，所以你得把遵循、追逐、提倡、宣传者、领袖、榜样这一切的概念、想法统统抛到一旁。

那么，让我们一起弄清楚我们所说的没有观念的行动究竟是指什么意思吧。请对此做一番思考，不要说什么："我不明白您在谈论什么。"让我们携手去探明吧，这可能不太容易，但让我们去探究吧。

我们现在的行动是什么呢？你所谓的行动意指为何？做某件事情，去干什么，去实现什么。我们的行动是以观念、想法为基础的，不是吗？这就是我们所知道的全部。你有了想法，理念，理想，许诺，关于你是什么、不是什么的各种公式、准则，这便是我们行动的根基——将来的奖赏或者对惩罚的恐惧，或者寻求我们能够把自己的行动建立其上的自我封闭的观念。我们了解这些，对吗？这样的行为是孤立的、封闭的。在行动中去观察一下你们自己，不要对我的话充耳不闻。你怀有了关于美德的观念，你依照这一观念生活——意思便是，你在关系里去行动。也就是说，对你而言，关系是一种以理想、美德、集体的或个人的自我实现等等为目标的行动。

当我的行为是基于某个理想即观念，那么这种观念就会影响我的行为，就会支配、引导我的行动——比如，我必须勇敢，我必须模仿榜样，我必须仁慈，我必须具有社会意识，诸如此类。于是我说道，你说道，我们全都说道："有一个美德的榜样，我应该去效仿。"这又意味着："我必须依照这个来生活。"于是行动就以该想法为基础了。因此，行动和想法之间会有间隔，会有一种时间的过程，会有时间的分隔。情形就是如此，对吗？也就是说，"我不是仁慈的，我的心中没有爱，没有宽恕——但我应该心怀慈悲。"我的本来面目跟我的应有面目之间有一种时间的过程，我们始终都试图在自己的真实模样跟应有模样之间搭起一座桥梁，这便是我们的行动，对吗？

假如没有观念，那么会发生什么呢？你将会一举移除掉这种间隔，不是吗？你将会以真我示人。我是否让你们全都吓到了？你说道："我很丑陋，我必须变得美丽，我该怎么做？"这就是基于观念之上的行动。你说道："我不仁慈，我必须变得慈悲。"于是你制造出了与行动分离开来的想法，所以永远不会有行动，有的只是关于你将要如何的想法，而不是你的本来面目是怎样的。愚蠢之人总是会说自己将会变得聪明起来，他不断地努力想要变得如何如何，他从不曾停下来，从不曾说"我很愚笨"，所以他的行动是建立在想法之上的，因此压根儿就不是行动。

行动意味着去做，意味着运动。可是一旦你有了念头，那么出现的就只是关于行动的想法，就只是思想的过程。如果没有了想法，会发生什么呢？请好好思索一下这个问题。你就是实相，你不慈悲，你不宽恕，你残忍、愚蠢、没有思考力。你能够与自己的本来面目共存吗？假如你这么做了，那么看一看会发生什么吧。请弄明白这个问题，不要不耐烦，不要把问题推到一边去——现在就去直面它，而不是明天——尔后会发生什么呢？当我认识到我不仁慈，我很愚蠢，当我觉知到事实便是如此，那么会发生什么呢？一旦我充分地认识了自身的不仁慈，不是停留在口头层面，不是虚假的、人为的，一旦我认识到我的心中没有慈悲，没有爱，还会是不仁慈和无智慧的吗？一旦洞悉了"当下实相"，心中还会没有爱吗？让我们不要盲目地去接受吧。好好审视一下问题，好好探究一下。如果我懂得了洁净的必要性，就会变得十分简单了，我会去把自己冲洗干净。但倘若我怀有某个观念，即认为我应当洁净，那么会发生什么呢？你难道不知道答案吗？尔后干净就会是非常肤浅的了。

所以，基于念头、想法的行动是格外肤浅的，它根本就不是真正的行动，它不过是观念，这是另外一种行动，但我们并不是在讨论那种仅仅是思想过程的行动。

然而，那能够让人类发生转变的行动，那能够带来新生、救赎与变革的行动——随便你怎么称呼都好——这样的行动，并不是建立在观念之上的。它是不顾及结果、奖惩的行动。尔后你将发现，这样的行动是永恒的，因为意识没有进入其中，而意识是一种时间的过程，是一种权衡、考虑、界分、隔离的过程。

这个问题并不会如此轻易地就被解决掉。你们大部分人都提出了问题，期待着得到解答——是或否。提出像"您指的是什么意思"这类问题是很容易的，尔后你便坐等我来给出解释。然而，凭借你们自己的力量去探明答案则要困难得多。必须深入地、清楚地去探究问题，如此一来问题才能得到解决。只有当心灵真正迈入宁静，只有当它去直面问题，问题才会停止。假如你热爱问题的话，那么问题就会如日落一般美丽。若你对问题抱着敌意，你就永远无法实现认知。我们大多数人都怀着敌意，因为我们害怕结果，害怕假如我们着手的话可能会发生的事情，于是我们也就失去了问题的涵义与视野。

（第七场演说，1952 年 1 月 26 日）

衰退的根源

我们许多人一定都想过这样一个问题，那便是一切事物都是怎样迅速地走向衰退。那些有着美好的许诺、屠杀了成千上万人的伟大的革命，不久便衰败了，落入了坏人的手里，那些伟大的政治或宗教运动，没多久就衰落了。许多人一定都曾想过，为什么会发生这种不断的更新与衰败，为什么少数人带着良好意图、正确动机所发起的某个事情，不久就会被那些坏人篡夺与破坏呢？

这种衰退的过程究竟是什么呢？我认为，假如我们能够回答这一问题，探明事情的真相，那么或许作为个体的我们就可以展开一种不会走向衰退的行动了。我觉得，我们应当去探究问题的根源，不是仅仅停留在表面，而是要进入深刻的层面。依我之见，关于为什么会出现如此迅速的衰落，存在更加深刻、更为基本的原因。我希望这也是你们的问题之一。不要认为我试图提出新的问题或者要谈论什么。你一定曾经想到过这个，就像我也曾经如此。如果你十分警觉，在日常生活中觉知到了这一历史过程，那么你就必定会意识到，在这种衰落的过程背后存在着某种事物。观察过后，你或许会将问题抛到一边，或许会投身于某个不久之后将走向凋敝的事业，你不知道该如何是好。

你应该去探明在这种衰落、这种不久之后走向凋敝的更新背后究竟是什么。在我看来，我们应当对这整个问题展开探究，或许真正的答案就蕴含在这里。

在日常生活里，我们努力想要去变得如何如何，对吗？我们的一切努力都是为了变得怎样，为了出人头地，要么是主动的，要么是被动的。我们意识到，在这种"变成"的过程里，在这种个体变得越来越怎么样的过程里，会有社会的冲突，"变成"的背后的力量，始终都在朝着某个方向运作。为了控制个体的努力——这种努力是自我封闭性的——于是便有了社会法规；为了在宗教层面控制个体，于是便有了宗教准则。但尽管有这些法规和准则，在我们努力去变得良善、高尚、美丽的过程里，在我们努力去寻求真理的过程里，却出现了衰退。除非我们真正凭借自己的力量去探明，不是去模仿，不是通过传统，不是通过单纯的口头上的理性化的阐释——这些东西就是蕴含在倒退背后的事物，它们跟我们的生活是分离开来的——否则就不可能终止世界的混乱。

创造力的状态、富有生机与活力的状态是格外重要的，要想带来或维系一种没有任何形式的衰退的状态，创造力是不可或缺的，可我担心我们无法处于这种状态。

若想充分地探究该问题，你就应该去分析体验者跟体验的过程，原因是，我们所做的一切都包含有这一二元化的过程。我们总是会为了去体验、去获得、去成为什么或者不成为什么展开努力抑或抱持这类意愿。意愿是我们走向衰退的因素，想要变得如何的意愿——个体的、集体的、国家的，或是在我们社会的不同层面——希望成为什么的意愿是重要的因素。只要我们去观察，就会发现，在这种意愿里面有行动者与他所行动的对象。也就是说，我运用意志力去改变某个事物，我很贪婪，我运用意志力努力去做到不贪婪；我很狭隘，我抱持地方主义、国家主义的思想，于是我运用意志力想要做到不这样。我展开行动，意思便是说，我用自己的意志力去改变那些我所认为的邪恶的东西，抑或我努力去变得如何如何，或者抱持那些好的东西。所以，在意愿里面会有这种二元化的行为，也就是体验者跟体验。因此我认为，这便是我们走向衰退的根源所在。

只要我在体验，只要我在变得如何如何，就一定会有这种二元化的过程，一定会有作为思想者的他与思想这两种分离的过程在运作，没有统一和完整。总是会有一个中心，他通过意志在运作，在展开行动去成为什么或者不成为什么——集体的、个人的、国家的，等等，这便是普遍发生的过程。只要努力被划分为了体验者与体验，就一定会出现衰退，只有当思想者不再是观察者，才能实现统一和完整。也就是说，我们现在知道存在着思想者与思想、观察者与所观之物、体验者与被体验的事物，存在着两种不同的状态，而我们的努力便是要把这二者给统一起来。

意愿或行动总是二元化的。能否超越这种分离性的意愿，发现一种没有二元化的行动的状态呢？只有当我们直接地体验了思想者即思想本身的状态，才能发现那种不再有二元化的过程的状态。我们现在认为思想与思想者是分离开来的，然而果真如此吗？我们希望认为情形是如此，先生们，因为，尔后，思想者就可以通过自己的思想来对事物进行阐释了。思想者的努力就是要变得更加怎样或者更少怎样，于是，在这种努力中，在这种意志力的行动中，在"变成"的过程中，总是会有导致衰退的因素，我们在追逐一种错误的过程，而不是正确的过程。

思想者与思想之间有界分吗？只要这二者被划分开来，我们的努力就将白费，我们在追逐一种错误的过程，它是破坏性的，它是一种会带来衰退的因素。我们认为思想者与思想是分开的，当我发现自己贪婪、充满了占有欲、残忍，我觉得我应当不这样。尔后，思想者试图去改变自己的想法，结果就会努力去"变成"，在这种努力的过程里，他追逐着虚妄的幻觉，即认为存在着两种分离的过程，但实际上只有一个统一的过程。所以，我觉得，引发衰退的根本因素正在于此。

能否体验到只有一个实体，而不是有体验者与体验这两种分离的过程的状态呢？尔后我们或许便能探明何谓创造力，探明任何时候都没有衰退是一种怎样的状态以及人的关系会是如何。

在我们所有的体验里，都会有体验者、观察者与体验，抑或观察者在累积越来越多的东西，抑或否定自我。这难道不是一种错误的过程吗，这难道不是一种不会带来创造力状态的追逐吗？假如它是一种错误的过程，那么我们能否彻底将其消除、将其抛到一旁呢？只有当我去体验，不是作为一个思想者去体验，当我觉知到了错误的过程，只有当我懂得只有一种状态存在，即思想者便是思想，才能实现这个。

我很贪婪，我与贪婪并不是两个不同的状态，存在的只有一样东西，那便是贪婪。如果我觉知到自己是贪婪的，那么会发生什么呢？尔后，我会努力做到不贪婪，或者是出于社交的原因，或者是出于宗教上的理由，这种努力总是在一个狭小的、局限的范畴之内，我或许可以让这个范畴扩大，但它依然是局限的，于是便会出现衰退性的因素。但只要我展开更加深入、更加仔细的审视，就会发现，那个在做着努力的人正是贪婪的根源，他便是贪婪本身——我还会发现，并没有所谓的"我"和贪婪这两样分离的事物存在，存在的只有贪婪。若我意识到我是贪婪的，意识到并没有一个贪婪的观察者，我自己便是贪婪，那么我们的整个问题就将截然不同了，我们对此的反应也将截然不同，尔后，我们的努力就不会是破坏性的了。

当你的整个身心都是贪婪的，当你所做的一切都是贪婪的，那么你要怎么办呢？然而不幸的是，我们并没有沿着这样的思路去考虑问题。有一个"我"存在，他是一个更加高等的实体，犹如一个在控制、在支配的军人。在我看来，这一过程会带来破坏。它是一种幻觉。我们知道为什么我们要这么做。为了继续那种对于安全的渴望，于是我把自己划分成了高等与低等。假若存在的只有贪婪，并没有一个在对贪婪施加影响的"我"，我便是贪婪本身，那么会发生什么呢？显然，尔后，将会有一种不同的过程运作，将会出现一个不同的问题。正是这个问题具有创造力，它里面没有一个"我"在支配、在控制、在或主动或被动地想要变得如何。假如我们希望获得生机与活力，希望拥有创造力，那么我们就必须达至这一状态，在这种状态里，没有某个人在做着努力。我认为，这种行动不是去进行描述，抑或试图去探明那种状态是什么，假如你以这种方式来着手，你不会取得成功，你将永远无法探明。重要的是去认识到，那个在做着努力的人与他所努力的对象，这二者其实是一体的。这需要相当的觉知，需要展开大量的观察，需要觉知到头脑是怎样把自己划分成了高等的与低等的——所谓高等就是安全，是永恒的实体——但却依然存在着思想的过程，于是也就依然有时间的过程。若我们能够在直接体验的过程中去认识到这个，那么你就会看到将出现一种截然不同的因素。

努力、行动的意愿，无法让我们去认识那未知的事物。要想获得认知，心灵就必须迈入绝对的宁静，这最终意味着彻底的克己，意味着不再会有那个或积极或消极地努力想要变得怎样的自我。

问：是什么使得我去说别人的闲言碎语的呢？我是在道出真相还是在说他人的是非？只要所言属实，就可以讲别人的闲话了吗？

克：在这个问题背后，蕴含着许多东西。首先，你为什么想要去议论他人呢？动机何在，是什么驱使你去这么做的？探明这个更为重要。你必须知道你所说的关于他人的事情是否属实。你为什么想要去讲他人的闲话？假如你怀有敌意，那么你的动机就是建立在暴力、仇恨之上，于是注定会是邪恶的，你的意图是通过你的话语或者你的表述给他人带来痛苦。你为什么要去谈论别人呢，为什么要去说别人的是非？是什么使得你必须去议论他人的呢？首先，这难道不表明你的心灵是肤浅而琐屑的吗？如果你真的关心某个事物，真的对其感兴趣，你应当懂得谈论他人的时机，不管此人可能是多么的良善、高尚，抑或是多么的愚蠢和没有责任感。一个愚蠢或浅薄的心灵总是会希望去谈论些什么，希望去嚼舌头或者激动不安，一定要么去阅读，去要求什么，或者去相信什么，你知道这种让自己忙忙碌碌的行为。尔后便会出现如下问题：我怎样才能停止去议论别人？

爱讲闲话的人与他所谈论的内容，关于他人的是非，这二者跟另外一个人都有一种关系，他与他的听众之间有一种相互的愉悦，一个讲，一个听。我认为，探明动机十分重要，而不是怎样才可以停止这种议论他人的行为。假如你能够找到动机，不停地、直接地审视它，既不去谴责也不去辩护，那么或许你的心灵就会开始发现更加深刻的层面，从而使得你停止这种议论别人的行为。然而，发现这种动机、这种推动力却是一项格外艰难的任务，对吗？

首先，一个忙于讲闲话的男人或女人是如此热衷于谈论他人的是非，以至于他或她没有时间去思考。毕竟，闲言碎语是自知的一种方式，不是吗？假如你残忍地谈论别人，这表明了敌意、憎恨。由于你不想去直面自己的敌意和仇恨，于是你通过谈话去逃避，若你说他人的闲话，这是另外一种逃避你自己的方式。

如果一个人真的希望认识生活的全部，那么他就应该怀有对自我的深刻认知——不是你从书本那里获得的知识，而是通过关系获得的直接的认知。关系犹如一面镜子，从中你可以不断地审视自我，既有开心的也有让人不开心的你自己的模样。但这需要你抱持认真而热切的态度。很少人是严肃认真的，绝大多数人都是琐碎的、愚蠢的。

问：个体的更新怎样才能立即带来集体的最大福祉呢？这是哪里都需要的东西。

克：我们认为，个体的更新与集体的更新是对立的。我们不是从更新的层面去思考，我们想的只有个体的革新。更新不是无特色的，不是"我已经救赎了我自己"。只要你认为个体的更新与集体的更新是对立的，那么这二者之间就不会有任何关系。但倘若你关注的是更新，而不是个体，那么你会看到将有一种完全不同的力量在运作——那便是智慧。因为，毕竟，我们关心的是什么？我们深深关注的问题是什么？一个人可以懂得，人类统一的行动对于拯救人类来说是何等的必要，他意识到，为了制造出食物、衣服、住所，集体的行动是多么的必需。这需要智慧，而智慧不是个体的，不是属于这个党派或那个党派，这个国家或那个国家的。如果个体寻求智慧，那么这种智慧就将是集体的。然而不幸的是，我们并没有在寻求智慧，我们没有在寻求问题的解决，我们怀有各种关于自身问题的理论以及如何解决它们的法子，这些方法变成了个体的和集体的。假如你我寻求一种理性的、睿智的方法去解决问题，我们就既不是集体的也不是个体的，我们关心的是那能够解决问题的智慧。

什么是集体，什么是大众？你同他人有关联，对吗？这不是过于简单的事情，因为，在我跟你的关系里，我形成了一个团体，你我在我们的关系里一起建立起了一个团体。没有这种关系，就不会有智慧，作为单独个体的你我就无法实现协作。假若我寻求自身的更新，而你则寻求你自己的更新，那么会发生什么？我们在追逐相反的方向。

如果我们都关注于理性地去解决这整个的问题，因为该问题是我们主要关心的对象，那么我们所关注的就不是我是怎样看待它的或者你是怎样看待它的，不是我的方式或者你的方式，我们不会关心边界或是经济偏见，不会关心既得利益以及那些伴随着既得利益而来的愚蠢的东西。尔后，你我既不是集体，也不是个体，而这会带来集体的统一。

但这位提问者希望知道如何立即展开行动，下一秒要做什么，如此一来人的各种需求才能得到解决。我担心没有这样的答案，没有立竿见影的道德良方，不管那些政客们可能做何许诺。立即的解决是个体的更新，不是为了他自己，而是那种能够唤醒智慧的革新。智慧不是你的或我的，它就是智慧。我觉得，深刻地认识到这一点十分的重要。尔后，我们政治的、个体的行动，抑或集体的行动，就将截然不同了。我们将失去我们的身份，我们不会让自己跟某个事物去认同——跟我们的国家、我们的种族、我们的群体、我们的集体的传统、我们的成见认同。我们将丢掉这一切，因为问题需要我们扔掉这些认同，如此才能将其解决。但这要求我们广泛地、深刻地认识这整个的问题。

我们的问题不单单是面包和黄油，我们的问题不单单是食物、衣服、住所，它要比这些更加深刻。它是心理的问题，人为什么要给自己某种身份的认同，跟某个政党、某种宗教认同，跟知识认同，这种认同会将我们划分开来。只有当我们在心理上清楚地理解了认同、欲望、动机的整个过程，才能解决这种认同。

所以，当你渴望去解决某个问题的时候，就不会生出集体的或个体的问题。假如你我都对某个事物感兴趣，对解决问题怀有深深的兴趣，那么我们就不会让自己跟某个其他的事物进行认同了。然而不幸的是，由于我们并不怀有深厚的兴趣，于是我们便去认同自己，正是这种认同，妨碍了我们去解决这一复杂而巨大的难题。

问：尽管您频繁地使用"真理"一词，但我回忆不起来你曾经界定过这一词语。那么您所说的真理是指什么意思呢？

克：作为个体的你和我，将要去探明该问题，不是在明天，不过或许是在今晚。假如你们十分安静，让我们来一探究竟吧。界定、释义并没有价值，界定对于一个寻求真理的人来说毫无意义。词语并不等于它所指代的事物，"树木"这个词语并不等于树木，但我们却满足于语词。请仔细去思考一下这个。对我们而言，定义、解释让人十分的满足，因为我们可以接受它们，我们能够去追逐语词，语词对我们的生理和心理都有影响，"神"这一词语唤醒了各种各样心理的、神经的反应，我们对此感到满足。

所以，对我们而言，界定、释义格外的重要，难道不是这样吗？我们把释义称为知识，而我们以为知识便是真理，我们阅读得越多，就越觉得自己接近真理。然而，语词的释义并不等于它所指代的事物。因此，我们必须认识到——我们不应该为语词、释义所围，因此，我们应当把语词抛到一边。但这相当不易，不是吗，因为语词是思想的过程！没有言辞，不去运用语词、形象、概念、公式，就不会有思想。请明白这一切，此刻请跟我一起展开思考，以便探明问题。

当心灵认识到自己被困在语词之中，那么它思考的过程便是语词，也就是记忆，这样的心灵——它是记忆，是时间，它为释义、结论所围——如何能够认识什么是真理，认识那不可知的事物呢？假如我希望认识那不可知的事物，那么心灵就必须迈入彻底的宁静，不是吗？也就是说，一切描述、想象、构想都必须停止。你们全都知道让意识安静下来是多么的困难，这种安静不是通过被迫或训练，这也就是说，意识不再去描述、不再去识别，不再是认识体验的中心。

当意识去认识某个体验的时候，该体验就会被构想出来。当我去体验大师、真理、神，这种体验便是自造出来的，因为我在认知。存在着"我"

这一中心，它在认知那一体验，这种认知的过程便是记忆。尔后我说道："我已经见过大师了，我知道它是存在的，我知道神是存在的。"也就是说，意识是认知的中心，这种认知便是记忆的过程。当我体验神、真理这类事物的时候，它们其实是我构想出来的，这是一种认知，而不是真理、神。

只有当意识不能体验时，也就是说，只有当认知的中心消失不在，它才能迈入彻底的宁静。但这无法通过任何形式的意志的行动而得来，也无法通过训戒而得来。当意识观察自身的活动，才会实现这个。我希望你现在就这么做，只要你去观察，就会懂得每一分钟是如何发生这种认知的过程的，当你去认知的时候，不会有任何新的事物。

真理是永恒的，是无法用言语去度量的。由于真理是不可度量的、永恒的，因此意识无法去认识它。所以，若想迎来真理，意识就应当处于一种不去体验的状态，这一点是不可或缺的。真理应该向你走来，你无法去达至它，假如你去寻求，你便会去体验它。你无法邀请真理，当你去邀请的时候，当你去体验的时候，你就处于认识它的状态。当你去认识它，它就不是真理，它只是你自己的记忆、思想的过程，你的记忆、你的思想说道："它是这样的，我读到过关于它的内容，我体验过。"因此，知识不是真理的途径，你应该去认识知识，然后将它抛到一边，如此一来真理才会到来。假如你的意识是安静的，不是睡着，不是被语词麻醉，而是在寻求、在观察意识的过程，那么你就会发现，宁静会悄悄地到来。在这种静寂的状态里，你将看到那永恒的、不可度量的事物。

问：我们每个人都急切地想要认识神、真理、实相。对美的寻求难道不跟对真理的寻求是一样的吗？丑陋是否是一种罪恶？

克：先生们，请领悟到你无法去寻求真理，你不可能寻求真理。原因是，假如你去寻求，那么你所找到的事物并不是真理。你的寻求是想要找到你所渴望的东西，你如何能够寻求你并不知道的事物呢？你寻求你曾读到过的东西，寻求你所谓的真理，抑或你寻求着内心渴望的东西。所以，你必须知道你的寻求是出于什么动机，这要比寻求真理来得重要得多。

你为什么在寻求，你又在寻求什么？如果你很幸福，如果你的心中充满愉悦，你不会有所求。由于我们很空虚，所以才去寻求，我们沮丧、痛苦、充满暴力、满怀敌意，这便是为什么我们希望逃离这一切，寻求某种更有意义的东西。观察一下你们自己，理解一下我正在对你们说的这些，不要就只是听我的话语。为了逃避你当前心理的冲突、痛苦与敌意，于是你说道："我要去寻求真理。"你不会找到真理的，因为当你逃避实相，逃避你的本来面目，是无法迎来真理的，你必须认识到这一点。若想认识到这个，你就不应该寻求某个外部的答案。所以你不可以去寻求真理，它一定是向你走来。你无法邀来神，你无法达至他。你的崇拜，你的献身，完全是毫无价值的，因为你有所渴望；你拿出了化缘钵，希望他能够将其填满。因此，你渴望有人来填满你的空虚。你对语词的兴趣超过了对事物本身的兴趣。但倘若你满足于那种非凡的独在的状态，没有背离或分心，唯有这时，才能迎来那永恒的事物。

我们大多数人都受着如此的限定和训练，以至于我们希望去逃避，逃避到所谓的美丽中去。我们通过某些东西去寻求美——通过舞蹈、通过仪式、通过祈祷、通过训戒、通过各种各样的准则、通过绘画、通过感觉，不是吗？所以，只要我们通过某个事物在寻求美，通过男人、女人或孩子，通过某种感觉，那么我们将永远无法拥有美，因为，那个我们借由它来寻求美的事物会变成最为重要的东西，最重要的，将不是美，而是那个我们用来寻求美的事物。美不是通过某种东西可以寻找到的，若是，那么美就将只是感觉，为那些狡猾的人所利用。美是通过内心的转变而实现的，当心灵发生了彻底的、根本的变革，自然就将迎来美。为此，你需要一种非凡的感受力的状态。

只有当没有感受力的时候，丑才会是一种罪恶。假如你对美富有感受力，假如你去排拒、否定丑，那么你就不是对美敏锐。重要的不是丑陋或美丽，而是应当拥有感受力，这种感受力会去洞察，会对所谓的美丑做出反应。但倘若你只是觉知到了美，否定丑，那么这就仿佛砍掉了一只胳膊，尔后，你的整个生活都会失衡。你难道不是在排拒、否定恶，称它是丑陋的，去对抗它，对它施以暴力吗？你关心的只有美——你渴望美，在这种过程里，你丧失掉了感受力。

一个对美和丑都具有感受力的人，将会超越、远离那些他用来寻求真理的工具。然而，我们对美或丑都没有感受力，我们如此封闭在自己的想法、成见、野心、欲望、嫉妒之中。一个在宗教层面或者其他方向野心勃勃的人，怎么可能拥有感受力呢？只有当你充分理解了欲望的整个过程，才能拥有感受力，因为欲望是一种自我封闭的过程，封闭，无法让你望见那辽阔的地平线。于是，心灵因为自己想要变得如何如何而窒息。这样的心灵只会通过某个事物去欣赏美，这样的心灵并不是美丽的心灵，这样的心灵并不是善良的心灵。封闭的心灵，渴望自身能够永恒不朽的心灵是丑陋的，这样的心灵永远无法发现美。只有当心灵不再囿于自身的那些理念、追求和野心——如此心灵才会是美丽的。

（第八场演说，1952 年 1 月 27 日）

思想是衰败的主要因素

正如我上周六所说的那样，心灵走向衰退是一个颇为严重的问题，它不仅对老一代人有影响，而且也影响到了年轻人，这种衰退是全世界的一种普遍现象。

当行动里运用了意愿——所谓意愿，是指在两个对立面之间，在必需的和不必需的之间，在想要变得如何与想要保持现状之间去进行选择——就一定会出现这种衰退。显然，意愿是我们生活中一种会带来衰退的因素，但大部分人都不愿意承认这一点，因为我们是在我们的教育和心理体制下长大的，是在我们的宗教等影响下长大的，这些东西教育我们去把意愿、意志当作一种获取、得到、达至某个结果的手段，这里面包含有整个选择的过程。而这难道不是导致我们的生活走向衰退、重复、模仿、遵从观念的一个主要因素吗？

假如我们能够展开检验的话，那么今天晚上我希望去探究一下有关头脑的问题。我们的头脑是一部重复性的机器，是记忆的仓库，它在影响、指引和控制，于是也就不会产生任何富有创造力的行动。当受到阻拦的时候，作为意识过程的头脑就会变成"我"。具有自我意识的个体渴望得到圆满，渴望有所实现，于是便会遭遇挫败，由此生出了痛苦。

导致衰败的一个主要因素便是思想的过程，思想是一种重复、模仿和遵从，因为我们知道，当我们去重复、遵从、模仿的时候会发生什么。头脑会沦为一部单纯的机器，依照环境和记忆自动地做出反应与运作，就像一部制造出来的机器。我们知道这一切，我们不了解任何其他的过程。我们的思想纯粹是重复性的，尽管我们以为它是新的想法、新的反应，然而实际上它却是与现在相连的过去的过程，你只能带着过去的屏障和局限去迎接当下。所以，假如你观察一下你的头脑，就会发现它在遵从、适应、模仿，就会发现它是重复性的。

于是便会生出你怎样去聆听的问题。你是停留在言语的层面去听我的讲话，还是带着此刻在你的心里实际发生的一切在听我的讲话呢？你的反应是仅仅停留于言语上的共鸣，还是在审视我所说的内容？——这实际上是一种刺激。你应当慢慢地去探究这一问题，这一点十分重要，由于你们还有充足的一个钟头的时间，所以可以非常仔细地去审视问题。假如你把我、我的话当做一面镜子去观察一下你自己的头脑，我所说的内容就将意义非凡了。但倘若你仅仅只是聆听，那么你便是在模仿，你只是对语词做出反应。语词制造出了形象，追逐这一形象便是所谓的思考，而思想就是那个在激励你去观察的"我"。所以，这种刺激会变得令人疲倦、乏味，可如果你去观察一下你对于我所说的话会有何想法，那么你将懂得你的头脑究竟是单纯的重复性的机器还是并非如此。我希望你理解了要点，我有把自己的意思阐释清楚吗？

我们正在讨论的问题是那让老年人和年轻人的心灵走向退化的因素。随着年纪的增长，我们将会观察到这一衰退性的因素，对我们大部分人来讲，老迈是一个问题，因为我们发现自己的心智明显地退化了。你或许并没有意识到这个，但其他人可能觉知到了你身上的这种衰退。

把观念作为行动的手段去运用，这是一种模仿、重复、遵从的过程，就像传统一样。在现代经济压力的迫使下，你或许会抛掉外部的传统，但你的内心依然在遵循着传统，而这便是模仿、遵从。因此，问题在于：头脑究竟是一部单纯的机器，无法超越这种机械化的特性，还是能够让它变得不机械化呢？也就是说，迄今为止，我们一直把头脑作为一部机器，以便去达至某个结果，以便有所得，在这个过程中，不可避免地会有遵从或重复。如果我想要取得成功，那么我就必须去遵从、去适应，必须去重复、去模仿。所以，我们把头脑这部机器——它是一种思想的过程——作为一种手段去实现我们所渴望的目的。意思便是说，我们想要带来某个结果，我们把思想的过程当作了一部机器，就像我们在工厂里头看到的那种机器一样。这机器就是头脑，当我们渴望某个结果的时候，我们便去运用它，在这个过程里，头脑变成了单纯重复性的东西。

重复、模仿，难道不是衰退的迹象吗？随着年纪的增长，我们可以观察到这种衰退。你能够发现那些老年人是怎样一遍又一遍地说着同一件事情的，说着同样的信仰，这些信仰已经固化了、定型了，已经根深蒂固、牢不可破。所有这些都是衰退的标志，不是吗？请不要询问，假如没有重复或遵从的话，我们的社会将发生什么，抑或我们的关系会发生什么。如果心灵在思考假如一个人不沦为机器的话会发生什么，那么这样的心灵显然已经在走向衰退了。

对我们来说，重要的是格外审慎地、理性地去探究该问题，因为我们日益认识到那些老年人是怎样支配着年轻人的——不是说年轻人要更加聪明，而是说我们观察到了这一事实，所有政府的职位、所有宗教的职位，所有其他的高人一等的办公室里面，全都被那些六七十岁的人占据着。普通民众所崇拜的完美的官僚主义的机器，是由这些老年人构成的。请不要认为这只是针对某一个具体的人，当提到你们那些年长的领导或者其他某些人是一群模仿的机器，我看见你们当中有几个人面露笑意，难道你自己不也如此吗？我们讨论的不是任何人，而是这整个的模仿与衰退的过程。

头脑是我们唯一拥有的工具，它是否仅仅被当作了一部因为例行公事而备受折磨的机器，不停地去重复和遵从呢？头脑如何才能变得不机械化呢？也就是说，如何才能消除掉那会导致衰退的因素呢？这显然是一个十分重要的问题，对吗？在我看来，这是我们当前文化危机中最为严重的问题之一——世界的文化，而不是马德拉斯的文化，是整个文明的过程——因为，每一个感觉、每一个体验、每一个问题都会变成重复性的。

头脑能否让自己摆脱这种机械化的过程呢？思想本身难道不是一种衰退的因素吗？请好好理解一下这个。我们所说的思想，是指对体验所做的描述性的反应。我不是在界定，所以不要去学习那些释义。思想难道不是去描述记忆吗？而记忆是与现在相连的过去。请观察一下你自己的头脑，不要只是聆听我的话语，而要去观察你自己的思想的过程。这便是我们正在讨论的问题，它不是我的问题，它是你我必须要去解决的问题。除非我们在一种截然不同的意义上实现了创造力，否则，我们所有的教育、宗教体系、政治制度、文明、观念全都会毫无用处，因为它们包含了导致衰退的因素。所以，这是你我应当去解决的问题，要想将其解决，我们就得思考这一有关思想的问题。这是我们唯一拥有的工具，抑或是我们正在使用的唯一的工具，假如这一工具无法带来社会的统一，无法产生完整的个体，那么就必须得有其他的手段，这就是我们要去讨论的问题。

正如我所指出来的那样，思想的过程是过去的延续，只不过被当下的反应做了一定的修改，难道不是吗？我们的思想是什么呢？它是行动中的记忆。请不要询问，假如我们没有记忆的话该如何是好？这不是问题所在。若你毫无记忆,那么你将陷入失忆的痛苦。我们的问题便在于此:思想是重复性的,思想的过程源自于依照某个背景做出的受限的反应,而这只会产生机械化的结果,所以它仅仅只是一种重复性的过程。思想能否不成为衰退性的因素?我们以为,思想将带来一种新的感觉、新的生活方式、新的文化,等等。也就是说,我们认为智识即思想是一种创造的途径。假如不是这样的话,那么我们拥有什么呢?

头脑如此习惯于思想的过程,头脑本身便是思想,是累积的记忆,是对每个经历做出的可观察到的或不可观察到的、有意识的或无意识的反应,所以头脑显然是重复性的。于是,头脑的全部内容便是重复性的,正如我们现在所运作的那样。我觉得,这一点是极为显见的,对吗?当你渴望去超越这种重复性的时候,你将发现,思想、形象所创造出来的东西全部都是源于过去,你所追求的理想是过去的产物。因此,头脑的整个内容都是一种机械化的过程,不管我们是否认识到了这个。我所说的机械化的过程,是指为现在所限的过去的反应,这种反应只是一种重复。

请不要学习去进行界定,因为定义不会解决问题。我们必须要去做的,是探明这整个头脑的机器如何才能有所改变,从而不再是重复性的。毕竟,任何层面的创造力、真理,都不是重复。所以,若想认识真理,头脑就必须走出这种重复性的过程。

举一个十分简单的例子。你体验过一朵花儿、一场日落或是树影的美丽,在体验的时刻,没有任何分别,只有一种存在状态。随着那一时刻的流走,你开始给它命名,你说道:"那是多么美丽啊!"意思便是说,出现了一种分别的过程,也产生了想要重温那一感觉的渴望。这很简单,并不复杂,请你们就只是去理解,尔后便会明白的。我看到树木沐浴在夕阳余晖的照耀之下,那一刻,有了感知与体验,再无其他,这是一种无法描述的身心的状态。尔后,随着这种身心状态的流逝,我给它起了个名字,从而认识了它,这在我心里产生了某种感觉,然后我说道:"这种感受是多么的美丽啊,多么的神奇啊!"我希望重温这一感觉,因此,我开始在第二天的晚上去凝望月光下的树木，于是便有了一种模糊的感觉，所以，我已经让那个重复的机器开动起来了。

若你观察一下自己头脑的过程，那么你将洞悉这其中的真理。你的屋子里有一个美丽的雕塑或是画作，第一眼它就给你带来了巨大的愉悦，你发现了非凡之物，头脑捕捉到了它，尔后你说道："我渴望更多。"于是你在那幅画或是雕像前面坐了下来，你希望重温那种感觉。结果你便让头脑的机械化的过程开始运作起来了，它不仅仅是在意识的层面，而且更多的是在意识的深层，它带来了冲突、争斗。

我们的头脑习惯于例行公事、重复、模仿、遵从，除此之外它再也不知道其他的东西了。假如它感知到了某个事物，那么它立即会希望将其变成一种日常事务，这一点是很明显的，对吗？没有人否认这个，这是我们日常生活中可以观察到的一种心理的事实。

那么，头脑——它是我们拥有的唯一工具——如何能够不走向机械化呢？首先，我们当中很少有人会问这个问题，抑或很少有人觉知到了这整个的问题。既然我把问题摆在了你们面前，既然你觉知到了它，那么你会做出何种反应呢？我观察着这整个的过程，我是否还知道其他呢？答案显然是否定的。也就是说，如果我指出还存在其他的事物，那么它将依然是一种思想的过程，而思想是过去投射到了现在。这是一个非常复杂的问题，因为它里面包含有命名、赋予词语以象征和重要性，不仅是在神经上，而且还有心理层面，不仅是在意识的层面，而且还在更为深刻的层面，这便是一种导致衰退的因素。

头脑如此习惯于机械化的运作，那么它能够结束吗？你必须首先停止这种机械化的过程，尔后才能找到答案。假若你依照马克思的观点或者《薄伽梵歌》给出答案，那么你便是重复性的、破坏性的。几个世纪以来，头脑一直都在机械化地运作着，它能否停止这种过程呢？"我"是所有人类的产物，头脑包含了"我"。头脑的过程，这种如此狡猾、如此贪婪、欲求如此急切、如此强大的机械化的过程，能否停止呢？也就是说，它能够终结吗？如果不能，那么你便无法探明答案。

若你运用头脑，你就只是把思想作为获得某些东西的手段去维系罢了。请观察一下这个。如果你累了，就不要聆听了，如果你没有累，就展开一下观察吧。这种机械化的过程运作了几个世纪，它能否自动地而非被迫地结束呢？假如你受到了迫使，那么你的反应就是属于一种持续，因而属于思想的范畴。

头脑怎样才能终结呢？这是一个十分重要的问题，但你并不知道如何将其解决。必须停止头脑的过程，如此一来它才能够跃入其他的状态，你无法让它机械化地运作并且跃入其他状态。在思索、猜想中，是过去在做出反应，没有任何新的事物。机械化的头脑，永远无法发现任何新的东西，因此它必须停止。那么要怎样实现这个呢？这是正确的问题吗？这个"怎样"很重要。你们明白这一切没有？

我们知道头脑是机械化的，那么接下来的反应便是：我如何才能让其停止？在提出这个问题的时候，头脑已经变得机械化了，你懂了吗？也就是说，我希望某个结果，手段在那里，我遵循了它，那么会发生什么呢？这个"怎样"是机械化的头脑做出的反应，是过去在做出反应，遵循或者实践"怎样"，是继续着机械化的过程。看一看我们的思想已经变得何等错误与荒谬了吧！我们总是关注于过去、怎样、方式、实践，诸如此类。你看到了这整个的过程。这个"怎样"是空虚的，由于实践着这个"怎样"，一个询问的头脑实际上便走向了陈腐与重复。

头脑有两种不同的状态，一种是追求"怎样"，另一种是展开探寻，但却并不渴望得到某个结果。只有展开探寻的头脑，在探索中去寻求的头脑，才能够对我们有所裨益。探寻跟渴望某个结果是两种截然不同的状态，那么你的头脑处于哪种状态呢？——是寻求得到结果呢，还是在探寻呢？假如你寻求结果，那么你就只是在机械化地追求，于是也就没有目的，这么做将会导致衰退和毁灭，这一点是显见的。

你的头脑是否真的在探寻头脑能否停止的答案，而不是怎样让它终结？"怎样"和"能够"是完全不同的。那么它能够停止吗？你们是否问过自己这一问题呢？如果你有问过自己，那么你是带着什么样的动机、意图、目的去提出该问题的呢？这一点格外的重要。若你是带着希望得到某个结果的动机而提出了"它能够停止吗"的问题——你觉知到了这个——那么你就重新回到了机械化的过程之中。所以，在回答问题的时候，你必须保持相当的警觉和机敏——不是对我，而是对你自己。如果你在提出问题时并没有抱着想要探明会发生什么的意图，如果你展开探究，那么你会发现，你的头脑没有寻求某个结果，它在等待着答案，它没有在推测答案，它没有渴望某个答案，它没有指望着得到答案，它只是在等待。

审视一下这个吧。我向你提出一个问题，你会有何反应？你马上的反应便去思考、去推理、去审视、去找到一个聪明的论据来予以回答。问题与回应是一种在日常生活里可以观察到的心理的行为，无论是在言语的层面还是心理的层面。意思便是，你没有在回答，你只是在做出反应，你在给出理由。换言之，你在寻求答案。如果你希望发现问题的答案，而不是去等待，那么反应就会是机械化的。也就是说，等待答案到来的头脑不会走向机械化，因为答案必定是你不知道的东西，而你已经知道的答案则是机械化的。但倘若你去直面问题，倘若你等待着答案的到来，那么你会发现你的头脑将处于截然不同的状态。等待要比答案重要得多，你明白没有？尔后，头脑不再是机械化的，而会是一种完全不同的过程，它将是截然不同的事物，这种事物是不邀自来的。

问：您指出，正是我们关于恐惧的观念使得我们无法去直面恐惧。那么一个人要怎样去克服恐惧呢？

克：首先，一个人必须意识到它，必须觉知到它。那么你是否做到了呢？我们是否可以一起展开尝试、一起去检验呢？在对这一问题做出阐释的时候，让我们看一看恐惧是否无法彻底地离我们而去。我将要带领你踏上探寻之旅，若你愿意前往将会再好不过了，若你愿意前往，让我们追根溯源，而不是半途而废、浅尝辄止。

我们知道各种各样的恐惧——害怕公众的舆论，害怕某个人的离世，害怕人们会说些什么，害怕失去某个对象，有无数形式的恐惧。你问道："我如何才能克服恐惧呢？"你能够克服任何事物吗？你知道克服指的什么意思，它是指战胜、置于其上、压制、超越。当你去克服某个事物的时候，你仍然需要一再地去战胜它，对吗？所以，克服的过程是继续着不断的征服、战胜。你无法去战胜你的敌人，因为，在这种战胜的过程中，你反而让敌人得到了强化。这是一个因素。

我们关心的是认识恐惧，懂得它的涵义，我们将要携手踏上探寻之旅。那么恐惧是如何产生的呢？是"恐惧"这个词语呢，还是恐惧的事实呢？你明白没有？是"恐惧"这一词语让我感到恐惧，还是在跟其他事物的关系里某种事实让我产生惧怕呢？是什么导致了恐惧？这并不复杂，如果你观察一下，会发现这其实很简单。

我害怕的是"恐惧"这个词语吗？我们将要一探究竟。当一个人害怕的时候，会发生什么呢？明显的反应便是用许多方式去逃离它——酒精、女人、庙宇、大师、信仰，它们全都处于同样的层面，没有所谓的更好或更差。一个通过酒精去逃避恐惧的人，跟一个通过美德去逃避恐惧的人，其实是完全一样的。从社会层面来讲，这么做可能会有不同的价值，但从心理层面而言，他们并无二致。

对恐惧的反应是什么呢？逃避它，也就是说，我们对恐惧的反应是谴责或辩护，不是吗？我真的害怕吗？当我逃避恐惧的时候，我是否想到了"我害怕"这个句子呢？显然没有。假如我逃避恐惧，假如我对恐惧进行辩护或予以谴责，甚至于假如我去界定自己，或是说道："我害怕"，给出理由，那么我就无法认识恐惧。因此，若我希望去认识恐惧，那么我就必须停止任何逃避。我们的心灵是由各种逃避构成的，所以心灵不愿意去面对那一事物，不愿意去认识、回应、探明究竟是什么导致了恐惧，结果我便去逃离它。

那么，重要的是恐惧，还是逃离恐惧呢？当恐惧袭来的时候，我们生活中最为重要的会是什么呢？逃离它，对吗？不是如何去消除恐惧，而是怎样去逃避恐惧，我更加关心的是各种逃避恐惧的法子，而不是去认识恐惧。当我看向其他方向的时候，我能够认识恐惧吗？当我完全专注于此的时候，我能够审视恐惧吗？当我始终都在惧怕的时候，我能够充分地觉知它、完全集中精神在它上面吗？答案显然是否定的。

要想认识恐惧，你就不可以通过压制、控制、信仰、美德等等去逃避恐惧。尔后，你距离那一导致你恐惧的事实就更加近了。你与它的关系是什么呢？是言语层面的吗？——这里的言语层面，是指头脑去猜想它，害怕思索。头脑有所预见，于是说道："如果发生了那个，就会出现这个，所以我害怕。"那么，你与它的关系是怎样的呢？请仔细思考一下这个，因为，你的解答就取决于这一关系。你跟那个导致恐惧的事物的关系仅仅是言语层面的——意即是猜想性的吗？还是你不做任何猜想，不做任何言语的描述去直面它呢？如果你跟它的关系停留在言语的层面，那么你与它就不会有任何直接的交流，你已经在逃避它了。若你去直面它，你便会停止逃避，不会再有任何逃避。

接下来，让我们思考一下语词与其涵义的关系。恐惧是由语词导致的呢，还是由事实引起的呢？你理解没有？语词即意识，意识通过言语设置了一道屏障，而不是去直面它。那么，恐惧是否是由语词导致的呢？——也就是说，思考它的意识、思想，即用言辞去描述的过程。如果是这样的话，你对它的思索便是去逃避它。否则，你将直面事实，不会用言辞去描述，不会有思想的过程，不会去逃避，于是你与它有了直接的关系，与它有了直接的交流。

当你同某个事物直接交流时，会发生什么呢？你是否一直跟某个事物交流，同时又没有思想的过程呢？显然不是的。当你这么做的时候，那个被你命名为恐惧的事物就将消失不见了。正是这些屏障、这些逃避、这种言辞化的过程、这种心理的过程，引发了恐惧，而不是事实本身。因此，是这些横在你与事实之间的屏障导致了恐惧，而非事实，不存在对事实的克服。一旦你懂得了这整个的过程，逐步地理解了这一切，就会发现你将不再有丝毫的惧怕了。尔后，你便是在观察事实，事实将带来改变，事实将采取行动，而不是你为了逃避而去行动。

问：思想者与思想怎样才能统一起来呢？

克："怎样"是小学生才会提的问题，不过，我们要去探明是否能够让这两种分离的过程一起运作。首先，我们知道思想者与思想是分开的，我们是否觉知到了这个呢？在你看来，思想者跟思想是两个不同的实体，你希望弄清楚他们是否能够统一。假如思想者是分离开来的，他始终在支配着思想，那么思想就总是裹足难行，思想者总是在控制着思想，不会有任何的缓解，思想者与思想之间将会上演无休止的争斗。我想要探明这二者是否能够统一起来，以便不会再有任何界分，不会再有任何争斗。因为我发现，只有当不再有任何争斗的时候，才能迎来新事物。

暴力不会带来和平，唯有当暴力消失，和平才会来临。同样的道理，我必须弄明白思想者跟思想是否是两个不同的、分开的实体，是否永远都是分开的，永远无法获得统一。

你我将要踏上探寻之旅，真正去体验事实。我们知道思想者和思想是分开的，我们大多数人甚至从来不曾思考过这个，我们将其视为当然。只有当你之外的某个人提出问题时，你才会去探寻。我在提问，于是你去探寻，踏上探寻之路。

踏上探寻之路便是去认识"当下实相"，认识切实发生的事情，不是你希望发生的情形，而是真正发生的情形。

思想与思想者为什么是分开的呢？不是说他们不应当如此或者不应该如此，而是说为何他们是分离开来的。他们之所以分离开来是因为习惯，我们对此没有质疑，我们接受了这个结论，将其看作是理所当然的，于是它也就成为了我们的习惯。思想者与他的思想是分开的，这二者之间的争斗，思想者对思想的控制，便是我们日常的习惯——习惯就是例行公事，是重复性的，这是一个显见的事实，对吗？

如果思想者与思想并不是分离开来的，那么会发生什么呢？我的心灵习惯了这一习性，若该习性停止，我的心灵会感到怎样呢？心灵将会感到迷失，不是吗？它将因为某个不曾预料到的事物、某个新的事物而倍感困惑，于是它宁愿活在习惯里，结果它说道："我将继续我的习惯，我不知道假如这二者统一起来将会发生什么，我宁可继续旧的事物。"所以，你更加感兴趣的是继续旧有的习惯，而不是去探寻假如思想者与思想统一起来的话会发生什么。

我们为何希望旧的事物继续下去呢？一个明显的理由便是，我们渴望安全、确定，渴望有东西可以去依附，因为这是我们唯一知道的事物。我们对思想者和思想怀着确定感，我们没有去思考假如这二者统一起来会发生什么。确定性使得我们依附于旧的事物，这是一个心理的事实，一个可以观察的事实。所以，我们的问题不在于如何让思想者和思想统一起来，而在于为什么心灵会去寻求安全和确定。心灵能够不去寻求确定，不去寻求某个可以去依附的东西吗？——如知识、信仰、随便你怎么称呼都好。心灵无法抛掉安全的过程，我们所知道的意识便是安全，它对探明毫无兴致，它感兴趣的是彻底的安全。

为什么心灵要去寻求安全呢？因为你认识到，想法会在某个时刻突然改变，想法里面没有切实可言。于是思想便制造出了思想者，将其作为一个永恒的实体，该实体将会明确地继续下去，因此思想在思想者身上怀有既得利益。所以，心灵在思想者身上找到了安全，这是一种旧的习性。

因此，我们的问题便是，心灵是否能够拥有安全，抑或它所依附的只是一种虚幻的安全呢？心灵有力量制造出安全的幻觉并且依附于该幻觉，所以，只要它在寻求安全，它就无法去认识其他事物。因此，假使心灵没有兴趣去探明若思想者和思想统一的话会发生什么，那么它就会去依附某个它已经确定的事物。

所以，我们的问题在于是否存在着安全和确定。有吗？显然没有——无论神、妻子或是你渴望去拥有的财富，这些东西里面都没有安全和确定，没有所谓的安全。你对此并没有信服，你对此没有任何体验。当你毫无依傍的时候，当心灵没有任何可以去依靠、依附的事物，你将会感到彻底的孤独。由于心灵害怕孤独，于是它就制造出了思想者，将其作为一种会持续下去的永恒实体。抑或假如没有思想者，那么它就会发明出神、财产、妻子或是其他任何东西——树木、石头、雕像，都可以。

当心灵渴望获得安全时，它便会制造出一个与思想分离开来的思想者，并且让自己习惯于这种由习性导致的界分。只要有习惯存在，就会有持久，结果心灵变得机械化了。一旦你认识到思想者是思想的产物，认识到它寻求着永恒、寻求着持续，不是仅仅停留在言语的层面，而是切实地体验了这一切，那么你将发现，无需心灵的努力，这二者就会统一起来。尔后，存在的只有认知的状态，没有任何语词，没有思想者和思想的过程。要想实现这个，你就得洞悉我们今晚一直在思考的意识的整个过程，即思想的过程。只有当心灵懂得了意识的全部内容，也就是你自己，方能实现冥想。

（第九场演说，1952 年 2 月 2 日）

自我能够终结吗？

正如我昨天所说的那样，导致衰退的一个根本因素便是行动中的意愿。我还指出，模仿、重复、意识和记忆的机械化的反应，是令心灵走向衰退的另一个原因。自我永续，难道不是使心灵走向毁灭、衰退的主要因素之一吗？

我们认识到，每一个宗教、每一种哲学甚至是极权主义的政府，全都渴望消灭意识的分离性的过程。任何革命、任何外部的经济变革或是所谓的内在的自我修炼，都无法以任何方式消灭掉自我、人的私心或者令其终结。我觉得，我们大多数人都意识到或者领悟到自我应该终结，不是理论上的，而是切实的。一个人可以对其展开哲理的探讨，去思索、推想：大部分人仅仅只是私下里这么做，或者带着某种侵略的目的，就像那些管制着我们的大多数政客一样，抑或像那些操纵着我们大多数的外部经济的富人一样，抑或像那些追求着精神道路的人。他们所有人都在以不同的方式，或明或暗地追求着自我膨胀。这难道不是毁灭心灵的一个主要因素吗？

我们拥有的唯一工具便是智识，我们错误地运用它至今。那么，能否终结自我的这整个的过程及其全部衰退性的、破坏性的因素呢？我认为，我们大多数人都意识到自我是分离的、破坏性的、反社会的，无论是从内在层面还是就外部层面来讲均如此，它是一种隔离性的过程，在它里面不可能有关系，不可能有爱。我们多少感觉到了这个，或真切或肤浅地感受到了这个，可我们大部分人都没有觉知到它。能够真正让该过程停止吗，而不是用其他东西来替代它、将其搁置起来或者把它给解释过去？

正如我们所看到的那样，单纯的自我修炼、遵从，都无法让自我终结，而是只会从另一个方向极大地强化自我。大部分人的有识之士一定都曾探究过这一问题。除了宗教约束、极权主义的强迫、律令、集中营之外，我们大多数人一定都曾询问过：自我是否能够真的终结。当我们向自己提出这一问题时，自然的反应便是"怎样"。它怎样才会终结呢？"怎样"变得格外重要起来，对我们来说，只有"怎样"、切实可行的法子、方式才是紧要的。假若我们能够稍微更加仔细一点去检视有关"怎样"的整个问题及其技巧，那么我们或许就将认识到，"怎样"、获得某个结果的切实可行的方法，并不能让自我终结。

当我们想要知道终结自我的方法时，意识的过程会是怎样的呢？是否存在"怎样"、做事情的方式、办法、体系呢？假如我们确实去遵循某个体系、方法，那么这么做能够让自我终结吗？抑或，这么做只会从另外一个方向强化自我呢？我们大部分人都很焦虑，尤其是那些态度认真、怀有宗教倾向的人，我们渴望去了解或探明终结自我的方法、变得如何如何的方法，达至某个结果的方法。只要我们深刻地去审视一下自己的心灵和头脑，那么显然就会发现，我们追求着终结自我的方法，而方法应当有一个。

那么，为什么心灵要去寻求方法、技巧、方式呢？这难道不是一个重要的问题吗？发生的情形如下：你有了某个体系、方法、"怎样"、技巧，于是心灵让自己去符合该技巧、模式。这么做会让自我终结吗？你或许用一套非常严格的、训练有素的方法，抑或某种将会逐渐让你摆脱自我的冲突的方法，某种将会带给你慰藉的方法，然而实际上，对方法的渴望只是表明自我的强化，不是吗？请仔细思考一下这个，你将会明白，"怎样"代表了一种思想的过程、模仿的过程，通过它，意识、自我能够积聚力量，将会变得更有能力，根本不会终结。

以有关嫉妒的问题为例。我们大部分人都有着不同层面的嫉妒，这给他人以及我们自己带来了难以形容的痛苦。你嫉妒有钱人，嫉妒有学识的人，嫉妒上师，嫉妒有成就的人。嫉妒是我们生活中的一种驱动力，一种社会层面的动机。有时候它会披上宗教的外衣，但本质上仍是一样的，它是渴望在精神层面或者经济上出人头地，这是我们的主要驱动力之一。是否有某种方法可以让你摆脱嫉妒呢？假如我们展开思索的话，会发现，我们的本能反应便是找到某个方法来让嫉妒终结，抑或让它停止。那么会发生什么呢？用某种方法、技巧可以让嫉妒消失吗？嫉妒，意味着想要在此生或来世功成名就。你没有去处理那令你心生嫉妒的欲望，但你学会了某个法子，你以另外的方式去表现嫉妒，从而将其遮掩住，然而从本质上来讲，它依然还是嫉妒。

因此，如果你能够认识以下过程，即我们是怎样渴望有某个可以获得结果的办法，如果我们还能够认识那培养着技巧的意识，那么就会懂得，就本质而言，它是在强化着思想。思想是导致衰退的主要因素之一，因为思想是一种记忆的过程，即用言语去描述记忆，而且是一种限定性的影响。心灵渴望找到某个法子来摆脱这种混乱，殊不知这么做只是在强化着这一思想的过程。所以，重要的不在于找到某个方法——因为我们已经明白它里面的涵义是什么——而在于觉知到意识的全部过程。

思想永远不可能是独立的——没有所谓独立的思考，因为一切思想都是一种遵从、符合过去的过程。经由思想，不会带来任何独立或自由，意识从本质上来说是过去的产物，为各种记忆所限——风土的、社会的、环境的，等等——这样的意识如何能够做到无所依傍呢？所以，如果你寻求思想的独立，你便只会让自我永续。这种独立的过程是怎样的呢？我们大部分人都是孤独的，我们不断地渴望圆满，渴望自我实现。由于觉知到了自己身上的这种空虚，于是我们便寻求着各种各样的方式去逃避它——宗教的、社会的——你知道这所有的逃避。只要我们没有解决这一问题，那么我们在思想中所寻求的这种独立就只是让自我得到永续。

　　对于我们大多数人来讲，创造力是不存在的，我们不知道何谓创造力。没有这种创造力——它不属于时间，不属于思想——我们便无法带来一种截然不同的文化、一种不同的人际关系的状态。心灵能否迈入这种敞开的、接纳的状态，从而迎来创造力呢？思想不具有创造力，一个追逐观念的人永远不会是富有创造力的。追逐理念是一种思想的过程，受着意识的局限。所以，意识是思想的过程，是时间的产物，源自于教育、影响、压力、恐惧、渴望获得奖赏、逃避惩罚，那么这样的意识如何能够获得自由，从而迎来创造力呢？当我们向自己提出这个问题的时候，我们想要知道方法、"怎样"、切实可行的法子，以获得心灵的自由。试图去知道"怎样"、方法，是最荒谬的事情，是小学生才会做的事情。"怎样"总是意味着方法，而方法便是追求思想，便是去遵从某种技巧。我们还懂得，只有当意识及其思想的过程停止时，创造力才会到来。

　　显然，身处当前世界的危机，加之那些政客们及其狡猾的盘剥、利用，创造力成为了最难得到的东西。我们不想要更多的理论、更多的观念、更多的领袖、更多更新的技术、支持某种模式的方法。唯一富有创造力的心灵，是那些身心完整的人们。

　　意识源自于几个世纪以来思想的过程，那么它能否处于创造力的状态呢？也就是说，思想能否去接纳或者去培养那种创造的动力呢？在我看来，这是我们应当询问自己的最为重要的事情之一，原因是，仅仅遵从某个模式并不能带领我们达至任何地方，无论是在社会层面还是宗教层面。没有哪位领袖可以赋予我们真正的创造的动力，没有哪个榜样可以做到这个，每个榜样都是自我的膨胀，英雄其实是披着荣光、受着赞颂的"我"的膨胀。所以，追逐理想是自我的一种膨胀，是在某个观念中实现自我，是作为时间的思想的延续，因此没有任何创造力的状态。我认为，探明这一点，认识到我们每个人必须要凭借自己的力量去发现创新精神，这是格外重要的。意识永远无法发现这个，无论它怎么做，思想永远无法认识或带来这种充满生机与活力的状态。

那么什么是创造力的状态呢？显然无法正面去描述该状态，描述它便是局限了它，描述将是一种权衡的过程，而权衡它便是在运用思想，情形显然如此。所以，思想永远不能捕捉它、领悟它。描述它是毫无价值的。然而，我们能够做的便是通过以逆向的方式、以间接的方式去着手问题，从而探明那些障碍是什么。我们大部分人对此都持反对的意见，因为我们习惯了直接的方式。"做这个，你将得到那个"，这种态度决定了你处理问题的方式。我们讨论的不是去描述那一状态，而是弄清楚你应当怎么做才能凭借自己的力量去发现那些有碍于创造力状态的绊脚石。在这种非凡的状态里，不存在所谓的意识、观察者。

第一个横在路上的障碍是什么呢？显然是权力欲、支配欲。权力欲是一种会带来隔离的过程，尽管它可能同整体、同某个国家或某个群体进行认同，但它却是一种隔离的过程。在任何层面怀有野心的心灵便是障碍——所谓的精神层面的野心，不管它是属于政客、富人还是穷人的心灵。所有这些人都希望拥有更多，渴望更多便是横在路上的最具有破坏力的因素。领悟到这个十分不易，因为意识是如此的隐蔽。你或许并没有以残忍的方式寻求着权力，但你可能作为政客在渴望着权力，你的借口会是为了国家的利益而去做某些事情，抑或你可能是个积极参加竞选的人。对权力的追逐有各种不同的形式，从本质上来讲，它们全都是一种想要出人头地的意愿，想要变得如何如何的意愿，这种意愿表现为美德、责任、头脑的行动、支配的意识以及对拥有权力的骄傲。

所以，一个主要的因素、主要的障碍便是这种权力欲、支配欲。请在你们自己的生活里观察一下，你将发现行动中的这种导致分离和破坏的欲望。这显然会击败爱，唯有爱才是我们的救赎。但倘若有任何支配的意识，有任何对权力、地位、权威的渴望，倘若行动里怀着意愿，倘若想要得到某个结果，那么你就不可能拥有爱。我们知道这一切，我们还模糊地觉知到了这些情形。我们被想要变得如何如何、想要获得权力的巨浪裹挟着，深深地困于其中，我们无法停止这些欲望，无法步出这欲望的泥沼。要想摆脱权力欲、支配欲，就不可以有任何的"怎样"。你洞悉了权力的全部涵义，一旦你充分地认识了它，你便会挣脱欲望的羁绊，不会再有任何"怎样"了。

妨碍创造力的障碍之一便是权威，榜样的权威、过去的权威、经验的权威、知识的权威、信仰的权威，所有这些都有碍于创造力的状态。你不必去接受我的观点，你可以在自己的生活中观察到这个，尔后你将懂得，信仰、知识、权威是怎样强化了意识的分离性的过程。

很明显，妨碍创造力状态的另一个因素便是重复、模仿、观念的永续。不单单是感觉的重复，还有仪式的重复，不断徒劳地去追求知识、经验，这些全无意义，这一切都是绊脚石。没有任何新的体验，一切体验都是一种认知的过程，一旦没有了认知，就不会有任何体验，认知的过程是一种思想的行为，也就是用言语去描述。

另一个把我们同创造力的状态分隔开来的因素则是想要得到某个方法、"怎样"、途径，实践某个事情，如此一来我们的意识才能有所得。这是一种持续、重复的过程，而一个为重复所困的心灵是永远无法拥有创造力的。

因此，假如你能够洞悉这一切，那么你就会发现，实际上，正是意识妨碍了创造力的状态的出现。

所以，当意识觉知到了自身的运动，它便会终结。唯有这时，才能迎来创造力的状态，它是唯一的救赎，因为创造力的状态便是爱。爱与感觉无关，与感性无关，它不是思想的产物，意识也不能够制造出它。

意识只能制造出形象，关于感觉和经历的形象、画面，但形象并不是爱。我们不知道何谓爱，尽管我们非常自由地使用这个词语。但我们知道感觉，并且通过形象、话语，通过各种各样的欺骗去追逐感觉。然而，意识永远不会懂得爱，尽管我们培养智识已达几个世纪之久。

对于意识来说，要想领悟这整个的过程，从而体验者永远不会同被体验之物分隔开来，这是十分艰难的。这种观察者与所观之物之间的界分，是一种思想的过程。在爱里面，没有所谓的体验者或被体验之物。由于我们不懂得这个，由于这是唯一的救赎，所以很明显，一个抱持认真态度的人应该去观察意识的全部过程，既有那些暗藏的层面，也有那些显然的、公开的层面，这是非常不容易的。我们大部分人的精力都浪费在了气候、饮食、空虚的闲言碎语上了——我很抱歉，没有所谓的空虚的闲言碎语，只有闲言碎语——因为我们嫉妒他人。我们没有时间去探寻，而只有通过沉思冥想的探寻，我们才能觉知到意识及其内容，尔后，意识便将终结，爱便会到来。

问：一个没有理想的人要怎样才能实现自我呢？

克：虽然我们大多数人都在寻求圆满，寻求自我实现，但真有所谓的圆满存在吗？我们知道，我们试图通过家庭、儿子、兄弟、妻子、财富，通过跟某个国家或群体认同，通过去追求某个理念，或者通过希望"我"能够永续来实现自我，来获得自我的圆满。有各种形式、处于意识不同层面的圆满。

可是真的有所谓的圆满存在吗？那个在自我实现的事物是什么呢？那个渴望在认同中或者通过认同来自我实现的实体是什么呢？你什么时候会想到自我实现？你什么时候会渴望自我实现？

正如我所言，这不是一场口头层面的谈话，假如你将其视为仅仅是言语层面的，那么请你离去，不必浪费时间了。但倘若你希望深入探究，尔后展开追寻，那么请你保持机敏和警觉的状态，好好去思索一番，因为我们需要理性和智慧，而不是乏味的重复，不是去重复那些语句、段落，重复那些我们从小就浸染其间的榜样和例子。

我们需要的是创造力，是智慧的、完整的创造力。这意味着，你必须自己来认识意识的过程，从而直接地去探明。

所以，在聆听我讲话的时候，你要把它同你自己直接地联系起来，要去体验我所谈论的内容。你不可以通过我的话语去体验，只有当你有能力的时候，当你抱持严肃认真的态度，当你观察自身的所思所感，你才能够去体验。

你什么时候会萌生自我实现的渴望呢？你什么时候会觉知到这种想要去变得如何如何、想要功成名就、想要实现自我的欲望呢？请观察一下你自己。你何时会觉知到这个？你难道没有发现是当你感到分外孤独，感到一种无穷无尽的虚空，觉得自己啥也不是的时候吗？只有当你感到空虚与孤独时，才会觉知到这种欲望，尔后你便会通过无数的形式，通过加入各种派别，通过与财富、树木、与意识的各个层面的一切的关系去寻求自我实现。只有当你感到了那个孤独、空虚的"我"，才会希望变得如何，才会渴望去认同，去自我实现。想要自我实现，想要去达成，其实是为了逃避我们所谓的孤独。因此，我们的问题不在于如何获得圆满，抑或什么是圆满，因为没有圆满存在。"我"永远不可能获得圆满，它始终都是空虚的。在你取得了某个结果的时候，你或许会产生某些感觉，可一旦这感觉褪去了，你将重新回到空虚的状态，于是你便会开始去追求跟之前一样的状态。

所以，"我"便是空虚的制造者，"我"是空虚的，"我"是一种自我封闭的过程，我们在它里面觉知到了巨大的孤独。因此，由于觉知到了这个，于是我们试图通过各种各样的认同去逃避孤独，这些认同就是我们所谓的实现、圆满，实际上根本就不存在任何圆满，因为意识、"我"永远无法实现圆满，"我"的本质就是自我封闭的。

所以，那个觉知到了空虚的心灵打算做些什么呢？这就是你的问题，不是吗？对于我们大部分人而言，这种空虚的痛苦是如此的强烈，我们尽一切力量去逃避它。任何幻觉都是自足的，这便是幻觉的根源。只要我们没有认识这种孤独，那么这种自我封闭的空虚的状态——无论你怎么做，无论你寻求怎样的自我实现——就总会有障碍存在。这种障碍带来了界分，它不懂得任何完整与统一。

因此，我们的困难在于去觉知这种空虚和孤独，我们从不曾去直面它们，我们不知道它们是何模样，有哪些特点，因为我们总是在逃避，总是在退却、隔离、认同。我们从来没有去直接地面对它，同它建立关联，尔后我们就成为了观察者和所观之物。也就是说，意识，"我"，观察着那一空虚，然后"我"、思想者开始让自己摆脱这种空虚或者去逃避它。

那么，这种空虚、孤独与观察者是分开的吗？观察者自己难道不就是空虚的吗，而不是他在观察着空虚？原因在于，如果观察者不能认识到那个被他称作孤独的状态，那么就不会有任何体验可言。他是空虚的，他不能对空虚有所作为，不能对空虚做任何事情，因为，若他做了些什么，那么他就会变成对所观之物展开行动的观察者，而这是一种虚妄的关系。

因此，当心灵认识到、觉知到它是空虚的，它不可以对空虚有所行为，那么我们从外部观察到的这种空虚就将具有不同的意义了。迄今为止，我们都是作为观察者在着手问题。如今，观察者自己便是空虚、孤独，他能够对此做些什么吗？显然不能。尔后他与空虚、孤独的关系就完全不同于观察者与所观之物的关系了。他拥有那种孤独，他身处那一状态，在这种状态里面，没有"我很空虚"这样的描述。一旦他去描述它或者将其具象化，他便同它分隔开来了。所以，当不再用言语去描述的时候，当体验者不再作为一个外在的对象去体验孤独的时候，当他不再去逃避的时候，那么他就将处于彻底的孤独之中了。他的关系便是孤独本身，他自己就是这孤独，一旦他充分地认识到了这个，那么空虚、孤独显然就将消失不在了。

然而，孤独跟独在是截然不同的，必须要将孤独过渡为独在，孤独无法同独在相比。一个知道孤独的人，永远不会懂得何谓独在。你是否处于独在的状态呢？我们的心灵并没有同独在结合在一起，意识的过程是隔离的，而隔离的事物只会认识孤独。

但独在并不是隔离的，它不属于大众，不受大众的影响，不是大众的产物，不是意识制造出来的东西。意识是属于大众的，意识并不是一个独在的实体，而是经由几个世纪被制造、被整理出来的事物。意识永远不会是卓然独立的，意识永远无法认识独在。但倘若我们在经历孤独的时候去觉知到它，便能迎来独在的状态，唯有这时，那不可度量的事物才会到来。不幸的是，我们大多数人都在寻求着依傍，我们渴望有同伴，渴望有朋友，我们希望活在一种隔离的状态里，而这种状态会导致冲突。独在的事物，永不会处于冲突之中，可意识永远无法领悟到这个，永远无法认识到这个，它懂得的唯有孤独。

问：您指出，只有当一个人能够做到卓然独立，能够热爱痛苦，才会迎来真理。这并不清楚。烦您解释一下您所说的卓然独立和热爱痛苦究竟指的是什么意思。

克：我们大部分人都没有与任何事物产生关联，我们没有跟我们的朋友、我们的妻子、我们的孩子建立直接的联系与交流，我们同任何事物都没有直接的联系，始终都存在着障碍——心理的、想象的、切实的。显然，这种孤立、隔离的状态便是痛苦的根源所在。不要说什么："是的，我们读到过这个，我们在言语层面知道这个。"但倘若你能够直接地去体验，便会明白，任何智识的过程都无法让痛苦终结，你可以把痛苦解释过去，这是一种智力的行为，但痛苦依然存在着，尽管你或许能够将其掩盖起来。

因此，要想认识痛苦，那么你显然就必须热爱它，不是吗？也就是说，你必须与它建立直接的关联。如果你希望了解某个事物——你的邻居、你的妻子或是任何关系——如果你想要彻底地认识某事物，你就得靠近它，你应该走向它，既不去反对、也不抱有任何成见、责难或排斥，你应该审视它，对吗？若我想要认识你，我就不应该对你抱持丝毫偏见，我必须有能力去审视你，不通过任何障碍，没有我的成见、我所受的限定等等屏障，我必须与你建立联系，同你交流，这表示我应当对你满怀热爱。同样的道理，假如我希望认识痛苦，我就得热爱它，就得同它建立联系。但我无法做到这个，因为我通过解释、通过理论、通过希冀、通过搁置去逃避痛苦，这些全都是言语化的过程。所以，言语妨碍了我与痛苦建立关联，言语是我的绊脚石——解释的言语、使其合理化所运用的言语，它们依旧是言语，是一种智力的过程——使得我无法直接地跟痛苦产生交流。只有当我与痛苦建立了关联，我才能够认识它。

接下来的问题便是：那个在观察着痛苦的我，是否跟痛苦是分开的呢？作为思想者、体验者的我，与痛苦是分开的吗？我把痛苦客观化、具象化，以便对它做些什么，以便去逃避、战胜、逃离它。我与那个被我叫做痛苦的事物是分离开来的吗？显然不是，所以我就是痛苦，而不是痛苦在一边，我在痛苦之外——我即痛苦。唯有这时，才能让痛苦终结。

只要我是痛苦的观察者，痛苦就不会停止。要体验、觉知到痛苦便是"我"，观察者自己就是痛苦这一点相当不易，因为几个世纪以来我们都是把这二者区分开来的。但一旦心灵意识到它自己便是痛苦——不是当它观察痛苦的时候，不是当它感觉到痛苦的时候——认识到它自己就是痛苦的制造者，它自己就是痛苦的感受者，它自己就是痛苦本身，那么痛苦便会走向终结。这需要的不是传统或思考，而是要求展开格外机敏的、理性的觉知。这种理性、睿智、统一的状态便是卓然独立。当观察者便是所观之物，就能迎来这种统一的状态了，在这种卓然独立的状态里，在这种完全独在的状态里，当心灵不再寻求任何事物，既不去寻求奖赏，也不去逃避惩罚，当心灵迈入了真正的静寂，没有寻求，唯有这时，那无法用意识去度量的事物才会来临。

（第十场演说，1952 年 2 月 3 日）

自我欺骗的根源

　　在过去我们会面的几周时间里，我们一直都在思考那些影响着我们整个生活的问题，不是处在意识的某一个层面，而是在意识的全部过程里，我们探究着思想的方式以及那些导致错误的思想过程的影响。我们认识到，思想的过程是一种会带来衰退的因素。对于那些初次来到这里的人，这或许听起来让人吃惊不已，抑或他们可能觉得这是一种愚蠢的说法，但那些一直都热切地参与这些谈话的人则不需要任何进一步的解释。因为，解释实际上有害于认知，我们如此轻易地就会被语词喂饱，我们很容易就会满足于解释，满足于合理的感觉，那些被再三重复的解释和话语，足以让心灵变得愚钝、麻木。

　　因此，我觉得，那些仔细地、认真地思考过这些谈话的人，势必观察到了或者说觉知到了这种思考便是导致人与人之间界分的一个主要因素，就像我们现在所做的事情一样。它是使得我们没有任何行动或者说把行动搁置起来的原因之一，因为，观念源自于思想，它们永远无法带来行动，观念跟想法之间会有间隔，我们的困难在于要去弥合这个我们身陷其中的裂口。

　　今天晚上，我希望讨论一下或者思考一下有关自我欺骗的问题。心灵沉溺在这种欺骗之中，将其强加在自己跟他人身上。这是一个非常严肃的问题，尤其是在当今世界正面临这种危机之时。但是，为了认识有关自我欺骗的整个问题，我们必须对其展开思索，不是仅仅停留在口头层面，而是要从根本上深刻地认识问题。正如我所言，我们太容易满足于语词和反面的语词，我们尽在词汇上玩弄聪明，由于这个，所以我们唯一能够做的便是希望会发生些什么。我们认识到，对战争所做的各种解释并不能让战争停止，无数的历史学家、理论家、宗教人士在对战争以及它是如何出现的给出种种解释，但战争依然继续着，或许将比从前更加具有破坏力。我们当中那些真正抱持着严肃认真态度的人，必须要超越语词，必须寻求自我的根本性的革新，这是唯一能够从根本上永久地救赎人类的药方。

同样的，当我们讨论这种自我欺骗的时候，我认为，我们应当让自己提防那些流于表面的解释与回答。如果我可以建议的话，我们不应当仅仅只是去聆听演讲者的话，而是还要在我们的日常生活里头去思考问题。也就是说，我们应当在思想和行动中去观察自身，观察我们自己是怎样影响着别人以及是怎样从我们自身着手去展开行动的。

对于自我欺骗来说，其理由何在？基础何在？我们当中有多少人真正觉知到了我们是在自欺？在我们能够回答什么是自我欺骗以及它是怎样出现的这一问题之前，难道不应该首先觉知到我们在自欺吗？我们是否知道自己是在欺骗自我呢？我们所说的这种欺骗是指什么意思？我觉得这一点格外重要，因为，我们越是自我欺骗，那么欺骗中的力量就会越是强大，它带给了我们某种活力、某种能量、某种能力，这里面包含了把我的欺骗、幻觉强加在他人之上。所以，渐渐的，我不仅把欺骗强加在自己身上，而且还强加在了别人的身上，这是一种相互作用的自我欺骗的过程。我们是否觉知到了这一过程呢，因为我们觉得自己非常有能力清晰地、自觉地、直接地去思考？我们是否觉知到，在这种思想的过程里存在着自我欺骗呢？

思想本身是一种寻求的过程，寻求辩护，寻求安全，寻求自我保护，渴望得到关怀，渴望拥有地位、名望和权力，难道不是吗？这种想要在政治、宗教或社会层面出人头地的欲望，难道不正是自我欺骗的根源所在吗？一旦我所渴望的超出了纯粹的物质层面，那么我难道不会导致一种很容易就会去接受、去认可的状态吗？举个例子：我希望知道死后会发生什么，这是我们许多人都感兴趣的——越是年纪增长，我们就越会对此问题萌生兴趣。我们想要知道关于该问题的真相，我们要怎样来探明呢？当然那不是通过阅读，也不是通过各种解释。

那么，你打算如何来一探究竟呢？首先，你应该让你的心灵彻底清除掉每一个横在路上的绊脚石——每一个希冀、每一个想要永续的欲望、每一个想要弄明白在生命的另一头会发生什么的渴望。原因在于，心灵总是在不停地寻求着安全，它希望获得永生，希望获得某个实现圆满的法子，某个可以在来世依旧存续的法子。这样的心灵无法发现真理，不是吗？尽管它寻求着有关死后来世的真理，轮回转世抑或是其他。重要的不在于轮回是否是真实的，而在于心灵是怎样通过自我欺骗去证明某个可能存在也可能并不存在的事实是合理正当的。所以，关键是去着手问题——以及是什么动机、什么推动力、什么欲望使得你这样的。

寻求者总是会把这种欺骗强加在自己身上，没有人能够把它强加在他的身上，是他自己干的。我们制造出了这些欺骗和幻觉，尔后变成了它的奴隶。所以，自我欺骗的根本原因，便是不断地渴望在此生或来世有所成就。我们知道想要在这个世界出人头地会带来怎样的结果，在一个人人都彼此争斗，人人都在以和平的名义毁灭他人的世界里头，将会是彻头彻尾的混乱。你知道我们彼此玩的这整个的游戏，这是一种不同寻常的自我欺骗的形式。同样的，我们想要在另一个世界里也能获得安全，获得地位。

于是，一旦我们渴望变得如何如何，抑或渴望去达至什么、获得什么，那么我们便会开始自我欺骗。心灵要想挣脱这一切获得自由是相当不容易的，这是我们生活里的一个基本的问题。能否生存于世而无所欲求呢？因为，唯有这时，才能摆脱一切欺骗与幻觉；因为，唯有这时，心灵才不会去寻求某个结果，寻求一个令人满意的答案，寻求任何形式的辩护，才不会在关系里面去寻求任何形式的安全。只有当心灵认识到了欺骗的可能性与隐蔽性，从而实现了觉知，才会停止上述的寻求。心灵抛掉了各种各样的辩护与安全——这意味着，尔后，心灵就能够实现彻底的空无了。那么能否做到这个呢？

显然，只要我们以任何形式欺骗自己，就不可能有爱存在。只要心灵有能力去制造幻觉并将其强加在自己身上，那么它显然就把自己与集体的或完整的觉知分隔开来了。这是我们的难题之一，我们不知道如何展开协作，我们唯一知道的便是朝着某个目标一起工作，这个目标是你我带来的。很明显，只有当你我不怀有任何由思想制造出来的共同目标时，才能实现协作。请你们同我一起慢慢地去探究，因为我发现有几个人没有在跟着我一同思考。重要的是去认识到，只有当你我不去渴望变得如何如何，没有任何欲求的时候，才能实现合作。当你我想要有所成就时，信仰及其相关的一切就会变得必要起来，一种自造出来的乌托邦就会变成必需。但倘若你我静静地去创造，没有丝毫的自欺，没有任何信仰与知识的障碍，不去渴望获得安全，那么就能展开真正的协作了。

　　我们能否一起协作，同时又不去怀有任何目的，不去想着达至某个结果，不去寻求某个结果吗？你我能够一起工作，但又不去寻求得到某个结果吗？这显然才是真正的协作，不是吗？假若你我去思考、实施、计划某个结果，假若我们朝着那一结果一起工作，那么这里面包含的过程是什么呢？我们的意识在交会，当然是我们的思想、我们智力的头脑在交会。在情感层面，整个身心可能都在抵制这个，它会带来欺骗，会带来你我之间的冲突，这是我们日常生活中一个显见的、可以观察到的事实。理智上，你我同意去做某件工作，但我们在隐蔽的、深刻的层面无意地处于彼此交战之中。我希望某个可以让我满意的结果，我希望去支配、去控制，我希望我的名字在你的前面，虽然人们说我在跟你工作。所以，作为痛苦的制造者的我们，实际上在彼此对立着，即使从外在来说你我就痛苦是达成一致的，但我们的内心却处于彼此争战的状态，尽管我们可能有意地取得了一致。

　　因此，我们最为重要的问题之一，或许是最重要的问题，就是去探明你我是否能够在一个我们是无名小卒的世界里一起协作、交流、共存，探明我们是否真的能够实现合作，不是在表面上，而是在根本上。我让自己跟某个对象认同，你则与同样的对象认同，我们都对此感兴趣，我们都希望如此。很明显，这种思想的过程是非常肤浅的，因为，通过认同，我们导致了隔离——这在我们的日常生活里是非常显见的。你是个印度教教徒，我则是天主教教徒，我们都在倡导友爱之情，我们都在把自己的观念强加给对方。原因何在？这便是我们的问题之一，对吗？在无意识的、隐蔽的、深刻的层面上，你怀有你的信仰，我则有我的信仰。通过谈论所谓的友爱之情，我们并没有解决有关信仰的整个问题，我们只是理论上、理性上同意说应当友爱待人，然而从内心深处来讲，我们却是彼此对立的。

除非我们消除了那些障碍——它们是一种自我欺骗，这种自欺赋予了我们一种活力——否则你我之间不可能实现合作，我们永远无法通过跟某个群体、某个理念、某个国家进行认同来实现协作。

信仰不会带来协作，相反它会导致分裂。我们目睹了一个政党是如何反对另一个政党的，每个政党都相信某种处理经济问题的方法，于是他们始终在彼此交战着。例如，在解决饥饿问题上，他们并没有作出决定，他们关心的是那些解决该问题的理论，他们实际上并不关心问题本身，而是关注于能够解决问题的方法。于是，这二者之间必定会出现争斗，因为他们关心的是理念而非问题。同样的，宗教人士也彼此对立着，虽然他们口头上声称他们全都信奉神，你了解这一切。然而内心上，他们的信仰、他们的观念、他们的经验都在毁灭着他们，都在让他们隔离开来。

因此，经验变成了我们人际关系里一种会导致界分的因素，经验是一种欺骗的方式。假如我经历了某个事情，我便会依附于它；我没有探究有关经历的整个问题，但由于我已经经历过了，这便足够了，我依附于它，结果我便通过这种经验强加了自我欺骗。

所以，我们的困难在于，我们每个人都在认同某种信仰，认同某种能够带来幸福、带来经济调整的方法，以至于我们的思想意识为其所围，无法对问题展开更加深刻的探究，于是我们便希望在我们的体系、方法、信仰、经验上保持孤立、隔绝的状态。除非我们消除并认识了它们，不是仅仅在肤浅的层面，而是在更加深刻的层面，否则世界上不可能迎来和平。这便是为什么对于那些真正抱持认真态度的人们来说，重要的是去认识这整个的过程——即渴望去变得如何如何，渴望去达至什么、获得什么——不是仅仅停留在表层，而是在根本的、深刻的层面，否则的话，世界上就不会实现和平。

真理不是可以获得的事物，爱是不会走向那些渴望去依附它或者想要与其认同的人的。很明显，当心灵不去寻求，当它迈入了彻底的宁静，当它不再制造任何运动以及信仰——它能够去依靠信仰或者由此得到某种力量，这表明的是自我欺骗——才能迎来真理与爱。只有当心灵理解了欲望的整个过程，它才会获得静寂，唯有这时，意识才不会处于要怎样或者不要怎样的运动之中，唯有这时，才能迎来那种不再有任何欺骗和幻觉的状态。

问：一个人开始的时候是带着善意以及想要去帮助别人的渴望，然而不幸的是，为了能够实现有建设性的帮助，他加入了那些政治、宗教、社会的组织。如今，他发现自己已经完全没有了善良和慈悲。那么这一切究竟是怎样发生的呢？

克：现在我们能够一起来思考一下这个问题吗？也就是说，不要只是听我解释问题，而是应当去观察一下你在日常生活里的行为。我们大多数人，尤其如果我们是年轻人，仍然充满感性的话，那么我们会渴望为这个世界做点什么，以便去解决那遍布各处的痛苦与饥饿。不幸的是，随着年龄的增长，这种感性、敏锐渐渐走向了迟钝和麻木。

由于感性，由于希望行善，心怀慈悲，于是你目睹了这一切的不幸、邻村的饥饿、贫穷、肮脏，目睹了各种各样的欲望、腐朽，你希望能够做些什么。因此你四处寻找，然后会发生什么呢？你参加各种会议，极左的、中立的或是右翼的，抑或捡起一本宗教书籍，试图去解决问题。假如你怀有宗教倾向，你会用因果、轮回、进步、演进等观念去解释这一切的不幸，"它是如此"或者"它不是如此"，诸如此类。但倘若你抱有政治上的警觉，那么你会参加各种各样的会议，更多左翼的组织会许诺立竿见影的效果，他们指出什么是可以马上做的，他们完全执着于某种理念、概念、公式、准则，他们把自己干过的或者将要去干的事情拍成照片、影像，他们拥有自己的著作文献，这一切要比他人的话对你更有信服力，于是你便深陷其中。你一开始是带着某种良好的愿望，想要去做点什么，希望能带来某种结果，最终你加入了某个政治组织，该组织许诺了未来的奖励、未来的乌托邦。

你如此急切地想要带来结果，于是便加入了组织，你的急切是针对政治活动、针对理念的，不是急切地去展开立即的行动，而是渴望一个经由某些意识形态的方式、实践、纪律等等带来的未来。你关心的更多的是方式、党派、群体、辩证法的理念等等，而不是你现在应当如何去行动，以便带来一种转变。我们难道没有导致欺骗、拖延、忘却吗？不是问题的欺骗，不是那导致了问题的罪恶的欺骗，而是妨碍我们有所作为的那些对立的党派的欺骗。结果我们丧失了良善和慈悲，我们丢失了这一切，丢失了慈悲与爱的根源。我们把这个叫做立即的行动，这便是我们大部分人的情形，不是吗？

我们加入各种群体、社团，希望由此会带来某些善意，不久，我们迷失在了信仰、争斗、野心以及可怕的愚昧之中。对于大多数人而言，困难在于我们与慈悲和善良割断开来了，我们身处团体、群体、政党之中，我们全都是囚徒。要突围而出是如此的困难，因为党派、团体、宗教组织有力量把你驱逐出去，他们威胁着你，因为他们掌有权势，掌有经济的、心理的力量，你任由他们摆布，你屈服了，你的利益与其相关，既有心理上的也有情感上的。要想冲破这一切，需要大量的觉知。没有人可以帮助我们，原因是每个人都怀有某种信仰，都把自己交付给了这个或那个。由于被困于其中，因此个人渐渐老去，尔后便会出现绝望和悲惨，他接受了这一切，将其视为不可避免的事情。

能否洞悉这整个的过程呢，能否懂得我们的愚蠢是怎样将善良、慈悲、爱给毁灭掉的，就因为我们全都如此急切地想要去做点什么呢？正是渴望有所作为，才导致了自我欺骗。我们没有耐心去等待，去审视，去观察，去更加深刻地认识自我。渴望有能力去行善，这种欲望便是欺骗，因为那个聪明狡猾的人正等待着去利用你的良善、利用你帮助他人的渴望，我们把自己交付给了他，结果被其利用。

难道不能审视这一切，觉知到该问题的全部内容，尔后突围吗？不是停留在理论层面，而是切实的，直面问题，如此一来才能再次唤醒那种质朴的善意，那种与他人亲密无间的意识，这才是真正处于爱的状态。这是唯一的行动之道，当你心中怀有热爱，便会带来一种非凡的状态、非凡的结果，这是你我无法计划出来、无法思考出来的。所有聪明的人都在谋划、思索，看看发生的情景吧，他们把自己的观点强加在彼此身上，他们在相互地毁灭。

由于洞悉了这整个的问题，因此，那些抱持严肃态度的人们显然应该冲破这一切。在突围、冲破的时候，便会迎来新生。这种洞悉、领悟就是行动，它不是观念在先、行动在后。

问：您为什么说，为了迎来真理就必须抑制知识和信仰呢？

克：你的知识是什么，你的信仰又是什么？当你去检视你的知识或信仰时，它们实际上是什么呢？记忆，不是吗？你怀有的知识是关于什么的呢？关于过去的记忆，你所知的不过是写在书本里的他人的经验！当你去思索你的知识，它们实际上是什么呢？是过去的记忆，你从他人那里获得某些解释，你拥有自己的经验，它们是建立在你的记忆之上的。你遭遇了某件事情，你根据你的记忆即你所谓的经验去解释该事件。你的知识是一种意识的过程。我们知道信仰是什么，它们是由意识制造出来的，因为心灵渴望得到确定与安全。

心灵为知识所围，知识是过去的累积，它基于自身的方便对现在做出解释，背负着这样的知识的心灵，如何能够认识何谓真理呢？真理应该是超越时间的，它无法被我的意识制造出来，无法被我的经验构想出来，它应该是我过去的经验所未知的事物。假如我知道它源自于过去，那么我就会认知到它，所以它就不是真实的。若它仅仅只是信仰，那么它就是我自身怀有的欲望的投射。

为什么我们如此骄傲于自己的知识呢？我们为自己的信仰、知识所围——这里所说的知识，是就通常意义来讲的。你害怕自己一无所有，害怕自己什么都不是，这便是为什么你会戴上如此多的头衔的缘故，你给了自己名声、观念、名誉、庸俗的炫耀。你的心灵背负着所有这一切，你说道："我在寻求真理，我希望认识真理。"当你仔细检视这整个获取知识、树立信仰的过程，会发生什么呢？很明显，你将领悟到，信仰、知识不过是心灵玩的把戏，因为它们赋予了你某种特权、某些力量。人们尊敬你，将你视为一个博览群书、知识渊博的非凡之人。随着年纪的增长，你会要求更多的体面，因为你的智慧也增加了——至少你是这么认为的，你所能够做的，便是在经验方面日臻成熟。信仰毁灭了人类，信仰导致人与人之间的隔阂，一个抱持信仰的人永远不会怀有真正的爱，因为对他来说，信仰要比仁慈、和蔼、周到更加重要，信仰带来了某种力量、某种活力，带来了一种虚幻的安全感。

因此，当你去审视这整个的过程，你拥有的是什么呢？什么也没有，只有语词，只有记忆。真理应该是超越想象、超越意识过程的事物，它应该永远是崭新的，是无法被认识、无法被描述的。当你去引用商羯罗、佛陀抑或 XYZ 的观点，你便已经开始在作比较了——这表示，经由比较，你停止了思考、感觉和体验，这是意识的诡计之一。正是你怀有的知识，妨碍了你去立即领悟何谓真理。

这就是为什么说，重要的是去认识知识和信仰的整个过程并且将它们抛到一边。要简单，要简单地去看待这些东西，不要带着一颗狡猾的心。尔后你会发现，一个曾经要求如此多的经验和解释的心灵，一个曾经为如此多的信仰所围的心灵，开始走向了新生。尔后，心灵不会再去寻求新事物，不会再去识别、去认可，它已经停止了意识的活动，从而处于一种不断在体验、不再与过去相连的状态，这是一种新的、不可重复的运动。

　　这便是为何说，重要的是应当去认识一切知识与信仰。你不可以去抑制知识，你必须去认识它，你不可以去敲知识的门。那么你的反应会是什么呢？你将离开这里，继续以同样的旧有的方式着手问题，因为你害怕离开旧的模式。

　　要想发现真理，就不能够有任何上师、榜样、路径。美德不会带领我们走向真理，实践美德其实是一种自我永续。知识显然只会让你获得体面，一个体面的人，一个被自身的重要性封闭起来的人，将永远无法找到真理。心灵必须实现彻底的空无，不去寻求什么，不去制造、构想任何东西。只有当心灵迈入了绝对的宁静，才能迎来那不可度量的事物。

　　问：心理学者们所说的直觉跟您所说的觉知之间，是何关系？

　　克：让我们不要对心理学者们说了些什么而烦心。你所说的直觉意指为何？我们使用那个词语，对吗？我经常会使用"觉知"一词。让我们来探明它的涵义吧。

　　我们所谓的直觉是指什么意思呢？不要去介绍他人的观点。你使用"直觉"这个词语。那么何谓直觉呢？不管它是正确的还是错误的，你都有了某种感觉，认为它应该如此或者不该如此。我们所说的直觉，是指一种未经理性论证的感觉，你把这种感觉归于意识之外，你觉得它是高等意识的灵光一现。我们不知道它究竟是不是直觉，但我们希望探明这其中的真理。

　　首先，欺骗自己是很容易的事情，不是吗？我直觉地认为轮回是真实存在的，你难道不怀有这样的直觉吗？不是因为你阅读过关于轮回的书籍，而是因为你对它有一种感觉，你的直觉如是说，于是你便同意了这个。我只是把这个作为一个例子，我们不是在思考有关究竟是否有永生这一问题的真相。那么，直觉意指为何呢？直觉里面包含的是什么？你的希冀、你的渴望、永续、恐惧、绝望、空虚感、孤独感，所有这些东西在驱使着你，所有这些在驱使你去依附于、执着于有关轮回的理念。

因此，是你自己的渴望无意识地制造出了那一直觉。

如果没有认识欲望的整个过程，你便不能去依靠直觉，因为直觉可能具有相当大的欺骗性，在某些情况里，直觉其实是一种欺骗、一种幻觉。不要谈论那些用直觉去感知问题的科学家们，你不是科学家，你只是有着我们日常生活里诸多问题的普通人。科学家们客观地对某个数学问题展开研究，他们就此工作，就此思考、探究，在找到答案之前不会放手。在工作的时候，他们会突然明白答案，这便是他们的直觉。但我们不能用这种方式来处理我们的问题，我们跟我们的问题太亲密了，我们为自身的欲望所困，我们自身的欲望有意或无意地表明了态度、反应、回应。我们是在这一背景下使用"直觉"一词的。

觉知是对问题的全面洞悉、感知、领悟——即认识欲望及其运作方式。一旦你实现了觉知，就会发现，并没有一个检验者在审视着被检验的问题。这种觉知不是直觉，这种觉知是洞悉欲望运作的过程，不是仅仅停留在肤浅的层面，而是彻底地领悟，是充分地探究问题。唯有在这种觉知里面，才能够揭示出每一个可能的、潜在的欺骗。

觉知是一种完整的过程，而直觉则是局部的，正如我们对它的使用那样。后者是偶尔才会出现的，其余时间里我们全都处于愚钝之中。拥有这样的直觉有什么意义呢？某一刻，你清楚地洞悉了事物，其余时间里面你还是过去的那个愚蠢的自己。觉知则是一种完整的过程，它始终都在运作着。当我们觉知到了欲望的整个过程，觉知便会到来。

问：您指出，我们所过的生活是消极的、负面的，所以不可能拥有爱。麻烦您解释一下这个。

克：你为什么希望得到我的解释？你难道不知道答案吗？我们的生活是非常富有生机、活力、创造力的吗，是非常积极、正面的吗？至少我们觉得自己是如此，但结果却是消极的。我们在贪婪、憎恨、嫉妒、野心方面是很积极的，我们知道这个，对吗？阶级划分、地区的界分、自然的界分，各种各样的破坏、隔离——所有这些都存在着。

我们的生活实际上是消极的、否定的，尽管它看起来是积极、正面的，因为它通往的是死寂、毁灭与不幸。你不会接受这个的，因为你会说："我们在这个世界上做着一切积极的事情，我们不可能活在一种消极、否定的状态里。"但你所做的是一种负面的、消极的行为，无论你做的是什么，都是一种没有生机、没有活力的行为。这样的行为，怎么可能不是消极的、负面的呢？如果你怀有野心，那么你在你的关系里面就将是一种会带来破坏、腐朽的因素。你的每一个行为都是一种负面的行为。

如果一个人的整个生活都是一系列的负面、否定，那么这样的人如何能够懂得爱呢？尔后你询问我什么是爱。模仿便是死寂，但我们却树立起了一个又一个的榜样，我们渴望去效仿他们——我们有权力，我们有上师，我们遵循模仿、重复、例行公事的过程——这些是什么？是死寂，是摒弃！难道不是吗？这样的事物怎么可能认识任何东西呢？这样的人无法领悟何谓爱。

唯一积极、正面的事物便是爱。只有当消极、否定、负面的状态消失不在，只有当你不再野心勃勃，当你不再是腐朽的，当你不再心怀嫉妒，爱才会到来。你首先必须认识实相，在对实相的认知中，那不可度量的事物便会到来。

（第十一场演说，1952 年 2 月 9 日）

觉察自我中心的行为

这是这个系列讲话里面的最后一场，今天的会谈结束之后，不会再有谈话了，至少暂时是这样。

我觉得，我们大多数人都觉知到了，每一种对我们进行的说服、诱导，都是为了抵制那些以自我为中心的行为。宗教通过恐惧、通过许诺、通过对地狱的惧怕，通过各种各样的谴责，试图以不同的方式来说服人们不要有这种无休无止的源于自我中心的行为。可惜这些全都以失败告终，于是政治组织便起而代之，他们再一次对人们进行劝诱，再一次向人们许诺终极的乌托邦的憧憬。虽然反对任何形式的抵制、集中营以及各种各样的法规——从极端的到非常有限的——但我们却依然继续着那些自我中心的行为，这便是我们所知道的全部。假若我们对此做一番思索，就会努力去加以改正，如果我们觉知到了这个，便会试图去改变其根源。可惜，从根本上来说并没有出现任何的改变，这种自我中心的行为并未从根本上停止。我们知道这个，至少，那些勤于思考的人们觉知到了这个，他们还觉知到，当这种源于自我中心的行为停止时，唯有这时，才能获得幸福。我们大部分人都没有觉知到这一点，我们想当然地认为自我中心的行为是自然的，这种自命不凡的行为是不可避免的，只能够得到修正和控制。那些态度更为严肃和热切的人们——不是真诚，因为真诚是一种自我欺骗的方式，所以是不可能的——应该去探明，若一个人觉知到了这种自我中心的行为的整个过程，那么他要怎样才能实现超越。

要想懂得什么是以自我为中心的行为，那么一个人显然就得去检验它、审视它，去觉知这整个的过程。如果他能觉知这种行为，就可能将其消除掉了。不过，觉知到它要求相当的认知，要求愿意去直面事物的本相，去按照它的本来面目加以审视，不去做任何解释，不去修正它、谴责它。我们必须觉知到这种我们因处于自我中心的状态而做出的行为，我们必须意识到它。这是我们的主要困难之一，原因是，在我们意识到该行为的那一刻，我们就会希望去影响它、控制它，想要去谴责它抑或想要去改变它，但我们从来没有直接地去审视它，当我们这么做的时候，我们当中极少有人会知道该如何是好。

我们认识到，自我中心的行为是有害的，会带来破坏。各种各样以自我为中心的行为——比如跟国家、群体、欲望认同，跟那些会带来行动的欲望进行认同，寻求此生或来世的某个结果，崇拜观念，追逐榜样，推崇和追求美德，诸如此类，从根本上来说，都是以自我为中心的人才会有的行为，他与自然、与人、与观念的全部关系，都是源自于这种行为。既然认识到了这一切，那么一个人要怎么做呢？所有这类行为都应该自动地终结，而不是自我强加的，不是被影响的、被引导的。我希望你们能够明白这其中的困难。

我们大多数人都觉知到，这种自我中心的行为带来了危害和无序，但我们仅仅只是在某些方面觉知到了它，我们要么在他人身上观察到了它，却对我们自己的行为忽略不计，要么在跟他人的关系里觉知到了自身以自我为中心的行为。我们希望去改变，希望找到某个替代物，希望有所超越。在我们能够应对它之前，必须首先知道这种过程是怎样出现的，不是吗？要想认识事物，我们就应该有能力去审视它，而要想对其展开审视，我们就得知道它在各个层面的种种活动，包括意识的和无意识的，既有那些有意识的欲望，也有那些无意识的动机和意图所展开的自我中心的行为。这显然是一种自我中心的过程，是时间的产物，对吗？

自我中心是指什么呢？你什么时候会觉知到"我"呢？正如我在这些谈话期间经常建议的那样，请你们不要仅仅只是在言语层面听我的话，而是应当把这些话语当作一面镜子，从中你可以洞悉自己意识的运作。假如你只是听我的讲话，那么你就会停留在表层，你的反应就会是非常肤浅的。但倘若你能够认真地聆听，不是为了认识我或者我正在说的内容，而是为了把我的话当做一面镜子去审视自己，倘若你将我视为一面镜子，透过它去发现你自己的行为，那么就将产生巨大而深远的影响。可如果你只是像听政治或其他演讲那样去听我的谈话，那么我担心你将不会懂得关于如下过程的整个涵义的真理，即凭借自己的力量去探明是否能够消除"我"这一中心。

只有当我在反抗的时候，当意识受到阻碍的时候，当"我"渴望得到某个结果的时候，才会意识到"我"的这种行为。当欢愉逝去，而我则希望拥有更多的欢愉，"我"处于活动状态，抑或我感觉到了该中心。于是便会出现抵制，便会有意地让意识去符合那个会带给我快乐、满足的目的。当我刻意去追求美德的时候，我便会觉知到自身及其种种行为，这就是我们所知道的全部。一个有意去追求美德的人，其实是没有德行的，谦逊这一美德是无法被追求到的，这正是谦逊的美所在。

所以，只要在某个方向有意或无意地存在着这一行为的中心，便会出现时间的运动。我意识到了过去以及同未来相连的现在。这一行为的中心，"我"所展开的以自我为中心的行动，是一种时间的过程。这便是你所谓的时间；你指的是心理层面的时间；是记忆让行动的中心也就是"我"得到了持续。请在行动中观察一下你们自己，不要只是听我讲话，抑或被我的话给迷惑住了。只要你去观察一下自己，只要你觉知到这一行动的中心，那么你就会发现，它只是时间的过程、记忆的过程以及根据记忆去体验和阐释每一个经历。你还会发现，自我的行为是一种认识，即意识的过程。

那么意识能否摆脱它呢？或许只有在极少的时候才能做到，对我们大多数人而言，当我们无意识地、无目的地去做某个事情的时候，才会发生这一情形。意识能否摆脱这种自我中心的行为呢？这是我们首先应该询问自己的一个格外重要的问题，因为，正是在提出这个问题的过程中，你将找到答案。也就是说，假如你觉知到了这种自我中心的行为的全过程，充分地认识到了它在你意识的不同层面的活动，那么你显然就必须询问一下自己，这种行为是否能够终止——意思便是，能否不从时间的层面去思考，不从我将会成为什么样子、我过去是什么样子、我目前是什么样子的层面去思考。自我中心的行为便是由这样的想法开始的，同时还会使你决心去变得如何如何，去做出选择和逃避。这一切全都是时间的过程，我们发现，在这种过程里会产生无尽的危害、不幸、混乱、歪曲和衰退。在我讲话的时候，请在你的关系、你的意识里觉知到这一切。

显然，时间的过程并不会带来变革，在时间的过程里，没有任何的转变，有的只是永不会结束的持续。在时间的过程里，只会有认知。只有当你彻底终结了时间的过程，终结了自我的活动，才能迎来新事物，才能迎来革新与转变。

既然觉知到了"我"在其活动里的全部过程，那么意识会做些什么呢？唯有伴随着更新、变革——不是通过演进，不是通过"我"去变得如何如何，而是通过"我"彻底地终结——方能迎来新事物。时间的过程不会带来新事物，时间不是创造的途径。

我不知道你们当中是否有人曾经拥有过创造力的时刻，不是行动——我不是在谈论把某个事情付诸于行动——我指的是当认知终结的时刻。在那一时刻，将迎来一种非凡的状态，在这种状态里，通过认知而展开行动的"我"，已经终止。我认为，我们有些人曾有过这种状态，或许我们大部分人都经历过这种状态。只要我们展开觉知，就会发现，在这种状态里，没有一个在做着记忆、解释、认知尔后去认同的体验者，没有思想即时间的过程。在创造力的状态中，抑或在那永恒的崭新的状态里，始终都没有任何"我"的行动。

那么，我们的问题显然就是：意识能否去经历、拥有这种状态呢？不是暂时的，不是偶尔——我不会使用"永久"或"永远"这类词语，因为它们意味着时间——而是拥有这种状态，处于这种与时间无关的状态里呢？很明显，这是我们每个人都要去探明的重要问题，因为这将开启爱的大门，而其他所有的大门都是自我的活动。只要有自我的行为，就不可能拥有爱。爱不属于时间，你无法去实践爱，假如你这么做的话，那么它便是"我"所展开的一种自我意识的行为，"我"希望通过爱来得到某个结果。

所以，爱并不属于时间的范畴。你有意识地付出努力，你去训戒自己，你去跟某个事物进行认同，这些全都是时间的过程，它们无法让你领会何谓爱。意识仅仅知道时间的过程，因此它无法懂得爱。爱是唯一崭新的事物，爱是常新的。由于我们大部分人都在培养着意识——它是一种时间的过程，是时间的产物——所以我们不知道什么是爱。我们谈论爱，我们声称自己热爱人类，声称热爱我们的孩子、我们的妻子、我们的邻居，声称我们热爱自然。可一旦我意识到我在热爱，那么便会出现自我的活动，于是也就停止了爱。

唯有通过关系——与自然的关系、与人的关系、与我们自己的创造物的关系、与万事万物的关系——方能认识这整个的意识的过程。事实上，生活不是别的，就是关系，虽然我们可能试图让自己远离关系，试图把自己隔离起来，但我们无法脱离关系存活于世，虽然关系是一种我们努力想要去逃避的痛苦，我们通过退隐等种种隔绝于世的办法试图去逃避关系，逃避由关系带来的痛苦，但我们无法真的做到这个。所有这些方法都表明自我的行为，一旦你洞悉了这整幅图景，觉知到了作为意识的时间的整个过程，不做任何选择，不怀有任何坚定的、有目的的意图，不去渴望得到某个结果，那么你就会发现，这种时间的过程将会自动地终结，无需任何诱导，不是作为渴望的结果。只有当该过程停止时，那永远崭新的爱才会到来。

我们没有必要去寻求真理，真理不在远方。有关意识的真理，有关意识的活动的真理，是时时刻刻的。若我们觉知到了这种每时每刻的真理，觉知到了这整个的时间的过程，那么这种觉知就会让意识获得自由，抑或释放出那种能量。只要头脑把意识作为一种自我的行动去运用，便会有时间及其所有的不幸、所有的冲突、所有的危害以及有意的欺骗。只有当头脑认识了这全部的过程，它才会走向终结，尔后，爱便将来临。你可以把它叫做爱，或者给它起其他的名字，你怎么称呼它丝毫也不重要。

问：一个人怎样才能知道是否在自欺呢？

克：你如何认识某个事物呢？认知的过程是怎样的？请思考一下这个问题，不久你就会探明你究竟是否在自我欺骗了。也就是说，只要你对你的问题抱持热切、认真的态度，你就能探明答案。

你希望知道什么时候你在欺骗你自己，那么，你所说的欺骗是指什么意思？你什么时候会知道？当你解释的时候，对吗？只有当你认识到的时候，当出现解释的过程时，当你去体验、解释那一经历的时候，你才会知道，尔后你说道："我懂得了。"只要有认知的过程，就会有懂得。

我们所谓的自欺指的是什么意思呢？我们什么时候会有意或无意地欺骗自己呢？尽管我们在欺骗自己，但大部分人都对这种正在发生的过程完全无知无觉，我们或许在意识的那些表层觉知到了语词，我们可能以某种模糊的方式觉知到了这种自我欺骗，但这一切不会带来任何效果。我们必须在所有层面认识到它，从根本上认识到它，这是相当不容易的。我们应该去询问，应该去探明，应该探寻和了解我们所说的欺骗意指为何。那么我们什么时候会去欺骗自己呢？只有当有什么东西强加在了我们自己或者他人身上时。"欺骗"一词显然意味着这个，不是吗？把某个经验强加在他人身上，抑或依附于那一经验，将这种经验强加在我们自己身上。我的话不难理解，如果你一步步地去探究，就会发现这是十分简单的事情。只要我试图把某种经验强加在他人或自己身上，只要我通过依附、通过认同、通过想要说服他人的欲望而去对该经历进行解释，就会出现自我欺骗。

所以，自欺是一种时间的过程，是一种累积的过程。"孩童的时候，我有过某个经历，我渴望继续那一体验。我相信该体验是真实的，我希望让你也相信这个，因为我体验过它，我执着于它。"我们就是这样实现认知的，因此，认知——即对体验进行阐释——导致了自欺，自欺是一种时间的过程。

你难道不知道什么时候你会自我欺骗吗？你难道不晓得这个吗？有某个事实，你对它进行解释，以便符合你自己的既得利益，符合你的好恶，于是马上便有了自我欺骗的过程。当你无法去面对事实，当你根据自己的记忆去对该事实进行解释，立即就会开始自欺的过程。我有了某种幻象，我对它进行了解释，我依附于它。我有了某种体验，我根据自己的好恶去对它进行解释，我开始通过我过去的经验去欺骗自己——在解释的那一刻，自我欺骗便开始了。

当我能够去审视事实，不做任何的比较或判断，不去解释，唯有这时，才不会有自我欺骗。当我不希望从中得到任何东西，当我不渴望某个结果，当我不想着去说服你相信它或者让自己去相信它，就可以不受欺骗了。我必须直接地审视事实，必须去接触事实，不在我同事实之间进行任何的解释。在我与事实之间，不应当有时间的过程，时间的过程是一种欺骗。

我有过作为孩童、上师、大师的经历，然后会发生什么呢？我根据我的喜好、我所受的限定和影响去对它进行解释，尔后我说道："我知道了"，于是便开始了自我欺骗的过程。我依附于某个可以被解释的体验，能够被解释的体验，便是自欺的开始。我由这里开始着手，我确立起了这整个的认知的过程。假如我有能力，我会说服你去相信我的体验，而不加批判的、迷信的你便会遵循我，因为你也希望被欺骗，也希望落入同一个的网里。必须要扔掉这个网。你每一天都可以犁地，除了犁地啥也不干，不停地犁啊犁，然而，除非你播种下了一颗种子，否则你将毫无所获。我们就是这样不断地在欺骗着自己和他人。

因此，凭借自己的力量去探明是否存在着自我欺骗，是非常简单、非常清楚的事情。只要有一个在对体验做出解释的阐释者，就一定会有欺骗。不要说什么有无穷的时间去摆脱体验者、解释者，这是你另一种自我欺骗的方式，这是你想要去逃避事实。

如果我们想要知道我们是否在欺骗着自己，这将会是非常简单、非常清楚的。只有当你不去要求，当你不拿出行乞碗，期待他人将其填满，唯有这时，你才会认识那种任何欺骗都将不再可能的状态。

问：您指出，通过认同，我们导致了隔离与界分。可是，在我们有些人看来，您的生活方式似乎便是隔离的，并且让那些从前聚在一起的人们出现了界分。您自己认同什么呢？

克：现在，让我们首先弄明白有关以下说法的真理，即认同带来了界分与隔离。这个观点我已经提出过好几次了，那么这究竟是否是事实呢？

我们所说的认同是指什么意思？不要就只是口头上去探究，而是应当直接地去审视。你让自己跟你的国家认同，对吗？当你这么做的时候，会发生什么？通过跟某个群体进行认同，你立即将自己给封闭了起来，这是一个事实，不是吗？当你自称是印度教教徒的时候，你便已经去认同某些信仰、传统、希望、观念了，正是这种认同把你给隔离了起来，事实便是如此，对吗？一旦你洞悉了这里面的真相，你就不会再去认同，于是你也就不会再是印度教教徒、佛教徒或基督徒了，无论是在政治还是在宗教层面。所以，认同是一种隔离，是生活里一种会带来退化的因素，这是事实，不管你喜欢与否，这就是该问题的真相。

这位提问者继续询问，我是否通过我的行为使得那些之前聚在一起的人们出现了界分。相当正确。假如你洞悉了某个真理，你难道不应该把它讲出来吗？尽管这会带来麻烦，尽管这会引起不和，但你难道不应当把它指出来吗？团结怎么能够建立在虚伪之上呢？你让自己跟某个观念、某种信仰进行认同，当有人对该信仰、观念提出质疑的时候，你便会把这个人给踢出局，你不会接受他加入进来的，你会把他赶出去。你已经把他给孤立了起来，那个指出你的行为是错误的人，并没有去孤立你。因此，你的行为才是隔离性的，而不是他的行为，不是那个向你指出真理的人。你不想直面认同会导致隔离这一事实。

跟家庭、理念、信仰、组织去认同，这些全都是隔离性的。当你立即停止这一切的时候，抑或当你被迫去审视，受到了挑战的时候，由于你想要去认同，想要隔离，想要把异己者踢出局，于是你便会指出他将带来隔离。

你体验的方式、生活的方式是隔离性的，所以你要为隔离负上责任，而不是我。你排斥我，但我没有离去，你自然开始觉得我是隔离性的，认为是我带来了界分，认为我的观点、我的看法是破坏性的。它们应当是破坏性的，它们应当是革命性的，要不然的话，任何新事物的价值又在哪里呢?

很明显,先生们,必须得有变革,但不是依照任何意识形态或模式所进行的变革。假若是依照某种意识形态或模式,那么它就不是革命,而仅仅只是延续着过去,它是跟某个新的观念认同,因此延续了某种模式,而这当然不是革命。当你的内心停止了一切认同,变革才会到来,而只有当你能够直接审视事实,不去欺骗自己,不让阐释者有机会把他对此的想法告诉你,你才能够做到这个。

一旦洞悉了有关认同的真理,那么我显然就不会去认同任何事物了。先生,当我懂得了某个事物会带来危害这一真理,就不会有任何问题了,我将把它丢到一旁。我会停止一切认同,在这里或者在其他地方。你领悟到,认同的整个过程会带来破坏与隔离,无论这种过程是发生在宗教信仰里面还是在政治的辩证的观点里,都是隔离性的。当你认识到了这个,当你明白了这一点,充分地觉知到了它,那么你显然就会获得自由了。于是,也就不会再去跟任何事物认同了,不去认同,意味着卓然独立,但不是作为一个高高在上的人去面对这个世界。这跟与他人聚在一起毫无关系,但你害怕不与他人团结在一起。

这位提问者认为我引发了不团结,我有吗?我对此表示怀疑!你已经凭借自己的力量发现了其中的真相。如果你被我说服,于是与我认同,那么你就没有做任何新的事情,你仅仅只是把一种恶变成了另一种。先生们,我们必须突破这一切去探明。真正的变革是内在的转变,是清楚地洞悉事物,是充满爱的变革。在这种状态里,你没有与任何事物认同。

问:您指出,只有当你我什么也不是的时候,才能实现协作。这怎么可能是事实呢?协作难道不是积极的行动吗,而什么也不是则是无意识的消极?两个处于空无状态的人如何能够联系在一起呢?他们在什么方面实现合作呢?

克:什么也不是的状态,显然应该是一种无意识的状态,它不是有意识的状态。你不可以说:"我什么也不是",当你意识到自己什么也不是的时候，你便有了些什么。这么说可不是在逗乐，而是事实。当你觉知到你是有德行的，你就开始体面了，一个体面的人，永远无法发现何谓真理。当我意识到我什么也不是时，这种空无的状态就会变得有些什么了。不要仅仅因为我这么说就去接受这种观点。

只有当你我什么也不是的时候，才能实现合作。弄清楚它的涵义，对其展开思考，不要仅仅只是询问问题。空无的状态是指什么意思？你意指为何呢？我们只知道自我的活动的状态，自我中心的行为。你是否追随某位上师、大师，这根本无关紧要。我们只晓得自我的行动的状态，这显然会导致危害、不幸、混乱、无序和不协作。然后便会生出如下问题：一个人怎样才能与他人展开协作呢？

现在，我们知道，任何基于观念的协作都会带来破坏，正如已经指明的那样。建立在观念之上的行动、协作是隔离性的，正如信仰是隔离性的一样，因此，基于观念的行动也会导致隔离。即使你信服抑或成百上千的人都信服了，依然还有许多人要去被说服，于是争斗始终都在上演着。所以，我们知道不会有根本性的协作，虽然因为恐惧，因为奖惩等等会有表面的说服——但这显然不是真正的合作。

因此，只要有自我的活动作为预见中的目的，作为预见中的乌托邦——就只会有破坏、隔离，不会有任何的协作。假如一个人真的怀有渴望，抑或他希望真正去探明以及带来合作，是真正的探明，而不是停留在表面，那么他该怎么做呢？如果你希望来自你的妻子、你的孩子或者你的邻居的合作，你要如何着手呢？你会通过热爱这个人来开始，这是显然的！

爱并不属于意识，爱不是观念，只有当自我的活动停止时，爱才会到来。但你却称自我的行为是积极的、正面的，这种所谓正面的行为会带来破坏、隔离、不幸与混乱，你对所有这些都十分的了解。但我们却谈论着合作，谈论着友爱之情，本质上，我们想要去依附自身的这种自我的行为。

所以，如果一个人真的希望去探寻、探明有关协作的真埋，他就必须停止自我中心的行为。当你我不再以自我为中心，当我们彼此热爱，那么我们就会对行动感兴趣，而不是对结果，我们感兴趣的将是展开行动，而不是某种观念，你我将会怀有对彼此的热爱。然而，当我的自我中心的行为与你的自我中心的行为发生冲突的时候，我们就会产生某个观念并就此争斗不休，表面上我们是在合作，但我们始终都在扼制着对方。

因此，空无不是一种有意识的状态。当你我热爱对方，我们便会实现合作，不是去对我们怀有的观念做些什么，而是真正展开行动。

假如你我对彼此怀有热爱，那么你觉得那些肮脏、污秽的乡村还会存在吗？我们将展开行动，我们不会再停留于理论的层面，不会再高谈阔论兄弟友爱。很明显，我们心中没有温暖、没有支撑，我们谈论着一切，我们拥有方法、体系、党派、政府、法规。我们不知道语词并不能捕捉到爱的状态。

"爱"这个词语并不代表爱本身，"爱"这一词语不过是符号罢了，它永远不会成为真实的爱。所以，不要被"爱"这个字眼给迷惑住了，它不是新事物。只有当"我"的活动停止时，才能迎来爱的状态。当"我"消失不在，你就会跟正在做的事情进行合作，而不是跟任何观念。先生们，你们难道不明白这一切吗？你们难道不知道，当你我对彼此怀有热爱的时候，我们就能非常轻松地、顺利地做事情了吗？我们不要去谈论合作，不要去谈论如何做某件事情的方法，然后就方法争斗不休，而把行动忘在一边。你们笑了，你们全都把行动忽略到一旁。我们的聪明、狡猾与日俱增，但智慧却没有增长。

问：我应当遵循哪种冥想的方法呢？

克：我们将要去一探究竟。你不要只是听我道出的真理，然后将其变成你的，你只能去模仿语词，但这不会成为真理，符号不代表事实。当你崇拜符号的时候，你就会变得盲目崇拜，而一个盲目崇拜的人永远无法探明什么是真理。

现在，你要去探明何谓真理，不是终极的、绝对的真理，而是有关那将会帮助你去冥想的方法的真理。也就是说，我们要去弄清楚如下真相，即体系、方法是否能够帮助你展开冥想。你懂了吗？

这位提问者可能是在询问，体系、方法以及明确的步骤是否有助于你去冥想。我们将要展开探究。真理不在遥不可及的远方，它就在你的鼻子底下，你应该时时刻刻去发现它，你要带着一颗鲜活的心灵、富有创造力的心灵去找到真理。我们将以这种方式去发现真理，发现冥想的全部涵义。

体系、方法的涵义是什么呢？实践，一遍又一遍地做某件事情，重复、模仿，对吗？通过实践、通过重复，你就能寻觅到幸福了吗？幸福、极乐，那不可度量的事物，是不会以这种方式到来的。

在你实践之初，你既有这一实践的开始，又有这一实践的结束，也就是说，你开始是什么样子的，结束的时候你还会是什么样子，起点即终点。如果我去实践，如果我去重复，那么到最后我将变成一个模仿者，变成一部重复的机器。若我的心灵只能够日复一日地去重复、去实践某种方法，遵循某种体系，那么到了最后，我的心灵依然会在复制、模仿、重复。这一点是极为显见的，不是吗？所以，在一开始我便确立了心灵要去遵循的路径，假如我一开始没有实现认知，那么到了最后我依然不会获得觉知，这是一个十分明显的事实。

因此，我已经懂得，终点即是起点。通过许诺，通过欢愉、奖惩，体系、方法让心灵变得机械化，变得愚钝和麻木。一开始的时候若没有实现自由，那么终点的时候也不会有自由，所以起点是至关重要的。

对你来说，冥想是一种十分不同的过程。你想要学习如何做到聚精会神，你想要学习获得某个结果的方法，你想要去崇拜神，男性的神或女性的神，抑或某个愚蠢的形象，你想要去追求美德，对你而言，这一切便是冥想。当你去追求美德、培养美德的时候，会发生什么呢？你会有"我"的行动，这个"我"渴望做到仁慈、慷慨，渴望没有贪念，于是你日复一日、年复一年地去实践。这么做，你难道不是在以另外的方式去强化贪婪吗？原因是，你开始意识到你不贪婪，在你意识到自己不是贪婪的那一刻，你实际上就是贪婪的。

你对美德的追求，其实是一种自我中心的行为，这不是冥想。当你希望做到专注的时候，你的思想却在四处地游走，你试图阻止它的游走，结果你便竖立起了障碍。意识在游走，你则试图做到专注，这表明了什么呢？当你坐在这里的时候，当你在这里参加会议期间，你的意识难道没有处于真正的专注的状态吗？也就是说，难道没有做到本能的专注、并非排他过程的专注吗？

假若你的心灵琐碎、狭隘、狡猾、充满野心，那么你展开冥想、学习专注又有什么益处呢？如果你去学习如何专注，这便会是自我的另外一种行动，将会帮助着你去欺骗别人抑或是欺骗你自己。所以，你已经领悟了如下的真理，即专注不是冥想，它不过是一种会带来局限的排他的过程，目的是要迫使思想去遵从某种模式。

想象你已经摒弃了所有的体系、方法，有关体系的整个概念已经消失不在，那么会发生什么呢？把你的思想集中在某个对象身上的念头——大师、某个形象，这是唯一的排他，是一种认同的过程，因此会带来隔离——已经褪去了。接着会出现什么情形呢？你的意识变得更加自觉了，尔后，你难道不会懂得，心灵的任何追逐，任何形式的成就、获取都是一种负担吗？

请好好思索一下这些，在我讲话的时候去展开冥想，你将发现，任何形式的功成名就，任何想要变得如何的意识，都依然是自我的行为，因此属于时间的范畴。一旦你清楚地洞悉了这一切，充分地认识到了这个，那么你就不会再去追求任何美德了。尔后，一切有所得、有所成的意识，出人头地的意识都会消失。于是，心灵会变得更加平静、更加安宁，不再去寻求获得奖赏抑或逃避惩罚，无论奉承或侮辱，它都会漠然置之。你的心灵已经发生了什么呢？不要回到家里再去思考这个问题，而是现在就展开思索。那些之前让你不安的事物，那些以隔离的方式去行动的事物，那些没有觉知，充满恐惧，寻求奖赏、逃避惩罚的事物——所有这些都会离去。心灵已经变得更加宁静了，它迈入到一种伴随觉知而出现的静寂，这静寂不是通过强迫、训戒、诱导而来的。接下来会发生什么呢？尔后，在那一宁静的状态里，想法会涌现、感受会涌现，你认识了它们并将其抛到一边。然后，假如你更进一步展开的话，会发现，在这种状态里会有某些活动，这些活动不是自造出来的，它们是悄悄地、暗暗地出现的，就像微风、日落、美丽一般是不请自来的。在它们来临的那一刻，由于目睹了美，所以心灵或许想要依附于它，然后会说道："我已经体验过那一状态了"，之后便依附于它，从而导致了时间的过程，也就是记忆的过程。这种可能性同样必须消除掉。

你知道意识是如何运作的，知道它是怎样渴望一系列被认为是不可思议的感觉的，以及它是如何去命名它们的。当你洞悉了这一切的真理，这些事物便会散去。那么，当心灵不再去寻求，不再去追逐，不再去渴望，不再希望得到某个结果，不再去命名，不再去识别，这种状态究竟是怎样的呢？这样的心灵是静寂的，这样的心灵是安宁的，这种静寂是极其自然到来的，没有任何形式的强迫，没有丝毫的压力、训戒。唯有真理才能让心灵获得自由，在这种状态里，心灵迈入了非凡的静寂。尔后，那崭新的事物、那不可知的事物便会降临，它代表了创造力，代表了爱，随便你怎么称呼都好，它跟起点截然不同。这样的心灵是得到了赐福的心灵，是神圣的心灵，这样的心灵本身就可以有所裨益，这样的心灵能够展开协作，这样的心灵能够不做丝毫的认同，能够做到卓然独立，没有任何的自我欺骗。

那超越的事物是言语无法描述的，那不可度量的事物会到来，但倘若你像个傻瓜一般去寻求，那么你将永远不会拥有它。当你不去期待它的时候，它便会到来；当你凝望天空的时候，它便会到来；当你坐在树荫下的时候，它便会到来；当你注视着孩童脸上的笑容抑或妇人脸上的泪水，它便会到来。然而，我们并没有在进行观察，我们并没有在展开冥想。我们只是在冥想某个神秘的、丑陋的事物，我们追逐着、实践着、忍受着该事物。一个实践冥想的人，将永远不会获得认知，但倘若一个人认识了真正的冥想——这种冥想是时时刻刻的——那么他就将实现认知了。并不存在个体的体验，只要关注于真理，个体便会消失——"我"就将消失不在。

（第十二场演说，1952 年 2 月 10 日）

PART 09

英国伦敦

思想不能解决我们的问题

在我看来，由于面临着如此多的问题，而每一个问题又都是那般的复杂，因此，我们当中很少有人能够找到一个快乐的法子来解决这些难题。从智力层面来看，我们拥有许多的理论和方法去解决我们人类的复杂问题。从政治层面来说，左翼提供了某种模式，或者是通过强迫、遵从，或者是通过接受某套观念。全世界的各个宗教都在提供某种希冀，要么是在未来，要么是通过依照由那些导师们制定出来的某种模式去生活。但我们大部分人却发现，我们的问题变得越来越复杂，我们跟社会的关系变得越来越错综，我们与他人的人际关系变得格外的困难，充满了冲突和痛苦，我们极少有人真正实现了心灵的满足与欢愉。我们似乎没有找到出路——当我们这么做的时候，实际上是一种逃避，从而导致了更多的混乱，更多的问题，更为严重的复杂难题和幻觉。

思想并未解决我们的问题，我不认为它可以办到。我们依赖智识向我们指出某个方法，以摆脱我们的复杂难题，智力越是狡黠、越是隐蔽，体系、方法、理论、观念就会越是多样，越是重要。观念无法解决我们人类的任何问题，它们从不曾做到过，将来也办不到。意识并非解决之道，思想方式显然也不是解决我们难题的法子。依我之见，我们应当首先认识这种思想的过程，尔后或许便能实现超越——因为，当思想终止的时候，我们可能就会找到某个法子来帮助我们解决自身的各种难题了，不仅是个体的问题，还有集体的问题。

容我在此建议，在聆听我讲话的过程中，我们不应当去排斥那些我们可能是头一次听到的观点。因为，我们大多数人都抱持着如此多的观念与成见，经由这些东西，我们不可能做到真正的聆听，它们会妨碍我们认识被提出的观点，认识任何可能是新的事物。所以，假如允许我提议的话，我们的聆听，不该是为了用我们自己的观点去谴责、辩护或反对所听到的内容，而是为了我们双方都能够认识这一有关生活的问题。你和我是作为两个个体在讲话，如果我们可以以个体的身份去思考的话——也就是说，作为两个朋友去思考我们的问题，深入地探究它们——那么或许我们就能获得智慧了，它既不属于集体，也不属于个人。单单智慧本身，便可以解决我们那些错综复杂、与日俱增的难题。正确的聆听，并不是去用一个观点去反对另一个。你可能已经知道你的想法、你思考的方式，你熟知你自己的反应。我假定你来这里是为了弄明白我的观点，要想探明我所说的话，那么你显然就得以一颗挣脱了成见的心灵去聆听，就得展开观察，以便弄清楚其他人的观点——这意味着，你要带着一颗愿意去检视问题的心灵，一颗能够自由地去发现的心灵，而不是一个仅仅只是在做着比较、判断、权衡的心灵。因此，如果我可以建议的话，就像你去听一个朋友的讲话，你带着问题去找这个友人，让我们抱持同样的态度、怀着同样的感受吧，即作为两个个体一起携手展开努力，去解决这一有关生活的复杂问题。

正如我所指出来的那样，思想未能解决我们的问题。那些聪明人士，那些哲学家、学者、政治领袖，并没有真正解决我们人类的任何问题——即你与他人之间的关系，你与自我之间的关系。迄今为止，我们运用思想意识、智力去帮助我们探究问题，从而指望着可以找到解决的办法。思想能否解决我们的难题呢？除非是在实验室里头或者是在制图板上，否则思想总是是在自我制造、自我永续并且受着限定，难道不是吗？它的活动难道不是自我中心的吗？这样的思想，能够解决由思想本身导致出来的问题吗？制造出了问题的意识，能够消除那些由它自己产生出来的事物吗？

在我们能够回答是或否之前，显然首先应该探明这种思想的过程是什么，这种我们推崇的事物是什么，这种我们敬仰的智识是什么，这种导致了我们的问题，尔后又试图将其解决的思想是什么？很明显，除非我们认识了这一点，否则将无法寻觅到另一种生活方式。既然认识到思想并没有让人摆脱自身的冲突获得解放，那么你我显然就应该理解思想的整个过程，或许由此便可以让它终结。假如我们怀有爱——爱不是思想的方式——那么我们可能将会探明。

什么是思想？当我们说"我思考"的时候，我们指的是什么意思呢？我们什么时候会觉知到这种思想的过程呢？很明显，当出现了某个问题的时候，当我们遭遇挑战的时候，当我们被人提出问题，当发生矛盾的时候，我们便会觉知到它，我们觉知到它是一种自觉的过程。请不要在聆听我的时候将我视为一个滔滔不绝的演讲者，你我应当去检视我们自身的思考方式，我们把思想作为日常生活里一种工具去加以运用。所以，我希望你去观察一下自身的思考，不要只是去听我讲话——这么做毫无意义。假如你仅仅听我讲话，而不是去观察你自己的思想的过程，假如你没有去觉知自身的思想，去观察它是如何出现的，它是怎样形成的，那么我们将会一无所获。这便是你我、我们试图要去做的事情——即洞悉什么是思想的过程。

思想显然是一种反应。如果我向你提出一个问题，你对此会做出回应——你会根据你的记忆、你抱持的成见、你所受的教养、气候风土、你所受的限定与环境这整个的背景去做出回应，你会依照这些东西给出回答，你会依照这些东西去进行思考。若你是个基督徒、共产主义者、印度教教徒，抑或其他的身份——这一背景会做出反应。显然，正是这种限定导致了问题。该背景的中心就是行动过程里的"我"，所以，只要没有认识这一背景，只要没有认识那导致了问题的思想的过程即自我，并且将其终结，那么我们的思想、情感和行动中就注定会有外部的和内部的冲突。没有任何方法，不管它是多么的睿智，不管经过了怎样的深思熟虑，能让人与人之间、你与我之间的冲突停止。认识到了这一点，觉知到了想法是如何涌现出来的，是从哪里冒出来的，于是我们便问道：思想能否结束？

这便是问题之一，对吗？思想能够解决我们的问题吗？通过对问题展开思索，你是否就能将其解决掉了呢？任何问题——经济的、社会的、宗教的——是否通过思考就可以得到真正的解决呢？在你的日常生活中，你越是去思考某个问题，它就会变得越发的复杂，越发的难以解决，越发的不确定，在我们实际的日常生活里，难道不是这样的吗？在对问题的某些方面进行思考的时候，你可能更加清楚地看到了另外一个人的观点，但思想无法洞悉问题的全部，无法充分地认识问题，它只能看到局部，而一个局部的答案并不是完整的，所以它并非是解决之道。

我们越是去思索某个问题，我们越是去对它展开探究、分析和讨论，它就会变得越是复杂。那么，能够全面地、彻底地审视问题吗？这如何才能成为可能呢？因为，在我看来，这就是我们的主要困难所在。由于我们的问题正在与日俱增——有迫在眉睫的战争的危险，有我们关系里的各种各样的扰乱——那么我们怎样才能充分地认识这一切呢？显然，只有当我们能够把它视为一个整体去加以审视——不是局部的、部分的——才能将问题迎刃而解。那么什么时候才能够做到这个呢？显然，只有当思想的过程——它的根源就在"我"、自我，就在传统、限定、成见、希望、绝望等背景里——走向终结的时候，才可以做到这个。那么，我能够认识这个自我吗？不是通过分析，而是通过洞悉事物的本来面目，把它当作一个事实去觉知，而不是作为理论去看待。渴望消除自我，不是为了得到某个结果，而是去洞悉那不断处于运动中的自我、"我"的活动。我们能够做到不带任何消除的行动去审视自我吗？这便是问题所在，对吗？假如在我们每个人的身上都不存在"我"这一中心，没有它对权力、地位、权威、永生、自我保护的欲望，那么我们的问题显然就将终结了！

自我是一个思想无法解决的问题，必须得展开觉知，而觉知不属于思想的范畴。去觉知自我的各种活动，既不去谴责，也不去辩护——就只是去觉知——便已足够。因为，如果你的觉知是为了探明怎样将问题解决，是为了改变它，为了产生某个结果，那么它就依然是在自我、"我"的领域之内。只要我们寻求着结果——无论是通过分析、通过观察、通过不断地去检视每一个想法——那么我们就依然处于思想的范畴之内，也就是处于"我"、自我等等的领域之内。

很明显，只要存在着意识的活动，就不会拥有爱。当爱来临时，我们就不会有任何社会的问题了。然而，爱并不是可以寻求的事物。心灵能够渴望去获得爱，就像某个新的想法、新的小把戏、新的思考方式，但只要思想在寻求得到爱，那么心灵就无法处于爱的状态之中。因此，只要心灵渴望处于一种不贪婪的状态，那么它显然依旧是贪婪的，不是吗？同样的道理，只要心灵为了处于爱的状态而去希望、渴求、实践，那么它显然就是将爱的状态挡在了门外，对吗？

所以，洞悉了这一关于生活的复杂难题，觉知到了我们自身思想的过程，认识到它实际上不会带领我们达至任何地方——当我们深刻地领悟了这一切，那么显然就将迎来一种智慧的状态了，这种智慧既不属于个体也不属于集体。于是，个体同社会、个体同群体、个体同现实的关系的问题将会终结。因为，尔后存在的只有智慧，它既不是个人的也不是非个人的。我觉得，单单这种智慧本身，就可以解决我们那些无穷的难题了。而这不会是一个结果，只有当我们懂得了思想的整个过程，不仅是在意识的层面，而且还有那些更加深层的、隐蔽的意识的层面，智慧才会到来。

这一个月里在我们会面期间，或许将能够更为充分地谈谈这个问题，交流一下彼此的看法，展开热烈的讨论。然而我的感觉是，要想认识这些问题中的任何一个，我们的头脑就必须非常清楚，必须格外宁静，如此一来它才能审视问题，同时又不会插入各种观点、理论进来——不会有任何的歪曲。这是我们的困难之一，因为，思想已经变成了一种歪曲。当我想要去认识、观察某个事物的时候，我不必去思考它——我只是去观察它。在我开始去思考的那一刻，在我开始对它怀有某些看法的那一刻，我便已经处于一种歪曲的状态了，我将背离自己必须去认识的那个事物。所以，当你有了某个问题的时候，思想就会变成一种歪曲——思想即观念、看法、判断、比较——这些东西会妨碍我们去直接地审视问题，从而认识并解决它。然而不幸的是，对于我们大部分人来说，思想已经变得如此的重要。你说道："如果没有思想的话，那我如何能够存在呢？我怎么可以有一个空空如也的脑子呢？"头脑空洞，便是处于一种麻木、愚蠢的状态，随便你怎么说都行，你的本能反应便是去抵制、排斥。但是很明显，一个格外安静的头脑，一个没有因自身的思想而变得混乱的头脑，一个开放的头脑，能够非常直接地、简单地去审视问题。它所具备的这种在没有任何歪曲的情况下审视我们问题的能力，正是唯一的解决之道。为此，必须得有一个和平、安宁的头脑。

这样的头脑不是结果，不是某种实践、冥想、控制的产物。它的到来，不是通过任何形式的训练、强迫或升华。当我理解了思想的整个过程——当我能够不做任何歪曲去看待某个事实，头脑就将迈入静寂。在头脑的这种静寂的状态里，爱便会登场，单单爱本身，就可以解决我们所有的问题。

我这里有几个提问，我将试着加以解答。容我建议，在聆听答案的时候，你们不要仅仅只是听我的讲话——即你们不要为我的话语所困，实际上我们是在一起探究问题，并且试图去解决它们。也就是说，如果我可以建议的话，请不要只是口头上明白关于问题的描述，抑或是智力上试图去解决它们。对我们大多数人来讲，这些问题中的任何一个都是不小的难题，我觉得，假如你可以在它们发生在你自己身上的时候展开思索和探究，那么这么做将会益处多多。若你能够聆听每一个问题，不是将其视为他人的问题，而是当成你自己的难题，那么我们就可以直接地应对它并且立即将其解决掉了。

问：我曾经去找过心理咨询师，希望这么做可以帮助我摆脱那支配、控制着我的恐惧，但却没能如愿。能否烦您建议一下，我要怎样着手才能让自己挣脱这种无休止的压迫和苦恼呢？

克：很明显，我们大多数人都会怀有各种各样有意识的或无意识的恐惧。我们没有在讨论恐惧的种类，而是把它当作一个整体。当我可以把恐惧视为一个整体去认识的时候，那么，在这种认知之后，我便能够应对某种具体类别的恐惧了。

因此，让我们去探明一下如何才能消除这种恐惧吧——不是在理论层面，不是把它作为要留到日后、留到你有闲暇的时候再去思考的问题，而是随着我们对问题的展开马上就去思考它。让我们看一看，我们是否能够检视该问题。

我们是怎样看待恐惧的呢？当我们察知到它的时候，会如何看待它呢？当我们觉知到恐惧袭来，我们的态度为何、我们的心灵会处于怎样的状态？请一步一步地来理解这个问题，假如它不是恐惧的话，用你自己的噩梦、你自己的重负去来替代一下。如果可以的话，让我们逐步地、彻底地展开探究，看一看我们是否无法消除恐惧。当心灵发现有恐惧的时候，它会处于何种状态呢？心灵会发生什么？你会做些什么？你怀有关于它的看法，对吗？你怀有对它的观念，不是吗？你从远处去察看它，不是吗？你没有直接地审视它，你没有立即接触它，你距离它很远，把它视为某种应当去躲避、摆脱的事物，某种你可以对它抱持某些理论的事物。你要么会带着谴责去看待它，要么会渴望逃避它，结果你便从不曾去直接地接触它，从不曾直接地、立即地、简单地去观察它，你树立起了所有这些歪曲的障碍。

所以，我们要直接地审视它，而若想做到这个，你就得靠近它，你就得向它走去。如果你怀有关于它的看法，抑或对其成因的看法，那么你就无法走近它了。若你的心灵忙着去分析——分析原因，分析为什么，探索过去——你就不可能直接地审视它。探明恐惧之因，不会让恐惧消除。只有当你能够直接地去审视它，当你能够与它建立直接的关系，才能让恐惧消失。仅仅去分析，在过去里面展开探索，以便找到恐惧的根源，这些并不能消除恐惧，因为你的心灵是混乱不安的，因为你没有去直面恐惧的事实。

因此，怀有关于恐惧的看法抑或对它进行分析，并不能让你去接近它、直接地面对它，所以必须要抛开这些做法。一旦你认识到审视恐惧是极为必要的，恐惧便会消失，关于恐惧的看法便会消失。尔后会发生什么呢？你会距离它更近一些，不是吗？——距离那个被你叫做恐惧的事物。接着又会怎样呢？你仍然怀有关于它的看法，对吗？即认为你必须要摆脱它，认为你无法忍受去直视它，认为即使你审视了它，也不会知道怎样将其消除。因此，正是关于恐惧的看法滋生了恐惧，不是吗？也就是说，我感到害怕，我的心里有惧怕，我试图去认识那一恐惧是什么——意即试图去审视它。假如我抱持着关于它的各种观念——观念便是语词、形象——那么我就无法去审视它。只要我怀有某个关于恐惧的看法，那么这种看法显然就会导致恐惧。若我认识到了这一点，若我觉知到了这个，那么我与那个被我叫做恐惧的事物又会是怎样的关系呢？我希望你们能够去思考一下这个问题。现在，我是怎样去看待那个被我称为恐惧的事物呢？我已经走近了一些，观念、判断、分析等等障碍已经移除了，我不再处于受观念支配的处境。那么，我与那个被我叫做恐惧的事物是何关系呢？这个被我叫做恐惧的事物，与我这个观察者、审视者是分开的吗？显然不是的。观察者并没有在察看恐惧，观察者自己就是恐惧，因此，这是一个事实。

现在，让我们探究得更加深入、仔细一些吧。这个被我唤作恐惧的事物，是否是语词的产物呢？它是语词即思想的产物吗？如果是的话，那么语词就会变得非常重要了，对吗？对于我们大部分人来说，语词是格外重要的。用言语去描述，便是思想的过程。因此，对我们而言，"恐惧"一词就是恐惧，这个词语便是恐惧，而不是那个被我们叫做恐惧的事物。所以，当我能够在被我称为恐惧的状态里去审视自己——恐惧的状态，不是单纯的"恐惧"这一词语——那么语词显然就会消失。只要头脑是活跃的，在任何方向上有语词的描述——即有符号——那么就一定会出现恐惧。

因此，我与恐惧并不是分开的，思想者即思想。要想思想停止，那么思想者就不可以去控制思想——因为思想便是他自己。他唯一能够做的，就是处于一种在任何方向都无丝毫运动的状态，很明显，唯有这时，恐惧才会终结。

问：我们全都认识到，内心的安宁与意识的静寂是不可或缺的。那么关于方法或者"怎样"您有何建议呢？

克：现在，让我们再一次努力去探明有关"怎样"、方法的真理吧。你说道："意识的静寂、心灵的平和是必不可少的。"真是如此吗？抑或，这不过是一种理论、一种渴望呢？原因是，我们如此的烦乱不安，以至于渴望那种安宁、那种静寂——所以这不过是一种逃避罢了，这不是必需的，而是一种逃避。当我们懂得了它的必要性，当我们相信它是唯一重要的、不可或缺的事情——那么，我们还会去询问关于它的方法吗？当你意识到某个东西是不可或缺的，方法还有必要吗？

方法意味着时间，不是吗？如果不是现在，那么最终是在明天，在三两年之后——我将获得宁静。于是，"怎样做"就变成了分心，方法就成了一种把宁静的必要性搁置起来的法子。这便是为什么你会用所有这些冥想、这些虚假的克制去获得心灵最终的宁静，为什么你会有各种各样如何训戒的方法，以便获得这种宁静。这意味着说，你并没有领悟到拥有一颗宁静的心灵是何等的必要。一旦你懂得了它的必要性，就根本不会去询问方法的问题了。尔后你将明白拥有一颗静寂的心灵的重要性，而你的心灵也将迈入静寂。

不幸的是，我们并没有认识到拥有一颗宁静的心灵是多么的必需。我们过于喜欢那些让我们分心的事情，我们希望时间的过程可以让我们戒掉这些令我们分心的东西，于是我们便去询问方法、"怎样"、实践。我觉得，这是一个非常错误的着手方式。一个宁静的心灵不是结果，不是实践的产物，宁静的心灵不是停滞不前的心灵。当你通过训戒而让心灵变得安静下来，那么它就不再是一个宁静的心灵了，这是一种作为结果的状态，而凡是被整理、制造出来的东西，都可以被再一次地拆分开来。

所以，在这个问题里面，重要的不是方法——因为，要产生某个结果可以有无数种方法，而一个寻求结果的人是不会拥有静寂之心的。这里面真正重要的是直接地、简单地认识到，唯有一颗宁静的心灵才能实现觉知，认识到，静寂的心灵是不可或缺的，不是在某个将来，而是立即拥有心灵的安宁。一旦你领悟了这种必要性，心灵就会迈入静寂。

这样一颗静寂的心灵，将会懂得什么是富有创造力的状态。身处于那一状态——这种状态不是某个结果，不是经年累月的实践的产物——在心灵的静寂之中，你将发现，不会再有任何思想的运动存在。思想不会去创造，思想永远无法去创造，它能够制造出自身的欲望、感觉、形象、符号，但凡是被它制造出来的东西，皆非真实。思想属于它本身，让思想属于耶稣、属于某个大师吧，随便你怎么想都可以——它是它自身造出来的，崇拜这种自造物，便是崇拜自我。这样的心灵，不是静寂的心灵。不过你将懂得，假如意识迈入了真正的宁静，那么它里面就不会有丝毫的运动了。因此，正如我们所知道的那样，一切体验都将停止，因为，我们所体验的事物都是可以被认知到的，只要存在着一个认知的中心，心灵就不会宁静。真理、神，并不是可以被认知到的事物，不是意识能够去体验的事物。当体验停止——也就是说，当认知终结——那无法被体验、被认知到的事物便会到来。只有当我们领悟到这样的宁静是何等的必需——唯有这时，真理才会降临。

（第一场演说，1952 年 4 月 7 日）

能摆脱观念与行动的冲突吗?

正像我们昨天所指出来的那样，我们求助于观念，将其视为解决我们问题的办法，我们把自己的行动建立在观念之上——至少让自己的行动去符合、去接近某套观念。能否摆脱观念与行动的冲突呢? 因为，行动和观念之间有巨大的间距，我们始终都在试图把这种间距给弥合起来，于是我们便处于不断的冲突之中。当心灵陷入冲突的时候，显然就会出现混乱，当我们身处混乱的状态，那么，任何观念的选择、任何行动的选择，就注定同样是混乱的。结果，我们被困在一系列的冲突之中，永无休止，但却总是变得越来越复杂。我们领悟到，只有当意识安静下来，不做任何选择，才能迎来宁静。

当意识只是单纯地累积着知识，过去的或将来的知识，累积着观念，从而试图找到某种能够让冲突停止的行动，不仅是我们自己身上的冲突，而且还有社会以及我们周围的冲突，那么意识难道不会仅仅变成冲突的工具与根源吗？也就是说，知识，即累积观念、信息的过程，它或者属于过去，或者是对将来的憧憬，是否有助于带来冲突的停止呢？冲突——里里外外的冲突——是否必定会在我们的关系里、我们自己身上上演呢？

假如这种冲突将会继续下去——似乎在我们所有人身上都将永久地、无休止地继续下去——那么我们就必须找到各种逃避，政治的、宗教的、各种各样的逃避，如此一来，我们至少能够让自己淹没在某种黑暗、幻觉之中，淹没在某种理论、某种复杂的行动之中，但这么做永远不会带来自由。

如果我们真的希望更加深入地探究这一有关冲突的问题——它是否将会给我们的关系带来更大的进步、更多的理解、更大的自由、更多的爱——那么我们就得探明冲突的根源。因为，假如冲突最终将会让心灵获得自由的感受，进而拥有爱，那么冲突就是必需的。我们想当然地认为这种或那种形式的冲突是不可避免的，认为，如果没有冲突的话，我们就会变得停滞不前。我们把我们的生活、我们的哲学、我们的宗教思想都建立在了这一系列的冲突之上，指望着它最终将会带来自由——将会让我们变得高贵，诸如此类。所以，在我们接受冲突是不可避免的之前，难道不应当弄清楚冲突是否会带来理解和认知吗？

当你我处于深深的冲突之中——情感上、言语上——那么会达成理解吗? 伴随着认知, 冲突是否会终结呢? 认知难道不正是"我"、自我这一中心吗? 而"我"这一中心始终都在有所要求, 都在努力想要变得如何如何, 这种冲突难道不就存在于想要变得怎样的欲望里吗? 这种累积知识的过程——知识实际上就是整理出来的信息、语词——将会让冲突终结吗, 让"我"这一累积的中心、冲突的中心终结吗? 能够去压制知识以及这种累积的过程吗? 我们或许可以只占有极少的衣物、极少的财富, 我们或许可以生活在一个小地方, 过着籍籍无名的日子, 但我们始终都在累积着知识, 我们始终都在努力去积累美德, 这便是意识的过程。

我不知道你们是否曾经思考过累积知识这一问题——知识是否最终会帮助我们获得爱? 是否会帮助我们摆脱那些将在我们自己身上以及我们的邻居身上引发冲突的个性? 是否会让心灵挣脱野心的羁绊? 因为, 毕竟, 野心是一种会破坏关系, 导致人与人之间对立的特性。假若我们希望彼此和平相处, 那么显然就必须彻底地消灭野心——不仅仅是政治的、经济的、社会的野心, 而且还包括那些更为隐蔽、更为有害的野心, 那些精神层面的野心, 即渴望变得如何。心灵能否摆脱这种累积知识的过程呢, 能否摆脱这种想要获得知识的渴望呢?

我们希望知道的是什么呢? 我们想要了解自己, 了解我们已经是什么样子以及将会是什么样子。我们或许想要知道科学方面的信息, 但这不过是与正题无关的细枝末节。从根本上来说, 我们全都渴望知道——那么想要知道些什么呢? ——想知道我们是否被爱, 我们是否爱对方, 想知道我们是否是自由的、幸福的, 是否具有创造力, 是否功成名就。我们希望知道的要么是我们已经是什么样子, 要么是我们将会变成什么样子。如此一来, 知识就变成了一种获得个体安全的手段, 变成了一种渴望得到永续的心理上的必需。于是我们便去积累信息——宗教的、政治的、社会的信息, 等等——我们对此感到满足, 因为我们用知识去利用、盘剥他人, 抑或去掩盖自己。

所以, 很明显, 我们的问题之一就是: 是否能够活在世上而没有心理累积的过程，没有想知道我们将会变成什么而展开的心理上的持续争斗，不是吗？因此，只要我们试图变得怎样——接受某些原则、理念、信仰，然后让自己去符合、接近它们——那么知识显然就会成为一种获得自我满足、安全与确定的手段。在你得到的那一刻，你就会渴望得更多，结果便会出现争斗，便会不停地想要变得更加怎样，想要出人头地、获得成功。而为了实现这个，我们就得拥有知识。这种"我"、自我的累积过程，就是认知的中心，就是那个知道者，就是知识。这个中心总是在根据它自己的知识、成见去解释每一个经历、每一种体验，所以，这个知识的中心，这个永远为了获得知识而去探寻的实体，只能够体验它已知的事物，无法体验任何新的东西。一个背负着各种知识的心灵，永远不可能具有创造力，它无法认识那种能够迎来创造力的状态。每种体验都已经被品尝过了，无论它经历的、体验的是什么，都不过是它自造出来的产物。

假如心灵希望处于那种能够迎来新事物的状态——无论这新事物是真理还是神，或随便什么称呼——那么它显然就得把一切知识抛到一旁。原因是，凡是能够被认识的事物，都依然处于时间的领域之内。意识是时间的产物，是累积的结果，背负着知识的重负，这样的心灵显然无法认识那不可度量的真理。然而，我们大多数人都害怕处于这种状态，害怕彻底摆脱那一始终都在进行着累积的中心。

这一切不是有关信服的问题，你没有在被我说服着去接受任何一套理念——这么做将会十分可怕，尔后，我们的关系将会是宣传者与被宣传者。但是很明显，我们关心的是探明这个被我们称作"我"的事物、这个作为冲突之源的中心的真理，以及这一中心是否能够被消除掉。它的一个特性、它本能的一部分，便是累积知识、累积关于过去和未来的记忆，如此一来它就会是安全的。我并不打算让你相信这个，我们不需要对此展开争论，这与逻辑无关——逻辑总是没有太大的价值。但我们显然可以努力去探明心灵是否能够获得自由，是否能够处于不去认知的状态，以及意识什么时候才会不去累积或者不通过自己的知识去制造、构想事物。很明显，这需要展开探究，而不是说服或信仰。为了实现这个，你无需阅读任何书籍，一个人要去做的全部便是观察自己，探究意识的各种错综复杂，观察自我的方式，观察自我是如何去积累和抵制的。尔后，他便能够明白，冲突不是必需的，冲突不是拥有完整生活的途径。但只要心灵努力想要去变得如何——想要去得到、获取更多的经验、更庞大的信息和知识——那么就一定会出现更多的冲突。

　　真理或神，或随便你怎么称呼，并不是通过冲突便能触及的事物。相反，累积的中心即"我"必须得终结——要么是累积信息，要么是累积美德或经验，抑或是累积心灵为了自我膨胀而去寻求的任何特性。显然，唯有这时，才能迈入真理将会到来的状态。

　　问：我曾经尝试过您在演说中所提出的那些建议，但我似乎总不能走得太远。究竟是您还是我出了错呢？

　　克：你知道，困难在于我们想要"走得较远"，所以，我们的检验是为了获得，我们的聆听是为了比较，是为了变得如何如何。我的话可能完全是错误的，你必须要去探明，而不是盲目地接受。在这个问题里面，重要的是渴望变得更加怎样，渴望走得更远，渴望达至某个地方，难道不是吗？结果，你便带着这种背景里的动机去展开研究和检验，去观察自己，去觉知自己的行动。怀着这种潜藏的动机——即想要取得进步，想要有所得，想要成为一个圣人，想要知道得更多，想要达至大师——你在这一暗藏的、隐蔽的动机的驱使之下去做着以下的一切：阅读、学习、询问，于是你自然不会走得太远。因此，重要的是去认识那一动机、那一驱动力，你为什么应当走得更远呢？在什么方面达至远方，在什么方面有所获？——在你的知识、你的野心、你所谓的美德。实际上这些根本不是美德，而是自我的膨胀，不是吗？

　　你知道，困难便是，我们是如此的野心勃勃。就像职员会努力想要当上经理一样，我们也渴望变成大师、圣人，我们希望最终达至一种平和、宁静的状态。所以，野心便是动机，是野心在驱使着我们。我们没有去认识野心继而将其彻底终结，而是转为去追求变得更加怎样，渴望走得更远、获得更多。于是，我们欺骗着自己，我们制造着各种幻觉。显然，一个野心勃勃的人，不仅是反社会的、破坏性的，而且他将永远无法懂得什么是真理、什么是神，随便你怎头称呼都好。

因此，假如容我建议的话，请不要试图去走得更远，而是应该去探究动机，探究那渴望走得更远的心灵的活动。我们为什么会有如此的渴望呢？或者我们想要去逃避自我，或者我们想要拥有影响力、名望、地位、权威。如果我们希望逃避自我，那么任何幻觉都是足够好的。

这与时间无关，意识是获取的工具，带着这种意识——它是时间的产物——一个人无法去认识那不可度量的事物。这并不是模糊不清，不是与神秘主义对立的玄学——这是那些不善思考的人们所做的极为便利的界分。重要的是去认识这种想要变得怎样的动机，我们可以在自己的日常行为、日常思想中去观察到这个，这种想要成为什么、想要去支配、控制的欲望。真理就蕴含在此，而不是在这之外，我们正是要在这里发现真理。

问：一个普通的人，能否不奉行一套一套的信仰或者参加各种仪式和宗教仪轨，而过一种富有精神性的生活呢？

克：我想知道，我们所说的精神性的生活是指什么意思？举行仪式、典礼，抱持无数的信仰，抑或怀有一些原则并且努力去达到它们，你就可以变得富有精神性了吗？这么做会让你变得崇高吗？有时候，仪式跟典礼或许一开始会带来某种感觉，让你感到所谓的精神上的振奋。但它们是重复性的，不久就会对自己厌倦了。心灵希望在某种仪式、某个习惯中确立起自己，仪式、典礼提供了这种确立，并且让心灵有机会把自己隔离起来，感觉自己是高人一等的，感觉自己知道得更多，并且享受着这种不断重复的愉悦感。很明显，仪式、典礼根本就没有任何精神性的东西可言，它们只不过导致了人与人之间的对立。既然它们是重复性的，所以不会让心灵摆脱那些由它自造出来的感觉。显然，若想迎来一种精神性的生活——一种自由的生活，自由的心灵，一个没有背负着自我，"我"的心灵——就必须洞悉仪式的荒谬性。为了发现真理或神，或随便你怎么称呼，就必须摒弃一切仪式，因为，心灵可能会让自己围绕在它们的周围，感觉自己是与众不同的，并且享受着这种不断重复的行为所带来的感觉。

　　一个背负着信仰的心灵——这样的心灵能够实现觉知吗？很明显，一个背负着信仰的心灵是封闭的心灵——具体信仰的是什么无关紧要，无论是相信国家主义还是某种原则，抑或是相信它自己的知识。一个背负着信仰的心灵，或者是对过去的信仰，或者是对将来的信仰，显然不是自由的心灵。为信仰所围的心灵是无法去探究、发现以及审视自身。但是心灵喜欢信仰，因为信仰给了它安全，让它觉得有力量，觉得自己是超然的。

　　我们知道这一切，将其视为一种日常生活的事实。但我们继续着我们的那些信仰——即你是个基督徒，我是个印度教教徒——我怀着我的那一套特性以及由过去传下来的传统和经验，你则怀着你的。很明显，信仰并不会让我们团结起来，只有当信仰不复存在，只有当我们认识了信仰的整个过程——那么我们或许才能走到一起。心灵始终都在渴望获得安全，渴望处于一种知道的状态，信仰提供了一种非常便利的安全。相信某个事物，相信某种经济体系，为此一个人愿意牺牲自己和他人——心灵躲到其中寻求庇护，那里面有安全和确定。抑或，相信神、相信某种精神体系，于是心灵又一次地感觉到了安全与确定。

　　毕竟，信仰是一个语词。心灵活在语词之上，它活在语词之中，它在那里寻求庇护，寻觅安全与确定。一个得到荫庇的心灵，一个处于安全和确定状态的心灵，显然无法去认识任何新的事物，抑或去接受那不可度量之物。因此，信仰不仅是人与人之间的一道屏障，而且显然还会妨碍创造力、妨碍新事物。可是，要想处于不确定的状态、处于未知的状态，不去获取是极为困难的，又或者这可能并不困难，但是它需要相当的热切和认真，没有丝毫的分心，无论是在外部还是内部。然而不幸的是，我们大部分人的内心都渴望被转移注意力，信仰、仪式便提供了很好的、体面的分心的方式。

因此，在这个问题里面，重要的是让心灵摆脱那些由它自己制造出来的习惯，摆脱那些由它自己投射出来的体验，摆脱它自己怀有的知识——也就是说，摆脱那个在进行着累积的实体，难道不是吗？获得心灵的自由——这便是真正的问题所在，当心灵不再去制造或累积经验的时候，就能处于自由的状态了。要做到这个极为不易。让自己挣脱时间的过程，这个不是只针对少数人来讲的，而是针对我们每一个人。时间的过程也就是累积的过程，渴望获得更多。只有当我们懂得了头脑的种种方式，懂得它是怎样不断在信仰、仪式或知识里面寻求着安全、永续，方能挣脱时间之网。所有这些东西都是分心的事物，一个分神的心灵是无法迈入宁静的。若一个人希望非常深刻地去探究该问题，那么他就必须在内心展开觉知，不仅是在意识的层面，而且还有潜意识的层面，觉知到那些由头脑培养起来的吸引物和分心的事物——去观察它们，不是试图把它们变成其他的东西，就只是去观察。尔后自由便会到来，在这种自由的状态里，心灵不会再去累积，不会再去要求、去获取。

问：我觉得，我的大部分不幸都是因为我强烈地想要去帮助和建议那些我爱的人们——甚至是那些我不爱的人。我怎样才能真正认识到这样的做法是支配和干预呢？抑或，我如何才能知道我的帮助是否是真诚的呢？

克：你的意思是说，你之所以不快，是因为你无法帮助别人！我的看法是，你之所以去帮助他人，是因为你会感到快乐。由于你心中有爱，所以你便伸出援手，假如你不去帮助他人，你就会感到不快。我认为，这便是该问题的关键所在。你不快乐，因为你无法给予帮助，也就是说，帮助别人让你获得了快乐，因此，你从帮助他人那里得到幸福感，你利用他人来获得自身的满足。请注意，这并不是一种狡猾的、聪明的说辞。可是我们大多数人都处于这种状态：我们希望自己是能够有所为的，我们希望去做些什么，希望去干预、帮助、热爱、慷慨，我们想要积极地去做些什么。当这种愿望遭到阻挠时，我们就会闷闷不乐。只要我们能够自由地去行动、去实现，只要这种行为没有遭受挫败，我们就会将其称作幸福。

很明显，帮助他人的行为并不属于意识，思想的慷慨不等于心灵的慷慨。但由于我们已经失去了心灵的慷慨，于是便努力实现思想的慷慨，当这个遭受阻挠、抵制的时候——便会有痛苦袭来。于是我们就去加入群体、党派，于是我们建立团体去帮助别人。当我们失去了慷慨，我们就去诉诸于社会公益；当我们失去了爱，我们就去诉诸于体系、制度。所以，很明显，这个问题里面潜在的困难是，我们寻求着满足。要摆脱这个非常不易，因为它是如此的隐蔽。我们希望在自己的所有行为里获得满足，抑或我们走向极端，成为殉道者，忍受一切。除非我们认识了这种想要得到满足的欲望，否则，帮助他人就会演变成干预和支配。直到我们理解了这种想要获得满足的欲望，不然的话，帮助别人的想法就会变成干预和控制。

心灵总是在寻求着满足，不是吗？——也就是说，寻求着某个结果，希望确定自己是在给予帮助。当你确定自己在提供帮助的时候，你会感到满足，由此生出了所谓的幸福感。那么，心灵能否摆脱这种想要得到满足的渴望呢？我们为什么要寻求满足？我们为什么要在一切东西里面寻求满足？我们为什么不仅仅只是满足于自己的本来模样呢？因为，假如我们可以洞悉自己的本来面目，那么或许我们就能将其改变了。但由于我们始终都在自己的本来面目之外寻求着满足，于是便滋生出了干预和支配的问题——你的帮助究竟是不是真诚的，诸如此类。

所以，要想解决有关满足的问题是相当困难的，因为它是这样的隐蔽和多变。唯有通过不断的觉知，懂得心灵是怎样在自身的满足里面寻求着安全和确定，才能终结这一问题。这并不是一个需要展开争论、要被说服的问题——而是需要去研究和探明。真正领悟到你的心灵在寻求着满足——不是单纯地去重复已经说过的话，这么做没有任何用处，而是去洞悉这里面的真理——将会让你获得非凡的探明，尔后，它便是你所发现的新事物。凭借自己的力量去探明心灵是如何暗暗地寻求着满足，发现这个，洞悉这个，觉知到这个，就能让心灵摆脱这种想要得到满足的欲望了。

问：您是如何做到不带任何反应地去"审视"事实呢？——既不去谴责，也不去辩护，不抱持任何成见，也不渴望得到某个结论，不去想着要对它做些什么，没有所谓你的和我的的意识。这种"审视"或者觉知的关键在哪里呢？您真的这么做过吗？您能否从自身的体验来举例说明一下呢？

克：首先，我们是否在审视事实呢？——不是我们怎样去看待事实，而是我们是否有察看事实。例如，我们是否审视过我们身上的贪婪、矛盾的事实呢？我们所说的"审视"，实际上是指什么意思？我是否觉知到自己是贪婪的？我如何看待这个呢？我能否认识到我是贪婪的，不做任何解释，不去谴责，不去试着对它做些什么，不去为其辩护，不去想着把它转变为不贪婪呢？让我们以嫉妒或贪婪为例，抑或以自卑感或自负感为例，举一个类似的例子，然后看看会发生什么。

首先，我们大多数人都没有觉知到自己是善妒的，我们很随便地将它视为一个平庸、肤浅的事物给抛到了一边。然而，我们的内心深处却燃烧着嫉妒的火焰，我们怀有嫉妒之心，我们渴望功成名就，渴望出人头地，渴望有所成绩——这些实际上都表明了嫉妒，我们的社会、经济、精神体系，全都是建立在这种嫉妒之上的。首先，觉知到这一点。可惜我们大部分人都没有做到，我们为自己的嫉妒进行辩护，我们说道："如果我们没有嫉妒，那么文明会出现怎样的情形呢？如果我们没有进步，没有丝毫野心，那么我们会如何呢？——切都会崩塌，一切都会停滞。"所以，这样的观点、这样的辩护，显然会妨碍我们去审视自己的本来面目，即你我是嫉妒的这一事实。

那么，假如我们充分觉知到、认识到了这个——又会发生什么呢？

若我们不去辩护，那么我们难道不会去谴责吗？——原因是，在我们看来，嫉妒的状态抑或你所感觉到的其他状态是错误的，是不道德的、不高尚的，于是我们便去谴责它，这么做使得我们无法洞悉"当下实相"，不是吗？当我去辩护、谴责或者想要对它做些什么的时候，就会妨碍我去审视它，对吗？让我们看一看桌上摆在我面前的这个玻璃杯吧，我可以观察它，不去思考是谁制造出了它，不去观察它的模式等等，就只是去观察它。同样的，难道不能就只是审视我的嫉妒，不去谴责它，不去想着改变它，不去对它做些什么抑或为其辩护吗？假如我没有这么做，那么会发生什么呢？我希望你们好好思索一下这个问题，你们可以把嫉妒替换成自己正在背负的问题。我希望你们不要仅仅只是去听我告诉你们关于这里面的事实，而是去观察一下你跟某个正给你带来扰乱、痛苦或困惑的事实之间的关系。请观察你自己，把我们所说的运用到你自己身上去——在思考的过程中去观察一下你自己的头脑。让我们一起展开检验，去探明什么是"审视"，让我们更加深入地去探究问题。

所以，如果我想要认识到我是嫉妒的，觉知到它，懂得它的内容，那么我就应该不再想着去做些什么，不再去谴责或辩护。原因在于，我更加感兴趣的是洞悉实相，明白它背后的是什么，它的内在本质是什么。若我没有兴致去更加深刻地、仔细地理解嫉妒这一问题的全部内容，那么我会仅仅满足于对它加以谴责。

所以，假如我不去谴责，不去想着对它做些什么，我就会距离这一问题更近一些了。尔后，我会如何看待它呢？我怎样才能知道我是贪婪的呢？是"贪婪"这个词语制造出了渴望更多的感受吗？反应是记忆即语词的符号化的产物吗？感觉跟语词、名称、术语是分开的吗？通过认识到它，给它起个名字、贴上标签，我是否就可以认识它、解决它了呢？

这一切都是审视事实的过程，不是吗？尔后，去更深入地审视，不就是看到"我"，观察者在体验贪婪吗？贪婪是位于我之外的事物吗？羡慕、这一令人格外兴奋和愉悦的反应，跟作为观察者的我是分开的吗？当我不去谴责的时候，当我不去辩护的时候，当我不去想着对它做些什么的时候，我难道不就把这个审视者、观察者给移除掉了吗？一旦观察者消失不在，还会有"贪婪"这个词语吗？——这个词语本身不就是一种谴责吗？当不再有一个观察者，唯有这时，那种感受才会消失。

然而，在观察事实的时候，我并没有抱着让它终结的想法去着手。这不是我的动机，我希望洞悉整个结构、整个过程，我希望认识它，在这个过程里，我发现了自身思考的方式。正是通过认识自我——这不是从书本里累积而来的，不是从那些白纸黑字的印刷品和讲座得来的，而是通过在谈话期间一起分享——我才探明了自我的方式。正是洞悉了关于事实的真理——只有当我经历了这一过程，才能够做到这个——才可以让心灵挣脱那被叫做嫉妒的反应。假如没有领悟这其中的真理，那么，无论你怎么做，嫉妒都将依然存在。你可能会找到某个替代品，你可能会尽一切可能去把它掩盖起来，去逃避它，但它依然在那里。唯有当我们懂得了如何去应对它，去洞悉关于它的真理，方能挣脱它的束缚。

（第二场演说，1952 年 4 月 8 日）

直接地应对问题

在我看来，我们的问题和头脑制造出来的幻觉并无太多关系，事实上，问题更多在于，我们避开直面自身的匮乏，我们没有看到自己实际上始终都在逃避自我。正是这些逃避、这些幻觉导致了冲突，而不是去发现我们自己的本来模样，我觉得，这才是我们问题的真正关键所在。我们有如此多的幻觉、信仰、确定与成见，这些东西引发了问题。我们不断地调整着自己内心的欲望、体验和困难，让它们去适应信仰、知识以及我们生活中那些表面的限定，不是吗？所以，我们永远都在逃避去面对真正的问题，也就是我们自己。我们对自己、对我们的本来模样感到极度的厌倦——于是便去寻求肤浅的知识抑或是获得那些能带来安全和永生的信仰——我们不停地逃避面对自己的真实模样。或许今天晚上我们可以探明一下，这些逃避究竟是什么，并让自己真正地摆脱它们——不是停留在理论、口头或智力的层面，而是真正去面对它们，认识到它们的全部涵义，从而让其消失——如此一来，没有了他人的建议和说服，我们就可以凭借自己的力量直接地去体验，去面对我们的本来面目了。

我认为，重要的不是去讨论我们的信仰是什么以及如何摆脱它们，我们怀有哪些迷信、仪式、大师究竟是否是必需的抑或全都是幼稚的东西。因为，我们的核心问题不是那些幻觉，而是实相，那些我们去逃避的实相。假如我们能够去体验、去跟实相建立联系——不是远距离的，而是近距离地去分析、审视、观察，深刻地探究它——那么我们就会懂得，尽管我们处于绝望之中，尽管战火燃烧，尽管存在着焦虑以及我们不停在逃避的永远的孤独感，但我们可以应对这一切，可以直接地应对问题。我们的困难就在这里，因为我们被如此多的幻象、如此多的幻觉、如此多的神秘给团团包围住了，不是吗？如果我们希望发现自己的真实模样，进而去超越它，那么所有这些东西都将是完全没有价值的。由于是宗教人士，所谓的虔诚者——假设在座的我们大部分人都是教徒——于是我们制造出了许多的哲学体系、戒律、信仰，我们建立了许多的团体、组织，殊不知，它们实际上让我们远离了中心问题，即我们的真实模样。

因此，除非我们直面问题——不是停留在智力或口头层面——否则将无法让那些我们口头上认识的事物跟我们的行动统一起来。理性上，我们意识到在逃避自我，我们在智力层面觉知到了这一点，我们口头上接受了这个。这又会带来另外一个问题，不是吗？因为尔后会出现如下问题：我怎么做才能更加接近我的本来面目从而去认识它呢？于是，我们把"怎样"变成了另一个问题；于是，我们把一个问题变成了两个——相信什么、不信什么，我们应当遵循哪种冥想、戒律，如何让心灵平静下来，如何去抵制，什么是要去得到的、什么不是要去获取的，诸如此类——这些只会带来更多的混乱、更多的问题，让问题与日俱增、愈演愈烈。

我们难道无法认识到这一切全都只是幻觉吗？——不是停留在理论层面，而是真正领悟到头脑在制造着这些东西，通过它们去逃避，以便躲开核心问题，即我们的本来面目是什么样子的。除非我们把这些幻觉抛到一边抑或认识了它们——诸如相信轮回、相信大师以及其他无数的信仰，这些信仰使得我们的心灵裹足难行，使得心灵如此的封闭，以至于永不能获得自由——否则我们将永远无法探明头脑当前的状态究竟是怎样的以及存在于它背后的是什么。只有当我们抛弃了这些东西，真正将它们抛到一旁——唯有这时，当心灵拥有了自由，我们才能应对自己的主要困难，也就是我们自己。

很明显，这便是问题所在，对吗？你或许拥有关于经济、关系的很棒的哲学、理论——如何带来友爱、团结，等等，然而，除非解决了那个让我们变成现在这副模样的中心、动机，要不然，这些哲学、理论即便再好也将是没有价值的，难道不是吗？是什么困难使得我们无法去充分地面对自身的问题呢？为什么通过逃避我们不能触及关键点呢？——也就是我们自身的焦虑、恐惧以及我们始终都在试图去填满、去掩盖的那种彻底的孤独感和绝望感。我们的困难主要就在于害怕不确定，不是吗？心灵显然不喜欢处于不确定的状态、不能有所依赖的状态——依赖某种信仰、某个人、某个理念。因此，我们的难题就是如下事实，即我们大部分人都在寻觅一种永久——永久的解释、永久的答案、永久的关系，在任何环境下都不会被粉碎的观念，神的观念，抑或是你所希望的其他观念——心灵依附于这些东西。于是，心灵制造出了永久，然后依附于它。

那么，难道我们无法洞悉这一切吗？——头脑是如何运动的，它的过程是怎样的？难道我们不能把这些逃避统统抛掉吗？不是作为一个分离的实体把这些东西抛到一旁，那样会再一次把头脑划分开来，导致另外一个问题，即如何让头脑获得完整。可我们难道无法懂得这些逃避的涵义，尔后与主要问题建立直接的关系吗？而不是在不停地围绕着那些实际上并不重要的问题转圈圈——比如你属于哪个国家和民族，你的信仰是什么，你崇拜哪个神灵——这些全都源自于幼稚的思想。我们难道不能够把它们抛掉吗？头脑难道无法懂得它们的真正用处、涵义，从而摆脱它们，触及中心问题吗？

我们难道无法在我讲话的时候去对问题展开检验吗？如此一来你便会真正体验到在挣脱这些头脑自造出来的幻觉之后的自由了。由于摆脱了这些幻觉的束缚，于是你就可以直接地审视那个被我们叫做恐惧、焦虑、孤独的事物了。只有当心灵挣脱了焦虑、恐惧、孤独，它才能够认识那头脑无法度量的事物，唯有这时，那不可度量的事物才会到来——不是通过寻求解释来说明为何会有无尽的焦虑不安，不是通过试图对其进行合理化的阐释，不是通过努力去逃避它，而是通过去经历它、探究它。只有当心灵不会为了找到答案而激动不安，当它不去试图审视在这背后蕴含的是什么，当它在有关未来、有关它期待去发现的事物方面不去用自己的经验做衡量，才能去经历、去体验。显然，唯有这时，我们才会探明什么是真理、什么是神，随便你怎么称呼。但是很明显，仅仅从这方面去进行猜测、推想，仅仅拥有理论、教义是不成熟的，只会导致更多的混乱与不幸。

那些态度热切、勤于思考的人们，显然一定经历过这一切，但或许我们并没有更加深入——也就是说，去认识我们自身头脑的过程。一旦我们领悟了自身头脑的全部涵义，那么思想者与思想之间的界分就会消失，那个在审视着焦虑、恐惧并且试图去战胜它们的观察者就将不复存在。唯有这时，才会迎来一种新的状态，即不再有观察者所害怕的恐惧、焦虑或孤独。

只有当心灵彻底地放下一切逃避，不再试图去找到答案，思想者与思想之间才能实现统一。因为，不管头脑为了认识中心问题而去展开怎样的运动，都必定是建立在时间之上，建立在过去之上，而只有当存在恐惧和绝望的时候，才会出现时间。

既然认识到了这一切，那么心灵难道无法摆脱这些逃避去审视自我吗？——不是作为一个在观察着自身思想的思想者，不是作为一个在进行体验的体验者，就只是去观察头脑的状态，就只是去觉察，不存在任何思想者与思想者、体验者与体验的界分。只有当你不再想着去体验某种比"当下实相"更多、更重要的事物，才能迎来这种统一的状态。

　　假如我们能够认识"当下实相"并且超越它，就将懂得什么是爱了。爱是唯一可以带来秩序的良方和革新。然而不幸的是，我们大部分人并没有抱持格外严肃或诚挚的态度，诚挚显然意味着探明一个人自身思想的过程——不是去增加那些信仰、仪式或者一切的胡说八道，而是去认识我们自身的思想方式：头脑的动机、追逐、活动和聒噪，所有不幸皆源于此。一旦认识了它们，那么它们自然就会走向终结了，进而心灵便能挣脱自身的琐碎，从而可以永续下去，不会再有任何努力，不会再有不断的争斗，并且能够发现那超越自身的事物。

　　问：我尝试过去记录下自己的想法，以便让思想停止，就像您曾经建议过的那样。您是否依然提议这么做呢？我发现这对我没有什么帮助，因为它似乎变成一种日记了。

　　克：如果没有认识思想的过程，不知道思想是如何形成的，不知道自身思想的各种方式，不知道你的想法是如何受着动机、欲望、焦虑的驱使——如果没有懂得思想的全部内容，那么你便无法迎来宁静。我曾经建议说，通过记录，通过熟悉你自己的思想、你自己的念头，或许由此便可以实现对自我的认知。因为，若不了解自我，就不会实现觉知。假如不知道你自己的思想的错综复杂，既包括意识的层面，又包括潜意识的层面，假如不懂得它的最深处，那么，无论你做什么，一切肤浅的行为，比如去控制、支配、调整、信什么和不信什么，都将是完全没有用处的。所以，你或许可以更加深刻地认识你自己，不单是通过观察你的日常想法，而且还通过把它们给记录下来，可能由此你就能够把那些无意识的动机、无意识的追逐、欲望和恐惧给释放出来了。

但倘若你怀有某个动机——即通过记录下你的想法，你就能够停止思想——那么这件事情显然就会变成日记。因为你渴望一个结果，而产生结果是非常容易的。你可以怀有一个目的，实现一个目标，但这并不意味着你就认识了自我的全部过程。显然，意图不在于如何获得结果，而在于去认识你自己，以及懂得为什么心灵会渴望得到一个结果。在得到结果的过程中，心灵会感觉到安全，会觉得满足、永恒、虚荣、自负。

因此，毕竟，重要的是去认识你自己，不是吗？不是你的价值观念是什么——你的民族、信仰、宗教、教派以及其他的一切，这些东西全都是头脑的幼稚的活动。然而，真正重要的是去懂得你思想的方式，是去了解你自己，对吗？只有通过观察你自身的思想、反应，去觉知你的梦、你的言语、姿势、你的整个生活，你才能够认识自我。你可以在巴士上观察这些，在你的关系里观察这些，假如你愿意的话，所有时间都可以办到。可是对于我们大多数人来说，这已经变得非常艰难了，所以，我们没有真正去体验，我们重复着那些语词，从而妨碍了去真正探明自身思想的过程。

毕竟，只要头脑是活跃的，抑或仅仅聚焦在某个念头或欲望上面，那么它就不会是自由的。思想能够制造和崇拜它所造出来的东西，对我们来说，情形几乎总是如此。因此，一个人必须要觉知到头脑的活动与反应，唯有这时，思想才会终结。不是作为一个结果，不是作为意愿里的事情，头脑训练、压制自己以符合它。然而，思想的终结表明头脑迈入了真正的静寂。但倘若它只是一个结果，那么头脑就处于一种激动不安的状态。因为头脑又会渴望走得更远，于是，每一个结果、已经被克服的一切，不得不再一次要去战胜和突破。

所以，通过在各个层面去认识自己，头脑进入到了一种宁静的状态。这并不是漫长、乏味、令人厌烦的过程，假如你去充分地觉知自身，那么你将十分清楚自己的所思所感了，你不需要经过分析、解剖——这是懒人玩的游戏。然而，在内心深处，我们知道自己的冲突及其根源——知道它们的涵义，它们背后是什么，但我们不希望去审视它，不愿意去面对它，于是我们在外围转圈圈，从不曾触及核心。所以，思想的终结是必需的，因为头脑必须要彻底地安静下来，没有丝毫的运动，既不朝前也不往后。原因是，运动代表了时间，而时间里面就会有恐惧和欲望。因此，当头脑迈入了绝对的静寂，唯有这时，那不可命名的事物才会到来。

问：我的妻子与我总是吵架，我们似乎喜欢着彼此，但这种口角却仍在继续。我们试过好几种方法想要停止这种丑陋，但似乎无法在心理上摆脱对方。您对此有何建议呢？

克：只要有依赖，就一定会出现紧张、不安、压力。假如我把你作为听众去依赖，以便实现自我，以便能够觉得我是个人物，在对成千上万的人发表讲话，那么我对你就会存有依赖，我就在利用你，在心理层面，你对我是必需的。这种依赖被美其名曰为爱，我们的一切关系都是建立在这上头。我在心理上需要你，你在心理上需要我，在我跟你的关系里，在心理层面，你是非常重要的，因为你满足了我的需要——不仅是生理上，还有心理上，如果没有你，我便会迷失，我便会不确定，我依赖着你，我爱你。只要这种依赖性遭到质疑，就会出现不确定——尔后我便会感到害怕，为了掩盖这种恐惧，我求助于各种各样狡猾的逃避的手段，希望它们能够帮助我远离那种恐惧。我们了解这一切——我们把财富、知识、神灵、幻觉、关系当做一种手段，借此掩盖自身的空虚与孤独，结果这些东西就变得格外重要起来，那些作为我们逃避的事物，就会变得价值非凡了。

所以，只要有依赖，就必定会生出恐惧，这不是爱。你或许会把它叫做爱，你或许会用某个冠冕堂皇的字眼来遮掩它，然而实际上，潜藏在它下面的是空虚。这种伤是任何办法都无法治愈的，只有当你觉知到它，意识到它，认识了它，才能治愈这伤痕。只有当你不去寻求解释，才会获得觉知。你们知道，这位提问者渴望得到解释，他希望从我这里得到建议。我们满足于语词。你会重复新的解释——假如它是新的，但问题依然存在着，口角依然不休。

可一旦我们懂得了这种依赖的过程——既包括外部，也包括内部，那些暗藏的依赖、心理的欲望、渴望获得"更多"——旦我们认识了这些东西，很明显，唯有这时，爱才会到来。爱既不是个人的，也不是非个人的，它是一种身心的状态。它不属于意识，意识无法得到它。你无法去实践爱，抑或通过冥想去获取它。唯有当你不再感到恐惧，当焦虑感、孤独感消失不见，当你不再去依赖任何人或物，不再有任何索取，爱才会降临。只有当我们认识了自己，当我们充分觉知到了我们那些暗藏的动机，当意识能够去探究自己的最深处，不去寻求答案、解释，当它不再去进行命名，爱才会到来。

显然，我们的困难之一便是，大多人都满足于生活的肤浅层面——主要满足于解释，对吗？我们觉得自己已经通过解释把问题解决了——解释是意识的活动。只要我们可以去命名、认识，我们就认为自己已经有所收获了，一旦有了不去认识、不去命名、不去解释的想法，心灵就会感到混乱。然而，只有当不再有任何的解释，当心灵不为语词所困，爱才能降临。

问：您所谈论的事情难道不需要时间和闲暇吗？——尽管我们大部分人都在忙着讨生活，这占去了我们大多数的时间。您的话是对那些退休的老年人或者必须要工作的普通人说的吗？

克：你有何看法呢？你有闲暇，你有时间，即使你也必须谋生。这可能要占去你的大部分时间，但你一天里头至少有一个小时可以给你自己，不是吗？你总有时候是有空的，我们把这个闲暇时间用来做各种活动，在干了一整天令人乏味的例行公事之后，我们的闲暇时间用来休息了。然而很明显，即使在你休息了之后，你依然还有更多的闲暇时间，对吗？甚至当你工作的时候，你也能够去觉知自己的想法，即便当你在干着那些不能给你带来愉悦的事情，当你干着例行公事、干着某个并非你的职业，但现代文明使得你不得不去做的活儿——即便当你在操作一部机器的时候，你显然也有时间，你可以去观察一下自己的想法！你的大部分工作都是自动的，因为你受过高等的训练，但你的某个部分在做着观察，在看着窗外，在寻求着某个答案来解决这种混乱，你加入那些团体，你展开冥想，你参加仪式，去往教堂。

因此，你有足够的闲暇，假如正确利用的话，将会让你冲破庸常的生活，将会带来行动，让你的生活发生变革——这是那些体面人士不愿意的事情，是那些拥有好的名声、财富、地位的人们所害怕的。我们希望无需内在的革新就能去改变外部的事物，然而，必须首先得有心理的变革，它将带来外部的秩序，这不只是纯粹说说而已。但倘若我们每个人不去探究有关自我的整个问题，那么就无法实现内在的变革，无论是集体的还是个体的变革。你知道，是你我要去解决问题，问题并不在你我之外。战争、和平、争斗、残酷、无情等等问题——是我们制造出了它们，是你和我。假若没有认识我们自己的全部过程，仅仅去改变职业或是有闲暇功夫，都将意义甚微。这显然不是针对老年人或者年轻人的，而是对任何一个勤于思考、希望去探明的人来说的，年纪显然无关紧要。可是，我们把错误的价值观念给了这些事物，结果便导致了更多的问题出现。

问：我博览群书，我研究过东西方的宗教，我在这些方面拥有相当广博的知识。我听您的讲座好几年了，但让我理解不了的是您所说的创造力的生活或状态。您能否更加深入地谈谈这个问题呢？

克：在接下来的十分钟里，你我或许可以展开一番探究，看一看我们是否无法走得更远、挖掘得更深一些——不是在理论层面，而是切切实实的——去探明所谓富有创造力是指什么意思。对我们大多数人来说，困难在于，我们对这些问题知道得太多了，我们阅读了大量的东方哲学或是西方理论——它们实际上会有碍于我们去发现，不是吗？所以，我们的知识成了绊脚石，因为，我们的知识已经懂得了什么是创造力的状态、什么是神，因为，我们已经阅读过了关于他人经验的描述。所以，当我们被这些东西充塞，我们就只会去比较，而比较不是体验，比较不是发现。

因此，几个世纪以来我们当做知识去获得的东西，那能够被记忆去度量的事物——必须要走向终结，不是吗？这意味着，我们的意识及其所有的经验，它关于我们昨天所经历的事情的知识，抑或我们读到过的有关那一状态的他人的描述——这一切都必须要被抛到一旁，对吗？原因是，这东西必须完全是独创的，神应该是此前从未被体验过的事物，应该是意识无法认识的事物，假如它被认识了，它就不是新的，就不是永恒的。

现在，既然洞悉了这其中的真理——不是理论上，而是切切实实地懂得——那么心灵难道无法挣脱旧事物的束缚吗？获得自由不是通过建议，而是通过领悟关于该问题的真理：即只要作为时间的产物的意识能够去度量、认知、构想、渴望，那么它就无法处于创造力的状态。新事物不会蕴含在旧事物里头，旧事物只能认识它自己制造出来的东西。因此，意识的活动必须彻底停止。当我们认识了所有这一切，当我们领悟了其中的真理，意识就将停止。

所以，让我们就只是去聆听吧，不要运用我们的意识，而是去聆听，去发现、探明意识是怎样通过自身那些基于时间的活动——这些活动属于过去，属于那些对我们已经学到的东西的记忆，我们已经忘记的东西的记忆——妨碍了创造力的状态。一旦洞悉了这一切，认识了这一切，就能摆脱它们获得自由了。因此，若想意识迈入静寂，就必须完全抛下一切的知识，唯有这时，那无法用言语描述的状态才会到来。这种状态并不是永久的，永久的状态是属于时间范畴的，是持续性的，它也不是可以被培养起来的状态，不是可以被获得和依附的状态，它的存在是每时每刻的，无需意识的邀请。无论你阅读多少关于它的内容，无论你展开多少的实践、自我修炼，无论你拥有多少理论，都无法真正带来这种状态。唯有当意识彻底挣脱自身的活动、欲求，方能迎来创造力的状态。

（第三场演说，1952 年 4 月 15 日）

直接进入体验，不要通过词语命名

依我之见，我们最为困难的问题之一便是让观念与行动统一起来。我们大部分人都觉知到观念与行动之间存在着间距，并且始终都在试图将这种间距弥合起来。我觉得，重要的是必须领悟到，只要我们没有认识、没有充分地探究有关意识的问题，去体验观念与行动本身之间的直接的关系，那么观念和行动的界分就会一直存在。对于我们大多数人来讲，观念非常的重要——观念便是符号、形象、语词。我们努力让行动去符合那一念头，尔后便会出现怎样弥合间距，怎样把想法付诸行动的问题。今天晚上，我希望来探究一下这个问题。

大多数人都觉知到，嫉妒是我们大部分行为的基础，我们的社会结构便是建立在嫉妒或者获取之上的。那些有识之士显然明白，必须要走出嫉妒的泥沼。既然领悟到应该要摆脱嫉妒，那么一个人该如何去着手呢？先出现念头，然后我们便询问怎样把它跟行动联系起来。很明显，必须要挣脱嫉妒的束缚，因为它是一种会带来衰退的因素，是反社会的，等等。由于无数的原因，我们深深地清楚嫉妒是一种应该要被根除掉的特性、冲动和反应。

那么一个人要如何去着手呢？他能否通过时间的过程，通过不断的抗拒、压制去战胜嫉妒呢？还是说有一种不同的方法去审视它呢？心灵怎样才可以摆脱那个叫做嫉妒的反应呢？我们大部人的生活都是建立在嫉妒之上，原因很明显，如果我们花费时间，逐渐地减少嫉妒心，那么我们就没有彻底摆脱它，时间的过程无法让心灵挣脱嫉妒的羁绊。毕竟，美德便是自由——而不是去培养任何品性，你越是去培养某种品性，你越是在强化自我、"我"。所以，我们要直面如何摆脱某个特性，如何着手，这对我们大多数人必定是一种冲击。倘若我们仅仅去培养它的对立面，就会依然被困在对立面中，不会有丝毫的自由。毕竟，美德是一种自由的状态，而不是被困在某个特性之中——这会局限住心灵。

因此，问题在于，一个人如何才能应对某个特性——让我们以嫉妒为例——以及立即摆脱它，不是吗？不花费漫长的时间，不是逐渐地去根除它，而是马上获得自由。能否完全摆脱它呢？要想深刻地回答这个问题而不是流于表面的粗浅的解答，那么我们就得去探究意识的过程，对吗？也就是说，我们必须懂得或者觉知到我们对问题的解决方式——我们是怎样思考问题的，我们是怎样去看待问题的，我们是用什么方式、用什么态度去对待它的——不仅是意识的表层，而且还包括那些暗藏的层面，这一切显然是意识的过程。因此，假如我们要想彻底挣脱这个叫做嫉妒的东西，那么就应该知道我们是怎样去看待它的——我们是抱着怎样的态度，怀着怎样的动机、意图去着手的。也就是说，我们的头脑，包括意识和潜意识是如何去应对它的？意即，我们是跟它处于直接的关系之中，还是仅仅在应对语词和观念，并没有去直接地接触那一特性呢？

我不知道在这个问题上我是否阐释清楚了——或许并没有，所以让我再稍微说得更清楚些吧。我们的意识是什么？——意识便是我们的头脑，既有潜意识也有意识。它显然是时间的产物——时间即记忆、形象、语词——被累积的这一切事物，对某个问题、某种挑战作出回应。我们的思想是建立在这种记忆之上的，它是口头的、言语层面的，也就是说，若没有语词、符号、形象，就不会有思想。因此，带着这一背景，带着这种意识，我们去着手有关嫉妒的问题，我们以嫉妒为例。我们从不曾直接地去跟那个叫做嫉妒的反应建立关系，而是仅仅跟语词打交道。我究竟是直接地体验了嫉妒，与它处于关系之中——还是在跟"嫉妒"这一语词打交道呢？我是否去接触了那一反应，立即地、直接地觉知到它，不去给它命名？抑或，我是在通过语词去认识嫉妒呢？如果我可以直接地体验嫉妒——不去对它命名——那么我就将获得一种截然不同的体验了。但倘若我只是通过语词、通过形象在言语层面跟那个反应有联系，那么这就不是真实的体验。

所以，假如我们希望彻底摆脱诸如嫉妒这样的特性，那么我们显然就得探明自己是否直接地体验了它，没有以语词为中介，抑或语词是否带给了我们所谓的体验。如果我们关心语词、观念，仅仅跟观念建立关系，便会生出以下问题——怎样把观念与行动联系起来？也就是说，我们觉知到自己是嫉妒的，但我们是仅仅在言语层面觉知到了呢，还是直接地去体验嫉妒，没有给这种反应命名呢？我不知道你们是否尝试过这个。举个例子好了，你突然觉知到你是嫉妒的，那么你是如何觉知到这个的呢？你之所以觉知到了它，究竟是因为你通过语词认识到它呢，还是把它作为一种切实的体验去觉知，而不对它命名呢？我觉得探明这个十分重要，原因在于，如果你能够与它建立直接的联系，就会发现，你将完全摆脱那个我们已经命名的事物。但倘若你通过语词、符号、记忆去觉知这种感受，那么便会生出如下的问题：怎样将观念跟行动联系起来？

或许我们可以把这个阐述得稍微简单一点。我是嫉妒的，我心里燃烧着嫉妒的火焰，那么我如何才能挣脱它？我看到了它的复杂、它的冲突、它的没有意义，我要怎样着手去摆脱它呢？我是要去压制它、分析它、训练自己抵制它吗？——这一切都需要耗费时间，会导致观念与行动之间的冲突，不是吗？我希望挣脱它的束缚，但实际上我却并没有，因此，一边是希望摆脱的念头，一边是没有获得自由的现实，重要的是现实情形，而不是"我渴望去挣脱"。那么，我要如何着手去摆脱这种被我命名为嫉妒的品性呢？通过训诫显然是无法摆脱它的，假若我去抵制它，那么这种抵制不会带来觉知——培养它的对立面也不会实现觉知，相反只会导致更多的冲突。那么，我究竟要怎样挣脱它呢？

我们知道通常的、习惯性的、传统的方法——也就是，逐步地攻击、抵制、训练自己去抗拒它——一个人发现，实际上他依然没有摆脱它。我想知道你们是否曾经以不同的方式思考过这个问题？必须要用不同的方式着手，而这正是我们努力要去探明的。如果我能够直接地体验嫉妒这一反应，不去对它命名，就将迎来不同的应对方法了。这便是为什么说，我们必须要去探究、认识自身的意识是怎样运作的。这实际上是一种非常复杂的过程，我们以为，当我们给某个事物命名的时候，我们便认识了它；我们以为，当我们能够给某个事物贴上标签的时候，我们便懂得了它的全部涵义。所以，对我们来说，语词、符号、概念格外的重要，我们的意识便是由这些东西构成的——语词、符号、观念——这些东西代表了我们的记忆。因此，我们的记忆意识到了那个被称为嫉妒的反应，于是我们并没有直接地去体验那一感受，有的只是对它的回忆。

但倘若你可以审视那一反应，不去描述它，不去给它命名，会发现你将第一次直接地体验它。我觉得，第一次以全新的视角去体验那一感觉、反应，不去给它命名——这是非常重要的。正是命名制造出了障碍。或许你会对此展开检验，你将懂得，以全新的方式去体验某个事物是多么的不易。由于记忆总是在干预、识别，它说道："是的，这是嫉妒，是我必须要摆脱的东西"，于是，记忆制造出了念头，而念头又会制造出它自己的感觉、反应，结果，你只是跟念头有了关联，而不是直接地去接触问题。

因此，当我们有了某个觉得必须要彻底摆脱它的问题时——比如嫉妒——那么重要的便是去探明我们的头脑是怎样着手的，我们的反应是什么，我们是如何去体验那一特性的，体验是直接的还是仅仅通过语词，对吗？显然，只有当我们能够以新的方式去体验事物，才能实现充分、彻底的认知。如果我们把自己所有的记忆、命名、限定性的影响都带入进来，那么就根本没有在直接地体验它，于是问题会变得越来越多，继续上演。大部分人都知道，尽管我们在抵制着嫉妒，但却并没有挣脱它。能够带来自由的是美德，而非不为语词所困，这只会给心灵带来局限、体面和习惯。

问： 我历经过两次世界大战的劫难，我参加过一战，而二战则让我成了个流离失所的人。我认识到，对这些事件无能为力的个体，生活里是没有任何目标的，这种生活的意义在哪里呢？

克：我想知道，作为两个个体的你我是如何看待这个问题的？存在着历史的过程，个体同那一过程的关系是什么？作为个体，你对战争能够做些什么呢？或许非常少。由于战争的出现有着许多的原因——经济的、心理的，等等——那么你如何让这一切停止呢？你显然无法停止战争的进程，因为是无数的大众让战争发生的，但作为个体，你可以走出它的羁绊，难道不是吗？不管结果会如何，作为个体，你能够从你自己的心里、脑子里拔除掉这些会带来敌对、仇恨、敌意的特性吗？假如你不能做到，那么你显然就会对战争的根源推波助澜了。

以国家主义、民族主义为例——即觉得自己是某个特殊的、单独的群体——个体在这个群体里面来实现自我，来获得满足。我们的心灵贫乏、孤独，当我们让自己跟某个群体比如印度人、苏联人或英国人进行认同的时候，我们显然就会觉得安全。这种安全我们必须要去保护，在追逐这种我们所渴望的安全的过程中，我们利用别人也被人利用。那么，作为个体的你，能否摆脱这种国家主义、民族主义的情绪呢？当你挣脱的时候，难道无法以一种截然不同的态度去审视这一历史的过程吗？这位提问者想要知道，假如自己对这些战争并无责任，假如他对它们无能为力，那么生活的意义何在？然而，重要的是首先要弄清楚你作为个体是否无法挣脱这一切引发了战争的力量与影响，不是吗？你难道无法真正来一种内在的革新吗？——不是理论上，而是切实的——如此一来你就将是一个体验了爱的自由的人，因为，一个摆脱了敌对、仇恨的人，将会找到问题的正确答案。

你知道，我们的问题便是，我们心中没有爱，不是吗？如果母亲真的爱她的孩子，如果父母心中有爱，他们就会开心地发现，世界上将再无战争！然而，对父母而言，国家、某个群体的荣誉和幸福，要比对孩子的爱更加重要。假如一个人真的怀有爱，假如爱的感受真的存在，那么你显然就会去阻止战争的爆发了。但是，我们并未拥有这种内心的真理，于是我们诉诸于各种各样的体制、政府，我们求助于政客以及各种方法去阻止战争。但我们将永不会成功，原因是，作为个体的我们并没有解决自身的问题。在一个充斥着各种信仰因而被四分五裂、人人对抗的世界里，我们更愿意继续被隔离、被封闭在国家主义、民族主义的意识形态中。除非我们解决了那一问题——即个体是怎样去寻求安全的，继而导致了对抗、仇恨、敌意——否则，这种或那种战争将会继续上演。

当我们凭借自己的力量认识到我们是自由的，那么，无需询问就能找到活着的目的了。自由不会通过单纯地培养美德而来，只有当那不属于意识范畴的爱降临时，才会迎来自由。

问：当我试图清空头脑以便让它迈入静寂的时候，我得到的是一个空空如也的脑子。我如何知道这种状态不是一种简单的昏昏欲睡呢？

克：我们为什么渴望心灵的宁静呢？我们为何希望那种宁静？是否由于我们被一颗激荡不安的心弄得如此疲惫——一个始终在聒噪的心灵，一个忙忙碌碌的心灵——于是，为了逃避这些，我们便渴望心灵的安宁呢？是这样吗？还是我们认识到了拥有一颗安宁的心灵是何等的必要呢？因为，宁静的心灵能够直接地认识、洞悉事物，能够直接地去体验。我们是否懂得，假如心灵处于不安的状态，那么它就不可能发现任何新的事物，不可能实现觉知从而获得自由？心灵的宁静，究竟是一种必需，抑或仅仅只是源于其对立面的反应呢？探明这一问题显然十分的重要，不是吗？你之所以渴望心灵的静寂，是因为你对于如此忙碌、如此激荡不安的心灵感到厌倦了吗？很明显，这就是你要去弄清楚的事情，对吗？如果它仅仅只是一种反应，那么心灵显然就将昏昏欲睡。尔后，心灵就不是宁静的，它不过是通过各种训练、控制等方法让自己沉沉睡去罢了。

所以，我们的问题不在于如何让心灵迈入宁静，而是去审视那些让心灵激荡不安的事物，去认识那些带来了扰乱的事物。一旦我们理解了这些东西，就能获得安宁；一旦我们摆脱了这一问题，就能迎来静寂。然而，当心灵背负着各种问题裹足难行的时候去刻意制造的宁静，显然会导致心灵走向愚钝和麻木。因此，我们的问题不是怎样让心灵变得宁静、平和，而是去认识进而摆脱那些让心灵焦躁不安的问题。心灵显然会制造出问题，假如有问题存在，那么我们要如何应对它呢，要抱着怎样的态度呢，我们该如何去体验它呢？重要的是去认识问题，而不是怎样躲进安宁之中去逃避问题。

那制造出问题的心灵要如何才会获得宁静呢？它唯一能够做的，便是在每一个问题出现的时候去认识它，从而摆脱其束缚获得自由，而宁静将会伴随着自由而来。正如我之前所指出来的那样，若无美德，就没有自由。假如我善妒，我就应该立即挣脱它。即刻是重要的、必需的，若我认识到立即摆脱这种特性是必需的，那么自由就会到来。但我们并没有懂得它的迫切性，而我们的困难也正在于此。我们喜欢嫉妒的感觉、感受——还有它的愉悦，我们渴望沉溺其中。于是，渐渐的，我们确立起了如下观念，即我们最终一定会摆脱它，结果，我们也就从不曾彻底摆脱过某种反应。唯有当心灵获得了自由，方能迎来静寂。

问：除非心灵处于忙碌的状态，否则不久它便会沉沉睡去或是走向衰退。它难道不应该去想生活里头那些更加重要的事情吗？

克：如果心灵忙着想那些重大的或琐碎的事情，这样的心灵是无法获得自由的，难道不是吗？单纯的忙碌难道不是一种分心吗？不管它有多么的高尚。我们关注的是意识在四处游走，不停分神，我们希望它能够忙于某个事情，因为，尔后它就会感到平静了。我们的大部分意识都在忙于琐碎之事，忙于日常的那些聒噪，为了抵抗这些，我们开始让自己忙于更为严肃的、重大的事情——即观念、形象、猜想。只要意识在忙于这些所谓的重大之事，我们就会认为它变得更加安静了、更加专注了，而不是在到处游走。然而，这样忙忙碌碌的心灵，永远都不会是自由的心灵。而唯有在自由的状态里，你才能够开始去认识事物——而不是一个因自身的专注裹足难行的心灵。

你知道，我们如此害怕去探明自身思想与状态的过程，我们如此担心认识自己的本来面目，于是，我们开始去发明那些可以将心灵困于其中的笼子、观念，这些东西让我们能够极为方便地去逃避自我。因此，重要的是去认识我们自己——而不是我们的脑子应当忙于什么。不存在所谓好的或坏的忙碌，只要心灵处于忙碌的状态，它就不是自由的。而唯有通过自由，我们才能实现觉知，才能认识何谓真理。所以，我们应当探明自己的意识是怎样运作的，我们的动机是什么——我们生活的全部过程——而不是去询问我们的脑子应当去想些什么。

毕竟，我们是通过感觉在生活的——接触、感知、感觉——由此滋生出了欲望。当欲望没有得到满足的时候，便会出现冲突和恐惧。因此，恐惧跟欲望制造出了时间，制造出了关于明天的意识，使得我们会要求更多的东西，希望获得安全，觉得我、自我无比的重要。我们没有去认知、探究有关意识的整个问题，而是希望知道如何展开冥想，如何这样或那样——这些全都是逃避和分心。

所以，这些问题里面，重要的是去探究我们思想的过程——也就是自知。没有自知，那么，无论你做什么，都无法给世界带来和平与安宁。如果没有自知，爱就不会到来。那个被意识称为爱的事物并不是爱，它不过是一种观念罢了。你只能够在关系里着手去深刻地、广泛地认识你自己——你与你妻子的关系、你与你丈夫的关系、你与你所处的社会的关系。觉知到它，觉知到你的各种反应，不要去谴责它们，因为，任何形式的评判，任何形式的辩护，显然都会让感觉、反应终结——将其抛到一旁，不要让它溢出来，如此一来你就可以认识它了。毕竟，假如我希望去了解一个孩子，那么我就得在他所有的情绪中去研究他——在他玩耍的时候，在他说话的时候。单纯去谴责，有碍于认知。同样的道理，若我想要认识自身思想的过程，那么我显然就应该展开观察，而不是去责难。然而，我们在社会、道德、宗教层面所受到的全部训练，都是去谴责、去抵制——这么做妨碍了我们去直接地体验、认识问题。

因此，随着你越来越多、越来越深入地探究自己的反应，既不去责备，也不去辩护，那么你会发现，你将开始了解你的意识、"我"的整个过程及其所有隐藏的动机。尔后你会明白，你究竟是仅仅在对语词做出反应呢，还是在直接地体验某种感觉——你是通过记忆或观念的屏障去迎接挑战呢，还是直接地去应对它。你越是着手去认识你自己，去觉知每一个隐蔽的反应、每一个过程、每一个意图，就会发现将迎来一种截然不同的状态——这种状态不是由意识构想出来的。因为，意识可以构想出任何状态，它可以相信任何东西，体验任何事物。然而，凡是意识去体验、去相信的东西，都不是真实的。唯有通过自知，唯有当意识通过认识自身的过程迈入了宁静，既包括暗藏的意识也包括浅层的意识——不是被人为地变得安静，而是真正的、自发的宁静——实相才会到来，唯有这时，真理才会降临。

然而，这一切并不意味着心灵必须要经历一系列的阶段。重要的是去懂得宁静的必需，正是这种迫切性、必要性才带来了心灵的静寂，而不是去培养某种品性或方法。

（第四场演说，1952 年 4 月 16 日）

努力是以自我为中心的活动

今天晚上，或许我们可以探究一下有关努力的问题。在我看来，重要的是认识到我们是采取何种方法去应对自己所面临的那些冲突和问题的。我们大多数人关心的是意志力的行动，难道不是吗？对我们来说，任何形式的努力都是必需的，在我们眼里，不费力气地生活是不可思议的事情，会导致停滞不前与衰退。如果我们能够探究一下有关努力的问题，我觉得，也许将会是极为有益的，因为，尔后我们或许就可以通过直接感知"当下实相"，认识什么是真理了——无需运用意志力，无需展开努力。但要想做到这个，我们就必须认识这一有关努力的问题，我希望我们能够展开探究，不要去反对、不要去抵制。

对于大部分人来讲，我们的全部生活就是建立在努力、意志力之上的，我们无法想象没有意志力、没有努力的行为，我们的生活就是以此为基础的，我们的社会、经济以及所谓的精神生活，都是一系列的努力，总是以获得某个结果而告终。我们认为，努力是必需的、不可或缺的。所以，现在，让我们去探明一下是否可以过一种不同的生活，不再有这种无休无止的争斗。

我们为什么要努力呢？简单来说，难道不是为了取得某个结果，为了有所成就、为了达至某个目标吗？如果不去努力，我们就会觉得将停滞不前。我们对于自己不断在为之奋斗的那个目标怀有某个想法，这种奋斗、努力已经成为了我们生活的一部分。假如我们希望去改变自己，假如我们想要带来自身的根本性的变革，那么我们就会付出巨大的努力去根除掉那些旧的习惯，去抵抗习惯性的环境的影响，等等。因此，我们习惯于这种一系列的努力，以便有所得、有所获，以便能够生活于世。

所有这些努力，难道不是自我的活动吗？努力，难道不是以自我为中心的活动吗？假若我们从自我的中心出发去付出努力，那么势必就会导致更多的冲突、混乱与不幸。但我们继续着一个又一个的努力，我们当中很少有人认识到，这种自我中心的努力的行为，并不会解决我们的任何问题，相反，它使得我们的混乱、痛苦、不幸与日俱增。我们知道这个，但却依然如故，指望着能以某种方式冲破这种自我中心的努力的行为、意志力的行为。

如果不去付出努力，能否认识事物呢？这便是我们的问题。如果不去应用意志力——从本质上来说，意志力是建立在自我、"我"之上的——能够洞悉何谓实相、何谓真理吗？假使我们不展开努力，难道不会出现衰退、混沌、停滞的危险吗？或许今晚，在我发表讲话的时候，我们每个人可以检视一下这个，看一看我们对此问题的探究能够走得多远。因为我感觉，那能够带来幸福、能够让心灵获得宁静的事物，不是通过任何努力而来的，真理不是通过任何意志力、任何意愿的行动就可以被感知到的。若我们十分仔细、勤勉地去展开分析，或许就会找到答案了。

当真理出现的时候，我们要如何去反应呢？以我们在某一天所讨论的恐惧问题为例好了。我们认识到，假如我们的内心没有任何的恐惧，那么我们的行为、存在、我们的整个生活就将发生根本性的改变。我们可以认识到这一点，可以洞悉其中的真理，从而挣脱恐惧的羁绊。然而对大部分人来说，当某个事实、真相被置于我们眼前的时候，我们立即的反应会是什么呢？请对我的话做一番检验，不要仅仅只是聆听。观察一下你自己的反应，探明一下当某个真理、事实摆在你的眼前，比如，"任何依赖都将给关系带来破坏"，那么，当这类观点被表述出来的时候，你会有何反应？你是否看到、觉知到了其中的真理，于是停止一切依赖呢？还是你对该事实怀有某种观念呢？这里有关于真理的表述，我们是体验了有关它的真理呢，还是制造出了关于它的观念？

如果我们能够认识这种制造观念的过程，那么或许就将懂得有关努力的整个问题了。原因在于，一旦我们制造出了观念，就会出现努力，尔后便会生出怎么做、如何行动的问题。也就是说，我们领悟到，心理上对他人的依赖是一种自我实现，它不是爱——这里面会有冲突，会有恐惧，会有依赖，而依赖将导致衰退，这里面会有通过他人来实现自我的欲望，会有嫉妒，等等。我们意识到对他人的心理依赖包含了所有这些事实。然后我们便着手去制造观念，不是吗？我们没有直接地体验事实，体验其中的真理，而是去审视它，尔后产生出了怎样去摆脱依赖性的想法，我们懂得了心理依赖的涵义，然后就会生出如何摆脱它的念头。我们并未直接地去体验真理，而体验真理才是真正能够带来解放的因素。但我们却在体验之外去观察那一事实，尔后制造出观念，我们无法直接地审视它，不去构想任何观念，接着，在产生出了观念之后，我们便开始将那一想法付诸于行动。然后，我们试图去弥合想法与行动之间的间距——这里面就包含有努力。

那么，我们难道无法审视真理，不去制造任何观念吗？对大多数人来讲，当某个真实的事物被置于我们跟前的时候，我们的本能便是立即构想出关于它的念头。我认为，如果我们可以明白为何我们会如此本能地、几乎是无意识地这么做，或许就将探明是否能够不去展开努力了。

那么，我们为什么要制造出关于真理的观念呢？弄清楚这个十分重要，不是吗？我们要么赤裸裸地洞悉真理的本相，要么不会。但我们为何要怀有一幅关于它的图景、符号、语词、形象呢？这些东西使得我们势必会把问题搁置起来，使得我们会去憧憬一个最终的结果。因此，我们能否慢慢地、逐渐地去探究这个过程，即头脑为什么要去制造出形象、观念？——即我必须这样或那样，我必须摆脱依赖性，诸如此类。我们十分明白，当我们格外清楚地洞悉了某个事物，直接地去体验它，就能摆脱其束缚。重要的是这种即刻性，而不是关于真理的画面或符号——所有的体系、哲学以及那些正在退化的组织，全都是建立在这之上的。因此，重要的是弄清楚为什么头脑要制出观念，而不是去直接地、简单地洞悉事物，立即地体验其中的真理，难道不是吗？

我不知道你们是否曾经想过这个问题，这可能是新事物。为了探明其中的真理，请不要仅仅只是去抵制，不要说什么："如果头脑不去制造观念将会发生什么？它的功能就是产生念头、描述、想起那些记忆、认识、权衡。"我们知道这个。但心灵不是自由的，只有当它能够充分地、全面地、彻底地审视事实，没有任何的障碍，方能迎来自由。

因此，我们的问题就在于，为什么心灵沉溺于所有这些观念之中，而不是去立即审视事物、直接地去体验，难道不是吗？这难道不是心灵的习惯之一吗？某个事物出现在了我们面前，而我们旧有的习惯便是去制造出关于它的看法、理论。心灵喜欢活在习惯之中，因为，假如没有了习惯，它便会迷失，假如没有了陈规，没有了某个它已经习以为常了的惯性反应，它就会感到困惑与不确定。

这是一个方面。此外，心灵难道不会去寻求结果吗？原因是，结果里会有永久，心灵不愿意活在不确定的状态，它总是寻求着各种各样的安全——通过信仰、通过知识、通过经验。当这些遭到质疑的时候，便会出现扰乱和不安，于是，为了躲避不确定，心灵便努力去得到结果，以此来寻求自身的安全。

我希望你们能够去思考这一切——不是仅仅聆听我的讲话，而是真正去观察一下你自己的头脑的运作。假若你只是听我发言，没有真正去理解我所谈论的内容，那么你就不会有体验，那么我所说的一切就只会停留于口头层面。容我建议的话，倘若你能够去观察自身头脑的运作，观察一下，当某个事实被置于跟前时，它是怎样思考、怎样反应的，那么你便会逐步地体验我在说的内容了。要想带来一种充满创造力的生活，就必须去直接地应对、直接地体验什么是真理。

那么，为什么心灵要制造出这些观念，而不是去直接地体验呢？这就是我们试图要去探明的问题。为什么心灵要来干扰呢？我们说道，这是习惯使然。还有就是，它希望获得结果。我们全都渴望得到结果，在听我演讲的时候，你是否渴望获得某个结果呢？你的确是的，对吗？因此，心灵在寻求着结果，它认识到，依赖是破坏性的，于是它渴望摆脱依赖，但正是这种想要摆脱的欲望制造出了观念。心灵不是自由的，然而，渴望获得自由的欲念制造出了关于自由的观念，将其作为它必须要为之奋斗的目标，结果便会出现努力。这种努力是以自我为中心的，它不会带来自由。你没有去依赖某个人，但却去依赖某种观念或形象，所以，你的努力只会是自我封闭性的，不会带来解放。

那么，心灵能否认识到自己为习惯所困，能否摆脱习惯的制约呢？——不是怀有如下观念，即它应当获得自由，将其视为某种终极的目标，而是洞悉心灵为习惯所围这一真相，直接地去体验。同样的，心灵能否懂得它在不停地追逐自身的永续，把这个当做必须要达至的目标，当做神、真理、美德、存在状态——随便你怎么称呼都好——这是否会进而带来意志力的行动及其全部的复杂性呢？当我们领悟到了这个，不就能不经过任何言语的描述，直接地体验某个事物的真理吗？你或许可以客观地认识事实，这里面没有观念，没有制造观念、符号、欲望。然而主观上、心理上却是截然不同的。由于我们想要得到结果，于是便会渴望成为什么，渴望去变得如何如何，渴望实现什么、达至什么——在这里面，滋生出了所有的努力。

我感觉，时时刻刻去洞悉实相，不费任何努力，直接地去体验它，这才是唯一富有创造力的生活。因为，只有在彻底静寂的时刻，你才能够有所发现——而不是当你去努力的时候，无论它是在显微镜之下还是在内心。只有当心灵不再激荡不安，不为习惯所困，不去试图得到结果，不去努力变得怎样——只有当它不去做这些事情的时候，当它迈入了真正的宁静，不再有任何努力、任何运动，才能发现新事物。

很明显，这便是摆脱自我，这便是摈弃"我"——不是外在的符号，不管你是否拥有这种或那种美德。然而，只有当你懂得了自身的过程，懂得了自己的意识和潜意识，自由才会到来。只有当我们充分探究了头脑的各个不同的过程，方能认识自我。由于我们大部分人都活在一种紧张的状态里，活在不停的努力之中，因此，必须去认识努力的复杂性，必须领悟以下真理，即努力不会带来美德，努力不是爱，努力无法带来自由，唯有真理才能给予这种自由——这是一种直接的体验。为此，一个人必须认识头脑，认识他自己的头脑——而不是他人的头脑，也不是其他人对此的观点，尽管你可能博览群书，但它们完全是无用的。因为你必须观察自己的头脑，逐步深入地去探究它，在探究的过程中去直接地体验事物。原因在于，存在的是活生生的特性，而不是头脑的产物。因此，为了探明自身的过程，头脑不应该被自己的习惯封闭住，应该偶尔自由地去审视、去观察。所以，重要的是去认识努力的整个过程。因为努力不会带来自由，努力只会导致越来越自我封闭，只会给你与某个人或者众人的关系带来越来越多的破坏——无论是外部的破坏还是内部的。

问：我发现，一个聚集起来就您的教义展开讨论的群体似乎变得令人困惑和厌倦。是自己一个人思考这些问题更好一些呢，还是与其他人一起讨论更有益处呢？

克：重要的是什么？凭借自己的力量去探明、去发现关于自我的过程，难道不是吗？假如这对你来说是迫切的、本能的、必需的，那么你就会跟一个人或者许多人来做这个，独自做或者跟两三个人一起来展开。可一旦这么做不够的话，群体就会变成让人厌烦的东西。尔后，那些参加群体的人们就会被群体当中一两个人所控制，他们知道一切，与某个已经道出了这些事情的人有着直接的联系。于是，一个人就会变成权威，并且渐渐地去利用众人。我们对这个游戏十分的熟悉。但人们却屈从于它，因为他们喜欢聚在一起，他们喜欢交谈，喜欢最近的流言蜚语或者最新的消息。结果，事情不久就走向了衰退，一开始你是抱着严肃认真的意图，最后却变成了丑陋的东西。

但倘若我们真的希望凭借自己的力量探明什么是真理，那么一切关系就会变得重要起来。但这样的人少之又少，因为，我们并没有真正抱持严肃认真的态度，于是我们最终形成了群体和组织，而这些东西其实是应当去避免的。所以，这显然取决于你是否真的热切地希望凭借自己的力量去探明这些事情，不是吗？这种发现可以随时到来——不是只在某个群体之中，抑或只有当你独自一人的时候，而是任何时候都可以，只要你去觉知，只要你对自身存在的涵义保持敏锐。观察你自己——你在餐桌旁说话的方式，你跟你的邻居、你的仆人、你的上司说话的方式——很明显，假如一个人去觉知，就会发现，这一切其实都代表了你自身的存在状态。重要的正是这种发现，因为，正是这种发现会带来自由。

问：您觉得，哪种方式才是应对巨大的悲伤和失落的最有活力的法子呢？

克：你所说的"应对"是什么意思呢？你是否指的是，如何着手，我们对此应当做些什么，怎样去战胜它，怎样去摆脱它，怎样从中获得收益，怎样从中有所学习，以便避免更多的不幸？显然，这就是我们所说的如何去"应对"悲伤，不是吗？

那么，你所谓的"悲伤"又是指的什么呢？它与你是分开的吗？它是外在于你的事物吗，无论是心理还是外部层面，是你正在观察、体验的事物吗？你是一个仅仅在体验的观察者吗？还是说,情形是不同的呢？这显然是关键点,不是吗？当我说"我很痛苦",我的意思是什么？我与痛苦是分开的吗？很明显,这便是问题所在,对吗？那么让我们来一探究竟吧。

人世间处处有痛苦——我没有得到爱,我的儿子过世了,随便你举出什么例子。我的某个部分在询问着为什么,在渴望得到解释、理由、原因；我的另一个部分因为各种各样的原因而处于痛苦之中；我还有一个部分在渴望摆脱悲伤,渴望去超越它。我们便是所有这一切,不是吗？因此,假如我的一个部分在抵制着悲伤,我的另一个部分在寻求着解释,在为各种理论所困,我还有一个部分在逃避着事实,那么我怎么可能充分地认识它呢？只有当我能够实现完整的认知,才可以挣脱痛苦的羁绊。但倘若我如五马分尸一般朝着不同的方向被撕扯着,那么我就无法洞悉其中的真理。

所以,应当去弄清楚,我是否只是一个在体验着痛苦的观察者,这是十分重要的,不是吗？请慢慢地、仔细地思考一下这个问题。如果我只是一个在体验痛苦的观察者,那么我的身上就会有两种状态,一个在观察、思考、体验,另一个在被观察——也就是,体验、思想。因此,只要有界分,就无法立即摆脱痛苦获得自由。

请仔细聆听,你将懂得,只有当我能够去体验这一切,没有任何界分,才会迎来事实、真理——而不是当有一个在观察、在经历痛苦的"我"被分隔出来的时候,这便是真相。现在,你对此的立即反应会是什么呢？你马上的反应,难道不是说："我怎样才能弥合这二者之间的间距呢？"我认识到在我身上存在着两种不同的实体——思想者与思想,体验者与体验,一个在遭受着痛苦,一个在观察着这种痛苦。只要有这种界分存在,就会出现冲突,只有当这二者实现了统一,方能摆脱痛苦,这便是真相,这便是事实。那么,你对此的反应为何呢？你是立即洞悉事物,直接地去体验,还是询问："我怎样才可以弥合这两种实体之间的界分呢？我怎样才能带来统一？"这难道不就是你的本能反应吗？假如果真如此的话,那么你便没有洞悉真理，尔后，你所提出的怎样带来统一的问题就会毫无价值。因为，唯有当我能够彻底地、充分地洞悉事物，我的身上没有这种界分，才可以摆脱那个我叫做痛苦的事物。

所以，一个人必须要探明他该如何去审视痛苦，不是书上是怎么说的，抑或其他人怎么主张的，不是依照任何老师或权威的观点，而是你是如何看待它的，你对它的本能反应是什么。尔后你显然就会探明，你的头脑里究竟是否存在着这种界分，不是吗？所以，只要有这种界分，就一定会有痛苦。因此，只要你渴望去挣脱痛苦，只要你去抵制痛苦、寻求解释、逃避痛苦，那么痛苦就会如影随形般地永远追逐着你。

所以，这个问题里面，重要的是我们每个人是如何去应对心理上的痛苦的——当我们被剥夺的时候，当我们受到伤害的时候，等等，对吗？我们不必去探究那些导致痛苦的原因，但我们对它们十分的清楚——孤独的痛苦、害怕失去、没有被爱、遭受挫败、失去了某个人，我们对这一切了如指掌，我们分外熟悉那个叫做痛苦的事物。我们有许多的解释，它们非常方便和令人满意，但它们并没有让我们摆脱痛苦，解释不会带来自由，它们或许可以将痛苦掩盖起来，但痛苦依然存在、依然继续。我们试图去探明如何挣脱痛苦的束缚，而不是哪些解释更加让人满意。只有当我们实现了统一，才能摆脱痛苦，除非我们首先觉知到自己是怎样看待痛苦的，否则不可能认识什么是完整、什么是统一。

问：一个为习惯所困的人，似乎不可能立即洞悉有关某个事物的真理。显然需要时间——若想冲破一个人立即的行为，若真的渴望去探究正在发生的情形，显然是需要时间的。

克：我们所说的"时间"是指什么意思？请让我们再一次展开检验，我们所谓的"时间"意指为何？显然不是指时钟上的时间。当你声称"我需要"的时候，你指的是什么意思呢？你需要闲暇——需要一个小时给自己，还是几分钟？很明显，你所指的不是这个，你的意思是，"我需要时间来得到结果"，也就是，"我需要时间来冲破那些我自造出来的习惯"。

那么，时间显然是意识的产物，而意识是时间的结果，我们的所思、所感、我们的记忆，从根本上来说都是时间的产物。你指出，要想冲破某些习惯，必须得有时间，也就是说，这种内在的心理的习惯，源自于欲望和恐惧，不是吗？我发现心灵被困于其中，于是我说道："我需要时间来打破它。我认识到，正是这种习惯妨碍了我直接地洞悉事物，直接地体验它们，所以我必须得有时间去打破这一习惯。"

首先，习惯是怎样形成的呢？通过教育，通过环境的影响，通过我们自己的记忆。此外，拥有一种习惯性运作的机械化的过程，会让人觉得自在，如此一来就永远不会有不确定、颤抖、询问、怀疑、焦虑了。因此，思想制造出了模式，你把这种模式称作习惯、例行公事，它在其中运作着。这位提问者想要知道怎样去打破习惯，以便能够直接地体验。你明白所发生的情形吗？在他说"怎样"的那一刻，他便已经产生出了关于时间的概念。

但倘若我们能够领悟到意识制造出了习惯并且在习惯里运作，领悟到，一个被它自造出来的记忆、欲望、恐惧所困的心灵无法直接地洞悉或体验任何事物——旦我们能够懂得这其中的真理，就能获得直接的体验了。显然，领悟真理与时间无关，最终，在来生，我将达至完美抑或我所渴望的一切——这是头脑发明出来的一种便利的想法。所以，被困于其中的它说道："我怎样才能自由呢？"它永远不会获得自由，只有当它懂得了如下真理，即它是怎样制造出了习惯——通过传统、通过培养美德，以便出人头地，通过渴望永生而得到安全——它才能获得自由。所有这些东西都是障碍，在这种状态里，心灵怎么可能直接地洞悉或体验事物呢？只要我们认识了这个，就将立即获得自由。然而困难在于，我们大多数人都喜欢继续自己思想和感受的习惯，继续我们那些传统、我们那些信仰和希冀，不是吗？很明显，这一切构成了我们的意识，意识是由这所有的东西组成的。这样的意识，如何能够体验某种不是它自造出来的事物呢？答案显然是否定的，所以，它只能认识自身的机械化的过程，只能认识自身活动的真相。一旦摆脱了这个，就能迎来直接的体验了。

问：您曾经指出，无论冥想或训戒，都无法让心灵迈入静寂，唯有清除意识，才可以办到。那么如何才能做到无我呢？

克：显然，任何时刻，只要有"我"存在，无论多么高尚，都依然处于自我意识的范畴之内，不是吗？你或许可以把"我"划分为高等的自我和低等的自我——高等的自我在支配、控制、指导着低等的自我，但它仍然位于思想的领域之内，对吗？

问题是，"我"如何才能消除自身呢？我认为，这个"我"是一系列的运动，一系列的活动、反应、想法。思想可以把自己划分成高等的和低等的，但它还是思想的过程，它依然处于自身的领域之内。那么，思想的一部分如何能够消灭另一部分呢？也就是说，我的一个部分能够去抵制、抛弃、消灭它不喜欢的另外一部分吗？它显然可以将其掩盖起来，但它仍然处于潜意识之中。因此，思想的任何运动、"我"的任何运动，都依旧处在自身意识的范畴内，它无法消灭自己。它唯一能够做的，就是不在任何方向有运动，因为，任何方向的运动都是让它自己得到永续——以不同的名称、在不同的外衣之下。

请对我正在谈论的内容展开检验。我的一个部分可以说道："我将克制愤怒、嫉妒，我将控制我的易怒、妒忌，等等。"一个在进行控制的部分，渴望去支配某个其他的部分，但它仍然被困于时间的范畴之内，无论它做什么，都是它自造出来的，难道不是吗？这一点显然是十分清楚的，对吗？如果它声称："我必须通过信仰去认识神或达至神"，那么它就被困在由它自己制造出来的事物之中，对吗？只要意识、"我"在积极地去制造、要求、欲望，那么"我"就无法消灭自身，而只会让自我得以永续。

一旦你懂得了其中的真理，心灵便会安静下来，原因是，它不会做任何事情。任何时刻，无论是积极的还是消极的，都是它自身的产物，于是也就没有获得自由。领悟真理，便会带来心灵的静寂。显然，任何形式的自我修炼、任何形式的精神实践，都无法带来心灵的宁静，因为这些全都表明了自我永续和观念。

心灵的静寂不是某个结果，不是可以被再次拆分开来的聚合起来的东西，它不是源于心灵去寻求对观念的逃避。只有当心灵不再去制造或者构想，方能获得宁静。要想实现这个，你唯有去认识思想的过程，认识你自己对万事万物的反应——不仅有意识，还包括潜意识——那些暗藏的反应、动机和欲望。而这并不需要时间，只有当你想要得到结果的时候，当你说："我必须在几年内或是明天拥有安宁"，才会存在时间。尔后便会出现一切精神上的锻炼，以便得到某个结果。这样的心灵是停滞不前的心灵，它无法去体验什么是实相，它只是渴望得到结果、奖赏。如此心灵，怎么可能体验那不可度量、无法用言语来描述的事物呢？唯有当心灵立即地洞悉了这其中的真理，才会拥有宁静，这才是迫切的、必需的。

（第五场演说，1952 年 4 月 23 日）

超越思想的产物

今晚我不会发表新的演说，而是试着回答一些提问。

在我看来，重要的是去认识那些令我们走向毁灭的衰退性的因素，包括内部的和外部的因素。在这些演讲期间，我试图指出那些让心灵负重难行，使我们无法探明真理的限定性的因素。探明真理不是只对少数人而言的——尽管只有极少的人是严肃认真的。那些怀抱热切态度的人们，显然能够发现这是不可以遭到破坏的。但我们大多数人都为这些东西所困，它们在我们的本来面目跟应有面目之间引发了不断的冲突，我们觉得，这种无休止的斗争是必需的，它会带来变革与幸福，我们认为这种正题和反题之间的冲突是一种进步，我们希望它会带来一种合题。可一旦我们展开格外深入的探究，就会明白，只有当我们没有认识生活中那些更加内在的、深刻的东西，才会有冲突出现。

在回答这些问题的时候，我希望你们能够不仅仅只是聆听我的发言，而是真正去体验。我觉得，重要的是不要单纯地去体验由意识构想出来的东西，而是应该体验那不属于意识范畴的事物。我认为，应当去认识那个被我们称作体验的事物，这一点是非常重要的。一旦我们认识了它，便会迎来这种所谓的体验了。当我们说"我有了某种体验"，意思显然是指某种我们认识到的事物、被我们命名的事物、记忆可以去回应的事物。然而，凡是能够被认知的东西都不是真实的，具有解放性的因素是真理，而不是我们认知到的东西。因为，认知是属于意识的，属于记忆、时间、欲望、恐惧的范畴，只要我们沉溺于这些东西，即我们所谓的体验，就无法迎来真理。所以，我希望，假如可以的话，今天晚上我们要真正去体验某种事物——不是感性上，不是记忆的反应，不是你读到的、累积的东西，不是反应或投射的事物——这些全都是我们所谓的体验。但倘若我们非常深入地去探究这个问题，或许就将真正体验到那一无法被命名、不属于意识、记忆的事物了。

显然，只要我们在记忆的领域内活动，就不可能获得自由。这便是为什么说，在我看来，如果可能的话，重要的是去认识思想的整个过程，去超越思想的产物。困难是，在聆听的时候，我们很容易仅仅只是去理解语词。语词会唤起某些反应，通过这些反应，我们有了更多的感觉的反应，但是很明显，感觉是属于意识的，它无法揭示出那永恒的事物。因此，在回答这些问题的时候，我们或许不仅可以共同去超越言语的层面，而且能够直接地体验那不属于意识的事物。

问：在您讲话的时候，我感觉自己被深深地触动了。这是否太过感性了呢？

克：或许是的。但倘若你可以超越单纯的建议以及由语词唤起的反应，那么你就会把演讲者抛到一边，尔后，演讲者根本不再重要了。但是很明显，重要的是凭借你自己的力量探明什么是真理，不是某种遥远的真理——无法达到的、想象的、神秘的真理——不是你阅读到的或者听说到的东西，而是你直接发现的事物。如果我们仅仅去依赖感觉的话，就不可能有所发现。

我们大部分人都想要找到那真正无法被破坏、不属于时间的事物。我们周围的一切都是短暂的、易逝的，我们的所有关系不久都会走向疲倦和终结。无论我们舒服还是不舒服，无论我们有许多事情可干还是没事做，那些勤于思考的人们显然都会认识到，万事万物皆是转瞬即逝的。那些永无休止的争斗——不仅在内部，而且还有外部，各个群体、各个国家和民族之间——带来了更多的战争与不幸。懂得了这一切，我们必须探明那不属于意识、不仅仅是知识的事物。假如我们能够发现这个，不是通过演讲者给的建议，而是通过观察我们自身日常的行为、想法、印象、反应，那么或许我们便能超越单纯的感觉的层面了，这才是真正重要的。个体是什么样子的，社会就会是怎样的，你的模样，至关重要，这不是单纯的标语口号。但倘若你真正展开深刻的探究，就会发现，你的行为是何等的重要，你的本来面目对你所生活的世界有着怎样的影响——你所生活的世界，即你的关系的世界，无论它是多么渺小，多么有限。假如我们可以实现彻底的转变，能够让自身在内心发生根本性的变革，那么就能建立起一个截然不同的世界，确立不同的价值理念。

然而，只要我们仅仅把这些谈话视为一种新的感觉，视为某种娱乐的东西——来到这里而不是去电影院——那么这些演讲显然就没有多少价值和意义。但是，那些真正严肃认真的人们，那些热切地想要探明真理的人们，不会去依赖他人，他们不会去追随，他们没有权威。他们自身每时每刻的发现，便是至关重要的东西，因为，发现真理是唯一会带来解放的因素。

问：如果思想将会终结，那么意识的作用何在呢？

克：头脑当前的作用为何？它被用作生存的工具，不是吗？在生活的过程中，我们建立起了各种各样的团体、各种各样的价值观——道德的、伦理的、精神的，等等。然而，我们当前意识的整个活动便是以这种或那种形式维系着自我，"我"，这就是我们现在的行为——狡猾的、隐蔽的——不惜以任何代价活下来，在此生或来世活下来，跟某个群体、某个国家、某个民族认同，或者是跟任何更加强大的事物认同，跟语词、知识、构想认同，每个人都在寻求着永生，总是在渴望安全，生理上和心理上的安全。这便是我们意识的当前状态———一种自我中心的行为，少数时候除外，我们不去讨论那些少数时刻。

这些东西便是我们所知道的全部，它们不会带领我们走得太远。我们彼此毁灭，我们彼此利用，我们的关系是不断的冲突——我们熟悉这一切。虽然心灵寻求着安全，但它却在消灭自己和他人。从生理层面来说，我们并不是安全的，总是存在着战争的威胁。因此，正是在对安全的寻求中，心灵招来了毁灭。

这便是我们心灵的状态，当前的状态。我们说道："如果没有思想，那么意识有什么作用呢？"很明显，我们能够知道思想、自我中心的行为制造出了什么。难道无法去超越这种自我中心的行为吗？有各种各样的劝诱——宗教的、心理的、外部的，我们忍受了各种各样的强迫、威胁，但这种自我中心的行为却从不曾停止过，它总是表现为隐蔽形式的"我"。显然，若想发现那超越了思想的事物——思想是时间的产物——那么思想就必须终结。

我不知道你是否曾经发现过，当意识不再活跃、不再激荡不安而是分外宁静的时候所出现的那种富有创造力的状态——这种意识的静寂，是自然而然的，而不是人为造成的。这种意识的状态、存在的状态，是无法通过思想的过程得到认识的。由于我们不快乐，由于我们接触的一切事物都在走向衰退，我们的每一种关系不久都会褪色，所以我们便渴望超越时间的事物。我觉得，意识的作用便是去发现它、体验它。然而，只要有自我中心的行为，它便无法去体验。这种发现不是可以不断去追逐的东西，它会向你走来，但你无法邀请到它，假如你这么做的话，那么它便是你自造出来的产物——它不过是一种自我中心的行为。因此，既然认识到了意识是什么，那么能否去超越和发现呢？我认为可以。但倘若它仅仅只是一种业余爱好，是某种你偶尔才会求助于的东西，那么你就不可能有所发现。可一旦你认识了意识的过程及其活动，就能真正去探明了。

问： 对某个事件的记忆会一遍又一遍地重现。一个人如何才能摆脱对某件事的记忆以及那一事件本身呢？

克： 我们所说的"记忆"是指什么意思？记忆是怎样产生的？假如我们能够稍微深入地去探究一下这个，或许就可以充分地回答此问题了。记忆、回忆的整个过程，认识的过程，难道不属于意识的范畴吗？请注意，我并不是试图让问题复杂化，问题本身听起来很简单，可如果你真的希望认识它，那么你会发现它实际上相当的复杂。所以，我们必须探究一下这样一个问题，即我们所谓的意识是指什么。请保持耐心，你将凭借自己的力量解答该问题的。

你什么时候会感知到某个事物呢？只有当出现矛盾的时候，当你遭遇阻碍的时候，否则，思想或意识的运动就不会是自觉的。唯有当我们遭受挫败、阻挠，当我们感到恐惧，当我们想要得到某个结果，才会有自觉——也就是说，"我"才会在行动中去觉知自身。我想要实现自我，我想要得到某个结果——只要我在朝着自己渴望的方向行进，就不会有任何障碍，可一旦我遇到阻挠，便会出现冲突。意识的过程是一种识别，它意味着命名，当我去命名，当我赋予它某个符号、术语，我才会识别它。因此，"我"是由许多的记忆构成的，"我"是时间的产物，它总是累积的过程。

事件是一种经历、体验，对吗？只有当我们能够识别它的时候，才会出现体验，假如我无法识别某种体验，它便不是体验。所以，记忆——

它是语词、经历的仓库——不仅有个人的记忆，还包括集体的记忆——总是在运作着，不管你是否觉知到了它。然后，它记住了某个事件，认识了它、描述了它，将它储藏起来。举一个简单的例子，比如被他人伤害。你受伤了，有人说了很残忍的话——或者让人开心的话，这件事情被记住了，被储藏起来了。如果你受到伤害，那种敌对、痛苦的感受会被记住，尔后，你开始去忘记那个人——假如你怀有道德上的倾向。所以，你首先是维持了、保留了那一伤害，然后，由于你受过道德上的训导，于是你着手去忘却它，因此事件就这样被保留了下来。

因为，假如我们没有记住任何事件，假如我们没有始终处于活跃的状态，要么是受到伤害，要么是忘记伤害，要么贪婪，要么不怀有贪念——若心灵不处于这种不断的活动之中，它就会感到迷失，不是吗？因为对它来说，这种活动是必需的，唯有这样，它才可以知道自己是活着的。

所以，只要你在累积、抵抗，你就无法忘记那个事件或是关于它的记忆，记忆一直与你同在。问题在于，你对此会做些什么呢？——因为它不停在重现，一个人该如何去摆脱它呢？要想真正地而不是表面上摆脱它，你就得探究有关习惯的问题，对吗？由于意识活在习惯之中，对事件的记忆已经变成了一种习惯，所以意识不断地去重温它。于是，你懂得了意识是怎样活在过去的，你明白了习惯是怎样形成的。意识便是过去，不存在任何当下的意识，意识也没有所谓的将来，它因为过去而存在，意识便是过去。你问道："我怎样才能挣脱过去的羁绊呢？"只有当你认识了累积的过程——这种过程从本质上来说是基于想要保护自己、想要得到安全与确定——才能获得自由。只要存在着这种欲望、压力，就一定会有对事件的记忆以及同那些记忆展开的争斗。因此，只有当我们懂得了累积的整个过程——即时间的过程、"我"的过程，一切行为都源于此——方能解决这一问题。

所以，真正摆脱记忆，便是去充分地迎接事件、经历——也就是，去觉知它们，既不谴责，也不辩护，既不去认同，也不去命名。通过觉知思想的每一个运动，不管是好的还是坏的，不做任何辩护——仅仅只是去观察，不要抱有任何成见——那么你将发现，每一个事件、每一个经历，都会揭示出自身的真理，而真理便是解放性的因素。

问：一个人如何才能揭示出那些暗藏在深处的潜意识呢？

克：在我们询问怎样发现藏在深处的潜意识之前，我想知道我们是否觉知到了意识？我们是否有意识地觉知到了自己在做什么？你意识到你正在说什么、正在思考什么吗？我们大部分人都没有。由于不曾有意识地去觉知意识的表层，因此我们询问怎样去探明那些更为深层的意识。你无法办到——这是一个显见的事实。假如我没有在意识的表层觉知到自己的所思、所行，那么我怎么可能探究意识的深层呢？但倘若我们希望探究得更加深入一些，揭示出那些暗藏的动机、意图、目的，那么意识显然就必须安静下来。若我想要探明我那些隐蔽的、深层的、并不明显的动机是什么——若我希望让它们浮出水面，那么意识就必须保持警觉，不是吗？就必须处于安静的状态，必须去探寻、试验，必须保持耐心。但倘若表层的意识始终处于激荡不安、活跃的状态——正如我们大部分人的意识那样——那么会发生什么呢？尔后，意识跟潜意识之间就会出现冲突，这种冲突会变得越来越严重、强烈，直至出现各种各样心理的、生理的疾病。

所以，假如我想要发现意识的深层，我就必须在意识的表层格外的警觉。潜意识不仅包括近来获得的东西，而且它还储藏着过去，不是吗？——储藏着传统、种族以及全部的希望。你的潜意识不是只局限为"你"，而且还属于整个过去，你显然是所有过去的产物，你是全人类的综合。要认识到这个，要真正深入地加以探究，单单去研究或者分析心理上的意愿是没有任何帮助的，用意识去分析潜意识，无法揭示真理。如果我想要发现深层的潜意识，我可以对自己展开分析，抑或去求助于某个能够帮助我去进行分析的人，但是会发生什么呢？在这种分析的过程里，在深入挖掘的过程里，我能否探究每一个运动、每一个微妙之处、每一个隐蔽的反应呢？这不但需要花费时间，而且几乎是不可能完成的呢，对吗？由于我可能会去怀念某个记忆、某个层面、某种成见——如此，显然会妨碍或干扰我的判断。此外还有潜意识通过梦境反映出来，梦需要阐释，但倘若我没有正确地解释它们又会如何呢？即使分析师也无法对它们进行正确的解释，于是冲突便会继续，不是吗？

所以，问题在于，如何才能打开潜意识的大门，让一切暗藏的追逐都浮出水面，而不存在盲点？一个人怎样去着手呢？我们发现，分析、反省都无法做到这个，它可能会揭示出某几个点，然而，通过意识的一部分是无法认识或者揭示出它的全部的——这是一种可以被观察到的界分。很明显，要想认识某个事物，你就必须充分地感知它。我不知道你们是否明白了所说的这一切！如果我想要了解某幅画作，那么我就得审视它的全部，而不是截取某个部分或者探究其局部。同样的道理，我必须能够把意识作为一个整体去看待，而不是将其区分为意识与潜意识，我必须能够完整地认识整体。假若我只是局部地看待它，那么我就只能获得局部的认知，而局部的、片面的认知压根儿就不是认知。

那么，我、观察者、探究者，是否能够去审视整个过程而不是只看局部呢？请仔细思考一下这个问题，你将会有所探明的。探究者难道不总是局部的而非整体吗？当你去分析的时候，当你去审视的时候，当你说道："我如何才能揭示作为过去之残留的潜意识的全部层面、涵义与累积呢？"——你难道不是作为一个与整体分隔开来的实体在审视它、探究它吗？你显然就是如此，分析者是某种分离开来的事物，他在观察、探究，试图去认识，试图去做出解释。因此，分析者始终都是一个分离的实体，在研究着潜意识，努力想要去理解它，去揭示它，去对它做些什么。所以，那个让自己分离出去的实体是不可能认识整体的。请好好领悟一下这个。

因此，只要有阐释者、分析者存在，我们就无法认识整体。去除掉分析者，便是去除掉潜意识——也就是说，把整体带出来，认识全部，因为，正是那个单独的实体、分析者在展开观察。分析者、这个单独的实体，本身就是过去的产物，他源自于全部的累积、个体的种族、群体。

显然，这个"我"、探究者，是传统、记忆的结果。当探究者——他是记忆的产物——试图去认识自身的某个部分，那么他便无法实现认知。只有当出现一个完整的实体，当分析者消失，才能获得认知。当意识迈入真正的静寂，唯有这时，才可以洞悉、认识整体的涵义。但只要表层的意识通过局部的觉知把自己分离出来并且展开分析，那么它就不可能去认识整体。

你可以非常简单地自己来检验这个。偶尔，当你不去关心自己以及你的行为，关心你在想什么、不想什么，当你静静地行在乡间，你会突然领悟到某个潜藏的动机、潜藏的整体。在那一刻，不存在一个有意识的探究者，你彻底地洞悉了全部。但是，尔后意识会进来，会来干扰，渴望进一步地追逐那一事物——因为，在那一刻，它是一种非凡的体验。当意识干预进来，它就会变成记忆，你追逐那一记忆。记忆属于过去，而不是整体。

因此，如果你能够处于非自觉的感知状态，不去追逐记忆，那么你将时时刻刻明白无意识的整体是怎样以不同形式、不同的表现方式出现的。尔后你会发现，一旦洞悉了每个表现形式的真相，自由便会到来——摆脱了那些累积的成见、种族的敌对、无休止的遭到阻挠的欲望和盲点。当意识安静下来，当它不再是一个展开探究、检查、判断的分离实体，这时候，就能明白上述的一切了。唯有这时，才能发现那不可分的事物。

问：我做了大量精神上的练习去控制意识，制造形象的过程已经变得力量薄弱了一些。但我仍然没有体验冥想的更为深刻的涵义。您能否对此做一番分析呢？

克：正确的冥想是十分重要的。然而，探明何谓正确的冥想相当不易，因为我们如此急切地想要让意识安静下来，想要去发现新事物，去体验导师、书本、宗教人士曾经历过的事物。不过，今天晚上，我们或许可以探究一下该问题，弄清楚什么才是正确的冥想。假如我们在逐步分析的过程中能够去体验它，那么或许就将懂得如何展开冥想了。

我们认为，一个琐碎的心灵、渺小的、狭隘的心灵、贪婪的心灵，通过训戒自己，将会变得不再琐碎，将会变得伟大。这难道不是幻觉吗？琐碎的心灵将会一直是琐碎的，不管它多么费力地去自我训戒，这便是事实情形，对吗？假如我狭隘、局限，假如我的心灵愚蠢，那么无论我如何训练自己，都将依然是蠢笨的。我的那些神、我的那些冥想、我的那些练习，将会依然是局限的、愚蠢的、狭隘的。因此，我首先必须认识到我有一个琐碎的心灵，认识到我的心灵抱持着成见，认识到它在寻求奖赏，它在逃避——这一切全都表明了它的狭隘。这样的心灵，哪怕它展开精神上的练习、控制、训练——这样的心灵，怎么可能获得自由呢？很明显，唯有在自由的状态里，你才会有所发现，而不是当你的心灵受着局限、训练、控制、影响的时候。所以，这是首先要认识到的事情——即一个寻求着奖赏、结果的心灵，无论它如何去训练自己，它能够体验到的只有那些自造出来的东西。它的大师、它的神灵、它的美德，皆为它自己制造出来的事物。这便是第一个要去领悟的真理。

然后我们便可以着手下一个问题了——即，一个学习专注的心灵，无法认识整体、全部。因为专注是一种排他的过程，是一种抛却的过程，是在寻求某个结果。假如心灵因为努力，因为想要得到结果、奖赏而被局限住——那么很明显，这样的心灵只可能是排他性的，无法觉知到自身的整个过程。然而，我们大多数人都被训练着在自己的日常工作中做到专注。那些寻求着所谓精神高度的人们，跟世俗之人一样怀有野心，他们也希望去获得、去体验。正是这种想要去体验的欲望，迫使他们局限了自己的意识、思想，把除了自己渴望得到的那个事物以外的其他一切都排除在外——它渴望获得的，可能是一句话语、一个形象、一幅图景或者一个理念。这样的心灵，同样无法认识整体。

这并不意味着意识必须四处游走，相反，一旦觉知到了这种游走，将不会再有任何抵制，每一个游走都会获得认识。尔后，每个想法都会有它的意义，并且被认识，不会被排除在外，不会被拒之门外，不会受到压制。于是，心灵不会再是琐碎的、狭隘的、贪婪的，不会再被自己的强迫束缚住。接着，它将开始敞开，开始去探寻、去发现。这实际上表示，我们应该抛掉我们所学习的有关冥想的全部内容，尔后，冥想不再是一天里面的几分钟或者一个钟头，而是一种不间断的过程，始终都在探寻、发现真理。

尔后，随着你对问题更加深入地探究，将会发现，意识会变得格外的静寂——不是因为训练，不是那种停滞、封闭的安静，而是一种真正的静寂，在它里面，思想的一切运动都已停止。在这种静寂里，那个在进行体验的实体已经彻底消失了。然而，我们大部分人所渴望的却是去体验，去积累更多的东西，正是想要获得"更多"，使得我们去冥想，使得我们去展开精神上的训练，等等。可一旦我们认识了这一切，一旦这一切都被抛到一边，就能迎来静寂了——在这种意识的静寂中，不会再有体验者、阐释者，唯有这时，那无法命名的事物才会到来。它不是干了好事后得到的奖赏。做你想做的，成为你所希望的无私的人，强迫自己去行善、做高尚的事，培养美德——所有这些都是自我中心的行为。这样的心灵只会是停滞不前的心灵，它可以展开冥想，但不会懂得那种静寂的状态，而唯有在这种静寂的状态里，真理才会到来。

实相不是语词，"爱"这个词语不代表爱。在那种静寂里，一个人会懂得没有语词的爱。没有语词的爱，既不是你的也不是我的，既不是个人的，也不是非个人的。它是一种存在状态，没有任何言语可以去描述它，它是一种无法言说、无法命名的体验，因为不存在某个识别者。你可以随便怎样去称呼它——爱、神、真理，随你喜欢。它是一种将会终结一切冲突、一切不幸的体验。

问： 我听过您所有的讲演，我读过您全部的著作。我万分诚恳地询问您，如果像您所说的那样，必须停止一切思想，压制一切知识，抛掉一切记忆，那么我的生活还会有什么意义呢？您如何将这种存在状态——无论根据您来看它可能会是什么样子的——同我们所生活的世界联系起来呢？这样的状态跟我们悲惨而痛苦的生活有什么关系呢？

克：既然这位提问者态度诚恳，那么就让我们认真地展开探究吧。我们希望知道，当所有的知识、认知者都消失不见的时候，会是一种怎样的状态。我们希望知道，这种状态跟我们日常的活动、追求的世界有什么关系。我们明白我们现在的生活是什么样子的——悲惨、痛苦、无休止的恐惧、没有任何东西是永恒的，我们对此知道得十分清楚。我们想要知道这种状态跟我们的生活有何关系，假如我们抛掉一切知识——摆脱了我们的记忆，诸如此类——那么生活的目的何在呢？

就我们今天所知，生活的目的是什么呢？不是停留在理论层面，而是切实的。我们每天的生活，意义在哪里呢？就只是活着，不是吗？——还有它全部的不幸、全部的悲伤、混乱、战争、破坏，等等。我们可以发明各种理论，我们可以说道："这不应当是这样子的，但其他东西应该是如此。"但它们全都是理论，不是事实。我们所知道的是混乱、痛苦、不幸、无休无止的敌对。如果我们展开充分的觉知，那么我们还会知道这一切是怎样出现的。因为，生活的目的，每一刻、每一天，都是去彼此毁灭、彼此利用、彼此盘剥，要么是作为个体的人，要么是作为集体的人类。当身处孤独和痛苦之中的时候，我们试图去利用别人，试图逃避自我——通过各种娱乐的法子、通过神灵、通过知识、通过各种各样的信仰、通过认同，这便是我们现在活着的有意识的或无意识的目的。是否有某个更加深刻、更加宽广、更加超越的目的呢，某个与混乱、困惑、索取无关的目的？这种没有任何努力的状态，跟我们的日常生活有关系吗？

它当然与我们的生活没有任何关系，它怎么可能有呢？假如我的意识困惑、不安、孤独，那么它如何能够与某种不属于意识的事物产生关系呢？真理如何能够跟谬误、幻觉有关系呢？但我们并不希望承认这个，因为我们的希冀、我们的混乱使得我们去相信某种更加伟大、更加高尚的事物，我们声称该事物同自己有关联。当身处绝望之境的时候，我们便去寻求真理，指望着一旦我们发现了真理，绝望便将消失无踪。

因此，我们可以发现，一个混乱的心灵、一个深受痛苦折磨的心灵，一个觉知到了自身的空虚、孤独的心灵，永远无法发现那超越自身的事物。只有当我们消除或者认识了那些导致混乱、不幸的原因，才能迎来那超越了意识的事物。我一直都在谈论的是，如何认识自我。因为，假使没有认识自己，就无法获得真理，得到的只会是幻觉。但倘若我们每时每刻去认识自我的全部过程，将会发现，只要清除了我们自身的混乱，真理便会来临。尔后，体验真理将会与我们的生活产生关系。如果一个人立在黑暗之中，那么他怎么可能体验光明与自由呢？可一旦你体验了真理，你就可以把它同我们生活的世界联系起来了。

也就是说，假若我们从不曾懂得何谓爱，我们知道的只有不断的争斗、不幸、冲突，那么我们如何能够体验那不属于上述这一切的爱呢？可一旦我们体验了爱，就能毫不费力地探明关系了，尔后，爱、智慧便将运作起来。但要想体验那种状态，就必须终结一切知识、累积的记忆、自我认同的行为，如此一来，意识就不会有任何制造出来的感觉。尔后，由于体验了真理，我们便能在世界上展开行动了。

显然，这便是生活的目的——即超越意识的自我中心的行为。体验了这种无法被意识衡量的状态，那么，这种体验将会带来内在的变革，而这是唯一真正的革命。那么，如果你我心中有爱，就不会再出现任何社会问题了，当爱的花朵绽放，世界上将不会再有任何问题存在了。由于我们不知道怎样去爱，才会面临如此多的社会难题以及各种关于如何去应对我们的问题的哲学体系。我认为，任何体系方法，不管是左翼的还是右翼的或是中间路线的，都无法解决这些问题。只有当我们能够体验那种不是意识自造出来的状态，才可以消除这一切——我们的混乱、我们的痛苦、我们的自我毁灭。

（第六场演说，1952 年 4 月 24 日）

克里希那穆提集（17 册）
The collected works of Krishnamurti